"十三五"国家重点出版物出版规划项目

页岩油勘探开发理论与技术丛书

页岩油

形成条件、赋存机理与富集分布

卢双舫　薛海涛 ◎ 等著

石油工业出版社

内容提要

本书以典型页岩油发育区为例，通过微观实验、机理分析、数值模拟等研究手段，系统深入剖析了页岩油的形成条件、赋存机理、富集规律、可采性和资源潜力，建立了三项分级/分类标准和五项评价技术，包括页岩油资源潜力分级评价标准、泥页岩岩相分类标准、页岩成储机理—成储下限及分级评价标准和不同岩相页岩数字岩心构建技术、页岩有机非均质性/含油性评价技术、页岩无机非均质性/脆性评价技术、页岩油游离量/可动量评价技术、页岩“甜点”综合评价技术。

本书可供从事页岩油气研究的科研和管理人员以及大专院校相关专业师生参考使用。

图书在版编目（CIP）数据

页岩油形成条件、赋存机理与富集分布/卢双舫等著.—北京：石油工业出版社，2021.3

（页岩油勘探开发理论与技术丛书）

ISBN 978-7-5183-3997-6

Ⅰ.①页… Ⅱ.①卢… Ⅲ.①油页岩-油气藏形成-研究 Ⅳ.①P618.130.2

中国版本图书馆CIP数据核字（2020）第080444号

出版发行：石油工业出版社

（北京安定门外安华里2区1号 100011）

网 址：www.petropub.com

编辑部：（010）64523544 图书营销中心：（010）64523633

经 销：全国新华书店

印 刷：北京中石油彩色印刷有限责任公司

2021年3月第1版 2021年3月第1次印刷

787×1092毫米 开本：1/16 印张：23

字数：500千字

定价：220.00元

（如出现印装质量问题，我社图书营销中心负责调换）

《页岩油勘探开发理论与技术丛书》
编委会

序　一

FOREWORD

我国经济快速稳定发展，经济实力显著增长，已成为世界第二大经济体。与此同时，我国也成为世界第二大原油消费国，第三大天然气消费国，最大的石油和天然气进口国。2019 年，我国石油和天然气对外依存度分别攀升到 71% 和 43%。过高的对外依存度，将导致我国社会经济对国际市场、地缘政治变化的敏感度大大增加，因此，必须大力提升国内油气勘探开发力度，保证国内生产发挥“压舱石”的作用。

我国剩余常规油气资源品质整体变差，低渗透、致密、稠油和海洋深水等油气资源占比约 80%，勘探对象呈现复杂化趋势，隐蔽性增强，无效或低效产能增加。我国非常规油气资源尤其是页岩油气资源潜力大，处于勘探开发起步阶段。21 世纪以来，借助页岩气成熟技术和成功经验，以北美地区为代表的页岩油勘探开发呈现良好发展态势。我国页岩油地质资源丰富，探明率极低，陆相盆地广泛发育湖相泥页岩层系，鄂尔多斯盆地长 7 段、松辽盆地青一段、准噶尔盆地芦草沟组、渤海湾盆地沙河街组、三塘湖盆地二叠系、柴达木盆地古近系等重点层系，已成为我国页岩油勘探开发的重要领域，具有分布范围广、有机质丰度高、厚度大等特点。页岩油有望成为我国陆上最值得期待的战略接替资源之一，在我国率先实现陆相“页岩油革命”。

与页岩气商业化开发的重大突破相比，页岩油的勘探开发虽然取得了重要进展，但效果远远不如预期。可以说，页岩油的有效勘探开发面临众多特有的、有待攻克的理论和技术难题，涵盖从石油地质、地球物理到钻完井、压裂、渗流等各个方面。瞄准这些难题，中国石油大学（华东）的一批学者在国家、行业和石油企业的支持下超前谋划，围绕页岩油等重大战略性资源进行超前理论和技术的探索，形成了一系列创新性的研究成果。为了能更好地推广相关成果，促进我国页岩油工业的发展，由卢双舫、薛海涛、印兴耀、倪红坚、冯其红等一批教授联合撰写了《页岩油勘探开发理论与技术丛书》（以下简称《丛书》）。《丛书》入选“‘十三五’国家重点出版物出版规划项目”，并获得“国家出版基金项目”资助。《丛书》包括五个分册，内容涵盖了页岩油地质、地球物理勘探、核磁共振、页岩油钻完井技术与页岩油开发技术等内容。

掩卷沉思，深感创新艰难。中国石油工业，从寻找背斜油气藏，到岩性地层油气藏，再到页岩油气藏等非常规油气藏，一步步走来，既归功于石油勘探开发技术的创新和发展，更重要的是石油勘探开发科技工作者勇于摒弃源储分离的传统思维，打破构造高点是油气最佳聚集区的认识局限，改变寻找局部独立圈闭的观念，颠覆封盖层不能作为储层等传统认知。非常规油气理念、理论和技术的创新，有可能使东部常规老油区实现产量逆转式增长，实现国内油气资源和技术的战略接续。

作为页岩油研究方面的第一套系统著作，《丛书》注重最新科研成果与工程实践的结合，体现了产学研相结合的理念。《丛书》是探路者，它的出版将对我国正在艰苦探索中的页岩油研究和产业发展起到积极推动作用。《丛书》是广大页岩油研究人员交流的平台，希望越来越多的专家、学者能够投入页岩油研究，早日实现“页岩油革命”，为国家能源安全贡献力量。

中国科学院院士　郝芳

2020年12月

序　二

FOREWORD

人才是第一资源，创新是第一动力，科技是第一生产力。科技创新就是要支撑当前、引领未来、推动跨越。世界石油工业正在进行一次从常规油气到非常规油气的科技创新和跨越。我国石油工业发展到今天，常规油气资源勘探程度越来越高，品质越来越差，非常规油气资源的有效动用就更需要科技创新与人才培养。

从资源潜力来看，页岩油是未来我国石油工业可持续发展的战略方向和重要选择。近年来，国家和各大石油公司都非常重视页岩油资源的勘探和开发，在大港、新疆等探区取得了阶段性进展。然而，如何客观评价页岩油资源潜力、提高资源动用成效，是目前页岩油研究面临的重大问题。究其原因，在于我国湖相页岩储层与页岩油的特殊性。页岩的致密性、页岩油的强吸附性及高黏度制约了液态烃在页岩中的流动；湖相页岩中较高的黏土矿物含量影响了压裂效果。由于液体的压缩—膨胀系数小于气体，页岩油采出的驱动力不足且难以补充。因此，需要研究页岩油资源评价与有效动用的新理论、新技术体系，包括页岩成储机理与分级评价方法，页岩油赋存机理与可流动性评价，页岩油富集、分布规律与页岩油资源潜力评价技术，页岩非均质性地球物理响应机理及地质“甜点”、工程“甜点”评价和预测技术，页岩破岩机理与优快钻井技术，页岩致裂机理与有效复杂缝网体积压裂改造技术，以及多尺度复杂缝网耦合渗流机理及评价技术等。面对这些理论、技术体系，既要从地质理论和地球物理技术上着力，也要从优快钻井、完井、压裂、渗流和高效开发的理论及配套技术研发上突破。

中国石油大学（华东）卢双舫、薛海涛、印兴耀、倪红坚、冯其红等学者及其团队，发挥石油高校学科门类齐全及基础研究的优势，成功申请了国家自然科学重点基金、面上基金、“973”专项等支持，从地质、地球物理、钻井、渗流等方面进行了求是创新的不懈探索，加大基础研究力度，逐步形成了一系列立于学科前沿的研究成果。与此同时，积极主动与相关油气田企业合作，将理论研究成果与油田生产实践相结合，推动油田生产试验，接受实践的检验。在完整梳理、总结前期有关研究成果和勘探开发认识的基础上，团队编写了《页岩油勘探开发理论与技术丛书》，对于厘清思路、识别误区、明确下一步攻关方向具有重要实际意义。《丛书》由石油工业出版社成功申报“‘十三五’国家重点出版物出版规划项目”，并获得“国家出版基金项目”资助。

《丛书》是国内第一套有关页岩油勘探开发理论与技术的丛书，是页岩油领域产学研成果的结晶。它的出版，有助于中国的油气科技工作者了解页岩油地质、地球物理、钻完井、开发等方面的最新成果。

中国陆相页岩油资源潜力巨大，《丛书》的出版，对我国陆相“页岩油革命”具有重要意义。

中国科学院院士 胡才博

2020年12月

丛书前言

PREFACE TO SERIES

油气作为经济的血液和命脉，保障基本供给不仅事关经济、社会的发展和繁荣，也事关国家的安全。2019 年我国油气对进口的依赖度已经分别高达 71% 和 43%，成为世界最大的油气进口国，也远超石油安全的警戒线，形势极为严峻。

依靠陆相生油理论的创新和实践，我国在东部发现和探明了大庆、胜利等一批陆相（大）油田。这让我国一度甩掉了贫油的帽子，并曾经成为石油净出口国。但随着油气勘探开发的深入，陆相盆地可供常规油气勘探的领域越来越少。虽然后来我国中西部海相油气的勘探和开发也取得了重要突破和进展，但与中东、俄罗斯、北美等富油气国（地区）相比，我国的油气地质条件禀赋，尤其是海相地层的油气富集、赋存条件相差甚远。因此，尽管从大庆油田发现以来经过了 60 多年的高强度勘探，我国的人均石油储量（包括致密油气储量）也仅为世界的 5.1%，人均天然气储量仅为世界的 11.5%。事实上我国仍然位于贫油之列。这表明，我国依靠常规油气和致密油气增加储量的潜力有限，至多只能勉强补充老油田产量的递减，很难有增产的空间。

借鉴北美地区经验和技术，我国在海相页岩气的勘探开发上取得了重要突破，发现和探明了涪陵、长宁、威远、昭通等一批商业性的页岩大气田。但从客观地质条件来看，我国海相页岩气的赋存、富集条件也远远不如北美地区，因而我国海相页岩气资源潜力不及美国，最乐观的预测产量也不能满足经济发展对能源的需求。我国海相地层年代老、埋藏深、成熟度高、构造变动强的特点也决定了基本不具有美国那样的海相页岩油富集条件。

我国石油工业几十年勘探开发积累的资料和成果表明，作为东部陆相常规油气烃源岩的泥页岩中蕴含着巨大的残留油量，如第三轮全国油气资源评价结果，我国陆相地层总生油量为 6×10^{12}t，常规油气资源量为 1287×10^{8}t，仅占总生油量的 2%，除了损耗、散失及分散的无效资源外，相当部分已经生成的油气仍然滞留在烃源岩层系内成为页岩油。页岩油在我国东部湖相（如松辽、渤海湾、江汉、泌阳等陆相湖盆）厚层泥页岩层系及其中的砂岩薄夹层中普遍、大量赋存。

可以说，陆相页岩油资源潜力巨大，是缓解我国油气突出供需矛盾、实现石油工业可持续发展的重要选项，有可能成为石油工业的下一个“革命者”，并在大港、新疆、辽河、南阳、江汉、吐哈等油区勘探开发取得了一定的进展或突破。但总体上看，目前的成效与其潜力相比还有巨大的差距。究其原因，在于我国湖相页岩的特殊性所带来的前所未有的理论、技术的挑战和难题。这些难题，涵盖从地质、地球物理到钻完井、压裂、渗流等各个方面。瞄准这些难题，中国石油大学（华东）的一批学者在国家、行业和石油企业的支持下，先后申请了从国家自然科学重点基金、面上基金、“973”前期专项到省部级、油田企业等一批项目的支持，进行了不懈探索，逐步形成了一系列有所创新的研究成果。为了能更好地推广相关成果，促进我国页岩油工业的发展，在石油工业出版社的推动下，由卢双舫、薛海涛联合印兴耀、倪红坚、冯其红等教授，于 2016 年成功申报“‘十三五’国家重点出版物出版规划项目”《页岩油勘探开发理论与技术丛书》。此后，在各分册作者的共同努力下，于 2018 年下半年完成了各分册初稿的撰写，经郝芳、邹才能两位院士推荐，于 2019 年初获得“国家出版基金项目”资助。

本套丛书分为五个分册：

第一部《页岩油形成条件、赋存机理与富集分布》，由卢双舫教授、薛海涛教授组织撰写。通过对典型页岩油实例的解剖，结合微观实验、机理分析和数值模拟等研究手段，比较系统、深入地剖析了页岩油的形成条件、赋存机理、富集分布规律、可流动性、可采性及资源潜力，建立了 3 项分级 / 分类标准（页岩油资源潜力分级评价标准、泥页岩岩相分类标准、页岩油储层成储下限及分级评价标准）和 5 项评价技术（不同岩相页岩数字岩心构建技术，页岩有机非均质性 / 含油性评价技术，页岩无机非均质性 / 脆性评价技术，页岩油游离量 / 可动量评价技术及页岩物性、可动性和工程“甜点”综合评价技术），并进行了实际应用。

第二部《页岩油气地球物理预测理论与方法》，由印兴耀教授撰写。创建了适用于我国页岩油气地质地球物理特征的地震岩石物理模型，量化了微观物性及物质组成对页岩油气地质及工程“甜点”宏观岩石物理响应的影响，创新了地质及工程“甜点”岩石物理敏感参数评价方法，明确了页岩油气地质及工程“甜点”地球物理响应模式，形成了页岩 TOC 值及含油气性叠前地震反演预测技术，建立了页岩油气脆性及地应力等可压裂性地球物理评价体系，为页岩油气高效勘探开发提供了地球物理技术支撑。

第三部《页岩油储集、赋存与可流动性核磁共振一体化表征》，由卢双舫教授、张鹏飞博士组织撰写。通过对页岩油储层及赋存流体核磁共振响应的深入、系统剖析，建立了页岩储集物性核磁共振评价技术体系，系统分析了核磁共振技术在页岩孔隙系统、孔隙结构及孔隙度和渗透率评价中的应用，创建了页岩油赋存机理核磁共振评价方法，明确了页岩吸附油微观赋存特征（平均吸附相密度和吸附层厚度）及变化规律，建立了页岩吸附—游离油 T_2 谱定量评价模型，同时创建了页岩油可流动性实验评价方法，揭示了页岩油可流动量及流动规律，形成了页岩油储集渗流核磁共振一体化评价技术体系，为页岩油地质特征剖析提供了理论和技术支撑。

第四部《页岩油钻完井技术与应用》，由倪红坚教授、宋维强讲师组织撰写。钻完井是页岩油开发中不可或缺的环节。页岩油的赋存特征决定了页岩油藏钻完井技术有其特殊性。目前，水平井钻井结合水力压裂是实现页岩油藏商业化开发的主要技术手段。基于国内外页岩油钻完井的探索实践，在分析归纳页岩油藏钻完井理论研究和技术攻关难点的基础上，系统介绍了页岩油钻完井的基本工艺流程，着重总结并展望了在提速提效、优化设计、储层保护、资源开发效率等领域研发的页岩油钻完井新技术、新方法和新装备。

第五部《页岩油流动机理与开发技术》，由冯其红教授、王森副教授撰写。结合作者多年在页岩油流动机理与高效开发方面取得的科研成果，系统阐述了页岩油的赋存状态和流动机理，深入研究了页岩油藏的体积压裂裂缝扩展规律、常用油藏工程方法、数值模拟和生产优化方法，介绍了页岩油的提高采收率方法和典型的油田开发实例，为我国页岩油高效开发提供了重要的理论依据和方法指导。

作为国内页岩油勘探开发方面的第一套系列著作，《丛书》注重最新科研成果与工程实践的结合，体现产学研相结合的理念。虽然作者试图突出《丛书》的系统性、科学性、创新性和实用性，但作为油气工业的难点、热点和正在日新月异飞速发展的领域，很多实验、理论、技术和观点都还在形成、发展当中，有些还有待验证、修正和完善。同时，作者都是科研和教学一线辛勤奋战的专家和骨干，所利用的多是艰难挤出的零碎时间，难以有整块的时间用于书稿的撰写和修改，这不仅影响了书稿的进度，同时也容易挂一漏万、顾此失彼。加上受作者所涉猎、擅长领域和水平的局限，难免有疏漏、不当之处，敬请专家、读者不吝指正。

希望《丛书》的出版能够抛砖引玉，引起更多专家、学者对这一领域的关注和更多更新重要成果的出版，对我国正在艰苦探索中的页岩油研究和产业发展起到积极推动作用。

最后，要特别感谢中国石油大学（华东）校长郝芳院士和中国石油集团首席专家、中国石油勘探开发研究院副院长邹才能院士为《丛书》作序！感谢石油工业出版社为《丛书》策划、编辑、出版所付出的辛劳和作出的贡献。

丛书编委会

前　言

PREFACE

陆相页岩油资源潜力巨大，是缓解我国油气突出供需矛盾的重要、现实选项。因此，受美国页岩气革命以及常规油气勘探开发进程中无心插柳钻遇的泥岩裂缝油藏良好效果的鼓舞，我国在 2012 年前后兴起了一股页岩油研究和勘探的热潮。但几年下来，大庆、吉林、辽河、胜利、南阳等油田专门针对页岩油部署的探井，包括应用了在页岩气中获得成功的水平井 + 大型压裂技术的探井，效果都远远不如预期。即使效果相对较好、被认为是中国陆相页岩油首个重大突破区南阳油田泌阳凹陷的泌页 HF1 井，其泥页岩层分段压裂后获 23.6m^3/d 的高产油流，但产量也很快降到约 1m^3/d，远远达不到效益开发。可以说，与页岩气勘探开发不断取得重要突破相比，页岩油的有效勘探开发举步维艰。此后，勘探热潮消退，但针对性的研究从未停止，从国家到中国石油、中国石化以及主要油田的立项研究一直在持续进行。学者和决策者都开始更加冷静地思考、研究、探索问题的瓶颈所在和可能的突破点。在相关深入研究的促进下，部分页岩油，尤其是富云质的泥页岩（如大港、三塘湖、吉木萨尔等）有所突破。从 2011 年以来，笔者团队先后承担了与页岩油有关的从“973”（前期）专项、国家自然科学重点基金、面上基金、青年基金到油田公司的项目 20 余项，对一些基础、机理性的问题及“甜点”评价技术进行了比较系统、深入地研究。本书正是对这些年来有关成果的小结。

本书的编写提纲由卢双舫、薛海涛初拟，经过全体参著人员讨论后修改、细化。初稿完成后，经过多次讨论对章节提纲进行了调整、重组，对内容进行了超过 50% 的大幅压缩、精炼和修改，最终形成了本书七章的结构。各章的主要内容及编写分工如下：

第一章泥页岩发育地质背景及分布，由李文浩执笔，何涛华、程泽虎参加部分工作。在简析泥页岩沉积机制的基础上，分析泥页岩发育的主要沉积环境和规模性泥页岩发育分布的环境，结合有机质的产生和保存条件，总结富有机质泥页岩发育的环境，简要探讨泥页岩发育规模与盆地类型的关系。结合国内外页岩油的勘探开发实践，指出有利页岩油的形成条件和可能发育的地质背景以及白云质、灰质、长英质等组分对页岩油的意义。

第二章页岩油资源潜力分级评价标准及应用，由卢双舫、肖佃师执笔，参加相关研究工作的人员有黄文彪、王民、李吉君、薛海涛、李俊乾、李文浩等。主要探讨页岩油资源潜力分级评价标准的建立，以方便在针对性研究的早期初步明确有利页岩油的平面、剖面分布。同时，为了将评价标准推广应用到地质条件下，介绍了利用测井资料评价泥页岩有机非均质性的技术及其在页岩油有效层系、富集段划分中的应用。

第三章页岩成储机理、成储下限及分级评价标准，由李俊乾、陈方文、李文浩执笔，薛海涛、李吉君、王民、黄文彪、张鹏飞、赵日新等参加相关工作。在分析页岩矿物组成、划分岩相类型和表征不同岩相页岩的微观孔喉结构、构建数字岩心的基础上，重点探讨页岩的成储机理，即页岩尤其是我国东部湖相页岩能否成为油的有效储层，什么条件下能够成为储层，并由此出发建立页岩的成储下限及分级评价标准，为页岩油物性"甜点"的评价和预测奠定基础。

第四章页岩油赋存机理及可流动性评价，由薛海涛、田善思、李俊乾执笔，唐明明、谢柳娟、张婕、陈国辉、赵日新等参加相关工作。重点讨论页岩油的组成、液—固相互作用及油在储层中的赋存状态和机理（吸附、游离、溶解等），以及评价页岩油可流动性的主要技术，以期揭示我国东部湖相典型页岩油的勘探开发难以得到实质性突破的内在原因及可能的改善、突破方向。

第五章页岩油资源潜力评价，由王民执笔，黄文彪、李吉君、薛海涛、周伦武等参加有关工作。在概括已有的常规油气资源评价技术的基础上，筛选对页岩油有效的评价技术 / 方法；对比分析页岩油与常规油气资源评价的异同，厘定页岩油资源评价的关键参数；针对我国页岩油主要发育于老油区的实际，结合渤海湾盆地渤南洼陷实例，介绍适合油区（盆地 / 凹陷 / 区块）的有效页岩油资源评价方法。汇总给出了部分代表性靶区的页岩油资源评价结果。

第六章页岩岩石力学特征及可压裂性评价，由李俊乾、肖佃师执笔，张鹏飞等参加相关工作。主要讨论页岩油储层的岩石力学特征及其可压裂改造性。包括采用直接法评价泥页岩岩石力学特性，分析力学参数影响因素；建立基于 BP 神经网络算法和全体积法的泥页岩无机非均质性测井评价技术，评价泥页岩的脆性；建立泥页岩力学参数测井评价方法；基于泥页岩力学特性，建立泥页岩可压裂性评价技术。

第七章页岩油富集、可采主控因素及甜点评价，由李吉君执笔，黄文彪、薛海涛、王民、李俊乾、李文浩、肖佃师、张鹏飞等参加有关工作。主要剖析决定页岩油的富集与否及程度、影响页岩油可采性的主要因素，以及评价和预测页岩油的“甜点”原理、思路、技术及实例。

本书作为笔者团队从2011年起所承担的有关页岩油项目研究成果的总结，在此期间毕业的100多名硕士、博士（后）中的大多数都参加过上述有关章节内容的研究工作，由于涉及人员太多，这里没有一一列出。

全书的统稿、定稿工作由卢双舫完成，薛海涛参加了部分章节的统稿。鉴于所涉及领域的前沿性和快速发展性，同时受著者的经历、经验、时间、水平所限，不当、疏漏之处，敬请专家、读者斧正！

本书交稿后，石油工业出版社聘请邹才能院士、庞雄奇教授、张林晔教授审阅了书稿，提出了宝贵的修改意见，对三位专家的付出和指导谨致衷心感谢！

目　录

CONTENTS

第一章 泥页岩发育地质背景及其分布

一般认为，页岩油气是指从富有机质黑色页岩层段中产出的石油和天然气（邹才能等，2014）。尽管总体上来看，黑色页岩中有机质更为富集，含油性更好，可能更具有勘探、开发价值，但考虑到泥岩一般发育规模更大，且其中也不乏富含有机质和富含油的层段，我国东部湖相较纯的泥岩中也有油流产出（陈祥等，2015；张林晔等，2017），本书的页岩油系指主要以吸附和游离态赋存于富含有机质的泥页岩（既包括页理发育的页岩，也包括页理不发育的泥岩）及其砂质薄夹层、互层的泥页岩层系中的孔隙、裂隙内的液态油。这类典型的页岩油在我国东部湖相盆地泥页岩层系中广泛发育和赋存。

世界范围内泥页岩广布，约占沉积岩体积的60%（朱筱敏，2008）。作为页岩油生成和赋存的载体，泥页岩的发育规模和其作为生烃岩、储烃岩的品质以及可压裂改造性决定了页岩油的资源规模、富集程度和可采性。因此，本章将在简析泥页岩沉积机制的基础上，分析泥页岩发育的主要沉积环境和规模性泥页岩发育及分布的环境，结合有机质的产生和保存条件，总结富有机质泥页岩发育的环境。同时，简要探讨泥页岩发育规模（厚度、分布面积）与盆地类型的关系。结合国内外页岩油的勘探开发实践，简要比较、剖析沉积环境变化所形成的海相—陆相页岩、泥岩—页岩、盐湖—非盐湖泥质沉积之间物性和脆性的差异，以及上述背景下形成的页岩油在资源规模、富集程度及可采性上的差异。

第一节 泥页岩沉积机制及形成环境

一、泥页岩沉积机制

泥页岩指的是以粒径小于0.0039mm的颗粒为主组成的岩石，一般以黏土矿物为主，故也称黏土岩。泥页岩是沉积岩中分布最广的一类，约占沉积岩总量的60%。构成泥页岩主要组分的黏土矿物大多数来自母岩风化的产物，并以悬浮方式搬运至汇水盆地，以机械方式沉积而成。由汇水盆地中SiO_2和Al_2O_3胶体的凝聚作用形成的自生黏土矿物，以及由火山碎屑物质蚀变形成的黏土矿物，在泥页岩中所占比例较少。因此，就形成机理而言，泥页岩类应归属陆源碎屑沉积岩。由于小粒径矿物易于搬运而难以沉积，因此泥页岩只能发育于相对安静的水体环境中。理论上讲，所有静水、低能的环境，如浅海—深海、深湖—半深湖、潟湖、牛轭湖、沼泽、分流间湾、前三角洲等，都可以发育泥页岩。

根据页理是否发育将泥页岩划分为页理发育的纹层状、层状页岩和页理不发育的泥岩两大类。页岩是长期静水条件下的沉积产物，其页理和纹层往往保留完整，这主要与分层水体有关（王慧中和梅洪明，1998），因为水体分层可以造成底部水体缺氧，使得底栖生物难以生存，从而避免层理遭受生物破坏。一般而言，处于饥饿状态下的湖盆，细粒沉积物沉积以后若因水体分层而不受其他因素破坏（生物扰动、底流冲刷等），就可以形成与沉积环境相关的沉积纹层（王冠民，2005）。因此，页岩通常发育在水体分层较好的浅海—半深海、深湖—半深湖环境。相对于页岩而言，有关泥岩沉积机理的研究并不多。通常来讲，只要在静水、低能环境，均能形成泥岩。

二、规模性泥页岩发育环境

不难理解，没有规模性泥页岩的发育和分布，就不会有规模性页岩油的赋存和富集，也就不会有页岩油的有效勘探开发。而从前述泥页岩的沉积机制来看，大规模（面积、厚度）泥页岩的发育有两个必要条件：一是大面积且长期的静水、低能环境，这只能在水体面积大，且水体深度大的环境中才能得以满足，较深的水体更适宜较长期地保持静水、低能的环境；二是适宜的黏土矿物的供给，这就要求离物源不宜太远。显然，上述适合泥页岩发育的环境中，潟湖、牛轭湖、沼泽、分流间湾等规模不大的沉积环境，难以满足第一个条件，而深海环境由于远离物源，黏土矿物供应不足，难以满足第二个条件。因此，规模性的泥页岩通常发育于浅海—半深海和深湖—半深湖沉积环境中。同时，也不难理解，就泥页岩的总体发育规模来说，海盆总是大于湖盆，大湖盆大于小湖盆。

第二节　富有机质泥页岩发育环境

Picard（1971）曾提出过4种富有机质泥页岩发育模式：海（湖）侵模式、水体分层模式、门槛模式和洋流上涌模式。概括来说，形成富有机质泥页岩一方面需要有高的有机质产生和输入，同时也要求沉积环境有利于有机质的保存。这两方面主要受生物繁殖和埋藏时的古气候，沉积物形成时水体的生物生产率、氧化还原条件、沉积速率、陆源碎屑输入等方面的制约（Demaison 等，1980；Pedersen 等，1990；Smith 等，1998；金强等，2008；Hao 等，2012；邹才能等，2013；Shang 等，2015；Ma 等，2016；Li 等，2017；Zhang 等，2018）。

一、古气候条件

古气候的变化对富有机质泥页岩（或称优质烃源岩）的形成有重要的控制作用，温

暖潮湿的亚热带气候和局部热带气候为烃源岩形成的有利气候条件，控制烃源岩发育的古气候因素主要为温度、降雨和风。以海相烃源岩为例，温度和降雨对烃源岩的影响主要表现为：湿热的气候条件常常伴随着藻类的大量繁殖，从而使大洋的初始生产力增大，同时在湿热的气候条件下，茂盛的陆上植被还起到了保持水土的作用，使得输入海洋中的碎屑成分减少，降低了无机碎屑对有机质的稀释作用，保持了沉积物中较高的有机质含量；降雨量的增大，使得空气的湿度变大，有利于植物的生长繁殖；风的作用主要表现在海洋盆地，它是海洋环流尤其是上升流形成的主要动力，在离岸风的驱动下，使表层水被吹离，形成风驱上升流，上升流将次表层水中的营养物质带到表层水中，造成表层水的高生物产率，对优质海相烃源岩的形成具有重要的意义。同时，古气候是纹层形成的控制因素，有机质一般富集于页理发育的页岩中。

二、古生产力

Calvert（1987）认为高有机质丰度海相沉积岩是高生产力的结果，而不是还原环境控制了沉积物中有机质的分布与发育，高生物产率能造成底部水的缺氧环境，因为丰富的有机质在分解时会消耗大量的氧气，造成底部水的缺氧环境。同时，高生物产率常常与上升流有关，上升流对生物的产率带来巨大的影响，次表层水的营养物质将随上升流返回透光带中，从而大大肥沃了这里的表层水，这样藻类生物可以蓬勃生长，赖以生存的更高级生物也随之兴盛起来，促使生产力提高，如秘鲁海岸上升流（Burnett 等，1983）、纳米比亚上升流（Calvert 和 Price，1971）。此外上升流能够造成有机质高的堆积速率，上升流区海水表层的有机质有 20%～60% 到达水深 100m 处，而非上升流地区仅有 15%～35% 到达同样深度（Suess 和 Thiede，1983）。同时，有研究表明，火山作用可能给水体带来丰富的营养元素，有利于生物的勃发，从而有利于富有机质泥页岩的形成，如鄂尔多斯盆地长 7 段优质烃源岩沉积期间，就伴随有明显的火山作用（张文正等，2009）。

三、氧化还原环境

有机质的保存条件和沉积作用中的含氧条件有直接的关系。富氧环境下，有机质在下沉并穿过水柱的过程中，部分有机质被降解，另一部分被底栖动物所消耗，此后蠕虫及其他掘穴生物对整个沉积物的翻腾，引起的生物扰动将氧气带入沉积物，结果使略具活动性的碳遭到破坏。而在缺氧环境里（以海洋环境为例），海底以上的水柱中经常有硫化氢，有效地杀死了各种海底生物群，从而使有机碳不至于被氧化，而细菌对硫酸盐的还原作用常常产生更多的烃类生物体，因此在缺氧环境里常常富集有机碳。Demaison 和 Moore（1980）认为每升海水中氧含量小于 0.5mL 就可以形成有机质良好的保存条件。具有良好的水体平衡的内陆局限盆地通常为缺氧盆地，典型缺氧的局限盆地主要有黑海（Degens 和 Ross，1974）和波罗的海（Grasshoff，1975）。开阔大洋盆地中有机质的富集与缺氧环境有密切的关系，有机质主要富集在含氧量不超过 0.5mL/L 的大陆架或大陆坡，如太平洋东北部盆地（Gross 等，1972）、加利福尼亚湾（Van Andel，1964）和印度洋（Stackelberg，1972）。

四、沉积速率

沉积速率和沉积有机质之间存在着密切的关系，国际深海钻探计划（DSDP）的岩心研究发现，沉积速率和沉积物有机质含量之间存在着一定的相关性（Ibach，1982）。陈践发等（2006）在实验室人工可控条件下通过不同频次、不同注入剂量的对比实验，研究了沉积速率对有机质富集程度的影响，结果表明有机碳含量随着沉积速率的变化先增加后减少。这说明，沉积速率过快，同时沉积的矿物质也多，有机质容易被大量的无机颗粒稀释，从而导致沉积岩中有机质含量降低；沉积速率太慢，不能造成水体底部的缺氧环境，有机质逐渐被消耗，从而导致沉积岩中有机质含量降低。因此，只有适当的沉积速率才能形成某种沉积环境下富含有机质的烃源岩。矿物质沉积速率对烃源岩的形成具有重要的影响，矿物质沉积速率很快的条件下很难形成优质烃源岩，优质烃源岩通常形成于矿物质较贫乏的环境下，很多古海相烃源岩形成于矿物质沉积速率较低的区域（De Graciansky 等，1984）。总之，在无机矿物对有机质的稀释作用较大的条件下很少能形成烃源岩，相反优质烃源岩主要发育于无机矿物对有机质稀释作用较小的环境中。

五、陆源碎屑输入

河流带来大量的陆源碎屑，对湖泊或海洋生产力起到稀释的作用。一般对于较小的湖泊，可能由于河流太多，带来的碎屑物质太丰富，大大稀释了湖泊生产力，而很难形成较好的烃源岩，如渤海湾盆地涧河凹陷、昌黎凹陷和乐亭凹陷。世界大河亚马孙河河口下方尚未发现重要含油气盆地和烃源岩发育就与此有直接关系，主要原因是河流带来了大量陆源碎屑，使得营养盐贫化，从而限制了藻类的大量繁殖（Edmond 等，1981）。

由此可见，尽管优质烃源岩的形成受到多种因素的制约，但是最主要的影响因素为古生产力和氧化还原环境。南海北部大陆边缘盆地浅水区探井尚未揭示古近系海相优质烃源岩（尽管泥页岩发育规模较大），其主要原因是当时古海洋生产力不高（Li 等，2017）。同时，尽管南海北部琼东南盆地深水区缺乏探井，Li 等（2012）根据古生产力及氧化还原条件等参数随水深的变化规律，认为琼东南盆地半深海相可能为中新统海相优质烃源岩发育的有利相带。而对于湖相优质烃源岩形成条件更为复杂，主要是由于湖泊水体范围较小，其沉积环境要比海洋的沉积环境变化更为频繁，具体表现为水体盐度、pH 值以及特殊生物的变化显著（Valero Garcés 等，1995；Goncalves，2002）。张文正等（2008）通过岩石学和元素地球化学分析认为，鄂尔多斯盆地长 7 段优质烃源岩发育于淡水—咸水的半深湖—深湖沉积环境，高初级生产力是决定因素，并且高生产力促

进了缺氧环境的形成。

总体来看，海洋中的浅海—半深海和湖泊内的深湖—半深湖，由于上部水体具有较高的生物产率，底部水体具有静水、低能、还原的条件而有利于富有机质泥页岩的大规模形成和发育。但并不是所有的浅海—半深海和深湖—半深湖都会发育富有机质烃源岩，需要上述有关条件的有效匹配才能形成规模性的富有机质泥页岩。

第三节　不同类型盆地泥页岩发育特征

依照形成环境，可将泥页岩划分为海相泥页岩、海陆交互相泥页岩、陆相泥页岩，这三种沉积类型的泥页岩在我国均广泛发育（表 1–1）。不过，我国的海相及海陆过渡相盆地由于时代老、（古）埋深大、演化程度高，普遍进入高、过成熟阶段，不具备页岩油资源潜力。一般认为，暗色泥页岩主要发育在海侵体系域或湖侵体系域，尤其是密集段及其附近的位置（刘智荣，2007）。海平面升降变化对于海相沉积作用至关重要。当海平面上升时，海水向陆地侵进，海洋面积扩大而陆地面积缩小，可容纳空间增大，造成沉积盆地处于欠补偿状态，沉积物以细粒的泥质为主，此时如果古气候、古洋流、古构造、古环境等适合生物大量繁殖，就能够形成富有机质的暗色泥页岩。

表 1–1　中国主要盆地泥页岩发育特征

沉积类型	分布地区及地层层位
海相泥页岩	扬子地区古生界，华北地区古生界—元古宇，塔里木盆地寒武系
海陆交互相泥页岩	鄂尔多斯盆地石炭系本溪组、下二叠统山西组—太原组，准噶尔盆地、吐哈盆地石炭系—二叠系，塔里木盆地石炭系—二叠系，华北地区石炭系—二叠系，南方地区二叠系龙潭组，东北地区石炭系—二叠系
陆相泥页岩	松辽盆地白垩系，渤海湾盆地古近系，鄂尔多斯盆地三叠系，四川盆地三叠系—侏罗系，准噶尔盆地、吐哈盆地侏罗系，塔里木盆地三叠系—侏罗系，柴达木盆地侏罗系、古近—新近系

构造演化的差异性是控制泥页岩发育的基础条件。在早三叠世及古生代，我国发育有华北、扬子和华南、塔里木等大中型海相及海陆交互相克拉通和克拉通边缘盆地。经过中—新生代改造后，这些大中型盆地普遍遭到破坏，仅在四川、鄂尔多斯、塔里木等地区保留一部分克拉通盆地。中生代以来，陆相盆地广泛发育。其中部分陆相盆地叠置在克拉通盆地之上，部分盆地发育在古生代褶皱带上。我国典型盆地泥页岩发育特征如表 1–2 所示。

表 1-2 典型盆地泥页岩发育特征

盆地类型	盆地	层位	沉积环境	泥页岩厚度（m）	泥页岩分布面积（$10^4 km^2$）
裂陷盆地	渤海湾盆地	古近系	半深湖—深湖	30～200	9～11
	松辽盆地	白垩系	半深湖—深湖	50～200	8～9
	江汉盆地	古近—新近系	半深湖—深湖	30～100	0.2～0.3
	南襄盆地	古近—新近系	半深湖—深湖	30～120	0.2
	苏北盆地	古近—新近系	半深湖—深湖	30～100	0.2～0.3
前陆盆地	柴达木盆地	古近—新近系	半深湖—深湖	30～200	2～3
	准噶尔盆地	二叠系	半深湖—深湖	10～200	6～8
	酒西盆地	白垩系	半深湖—深湖	50～200	0.3～0.5
	三塘湖盆地	二叠系	半深湖—深湖	20～100	0.5～1
	吐哈盆地	侏罗系	半深湖—深湖	30～60	0.7～1
	美国海湾盆地	Eagle Ford 页岩	深水陆棚	20～60	4
克拉通盆地	鄂尔多斯盆地	三叠系	半深湖—深湖	10～40	8～10
	四川盆地	侏罗系	半深湖—深湖	20～60	7～9
	美国威利斯顿盆地	Bakken 页岩	深水陆棚	5～12	7

不同类型盆地的构造背景不同，从而影响泥页岩沉积厚度和展布范围。泥页岩的发育面积总体与盆地的大小呈正相关关系。构造背景相对稳定的克拉通盆地（如鄂尔多斯盆地）泥页岩的发育规模一般大于断陷型盆地。渤海湾断陷盆地虽然泥页岩发育的总面积比较大，但被分割为众多构造单元（下辽河坳陷、冀中坳陷、济阳坳陷、黄骅坳陷、渤海等），每个断陷的泥页岩发育面积总体上相对较小；此外，坳陷期泥岩发育规模大于分割强的断陷期，如松辽盆地坳陷期的青山口组、嫩江组泥岩发育分布面积就远远大于断陷期的沙河子组、营城组。就单个断陷来说，泥页岩的分布面积受断陷面积所局限。裂陷盆地在裂陷期间，由于区域快速沉降，使得可容纳空间增加，该类盆地形成的泥页岩厚度通常较大，但泥页岩分布面积受裂陷规模的影响。克拉通盆地地质背景相对稳定，供给物质沉积广泛，因此泥页岩具有分布面积广的特征，泥页岩的发育主要受古水体深度影响，古水深控制着湖盆底形的变化，不同水体深度反映不同强度的湖流作用，而湖盆地形控制着泥页岩的分布；其次水体深度也控制着暗色泥页岩的形成与分布。前陆盆地泥页岩的沉积厚度与裂陷盆地类似，但泥页岩分布面积相对局限，远离克拉通方向（紧邻逆冲活动翼楔状体），形成深的前渊坳陷，此时沉积作用滞后于沉降作用，盆地处于“饥饿”沉积状态，主要形成深水—半深水类型沉积，以富含有机质的泥岩和页岩为主，这是前陆盆地泥页岩发育的最有利时期。总体来看，裂陷盆地和前陆盆

地通常发育较厚的泥页岩，而克拉通盆地发育的泥页岩通常厚度不如前两类盆地，但是泥页岩平面分布相对较为广泛。

渤海湾盆地是我国典型的裂陷盆地，其湖盆水域面积宽阔，生物繁盛，为泥页岩的形成创造了有利条件，其形成和演化在很大程度上受郯庐断裂带的影响和控制，盆地深层的绝大多数构造以负花状构造为特征。渤海湾盆地泥页岩层主要发育于古近系沙四段上亚段、沙三段下亚段和沙一段，平面上主要分布于断层附近以及深洼处或大型扇体前端。沙四段上亚段泥页岩为咸水—半咸水湖泊沉积，沙三段下亚段泥页岩为淡水—微咸水湖泊沉积，沙一段泥页岩为咸水—半咸水湖泊沉积，岩性以深湖页岩、油页岩和纹层泥岩为主（李丕龙，2004）。这三套泥页岩累计厚度多达 1km，有机质丰度大于 2%，有机质类型以腐泥型—混合型为主，有机质成熟度分布在 0.5%～1.3% 之间（宁方兴，2015）。控源断层的活动特征控制了盆地内泥页岩的发育程度。研究发现，渤海湾盆地内不同洼陷泥页岩厚度与控源断层最大断距具有较好的正相关关系。沙四段泥页岩发育时期，惠民凹陷北部断层活动强烈，在其控制下的洼陷泥页岩十分发育，而北部的车镇与沾化凹陷控源断层活动相对较弱，泥页岩厚度较薄（王鑫，2015）。

鄂尔多斯盆地为我国著名的克拉通盆地，其湖盆构造演化发育的起点为延长组长 10 段底部，印支运动较弱，鄂尔多斯盆地基本继承了晚海西期以来的构造平稳的格局，围绕湖盆中心，为湖盆构造的初始坳陷阶段，发育一系列环带状三角洲沉积，在东北、东南以及南部发育向湖盆强烈推进的朵叶状或鸟足状三角洲。足够的水深是鄂尔多斯盆地泥页岩形成的必要条件，晚三叠世鄂尔多斯盆地处于内陆，一般湖水浪小，周围水中碎屑供给充分，湖水含泥量及污浊度高，陆源碎屑充足的供应使得沉积速率较快，形成了层理不发育的泥页岩。

第四节　沉积环境对页岩物性、脆性的影响

对页岩油而言，有利的泥页岩除了需要有较大的规模（较大的面积和厚度，表 1–2）和富含有机质（表 1–3）之外，还需要具有较好的物性和脆性，这影响页岩油的可采性。显然，原生因素（沉积环境）和次生因素（成岩演化）都会影响页岩物性和脆性。对此的系统讨论将分别放在第三章、第六章中进行，这里简要讨论沉积环境的影响，主要比较沉积环境改变所形成的海相—陆相页岩、泥岩—页岩、盐湖—非盐湖泥质沉积之间物性和脆性的差异及其页岩油意义。

一、海相—陆相比较

图 1–1 显示了美国典型盆地及我国黔南坳陷下寒武统海相页岩的矿物组成，图 1–2 显示了我国松辽盆地南部主要湖相烃源岩层青山口组和嫩江组泥岩的矿物组成。可以看出，海相页岩总体上石英含量较高（多在 40% 以上），而黏土矿物含量较低（一般在 20%～35% 之间）。比较而言，湖相泥岩石英含量相对较低（均值<35%），而黏土矿物

含量较高（均值>35%）。由于黏土矿物的塑性较高，可压裂性较差，这可能是制约我国东部湖相页岩油开发效果的重要原因。北美海相页岩中的硅质大部分为各种生物成因，我国川渝地区五峰组—龙马溪组海相页岩中硅质也同样被认为是生物成因（王淑芳等，2014；Zhang 等，2019），可以同时具有 TOC 高和脆性好的特征。石英含量高，能形成石英颗粒支撑，有利于粒间孔隙的保存。而我国陆相页岩相带变化快，非均质性强，且石英含量低，可压裂性相对较差，这可能是我国页岩油井压裂后产能相比美国明显较差的原因（武晓玲等，2013；聂海宽等，2016）。

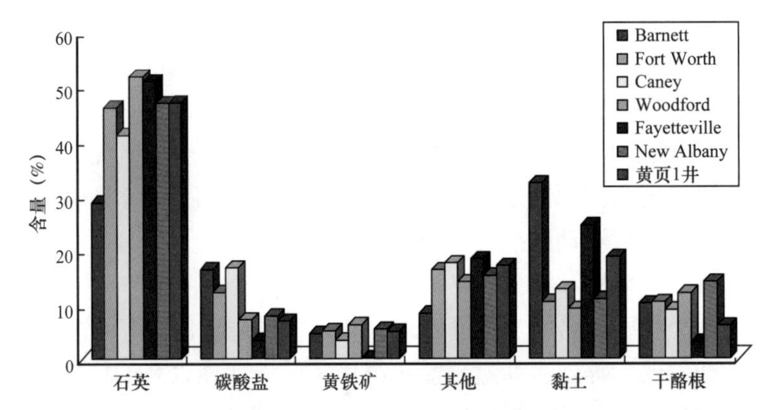

图 1-1　美国典型页岩气盆地及我国黄页 1 井海相页岩矿物组成

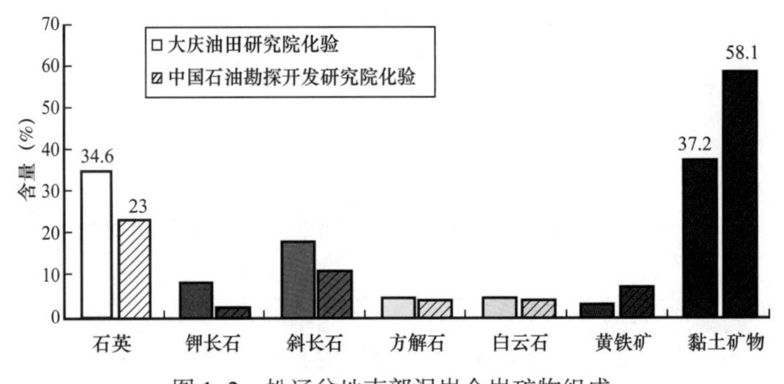

图 1-2　松辽盆地南部泥岩全岩矿物组成

中国石油勘探开发研究院分析结果是参照国际标准，大庆油田研究院参照国内行业标准进行测试，前者测量黏土矿物粒径标准大于后者，从二者的实验结果分析来看，国际标准测得的实验结果中石英平均含量相对国内结果低 10%，而黏土矿物含量相对高 20%

表 1-3 汇总给出了我国主要湖盆与北美海相盆地泥页岩地质参数特征对比。可以看出，由非黏土矿物占全岩比例所指示的脆性指数在海—陆相之间并没有明显的差别。这可能意味着，长石、钙质（白云质将在后面讨论）等矿物，虽然脆性强于黏土，但较石英、白云质等矿物还有差别，不一定适宜作为脆性矿物计入脆性指数的计算。同时还可以看到，各类盆地泥页岩渗透率无明显差异。因此，国内外海—陆相盆地页岩油资源量及产量存在明显差异的原因主要可归结于 TOC 含量及孔隙度，当泥页岩 TOC 含量

大于 3% 且孔隙度大于 5% 时（相对稳定的渗透率及脆性指数），页岩油较为富集且产量较高。其中美国威利斯顿盆地 Bakken 页岩、海湾盆地 Eagleford 页岩及福特沃斯盆地 Barnett 页岩 TOC 含量远远高于 3.0%，且孔隙度大于 5%（表 1–3），使得这三个盆地页岩油资源极为富集并成为全球主要的产页岩油盆地。我国页岩油发育的典型盆地大致可以划分为三种类型：第一类以鄂尔多斯盆地、准噶尔盆地、四川盆地、渤海湾盆地及松辽盆地为代表，发育巨厚且面积较大的泥页岩（厚度甚至远大于美国威利斯顿等盆地泥页岩），这些盆地泥页岩样品 TOC 含量很多大于 3.0%，页岩油资源量较为丰富（表 1–3），但由于泥页岩孔隙度均较低，普遍低于 5%（表 1–3），导致上述盆地页岩油产量很低，未获得实质性突破。第二类以江汉盆地为代表，江汉盆地新沟嘴组及潜江组泥质白云岩样品中，大多数 TOC 含量介于 1.0%～3.0% 之间，具有较好的生烃潜力，孔隙度远远大于 5%，尽管有机质丰度和美国威利斯顿盆地及海湾盆地泥页岩相差较大，但物性却较为接近。该类盆地近年来页岩油获得一定突破，其中 2012 年江汉盆地已有 10 口井在古近系新沟嘴组获得工业油流，目前页岩油在江汉盆地南部近 200 口井中均有显示，勘探前景良好。但由于烃源岩有机质成熟度偏低，R_o 主要为 0.4%～0.7%，成熟度较低，可流动性也相对较差，使得盆地页岩油资源量规模受到一定的限制。和美国典型盆地相比，页岩油资源量规模相差很大。但该类盆地页岩油产量明显强于第一类盆地，主要是由于该类泥页岩中，白云石含量相对较高，其中白云石晶间孔极为发育，大大改善了储层孔隙度（绝大多数样品孔隙度远远大于 5%），同时由于白云石溶蚀孔隙的存在，也极大地提高了储层连通性。此外，白云石等脆性矿物有利于孔隙的保存，同时也增强了岩石可压裂性。第三类以柳河盆地为代表，泥页岩 TOC 含量以小于 1.0% 且孔隙度以小于 3.0% 为主（表 1–3），该类盆地页岩油资源有限。

高古生产力和缺氧沉积水体是形成富有机质页岩的基础。典型如美国威利斯顿盆地 Bakken 页岩。该套页岩有机碳含量普遍较高，TOC 含量可达 10%～14%，镜下可见大量腐泥型显微组分及大量已硅化的生物结构，反映较高的古生产力；V/（V+Ni）平均值为 0.81，页岩中广泛发育黄铁矿，反映沉积时期水体缺氧（表 1–3）；我国第一类盆地泥页岩沉积背景与之类似，主要形成于高生产力和缺氧水体的背景下，镜下可见黄铁矿，显微组分以腐泥型为主（表 1–3）。与之不同的是，我国这些盆地泥页岩主要为湖泊沉积，而北美则为海洋沉积，海相沉积环境中，浮游藻类更为繁盛且多样化，更有利于形成稳定的富有机质沉积。良好的物性条件及高脆性指数为页岩油盆地具有高可采资源量或高页岩油产量的前提条件。尽管我国第一类盆地泥页岩具有高有机质丰度，但其孔隙度普遍较差，严重制约了页岩油勘探开发。而第二类盆地，尽管泥页岩有机质丰度低于第一类盆地，但由于具有较好的物性（尤其是孔隙度）及高的脆性指数，使得该类盆地成为当前我国页岩油勘探开发主要的领域。

表 1–3　国内外典型沉积盆地泥页岩地质参数特征对比

盆地	层位	沉积相	岩性	TOC（%）	R_o（%）	储集物性				脆性指数（%）	资源量❶（10^8t）	显微组分	地球化学参数	矿物
						储集空间类型	孔隙度（%）	渗透率（mD）	孔喉直径（nm）					
鄂尔多斯盆地	延长组	半深湖—深湖	泥岩、页岩	2～8	0.6～1.1	基质孔、微裂缝	2～6	0.01～0.1	＜300	40～70	25～35	显微组分	Th/U=3～10；V/（V+Ni）=0.51～0.97	黄铁矿发育
准噶尔盆地	二叠系	半深湖—深湖	页岩、云质泥岩	2.1～7.8	0.5～1.0	基质孔、微裂缝	＜5	＜0.1	＜300	40～80	20～25	腐泥型为主	V/（V+Ni）= 0.62～0.92	黄铁矿发育
四川盆地	侏罗系	半深湖—深湖	页岩	1.8～9.0	0.9～1.5	基质孔、微裂缝	＜3	0.001～0.1	＜100	45～55	15～20	鱼鳞化石发育 *	正构烷烃弱偶碳优势	—
渤海湾盆地	古近系沙河街组	半深湖—深湖	泥岩、页岩	2.0～11.0	0.4～1.5	基质孔、微裂缝	3～6	0.2～1	＜200	40～80	20～25	腐泥型为主	Pr/Ph＜2	黄铁矿发育
松辽盆地	白垩系	半深湖—深湖	泥岩	0.7～8.7	0.3～1.39	微裂缝、基质孔	3～6	＜0.15	＜200	40～70	20～25	鱼骨化石、藻类残片发育 *	Pr/Ph=0.40～1.36；芳基类异戊二烯发育	黄铁矿发育
柴达木盆地	古近—新近系	半深湖—深湖	页岩、灰质泥岩	0.7～1.2	0.6～1.8	基质孔、微裂缝	＜3	＜0.1	＜150	40～50	2～4	腐泥型为主；鱼化石发育 *	Pr/Ph 平均值 2.72	—
柳河盆地	白垩系	半深湖—深湖	泥岩、页岩	0.4～1.0	0.7～1.3	基质孔	＜2	＜0.01	＜200	60～85	1～1.5	腐泥—腐殖混合型	Pr/Ph＜1.0	—
三塘湖盆地	二叠系	半深湖—深湖	云灰质泥岩	2.0～12.0	0.5～0.9	微裂缝、基质孔	＜5	＜0.1	＜300	45～70	1～2	腐泥—腐殖混合型	Pr/Ph＜1；V/（V+Ni）=0.52～0.91	—

续表

盆地	层位	沉积相	岩性	TOC（%）	R_o（%）	储集物性				脆性指数（%）	资源量❶（10^8t）	显微组分	地球化学参数	矿物
						储集空间类型	孔隙度（%）	渗透率（mD）	孔喉直径（nm）					
吐哈盆地	侏罗系	半深湖—深湖	页岩	1.0～5.0	0.5～0.9	微裂缝、基质孔	<3	<0.1	<300	40～50	<1	腐泥—腐殖混合型	V/（V+Ni）=0.64～0.91	—
江汉盆地	古近—新近系	半深湖—深湖	页岩、泥质云岩	0.5～3.0	0.4～0.7	晶间孔、基质孔	4～15	0.01～1	<300	60～99	1～2	腐殖—腐泥混合型	Fe^{2+}/Fe^{3+}=1.08～5.22；Pr/Ph=0.38～1.07	黄铁矿发育
南襄盆地	古近—新近系	半深湖—深湖	泥岩、页岩	2.0～6.0	0.5～1.2	基质孔	<4	<0.1	50～300	60～70	1～2	层状藻、孢子体发育	V/（V+Ni）=0.61～0.85；Pr/Ph=0.36～0.86	黄铁矿发育
苏北盆地	古近—新近系	半深湖—深湖	泥岩	1.0～2.0	0.6～1.3	微裂缝	<2	<0.1	<250	20～30	1～2	层状藻、结构藻等	Pr/Ph=1.10～2.30	—
威利斯顿盆地	Bakken页岩	陆棚	海相页岩	10～14	0.6～0.9	基质孔、微裂缝	8～12	0.05～0.5	<200	50～85	23～29	腐泥—腐殖混合型	V/（V+Ni）平均值=0.81	黄铁矿发育
海湾盆地	Eagleford页岩	陆棚	海相页岩	3.0～8.0	0.7～1.3	微裂缝、基质孔	5～14	<0.1	<150	45～65	16～20	腐泥型为主	V/（V+Ni）>0.5；Ni/Co=5～10	黄铁矿发育
福特沃斯盆地	Barnett页岩	深水陆棚—盆地	海相页岩	3.0～12.0	—	基质孔、微裂缝	4～10	0.02～0.1	—	50～80	—	腐泥型为主	V/（V+Ni）平均值=0.81	黄铁矿发育

* 数据来自郑荣才等（2006）、Jarvie 等（2007）、程斌等（2012）、王作栋等（2012）、Romero-Sarmiento 等（2013）、邹才能等（2014）、Chermak 等（2014）、Vanhazebroeck 等（2016）、Han 等（2017）、马义权（2017）、付金华等（2018）、王强（2018）、董红丽等（2018）。

Th/U—钍/铀；V/（V+Ni）—钒/（钒+镍）；Pr/Ph—姥鲛烷/植烷；Ni/Co—镍/钴。

❶ 卢双舫，李文浩，等 .2015. 页岩含油气组合技术可采资源评价方法研究与美国典型盆地解剖研究 . 中国石油“十二五”攻关专项专题成果报告，中国石油大学（华东）。

二、泥岩—页岩比较

一般来说，与泥岩相比，页岩硅质含量相对较高而黏土矿物相对较低，这除了有助于提高岩石的可压裂性之外，还可明显增强岩石的抗压实能力，对孔隙的保存较为有利。如北美 Bakken 页岩中生物成因的硅一定程度上反映了较高的生物产率，在有利于高有机质丰度页岩形成的同时，保护了有机孔隙的发育程度。同时，在其他条件相近的情况下，页岩由于纹层、纹理发育，更容易形成层理缝，高角度构造裂缝也较为发育，而普通块状泥岩发育程度较差（李吉君等，2014）。因此，一般来说，页岩的物性和脆性都会好于泥岩。如湖北咸宁地区龙马溪组烃源岩，其中页岩石英含量平均值大于60%，而泥岩样品石英含量平均值略大于40%，绝大多数页岩样品孔隙度大于5%，而泥岩样品孔隙度平均在3%左右。

三、盐湖—非盐湖比较

值得关注的是，我国近几年来页岩油探井产量较高的目的层，往往含有相对较高含量的白云石矿物，或页岩往往与泥质白云岩互层。如江汉盆地古近—新近系、三塘湖盆地二叠系、准噶尔盆地吉木萨尔凹陷芦草沟组和大港油田歧口凹陷孔店组。显然，这些陆相湖盆中水体的高盐度为白云岩的形成及成岩转化提供了物质基础和介质条件，同时这种咸水介质条件湖水分层作用控制了细粒物质的垂向叠置关系，主要发育碳酸盐矿物晶间孔及黏土矿物晶间收缩缝等孔隙类型，为页岩油的富集提供储集空间（张顺等，2016）。白云石化作用可以改善岩石的物性和脆性，对页岩油的相对富集和高产有重要意义。比较而言，非盐湖的陆相湖盆沉积，如松辽盆地青一段、泌阳凹陷核桃园组的较纯泥岩，单井产量往往不高或产量递减很快。这体现了沉积环境的盐度变化对页岩油富集高产的影响，也是我国盐湖相的江汉盆地、三塘湖盆地和大港页岩油产能有所突破并被寄予厚望的重要原因。以页岩油较发育的江汉盆地新沟嘴组泥质白云岩为例，储集空间以晶间孔、粒间孔和溶蚀孔为主，其中白云石晶间孔占总晶间孔的50%以上，粒间孔约占总粒间孔的40%，溶蚀孔主要和白云石矿物有关，有机酸实验揭示，当白云石含量超过16%时，镜下能见到明显增加的溶蚀孔，新沟嘴组泥质白云岩溶蚀孔隙孔隙度可达2.34%。

此外，咸水湖泊对烃源岩生烃方面也有一定的促进作用，如有学者认为咸水湖泊环境下形成的烃源岩，在有机质热演化程度较低的情况下就能形成油气（张国防等，1995；王铁冠，1995），主要是由于盐类沉积的非均质性，增加了烃源岩的热导率和聚热性能，且盐类加速了有机质早期降解缩合脱氢成烃。已有研究表明，含盐烃源岩在R_o小于0.78%以前，由于盐类物质的存在改变了矿物基质的组成，使有机质在较早的演化阶段即可变成大量的可溶性化合物，而无盐泥页岩在R_o约为1.0%时才完成该过程（马中良等，2013）。这也很好地解释了江汉盆地新沟嘴组泥岩成熟度相对较低，主要分布在0.5%～0.7%之间，但页岩油仍获得重要突破。目前越来越多的研究表明，优质烃源

岩的形成与湖盆咸化作用有关，而非淡水环境（孙镇城等，1997；马中良等，2013）。尽管咸水条件下底栖和浮游生物种类减少，但生物的适应性使得嗜盐细菌和藻类属种增多，其生物产能巨大（Kirkland 和 Evans，1981）。另外，咸化湖盆中藻类勃发及深部流体带来的营养物质为沉积有机质的保存和富集提供了充足条件。含有一定盐度的湖水容易形成盐度和温度分层，从而使得底部水体缺氧。

第二章

页岩油资源潜力分级评价标准及应用

在美国的页岩气革命之前，泥页岩仅仅是作为生成油气的烃源岩得到重视。但页岩气的商业性开发，一方面展示了其作为气储层的巨大潜力，同时也揭示了其作为油储层的可能性。事实上，泥页岩作为生成油气的烃源岩，没有人怀疑其中蕴含着海量的油气。应用现有的烃源岩定量评价技术，人们不难计算出泥页岩中有机质生排烃之后残存的油气总量（卢双舫等，2016）。如中国石化对全系统的页岩油气资源评价表明，中国石化所属东部油区具有丰富的页岩油资源，仅胜利油田面积不到1000km^{2}的渤南洼陷滞留在泥页岩中油的总量就高达88×10^{8}t（卢双舫等，2016）。中国石油探区也有丰富的页岩油资源，如大庆油田仅齐家—古龙凹陷青山口组泥页岩中滞留油的总量就高达146×10^{8}t，吉林油田青一段滞留于泥页岩中油的总量就达156×10^{8}t（卢双舫等，2016）。保守地估计，如果烃源岩中滞留的烃类只有5%能实现工业开采，我国现有主要常规石油分布区就有203×10^{8}t的可采页岩油资源量；如果不考虑技术和成本因素，按照现有油田年产量规模估算，这些页岩油气可采资源量至少可供开采100～250年。如果理论/技术的突破将页岩油气的采收率提高一小步，将带来可采资源量的大幅增加。赵文智等（2018）认为，如果应用电加热原位转化技术，中国页岩油气技术可采资源量石油700×10^8～900×10^{8}t，天然气60×10^{12}～65×10^{12}m^3，为我国2015年剩余探明经济可采油气储量（分别为25×10^{8}t和3.8×10^{12}m^3，张玉清，2017）的16～36倍，也远远超出我国迄今为止所探明油气储量的总和。

但是，受沉积环境、矿物组成及其中有机质的丰度、类型、成熟度及排烃效率的影响，泥页岩中的含油气量有着明显的差别。加上泥页岩致密、低孔尤其是低渗的本质，决定了其中油气不仅较常规储层、也较致密砂岩储层中的油气更难以开采。那么，泥页岩中所赋存的海量油气中，哪部分油气是近期可以（或经过努力可以）有效开采出来，哪些是有待未来技术进一步突破后有望开采出来，而哪些可能是永远难以有效开采出来的呢？也就是说，对泥页岩油气而言，人们需要知道的不仅仅是其中赋存的油气资源总量，更重要的是需要知晓其中不同富集程度的油气资源量！这就需要有一套分级评价标准来指导页岩油气资源的分级评价工作。

世界上成功勘探开发页岩油气的北美地区，关于页岩油气具有富集、可采性的基本标准是有机质丰度较高（TOC＞2%）、成熟度较高、一般有机质类型较好，脆性矿物含量较高或黏土矿物含量较低（李新景等，2009），并没有见到有关资源分级评价标准及其提出依据的报道。这可能与西方的油气勘探、开发主要是分区块，而不是按盆地（或坳陷、探区）来整体评价有关。为了指导我国页岩油气的资源评价及选区工作，国土资源部油气战略研究中心与中国地质大学的张金川教授合作提出了一套页岩气优选（分级评价）试行标准（张金川，2011）。这一标准在对美国页岩气成功勘探开发探区经验总结的基础上，主要依据 TOC、R_o，综合考虑埋深、含气量、页岩面积、厚度、地表条件、保存条件、可压裂性等将页岩气分为远景区、有利区和核心（目标）区三级，三级对应的 TOC 分别为 0.3%（陆相和海陆过渡相 0.4%）、1.5% 和 2.0%。

李延钧等（2011）参考国外页岩气开发实践及地质地球化学参数，并从页岩的生气能力、储气能力、易开采性 3 方面，结合国内盆地的具体地质实际，筛选并界定了 6 项地质选区评价参数，建立了评价参数分级的标准。

应该说，上述分级标准的提出对页岩气资源的分级评价有一定的参考价值，但由于这不仅仅是一个资源的分级评价标准，也是一个选区评价的分级标准，因此在资源分级评价中的可操作性不强，如有些指标（孔隙度、脆性矿物含量）与资源潜力没有关系，有些指标（脆性矿物含量、含气量）在资源评价早期还难以获得。更为重要的是，分级界限的提出缺乏依据。而关于页岩油资源分级评价问题，在我们工作之前还鲜有研究涉及。因此，瞄准这一有重要意义但相对薄弱的研究环节，在国家重大基础研究规划“973”前期专项、国家自然科学基金、国土资源部专项及部分油田协作项目的资助下，开展了页岩油气资源分级评价标准的研究工作，以期为页岩油气资源潜力评价提供一套有依据的标准，以提高页岩油气资源评价的可操作性和评价认识的可对比性。

由于层理比较发育的页岩中的油气是目前成功勘探开发的主要对象，因此，有学者倾向于只讨论页岩油气。但笔者认为，作为一类资源，不管是在页岩中还是在泥岩中，都应该给予评价。因为油气是否（经济）可采与技术进步和油价有关。目前不可采的不一定未来不可采，目前不经济的不一定未来不经济。在实际评价过程中，泥岩、页岩油气资源可以分开评价。为简明起见，书中一般以页岩油气来简称。

同时，由于泥页岩中存在明显的非均质性，要将所建立的标准推广应用到地质条件下，需要建立有效的泥页岩有机非均质性评价技术。因此本章将重点探讨建立页岩油（气）资源潜力评价标准和泥页岩有机非均质性评价技术，同时将所建标准和技术作初步应用。

第一节 页岩油资源潜力分级评价标准

只要含有机质，任何泥页岩都会或多或少含有油气。但含油气量的多少与岩石的组成（取决于物源及沉积环境，影响对油气的吸附能力及孔隙容留能力）及其中有机质的丰度、类型、成熟度及排烃条件有关。

一、页岩油资源潜力分级评价原理

理论上讲，页岩油气资源的分级应该基于两方面来进行：一是其富集的程度，二是其是否（经济）可采。不难理解，富集是（经济）可采的基础和前提。同时，由于油气的（经济）可采性还与技术和油价有关，因此，泥页岩中油气的富集性是其资源分级评价的第一考察要素。由于液态的油较容易分析和实测，因此，本节先讨论页岩油资源的分级评价标准问题。

可以直接反映泥页岩中含油量多寡的地球化学指标首推氯仿沥青“A”和热解烃量（S_1）。同时，由于干酪根不仅是生成油气的主要母质，也是吸附油气的主要介质，因此，在其他条件相近的情况下，干酪根的含量越高，泥页岩含油气量越大。而反映干酪根含量最直观、有效的指标是总有机碳（TOC）含量。因此，这里的讨论主要基于上述 3 项指标来进行。

图 2–1 以松辽盆地南部的实际分析数据为例，作出了 TOC—S_1 和 TOC—氯仿沥青“A”关系图。从图中可以看出，当烃源岩埋深较浅、成熟度较低（小于 0.7%）时，含油量（S_1）随 TOC 的增大平稳升高（图 2–1a）。但是，当烃源岩的成熟度较高时，含油量随 TOC 的变化呈现明显的三段性（图 2–1b）：当 TOC 较低（＜0.8%）时，含油量保持稳定低值；之后，随着 TOC 的升高（TOC 介于 0.8%～1.8% 之间），含油量呈现明显的上升趋势；但当 TOC 高到一定程度（＞1.8%）之后，含油量不再随着 TOC 的升高而增大，为相对稳定的高值。由此可以看出：（1）稳定高值段表明当有机质的丰度达到一定的临界值（这里为 1.8%）之后，所生成的油从总体上、统计上能够满足烃源岩各类形式的残留需要，丰度更高时所生成的更多的油应该都被排出去了。也就是说，此时的泥页岩含油量已经达到饱和。显然，这类页岩中的含油量最为丰富，应该是目前页岩油评价和勘探更为现实和有效的对象，可称之为富集资源，或者饱和资源。而在稳定低值段，因相应的有机质丰度太低，生成的油量还难以满足自身各种形式的残留需要，含油量偏低，因而很难有效采出。显然，这至少是目前页岩油气难以勘探开发的对象，由于这部分油量少且分散并与烃源岩紧密结合，也许永远也难以被经济有效地开发，故可称之为分散资源，或者无效资源。介于其间的上升段，含油量居中，也许待未来技术进步后才有望成为开发对象，或者与富集资源一起作为开发对象，可称之为低效资源（或欠饱和资源、潜在资源）。上述三级资源由好到差也可以分别称为Ⅰ级、Ⅱ级、Ⅲ级资源。

在另一项反映含油性的指标氯仿沥青“A”—TOC 关系图（图 2–1c）上，同样可以看到上述的三分性，而且所确定的分界点的 TOC 与前面基本一致，进一步支持这种三分性。

其实，从上述图上，还可以确定相应的 S_1 和氯仿沥青“A”的分级标准。以图 2–1b 为例，页岩油分散资源与低效资源的 S_1 分界线可以定在 0.5mg/g（HC/ 岩石）（上包络线与 TOC 分界线的交点对应的 S_1），但低效资源与富集资源的分界线的确定需要斟酌：从原理上讲可以定在下包络线的稳定段所对应的 S_1，但有时下包络线难以确定。因此，笔

者建议定在上包络线与2条TOC分界线交点的中间，这应该大致对应S_1—TOC关系趋势的上包络线从下凹变为上凸的拐点。图2-1b上对应的S_1约为1.8mg/g。按照同样的思路，可以确定氯仿沥青“A”的有关三分的界限（表2-1）。

松辽盆地南部另一主要烃源岩层嫩江组含油量与TOC的关系，也同样体现出三分性（图2-2），只不过分界点的TOC分别为1.2%和2.6%，高于上述青山口组，这应该与嫩江组埋深较浅、成熟度较低有关。

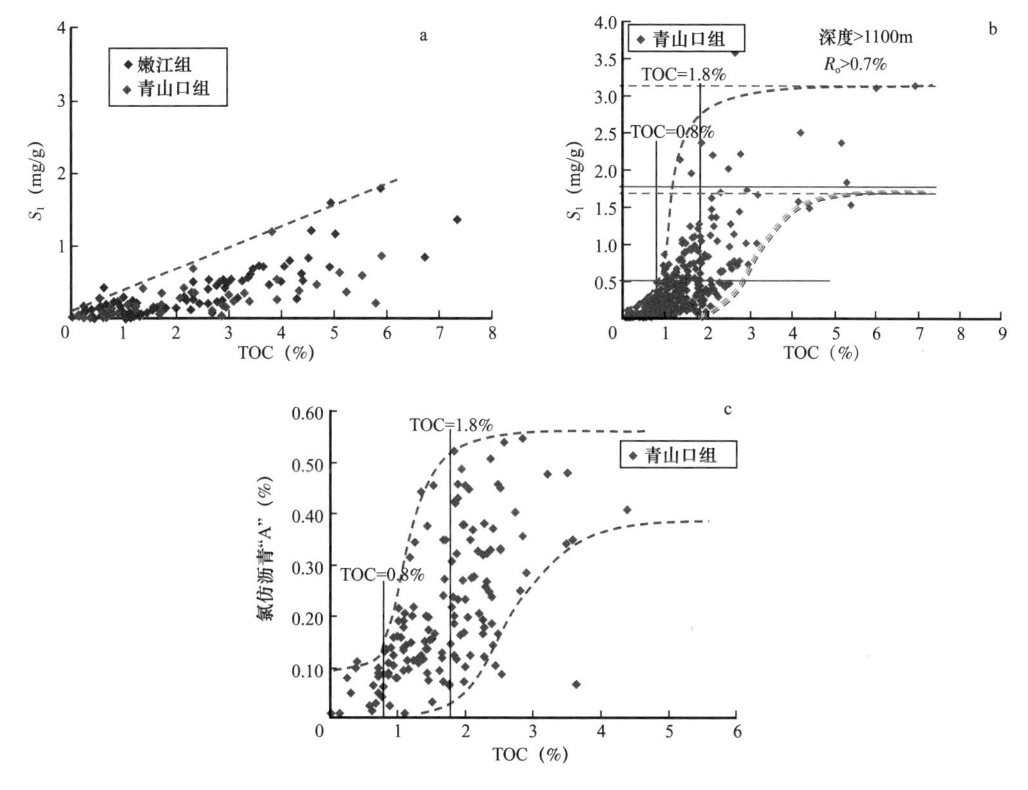

图2-1　松辽盆地南部青山口组烃源岩含油性—TOC关系图

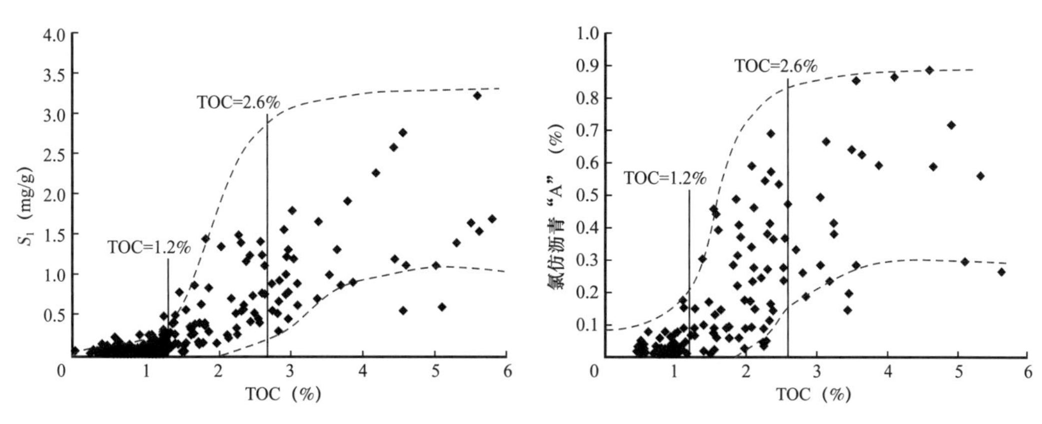

图2-2　松辽盆地南部嫩江组含油性—TOC关系图

表 2-1　我国东部部分盆地主力烃源岩含油性三分的分界值

盆地（凹陷）		烃源岩层位	TOC（%）		S_1（mg/g）		氯仿沥青“A”（%）	
			界限 1	界限 2	界限 1	界限 2	界限 1	界限 2
松辽盆地南部		青山口组	0.8	1.8	0.5	1.8	0.1	0.3
		嫩江组	1.2	2.6	0.5	1.8	0.1	0.4
松辽盆地北部		青山口组	0.8	2.5	0.8	3.8	0.2	0.7
济阳坳陷	渤南洼陷	沙三段	0.75	2.4	0.5	3.2	0.25	1.0
		沙四段	0.7	2.0	0.3	1.1	0.2	0.6
	东营凹陷	沙三段下亚段	1.0	2.4	0.6	5.3	0.2	1.5
		沙四上纯上亚段	0.7	2.0	0.8	4.5	0.3	1.3
江汉盆地		新沟嘴组泥质白云岩	0.4	1.0	1.0	4.0	0.3	0.9
泌阳凹陷		核桃园组	0.9	2.0	0.5	0.9	0.18	0.35
南阳凹陷		核桃园组	0.5	1.2	0.15	0.35	0.05	0.18
东濮凹陷		沙一段	0.76	2	0.8	2	0.1	0.2
		沙三段	0.6	1.7	0.65	1.75	0.09	0.26
辽河坳陷大民屯凹陷		沙三段四亚段	1.0	2.0	0.1	0.25	0.08	0.15
		沙四段一亚段	1.0	2.0	0.1	0.3	0.05	0.17
		沙四段二亚段	2.0	4.0	0.5	1.5	0.1	0.5
海拉尔盆地乌尔逊凹陷		南屯组一段	0.7	1.8	0.5	1.5	0.1	0.4
伊通盆地伊通断陷		双阳组	0.7	2.3	0.6	3	0.2	0.7
新区建议值			1	2	0.5	2	0.1	0.4

注：界限 1—页岩油分散资源与低效资源的分界；界限 2—页岩油低效资源与富集资源的分界。

笔者在探讨优质烃源岩的评价标准时曾指出（卢双舫等，2011），当 TOC 较低时，烃源岩生成的油量主要用于满足烃源岩中有机质和矿物自身吸附及孔隙容留的需要，难以明显排出。但当 TOC 增大到一定的值时，生成的油量满足了烃源岩自身各种形式的存留需要后，开始大量排出。因此，排油量—TOC 曲线的拐点所对应的 TOC 即为优质烃源岩的下限。实际上，从前面的分析来看，这也应该是富集资源的始点。图 2-3 以松辽盆地南部嫩江组为例，作出了相关的图件，可以看出，拐点所对应的 TOC=2.61%［相应的原始有机碳 TOC_0=4.0%，由 TOC_0 换算 TOC 的方法及排油量的评价原理参见笔者的有关报道（卢双舫等，2011）］，与图 2-2 确定的界限约为 2.6% 基本一致。也进一步支持了前面得到的有关富集资源分界点的认识。

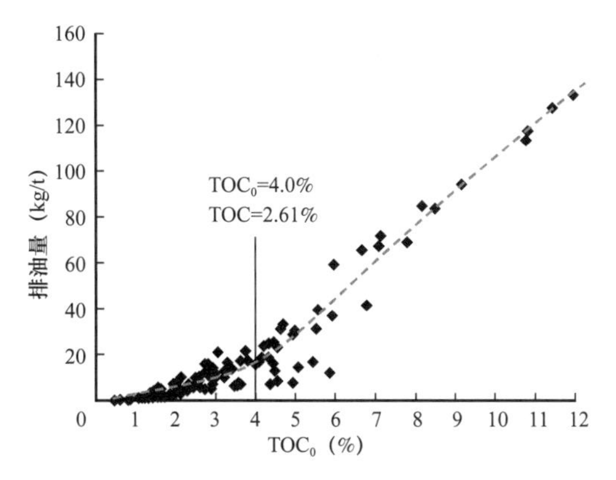

图 2-3　松辽盆地南部嫩江组排油量—TOC 关系图

TOC 为实测有机碳，TOC$_0$ 为恢复后的原始有机碳

二、我国东部主要陆相页岩油区资源潜力分级评价标准

事实上，我国东部的其他含油气盆地的主力烃源岩层在含油性—TOC 关系图（图 2-4—图 2-14）上普遍体现出三分性。只不过由于物源、沉积环境及矿物（包括有机质）组成、成熟演化、生排烃作用的差异性，不同烃源岩层的分界点有所不同。表 2-1 汇总列出了从图上确定的不同盆地、不同烃源岩层的分界值。可以看出，尽管由于地质条件的千差万别，烃源岩中含油量因地而异，但烃源岩含油的三分性的确存在。因此，可以作为按富集程度分级页岩油气资源的依据。因为我国主要含油气盆地在常规油气资源的勘探过程中，已经积累了比较多的上述地球化学分析数据，因此，本书建议，在其他老油区的页岩油资源评价中，可以参照本书的方法作出含油性—TOC 关系图后，来确定三分的界限标准。在资料较少的探区或者新区，综合表 2-1 的数据，笔者推荐使用 TOC=1.0% 和 2.0% 作为页岩油资源三分评价的分级标准。

值得注意的是，江汉盐湖盆地泥质白云岩的 TOC 三分界限值明显低于其他含油气盆地的烃源岩，但 S_1 和氯仿沥青“A”分界值并不低，甚至还高于其他烃源岩。这与盐湖相烃源岩中 TOC 普遍偏低，但含油量却往往较高一致（黄第藩等，2003）。

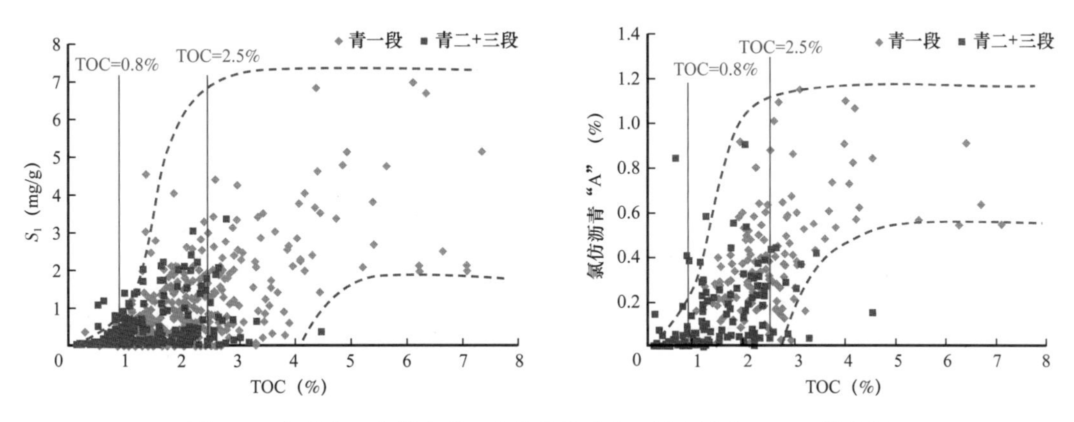

图 2-4　松辽盆地北部齐家—古龙凹陷青山口组含油性—TOC 关系图

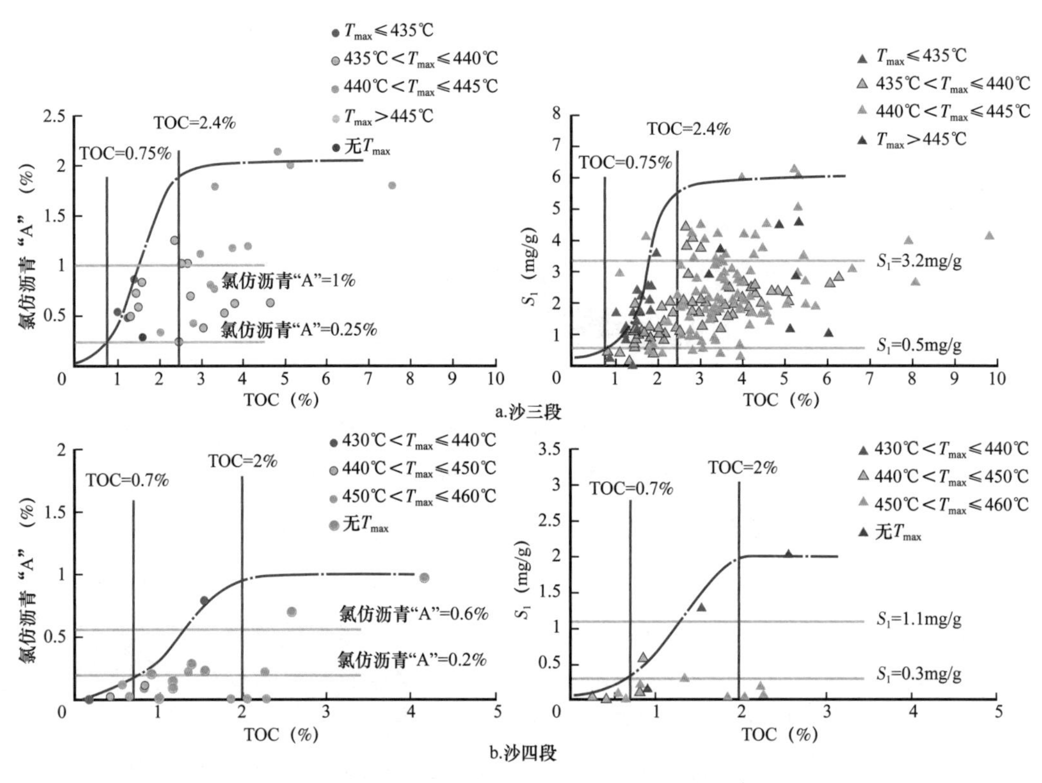

图 2-5　渤南—四扣洼陷沙三段、沙四段含油性—TOC 关系图

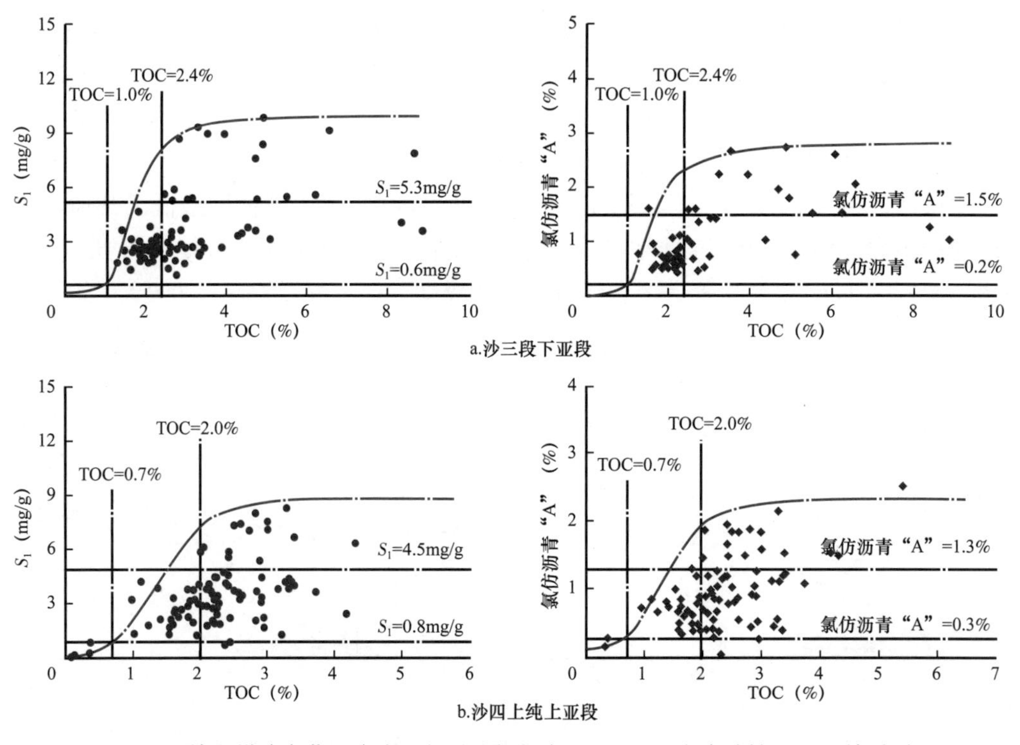

图 2-6　济阳坳陷东营凹陷沙三段下亚段和沙四上纯上亚段含油性—TOC 关系图

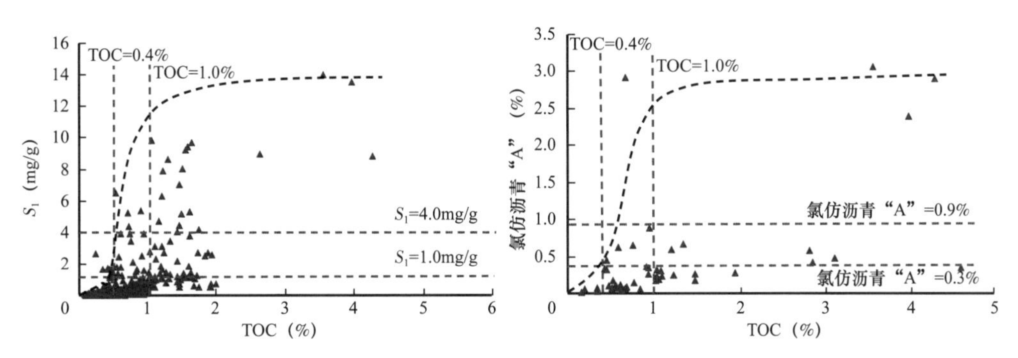

图 2-7 江汉盆地新沟嘴组下段泥质白云岩含油性—TOC 关系图

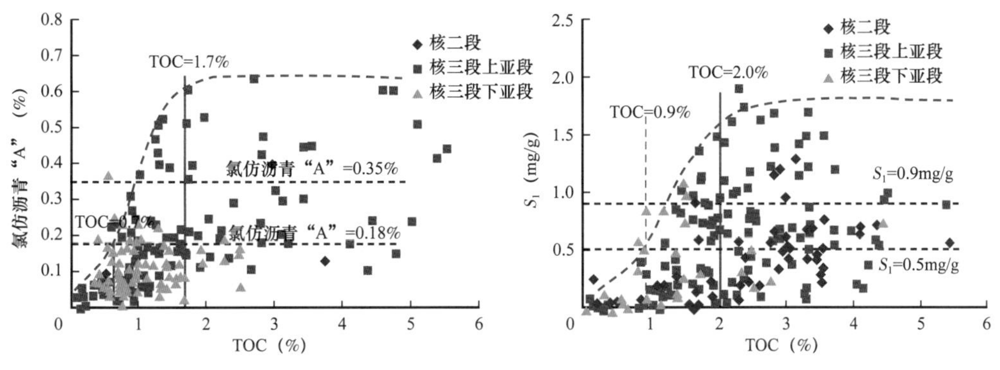

图 2-8 泌阳凹陷核桃园组含油性—TOC 关系图

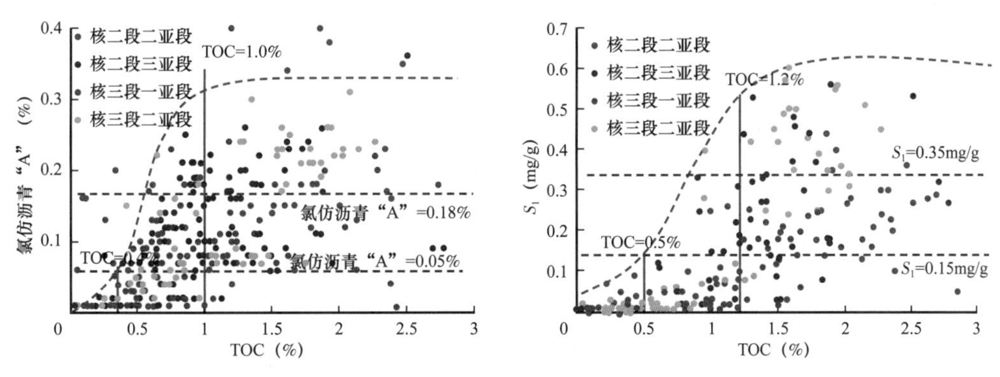

图 2-9 南阳凹陷核桃园组含油性—TOC 关系图

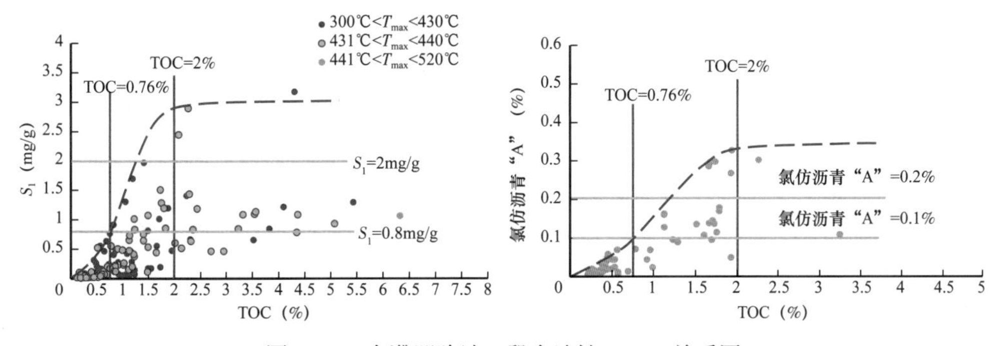

图 2-10 东濮凹陷沙一段含油性—TOC 关系图

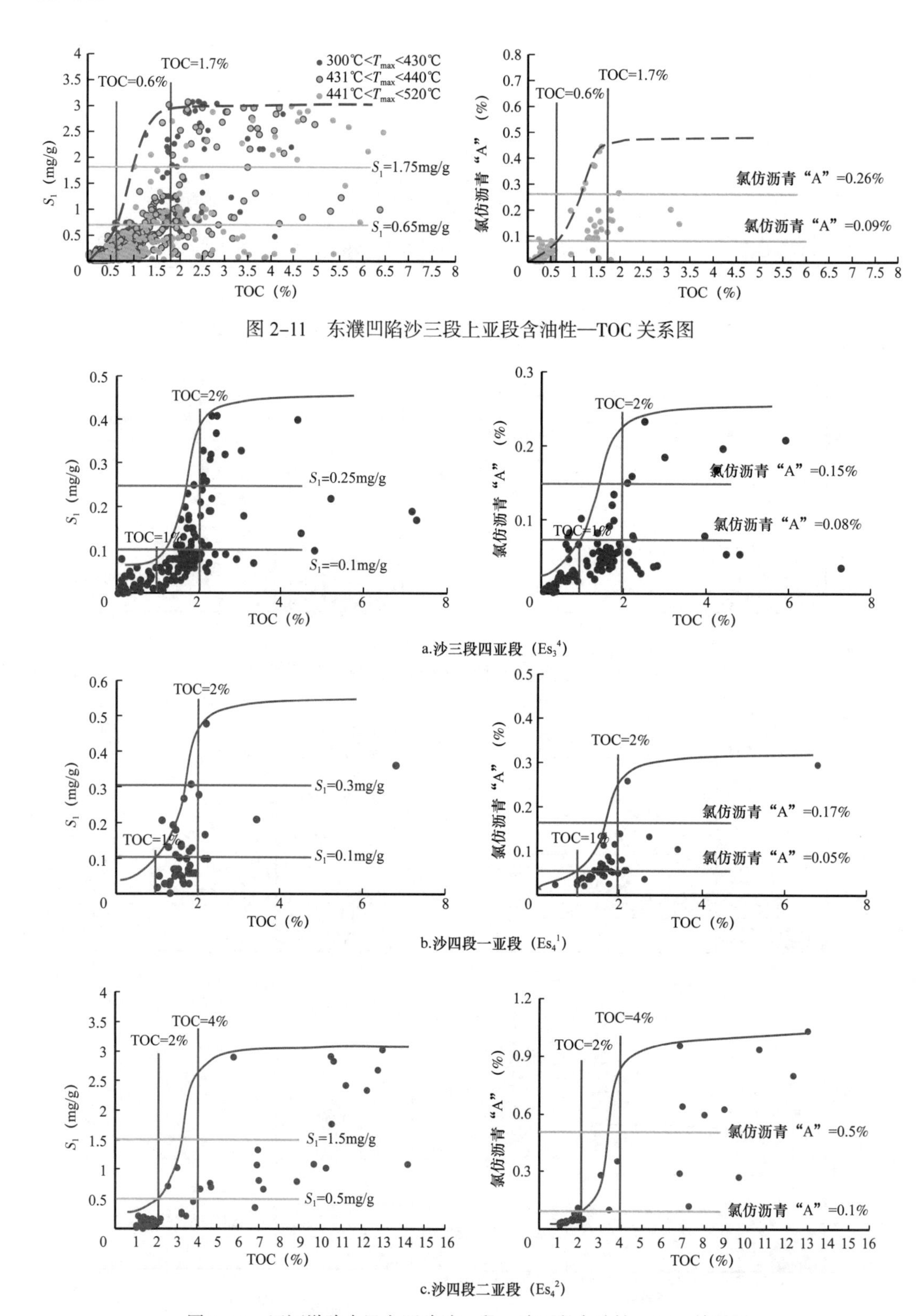

图 2-11 东濮凹陷沙三段上亚段含油性—TOC 关系图

图 2-12 辽河坳陷大民屯凹陷沙三段、沙四段含油性—TOC 关系图

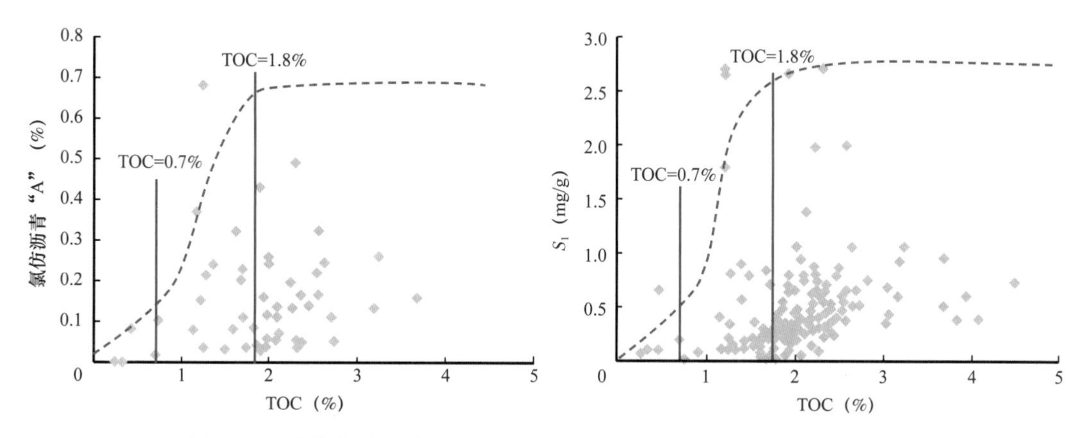

图 2-13　海拉尔盆地乌尔逊凹陷南部南屯组一段含油性—TOC 关系图

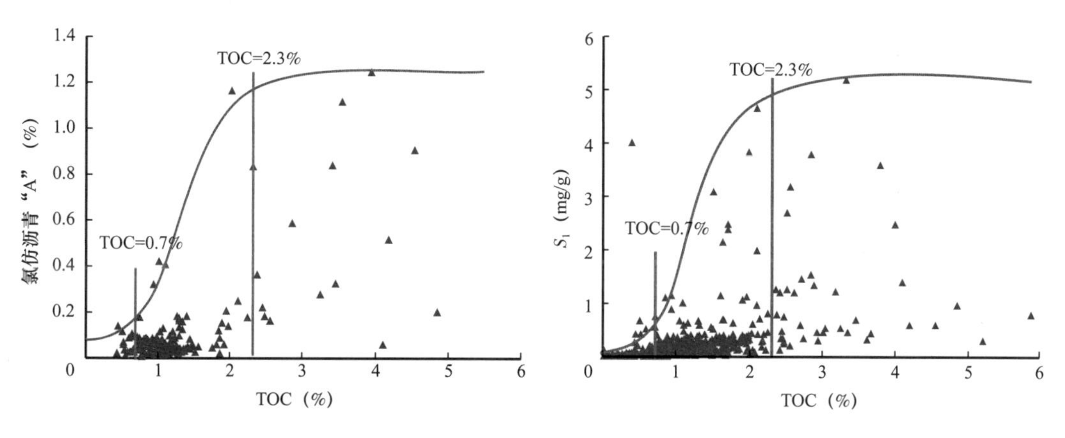

图 2-14　伊通盆地双阳组含油性—TOC 关系图

从前述图上不难发现，用 TOC 标准与用 S_1 和氯仿沥青“A”标准所得结果会有一定的差别。鉴于 S_1 无法反映油中重质部分的含量，而氯仿沥青“A”不能反映 C_{14-} 的烃类，二者的观测值均低于实际值，且受成熟度影响大，成熟度较高时油质轻，测值低，反之则测值较高，而 TOC 相对比较稳定，因此笔者推荐以 TOC 标准作为资源分级评价的主要依据。

三、北美典型页岩油区页岩油资源潜力分级评价标准

基于同样的原理和思路，笔者在承担中国石油“全球非常规油气资源评价技术与有利区优选”专项的研究任务时，对包括艾伯塔、威利斯顿、丹佛、二叠、阿纳达科、西加等盆地在内的北美典型含页岩油盆地的页岩油资源潜力分级评价标准进行了探讨。由于氯仿沥青“A”资料有限，研究主要基于 S_1—TOC 资料（图 2-15）进行。可以看出，北美主要页岩在含油性—TOC 关系图上同样体现出明显的三分性，从图 2-15 中所确定的三分界限值汇总于表 2-2 中。从与表 2-1 及图 2-4—图 2-14 的对比中不难看出，北美页

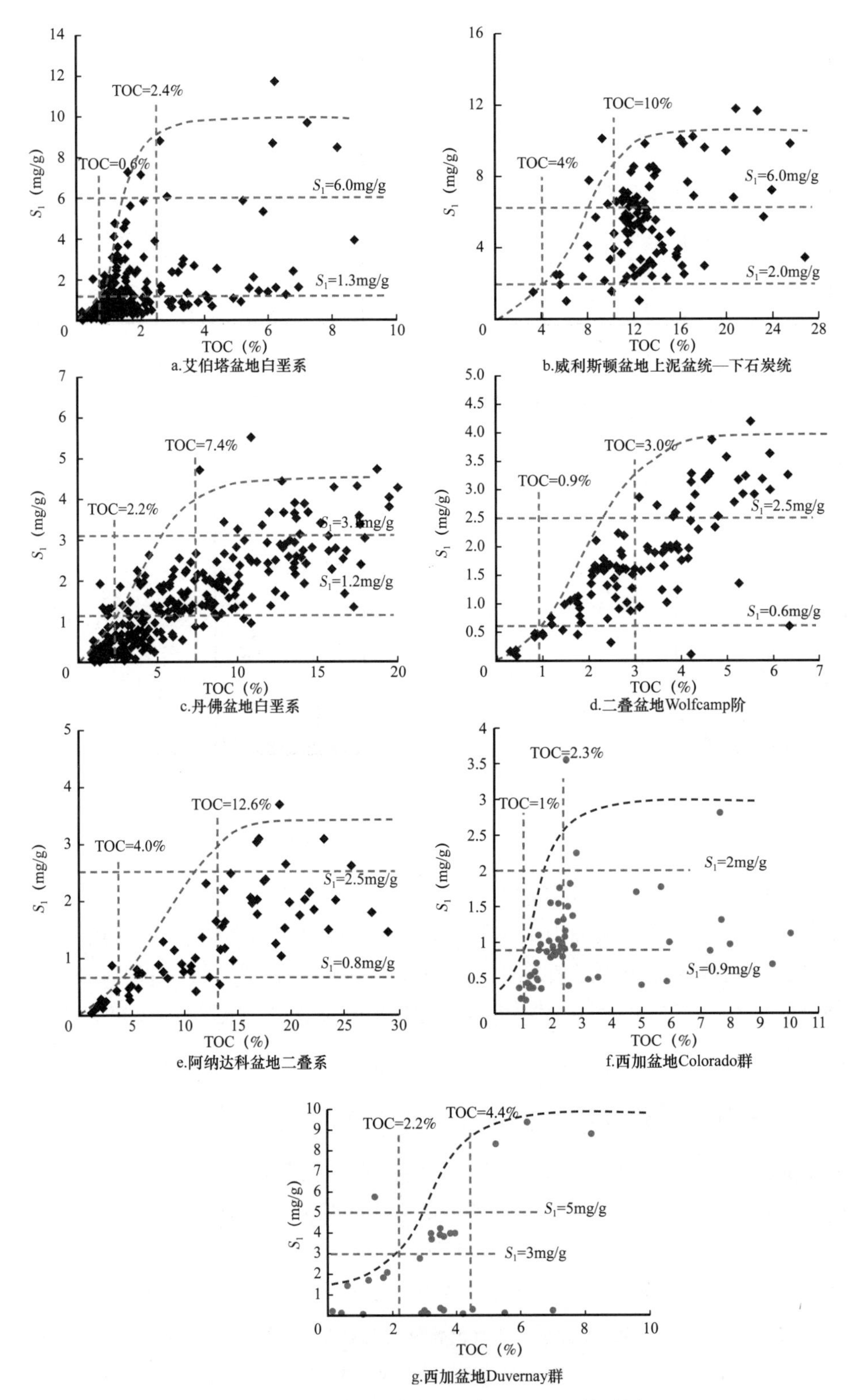

图 2-15　北美主要盆地烃源岩 S_1—TOC 关系图

岩的含油性明显高于我国东部湖相页岩，因而有关的界限值总体上明显高于我国湖相泥页岩。这是其矿物组成、有机质丰度、类型、成熟演化及生排烃效应的综合结果。总体上，烃源岩整体的TOC含量越高，有关分界值越高，显示北美海相页岩油的资源潜力还是高于我国陆相页岩。

表2–2　北美主要盆地页岩油资源潜力分级评价标准“三分性”的分界值

盆地	烃源岩	TOC（%）		S_1（mg/g）	
		界限1	界限2	界限1	界限2
艾伯塔	白垩系	0.60	2.40	1.30	6.00
威利斯顿	上泥盆统—下石炭统	4.00	10.00	2.00	6.00
二叠	二叠系 Wolfcamp 阶	0.90	3.00	0.60	2.50
丹佛	白垩系	2.20	7.40	1.20	3.50
阿纳达科	二叠系	4.00	12.60	0.80	3.00
西加	白垩系 Colorado 群	1.00	2.30	0.90	2.00
西加	上泥盆统 Duvernay 群	2.20	4.40	3.00	5.00

注：界限1—页岩油无效资源与低效资源的分界；界限2—页岩油低效资源与富集资源的分界。

第二节　页岩油（气）资源潜力分级评价的成熟度限定

一、页岩气资源潜力分级评价标准

由于成熟演化影响页岩中油、气含量的消长，因此，要探讨成熟演化对页岩油资源潜力的影响，同时，也为了所建立标准的系统性，需要明确页岩气资源潜力的分级评价标准。

页岩含气量的准确测定比较困难，国内有关的数据积累极其匮乏。美国在页岩气勘探开发的过程中积累了一些数据，但并没有体现出明显的分段性（图2–16），难以由此确定分级评价标准。

简单的物质平衡计算显示（表2–3），烃源岩的生气量一般不成为其含气量的制约因素。如当TOC=2.0%、生烃潜力仅为300mg/g（HC/TOC）、成气转化率只要达到30%时，即可生成2.5m^3/t（HC/岩石）的甲烷，这已经远远高于张金川等（2011）给出的有利区含气量不低于0.5m^3/t、核心（目标）区含气量不低于1m^3/t。美国页岩气成功开发区中页岩气的含量也多在1.5m^3/t左右。因此，可直接应用本书推荐的页岩油的一般分级界限，即TOC=1.0%和2.0%，作为页岩气资源三分评价的标准，但是需要加上成熟度的限定。美国在页岩气的评价中，一般也将TOC大于2.0%作为其可商业开发的下限（李新景等，2009；李登华等，2009），也与上述建议的标准不矛盾。

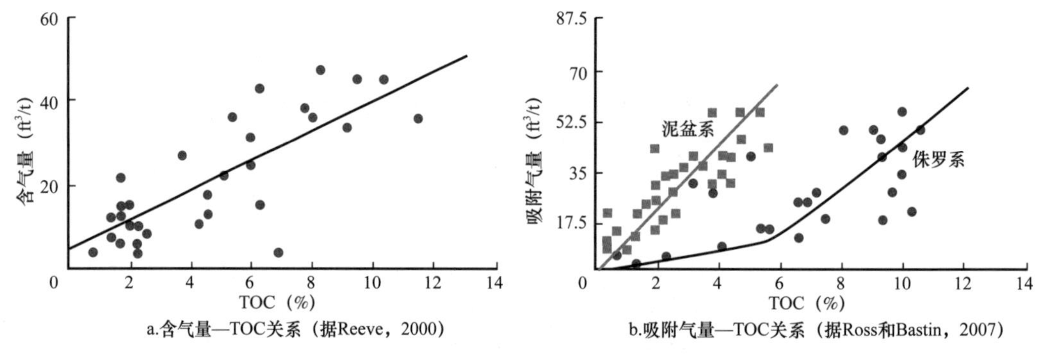

图2-16　美国部分页岩含气性—TOC关系图

表2-3　物质平衡法计算的单位质量烃源岩的成气量

TOC（%）	生烃潜力（mg/g）	成气转化率（%）	生气量（m^3/t）
1.0	500	100	7
1.0	500	30	2.1
1.0	300	100	4.2
1.0	300	30	1.26
2.0	500	100	14
2.0	500	30	4.2
2.0	300	100	8.4
3.0	300	30	2.5

二、页岩油气资源分级评价的成熟度限定

富含有机质只是富含页岩油气的基础，只有其中的有机质开始大量生油、生气后，才有可能导致页岩油气的富集。因此，TOC指标还应该结合成熟度才能有效界定页岩油气的分级评价标准（图2-17）。

对Ⅲ型有机质（图2-17a），无论其TOC多高，都难以成为有效页岩油的勘探开发对象，至多只能达到低效页岩油级别；在大量生气的成熟度范围内，为富集页岩气窗，所属资源级别则按其TOC来划分；浅埋时可能富含生物页岩气，在有利的条件下为生物页岩气窗。如果成熟度过高、成气期过早，扩散、渗滤损失可能使其降低成为低效页岩气窗。而对（偏）腐泥型的Ⅰ、Ⅱ型有机质（图2-17b），未熟阶段为无效页岩油窗；低熟和高熟阶段，因为生油量有限或油裂解成气，页岩油至多只能达到低效级别；在主要成油阶段，为富集页岩油窗，页岩油的资源级别按TOC来划分；而页岩气窗及资源

级别的划分与Ⅲ型相似，但因为成气阶段稍晚，可能富集页岩气窗的始、终点要晚于Ⅲ型有机质。

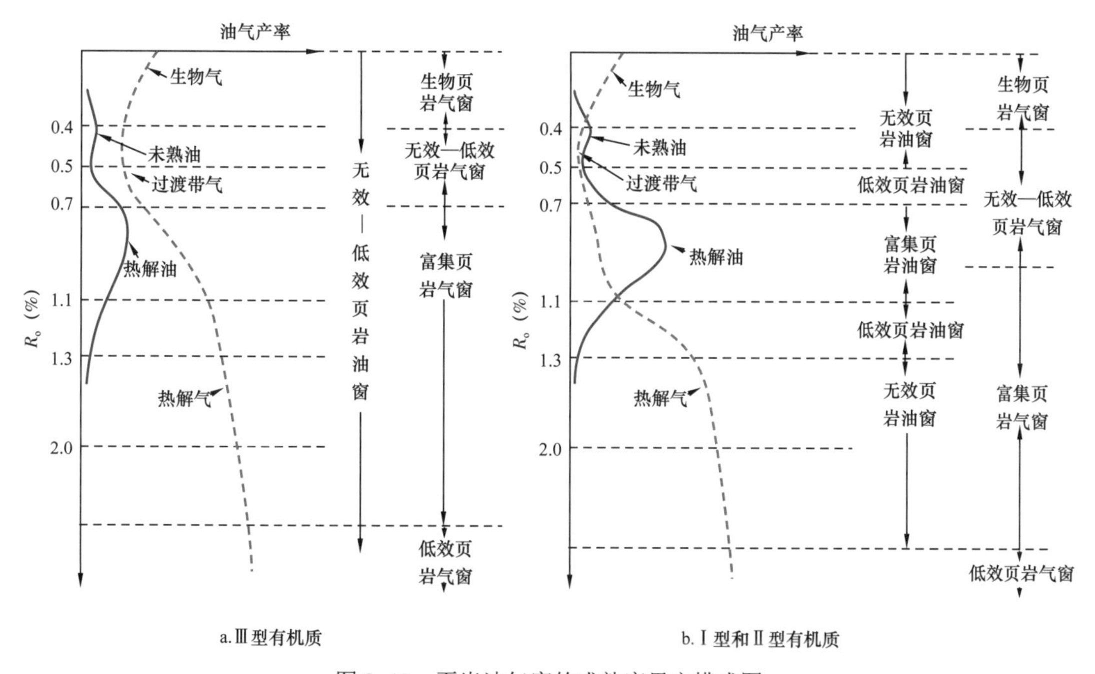

图 2–17　页岩油气窗的成熟度界定模式图

不过图 2–17 所示的页岩油气窗是对一般的生油气模式而言的（Tissot 和 Welte，1984）。由于不同地区有机质的成油阶段可有明显的差别，具体的页岩油气窗对应的成熟度（R_o）还会因地而异。如图 2–18 所示，济阳坳陷的主成油带对应的 R_o 可能介于 0.3%～0.9% 之间，早于一般模式，相应地富集页岩油窗对应的 R_o 也应该较早。

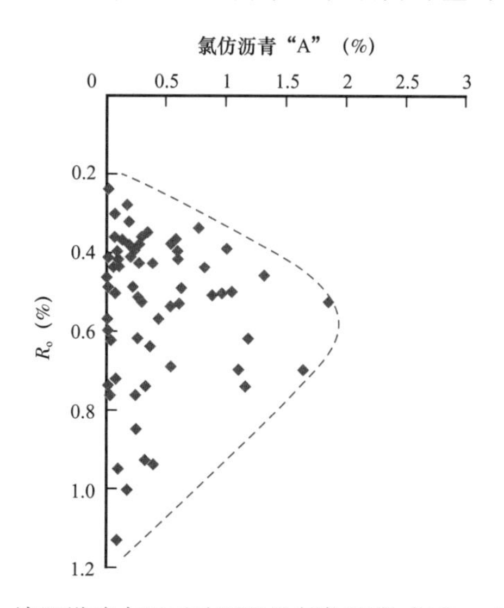

图 2–18　济阳坳陷古近系沙四段的氯仿沥青“A”—R_o 关系图

第三节　页岩有机非均质性评价

要将前面建立的标准推广应用到地质条件下，需要有大量的页岩 TOC、S_1、氯仿沥青“A”等分析资料。显然，最为准确、可信的方法是采取泥页岩样品在实验室进行相关（TOC、氯仿沥青“A”、热解“S_1”、含气性、含油气饱和度等）分析。但是由于构造、气候、物源、水深、生物发育、埋藏演化等条件的变化所导致的沉积环境、有机质输入、成熟演化及生排烃的差异，页岩中有机质的丰度、类型、成熟度及含油气量在纵向和平面上都表现出明显的非均质性。要客观评价这一有机非均质性，需要纵向、平面上的密集取样，但受分析费用、分析周期，尤其是钻井、取心可提供的样品数量的制约，实测分析数据总是少于描述页岩含有机质及含油气性非均质性的需要。

不过，由于有机质的含量和发育特征对众多测井响应（如声波、电阻率、中子、密度、伽马等）都有明显的影响，加上丰富的测井资料的连续性、较高的分辨率，使利用测井资料来评价烃源岩有机非均质性成为可能。事实上，近些年来，测井地球化学的原理和技术（最为重要的是 $\Delta\lg R$ 模型）已经在常规油气勘探评价烃源岩中 TOC 的非均质性方面得到了较为广泛、成功的探索和应用（刘超等，2011，2014），而从原理上讲，氯仿沥青“A”、S_1 等含量的变化同样会在上述测井响应上得到反映，这为利用测井资料直观评价页岩中的含油气性及其非均质性提供了可能。

当然，勘探家更关注的是页岩有机非均质性的预测。从原理上，富含有机质的页岩表现出低速（高声波时差）、低密度的特征，因此在地震剖面上应该具有不同的响应特征。根据这些特征，利用地震相、属性提取及波阻抗反演方法可定量预测 TOC、S_1 等的非均质性，并预测、评价其空间分布。

因此，本节主要介绍利用测井和地震资料评价和预测有机非均质性的原理、方法及初步应用。同时，简要介绍利用有机相技术评价 / 预测有机非均质性的基本原理。

一、有机非均质性测井评价原理及初步应用

（一）$\Delta\lg R$ 法评价有机非均质性的原理和方法（以 TOC 为例）

由 EXXON/ESSO 石油公司提出的 $\Delta\lg R$ 法是目前国内外最为普遍和成功应用的由测井资料评价 TOC 的技术（刘超等，2014）。其基本原理如图 2-19 所示：利用自然伽马曲线及自然电位曲线可以辨别和排除储集层段。将电阻率和声波测井曲线反向对置，让两条曲线在细粒非烃源岩处重合，并确定为基线。显然，由于声波在有机质中的传播速度慢于无机矿物（声波时差大于无机矿物）和油气的电阻率高，在含有机质 / 油气的层段，两条曲线会偏离基线产生一定的幅度差 $\Delta\lg R$（Δ、R 分别代表声波、电阻率曲线）。可以看到，在未成熟的富含有机质的岩石中还没有油气生成，两条曲线之间的差异主要由声波时差曲线响应造成；在成熟的烃源岩中，除了声波时差曲线响应之外，因为

有液态烃类存在，电阻率增加，使两条曲线产生更大的间距（图 2–19）。显然，幅度差（$\Delta \lg R$）越大，泥页岩含有机质 / 含油量越高。

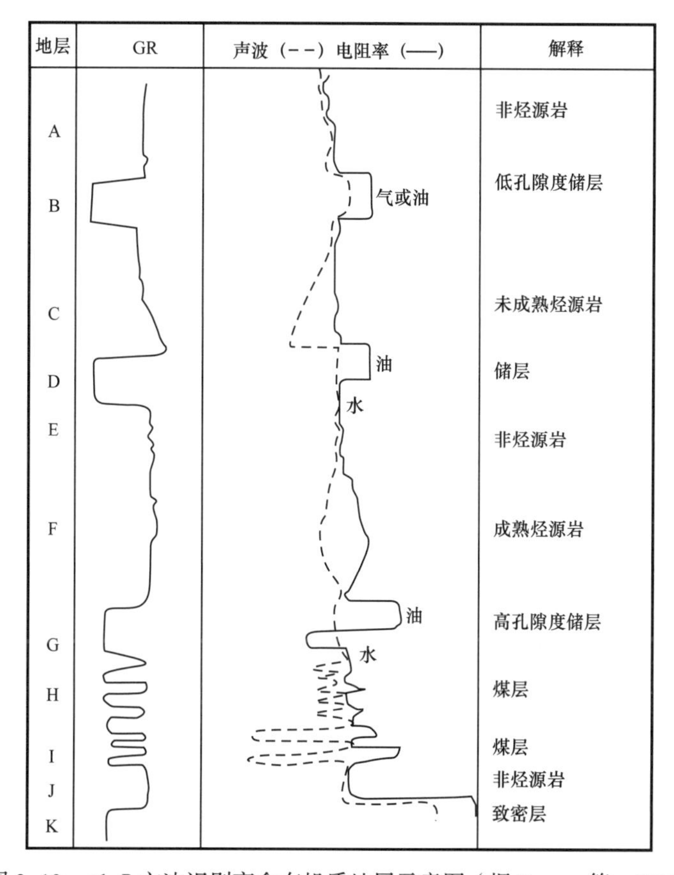

图 2–19　$\Delta \lg R$ 方法识别高含有机质地层示意图（据 Passey 等，1990）

由声波、电阻率计算 $\Delta \lg R$ 的公式为

$$\Delta \lg R=\lg\left(R/R_{基线}\right)+0.02\left(\Delta t-\Delta t_{基线}\right) \tag{2-1}$$

式中，$\Delta \lg R$ 为两条曲线间的幅度差；R 为测井实测电阻率，$\Omega\cdot m$；$R_{基线}$为基线对应的电阻率，$\Omega\cdot m$；Δt 为实测的声波时差，μs/ft；$\Delta t_{基线}$为基线对应的声波时差，μs/ft；0.02 可视为对数坐标下的电阻率与算术坐标下声波时差的归一化系数，即一个对数坐标下电阻率的单位对应 0.02 个声波时差单位。$\Delta \lg R$ 与有机碳呈线性相关，并且是成熟度的函数，由 $\Delta \lg R$ 计算有机碳的经验公式为

$$TOC=\Delta \lg R\times 10^{(2.297-0.1688LOM)}+\Delta TOC \tag{2-2}$$

式中，TOC 为计算的有机碳含量，%；LOM 反映有机质成熟度，可以根据大量样品分析（如镜质组反射率、热变指数、T_{max} 分析）得到，或从埋藏史和热史评价中得到；ΔTOC 为有机碳含量背景值。

最初提出上述公式计算有机碳含量需要确定 LOM、ΔTOC 并人为确定基线，并且预先给定 0.02 的归一化系数。一些学者近些年的应用表明，这会导致一定的误差，影响计算 TOC 的精度。因此，对上述模型进行了优化与改进（刘超等，2014）。

将上述固定的归一化系数 0.02 改为待定系数 K，则式（2–1）为

$$\Delta \lg R=\lg(R/R_{基线})+K(\Delta t-\Delta t_{基线}) \tag{2-3}$$

其中

$$K=\lg(R_{max}/R_{min})/(\Delta t_{max}-\Delta t_{min}) \tag{2-4}$$

式中，K 为每个对数坐标下电阻率的单位个数对应的声波时差（1μs/ft）单位个数；式（2–3）中 $\lg(R/R_{基线})$ 是无量纲的，$(\Delta t-\Delta t_{基线})$ 是有量纲的；K 值的地质意义为将 $(\Delta t-\Delta t_{基线})$ 转化为无量纲的数，使 $(\Delta t-\Delta t_{基线})$ 与 $\lg(R/R_{基线})$ 量级相当，共同构成 $\Delta \lg R$。当规定对数坐标下的每个电阻率单位对应算术坐标下 50μs/ft 声波时差刻度范围时，K 值为 0.02。

确定基线之后，不难得到

$$\Delta t_{基线}=\Delta t_{max}-\lg(R_{基线}/R_{min})/K \tag{2-5}$$

$\Delta t_{基线}$、$R_{基线}$ 与式（2–1）中意义相同；R_{min}（Δt_{min}）和 R_{max}（Δt_{max}）分别为声波时差和电阻率曲线叠合时电阻率（声波时差）曲线刻度的最小、最大值。将式（2–4）和式（2–5）代入式（2–3），则式（2–3）可进一步推导为

$$\Delta \lg R=\lg R+\lg(R_{max}/R_{min})/(\Delta t_{max}-\Delta t_{min})\times(\Delta t-\Delta t_{max})-\lg R_{min} \tag{2-6}$$

由于一口井常存在多个基线值，需分井段建立解释关系式，建立模型的深度范围内 R_o 变化一般不大，这样式（2–2）中 10（2.297–0.1688LOM）可视为定值，记作 A。建立模型的深度范围内式（2–2）可修改为

$$TOC=A\Delta \lg R+\Delta TOC \tag{2-7}$$

将式（2–4）和式（2–6）代入式（2–7）可得

$$\begin{aligned}TOC&=A[\lg R+K(\Delta t-\Delta t_{max})-\lg R_{min}]+\Delta TOC\\&=A\lg R+AK\Delta t-A(K\Delta t_{max}+\lg R_{min})+\Delta TOC\end{aligned} \tag{2-8}$$

式中，A、Δt_{max}、R_{min}、ΔTOC 为常数，显然，计算有机碳含量受归一化系数 K 值影响。

利用地球化学数据较多、测井数据质量好的探井，考察归一化系数对计算有机碳含量的影响（图 2–20）。从图 2–20 中可以看出，$\Delta \lg R$ 与实测有机碳含量的相关度 R^2 随归一化系数 K 规律性变化，说明归一化系数 K 确实影响计算有机碳含量的精度。

令 K 取最优值（最优 K 值能使计算有机碳含量与实测有机碳含量间相关度 R^2 最大），则可得到改进的 $\Delta \lg R$ 模型为

$$TOC=a\lg R+b\Delta t+c \tag{2-9}$$

式中，a、b、c 为拟合公式的系数。这样，改进的模型在无需 LOM 和 ΔTOC 参数，不需人为读取基线值的条件下便可以计算出有机碳含量。

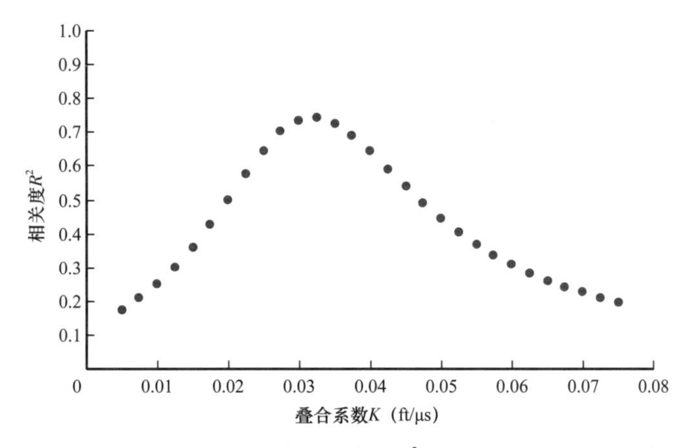

图 2-20　$\Delta\lg R$ 与实测有机碳的相关度 R^2 随归一化系数 K 变化曲线

选取合适的 K 值能改善 $\Delta\lg R$ 与 TOC 之间的相关度，这可以从以下角度理解。

（1）声波时差主要对岩石骨架响应，在富含有机质但有机质尚未成熟的烃源岩段，$\Delta\lg R$ 主要由声波时差曲线响应造成；电阻率曲线主要对孔隙中流体响应，在成熟的烃源岩中，除了声波时差曲线响应之外，因为有烃类流体的存在，电阻率增加，$\Delta\lg R$ 由声波时差曲线和电阻率曲线共同响应造成。从式（2-3）看出：K 值变小时，$\Delta\lg R$ 主要由电阻率曲线响应造成，主要识别的是烃源岩中烃类流体部分，对干酪根识别的能力差，故 K 值较小时，对于相对富含烃类流体、贫乏干酪根的烃源岩段计算有机碳含量效果较好；K 值变大时，$\Delta\lg R$ 主要由声波时差曲线响应造成，主要识别的是烃源岩中干酪根部分，对于相对富含干酪根、贫乏烃类流体的烃源岩段计算有机碳含量效果较好。从这个角度上讲，调节 K 值相当于调节识别烃源岩中烃类流体和干酪根能力之间比重的问题。

（2）声波时差和电阻率都对孔隙度的变化敏感，孔隙度增大意味着骨架体积减小和导电水体积增大，导致声波时差增大而电阻率减小，二者变化幅度成比例。只要声波时差和电阻率曲线归一化系数 K 选取适当，孔隙度变化会使这两条曲线产生同样幅度的偏移，可以消除孔隙度对有机碳测井的响应。从这个角度上讲，调整 K 值的过程又是调整声波时差和电阻率之间的相对比重，消除孔隙度对有机碳测井响应影响的过程。

因此，若想提高 $\Delta\lg R$ 与有机碳含量的相关性和评价 TOC 的准确性，关键在于找到最优的 K 值。由上面的分析可知，K 值较小时，对烃源岩中烃类流体识别能力较强，而对干酪根的识别能力较弱，随 K 值增大，对干酪根的识别能力逐渐变强。同时，K 值较小或较大时，幅度差 $\Delta\lg R$ 受两条曲线中某一曲线的影响过大，往往难以消除孔隙度对有机碳测井响应的干扰，故 K 值过小或过大，均对有机碳含量解释精度产生影响。K 值由小变大的过程是一个从主要识别烃类流体逐渐向烃类流体和干酪根共同识别、从主要依赖一条曲线向两条曲线并用逐渐过渡的过程。故理论上随着 K 值由小到大，识别有机碳含量的准确性应呈现先增大后减小的趋势，由增大到变小的转折点为最优归一化系数。

也有学者引入更多的测井曲线，如密度测井、伽马（能谱）测井等来提高评价的精度（刘超等，2014），但有时会制约推广应用（有些测井资料有限），有时会增加应用的难度。也有人利用神经网络技术来建立评价模型，在建模井的精度可能很高，但外推的效果往往难以保证（刘超等，2014）。

基于上面的分析，上面的原理模型同样可以用于由测井资料评价页岩中的氯仿沥青“A”/S_1 的含量。只不过标定模型的待定参数时，要用氯仿沥青“A”/S_1 的实测值来进行，且 K 值会不相同。

（二）有机非均质性测井评价技术的应用

1. 在大庆油田的应用

在前期研究中，分别对松辽盆地北部的齐家、古龙、三肇等主要生烃凹陷中的主要泥页岩层分区块或分相带进行了有机非均质性评价。下面以齐家为例，简要介绍建模及应用。

1）模型建立

在齐家凹陷的众多井中，选取实测 TOC、热释烃 S_1（简称 S_1）、氯仿沥青“A”（简称“A”）分析数据点较多且具有连续的岩性剖面和完整的测井资料的井（如金 88 井）作为建立模型的标准井。在建模的过程中，首先进行测井资料的归一化处理，同时，剔除非烃源岩层段，进行井径异常部位测井资料的校正。按照前述原理［式（2-9）］，利用金 88 井电阻率（R）与声波时差（AC）测井曲线数据，建立了评价青山口组有机非均质性（TOC、S_1 和氯仿沥青“A”）的测井响应模型（图 2-21—图 2-23，表 2-4）。从图中可以看出，TOC、S_1、“A”实测值与计算值拟合关系较好，趋势线斜率接近于 1，三组模型的复相关系数分别高于 0.72、0.81、0.94，表明所建模型精度较高。这是所建模型可以推广应用的基础和前提。

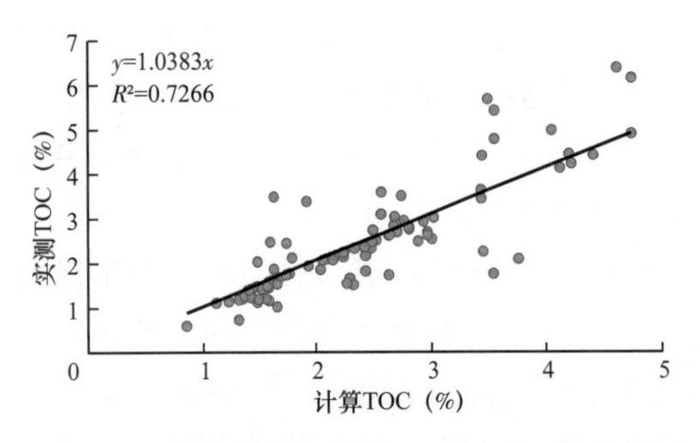

图 2-21　松辽盆地北部金 88 井青山口组实测 TOC 与计算 TOC 的相关性

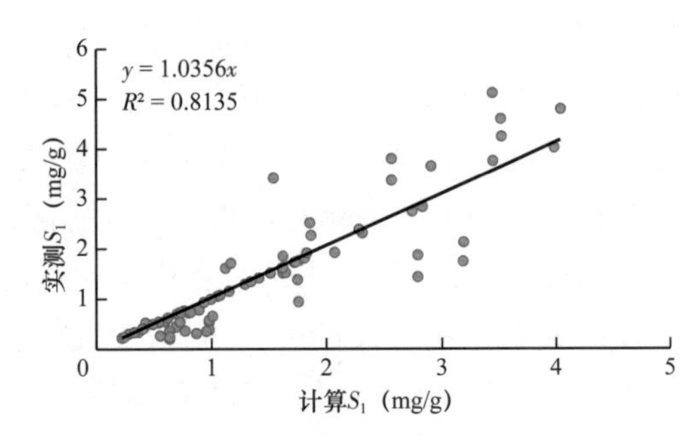

图 2-22　松辽盆地北部金 88 井青山口组实测 S_1 与计算 S_1 的相关性

从测井解释综合图（图 2-24）中可以直观地看到金 88 井的计算 TOC 与实测 TOC、计算“A”与实测“A”和计算 S_1 与实测 S_1 之间的相关性较好，TOC、S_1、“A”在青一段下部较大，有机质与残留油在青一段下部更富集。

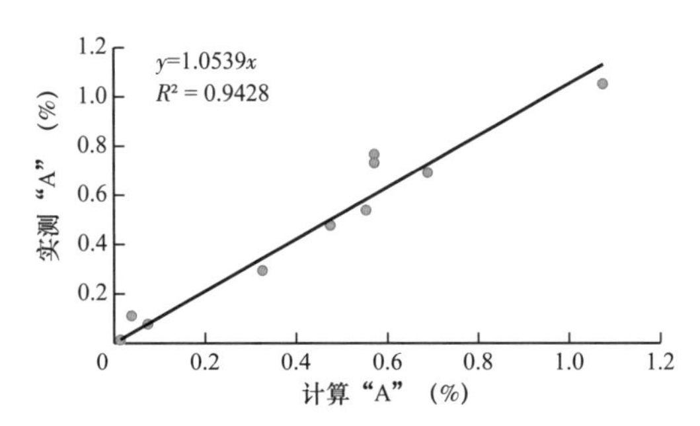

图 2-23　松辽盆地北部金 88 井青山口组氯仿沥青“A”实测值与计算值的相关性

表 2-4　金 88 井烃源岩测井计算值模型参数统计表

计算值	模型	模型系数 a	模型系数 b	模型 R^2
TOC	LLD—AC	0.8205	-0.2757	0.7266
S_1	LLD—AC	0.5262	-0.1782	0.8135
“A”	LLD—AC	0.1169	0.0082	0.9428

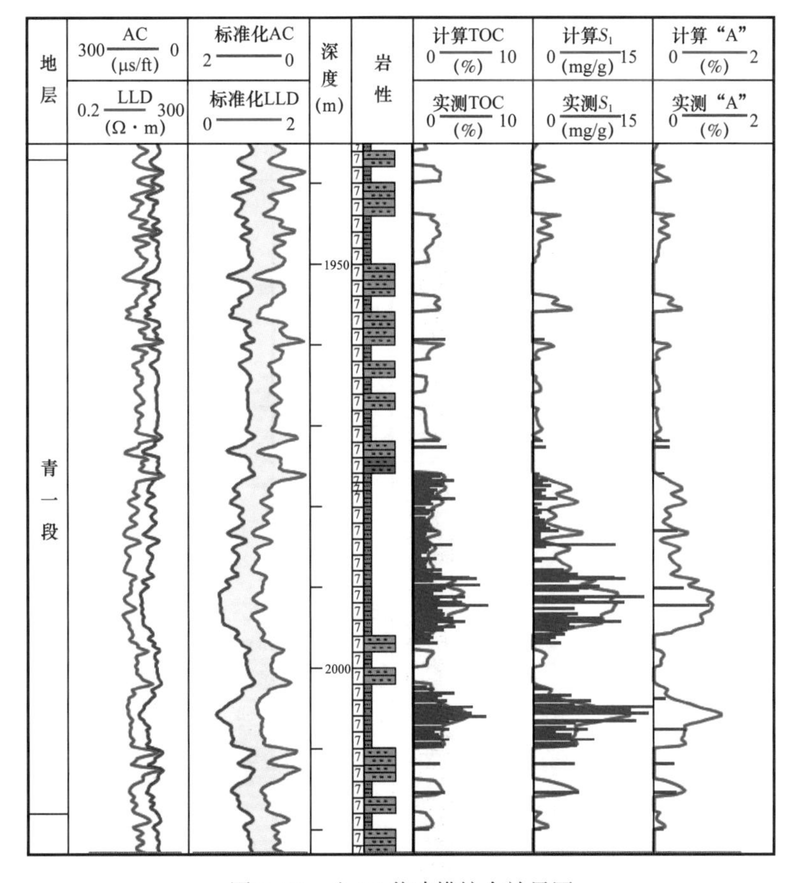

图 2-24　金 88 井建模综合效果图

2）模型验证

利用建模井区没有参加建模但有实测地球化学数据和相关测井资料的井（这里用齐家凹陷的金 81 井）来检验前面金 88 井的建模效果（图 2–25、图 2–26）。从图中可以看出，模型计算值与实测值均具有良好的相关关系。可见，前面金 88 井所建的 TOC、S_1 和氯仿沥青“A”的测井响应模型可以在建模井周围的井区有机非均质性评价中应用。

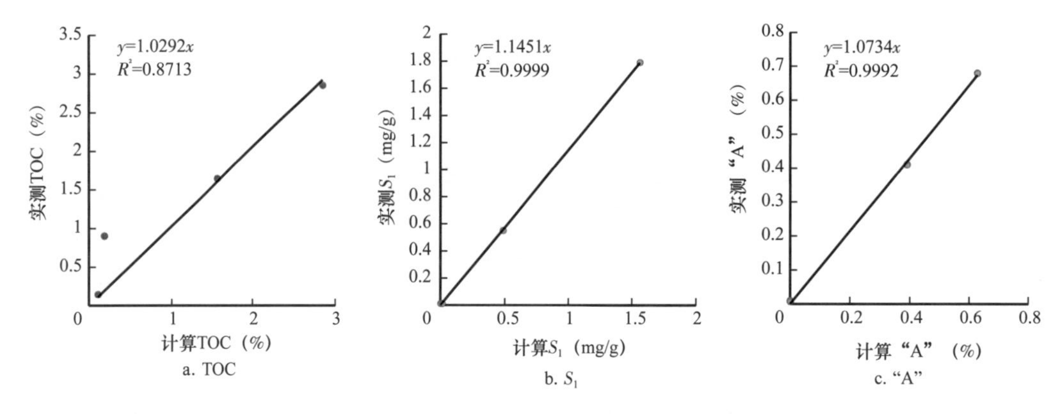

图 2–25　金 81 井验证有机非均质性建模效果

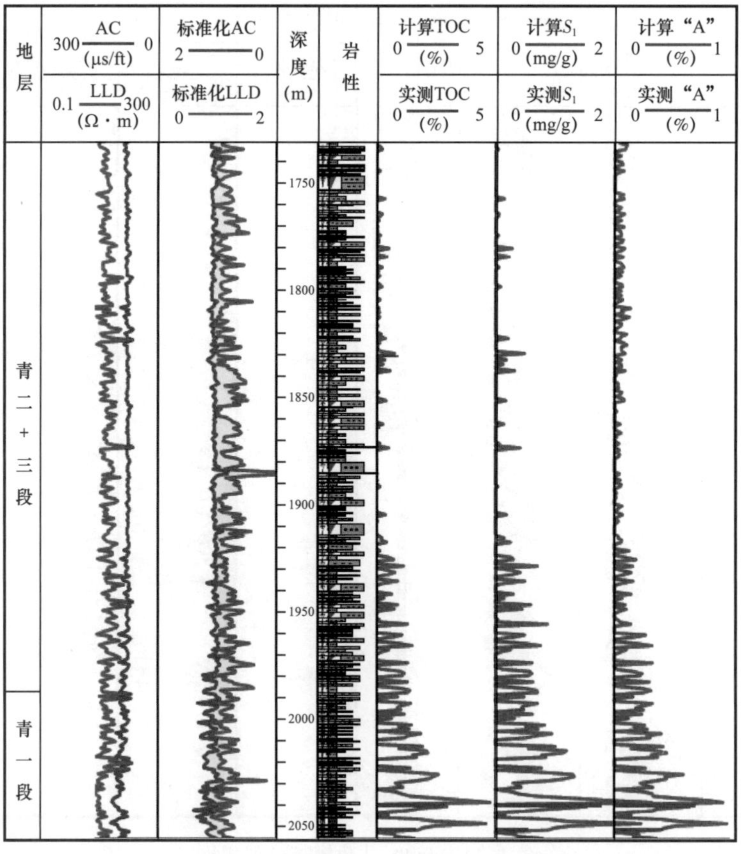

地层
AC
300 (μs/ft) 0
LLD
0.1 (Ω·m) 300
标准化AC
2 0
标准化LLD
0 2
深度 (m)
岩性
计算TOC
0 (%) 5
实测TOC
0 (%) 5
计算S1
0 (mg/g) 2
实测S1
0 (mg/g) 2
计算“A”
0 (%) 1
实测“A”
0 (%) 1
1750
1800
1850
1900
1950
2000
2050
青二+三段
青一段

图 2–26　金 81 井验证金 88 井综合效果图

3）模型的推广应用

上述邻井检验结果表明，前面所建的 TOC、S_1 和氯仿沥青“A”的测井响应模型可以推广应用到建模井周围井区的有机非均质性评价中。图 2-27—图 2-30 显示了部分井的泥岩段 TOC、S_1 和氯仿沥青“A”的评价应用结果，可以看出，只要有相应的测井资料，就可以连续计算出泥页岩中 TOC、S_1 和氯仿沥青“A”在剖面上的非均质性分布。结合上节的页岩油资源潜力分级评价标准，可以划分出剖面上的富集资源（Ⅰ级）、潜在资源（Ⅱ级）、无效资源（Ⅲ级）段。这可以作为后面页岩油有效层系、富集段评价和不同级别烃源岩平面分布（厚度、TOC、S_1、“A”等值线图）、不同级别页岩油资源量评价的基础。

图 2-27　古 708 井测井地球化学综合评价图

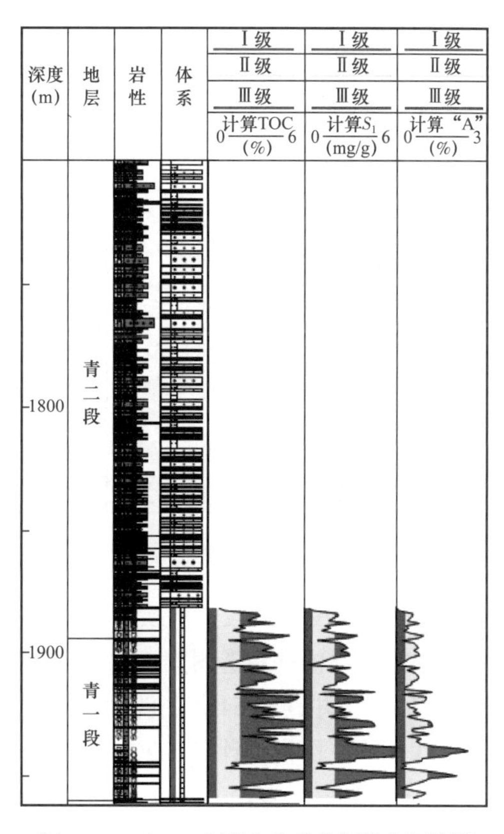

图 2-28　金 73 井测井地球化学综合评价图

2. 在辽河油田的应用

1）模型建立

以辽河坳陷大民屯凹陷沙四段泥页岩为例，进行有机非均质性测井评价的应用。选取实测值点较多且具有连续的岩性剖面和完整的测井资料的井为建模标准井。在建模的过程中，扣除非烃源岩层段及井径异常部位。基于前面的原理，利用实测数据（TOC、S_1、S_2）经优化标定式（2-9）中的系数 a、b、c，即可得到由测井资料评价有机非均质性的模型（表 2-5）。

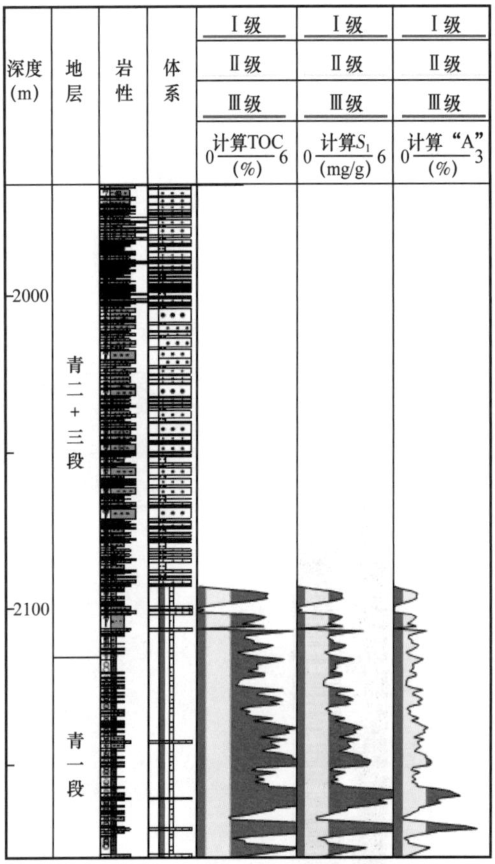

图 2–29　金 45 井测井地球化学综合评价图

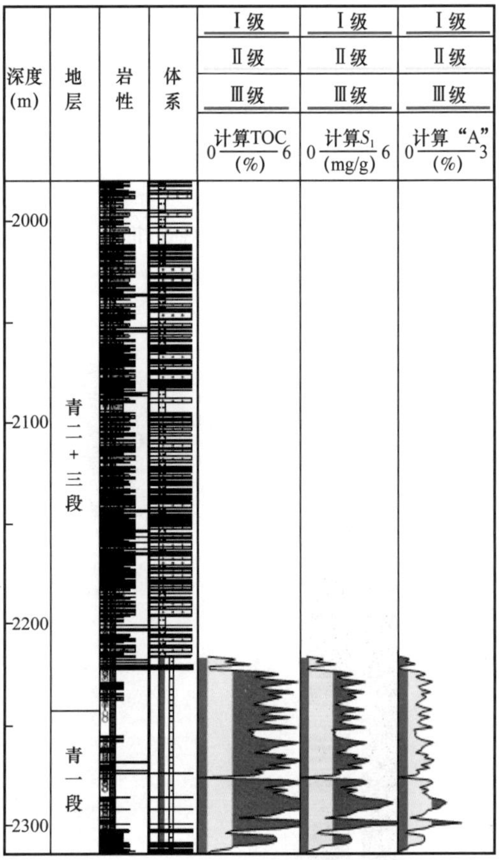

图 2–30　金 43 井测井地球化学综合评价图

对于沙四段一亚段，本次研究选用安 1 井、安 64 井、沈 307 井、沈 309 井等 4 口井作为 TOC 建模井；选用安 1 井、沈 82 井、沈 309 井、沈 616 井等 4 口井作为 S_1 建模井；选用安 1 井、安 64 井、沈 309 井、沈 82 井以及沈 224 井等 5 口井作为 S_2 建模井。图 2–31 示出了由模型计算 TOC、S_1、S_2 与实测 TOC、S_1、S_2 的对比关系。

对于沙四段二亚段，本次研究选用沈 224 井、沈 352 井、沈 309 井、安 92 井以及沈 166 井等 5 口井作为 TOC 建模井；选用沈 352 井、沈 309 井、沈 119 井以及安 92 井等 4 口井作为 S_1 建模井；选用沈 352 井、沈 309 井、沈 166 井、安 92 井以及沈 119 井等 5 口井作为 S_2 建模井。图 2–32 示出了沙四段二亚段模型计算 TOC、S_1、S_2 与实测 TOC、S_1、S_2 的关系。

从上述模型计算值与实测值对比可以看出，实测值与计算值拟合关系良好，且趋势线斜率接近 1，复相关系数均大于 0.79（表 2–5），表明所建模型精度较高。

表 2-5　大民屯凹陷沙四段测井评价 TOC 模型参数表

层位	地球化学数据	井名	曲线	*c*	*a*	*b*	样本数	相关系数 R^2
沙四段一亚段	TOC	安 1	R25—AC	0.4	1.2899	0.0614	43	0.8879
		安 64	R25—AC	0	0.7361	0.0791		0.9278
		沈 307	R25—AC	0.25	1.724	−0.0382		0.9658
		沈 309	R25—AC	0.35	0.7174	0.6322		0.8183
	S_1	安 1	R25—AC	0.25	0.1146	−0.0044	22	0.8575
		沈 82	R25—AC	0.4	0.1573	−0.0109		0.8688
		沈 309	R25—AC	0.55	0.1017	0.0045		0.7954
		沈 616	R25—AC	0.1	0.2198	−0.0177		0.9832
	S_2	安 1	R25—AC	0.75	1.098	0.3736	41	0.8632
		安 64	R25—AC	0.05	0.7596	0.2404		0.839
	S_2	沈 82	R25—AC	0.4	1.4749	0.6047	41	0.7949
		沈 224	R25—AC	0.95	1.075	0.0109		0.9276
		沈 309	R25—AC	0.3	1.5721	−0.0358		0.9611
沙四段二亚段	TOC	沈 224	R25—AC	0	1.3267	0.7644	75	0.9611
		沈 352	R25—AC	0	1.6408	0.6625		0.79
		沈 166	R25—AC	0.05	0.976	0.9233		0.6842
		沈 309	R25—AC	0.6	1.7817	1.2257		0.9729
		安 92	R25—AC	0.95	1.694	0.0073		0.8065
	S_1	安 92	R25—AC	0	0.1324	−0.0558	36	0.908
		沈 119	R25—AC	0.05	0.0583	−0.0174		0.85
		沈 309	R25—AC	0.7	1.8234	0.0446		0.9969
		沈 352	R25—AC	0.1	0.3305	0.0095		0.905
	S_2	安 92	R25—AC	0.2	1.2364	0.094	57	0.8545
		沈 119	R25—AC	0.05	0.9142	0.3104		0.8595
		沈 166	R25—AC	0.95	3.6925	−4.8983		0.8449
		沈 309	R25—AC	0.35	4.5726	4.5443		0.9445
		沈 352	R25—AC	0	4.2122	0.9692		0.8578

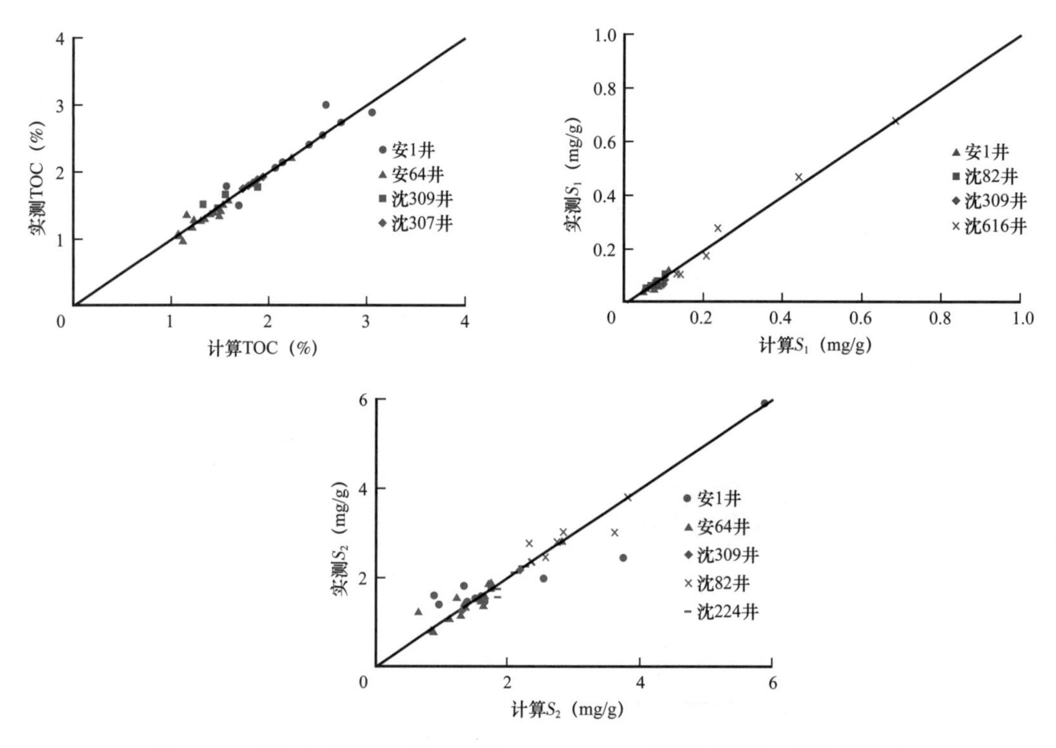

图 2-31　大民屯凹陷沙四段一亚段 TOC、S_1、S_2 模型计算值与实测值关系

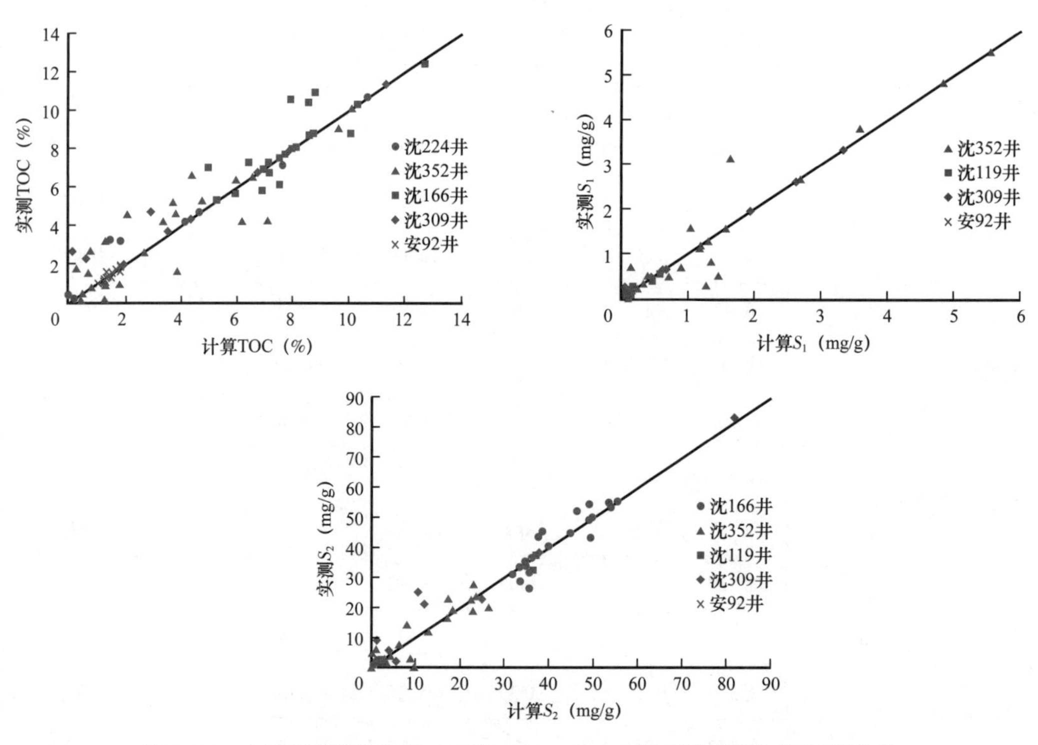

图 2-32　大民屯凹陷沙四段二亚段 TOC、S_1、S_2 模型计算值与实测值关系

2）模型验证与应用

对于沙四段一亚段，本次选用安 9 井、安 78 井、沈 82 井、沈 101 井、沈 119 井、沈 203 井、沈 224 井、静 3 井和沈 616 井共计 9 口井验证 TOC 建模效果；选用安 64 井、静 3 井、沈 101 井、沈 119 井、沈 224 井、沈 203 井及沈 307 井共计 7 口井验证 S_1 建模效果；选用静 3 井、沈 101 井、沈 119 井、沈 203 井、沈 307 井和沈 616 井共计 6 口井验证 S_2 建模效果。

对于沙四段二亚段，本次选用安 1 井、安 17 井、安 21 井、安 85 井、安 88 井、沈 119 井、沈 136 井、沈 223 井、沈 616 井、胜 14 井共计 10 口井验证 TOC 建模效果；选用安 1 井、安 17 井、安 21 井、安 88 井、沈 136 井、沈 223 井、沈 224 井、胜 14 井共计 8 口井验证 S_1 建模效果；选用安 1 井、安 17 井、安 21 井、安 88 井、沈 136 井、沈 223 井、沈 224 井、胜 14 井共计 8 口井验证 S_2 建模效果。验证效果计算值与实测值趋势基本相符，因此，所建立的由测井资料评价有机非均质性模型可以在大民屯凹陷推广应用。由此可以利用区内所有有测井资料的井进行有机非均质性的评价，进一步作出连井剖面和平面等值线图，评价有机非均质性的剖面和平面分布。

评价页岩有机非均质性的这一方法，在东部的吉林、胜利、江汉、南阳、中原等众多油田及北美的许多其他含油气盆地都进行了应用，均取得了良好的效果。

二、有机非均质性地震预测原理及初步应用

上述的测井评价技术虽然精度较高，但对井间，尤其是无井区预测功能弱。地震资料含有丰富的地层信息，虽然纵向分辨率远远不如测井资料，但横向连续性好。结合二者优势，利用井震联合反演技术进行有机碳含量及含油气性的预测，能够提高相关的预测精度和可信度。本节以松辽盆地东南隆起区王府凹陷南部为例，对凹陷内重要烃源岩层青山口组的有机非均质性进行地震预测。

（一）稀疏脉冲波阻抗反演原理

地震反演是利用地震资料，以已知地质规律和钻井、测井资料为约束，对地下岩层空间结构和物理性质进行成像（求解）的过程，广义的地震反演包含地震处理解释的全过程。波阻抗反演是指利用地震资料反演地层波阻抗（或速度）的地震特殊处理解释技术。与地震模式识别预测油气、神经网络预测地层参数、振幅拟合预测目的层厚度等统计性方法相比，其具有明确的物理意义，是目的层岩性预测、油藏特征描述的确定性方法，在实际应用中取得了显著的地质效果，因此地震反演通常特指波阻抗反演。

地震反演通常分为叠前和叠后反演两大类。近 20 年来，叠后地震反演取得了巨大进展，已形成了多种成熟技术。按测井资料在其中所起作用大小又可分成 4 类：地震直接反演、测井控制下的地震反演、测井—地震联合反演和地震控制下的测井内插外推。它们分别用于油气勘探开发不同阶段，四者的精度和确定性依次增高。从实现方法上可分为 3 类：递推反演、基于模型反演和地震属性反演。本次工作主要利用叠后资料进行递推反演中的稀疏脉冲反演，也称波阻抗反演。稀疏脉冲反演（Sparse-spikeInversion）

是基于稀疏脉冲反褶积基础上的递推反演方法，主要包括最大似然反褶积（MLD），L1模反褶积和最小熵反褶积（MED）。这类方法针对地震记录的欠定问题，提出了地层反射系数由一系列叠加于高斯背景上的强轴组成的基本假设，在此条件下以不同方法估算地下“强”反射系数和地震子波。这种方法的优点是无需钻井资料，直接由地震记录计算反射系数，实现递推反演，其缺陷在于很难得到与测井曲线相吻合的最终结果。基于频域反褶积与相位校正的递推反演方法，从方法实现上回避了计算子波或反射系数的确定问题，以井旁反演结果与实际测井曲线的吻合程度作为参数优选的基本判据，从而保证了反演资料的可信度可解释性，是递推反演的主导技术，其主要技术关键有：恢复地层反射系数振幅谱的频域反褶积、使井旁反演道与测井最佳吻合的相位校正以及反映地层波阻抗变化趋势的低频模型技术。

在三维地震层位解释的基础上，通过井震结合，对松辽盆地南部王府凹陷青山口组进行了稀疏脉冲反演，刻画了青一段低阻抗层段在空间上的分布特征。从图 2-33 可以看出波阻抗反演结果与测井资料匹配良好，说明波阻抗反演出的泥页岩分布范围可信度高。从过井的反演剖面上可见该段泥页岩厚度分布稳定，青一段波阻抗值明显低于青二+三段，且横向分布连续，厚度变化稳定。

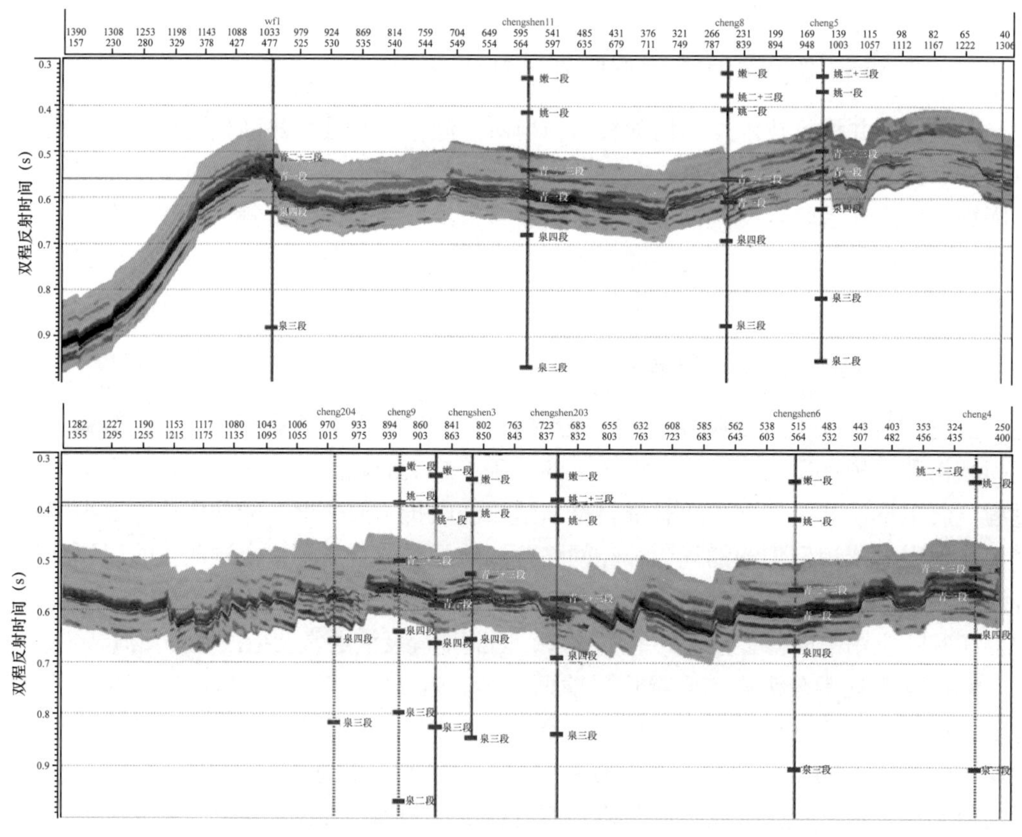

图 2-33　松辽盆地南部王府凹陷青山口组波阻抗反演剖面

从单井测井曲线看，王府凹陷青一段泥页岩具有典型的高声波时差、低密度特征，且气测异常高（图 2–34），这种特点使得青一段泥页岩与青二 + 三段泥页岩波阻抗具有较大的差异性，气测异常高的青一段泥页岩波阻抗普遍小于 6.8×10^6（kg/m^3）·（m/s）（图 2–35），据此，可以根据常规波阻抗反演方法评价青山口组页岩油储层的有机碳含量分布，进而推算出优质泥岩的厚度分布。

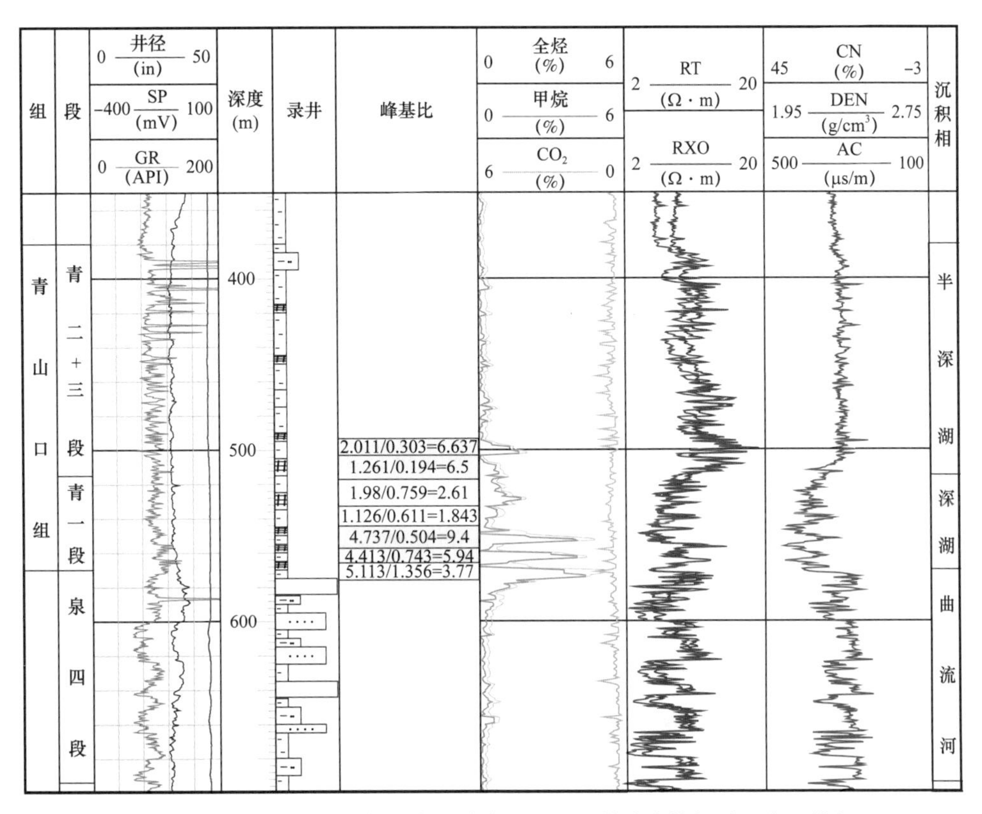

图 2–34　松辽盆地南部王府凹陷青山口组测井响应特征（王府 1 井）

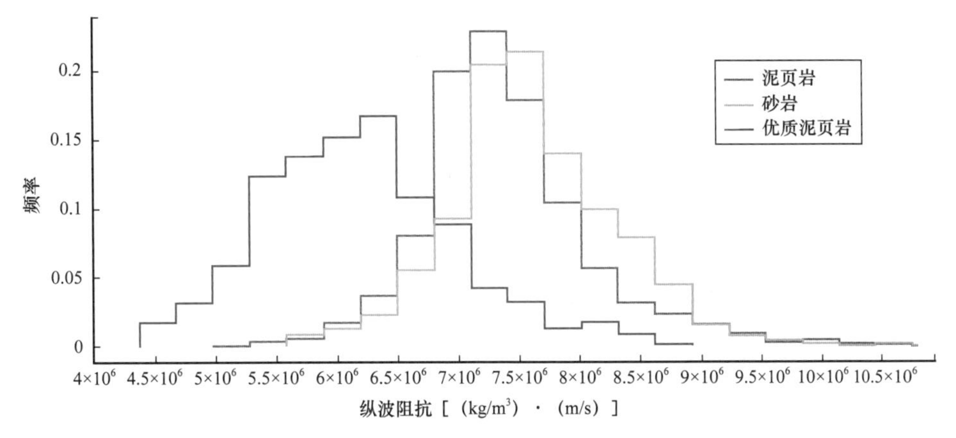

图 2–35　松辽盆地南部王府凹陷优质泥页岩与普通泥页岩波阻抗分布范围比较

（二）地质统计学反演流程

地质统计学反演是一种基于模型的反演方法，结合测井高纵向分辨率和地震横向连续的优势，具有在井点和井间分别符合测井解释数据及原始地震资料的特点，反演结果具有较高的垂向分辨率，且更符合地质规律。地质统计学随机反演易产生多个等概率数据体，结果多解性强，因此，需要通过优选合理的变差函数，以及在反演过程中融合稀疏脉冲确定性反演，提高随机反演的精度。

泥页岩有机地球化学参数（TOC、S_1、“A”）地质统计学反演流程包括：（1）在测井曲线标准化、层位标定及目的层低频模型建立的基础上，通过目的层稀疏脉冲约束波阻抗反演，得到反映泥页岩变化趋势的波阻抗反演数据体；（2）分析地球化学特征（TOC、S_1、“A”）的垂向、水平方向变差函数，优选随机反演参数，包括变程、块金效应及基台值等；（3）进行地质统计学反演，包括随机模拟和随机反演过程，其中随机模拟采用序贯高斯配置协模拟，随机反演采用模拟退火算法，得到地质意义上多个有机碳含量 / 含油气量数据体；（4）优选有机碳含量 / 含油气量数据体，遵循原则为剖面上有机碳含量变化趋势与地震资料相符，平面上有机碳含量变化趋势符合地质沉积规律，与地震属性反映的波阻抗趋势基本一致，后验井检验符合率较高。

通过测井地球化学分析发现，青一段优质泥页岩 TOC 和 S_1 与波阻抗具有良好的负相关性（图 2-36），本次属性反演在波阻抗体的基础上选择 TOC 和 S_1 曲线，将工区内地球化学参数、测井参数和地震参数有效结合，使预测结果更符合实际。由反演剖面（图 2-37）可以看出，研究区青山口组地质统计学反演（图 2-37b）较稀疏脉冲约束反演（图 2-37a）垂向分辨率明显提高，薄层状有机碳反映较好；有机碳主要呈层状富集，其中青一段为有机碳主要富集分布层，有机碳含量最高为 9.2%，该段也是页岩油资源主要发育段；有机碳含量纵向变化快，横向变化趋势与地震剖面上的基本一致，空间非均质性强。通过 3 口后验井进行反演质量检验，测井评价有机碳含量数据与反演结果符合率为 82.7%，反演效果较好。

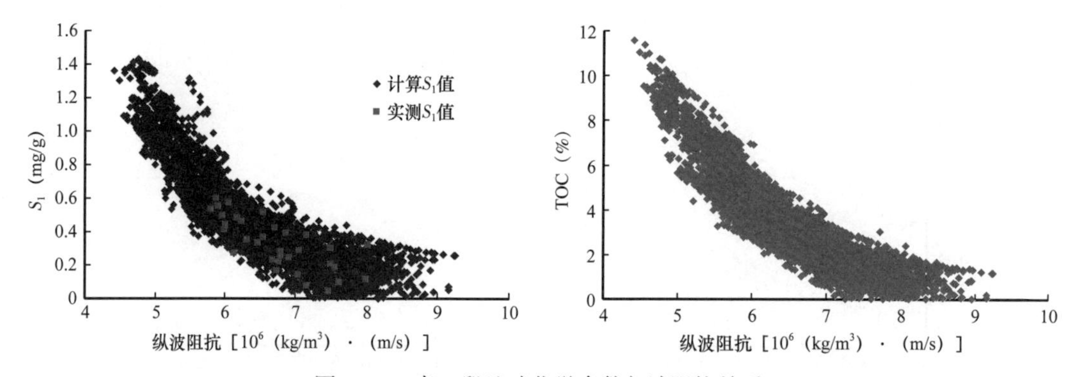

图 2-36　青一段地球化学参数与波阻抗关系

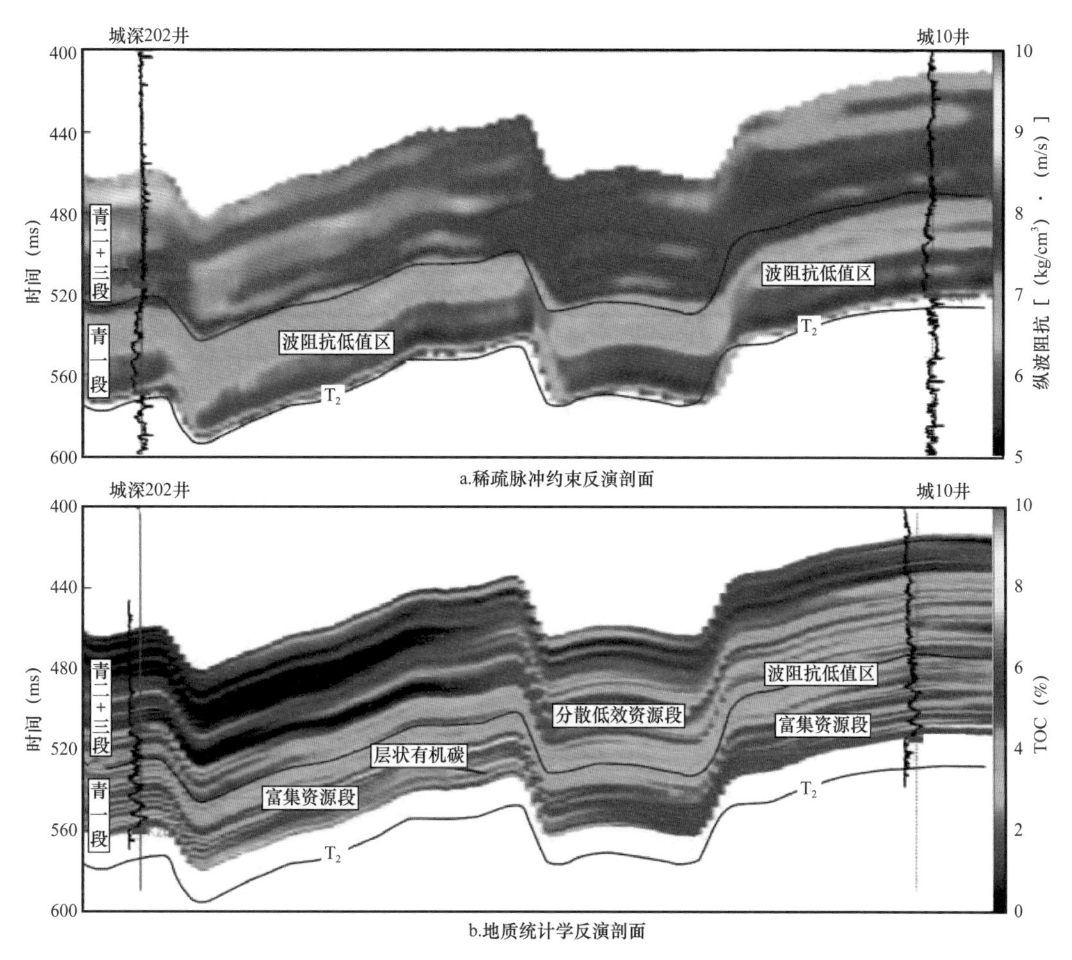

图 2–37 松辽盆地南部王府凹陷青山口组反演剖面

图 2–38 表明青一段 TOC 含量普遍较高，城深 1—城深 9 以北地区和城深 601 区块有机质丰度达到 3% 以上。全区内 S_1 含量分布趋势与有机质丰度类似，亦是工区西北角 S_1 值明显高于工区其他部位（图 2–39）。因此，总体上工区西北部有机质及页岩油含量较高。

上述初步应用的较好效果展示了叠后地震资料反演在预测有机非均质性方面应用的潜力（卢双舫等，2016）。但该区较好的应用效果与研究区埋深较浅、信噪比较高有关。在埋深较大或地质条件复杂区的应用效果还有待验证、改进。在烃源岩含油气性检测、TOC 预测等方面，蕴含丰富信息的叠前地震资料可能有更大的用武之地。利用蕴含丰富信息的叠前地震数据，在测井资料的约束下，开展叠前地震弹性参数反演，得到高精度的、能够反映地层横向变化的纵、横波速度，并在此基础上，得到流体因子剖面、纵横波速度比剖面、泊松比剖面和储层厚度剖面等，为地质解释人员提供更丰富的信息，提高钻井成功率、降低勘探风险。这方面的研究国内外目前已经取得了一些初步的成果，如陈祖庆（2014）就利用地震叠前反演技术成功建立了四川焦石坝地区 TOC

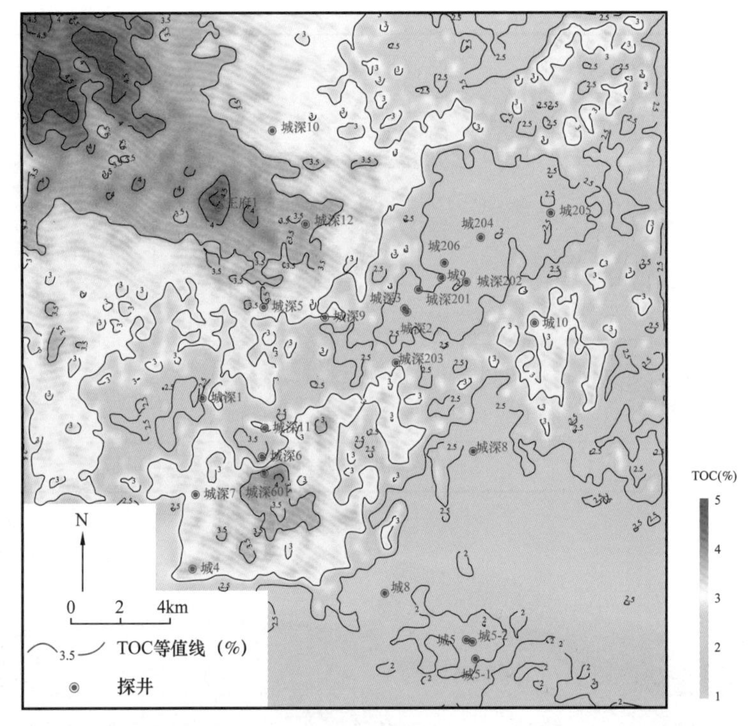

图 2-38　利用地震资料预测王府断陷青一段 TOC 平面分布图

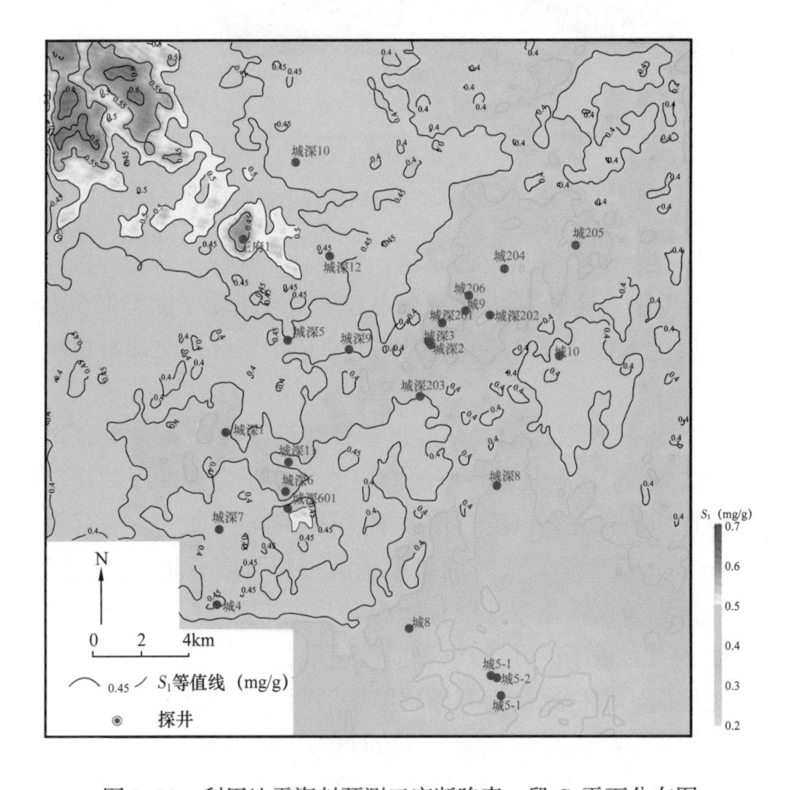

图 2-39　利用地震资料预测王府断陷青一段 S_1 平面分布图

与地层页岩密度之间的关系，可用于预测页岩中的 TOC 含量。张广智等（2014）基于 $E\rho$、（杨氏模量与密度的乘积）泊松比和密度的叠前纵横波联合反演可以获得更加精确的弹性参数，为页岩储层识别和流体预测提供可靠的依据。这应该代表了页岩有机非均质性预测的发展趋势，预期将会得到不断的改进、完善和更多的推广应用（印兴耀等，2014；Yin 等，2015；撒利明等，2015）。

三、利用有机相技术评价 / 预测有机非均质性

烃源岩在地下总是有一定的分布范围。如前所述，受采样点的限制，人们依据实测数据所评价的只能是有限点的烃源岩性质，要从总体上评价它的全貌，必须将点的评价结果推广到平面上。前述的测井评价和地震预测技术，提供了一条解决问题的有效途径。有机相概念（Rogers，1979）的提出和推广应用，可以为探讨这一问题提供一条不同的途径。不过，与沉积相类似，有机相比较宏观，难以精细刻画有机非均质性。因此，需要与其他方法结合应用才能提高精度，但它提供了由点及面的思路。

有机相的定义可以参见有关的文献和教科书（卢双舫等，2017）。从原理上讲，有机质类型、沉积环境成为有机相分析必须考虑的因素，有机质丰度、成熟度也可能成为备选。由于有机质类型的研究方法和指标很多，而沉积环境要素更为复杂，并且研究有机相的目的也有差异，使得有机相的定义和划分出现了因人而异、因地而异的局面。实际上有机相的提出，更重要的是体现为一种研究思想，即以“相”和“相律”思想为指导，研究烃源岩某些属性在空间或时间上的差异性及其分布的有序性。要点在于突出与研究目的有重要联系的“烃源岩”和“相”的关键要素的差异性；不同地质背景决定了这种要素的不同，也就决定了划分的依据不同。因此，有机相研究应根据具体目的、地质实际及资料的丰缺灵活运用。

笔者认为，应用有机相的概念必须突出两点：第一，既然是有机相，当然要以有机组成为定义和划相的重点；第二，要使有机相具有预测功能，必须将它与沉积相相结合，因为许多地球物理信息（如地震）可以反映沉积相而难以直接反映有机相。

不过，由于我国东部老油区钻井、测井及地震资料较为丰富，由它们出发对有机非均质性所作的评价和预测精度较高，一般较少应用有机相的方法，但在资料相对较少的新区，有机相的概念在评价 / 预测有机非均质性方面还是有可用之处的。

四、砂质薄夹层分布及其非均质含油性评价

由于气候、物源、水动力等方面条件的变化，页岩层系内常常含有厚度不大的砂质夹层，其中所含油气也是页岩油有效资源，也应该同步评价。同样，砂质夹层中含油也具有非均质性，需要进行相应的评价。

（一）有效层系内砂岩薄夹层的识别

不同的岩性（砂岩、泥岩）在不同的测井曲线上有不同的响应，但具体的响应关

系会因地而异。在松辽盆地北部，利用有系统岩心资料的四口井的声波、电阻率、自然伽马、补偿中子、密度 5 条测井曲线经过归一化处理，分岩性统计了其频率分布（图 2-40—图 2-44），总结了其测井响应特征（表 2-6）。

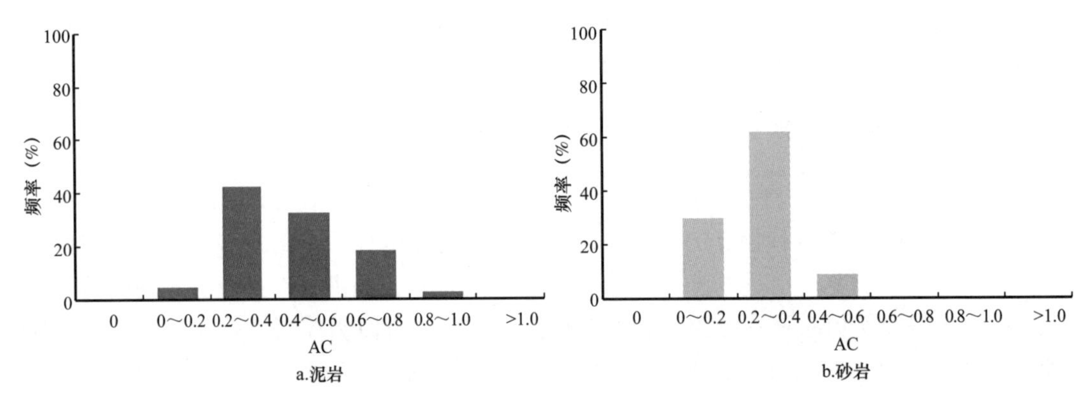

图 2-40　松辽盆地北部 4 口探井泥岩和砂岩声波测井曲线响应值频率柱状图

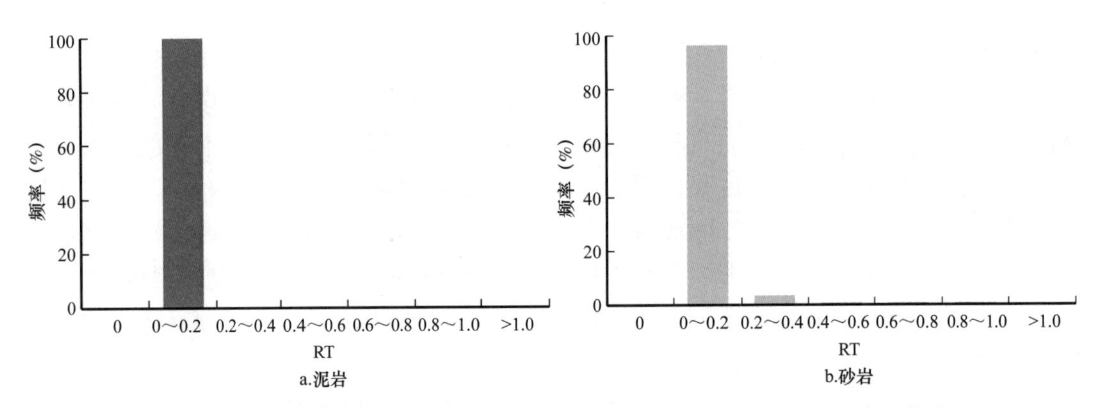

图 2-41　松辽盆地北部 4 口探井泥岩和砂岩电阻率测井曲线响应值频率柱状图

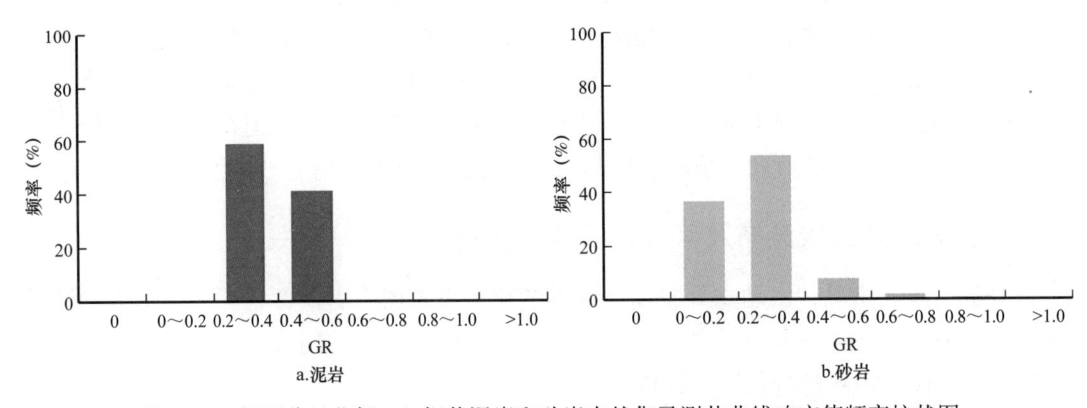

图 2-42　松辽盆地北部 4 口探井泥岩和砂岩自然伽马测井曲线响应值频率柱状图

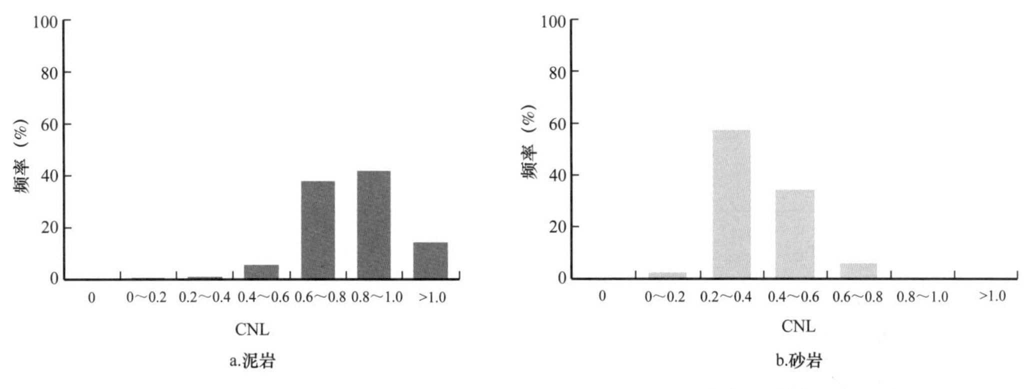

图 2-43　松辽盆地北部 4 口探井泥岩和砂岩补偿中子测井曲线响应值频率柱状图

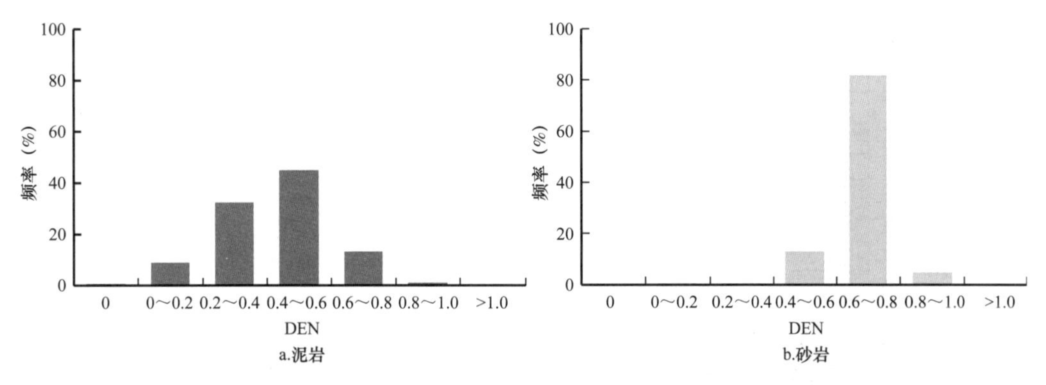

图 2-44　松辽盆地北部 4 口探井泥岩和砂岩密度测井曲线响应值频率柱状图

表 2-6　不同岩性测井曲线响应关系表

岩性	电阻率	自然伽马	密度	中子	声波时差
泥岩	低	高	低	高	高
砂岩	高	低	高	低	低

经过对上述测井参数多种组合形式所得指标的统计、对比、分析，发现利用式（2-10）计算的岩性指数（YX）能够较好地识别砂岩薄夹层（图 2-45）。从图 2-45 中可以看出，YX 指数大于 1 时，基本为泥岩，YX 指数小于 1 时，基本为砂岩。

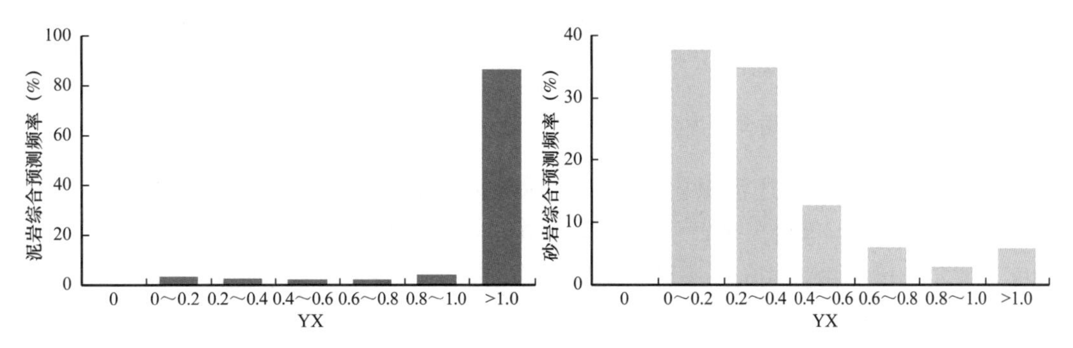

图 2-45　砂岩、泥岩的预测频率分布图

$$YX=AC \cdot GR \cdot CNL/RT \tag{2-10}$$

利用岩性指数［式（2-10）］识别的岩性与综合柱状图中的已知岩性进行对比，显示符合率较高（图2-46、图2-47），哈1井符合率为85%，英52井符合率为95%，预测薄夹层最大精度为0.3m。

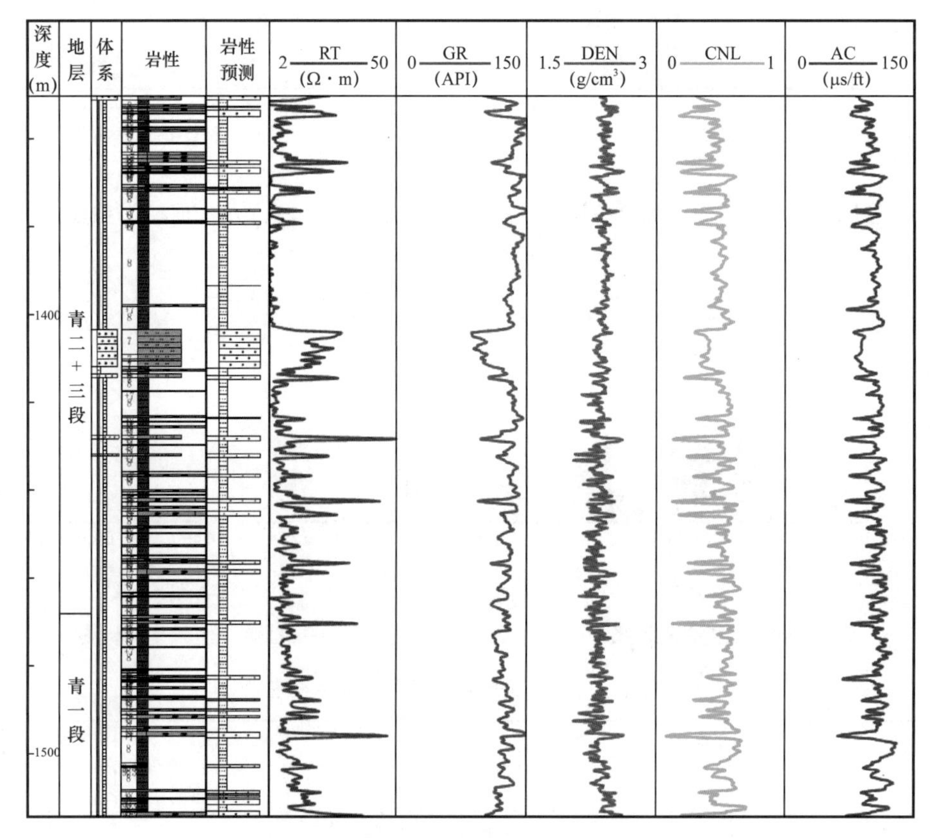

图2-46 哈1井砂岩薄夹层预测结果图

（二）有效层系内砂岩薄夹层平面分布

将上面建立的砂岩薄夹层识别方法应用于研究区目的层有测井资料的井中，不难识别出砂岩薄夹层，并可统计单层厚度及累计厚度，由此可进一步作出砂岩薄夹层的平面等值线图（图2-48、图2-49）。

（三）薄夹层非均质含油性评价

从原理上讲，与前述泥页岩一样，砂质薄夹层的有机非均质性也可以通过TOC、S_1、氯仿沥青“A”等指标来评价。但实践中，砂质夹层含油非均质性更多地用含油饱和度来评价，因为由测井资料来评价储层的含油饱和度是一项更为成熟、被更为广泛应用的技术。基本原理如下：

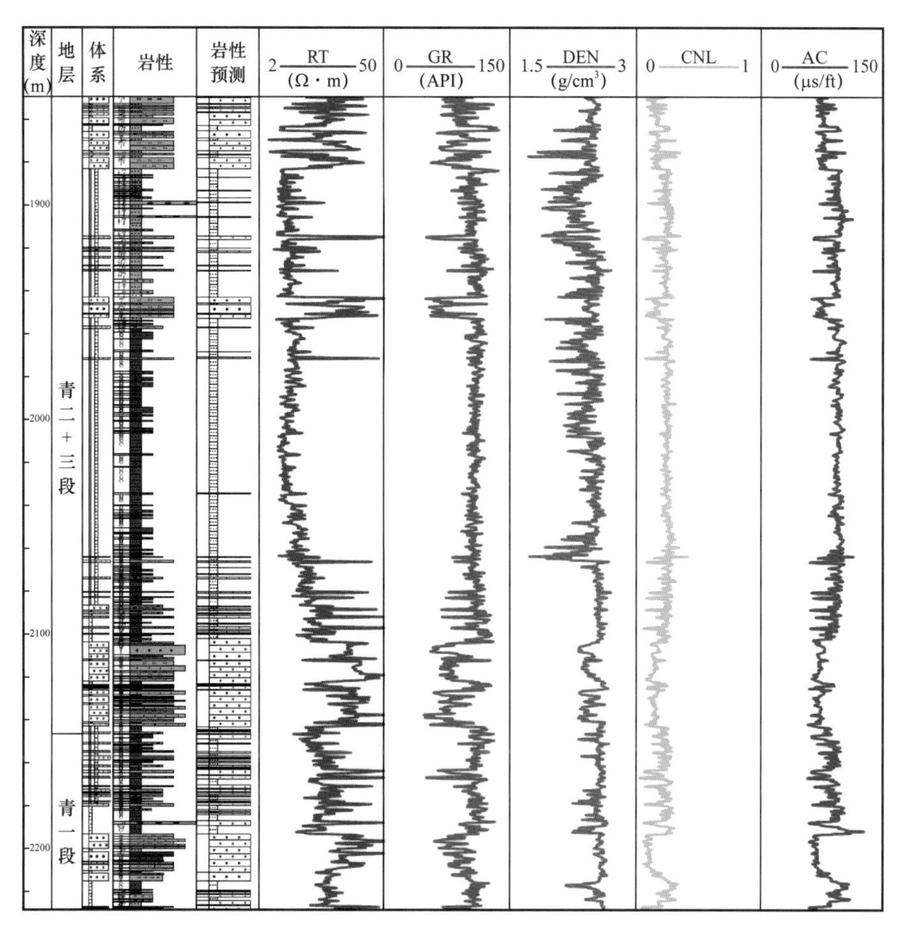

图 2-47　英 52 井砂岩薄夹层预测结果图

$$S_O=1-S_W \tag{2-11}$$

式中，S_O 为含油饱和度，%；S_W 为含水饱和度，%；

一般来说，含水饱和度可由阿尔奇公式计算：

$$S_W=\left[a\cdot b\cdot R_W/\left(R_t\cdot\phi^m\right)\right]^{\frac{1}{n}} \tag{2-12}$$

式中，a 为与岩性有关的系数，无量纲；m 为孔隙度指数，无量纲；n 为饱和度指数，无量纲；R_W 为水的电阻率，Ω·m；R_t 为地层电阻率，Ω·m；ϕ 为孔隙度，%。可由声波计算：

$$1\cdot\Delta t=\phi\cdot\Delta t_f+V_{sh}\cdot\Delta t_{sh}+\left(1-\phi-V_{sh}\right)\Delta t_{ma} \tag{2-13}$$

$$\phi=\frac{\Delta t-V_{sh}\cdot\Delta t_{sh}-\Delta t_{ma}+V_{sh}\cdot\Delta t_{ma}}{\Delta t_f-\Delta t_{ma}} \tag{2-14}$$

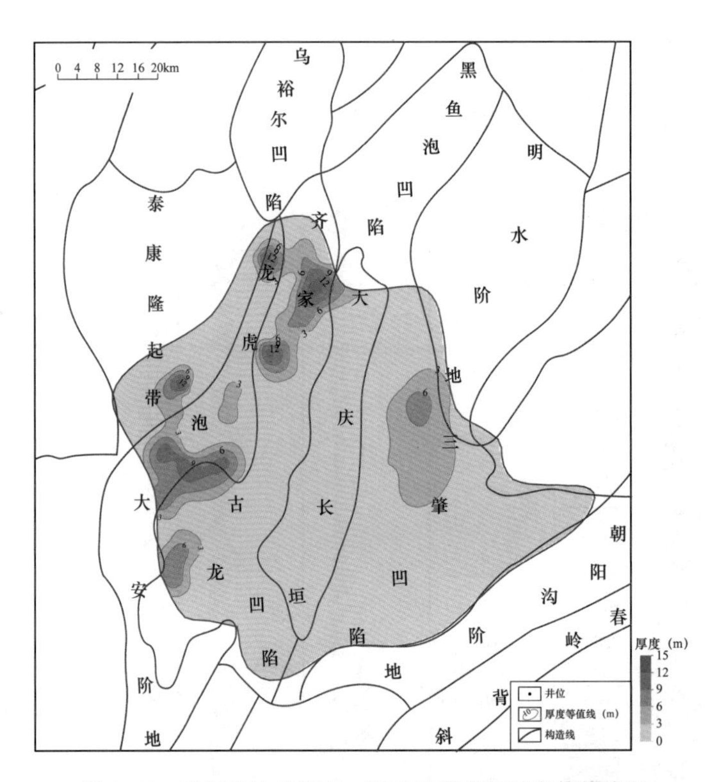

图 2-48　松辽盆地北部青一段砂岩薄夹层厚度等值线图

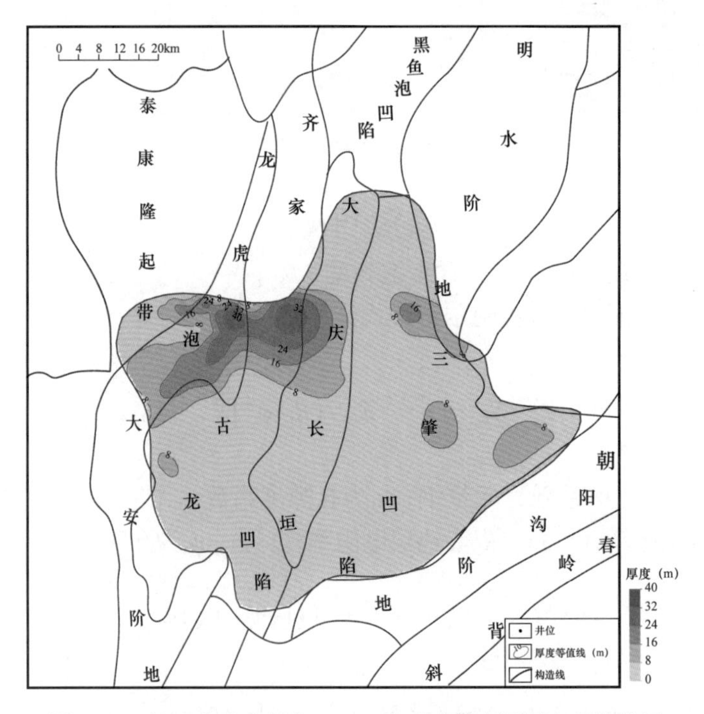

图 2-49　松辽盆地北部青二 + 三段砂岩薄夹层厚度等值线图

但对于页岩层系中含泥质较高的薄夹层，需要考虑泥质含量的影响，这可由印度尼西亚公式来实现。二者的联系是，当印度尼西亚公式中的泥质含量为零的时候，也就是阿尔奇公式，因此，印度尼西亚公式实质上是考虑泥质含量的阿尔奇公式，更适合致密储层含油气饱和度的评价。印度尼西亚公式是在测井解释和数据处理中相对比较流行的计算公式：

$$\frac{1}{R_t}=\left[V_{sh}^{\,1-\frac{V_{sh}}{2}}\cdot\sqrt{\frac{1}{R_{sh}}}+\frac{\phi^{\frac{m}{2}}}{\sqrt{a\cdot R_W}}\right]^2\cdot S_W^n \tag{2-15}$$

$$V_{sh}=\frac{2^{GcuR\cdot I_{sh}}-1}{2^{GcuR}-1} \tag{2-16}$$

$$I_{sh}=\frac{GR_{测}-GR_{min}}{GR_{max}-GR_{min}} \tag{2-17}$$

式中，Δt 为声波时差，μs/ft；Δt_f 为流体声波时差，μs/ft；Δt_{sh} 为泥质声波时差，μs/ft；Δt_{ma} 为骨架声波时差，μs/ft；I_{sh} 为泥质含量指数；V_{sh} 为泥质含量；GR_{max}、GR_{min}、$GR_{测}$为测井 GR 值的最大、最小及某评价点实测值；GcuR 为经验系数。

上述有关的经验指数一般因地而异，可由实验室实测的含油饱和度资料标定上述公式时确定。如在松辽盆地北部页岩层系砂质薄夹层的评价中，有关参数的取值如下：a=1.12；m=2.18；n=2.08；R_W=0.1；R_{sh}=3；GcuR=2；

有了砂岩薄夹层的厚度、孔隙度及含油饱和度，就不难评价出资源丰度及总资源量。

第四节　页岩油资源潜力分级评价标准及非均质性评价的初步应用

一、页岩油有效层系、富集段的划分标准

由上述可知，地层剖面上，不仅存在着泥、砂的岩性变化，还存在着 TOC、含油气性（S_1、氯仿沥青“A”）的明显非均质性。这使在所考察的一段范围内，不一定都属于同一级别的资源。因此，要将上述标准推广应用，需要建立页岩油有效层系、富集段的划分标准。

页岩油有效层系：指油窗范围内（在松辽盆地为达到生烃门限 1400m 以深的泥页岩；卢双舫等，2009）总厚度达到 30m 以上，且中间任意 10m 内砂岩占比不超过 1/3、砂层厚度不超过 2m，一般顶、底界泥页岩厚度超过 2m 的泥页岩层系。定义中，油窗范围内是为了保证泥页岩位于大量生油阶段；从较厚的泥页岩段开始和砂岩比例不超过

1/3，是为了保证层系中以泥页岩为主；单砂层厚不宜超过 2m（具体数值可因地而异）是为了保证砂岩为薄夹层而不是常规的输导层或储层；总厚度达 30m 以上是考虑到压裂时上下波及体积的需要。

依据上述定义，可编制软件利用测井资料对有效泥页岩层系自动识别。在有效泥页岩层系内，根据前述页岩油资源潜力分级评价标准，分别确定达到富集、分散、无效资源的层段。富集资源段占比超过 2/3，或者含油性均值达到富集资源标准（如 S_1 高于 2mg/g）的定义为页岩油富集段（图 2–50）。

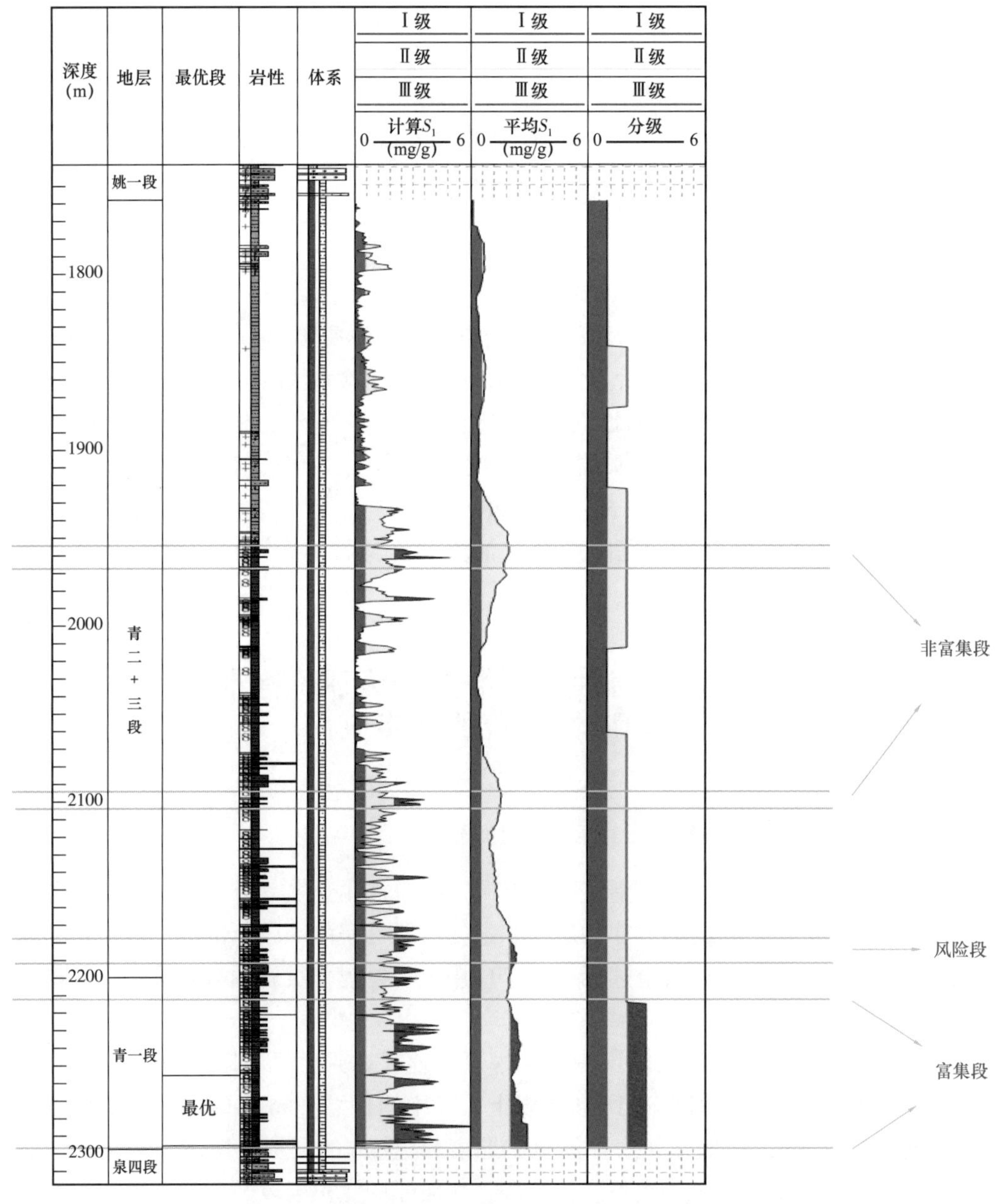

图 2–50　渤南洼陷有效泥页岩层系划分方案示意图

二、页岩油有效层系、富集段划分的初步应用标准

基于前述页岩油资源潜力评价标准、有机非均质性评价技术和页岩油有效层系及富集段的定义，不难利用测井资料识别出研究区各井中页岩油的有效层系及富集段，由此可以作出连井剖面图，直观反映出有效层系、富集段的厚度和埋深，进一步可以作出有效页岩层系和富集段及其含油性的平面分布等值线图。图 2–51 以济阳坳陷渤南洼陷为例作出了有效泥页岩层系厚度等值线图。可以看到，高值区主要分布在渤南洼陷渤深 5 井附近，可达 500m，工区内大部分井的有效泥页岩层系厚度值都大于 100m。根据 TOC、“A”、S_1 等测井评价结果，统计有效泥页岩层系内平均值，则可作出平面有机非均质性等值线图。图 2–52 为渤南洼陷有效泥页岩层系 TOC 平面分布等值线图，沙三段下亚段泥页岩 TOC 的高值区主要分布在渤南洼陷渤深 5 井附近，所有井中渤深 5 井 TOC 值最大，可达 6.5%，工区内大部分井的 TOC 值都大于 3.5%。TOC 值呈现出以渤南洼陷为中心向四周逐渐减小的趋势。

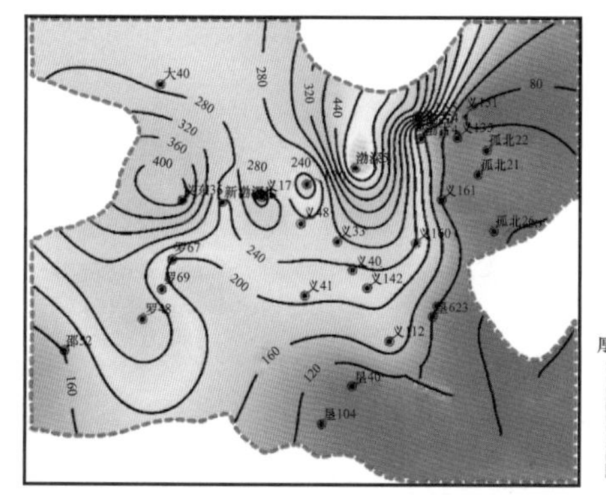

图 2–51　渤南洼陷沙三段下亚段有效泥页岩层系厚度等值线图

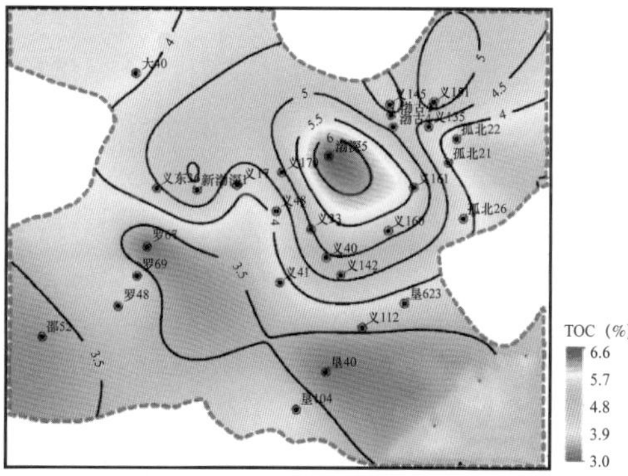

图 2–52　渤南洼陷沙三段下亚段有效泥页岩层系 TOC 等值线图

区内有效泥页岩层系 S_1 分布如图 2–53 所示，沙三段下亚段泥页岩 S_1 的高值区主要分布在渤南洼陷，最大值可达 4.8mg/g，几乎整个渤南洼陷的 S_1 值都在 3mg/g 以上，S_1 值呈现出以渤南洼陷为中心向四周逐渐减小的趋势。

有效泥页岩层系氯仿沥青“A”分布如图 2–54 所示，工区内井泥页岩的氯仿沥青“A”高值区主要分布在渤南洼陷和四扣洼陷附近，最大值可达 2.3%，以义 170 井和义 160 井的氯仿沥青“A”值最大，可达 2.25%。其余地区氯仿沥青“A”值也较大，几乎都在 0.8% 以上。

类似上述，也可以作出区内页岩油富集段的分布等厚图。这些基础图件可以作为后面利用体积法定量评价不同级别页岩油资源量的基础，当然也可以作为有利区筛选的依据之一。

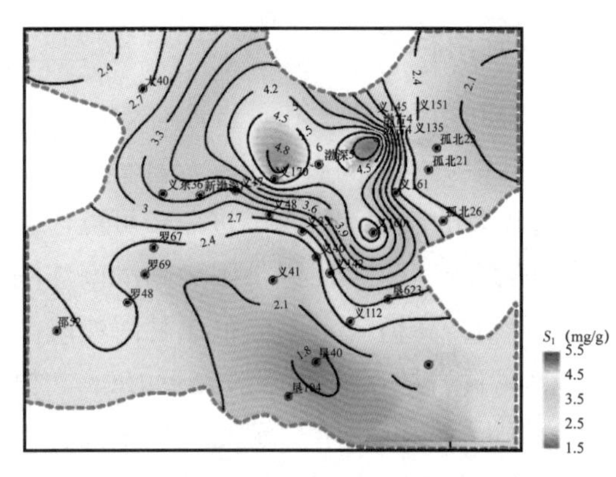

图 2-53　渤南洼陷沙三段下亚段有效泥页岩层系 S_1 等值线图

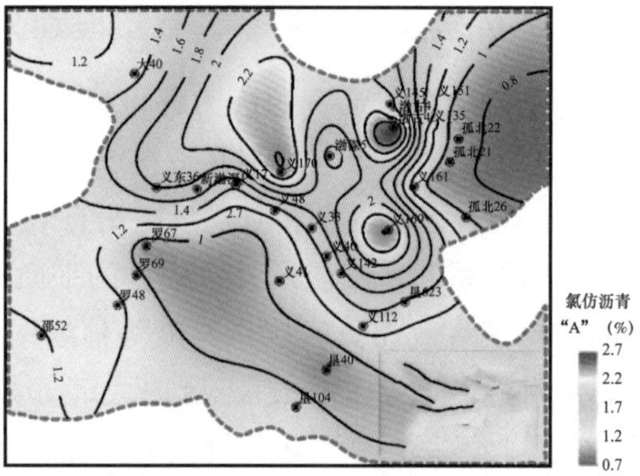

图 2-54　渤南洼陷沙三段下亚段有效泥页岩层系氯仿沥青“A”等值线图

第三章
页岩成储机理、成储下限及分级评价标准

虽然人们早就知晓富含有机质的泥页岩中蕴含总量巨大的油气资源，但由于达到成熟演化阶段的泥页岩普遍具有低孔低渗特征，制约了油气在其中的流动性和可采性，富有机质的泥页岩在相当长的时期一直被视为生成油气的烃源岩而不是储集油气并能够被有效开发的储层。由水平井和大型水力压裂代表的技术创新引起的美国页岩气革命，以及中国涪陵页岩气田的高效勘探开发，揭示了泥页岩具有作为天然气储层的巨大潜力。美国部分页岩油的商业开发及我国常规油气勘探开发中钻遇的不少泥岩裂缝油气藏的有效开发，也预示了泥页岩具有成为页岩油储层的潜力。不过，迄今为止，中国绝大多数页岩油井（包括借用了页岩气的水平井和大型压裂技术的页岩油井）离商业性开采还有遥远的距离（张金川等，2012；张林晔等，2014；卢双舫等，2012，2016a，2016b）。这表明，页岩尤其是我国东部湖相页岩能否成为油的有效储层，什么条件下能够成为储层，还有待探索和实践。明确了这点，就可以建立页岩的成储下限及分级评价标准，也就认识了页岩的成储机理。从后面的剖析将可以看到，这将为页岩油甜点的评价和预测奠定基础。

页岩能否成为油的有效储层，关键在于油能否在页岩基质中有效流动。因为无论压裂形成多么复杂的缝网，所能沟通的基质孔隙毕竟只占总孔隙的小部分，绝大部分的流体必须通过基质孔喉渗流到人造裂缝之后，才能形成有效的产能。不难理解，页岩基质的渗流能力首先与页岩微观孔喉的大小、分布、结构及连通性有关。同时，还与液—固相互作用及油在储层中的赋存状态和机理（吸附、游离、溶解等）有关，这又进一步与页岩油及页岩的组成、类型等有关。因此，本章将在分析页岩矿物组成、划分岩相类型和表征页岩微观孔喉的基础上，构建页岩数字岩心，建立页岩的成储下限及分级评价标准，认识页岩的成储机理。

第一节　页岩的岩石类型与岩相

页岩存在明显的非均质性，但人们不可能对所有的页岩都进行精细表征。因此有必要在页岩组成分析的基础上，大类划分岩相，分别对不同岩相的页岩进行表征，在降低工作量的同时，增加表征结果的普适性和可推广应用性。

泥页岩成分复杂，页岩储层岩相划分方案已有较多文献发表（董春梅等，2015；王

勇等，2016；陈世悦等，2016；赵建华等，2016），但标准尚未统一。考虑到泥页岩既是烃源岩也是储层，有机质含量较高且对孔隙有贡献，在划分泥页岩岩相时，需要重视有机质含量的特征。泥页岩的命名也一直存在争议，比如黏土岩、泥岩、页岩、泥质岩等概念并不明确，存在混淆的现象。如果能根据岩石矿物组成进行命名，可一定程度上减少不同概念间的混用现象。此外，从岩心观察发现，部分泥页岩中纹理异常发育，单层纹理的厚度可从小于1mm到60cm分布。这种岩石构造的特征对于泥页岩含油性及可压裂性具有重要影响，在岩相分类时应加以重视。因此，本书主要从矿物组成、岩石构造、有机质含量三方面出发，采用“四组分三端元”分类方法，对泥页岩层系进行岩相划分。四组分指黏土矿物组分、长英质（石英＋长石）矿物组分、钙质矿物组分（碳酸盐）和有机质组分；三端元指黏土质、长英质、钙质。

一、矿物组成特征

综合利用X射线衍射（XRD）、光学显微镜、扫描电镜、场发射扫描电镜、能谱、X射线CT、地球化学分析等技术，不难确定泥页岩样品中石英、长石、碳酸盐矿物、黄铁矿、黏土矿物和有机质含量及其空间分布。为实用简明起见，一般将无机矿物大类归一为上述三端元，即黏土矿物、长英质矿物和钙质矿物（方解石＋白云石），并依据其相对含量对泥页岩进行岩相划分。不同类别的代号、命名及矿物组成如表3–1和图3–1所示。根据矿物组成划分的岩相主要有7类，分别为富泥质泥页岩、富长英质泥页岩、富钙质泥页岩、长英质泥页岩、钙质泥页岩、含泥长英质泥页岩和含泥钙质泥页岩。

表3–1 依据矿物组成划分泥页岩岩相

岩相代号	岩相命名	矿物组分相对百分含量（%）			
		黏土	长英质	钙质	备注
A1	富泥质泥页岩	>50	<50	<50	
A2	富长英质泥页岩	<50	>50	<50	
A3	富钙质泥页岩	<50	<50	>50	
B1	长英质泥页岩	25～50	25～50	25～50	长英质>钙质
B2	钙质泥页岩	25～50	25～50	25～50	长英质<钙质
C1	含泥长英质泥页岩	<25	25～50	25～50	长英质>钙质
C2	含泥钙质泥页岩	<25	25～50	25～50	长英质<钙质

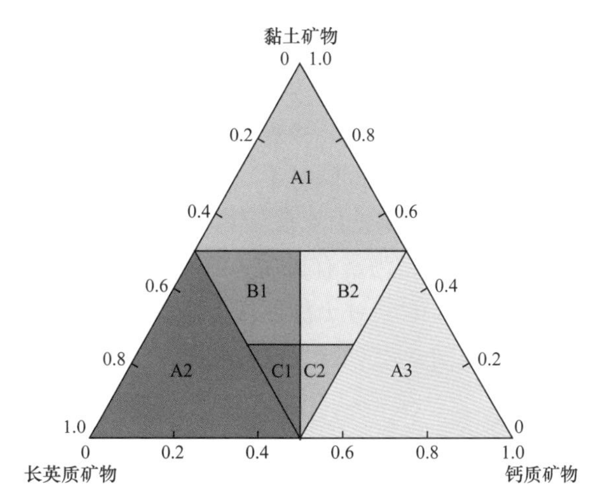

图 3-1　依据矿物组成划分泥页岩岩相概念模型图

二、沉积构造特征

通过岩心观察和显微镜鉴定，确定层理厚度并划分泥页岩的宏观构造类型。根据纹层发育程度，可将泥页岩分为纹层状（层理厚度＜1mm）、层状（层理厚度1mm～50cm）和块状（层理厚度＞50cm）（王勇等，2016；董春梅等，2015）。其中纹层状、层状构造的岩石命名为页岩，而块状构造的岩石命名为泥岩（图 3-2）。

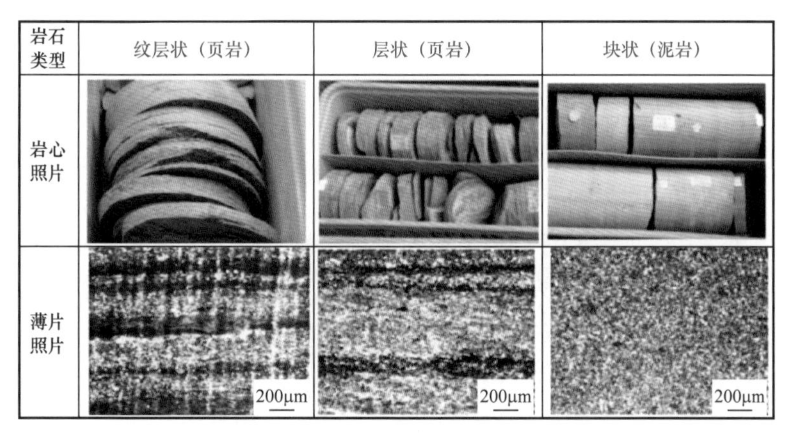

图 3-2　东营凹陷泥页岩构造划分示意图

三、有机质含量

泥页岩中的有机质是油气生成的物质基础，其丰度的高低在很大程度上决定了残留页岩油的含量，也左右有机孔隙的多少。因此，适用于页岩油的页岩岩相划分方案应该考虑有机质的丰度。常用的有机质丰度指标主要有总有机碳（TOC）含量、岩石热解参数 P_g（S_1+S_2）、氯仿沥青“A”等。而直接反映油气富集性的参数是 S_1 与氯仿沥青

"A"。前人在将有机质丰度纳入页岩岩相分类时，分界点一般取TOC等于1%或2%的经验值（杨万芹等，2015；王勇等，2016；李卓等，2017）。笔者认为，前面页岩油气资源分级评价标准中确定的富集、低效、无效三级资源所对应的有机质丰度可以作为岩相划分的分界点。这使分界点的确定有据可依，同时也蕴含了地质意义。以济阳坳陷东营凹陷为例（见图2–6），沙三段下亚段和沙四段上亚段岩相分类所对应的丰度指标有所不同：沙三段下亚段TOC大于2.4%的泥页岩为富有机质，TOC在1.0%～2.4%之间的泥页岩为含有机质，TOC小于1.0%为贫有机质。对于沙四段上亚段，TOC大于2.0%的泥页岩为富有机质，TOC在0.7%～2.0%之间的泥页岩为含有机质，TOC小于0.7%为贫有机质（表3–2）。

表3–2 根据有机质含量划分岩相统计表

层位	资源级别	岩相划分	TOC（%）	S_1（mg/g）	氯仿沥青"A"（%）
沙三段下亚段	Ⅰ	富有机质	＞2.4	＞5.3	＞1.5
	Ⅱ	含有机质	1.0～2.4	0.6～5.3	0.2～1.5
	Ⅲ	贫有机质	＜1.0	＜0.6	＜0.2
沙四段上亚段	Ⅰ	富有机质	＞2.0	＞4.5	＞1.3
	Ⅱ	含有机质	0.7～2.0	0.8～4.5	0.3～1.3
	Ⅲ	贫有机质	＜0.7	＜0.8	＜0.3

四、泥页岩的岩相及分类

综合考虑上述页岩的矿物组成、构造、有机质含量，可以命名泥页岩的岩相：构造（纹层状、层状和块状）+有机质含量特征（富、含、贫有机质）+岩相（如富钙质泥/页岩）。东营凹陷沙三段下亚段和沙四段上亚段泥页岩的岩相划分方法分别如图3–3所示。

东营凹陷沙三段下亚段和沙四段上亚段厚层泥页岩主要发育于半深湖—深湖沉积环境。泥页岩主要由黏土矿物、长英质矿物和钙质矿物组成。图3–4显示了东营凹陷三口重点井（樊页1井、利页1井和牛页1井）242个泥页岩样品的矿物组成，从中可以看出，黏土矿物和长英质矿物的含量总体上都不太高，其中后者总体上稍高，但钙质矿物含量可以很高。

242个泥页岩样品的岩石类型统计分析显示，7个类别的岩相中，以富钙质泥页岩、长英质泥页岩、钙质泥页岩、富泥质泥页岩和含泥钙质泥页岩为主（图3–5）。泥页岩有机质含量总体较高，以富有机质为主（图3–6），约66.1%的样品为富有机质，32.2%的样品为含有机质，仅有1.7%的样品为贫有机质。岩心观察显示，区内泥页岩纹层状、层状和块状构造均有发育，但以层状为主（图3–6）。在富泥质泥页岩、富钙质泥页岩、钙质泥页岩中构造分布为层状＞块状＞纹层状，在富长英质泥页岩、长英质泥页岩和含泥钙质泥页岩中构造分布为层状＞纹层状＞块状。

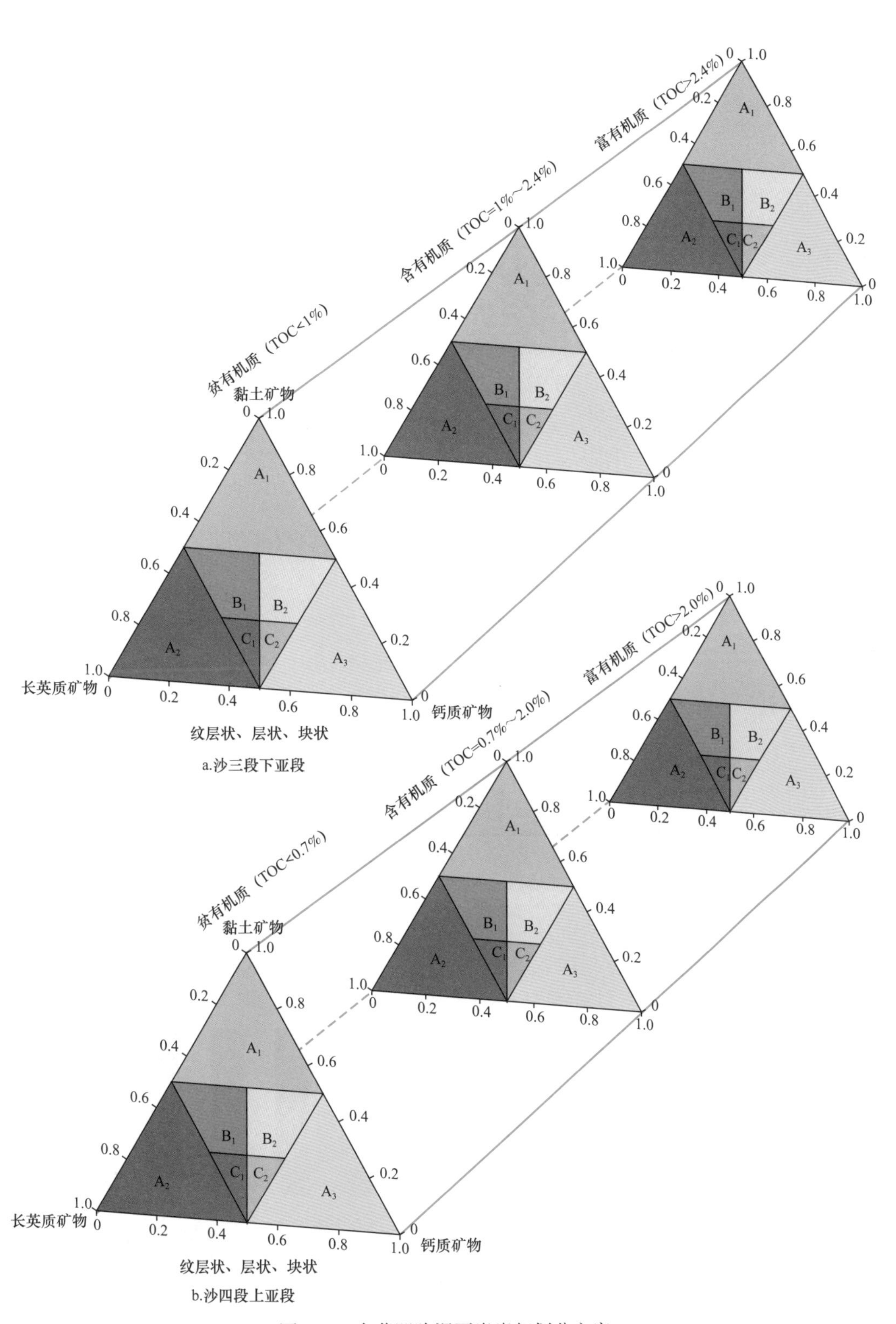

图 3-3　东营凹陷泥页岩岩相划分方案

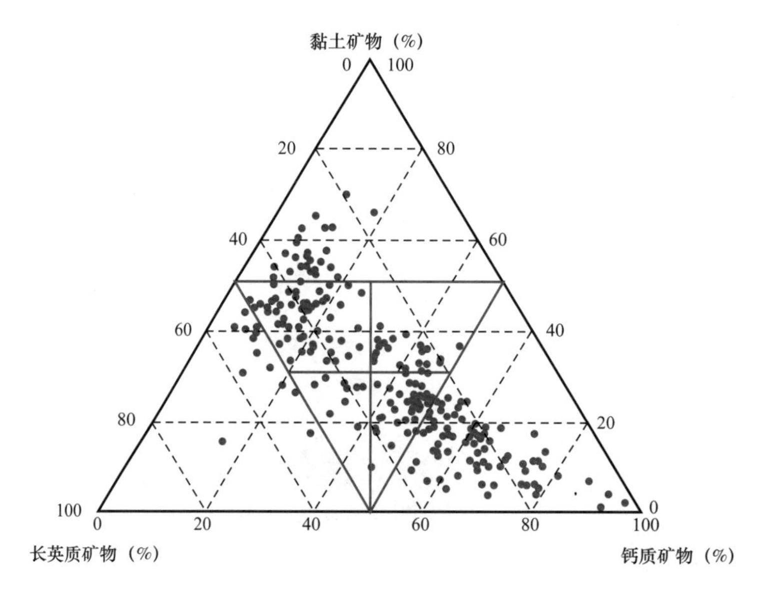

图 3-4　东营凹陷樊页 1 井、利页 1 井和牛页 1 井泥页岩矿物组分分布图

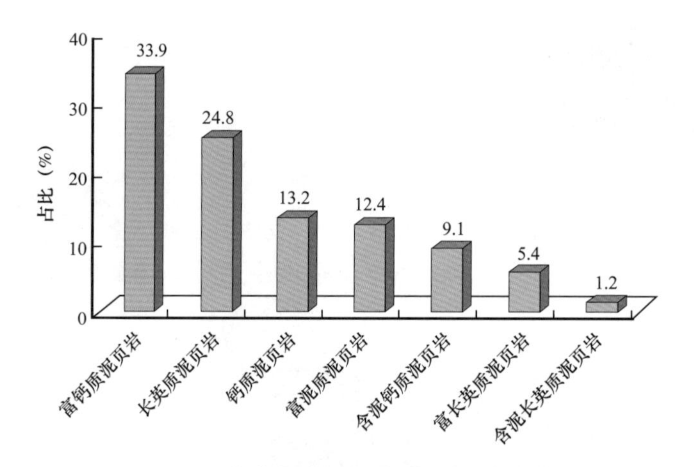

图 3-5　东营凹陷泥页岩矿物岩相分布图

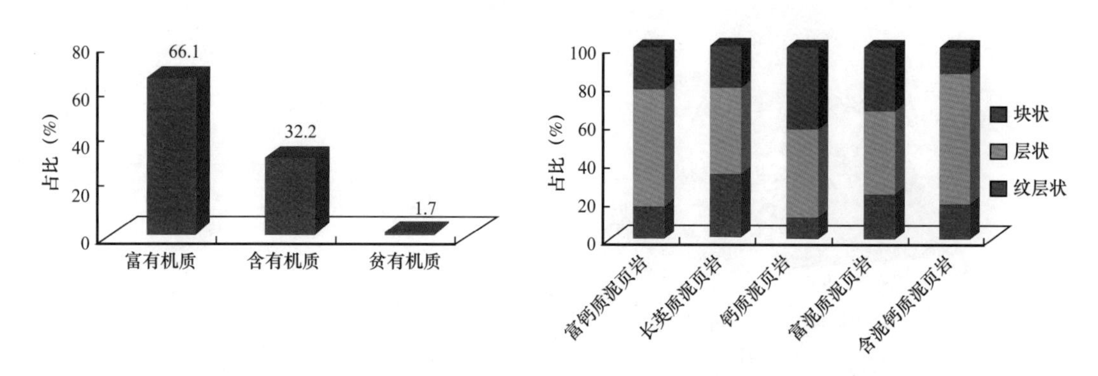

图 3-6　东营凹陷不同岩相泥页岩样品的有机质含量特征及岩石构造特征

第二节　页岩的储集、渗流空间定性—定量表征

页岩基质的微观孔喉（孔隙—喉道—裂缝系统）发育特征是决定其储集、渗流能力的基础。尽管泥页岩非常致密，但一系列高分辨率分析测试技术的开发和应用，使得人们对于泥页岩中孔隙类型（包括有机、无机孔隙）、孔径分布、结构、连通性有了更为客观、精细的认识。

现有的页岩储层微观孔缝系统表征技术总体上可分为三类，包括图像法、流体法和射线法（Maex 等，2003）。图像法技术主要为一系列高分辨率二维 / 三维扫描成像技术，可有效揭示页岩孔缝类型、形态、分布及大小等特征，如场发射扫描电镜（Tian 等，2013）、聚焦离子束扫描电镜（Kelly 等，2015；Bai 等，2016）、宽粒子束扫描电镜（Klaver 等，2015）和微 / 纳米 CT（Guo 等，2015）等。同时，应用图像处理软件，并结合分形理论等方法，高分辨率图像被用于定量表征页岩孔隙分布、孔隙形态及孔隙结构复杂性和孔径分布等孔隙结构特征（Rine 等，2013；Lubelli 等，2013）。流体法技术主要通过记录非润湿性流体（汞）及 N_2 和 CO_2 等气体在不同压力下在岩石样品中的注入量，进而通过不同的理论方法计算得到孔径分布、比表面积等信息，主要包括高压压汞和气体吸附（N_2 和 CO_2）（焦堃等，2014）。高压压汞可探测页岩 3nm 以上连通孔缝，揭示有效孔隙度、孔径分布等储层特性（Bustin 等，2008）。氮气吸附可有效揭示 1～200nm 范围的孔体积、表面积及孔径分布等信息，二氧化碳吸附为探测 0.3～1.5nm 范围孔隙的有效手段（Clarkson 等，2013；Wang 等，2015）。为了弥补各种流体注入法孔径探测范围的局限性，高压压汞和气体吸附结合被用于表征页岩全孔径分布特征，其中二氧化碳吸附被用于表征小于 2nm 孔隙，氮气吸附被用于表征 2～50nm 孔隙，高压压汞则用于揭示大于 50nm 孔缝分布特征（田华等，2012；杨峰等，2013；张腾等，2015；姜振学等，2016）。射线法技术主要采用探针试剂或粒子的方法检测页岩孔缝分布，主要包括低场核磁共振、小角 / 超小角散射。低场核磁共振（NMR）通过探测孔缝空间内的氢核弛豫、扩散等特性揭示储层物性特征，具有快速、无损等优势，可提供包括孔隙度、渗透率、孔径分布、可动流体等众多物性参数（Xu 等，2015；Li 等，2015；Tan 等，2015；Zhang 等，2017，2018）。此外，多维核磁共振技术（T_1—T_2、D—T_2）可提供更为全面的含氢核组分（包括黏土矿物结构水、干酪根、孔隙油 / 水等）的分布信息（Fleury 和 Romero-Sarmiento，2016）。小角 / 超小角散射可提供不同温度、压力下页岩孔隙结构信息，反映不受流体和表面相互作用、遮挡效应及孔隙连通性的孔隙结构信息（Clarkson 等，2013）。

不过，近年来，国内外利用上述技术评价泥页岩储层微观孔隙结构的研究大多数是针对成熟度较高的页岩气储层进行的，而针对页岩油储层微观孔隙结构的研究相对较少。赋存页岩油的泥页岩热演化程度一般位于油窗阶段，要明显低于赋存页岩气的高—过成熟阶段的泥页岩，其微观孔隙结构可能与页岩气储层具有明显的差别。页岩油储层内部的有机、无机孔隙的大小、分布、连通性，油通过孔喉流动的能力，以及页岩油、气储层间可能存在的明显差别都还有待探讨和揭示。如对有机孔在生油阶段是否发育就存在争议：Curits 等（2012）认为生油阶段不发育有机孔，即使由于干酪根生油产生了有机孔，由于颗粒支撑作用较差，溶蚀和压实作用会使得有机孔塌陷；Reed 等（2014）则在处于生油阶段的 Barnett 页岩中观测到了有机纳米孔，并且认为是干酪根有机孔而非热解沥青的有机孔。实际上有机孔与有机质显微组分（壳质组、镜质组、惰质组和沥青质）有一定关系，如丝质体本身就发育原生孔隙。预期随着研究的积累，人们对页岩油储层内部的有机、无机孔隙发育程度、形态、演化模式、对总孔隙贡献、影响因素等以及在页岩油富集中的作用都会有逐步明晰的认识。这事关页岩能否成为油的有效储层。

综合利用上述技术，对渤海湾盆地济阳坳陷东营凹陷和辽河坳陷、大民屯凹陷沙河街组、江汉盆地新沟嘴组、松辽盆地青山口组等陆相页岩油储层微观结构进行定性—定量表征，剖析了页岩孔—裂隙系统的类型、大小、形态及连通性等特征，以及有机、无机孔隙发育特征。

一、储集空间类型

近年来，许多国内外学者探讨了含油 / 气泥页岩储层储集空间类型，特别是针对含气页岩，已有较多的研究成果见诸报道。国外学者 Loucks 等（2009）基于 Barnett 页岩孔隙，将孔径大于 0.75μm 的孔隙称为微米孔、孔径小于 0.75μm 的孔隙称为纳米孔；Slat 和 O′Brien（2011）将美国 Barnett 和 Woodford 页岩孔隙类型划分为黏土絮体间孔隙、有机孔隙、粪球粒内孔隙、化石碎屑内孔隙、颗粒内孔隙和微裂缝等 6 种类型；Loucks 等（2012）提出了一个泥页岩孔隙三端元划分方案，把基质孔隙分成粒内孔隙、粒间孔隙和有机孔隙，其中粒内孔包括黄铁矿集合体晶间孔、黏土矿物粒内孔、铸模孔和溶蚀孔等，粒间孔可分为颗粒粒间孔、矿物晶间孔等。

目前，国内研究主要针对南方下古生界海相含气页岩储层，包括下寒武统牛蹄塘组、上奥陶统五峰组和下志留统龙马溪组（杨峰等，2013；魏祥峰等，2013；范二平等，2014；余川等，2014）；南方海陆过渡相页岩储层，如上二叠统龙潭组（罗小平等，2013）。邹才能等（2010，2011）首次提出我国页岩纳米级孔隙，包括有机内孔、颗粒内孔和自生矿物晶间孔；杨峰等（2013）将页岩孔隙类型划分为有机纳米孔（8～950nm）、黏土矿物粒间孔（50～800nm）、岩石骨架矿物孔、古生物化石孔（约 30μm）和微裂缝（长度 5.5～12μm，间距＞50nm）；魏祥峰等（2013）按成因将页岩孔隙划分为残余原生粒间孔、晶间孔（孔径 10～500nm）、矿物铸模孔（100～500nm）、次生溶蚀孔（粒内溶孔 0.05～2μm；粒间溶孔 1～20μm）、黏土矿物间微孔（0.02～2μm）及有机孔（2～1000nm），将裂缝划分为构造裂缝（张、剪裂缝）、成岩收缩微裂缝、层间页理缝和超压破裂缝；罗小平等（2013）将湘东南龙潭组泥页岩孔隙分成矿物质孔和有机孔（5～750nm），其中矿物质孔包括晶间孔（几百纳米至微米级）、晶内孔（几百纳米至

微米级）、粒内孔（纳米级至微米级）、溶蚀孔（微米级）、印模孔（纳米级）和粒缘孔（微米级），将裂缝划分为大型裂缝（长度>1m）、小型裂缝（长度0.3～1m）与微型裂缝（纳米、微米级）；余川等（2014）将四川盆地东部下古生界海相页岩孔隙划分为粒间孔、粒内孔和溶蚀孔，将裂缝划分为破坏性裂缝和建设性裂缝；范二平等（2014）研究了湘西北下古生界黑色页岩储集空间，将其概括为矿物基质孔、有机孔和微裂缝，矿物基质孔又分为粒间骨架孔、凝絮成岩孔、溶蚀孔和基质晶间孔，有机孔包括生物骨架孔和生烃残留孔。在总结国际上页岩孔隙类型划分的基础上，结合我国实际情况，于炳松（2013）提出了一套页岩气储层孔隙产状—结构综合分类方案：基于孔隙产状，将页岩孔隙划分为基质孔隙和裂缝孔隙，前者可细分为粒间孔隙、粒内孔隙和有机孔隙；其次根据孔隙大小［依据IUPAC分类（1972）：微孔<2nm、介孔2～50nm，宏孔>50nm］进行结构分类。

在我国陆相油窗阶段泥页岩储集空间方面，前人也开展了一些研究（姜在兴等，2014；杨超等，2013，2014）。沾化、泌阳和东营凹陷等地区的泥页岩储集空间被划分为基质孔隙（包括残余原生粒间孔隙、晶间孔隙、溶蚀孔隙和有机孔隙）和微裂缝（构造缝、层间缝、矿物收缩缝及生烃超压缝）（姜在兴等，2014）；鄂尔多斯盆地陆相页岩储集空间划分为无机孔（包括粒间孔、粒内孔、晶间孔和溶蚀孔）、有机孔和微裂缝（杨超等，2013）；辽河坳陷沙河街组泥页岩储集空间被划分为粒间孔、粒内孔、晶间孔、溶蚀孔、有机孔和微裂缝6种孔隙类型（杨超等，2014）。

本节以渤海湾盆地济阳坳陷东营凹陷沙河街组14块泥页岩样品为例，对其储集空间类型进行定性观察和定量分析，研究页岩油储层的孔隙类型及特征。在前人研究的基础上，将研究区页岩储层储集空间类型分为六种类型，即晶间孔、粒内孔、粒间孔、溶蚀孔、有机孔和微裂缝。

（一）晶间孔

晶间孔主要包括方解石重结晶晶间孔、黄铁矿晶间孔两类。方解石重结晶晶间孔是由于方解石在重结晶过程中形成的孔隙。研究所采用的泥页岩样品中碳酸盐矿物含量普遍较高。碳酸盐矿物在埋藏过程中会发生不同程度的重结晶，由于晶体体积缩小而形成重结晶晶间孔。事实上，重结晶晶间孔包括方解石重结晶晶间孔和白云石重结晶晶间孔，但本章所示样品中白云石含量较低，基本未观察到白云石晶间孔。方解石重结晶晶间孔孔隙一般大于300nm，连通性好，可在扫描电镜下观察到方解石重结晶晶间孔往往被油充填（图3-7a）。

发育于缺氧还原环境条件下的泥页岩往往含有黄铁矿。在黄铁矿含量丰富的泥页岩中，草莓状黄铁矿集合体内的晶间孔较为发育。晶间孔的孔隙大小为20～500nm，草莓体内部孔隙连通性较好，靠近有机质的草莓体晶间孔孔隙及表面往往被油膜覆盖（图3-7c）。但草莓状黄铁矿集合体间相对孤立，并不是所有的草莓体都有油赋存（图3-7d）。

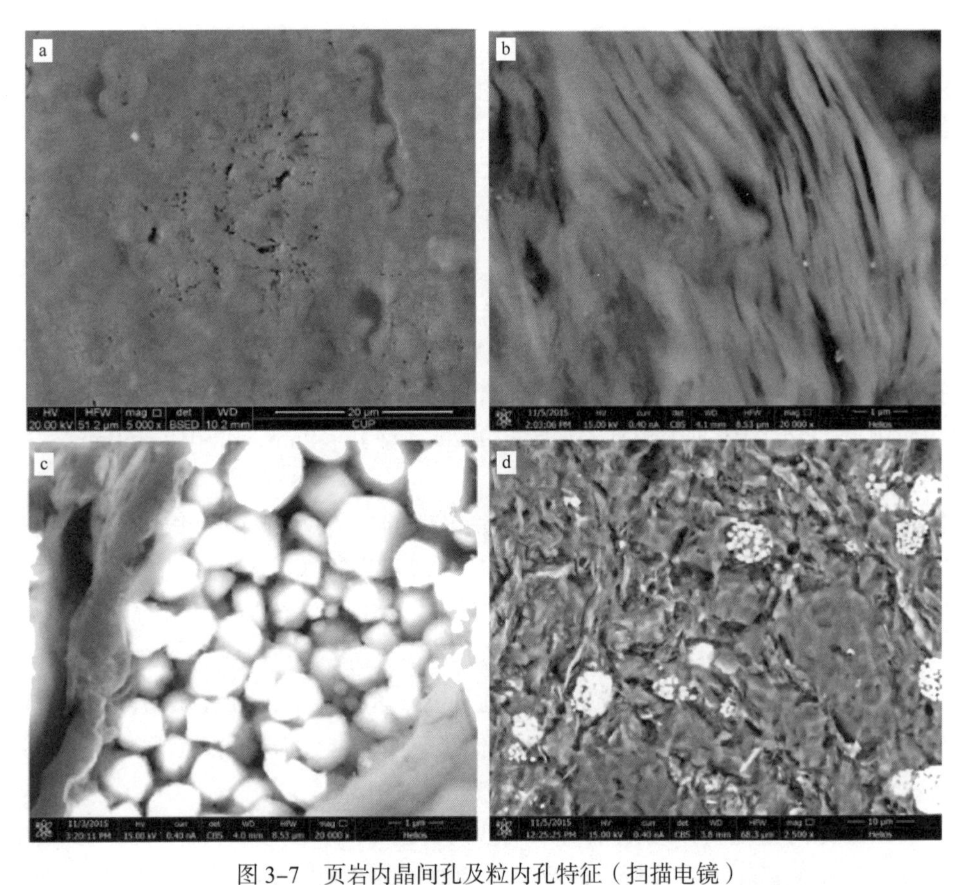

图 3–7　页岩内晶间孔及粒内孔特征（扫描电镜）

a. 方解石晶间孔，Y556–1，2448.31m，沙三段下亚段；b. 黏土矿物粒内孔，L76–1；c. 草莓状黄铁矿集合体晶间孔，F41–2；d. 草莓状集合体之间相互独立，F169–2，3760.8m，沙四段上亚段

（二）粒内孔

黏土矿物粒内孔指存在于黏土矿物颗粒内的微孔隙，东营凹陷泥页岩的黏土矿物以伊 / 蒙混层为主。黏土矿物粒内孔尺寸往往小于 500nm，连通性一般。黏土矿物主要以面—面、面—边的接触方式形成纹层状或叠书式、蜂窝状以及片架状结构等三种形式的孔隙。图 3–7b 显示的叠书式结构多为伊 / 蒙间层矿物以面—面接触的反映，该结构中的孔隙呈狭缝状，与层理方向平行，孔隙具有明显的方向性，大部分孔隙直径小于 500nm，但还有少量较大孔隙。在扫描电镜下往往观察到黑色有机质吸附于黏土矿物粒内孔中，主要是由于泥页岩中原始有机质往往以有机质—黏土复合体形式存在。但这种有机质往往富含沥青质和非烃等重质组分，而经热演化生成的轻质原油往往较少赋存于黏土矿物粒内孔中。

（三）粒间孔

沉积物在古环境中运移会产生大量的微细沉积构造，各种颗粒间不完全胶结产生粒

间孔隙（韩双彪等，2013）。粒间孔主要存在于不同矿物颗粒间，如黏土矿物、石英、黄铁矿和菱铁矿等矿物颗粒之间。孔隙大小受矿物颗粒大小和压实程度的控制，矿物颗粒越大，其粒间孔越大；埋深程度增加，粒间孔则迅速减小。研究区样品粒间孔隙大小集中在50～3000nm之间，部分碎屑矿物粒间孔隙连通性较好，但整体偏差，围绕黏土矿物的粒间孔隙无固定形态，连通性差（图3-8）。

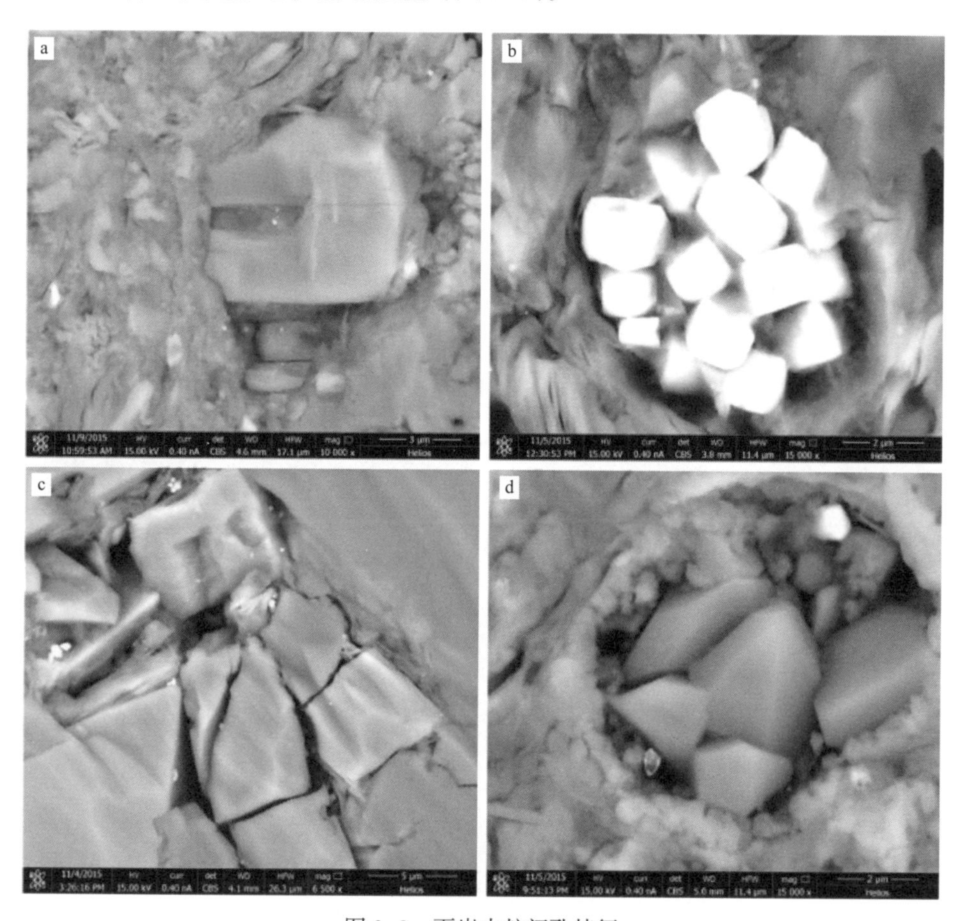

图3-8　页岩内粒间孔特征

a. 黏土与石英颗粒粒间孔，F169-2，3760.8m，沙四段上亚段；b. 黄铁矿草莓体颗粒边缘粒间孔，F169-1，3697m，沙四段上亚段；c. 白云石与石英粒间孔，N5-3；d. 石英颗粒粒间孔，Y556-4，2520.1m，沙三段下亚段

（四）溶蚀孔

页岩储层中的溶蚀孔系指由碳酸盐矿物、石英和长石等矿物在成岩过程中发生溶蚀作用形成的次生孔隙。东营凹陷泥页岩溶蚀孔多分布于单体矿物颗粒表面或边缘，以方解石被溶蚀为主，其次为白云石、长石、石英或黏土矿物的溶蚀孔。研究样品溶蚀孔隙尺寸在200～2000nm之间，孔隙多不规则，呈长条形或椭圆形，常常成群发育，其特点是孔隙壁呈曲线（图3-9）。但不同溶蚀孔之间相对分散，连通性差，且溶蚀孔整体丰度较低，对渗流和储集能力贡献非常小。

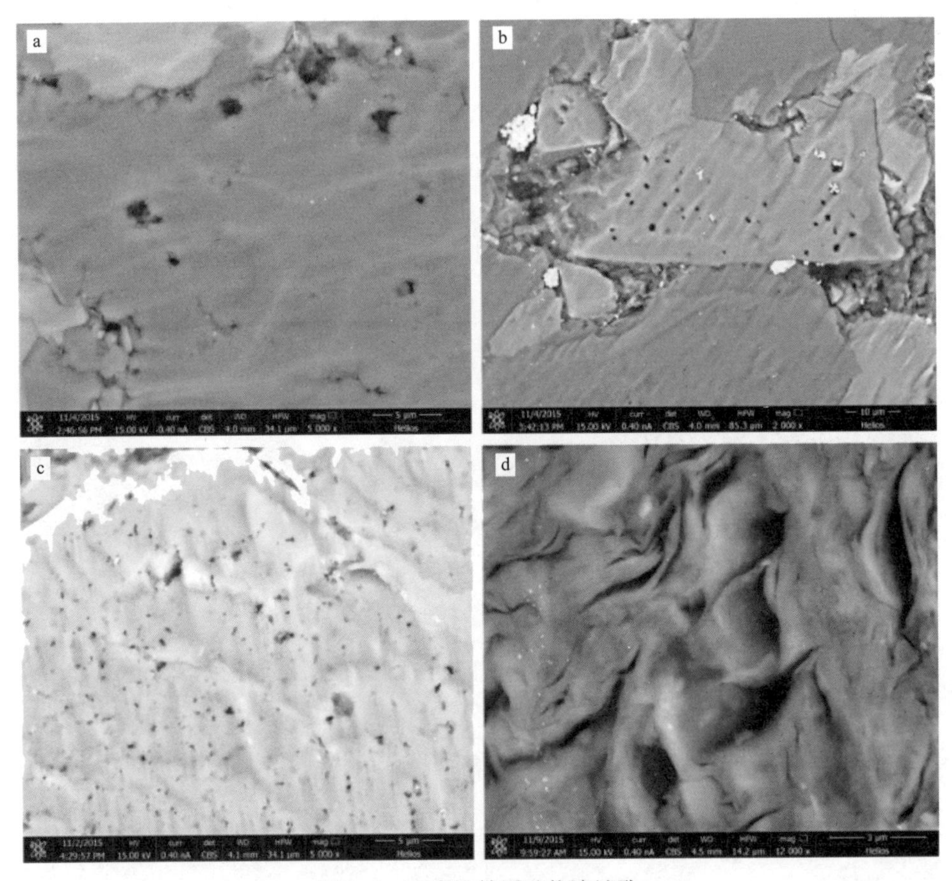

图 3-9　页岩油储层矿物溶蚀孔

a. 石英溶蚀孔，N5-3；b. 长石溶蚀孔，N5-3；c. 方解石溶蚀孔，F41-2；d. 黏土矿物溶蚀孔，F169-1，3697m，沙四段上亚段

（五）有机孔

有机孔是指存在于泥页岩有机质中的孔隙，是由干酪根在生、排烃过程中产生的次生孔隙，一般为纳米级孔隙（Zou 等，2010）。普遍认为泥页岩中有机孔隙具有亲油特性，是页岩油气的重要储集空间（Loucks 等，2009）。有机孔隙的发育受控于泥页岩有机质丰度、类型和成熟度等因素。有机质丰度是有机孔隙发育的物质基础，而有机质成熟度则决定着有机孔隙的发育程度。一般而言，当有机质成熟度达到 0.6% 时，有机孔开始发育，并可能随着热演化程度的增大而逐渐发育。然而，有部分研究者发现在同一扫描电镜视域中相邻的有机质的孔隙发育程度却存在较大差别，其中一片有机孔隙十分发育，而另一片却不发育有机孔隙（Curtis 等，2012；Sanei 等，2015）。这一现象表明有机孔隙的形成不仅与热演化程度密切相关，还受到有机质类型的控制。前人研究发现，二维图像上有机孔隙通常呈椭圆形或气泡状孤立分布于有机质颗粒中，但事实上有机质颗粒内部具有复杂的结构，有机孔隙之间具有一定的连通性（Loucks 等，2009）。

东营凹陷页岩油储层有机质成熟度主要处于低熟—成熟阶段（R_o=0.3%～0.8%，平

均 0.51%），成熟度相对较低。因此，研究区页岩油储层中有机质内部的纳米级生烃演化孔隙发育有限，其对页岩油储层孔隙度贡献较小。在低熟泥页岩样品中（R_o=0.43%）有的能够观察到有机原生孔隙（图 3-10a），有的则基本看不到有机孔隙发育（图 3-10b）。扫描电镜观察发现研究区泥页岩中部分片状有机质与周缘基质矿物间会形成狭缝状的孔隙，宽 50～700nm（图 3-10c、d），这种孔隙可能源于有机质与骨架间未被完全压实的粒间孔，或有机质在生排烃过程中释放的流体溶蚀周缘的矿物而形成的溶蚀孔隙，还有就是有机质排烃后其本身体积有一定收缩而与矿物基质间形成的孔缝。

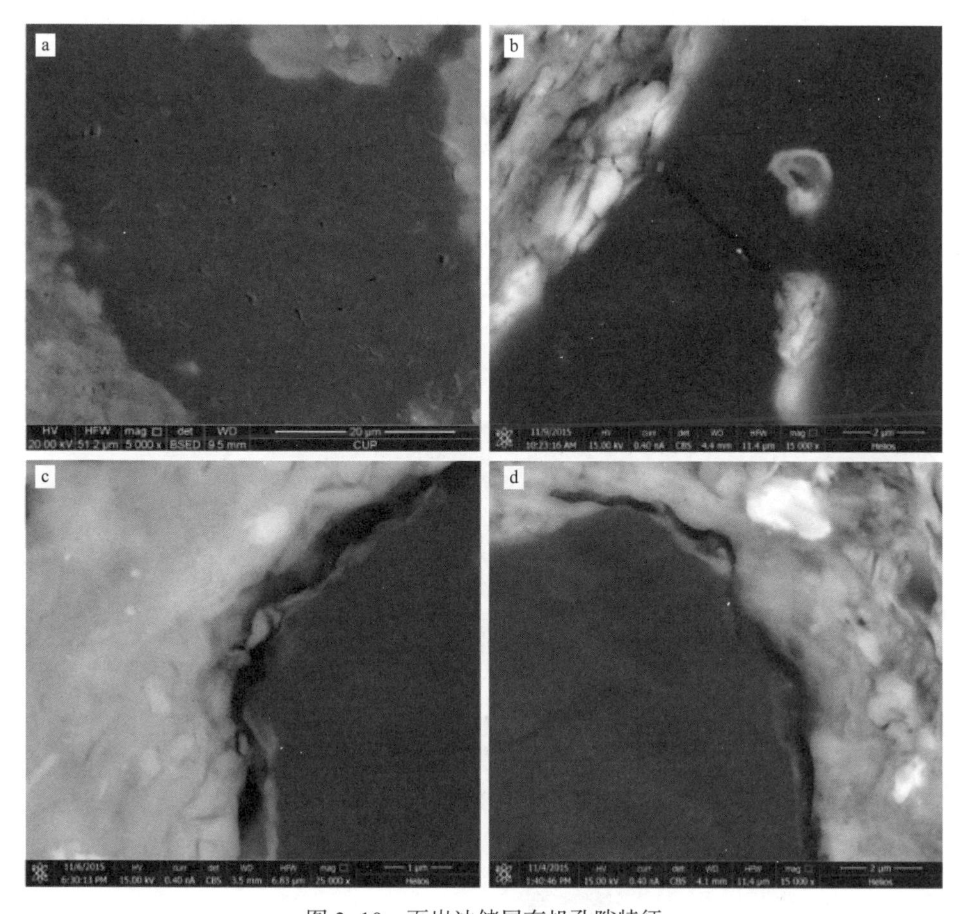

图 3-10　页岩油储层有机孔隙特征

a. 有机原生孔隙，Y556-3，2970.02m，沙四段上亚段；b. 未发育孔隙的有机质，F169-1，3697m，沙四段上亚段；c. 有机质边缘孔缝，Y556-3，2970.02m，沙四段上亚段；d. 有机质边缘孔缝、页理缝，Y556-2

（六）微裂缝

裂缝是由构造应力、上覆岩石压实作用或成岩收缩作用形成的。裂缝在部分页岩油储层中较为发育，对于增加烃类储集空间和改善储层的渗透性起着重要作用（丁文龙等，2011）。因此，裂缝的发育在页岩油储层中具有重要的价值。在扫描电镜下可以观察到的微裂缝有构造裂缝（张裂缝、剪裂缝）、成岩裂缝（页理缝和矿物收缩缝）、粒内微裂隙、粒缘缝，但无法分辨出异常压力缝。

构造裂缝是指岩石受构造应力作用产生的裂缝，其方向、分布和形成与局部构造的形成和发展有关（图 3–11）。张裂缝一般不切穿颗粒，裂缝面呈弯曲状。张裂缝受拉张应力作用影响，缝面粗糙不平，岩心观察可发现长度为厘米到米级尺度，在镜下观察可发现宽度一般在微米级。剪裂缝受剪切应力作用影响，缝面平直光滑，剪裂缝的分布频率比张裂缝小。在扫描电镜下由于样品尺度的问题，观察到的构造裂缝尺度较小，且无法有效区分张裂缝和剪裂缝。

成岩裂缝是指岩溶作用产生的岩溶缝合线或成岩收缩产生的收缩缝。层间页理缝发育在不同成分纹层间的接触处，如钙质纹层、黏土层及粉砂层之间（丁文龙等，2011）。由于力学性质的差异，经过应力作用容易形成平行于层理的裂缝，这种裂缝的延伸长度较大，宽度可达微米级，连通性较好，具有较好的储油性能（图 3–11）。东营凹陷页理发育的泥页岩中，页理缝极为常见，而在块状泥页岩中，页理缝发育有限。矿物收缩缝主要指成岩过程中黏土矿物在上覆地层压力作用下脱水收缩以及有机质排烃导致黏土矿物层间、黏土层与长英质矿物之间产生的微裂缝，显示出与收缩力的方向垂直的性质。这种裂缝间隔小，连通性差，储集油的有效性较差（图 3–11）。东营凹陷泥页岩的黏土矿物以伊 / 蒙混层为主，容易在层间产生微裂缝。黏土矿物收缩缝分布广泛但规模一般较小。

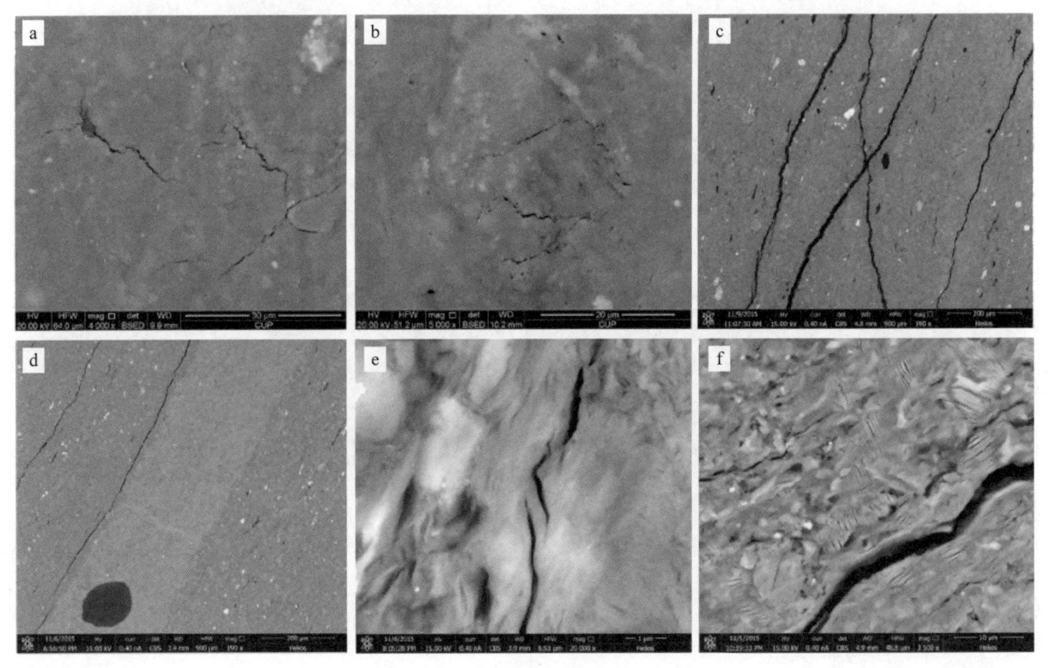

图 3–11　页岩油储层微裂缝特征

a. 构造缝，裂缝弯曲度较大，发育在刚性矿物颗粒间，Y556–4，2520.1m，沙三段下亚段；b. 构造缝，Y556–1，2448.31m，沙三段下亚段；c. 剪切缝，F169–1，3697m，沙四段上亚段；d. 页理缝，Y556–3，2970.02m，沙四段上亚段；e. 矿物收缩缝，Y556–3，2970.02m，沙四段上亚段；f. 矿物收缩缝，Y556–4，2520.1m，沙三段下亚段

由于压实作用，长石、云母的一些颗粒会沿着解理缝发生破裂，形成粒内微裂隙。粒内微裂缝的连通性依赖于刚性矿物的破碎程度（图 3–12）。粒缘缝也属于矿物收缩缝的一种。粒缘缝为围绕泥级颗粒边缘的收缩缝。与碎屑颗粒相伴生的粒缘缝是一种重要的油气产出通道（图 3–12），石英矿物颗粒边缘有明显的收缩缝，在压裂的时候石英作为脆性矿物易剥落或破碎形成有效油气运移通道。大颗粒黄铁矿晶体边缘的收缩缝也是重要的油气储集空间。

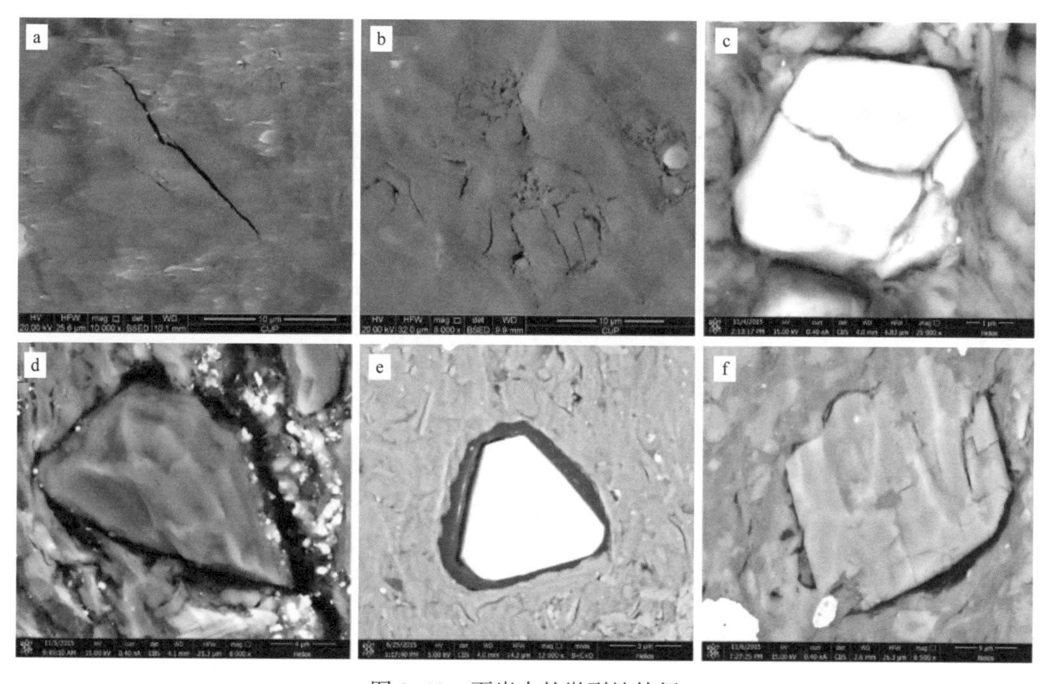

图 3–12 页岩内的微裂缝特征

a. 微裂缝发育在刚性矿物颗粒内，F41–1，2918.66m，沙三段下亚段；b. 微裂缝发育在刚性矿物颗粒内，F169–2，3760.8m，沙四段上亚段；c. 黄铁矿粒内微裂缝，Y556–2；d. 石英边缘收缩缝，L76–1；e. 黄铁矿边缘收缩缝，H172；f. 方解石边缘收缩缝，Y556–3，2970.02m，沙四段上亚段

表 3–3 为本书样品所观察到的各种储集空间类型，以及各自的尺寸及连通性特征。结果显示，页岩含有较多的微米级、亚微米级孔缝。页理缝、构造缝、方解石重结晶晶间孔、大孔径溶蚀孔是页岩油储层的优质储集空间，有机质边缘孔缝次之。连通的孔缝是页岩油储层的有效渗流通道。

二、微观孔喉定量表征

如前所述，关于页岩储层微观孔喉的表征，目前已有众多的方法和技术手段可以利用，虽然各有适用范围和优缺点，但综合利用各种技术，可以将页岩全孔径的孔喉分布表征到位（卢双舫等，2016a，2016c）。目前，关于孔喉大小分类尚不统一，本书涉及的分类方案主要包括：（1）IUPAC（1972）分类（微孔＜2nm，介孔 2～50nm 和大孔＞50nm）；（1）Hodot（1966）分类（微孔＜10nm、小孔 10～100nm、中孔 100～1000nm

和大孔＞1000nm）；（3）Li 等（2013）分类（微小孔＜100nm、中孔 100～1000nm、大孔 1～10μm 和裂缝＞10μm）；（4）本书新建立的分类（微孔＜25nm、小孔 25～100nm、中孔 100～1000nm 和大孔＞1000nm）。在不同的表征方法中，使用的分类方案有所不同。

表 3-3 东营凹陷页岩储层储集空间类型及特征

孔隙类型		孔隙特征	孔隙形状	直径（nm）	连通性
孔隙	晶间孔	方解石、白云石	椭圆形	300～1500	好
		黄铁矿	方形	20～500	较好
	粒内孔	黏土矿物	纹层状、蜂窝状、片架状	100～500	中等
	粒间孔	石英、方解石和白云石粒间孔	不规则	50～1500	较差—中等
	溶蚀孔	石英、方解石、长石、黏土矿物溶蚀孔	不规则，成群发育，壁面弯曲	200～2000	中等
	有机孔	有机质颗粒内孔隙	蜂窝状	50～400	中等
		有机质边缘孔隙	狭缝状	100～600	较好
裂缝	成岩缝	页理缝	平直	—	好
		矿物收缩缝	无规则	—	中等
	构造缝	张裂缝和剪裂缝	平直	—	较好

（一）孔径分布特征

1. 成像法（扫描电镜）孔径分布

高分辨率扫描电镜图像可以直观揭示不同尺寸孔隙的类型、形态、大小、数量及结构特征（Loucks 等，2009；Rine 等，2013；Zhou 等，2016），经统计分析，可以得到孔径分布。本书采用 ImageJ 开源软件提取泥页岩扫描电镜孔隙类型和孔径分布，该软件处理扫描电镜图像分为三步：首先，采用最大类间方差算法确定扫描电镜图像孔隙灰度阈值；然后，根据孔隙灰度阈值将扫描电镜图像转化为孔隙二值化图像；最后，应用 ImageJ 软件 Analyze Particles 模块提取孔隙分布，建立累计孔隙体积分布曲线（图 3-13），从而建立泥页岩样品扫描电镜孔径分布（Zhang 等，2017b）。

2. 高压压汞孔径分布

高压压汞法可有效表征泥页岩中直径大于 50nm 的孔隙（田华等，2012；黄振凯等，2013；杨峰等，2013；朱炎铭等，2016）。其测量过程中汞为非润湿相流体，只有在外部压力作用下方可进入孔隙空间。根据 Washbun 公式［式（3-1）］可知外部压力与被

汞填充孔径大小存在相互关系。在一定压力下，将汞注入真空样品中，汞只能渗入相应大小的孔隙中，进汞达到平衡时，进汞量对应相应孔喉大小所控制的孔隙体积。随着进汞压力逐渐增大，汞就不断进入更细小的孔喉系统，记录每个压力点平衡时岩样的进汞量，绘制实验过程中压力点与汞饱和度交会图，即为该岩样的进汞（也称毛细管压力）曲线。

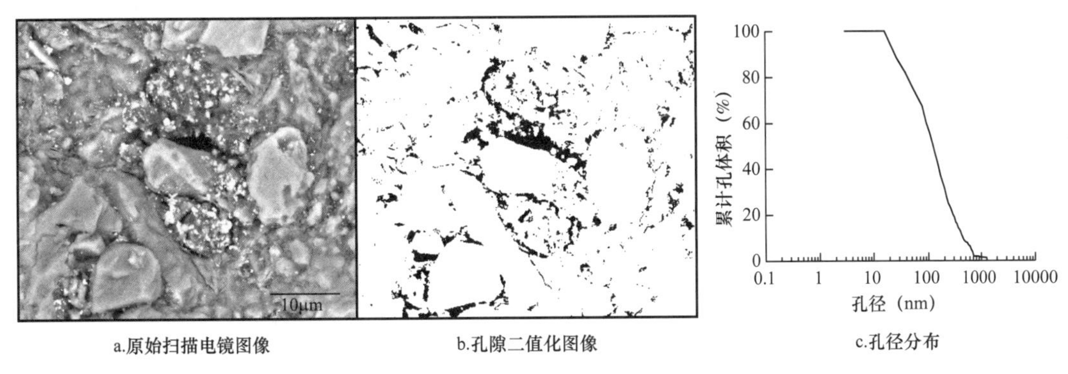

图 3-13　应用 ImageJ 软件提取扫描电镜孔径分布过程

进汞压力 p_c 将汞压入直径为 d_c 的毛细管中，d_c 可由 Washburn 方程获得：

$$d_c = \frac{-4\sigma\cos\theta}{p_c} \tag{3-1}$$

式中，p_c 为高压压汞进汞压力，MPa；d_c 为孔喉直径，μm；σ 为表面张力，N/m；θ 为汞润湿角，(°)。在泥页岩中汞为非润湿相，σ 一般取值为 0.48N/m，θ 为 140°。

如图 3-14 所示，东营凹陷泥页岩样品高压压汞进汞曲线和孔径分布均出现一个明显异常峰。进汞压力在 0～0.02MPa 范围内，汞迅速、大量进入泥页岩内，对应于孔径分布约 200μm 附近的典型峰（图 3-14b）。然而，扫描电镜孔径分布却显示无该峰分布。因此，本书认为该峰是泥页岩样品制样过程形成的人造次生裂隙（Chalmers 等，2012；张腾等，2015）。此外，这 6 个样品的高压压汞孔隙度为 2.43%～11.77%，氦气孔隙度为 1.60%～8.74%，高压压汞孔隙度明显高于氦气孔隙度，进一步证明孔径分布 200μm 峰为假峰，除掉这一部分假峰后，高压压汞孔隙度和氦气孔隙度较为接近。因而，根据扫描电镜孔径分布将高压压汞孔径分布进行校正。

校正后的孔径分布如图 3-15 所示。可以看出，富长英质泥页岩的孔喉尺度普遍较大。黏土含量影响孔喉分布，黏土含量增加，则孔喉条件变差。以样品 L76-1 为例，该样品 TOC 含量较低（0.13%）、黏土含量较高（32.1%），其孔喉特征主要由微小孔控制。压汞实验获得的孔隙体积随孔隙直径分布特征显示，黏土矿物含量越高、长英质矿物含量越低，则微小孔喉控制的孔隙含量越多，储层的渗透性也越差。钙质泥页岩孔喉主要由微小孔控制，含少量中孔和大孔。富泥质泥岩由于黏土矿物含量最高，达到 55.5%，因而喉道条件最差。

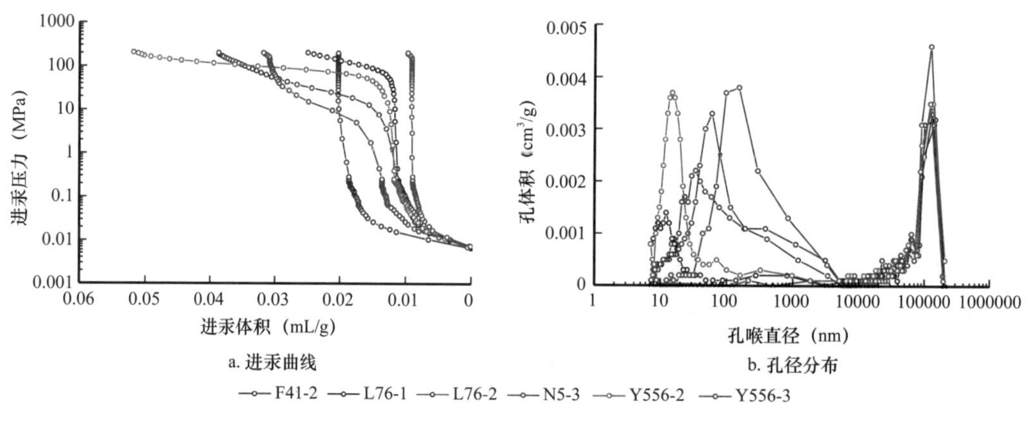

图 3-14　泥页岩样品高压压汞进汞曲线及孔径分布

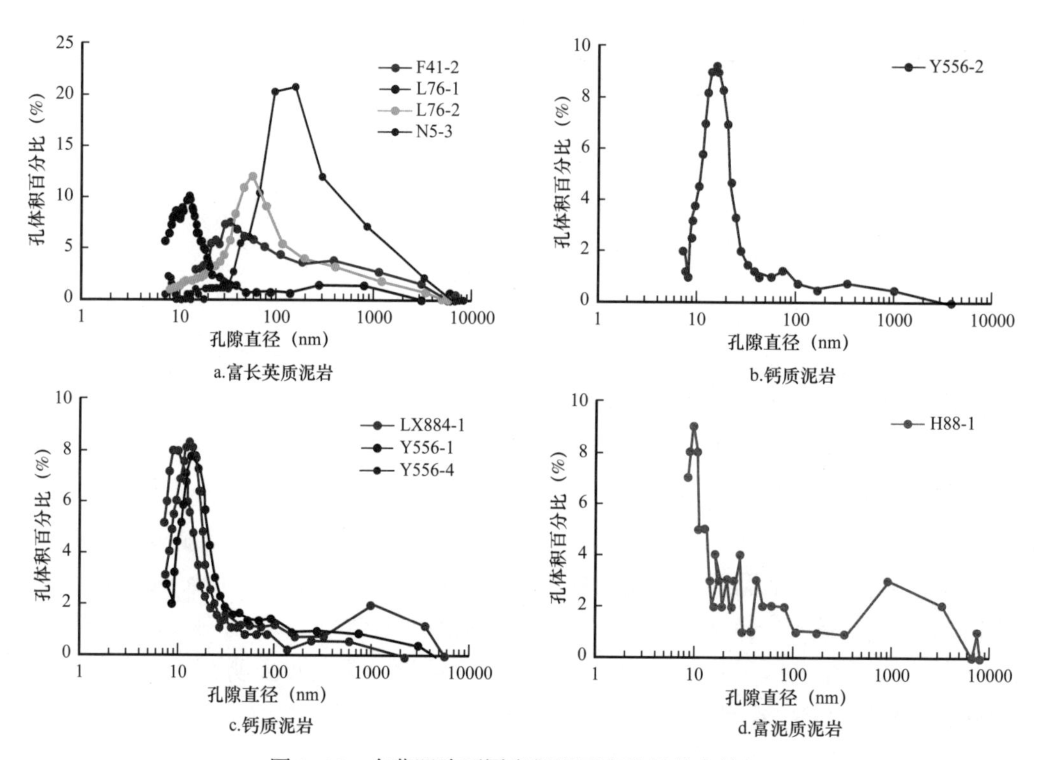

图 3-15　东营凹陷不同岩相泥页岩孔径分布特征

3. 氮气吸附孔径分布

低温氮气吸附法可有效反映页岩中较小孔隙的孔径分布。氮气吸附以前在研究纳米材料中应用较多，近年来开始用于页岩中纳米级孔喉结构的研究。在液氮温度（77K）下，氮气在固体表面的吸附量取决于氮气的相对压力 p/p_0（p 为氮气分压，p_0 为液氮温度下氮气的饱和蒸气压）。根据氮气吸附数据，可计算比表面积、孔隙体积，分析孔隙结构及孔径分布。测定和计算孔径分布范围采用的是毛细管凝聚和体积等效代换原理。在吸附实验时，凝聚现象发生于相对压力大于平衡压力时，而当实验压力小于平衡压力

时，主要发生的是微孔充填和单层吸附到多层吸附。低相对压力时，吸附曲线和脱附曲线趋于重合，随着相对压力增加，曲线逐渐分离，脱附曲线在相对压力为 0.4～0.5 范围内出现一个较大的拐点。采用国际纯粹与应用化学联合会（IUPAC）孔隙分类方法，将多孔材料孔隙分为 3 类：微孔（直径＜2nm）、介孔（直径 2～50nm）和宏孔（直径＞50nm）。

在相对压力较高的部分（p/p_0＞0.5），样品的吸附、脱附等温线不重合，脱附等温线位于吸附等温线上方，形成滞后回线。根据滞后回线对应的孔隙结构特征，可将孔隙分为四类（图 3-16），即：H1、H2、H3、H4。第一类（H1）为两端开口规则的孔隙形状样品，如圆柱形、柱形等；第二类（H2）为细颈广体的"墨水瓶"孔，滞后环较宽大，吸附曲线变化缓慢，脱附曲线在中等相对压力处表现为陡直下降，且脱附曲线远比吸附曲线陡峭；第三类（H3）为滞后环狭小，吸附曲线与脱附曲线几近平行，只有接近饱和蒸气压时才发生明显的毛细凝聚，吸附曲线陡直上升，代表两端开口的平行板状孔隙形态；第四类（H4）为一种特殊形态的孔，即锥形结构的狭缝孔，这种孔虽然是一端封闭的，但能产生滞后回线。

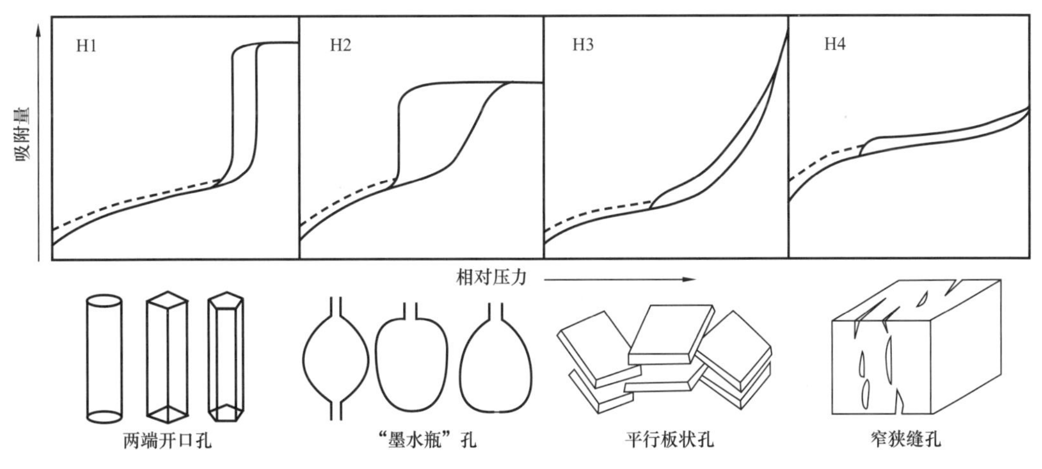

图 3-16　氮气吸附实验滞后回线分类及对应孔隙类型（据 Sing 等，1985；Tang 等，2015）

本书对不同岩相的泥页岩开展了氮气吸附—解吸实验，代表性样品的氮气吸附、解吸等温线如图 3-17 所示。各泥页岩样品的吸附等温线虽然在形态上稍有差别，但主体呈反"S"形。在较高压力（p/p_0＞0.45）时，泥页岩样品的吸附曲线和解吸曲线不重合，产生滞后环。滞后环的形状可以反映泥页岩样品中发育孔隙结构的情况。泥页岩样品的Ⅳ型等温线和滞后环说明泥页岩主体孔隙为中孔。根据滞后环的形状和分类，泥页岩样品的滞后环主要属于 H3 型或 H2 型。从图 3-17 中可以看出，不同样品的滞后环存在较大差异，表明各样品孔的具体形状存在差异。泥页岩孔隙结构十分复杂，形态各异，吸附—解吸曲线和滞后环更可能是两种或多种类型的复合（Wei 等，2016）。所测泥页岩的比表面积在 0.7374～35.9440m^2/g 之间，平均为 14.9492m^2/g，总孔隙体积在 0.0056～0.0534mL/g 之间，平均为 0.0288mL/g。

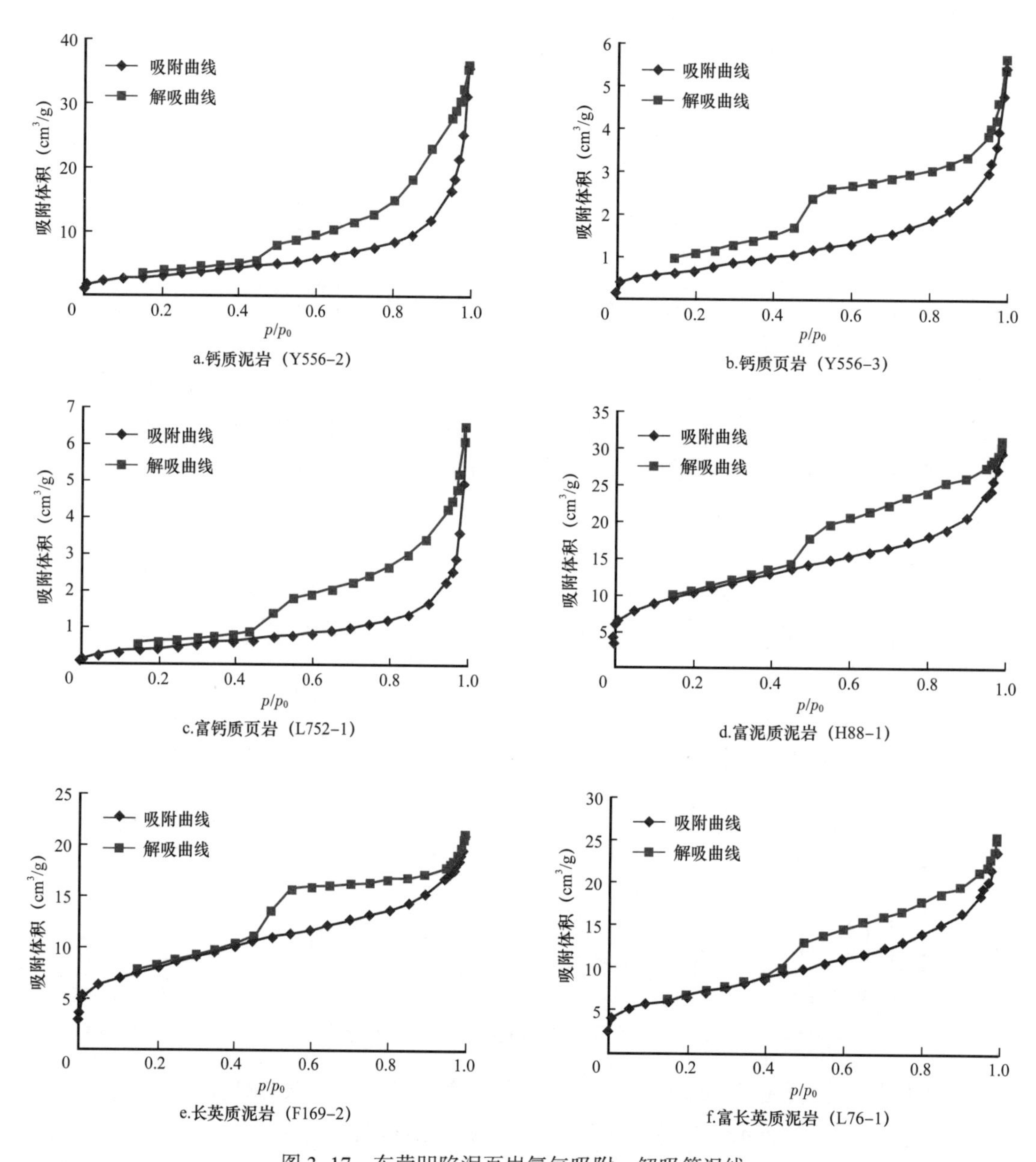

图 3-17　东营凹陷泥页岩氮气吸附—解吸等温线

根据氮气吸附测试结果，按照 IUPAC 分类作比表面积和孔隙体积分布直方图（图 3-18）。可以看出，对于大部分泥页岩而言，介孔孔隙对比表面积贡献最大，微孔次之，表明微孔数量有限；介孔孔隙对总孔隙体积贡献最大，其次为大孔。从图 3-19 中可以看出，泥页岩样品的总比表面积与平均孔径呈一定的负相关关系，随着孔径的增大，比表面积逐渐减小，说明微小孔隙具有大的比表面积。而比表面积与总孔隙体积的相关性极弱。

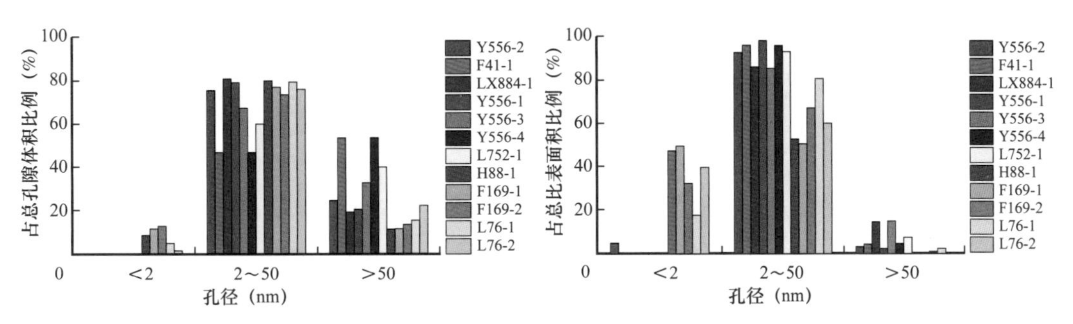

图 3-18　东营凹陷泥页岩孔径分布

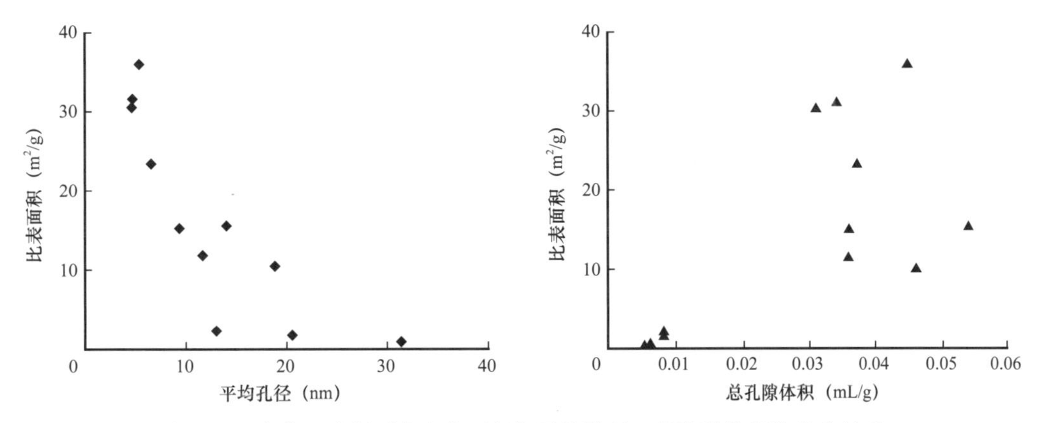

图 3-19　东营凹陷泥页岩比表面积与平均孔径、总孔隙体积的分布关系

4. 核磁共振表征孔径分布

核磁共振（NMR）是磁矩不为零的原子核，在外磁场作用下自旋能级发生塞曼分裂，共振吸收某一频率的射频辐射的物理过程。核磁共振一个非常重要的物理量是弛豫，弛豫是磁化矢量在受到射频场激发发生核磁共振时偏离平衡状态后又恢复到平衡状态的过程，按照弛豫机制不同可分为纵向弛豫 T_1 和横向弛豫 T_2。岩石孔隙中的流体，即油气水，由于都含有 ^1H，在外加磁场的作用下都会发生共振偏离，之后的弛豫存在三种不同的机制：体积弛豫、表面弛豫和扩散弛豫，在存在梯度磁场时横向弛豫时间 T_2 受三种弛豫机制共同控制，而纵向弛豫 T_1 只受体积弛豫和表面弛豫影响（Coates 等，1999）。三种弛豫机制相对孔隙流体弛豫时间的贡献受控于孔隙流体类型、孔隙大小、表面弛豫强度及岩石润湿性等。当岩石孔隙被单相流体饱和时，单一孔隙 T_2 弛豫时间的倒数与孔隙表面积和孔隙体积比值成正比，是孔隙大小的度量。不同学者通过对饱和盐水（致密）砂岩或碳酸盐岩岩心进行大量实验研究发现，T_2 弛豫时间分布曲线与高压压汞孔径分布曲线类似，并通过恰当的转换因子，将曲线进行合理移动后，核磁共振 T_2 分布曲线能够较好地与压汞孔径分布曲线重合，以此将核磁共振 T_2 弛豫时间转化为孔径大小（Kenyon 等，1989；Howard，1993；Prammer，1996；Straley 等，1997；运华云等，2002；刘堂宴等，2003）。

近年来，随着页岩油研究的深入，很多学者都在探索将核磁共振表征孔径分布技术应用到页岩储层研究：Rylander 等（2013）和 Rafatian 等（2014）均采用将核磁共振 T_2

谱分布与扫描电镜相结合的方法，分析了扫描电镜标定的孔径分布与核磁共振 T_2 谱分布关系，发现二者具有较好的相似性；Saidian（2014）分析对比了 T_2 谱分布与高压压汞、低温氮气吸附反映的孔径分布相关性，认为泥页岩 T_2 谱分布与低温氮气吸附反映的孔径分布具有更好的相似性。这正是利用 NMR 技术表征页岩孔径分布的基础。

与其他方法相比，核磁共振在孔径表征的范围及全面性上具有明显优势：一是通过弛豫时间来反映孔径大小，不损坏样品，反映的孔径最小可至 10nm，也能表征几百微米的大孔；二是核磁共振测量的是饱和地层流体（油或水）的岩石，相比于压汞，流体能进入到更小的孔喉或其控制的较大孔隙中，因此核磁共振反映的孔径更全面。

储层内部流体通常会受到孔隙固体表面的作用力，而该作用力的强弱主要受孔隙结构特征、岩石矿物成分及表面性质、流体性质等多种因素的影响。核磁共振 T_2 弛豫时间的长短主要由孔隙内部流—固作用力影响，因此也是对孔隙结构特征、岩石矿物成分及表面性质、流体性质等的综合反映。通过对岩心内部流体核磁共振 T_2 弛豫时间的测定，可确定流体的赋存状态；由核磁共振弛豫理论可知，岩石孔隙流体横向弛豫时间 T_2 主要由三种弛豫机制构成——自由（体积）弛豫（T_{2B}）、表面弛豫（T_{2S}）和扩散弛豫（T_{2D}）：

$$\frac{1}{T_2}=\frac{1}{T_{2B}}+\frac{1}{T_{2S}}+\frac{1}{T_{2D}}=\frac{1}{T_{2B}}+\rho_2\frac{S}{V}+\frac{D\left(\gamma GTE\right)^2}{12} \tag{3-2}$$

通常 T_{2B} 为 2～3s，远大于 T_{2S}，即 $T_{2B} \gg T_{2S}$。因此，式（3-2）中第一项可以忽略。同时当磁场梯度较小，并采用较短回波间隔 TE 测试时，式（3-2）中第三项亦可以忽略。因此，岩石孔隙流体的横向弛豫时间 T_2 就近似等于表面弛豫时间 T_{2S}：

$$\frac{1}{T_2}\approx\rho_2\frac{S}{V} \tag{3-3}$$

式中，ρ_2 是弛豫率，μm/ms，它的大小与岩石矿物组成、岩石表面润湿性等相关；S 表示岩石孔隙表面积，V 表示孔隙润湿相流体体积，S/V 即为岩石孔隙比表面积，其为岩石孔隙尺寸量度。

T_2 谱分布对应于孔径分布，即每个弛豫时间对应于一个孔径大小，长弛豫时间对应大孔，短弛豫时间对应小孔（Coates 等，1999）。T_2 谱峰的个数、大小及位置可用于揭示泥页岩孔隙类型特征。

东营凹陷泥页岩饱和煤油后的核磁共振 T_2 谱分布显示（图 3-20）：T_2 谱分布主要呈现为三峰分布，包括 p1（0.03～2ms）、p2（2～20ms）和 p3（20～300ms）。饱和煤油状态 T_2 谱分布可揭示所有孔隙和裂缝的发育特征，而束缚煤油状态的 T_2 谱分布仅反映吸附孔和部分渗流孔。对比两种状态的 T_2 谱可揭示吸附孔（直径 <100nm）、渗流孔（100nm～10μm）和裂缝（>10μm）分布特征。因此，由短弛豫时间到长弛豫时间典型的 T_2 谱分布可被分为吸附孔、渗流孔和裂缝。T_2 谱分布第一个峰 p1 对应于吸附孔，发育于多数样品。T_2 谱分布第二个峰 p2 对应于渗流孔，在各样品中均大量发育（除 Y556-3 样品）。p3 峰在每个样品均发育，对应于部分渗流孔和裂缝。一个典型的 T_2 谱

分布可被分为微小孔（<100nm）、中孔（100～1000nm）、大孔（1～10μm）和裂缝（>10μm）[孔隙分类依据 Li 等，（2013）]。p1 峰对应于微孔，p2 峰对应于中孔，p3 峰对应于大孔和裂缝。T_2 谱分布揭示东营凹陷泥页岩样品主要发育中孔，含有一定量的微孔和少量的大孔和裂缝。同时，中孔、大孔和裂缝间具有很好的连通性，有利于流体渗流，而微孔由于具有较高毛细管压力导致其内流体难以流动。

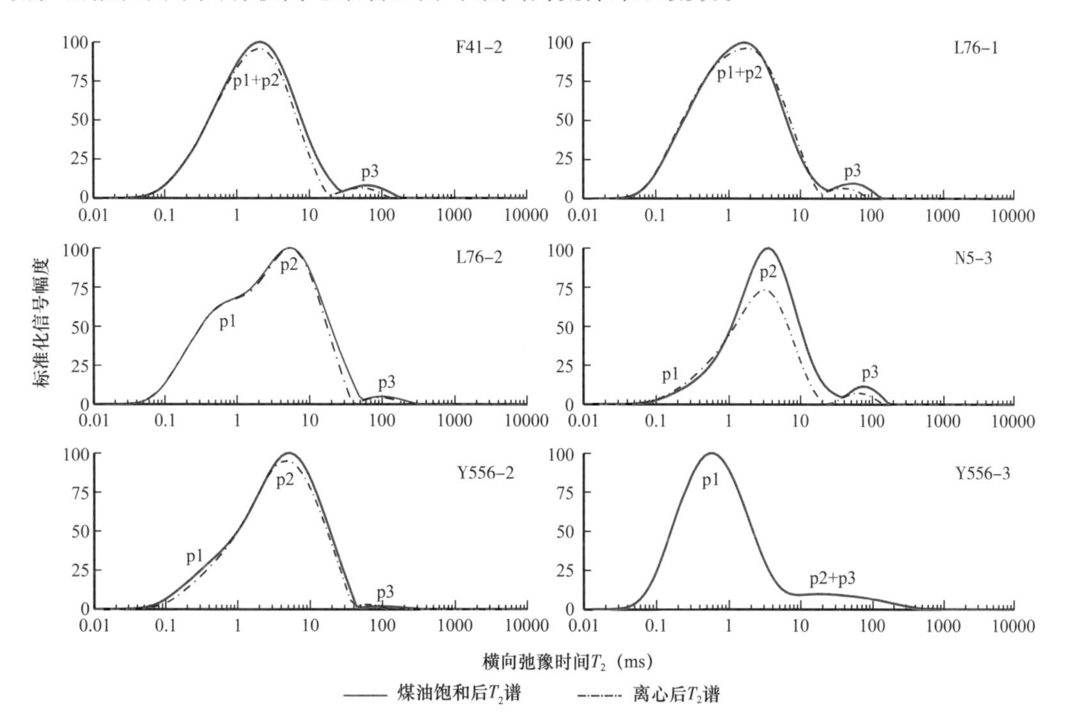

图 3-20　泥页岩饱和煤油和束缚煤油的核磁共振 T_2 谱分布特征

尽管 NMR T_2 谱分布与 SEM 孔径分布在原理上不同，但二者在揭示泥页岩储层孔隙类型及孔隙结构上具有很好的一致性。如果适当地调整 NMR T_2 谱曲线，能够与 SEM 孔径分布很好地吻合。因此，应用 SEM 孔径分布可将 NMR T_2 谱分布转换为孔径分布。结果显示，泥页岩样品核磁共振 T_2 谱分布揭示孔隙类型与扫描电镜孔径分布具有很好的一致性（图 3-21）。以 L76-2 样品为例，SEM 结果显示 L76-2 样品发育大量中孔，一定量的微小孔，及少量的大孔和裂缝，与其对应 NMR T_2 谱具有显著的 p2，中等幅度的 p1 和小的 p3。因此，核磁共振 T_2 谱分布可揭示泥页岩样品孔隙类型分布特征。

核磁共振可有效表征页岩纳米至微米级孔径分布，但其 T_2 谱未标定孔径分布，需与其他定量评价方法结合获取孔径分布。孔径转换模型和标定孔径分布是决定核磁共振 T_2 孔径分析精度的两个关键因素。两类转换模型，线性和非线性转换模型被广泛用于标定 T_2 谱（Xu 等，2015；Li 等，2015）。目前两类转换模型均将孔隙表面弛豫率假设为常数，而孔隙表面弛豫率与探针试剂在孔隙表面的润湿性相关。然而，纳米孔隙表面润湿性不再是常数，而是随孔隙大小而变化（Tian 等，2015）。因此，纳米孔隙发育的页岩孔隙表面弛豫率可能不是常数，而随孔径变化而变化。

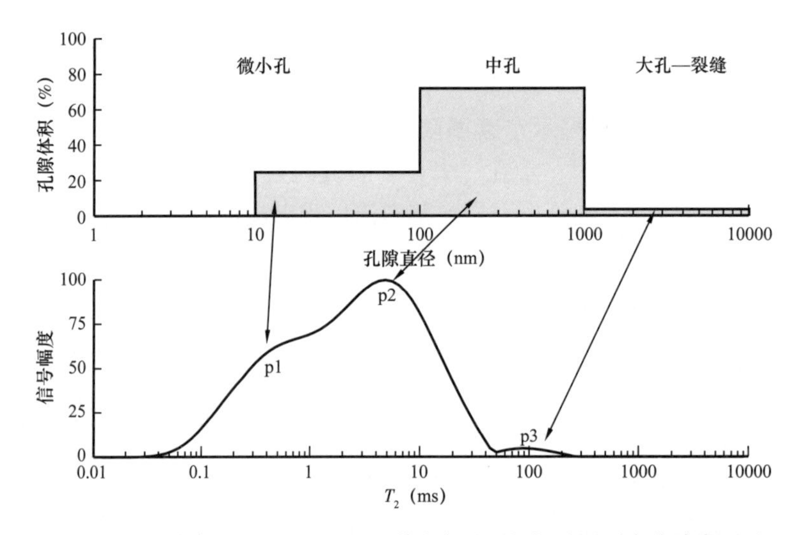

图 3-21　SEM 孔径分布（上）和 NMRT_2 谱分布（下）揭示泥页岩孔隙类型（L76-2）

由于页岩孔隙表面弛豫率随孔径变化而变化，本书提出了一个基于变化表面弛豫率的幂指数模型。同时，线性转换模型亦被用于标定页岩 T_2 谱。线性转换模型假设孔隙比表面积（S/V）是孔径（d）和孔隙形状因子（F_S）的线性函数，则

$$\frac{1}{T_2}=\rho_2\frac{S}{V}=\rho_2\frac{F_S}{d} \tag{3-4}$$

式中，F_S 为孔隙形状因子，板状、柱状和球形孔隙分别为 2、4 和 6。假设 F_S 和 ρ_2 为定值，孔径与 T_2 弛豫时间呈线性关系，则

$$d=F_S\rho_2T_2=CT_2 \tag{3-5}$$

假设表面弛豫率和孔隙比表面积均为孔径的幂指数函数时，式（3-5）可转换为

$$\frac{1}{T_2}=\rho_2\frac{S}{V}=\rho_{2,0}d^m\frac{F_S}{d^n}=\rho_{2,0}F_Sd^{m-n} \tag{3-6}$$

即非线性幂指数转换模型为

$$d=\left(F_S\rho_{2,0}T_2\right)^{\frac{1}{n-m}}=\left(F_S\rho_{2,0}T_2\right)^k=C_kT_2^k \tag{3-7}$$

式中，$\rho_{2,0}$ 为初始表面弛豫率，μm/s；C 为线性模型转换系数，μm/s；C_k 为非线性模型转换系数，k 为模型指数；m，n 均为系数，无量纲。

1）核磁共振 T_2 谱—孔径转换

本书提出了一种新的页岩 T_2 谱—孔径标定方法，即分段联合标定方法。分段是指分别采用氮气吸附微小孔和扫描电镜中孔径分布标定页岩 T_2 谱 p1 和 p2 峰，获取页岩 T_2 弛豫时间与孔径一一对应关系。联合是指将微小孔和中孔 T_2 弛豫时间与对应孔径采用线性和非线性模型联合标定，获取核磁共振孔径分布。

分段联合标定方法获取页岩核磁共振孔径分布可分为四步：（1）构建氮气吸附微小孔和 T_2 谱 p1 峰累计孔隙体积分布曲线；（2）采用多项式拟合 T_2 谱 p1 峰累计孔隙体积分布曲线，获取多项式方程，计算得到相同累计频率氮气吸附微小孔孔径对应核磁共振 T_2 弛豫时间；（3）采用（1）—（2）所述方法获得相同累计频率扫描电镜中孔孔径对应 T_2 弛豫时间；（4）采用线性和非线性模型分别标定 T_2 弛豫时间与其对应孔径，建立线性和非线性转换模型（图 3–22）。根据线性和非线性转换模型，核磁共振 T_2 谱可转换为孔径分布。

应用分段联合标定方法标定结果显示，扫描电镜中孔孔径分布与核磁共振孔径分布具有很好的一致性，而氮气吸附微小孔孔径分布则通常低于核磁共振孔径分布。其原因可能是由于氮气吸附测试为粉末样品孔径分布，破坏页岩部分原始孔隙，而核磁共振测试是柱塞样孔径分布，为页岩原始孔隙分布；同时，由于核磁共振孔隙度通常高于氮气吸附孔隙度，采用核磁共振孔隙度归一化可能导致氮气吸附孔径分布幅度降低；此外，二者差异亦可能是氮气吸附和核磁共振测试原理差异导致（Zhang 等，2019）。然而，高压压汞孔径分布与氮气吸附、扫描电镜和核磁共振均差异较大，表明高压压汞主要反映了页岩孔喉分布，而氮气吸附、扫描电镜和核磁共振主要刻画了页岩孔隙分布特征。同时表明页岩油储层孔隙分布范围较大，从纳米至微米级孔隙均有发育，而孔喉主要分布在 20 nm 以下，即页岩油储层中发育多尺度的孔隙主要被小尺度纳米孔喉连通。因此，核磁共振结合高压压汞可能是一种有效、精确的页岩油储层孔隙结构表征方法。

2）线性与非线性模型标定结果对比

核磁共振线性和非线性模型标定孔径分布在中孔和大孔部分具有较好的一致性，但在微小孔部分存在一定差异（图 3–23）。为了进一步对比标定模型差异，分别计算了线性与非线性模型表面弛豫率，而这需要首先确定页岩孔隙形状因子。

页岩发育复杂且多样的孔隙类型，具有复杂多变的孔隙形态，而氮气吸附—脱附滞后回线可反映页岩主要孔隙形态特征（Clarkson 等，2012；Wang 和 Ju，2015）。此外，扫描电镜亦可揭示页岩孔隙形态特征。因此，综合采用氮气吸附滞后回线和扫描电镜微观观测确定页岩孔隙形态分布。氮气吸附—脱附滞后回线共发育 4 种类型：H2 型、H3 型、H4 型和 H2—H3 混合型。H2 型页岩大量发育“墨水瓶”孔，即球形孔隙，同时扫描电镜显示该类页岩孔隙主要呈圆形或椭圆形。H3 型页岩主要发育平行板状孔隙，与扫描电镜大量发育的板状孔隙具有很好的一致性。H4 型页岩孔隙主要为狭缝型或倾斜板状，对应于广泛发育的黏土矿物狭缝型孔。H2—H3 混合型页岩同时发育“墨水瓶”孔和平行板状孔，而扫描电镜可观测到大量的圆形 / 椭圆形孔和板状孔隙。基于页岩孔隙形态可获取孔隙形状因子，球形、板状孔隙分别为 6 和 2，H2—H3 型页岩孔隙形状因子为球形孔隙和板状孔隙均值。

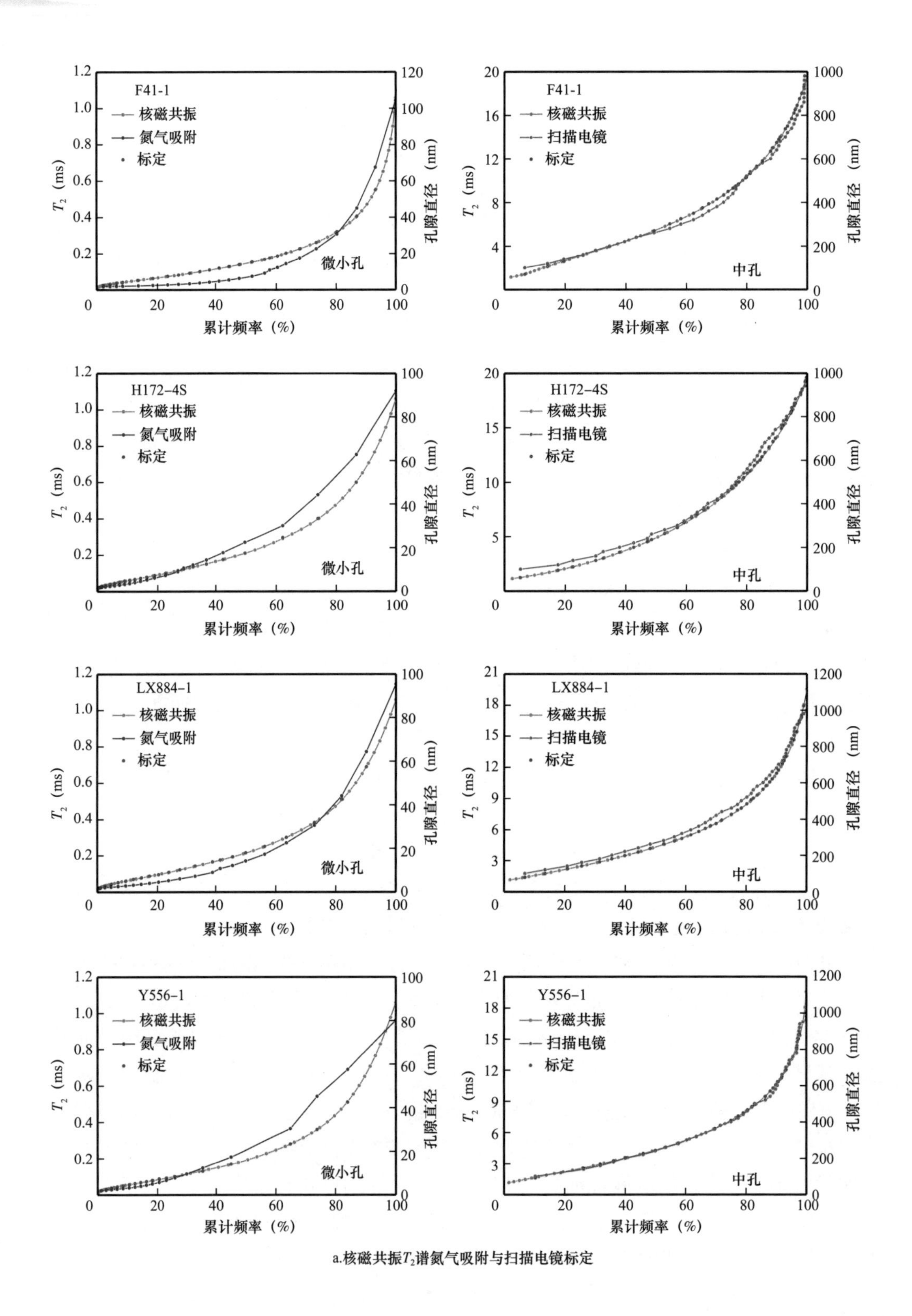

a.核磁共振T_2谱氮气吸附与扫描电镜标定

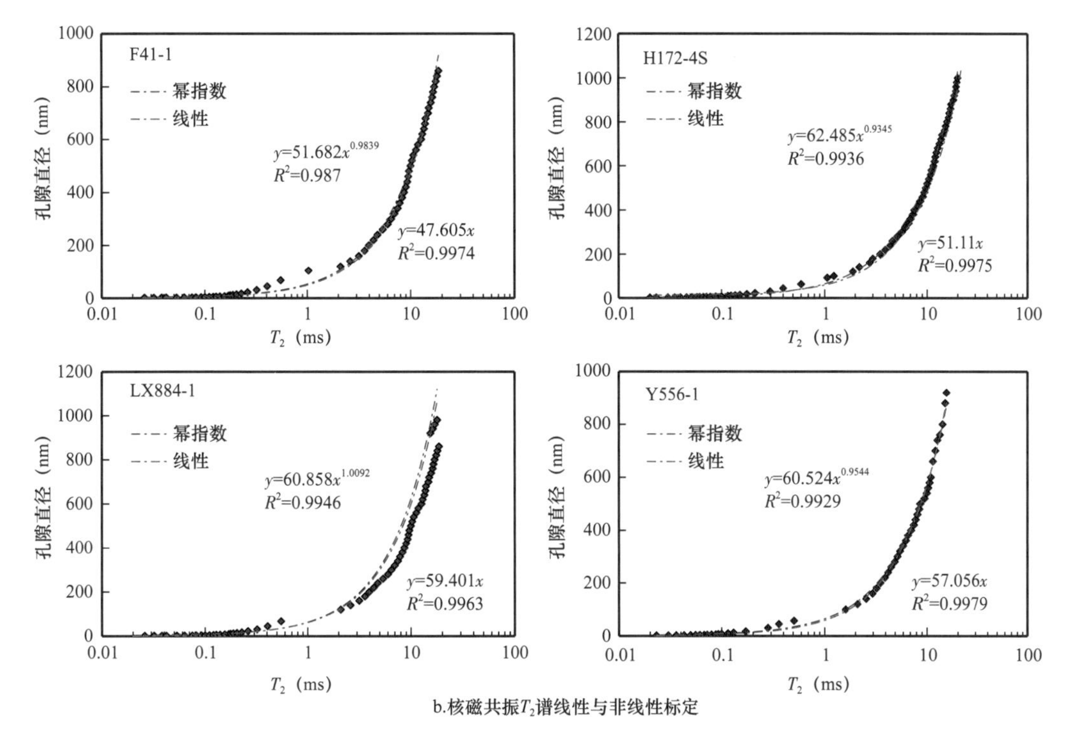

图 3-22　核磁共振 T_2 谱氮气吸附与扫描电镜标定及线性与非线性标定

线性模型转换系数 C 分布在 20.2020～87.9050μm/s 之间，平均为 52.8804μm/s，具有很好的相关性，相关系数平均为 0.9406，分布在 0.6999～0.9975 之间。由孔隙形状因子计算线性转换模型表面弛豫率（ρ_2）介于 3.3670～43.9525μm/s 之间，平均为 19.0542μm/s。非线性幂指数模型转换系数 C_k 分布在 35.9840～70.1800 之间，平均值为 54.3585，具有更好的相关性，相关系数分布在 0.9084～0.9977 之间，平均值高达 0.9744。模型指数（k）与孔隙形状因子有关，随着孔隙形状因子增加，呈减小趋势。非线性模型初始表面弛豫率（$\rho_{2,0}$）分布在 4.9853～49.8853μm/s 之间，平均为 16.9435μm/s，分布相对较为集中，主要分布在 10～20μm/s 之间，且同一井位样品通常具有相近的初始表面弛豫率。前人研究表明，同一地区页岩应具有相似的表面弛豫率（Kenyon 等，1989；Howard 等，1993），因此非线性转换模型具有更高的转换精度和适用性。此外，当页岩核磁共振 T_2 谱标定孔径分布不充分时，可采用线性模型转换系数均值（52.8804μm/s）标定 T_2 谱获取页岩近似孔径分布。

（二）不同技术表征孔喉分布的优缺点及适应性

虽然上述技术都可以用于表征页岩储层的储集空间，但不同的表征方法有各自的优缺点，也有各自的适用范围和局限性。

图像法（聚焦离子束扫描电子显微镜 FIB—SEM、高分辨率场发射扫描电子显微镜 FE—SEM、透射电子显微镜 TEM、原子力显微镜 AFM 及纳米 CT 等）的优点是能够直

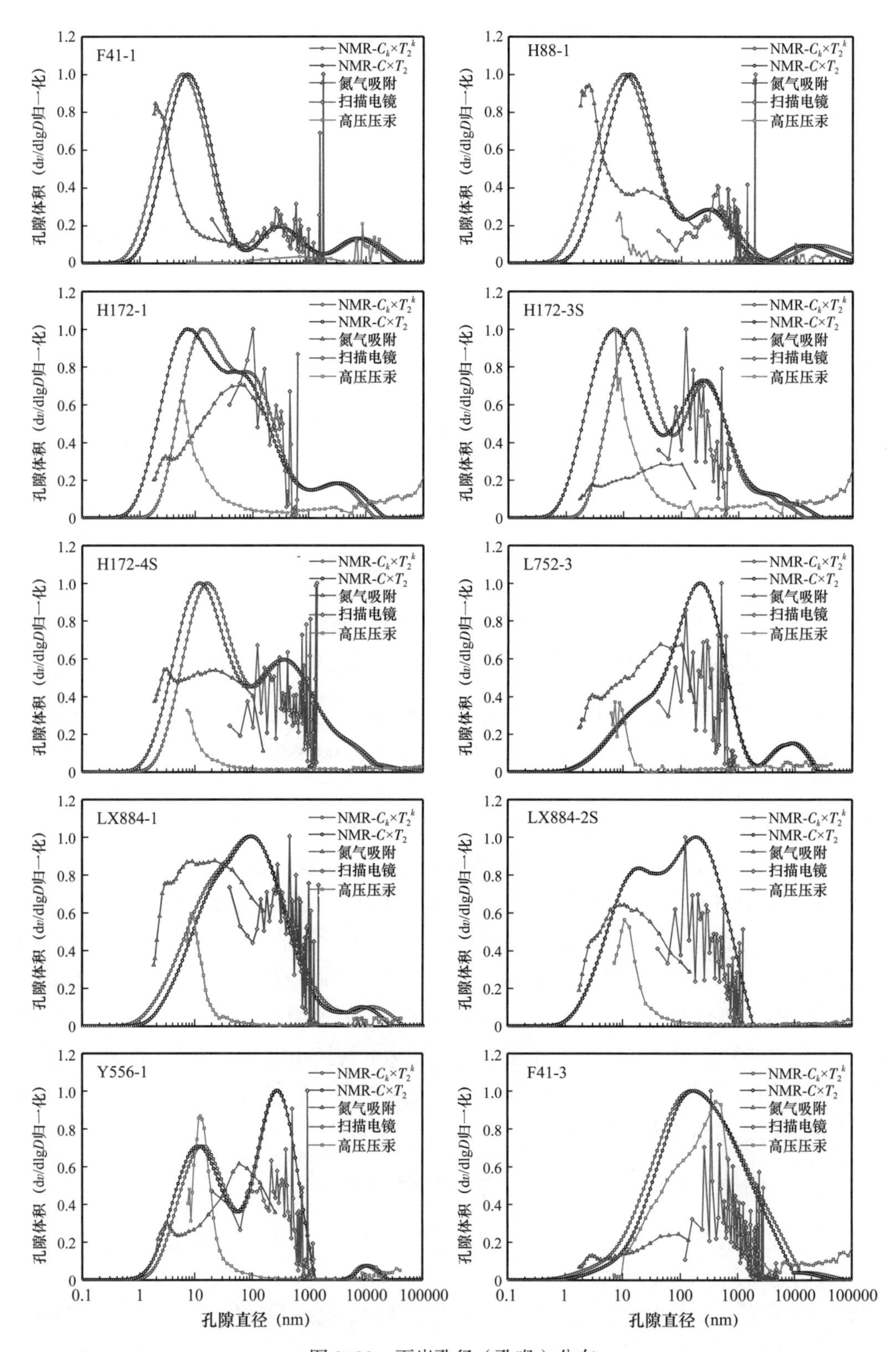

图 3-23 页岩孔径（孔喉）分布

观揭示孔喉几何形态、大小、配位—组合关系及与矿物—有机质的匹配—组合关系，分辨率也可以达到很高，如FIB结合高放大倍数的FE-SEM技术可用来更加细致地观察微小孔隙，其观测精度可达0.04nm（邹才能等，2011），但所得结果更多是以定性的形式给出。虽然通过图像分析软件的统计分析可以获取孔径分布曲线这样的定量结果，但存在分辨率与代表性之间的突出矛盾：高分辨率时视域小，较大的孔隙无法识别，代表性低；低分辨率时视域大，代表性有所提升，但小孔无法识别；相同分辨率下，受非均质性影响，要客观反映孔喉分布的整体面貌，需要大面积地扫描切片，但这很难实现。并且孔隙、岩石组分的分割阈值难以准确确定；同时，成像分析时的压力与原始储层压力相差较大，造成人工孔缝等影响所得结果（于炳松，2013）。

流体法中的气体吸附法检测的孔径范围为0.35～300nm。利用气体吸附/脱附实验，经过理论模型解析可以得到孔隙结构及孔径分布信息。其中介孔（2～50nm）和宏孔（>50nm）的孔径可利用基于Barrett-Joyner-Halenda（BJH）模型的氮气吸附分析（Barrett等，1951）；微孔（<2nm）则利用基于Dollimore-Heal（DH）模型的二氧化碳吸附分析（Dollimore和Heal，1964）。由于小—微孔在致密页岩储层中占有重要分量，对这一部分孔喉的准确表征对于认识页岩油储层的储集、渗流能力具有重要意义，这是该法的突出优点。但这一方法的不足是无法表征在页岩油储层中虽然数量不多，但可能对储集能力有重要贡献的较大孔隙。同时，气体吸附法无法检测孤立孔隙。另外，将吸附/脱附量转换为孔径分布需要经过理论模型解析，因此，模型的选取成为气体吸附法分析纳米孔隙结构准确性的关键。除了BJH方法之外，氮气吸附实验还可利用密度函数理论（DFT）、Horvath-Kawazoe（HK）和Saito-Foley（SF）方法进行孔径分析。HK和SF模型适用于微孔分析，但前者适用于狭缝孔，后者适用于筒形孔（近藤精一等，2001）；DFT方法能够在分子尺度上描述吸附行为以及吸附过程中流体的相变，非局部密度泛函数理论（NLDFT）是对密度函数理论（DFT）的发展，NLDFT方法已成为一种标准的PSD表征方法，但它缺乏对吸附材料表面不均匀性和内部复杂性的考虑从而影响其精度和适用性；淬火固体密度泛函数理论（QSDFT）克服了NLDFT方法的光滑孔壁假设的缺点，能有效计算不同几何模型下孔内流体的吸附等温线，如今是研究纳米孔隙内局限流体的物理化学行为的可靠手段（Neimark和Ravikovitch，2002；杨侃等，2006；邹涛等，2008）。另外，如果选取脱附数据进行孔径分布分析，在相对压力（p/p_0）为0.4～0.5时出现脱附量的陡减，进而导致孔径分布在3.8nm左右处出现假峰（Groen等，2003）。BJH方法采用吸附数据进行孔径分析，与DFT方法计算结果接近，因此选择吸附数据分析孔径分布更为准确。

理论上，流体法中的压汞法测试的孔径范围为$3\sim1.2\times10^5$nm，仅对连通气孔有效（于炳松，2013）。由于页岩油储层一般比较致密，实验压力较低的普通压汞、恒速压汞技术能够表征的孔喉有限，故一般应用高压压汞（MICP）法来分析页岩储层。压汞法的优点在于其反映的是受控于某一喉道的孔隙体积，而微观喉道及其关联孔隙是制约页岩油储层品质的关键因素，同时该方法具有较宽的孔径表征范围，故该技术在页岩油储层表征中有现实的应用潜力。但该方法的不足在于：（1）压汞法无法检测微孔，导致孔隙结构复杂且非均质性强的泥页岩储层孔隙度和孔隙体积测试结果偏低。（2）由于黏土等塑性矿物的可压缩性和纳米孔隙结构，高进汞压力会破坏或者使泥页岩孔隙结构发生变形，使得毛细管束模型不适合泥页岩储层表征。（3）由于非润湿相汞进入由细小喉道连接的两个孔隙时产生的孔隙屏蔽效应有可能会导致高压压汞测试结果的不确定性，孔隙屏蔽效应会低估中孔和大孔含量，高估微孔含量（Patrick 等，2004）。孔隙屏蔽效应的影响与泥页岩黏土矿物含量和孔隙结构密切相关。当泥页岩储层黏土矿物含量高且发育微孔时，孔隙屏蔽效应将显著影响高压压汞测试结果；当泥页岩含较少黏土矿物且微孔不发育时，孔隙屏蔽效应影响较弱。如 L76-1 样品黏土矿物含量较高（32.1%），同时微孔发育，平均孔隙直径较小（262nm），因此其孔隙屏蔽效应显著，导致 MICP 明显高估微孔含量，低估大孔和中孔含量（图 3-24）。与其相反，N5-3 样品仅含少量黏土矿物（2.6%），且中孔和大孔含量较高，平均孔隙直径较大（552nm），因此其孔隙屏蔽效应较弱，MICP 孔径分布与核磁共振及扫描电镜较为相似（图 3-24）。（4）高压有时会导致人工裂隙。

核磁共振技术表征页岩储集空间的突出优势在于制样、分析方便、快捷，并可以无损检测，理论上可以进行全孔径表征，并可结合离心、驱替实验的在线分析，同时对页岩油的赋存状态、可流动性进行表征分析。但其不足在于核磁共振得到的不是直接的孔径分布，而是需要利用成像法、流体法等所获得的孔径分布，将弛豫时间转换为孔径分布，但不同的孔径范围是否适用于同一转换系数［式（3-5）中的系数 C］还存在争议；另外泥页岩样品由于水化现象严重且饱和流体困难，增加了核磁共振技术应用的难度。通过饱和油的方法可有效提高核磁共振的精度。

除了上述测试技术之外，常规的 SANS 可检测范围为 0.5～200nm，USANS 可检测孔隙大小上限为 10μm，但目前国内关于 SANS/USANS 的研究和应用还较少。

正是因为不同的方法有各自的优点和适用性，因此实际工作中，往往需要综合利用多种方法，才能系统、客观、准确地表征和认识页岩的储集空间特征，为认识页岩的成储机理奠定基础。

三、页岩有机、无机孔隙评价

页岩油储层中的有机孔隙与无机孔隙具有不同的发育规律和演化特征，对油气具有不同储集和吸附特性。因此，有必要对页岩油储层有机孔隙和无机孔隙分别开展针对性的研究工作。定量表征有机、无机孔隙的贡献，有助于认识页岩油储层孔隙的微观结构及演化规律，对页岩油的勘探开发具有重要意义。由于页岩储层广泛发育微米—纳米级孔喉，存在大量的普通显微镜不可见的微孔隙，而扫描电镜由于其分辨率高，则可用于研究页岩储层微孔隙。因此，本节以扫描电镜为手段观察分析江汉盆地新沟嘴组页岩油储层储集空间类型，并应用物质平衡原理和纳米 CT 定量计算有机孔隙度，应用扫描电镜面孔率法定量评价无机孔隙度。为了能够更好地分析各种类型孔隙对页岩油储层储集空间的贡献，将研究区页岩油储层储集空间分为两类，即有机孔隙和无机孔隙，分别讨论二者对页岩油储层储集空间的贡献。

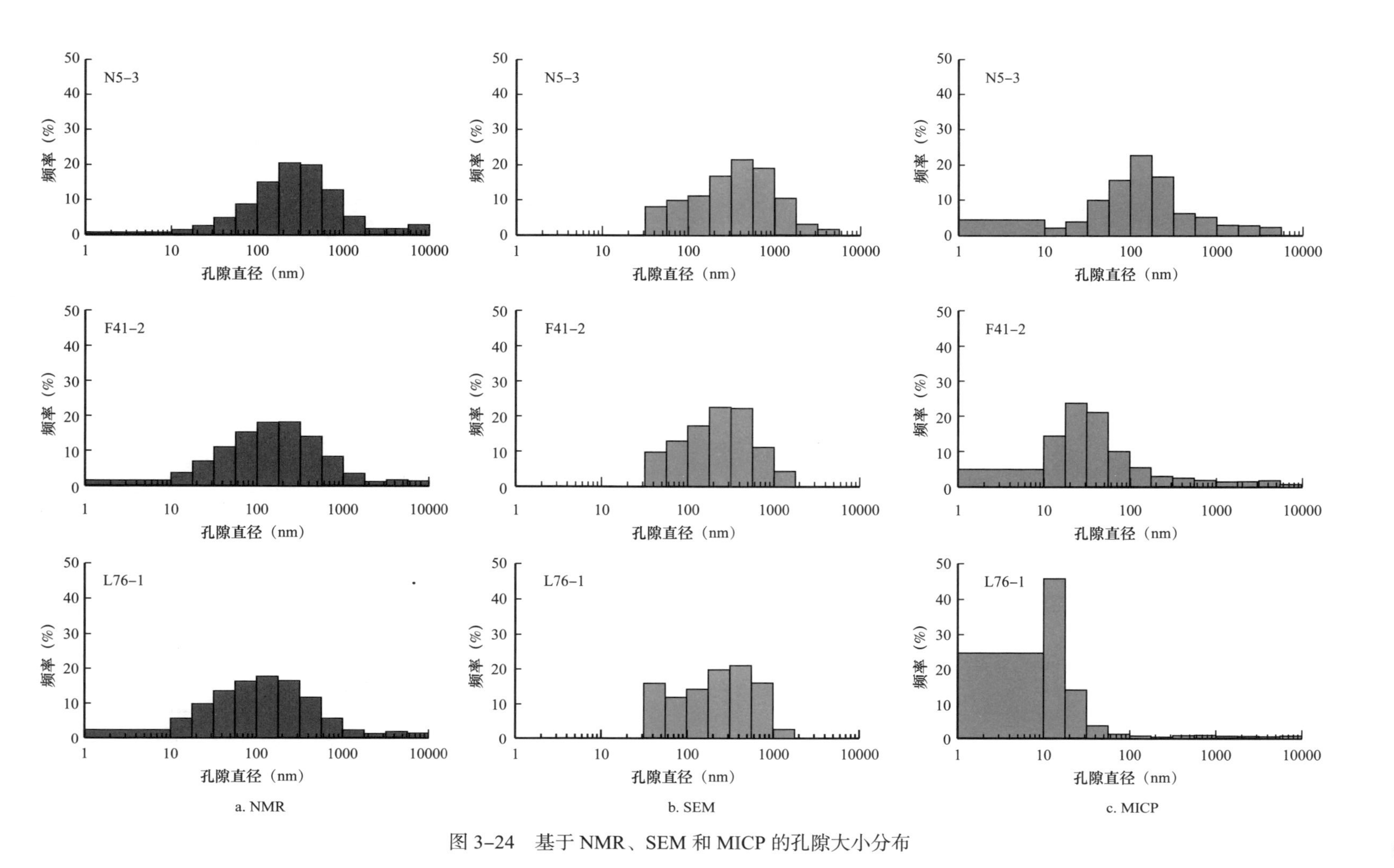

图 3-24　基于 NMR、SEM 和 MICP 的孔隙大小分布

（一）页岩有机孔隙评价

1. 物质平衡原理定量评价有机孔隙度

目前针对页岩储层有机孔隙的研究，部分学者应用扫描电镜图片对其进行定性分析（Ross 和 Bustin，2007；Zou 等，2010；陈一鸣等，2012），也有学者应用物质平衡原理定量计算有机孔隙度大小（Modica 和 Lapierre，2012；朱日房等，2012），在以有机孔隙为主的页岩油储层中，也有学者采用统计学的方法，通过统计显微照片中有机孔隙的面孔率，估算有机孔隙度大小（Chen 等，2016）。研究区新沟嘴组页岩油储层扫描电镜图片中较少观察到有机孔隙，且分布不均匀，故应用物质平衡原理计算新沟嘴组页岩油储层有机孔隙度。

按照物质守恒原理，生成烃类所消耗的有机质体积经过压实校正即为有机孔隙体积。由此，建立评价泥页岩有机孔隙度模型，评价泥页岩有机孔隙度的主要参数为原始有机碳 w（TOC_0）、原始氢指数 I_{H0}、有机质成烃转化率 F（R_o）和有机孔隙压缩系数 P 等 4 项。

$$\phi_{organic} = w\left(TOC_0\right) \cdot I_{H0} \cdot F\left(R_o\right) \cdot \frac{\rho_{rock}}{\rho_{kerogen}} / 1000 \cdot P \tag{3-8}$$

$$I_{H0} = I_H + \left(I_{H0} \cdot F_o + B_0 - B\right) + I_{H0} \cdot F_g \tag{3-9}$$

$$w\left(TOC_0\right) = w\left(TOC\right)\left(1 + \Delta I_H \cdot K / 1000\right) \tag{3-10}$$

式中：$\phi_{organic}$ 为泥页岩有机孔隙度，%；w（TOC_0）为泥页岩原始有机碳质量分数，%；I_{H0} 为单位质量有机碳的原始氢指数，mg/g；F（R_o）为有机质成烃转化率，%，是成熟度 R_o 的函数；ρ_{rock} 为泥页岩密度，g/cm^3；$\rho_{kerogen}$ 为干酪根的密度，g/cm^3，约为 1.2g/cm^3（Okiongbo 等，2005；Christopher 和 Scott，2012）；P 为有机孔隙压缩系数。F_o 为干酪根成油转化率，%；B_0 为烃源岩中原生沥青（非干酪根热降解成因）的量，mg/g；B 为由氯仿沥青“A”或烃指数经轻烃或重烃补偿校正得到的残油量，mg/g。

有机孔隙压缩系数是泥页岩有机质颗粒中孔隙总体积与在不受压实等作用的理想条件下有机质颗粒因生烃所能够形成孔隙空间的比值。国内外页岩气探区页岩样品氩离子抛光薄片照片显示有机质颗粒中有机孔隙大多数呈椭球体，而且长轴方向都一致，部分呈圆形的孔隙一般较小，可能是压实作用减弱后因有机质生成天然气所形成，反映受上覆岩层压实作用影响。假设在不受压实等作用的理想条件下，因生烃所形成的单个有机孔隙形状呈圆球体，球体半径为 r。实际地质条件下受压实等作用，单个有机孔隙呈近似椭球体，即长、短轴均为 b，高度为 a，b 值略大于 r，可近似认为 $b \approx r$。按照球体和椭球体体积计算公式可求得有机孔隙压缩系数 $P=ab^2/r^3 \approx a/b$。通过对扫描电镜照片中孔隙长、短轴和高进行统计，可确定 P 值。

鉴于研究区泥页岩有机质成熟度处于未熟—低熟阶段，实测有机碳与原始有机碳、实测氢指数与原始氢指数差别较小，且由于实验限制，未对二者进行恢复直接使用实测值计算有机孔隙度，其中岩石密度选用实际密度测井值。按照上述物质平衡原理，计算研究区新沟嘴组页岩油储层有机质生烃孔隙度。计算结果显示，新沟嘴组页岩油储层有机孔不发育，有机孔隙度以小于0.2%为主，其中陈沱口凹陷较丫角—新沟低凸起有机孔隙发育。

2. 基于纳米CT的有机孔隙定量表征

纳米CT分辨率高，可以有效识别有机质颗粒。通过CT重构数据可计算分析样品中有机质颗粒（部分样品有机质与黄铁矿共生，可能包括与有机质共生的黄铁矿颗粒）所占的体积，结合残余有机碳含量（和黄铁矿含量）即可求取分析样品的有机孔隙度ϕ_o。具体计算公式如下：

$$\phi_o = V'_{有机} - \frac{TOC}{\rho_{干酪根}} - \frac{M_{Py}}{\rho_{Py}} \tag{3-11}$$

式中，ϕ_o为有机孔隙度；$V'_{有机}$为CT重构的有机质颗粒体积（可能包括黄铁矿颗粒的体积）；TOC为泥页岩残余有机碳；$\rho_{干酪根}$为干酪根的密度，1.118g/cm^3；M_{Py}为黄铁矿的质量；ρ_{Py}为黄铁矿的密度，4.9g/cm^3。

通过纳米CT分析，重构了陈沱口凹陷陈100井新沟嘴组下段2号和3号两个页岩油储层样品的有机质颗粒体积，分别为3.41%、3.3%（图3–25）。通过对二者扫描电镜照片观察发现，2号样品的有机质与黄铁矿共生，即其由纳米CT分析重构得到的有机质颗粒体积可分为三部分：有机质（干酪根）骨架体积、有机孔隙和黄铁矿颗粒的体积。3号样品与2号不同，其有机质几乎不与黄铁矿共生，即其由纳米CT分析重构得到的有机质颗粒体积可分为两部分：有机质（干酪根）骨架体积和有机孔隙。

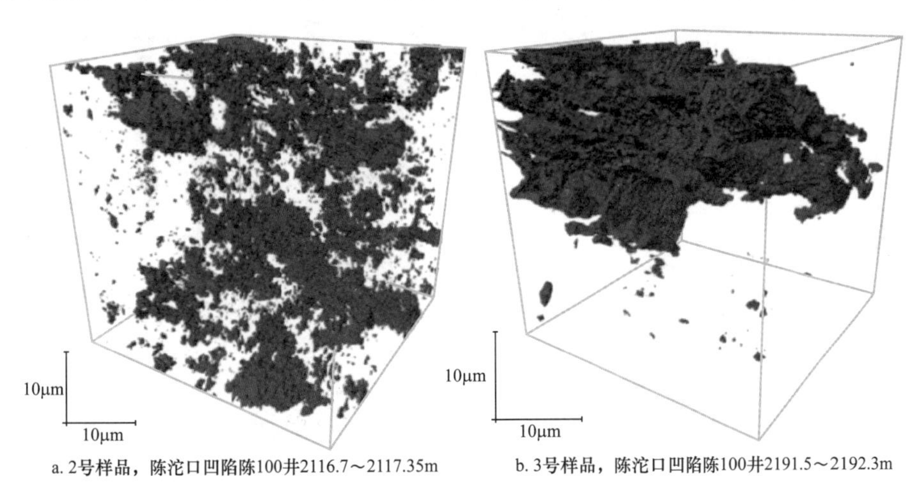

a. 2号样品，陈沱口凹陷陈100井2116.7～2117.35m　　b. 3号样品，陈沱口凹陷陈100井2191.5～2192.3m

图3–25　江汉盆地新沟嘴组页岩油储层纳米尺度有机质空间分布特征重构

结合残余有机碳分析的TOC和全岩分析的黄铁矿含量分别计算二者有机质颗粒中的有机孔隙度。如表3–4所示，分别对江汉盆地陈沱口凹陷陈100井2号及3号样品进行分析，二者有机孔隙度分别为0.356%、0.990%。其中2号样品CT重构有机孔隙度与物质平衡原理计算有机孔隙度具有较好的一致性，但CT重构孔隙度较大，其原因可能为：物质平衡原理计算所得的有机孔隙度为有机质生烃孔隙度，而CT重构所得有机孔隙度除此之外还包括有机质沉积埋藏时保留下的原生孔隙部分。3号样品CT重构所得的有机孔隙度与物质平衡原理计算所得孔隙度差别较大，产生该结果的原因可能为：3号样品有机质成烃转化率仅为23.4%（相近成熟度下2号样品成烃转化率高达65.5%），故其生烃量较少，由物质平衡原理计算得到的生烃孔隙度较小，同时其有机质具有层状分布的特征，可能保存下较多的有机质沉积埋藏时保留下的原生孔隙，使其CT重构有机孔隙度与物质平衡原理计算孔隙度相差较大。

表3–4　江汉盆地新沟嘴组页岩CT重构解析结果

样品编号	深度（m）	纳米CT重构孔隙度（%）	纳米CT重构有机质含量（%）	TOC（%）	黄铁矿（%）	CT重构有机孔隙度（%）	物质平衡原理计算有机孔隙度（%）	差值（%）
2	2116.7～2117.35	1.4	3.4	0.749	3.6	0.356	0.255	0.101
3	2191.5～2192.3	6.65	3.3	1.09	—	0.990	0.167	0.823

扫描电镜、物质平衡原理及纳米CT分析结果表明，研究区新沟嘴组页岩油储层孔隙类型多样，但主要为无机孔隙，有机孔隙对储集空间贡献较小（图3–26a），这与富有机质页岩气储层中，有机孔可以占到总孔隙的2/3以上明显不同（图3–26b）。

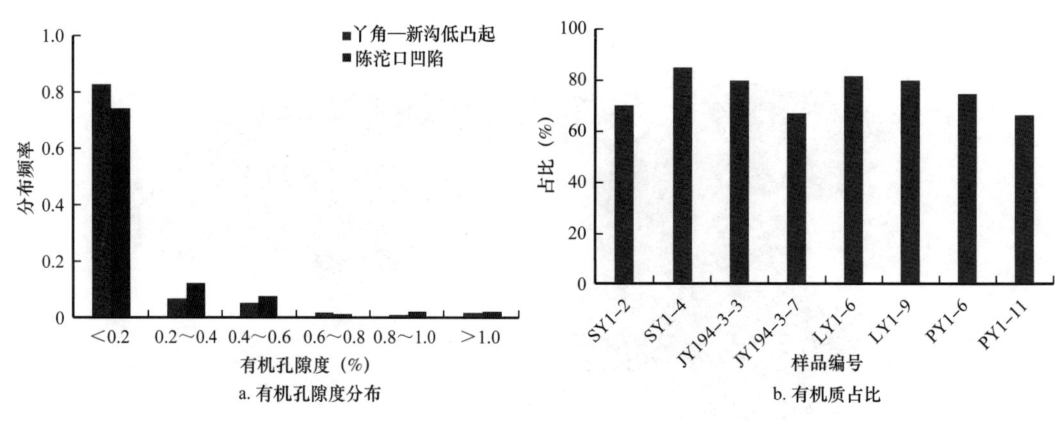

图3–26　江汉盆地新沟嘴组页岩油储层有机孔隙度分布
和四川盆地五峰组—龙马溪组页岩气储层有机质占比

3. 有机孔隙度影响因素

泥页岩有机孔隙的发育受控于有机质丰度（TOC）、类型及成熟度（R_o）等。研究结果显示：（1）有机质丰度是有机孔隙发育的物质基础，但有机孔隙并非随TOC含量增

加而单调增多，在 TOC 含量大于 5.6% 以后，甚至出现随有机质丰度升高而降低的趋势（Milliken 等，2013）。（2）通常Ⅱ型干酪根比Ⅲ型干酪根更易于发育有机孔。（3）有机质成熟度决定有机孔隙的发育程度，当 R_o 大于 0.6% 时，有机孔即可产生，且 R_o 越高有机孔隙越发育（Loucks 等，2009）；但 Curtis 等（2010）研究美国 Woodford 页岩有机孔隙时，发现在 R_o=1.23% 时开始发育有机孔隙，R_o=2.0% 时有机孔隙消失，后又继续增加。本书在应用物质平衡原理计算有机孔隙度的基础上，分析有机孔隙度与 TOC 的关系，探讨有机孔隙度的影响因素。

研究区新沟嘴组页岩油储层有机质成熟度表明，其有机质成熟度低，主要处于未熟—低熟阶段，且差异较小，因此，新沟嘴组页岩油储层有机孔隙度主要受其有机质丰度控制。通过对江汉盆地新沟嘴组页岩油储层有机孔隙度、实测孔隙度及有机碳数据统计分析，分别建立了有机孔隙度与 TOC 和实测孔隙度与 TOC 的对应关系。研究结果表明，研究区新沟嘴组页岩油储层有机孔隙度与 TOC 表现为正相关性，有机孔隙度随着 TOC 含量的增加而增加（图 3-27）。研究区丫角—新沟低凸起和陈沱口凹陷页岩油储层实测孔隙度则表现为与 TOC 无相关性，甚至表现为随着 TOC 含量增加实测孔隙度减小的趋势。有机孔隙度、实测孔隙度与 TOC 关系差异说明，研究区新沟嘴组页岩油储层有机孔隙不发育，其对页岩油储层孔隙度贡献较小。

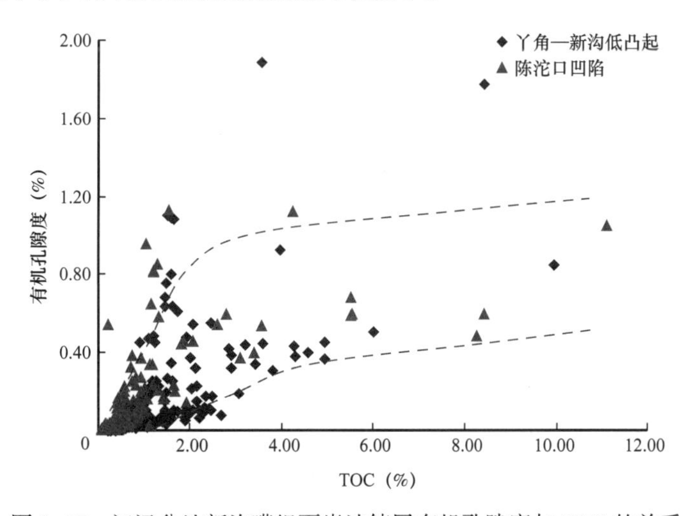

图 3-27 江汉盆地新沟嘴组页岩油储层有机孔隙度与 TOC 的关系

（二）页岩无机孔隙评价

无机孔隙是存在于泥页岩无机矿物组分中的孔隙，包括粒间孔、晶间孔和溶蚀孔等。无机孔隙度也可以采用扫描电镜成像的方法进行估算（McCreesh 等，1991）。在成岩作用过程中，化学性质不稳定矿物（黏土矿物、石英、长石、方解石等）易遭受溶蚀作用而产生次生孔隙。总体上，页岩无机孔隙平均孔径远大于有机孔隙的平均孔径（Kang 等，2010）。

沉积和成岩作用过程决定了泥页岩储集空间发育特征。在成岩演化过程中，随温度、压力升高，页岩孔隙总体积逐渐下降，页岩中各类孔隙结构也随之变化。无机矿物成岩演化使原始孔隙大幅度减少，但矿物溶蚀孔和黏土矿物层间孔等次生孔隙的出现，改善了储层物性。各种矿物之间的物理化学性质差异较大，对孔隙的贡献也不同。有机质热演化对页岩孔隙的影响主要表现为两方面：一方面随着热成熟度增加，有机质内产生大量纳米级孔隙；另一方面有机质生烃过程中产生的酸性流体会使页岩内不稳定矿物发生溶解作用，形成溶蚀孔。朱如凯等（2013）基于成岩物理模拟实验研究了泥页岩储集空间热演化特征，表明宏孔（＞50nm）比孔容随温度、压力的增加先增加后降低；微孔（＜2nm）和介孔（2～50nm）比孔容则先降低后增加。

1. 扫描电镜定量表征无机孔隙度

由于页岩储层中的无机孔隙多为微、纳米级，扫描电镜分辨率高，能够很好地刻画微、纳米级孔隙，因此能对页岩储层显微孔隙进行直观观察。而页岩储层中的有机孔多为纳米级，其在扫描电镜视域中的面积可以忽略，因此扫描电镜能够很好地反映页岩储层中的无机孔隙（曾辉，2013）。McCreesh 等（1991）研究发现岩石薄片图像面孔率与其孔隙度接近，因此可由页岩储层扫描电镜图像中无机孔隙的面积与视域总面积的比值近似计算其无机孔隙度。

扫描电镜图像中不同成分的灰度不同，孔隙比岩石其他部分灰度大，因此能够较好地区分孔隙和非孔隙部分。根据上述原理，并假设在页岩储层中无机矿物和无机孔隙均匀分布，则任意一个截面上无机孔隙的面积与其视域总面积的比值是相近的。本书通过对同一深度若干张扫描电镜中的无机孔隙面积与其视域总面积比值的平均值近似计算该深度点的无机孔隙度，由此建立了研究区页岩油储层无机孔隙度计算模型：

$$\phi_{\text{inorganic}}=\frac{\sum V_{\phi_{\text{inorganic}}}}{V_{\text{r}}}\times 100\%=\frac{\sum_{1}^{n}S_{\phi_{\text{inorganic}}}}{\sum_{1}^{n}S}\times 100\%=\frac{\sum_{1}^{n}S_{\phi_{\text{inorganic}}}}{\sum_{1}^{n}S_{\text{inorganic}}}\cdot\left[1-w(\text{TOC})\right]\cdot\frac{\rho_{\text{rock}}}{\rho_{\text{inorganic}}}\times 100\% \tag{3-12}$$

式中，$\phi_{\text{inorganic}}$ 为页岩储层无机孔隙度，%；$V_{\phi_{\text{inorganic}}}$ 为无机孔隙体积，m^3；V_r 为岩石样品体积，m^3；S 为照片视域面积，m^2；$S_{\text{inorganic}}$ 为扫描电镜图片视域中无机矿物部分的面积，m^2；$S_{\phi_{\text{inorganic}}}$ 为图片视域内无机矿物部分中的孔隙面积，m^2；w（TOC）为页岩中有机碳质量分数，%；ρ_{rock} 为页岩密度，kg/m^3；$\rho_{\text{inorganic}}$ 为页岩中无机部分密度，kg/m^3；n 为所分析照片张数。

借助图像分析软件识别扫描电镜图像中的无机孔隙部分，并将其标出，继而统计孔隙面积与其视域面积的比值获得无机孔隙度。最终标定结果表明，研究区丫角—新沟低凸起新沟嘴组页岩油储层无机孔隙度分布范围为 9.17%～18.58%，平均为 13.284%；陈沱口凹陷无机孔隙度分布范围为 6.37%～12.16%，平均为 8.29%，丫角—新沟低凸起页岩油储层无机孔隙较陈沱口凹陷发育（表 3-5）。对比研究区扫描电镜面孔率法计算的无机孔隙度与实测孔隙度值发现，二者呈正相关分布，孔隙度值整体上变化趋势一致，但

各样品存在一定差异，可能是由于面孔率法只能统计到图片较大的微米级孔隙，而较小的纳米级孔隙则被忽略。同时，面孔率法标定结果表明，利用扫描电镜图像标定页岩储层无机孔隙度可信度较高，能够反映页岩储层物性的基本特征，可用于页岩储层无机孔隙度的研究，这也与前人的研究结果一致，即扫描电镜标定的孔隙度越大，其储层储集物性越好（钟大康，1998）。

表 3–5　江汉盆地新沟嘴组页岩油储层无机孔隙度

构造带	井号	深度段（m）	放大倍数	视域无机孔隙度（%）	无机孔隙度（%）	实测孔隙度（%）
丫角—新沟低凸起	新391	1385.50～1386.10	2000	10.47	9.17	—
			4000	7.88		
		1392.90～1393.70	2000	13.65	13.44	14.13
			4000	13.23		
		1393.70～1394.50	4000	11.56	11.4	—
			10000	11.25		
	新斜461	1294.38	2000	13.86	12.58	15.2
			3000	11.31		
		1295.58	600	9.97	9.6	—
			1000	9.22		
		1383.89	2500	16.46	16.46	19.5
	新521	961.85	450	12.03	12	16.5
			1500	11.97		
		1019.7	1500	14.11	14.11	18.8
	新斜1171	788.53	1800	18.41	18.58	25.4
			2500	18.75		
		857.86	2500	15.7	15.5	23.5
			3000	15.3		
陈沱口凹陷	陈100	2112.80～2114.00	4000	8.27	8.39	—
			3000	8.51		
		2116.00～2116.50	2000	7.52	7.82	—
			5000	8.13		
		2116.70～2117.35	5000	6.05	6.73	—
			10000	7.41		
		2191.50～2192.30	2000	6.37	6.37	—
		2195.40～2196.30	2000	11.97	12.16	13.97
			5000	12.36		

2. 无机孔隙孔径分布特征及其贡献

根据扫描电镜图像探讨了研究区新沟嘴组页岩油储层孔径与无机孔隙的关系。图像分析结果表明，研究区无机孔隙孔径分布较集中，多集中分布在小于1.2μm的范围以内，其中丫角—新沟低凸起较陈沱口凹陷无机孔隙孔径大（图3-28）。在不同的放大倍数下扫描电镜图像中所识别的无机孔隙孔径的频率峰值均存在变化，随着放大倍数的增大无机孔隙孔径的频率峰值呈减小的趋势，即随着放大倍数增大，扫描电镜下能观察到的孔隙孔径越小，表明页岩储层中微孔隙相对比较发育（图3-28）；随着孔隙度的增大，大孔径的孔隙对孔隙度的贡献增大（图3-29）。

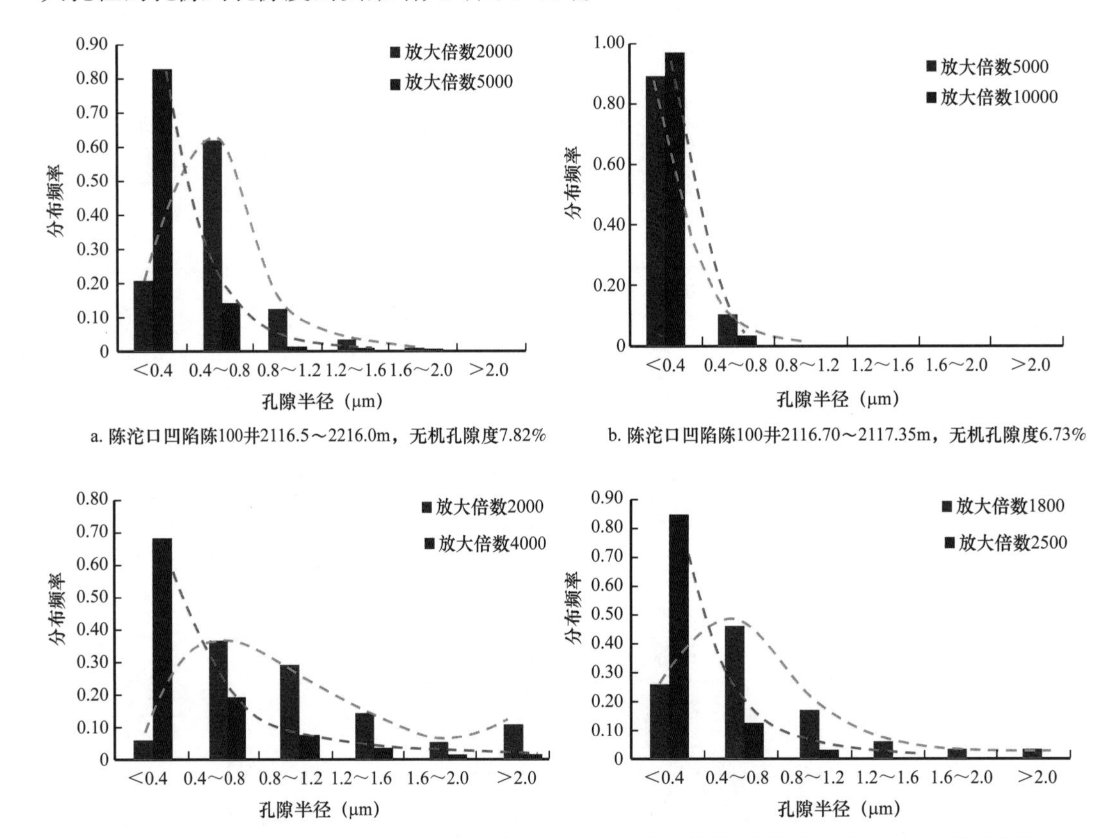

图3-28 江汉盆地新沟嘴组页岩油储层无机孔隙半径频率分布图

（三）不同孔隙类型孔径分布演化特征

针对松辽盆地北部泥页岩样品氩离子抛光—场发射扫描电镜照片结合EDS能谱分析技术，实现了泥页岩中不同类型泥页岩孔隙的区分。首先通过场发射扫描电镜技术可以定性直观地观察不同成熟阶段孔隙的演化特征，研究发现随着成熟度的增大，孔隙越来越发育，孔隙孔径有增大趋势。同时可以发现，在陆相泥页岩中有机质并不发育与海相页岩相似的蜂窝状圆形孔隙，而是多发育有机质—基质间孔隙，一般是由于生烃过

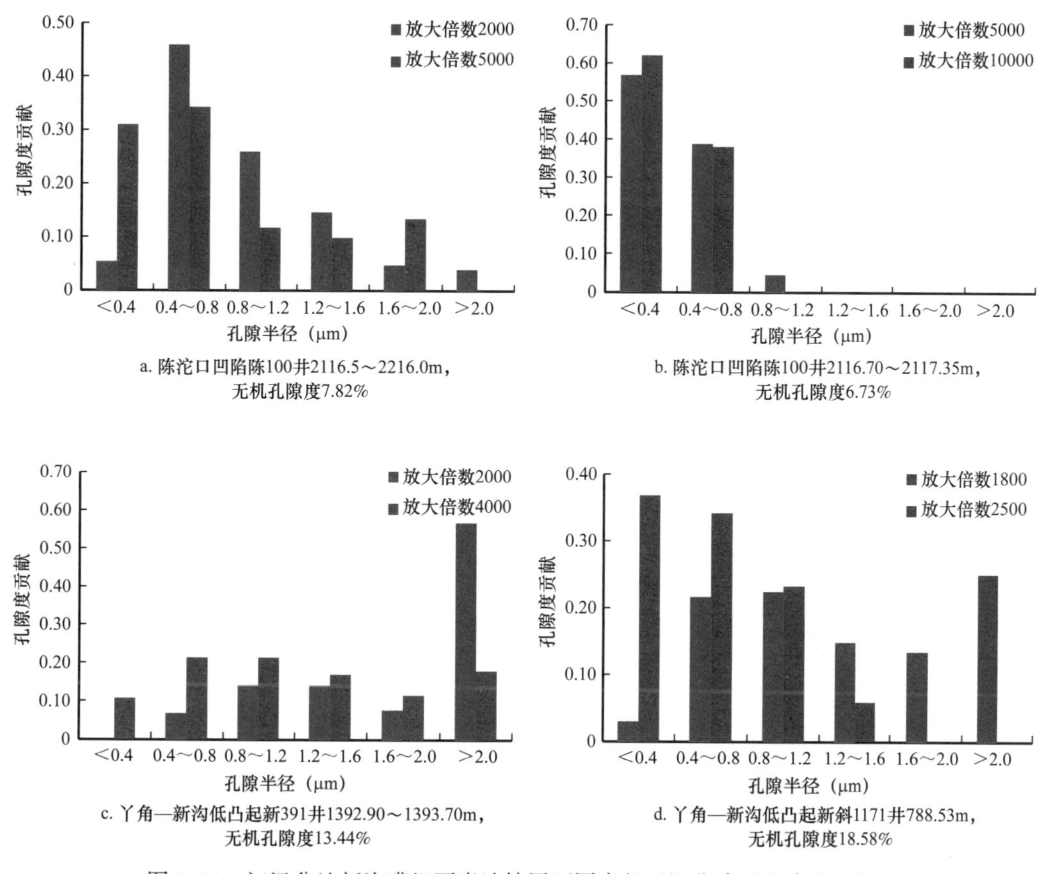

图 3-29 江汉盆地新沟嘴组页岩油储层不同半径无机孔隙对孔隙度贡献图

程中有机质收缩产生的大量收缩缝。扫描电镜数据可知该地区主要发育的孔径范围为100～1000nm，且随着成熟度的增大，100～1000nm 范围孔径孔隙面积占比呈减小趋势（图 3-30），且 50～100nm 范围孔径的孔隙越来越发育，主要是由于随着温度（成熟度）升高，有机孔越发育。

通过将不同温度泥页岩样品有机孔隙进行定量提取发现，随着温度的升高，0～100nm 微小孔隙越来越发育，可以说明这主要是生烃作用导致的。同时可以发现 100～1000nm 孔径范围内的孔隙随着温度的增加逐渐减少，这里认为可能是压实过程中大孔和中孔孔隙体积减小，同时生烃过程中产生的死碳会堵塞部分孔隙，使得孔隙体积减小（图 3-31）。

通过将不同温度泥页岩样品无机孔隙进行定量提取发现，随着温度的增加，0～100nm 微小孔隙体积逐渐增多，说明主要是生烃作用过程中产生的有机酸溶蚀孔。同时可以发现 100～500nm 孔径范围内的孔隙随着温度的增加孔隙体积基本不变，大于 500nm 的孔隙逐渐减少（图 3-32）。

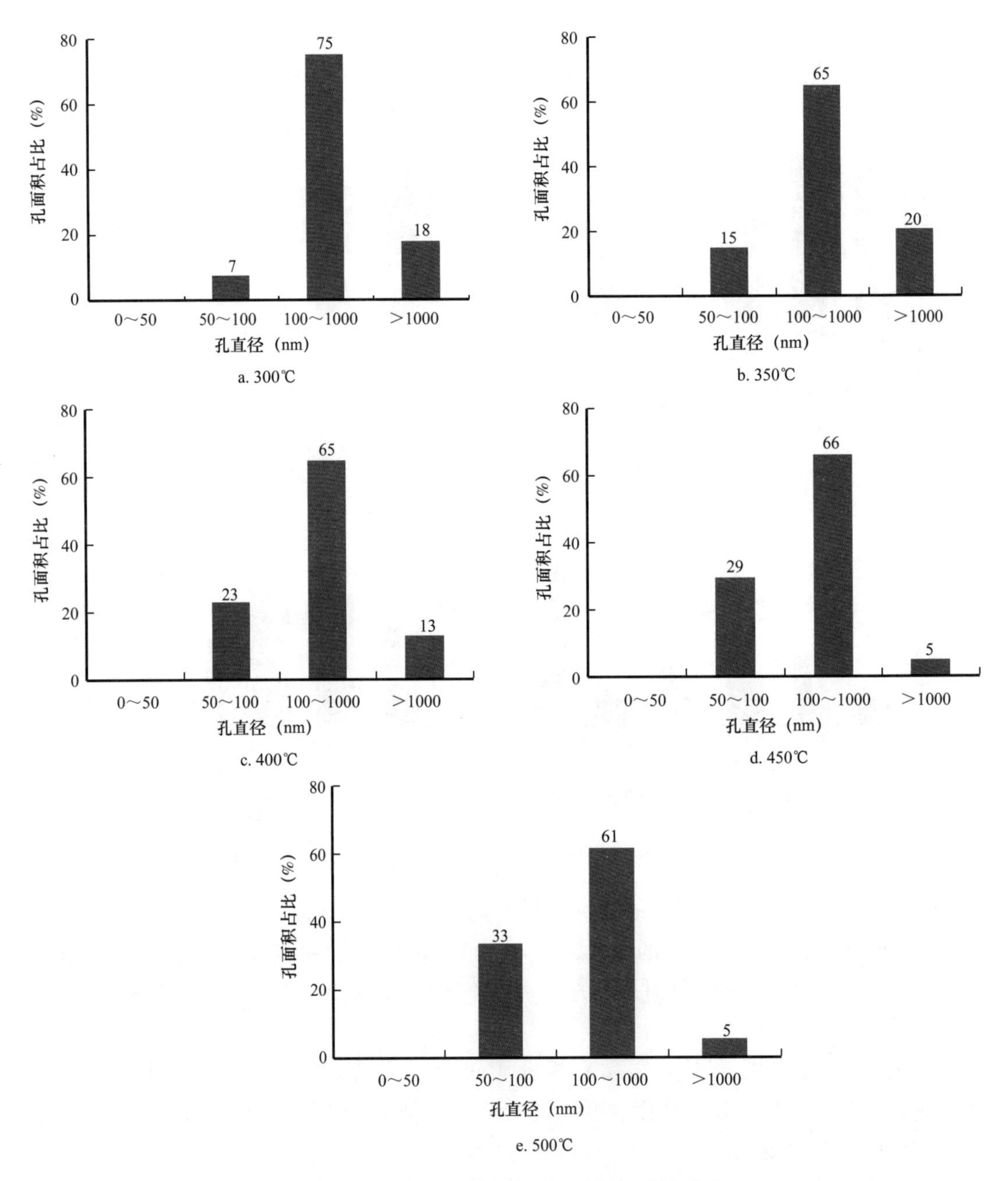

图 3-30　Du56 井不同温度下不同孔径占比分布

（四）页岩物性主控因素分析

1. 岩性

江汉盆地新沟嘴组页岩油储层发育多种岩性组合，主要有泥岩、白云质泥岩、泥质白云岩和白云岩四种类型岩石，其中以泥质白云岩为主。根据不同岩性页岩油储层物性统计结果（图 3-33），丫角—新沟低凸起泥岩、白云质泥岩、泥质白云岩和白云岩孔隙

度均较发育，平均大于11%，表现为中、高孔，其中白云岩渗透率最高，总体上表现为特低渗；陈沱口凹陷泥质白云岩、白云岩孔隙度较发育，泥岩、白云质泥岩较差，其中泥岩及泥质白云岩渗透率较高，但总体上均表现为特低渗。

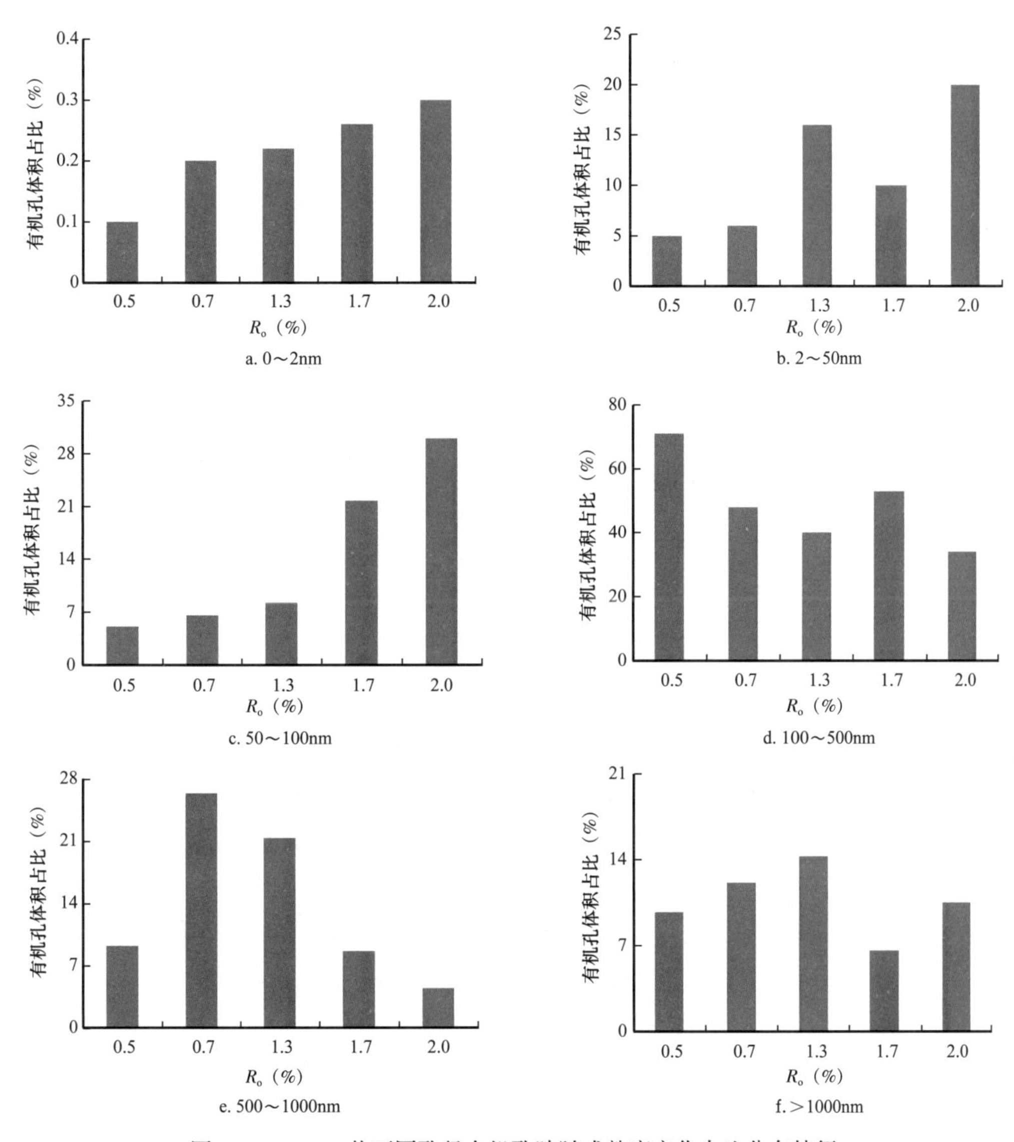

图3-31　Du56井不同孔径有机孔隙随成熟度变化占比分布特征

综合来看，泥质白云岩和白云岩为研究区孔渗性较好的两类储层，主要原因是这两类储层发育有大量的晶间孔、粒间孔及部分溶蚀孔。首先，泥质白云岩及白云岩中存在大量晶间孔，孔隙性较好；其次，泥质与陆源碎屑颗粒或是白云石颗粒相互混杂形成的粒间孔，由于黏土矿物及碎屑颗粒的定向排列，孔隙多呈长条状，同时，该现象在某些泥岩中也存在，导致泥岩孔隙度较高；最后，泥质白云岩和白云岩中白云石为易溶矿物，易遭受溶蚀，形成溶蚀孔，改善储层物性。

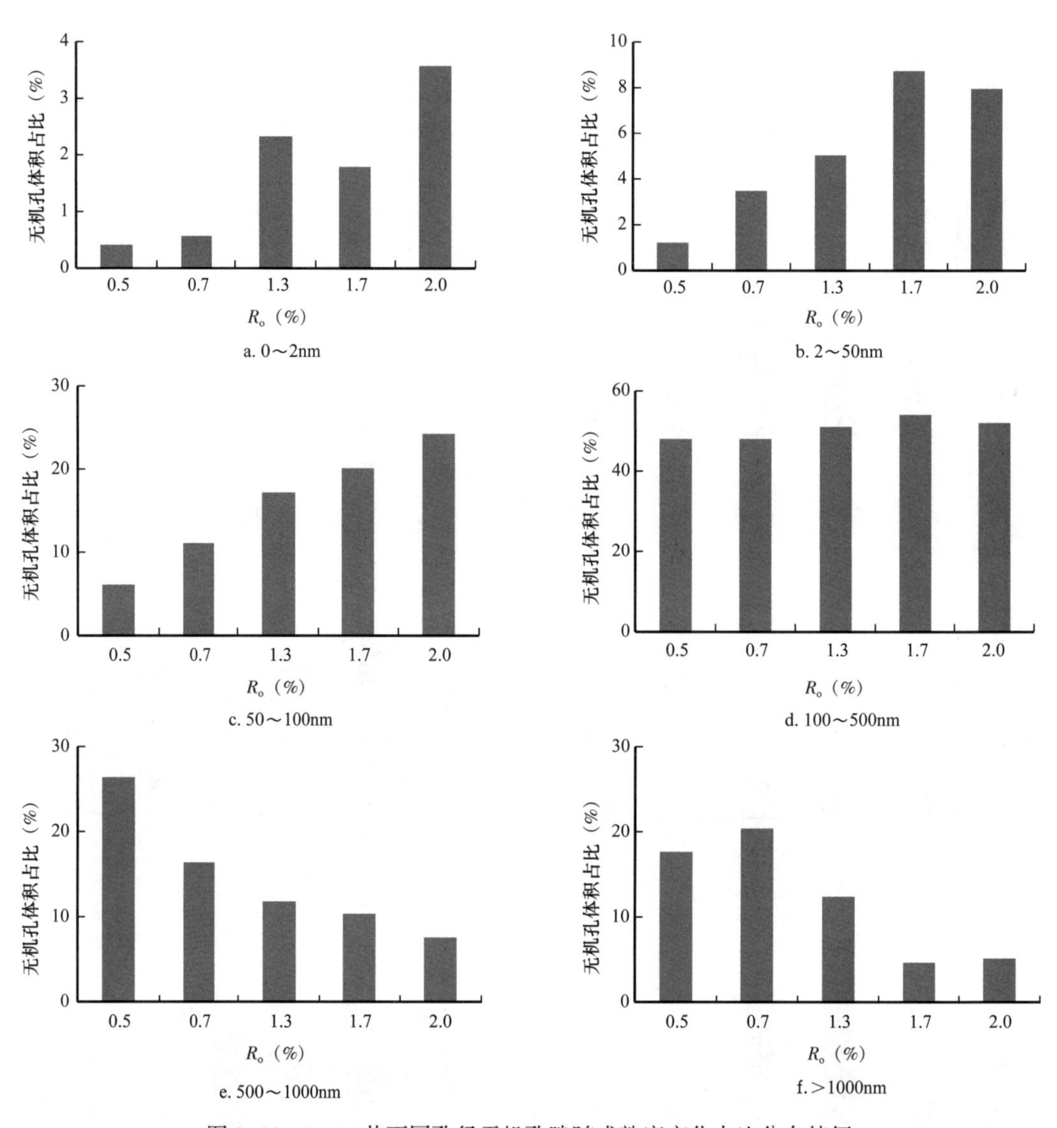

图 3-32　Du56 井不同孔径无机孔隙随成熟度变化占比分布特征

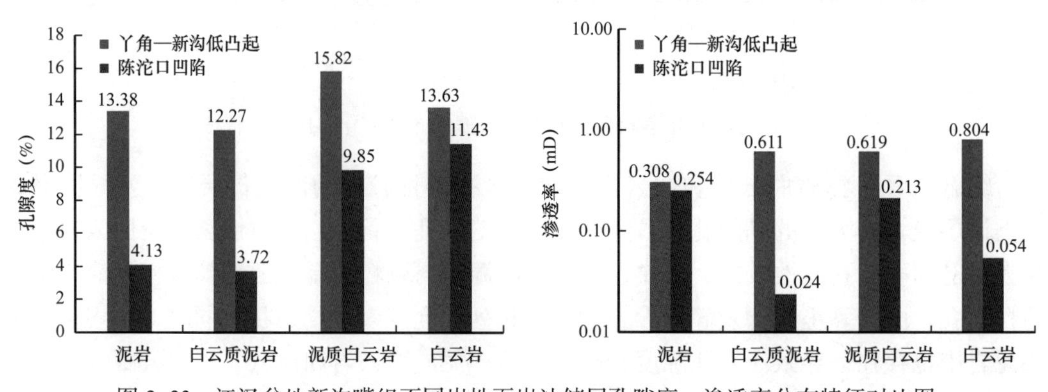

图 3-33　江汉盆地新沟嘴组不同岩性页岩油储层孔隙度、渗透率分布特征对比图

2. 物质组成

岩心薄片鉴定、X衍射和扫描电镜及能谱分析数据揭示研究区页岩油储层矿物组成复杂，主要包括：黏土矿物、碳酸盐矿物（白云石和方解石）、碎屑矿物（石英和长石）、黄铁矿、石膏和方沸石等。泥质白云岩白云石含量较高，平均高达46.77%，黏土矿物含量较低，平均仅为16.78%。其中黏土矿物主要包括高岭石、伊利石、伊/蒙混层、绿泥石和绿/蒙混层等（表3–6、表3–7）。

表3–6　江汉盆地新沟嘴组泥质白云岩全岩矿物组成特征

黏土矿物（%）	石英（%）	长石（%）	白云石（%）	方沸石（%）
1.7～57.8 20.5（982）	0.8～64 15.2（982）	1.1～43.6 11.1（752）	1.4～91.3 35.8（973）	1.0～27.1 10.5（839）

表3–7　江汉盆地新沟嘴组泥质白云岩黏土矿物组成特征

伊/蒙混层（%）	伊利石（%）	绿泥石（%）	绿/蒙混层（%）	高岭石（%）
7.0～67.0 44.8（167）	22.0～91.0 40.7（172）	2.0～42.0 14.6（172）	5.0～21.0 10.2（12）	1.0～5.0 3.1（17）

注：$\frac{\text{最小值～最大值}}{\text{平均值（样品数）}}$。

丫角—新沟低凸起新沟嘴组页岩油储层孔隙度及渗透率大小与黏土矿物、碎屑矿物（石英和长石）和白云石含量无明显相关性，说明其储层物性受多种因素控制。陈沱口凹陷新沟嘴组页岩油储层孔隙度随黏土矿物、碎屑矿物（石英和长石）含量的增加而减小，随白云石含量的增加而增加，渗透率则与孔隙度相反，随黏土矿物、碎屑矿物含量的增加而增加，随白云石含量的增加而减小（图3–34—图3–36）。陈沱口凹陷孔渗与矿物组成相关性特征表明，陈沱口凹陷页岩油储层主要发育泥晶白云石晶间孔，白云石含量增加有益于增加储层的孔隙度；然而，泥晶白云石晶间孔多为孤立孔隙，连通性较差，而黏土矿物和碎屑矿物形成的粒间孔连通性较好，因此黏土矿物及碎屑矿物含量增加可使储层的渗透性增强，白云石含量增加则降低储层的渗透性。

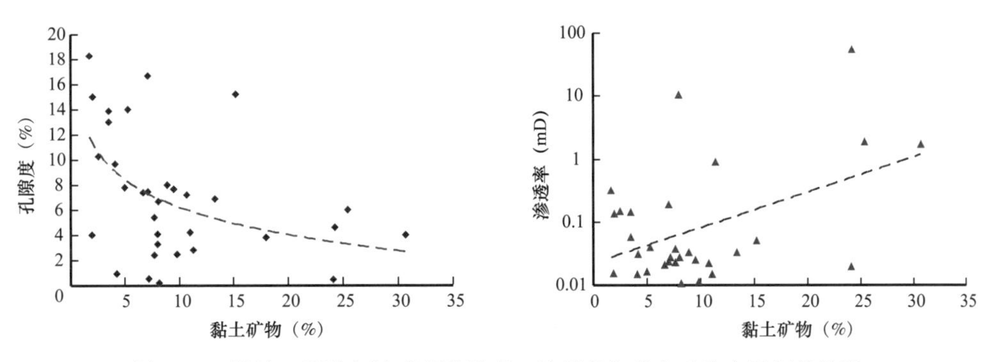

图3–34　陈沱口凹陷新沟嘴组孔隙度、渗透率与黏土矿物含量相关性图

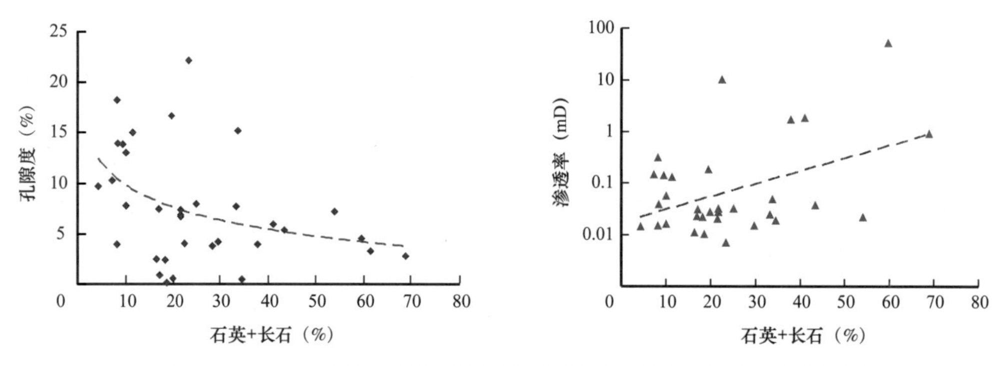

图 3-35　陈沱口凹陷新沟嘴组孔隙度、渗透率与碎屑矿物含量相关性图

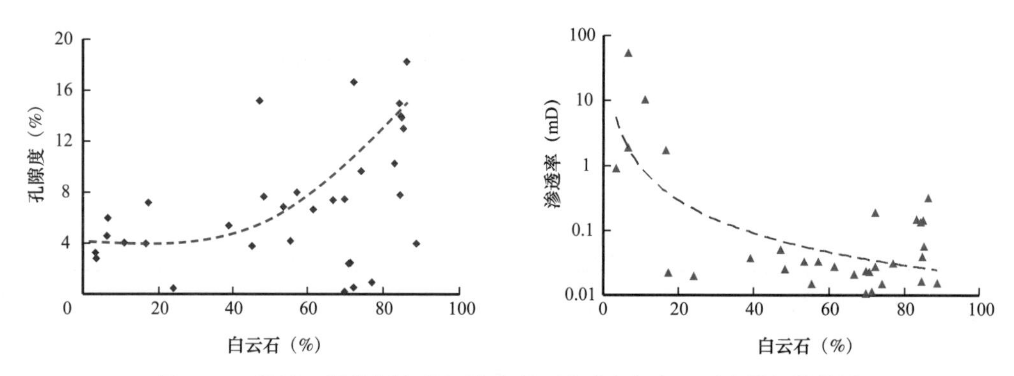

图 3-36　陈沱口凹陷新沟嘴组孔隙度、渗透率与白云石含量相关性图

丫角—新沟低凸起和陈沱口凹陷新沟嘴组储层孔隙度、渗透率与 TOC 含量无明显相关性，这主要是由于新沟嘴组储层孔隙以无机孔隙为主，有机孔隙不发育。

3. 成岩作用

碳酸盐沉积物的成岩作用类型多样，按其对储层物性的影响分为两大类：一是建设性成岩作用，可以改善储层物性，如溶蚀作用等；一是破坏性成岩作用，使储层孔渗性变差，如胶结作用、交代作用、压实作用以及压溶作用等。研究区页岩油储层含有较多的白云石等易溶矿物，因此本书重点探讨溶蚀作用对储层物性的影响。

丫角—新沟低凸起及陈沱口凹陷新沟嘴组页岩油储层孔隙度、渗透率随深度的增加略有降低的趋势。其中新 391 井物性与深度交会图揭示，孔隙度和渗透率明显存在三个峰值，其中第一个峰值分布在 1380～1398m，第二个峰值分布在 1430～1441m，第三个峰值分布在 1460m 以深，三个峰值指示三个孔隙度和渗透率高值区（图 3-37）。根据新 391 井岩性纵向分布特征发现，三个孔渗高值区对应于新沟嘴组下段Ⅱ油组三个主要的泥晶白云岩发育带，因此，三个高孔渗带的发育可能受控于岩性的影响。然而，通过对比丫角—新沟低凸起不同岩性物性分布特征发现，泥岩、白云质泥岩、泥质白云岩和白云岩孔隙度平均值均呈现较高值，孔隙度相差较小，渗透率则表现为白云岩最高，其他岩性均呈现低值，说明研究区岩性对储层物性影响较小。因此，研究区新 391 井纵向物性变化可能是储层白云石溶蚀的结果。

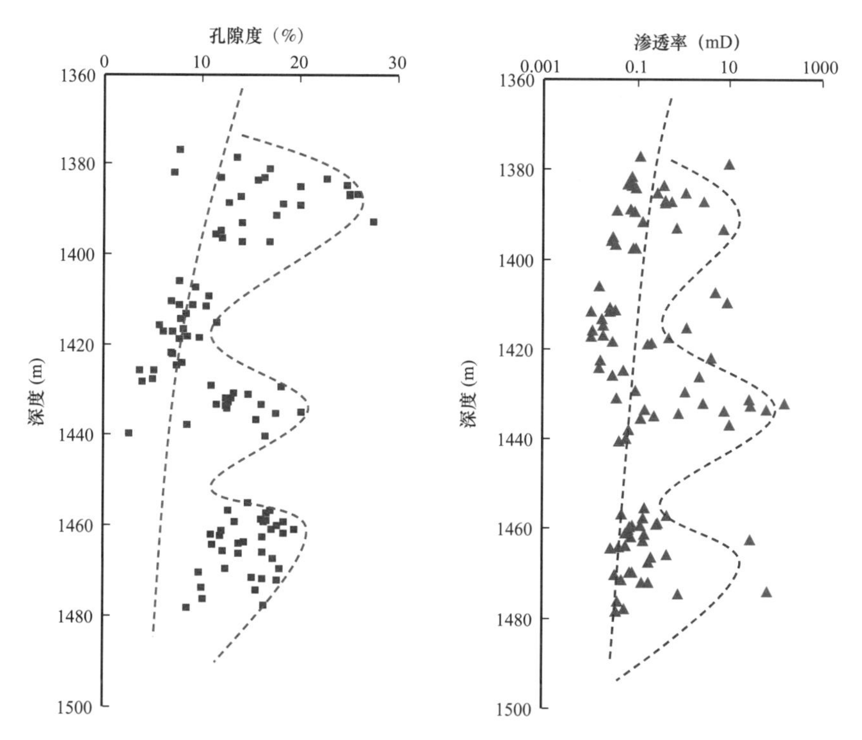

图 3-37　江汉盆地丫角—新沟低凸起新 391 井新沟嘴组孔隙度、渗透率纵向分布图

陈沱口凹陷陈 100 井与新 391 井不同，其储层孔隙度、渗透率随深度的增加出现一个峰值，分布在 2100～2120m（图 3-38）。根据陈 100 井岩性纵向分布特征发现，其孔渗分布峰值区位于泥晶白云岩发育带，与新 391 井不同，陈 100 井不同岩性间孔渗相差较大，随着白云石含量增加，孔隙度均呈现明显增加的趋势。因此，陈 100 井孔渗峰值产生的原因既可能是岩性变化，也可能是白云石的溶蚀。

为了进一步揭示新 391 井和陈 100 井纵向孔渗峰值区产生的原因，分别统计了两口井峰值区和非峰值区的有机地球化学指标 TOC、S_1 和氯仿沥青“A”（图 3-39、图 3-40）。统计结果表明，无论是新 391 井还是陈 100 井，其孔渗峰值区所对应的 TOC、S_1 和氯仿沥青“A”的平均值均大于非峰值区。有机质演化的生物化学生气阶段，尤其热催化生油气阶段，以脱羧作用或者其他作用生成大量的 CO_2、H_2S 和各种有机酸，这些酸性组分溶解岩石中的易溶组分形成次生的溶蚀孔隙，从而改善储层物性。有机碳（TOC）是表征有机质丰度最主要的参数之一，其值大小可以直接反映岩石的有机质丰度，同时 S_1 和氯仿沥青“A”又是有机质生烃量的最直接体现。新 391 井和陈 100 井峰值区和非峰值区有机地球化学指标 TOC、S_1 和氯仿沥青“A”说明，孔渗峰值区较非峰值区有更多的烃类产生，也伴随生产更多的有机酸等酸性组分。同时，二者峰值区亦是泥晶白云岩的发育带，有机质生烃产生的酸性组分溶解白云石形成次生溶蚀孔隙，从而形成新 391 井和陈 100 井纵向上的孔渗峰值区，即次生孔隙发育带。因此，新 391 井纵向孔渗峰值区为由溶蚀作用形成的次生孔隙发育带，而陈100井孔渗峰值区的形成除溶蚀作用影响外，还可能受控于岩性的变化。

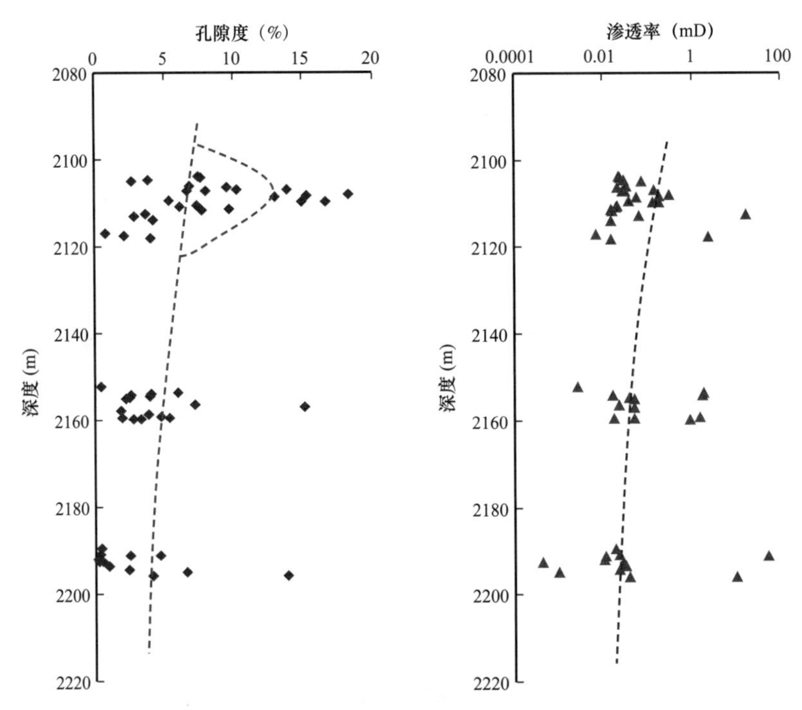

图3-38　江汉盆地陈沱口凹陷陈100井新沟嘴组孔隙度、渗透率纵向分布图

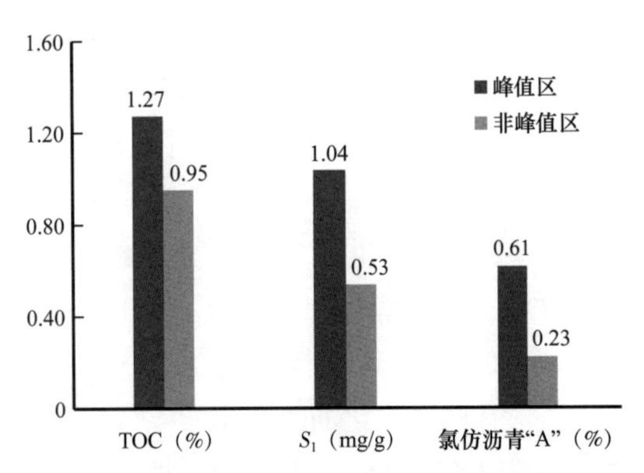

图3-39　江汉盆地新391井新沟嘴组孔渗峰值区与非峰值区地球化学特征对比

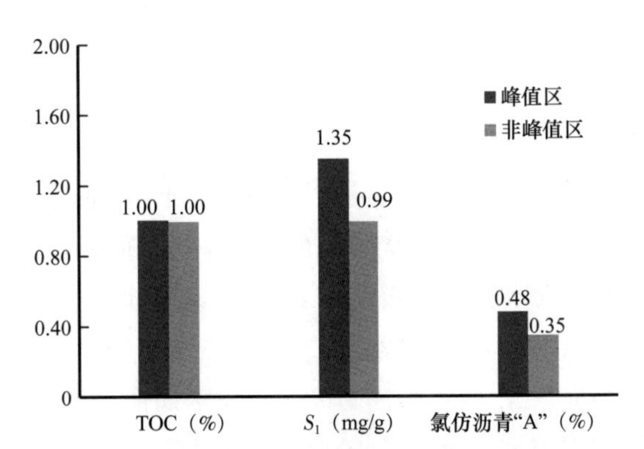

图3-40　江汉盆地陈100井新沟嘴组孔渗峰值区与非峰值区地球化学特征对比

在探讨研究区岩性对储层物性影响因素时发现，丫角—新沟低凸起新沟嘴组泥质白云岩较白云岩拥有更高的孔隙度，这一结果与白云岩通常为优质储层的认识不符。为此，分别统计了丫角—新沟低凸起和陈沱口凹陷次生孔隙发育带（孔渗峰值区）岩性组合（图3-41）及泥岩、白云质泥岩、泥质白云岩和白云岩的TOC及S_1（图3-42、

图 3-43）。统计结果表明，丫角—新沟低凸起和陈沱口凹陷次生孔隙发育带泥质白云岩均发育，且泥质白云岩较泥岩、白云质泥岩和白云岩 TOC 和 S_1 含量高，这使得泥质白云岩在有机质生烃过程中可产生更多的有机酸等酸性组分促进白云石的溶解，改善储层物性。因此，研究区泥质白云岩孔隙发育是白云石等易溶矿物溶蚀的结果。

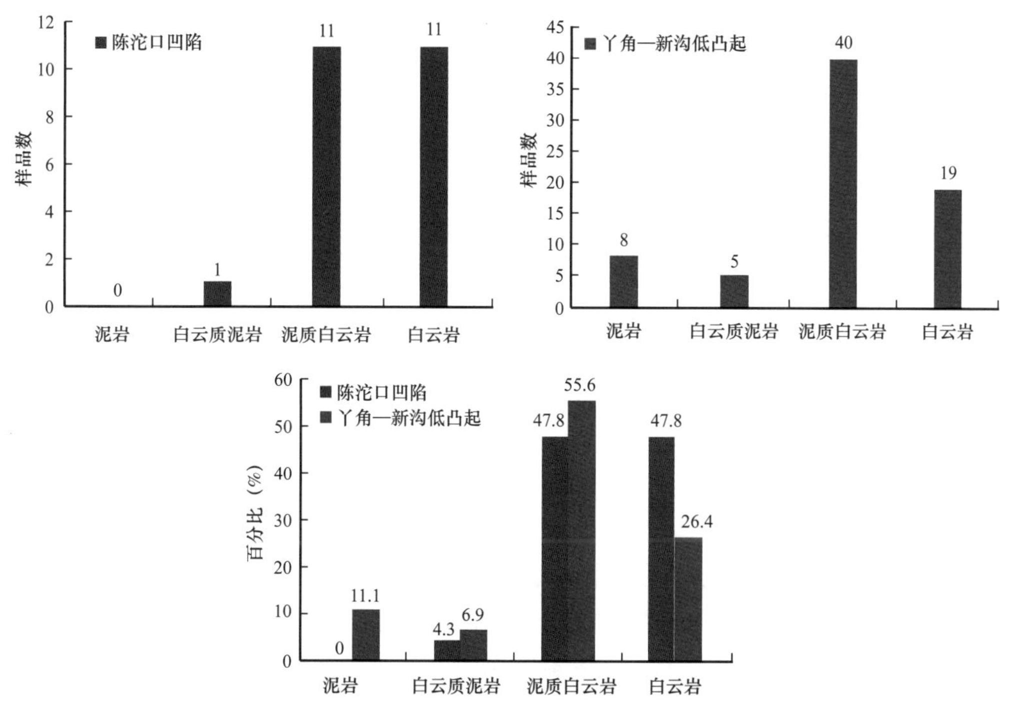

图 3-41　丫角—新沟低凸起、陈沱口凹陷次生孔隙发育带岩性分布

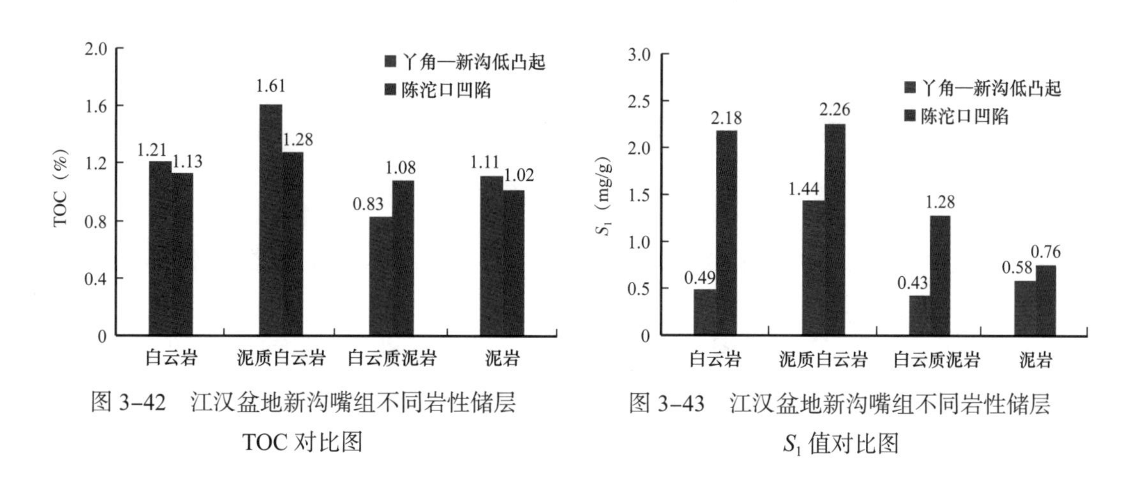

图 3-42　江汉盆地新沟嘴组不同岩性储层 TOC 对比图

图 3-43　江汉盆地新沟嘴组不同岩性储层 S_1 值对比图

综合分析各因素对储层物性影响因素说明，研究区丫角—新沟低凸起和陈沱口凹陷储层物性主控因素不同。其中丫角—新沟低凸起储层物性不受岩性及矿物组成控制，其物性主要受控于成岩后的次生溶蚀作用，次生溶蚀带控制优质储层的发育；陈沱口凹陷

孔隙度受岩性影响明显，白云岩和泥质白云岩明显优于泥岩和白云质泥岩，白云石的发育控制优质储层发育。

第三节　页岩数字岩心

一、页岩数字岩心建模

数字岩心是基于岩心中矿物和孔喉组成、分布的二维 / 三维微观信息，所构建的能反映不同组分及储集空间三维分布的数字模型。目前，构建数字岩心的方法可分为物理实验法和数值重构法。相对于数值重构法，物理实验法所构建的数字岩心更加逼近实际岩心。不过，对于结构致密、物质组成及储集空间非均质性较强的页岩，物理数字岩心重构结果只能反映所观察样品的特征，由于存在突出的分辨率 / 精度与代表性的矛盾（高分辨率要求毫米甚至微米级的小样品，而非均质性强的页岩不具有代表性，代表性要求大样品），并不能代表一类岩性或岩相的总体特性。因此应进一步构建具有一定普适性，受多参数约束的不同岩性或岩相“简约”数字岩心。

（一）泥页岩组分归一化处理

实验室岩心 XRD 测试、有机碳及物性分析结果包括：无机矿物部分为各矿物质量相对含量，有机碳含量（TOC）为残余有机碳占岩石总质量百分比，而孔隙度为总孔隙体积占岩石总体积百分比。上述三个实验测试结果意义均不相同，因此需要对数据进行归一化处理。具体处理过程包括三个步骤：首先，根据有机碳含量将 XRD 矿物组分质量百分比归一化处理；其次，根据各矿物组分及有机质密度，将矿物组分和有机质质量百分比转换为体积百分比；最后，根据孔隙度测试值，将矿物组分和有机质体积百分比做归一化处理。

根据有机质含量 XRD 矿物组分测试质量相对含量归一化公式：

$$W_{n\mathrm{mi}}=W_{\mathrm{mi}}\times(100-W_{\mathrm{OM}})/100 \tag{3-13}$$

式中，$W_{n\mathrm{mi}}$ 为归一化后矿物组分质量相对含量，%；W_{mi} 为 XRD 测试矿物质量相对含量，%；W_{OM} 为有机碳质量相对含量，%。

根据各矿物组分、有机质密度及孔隙度大小，将质量相对含量转换为体积相对含量并归一化处理，转换公式如下：

$$V_{n\mathrm{mi}}=\frac{\dfrac{W_{n\mathrm{mi}}}{\rho_i}}{\dfrac{W_{\mathrm{OM}}}{\rho_{\mathrm{OM}}}+\displaystyle\sum_{i=1}^{n}\dfrac{W_{n\mathrm{mi}}}{\rho_i}}\times(100-\phi) \tag{3-14}$$

$$V_{n\mathrm{OM}}=\frac{\frac{W_{\mathrm{OM}}}{\rho_{\mathrm{OM}}}}{\frac{W_{\mathrm{OM}}}{\rho_{\mathrm{OM}}}+\sum_{i=1}^{n}\frac{W_{n\mathrm{mi}}}{\rho_i}}\times(100-\phi) \tag{3-15}$$

式中，$V_{n\mathrm{mi}}$ 为归一化矿物组分体积相对含量，%；$V_{n\mathrm{OM}}$ 为归一化有机质体积相对含量，%；ρ_i 为矿物组分密度，g/cm^3；ρ_{OM} 为有机质密度，g/cm^3；ϕ 为孔隙度，%。采用上述方法对东营凹陷 5 类泥页岩岩相（富长英质、富泥质、富钙质、钙质、长英质泥页岩）进行矿物组成和有机碳质量与体积含量转化及归一化处理（表 3-8）。

表 3-8 东营凹陷不同岩相泥页岩矿物组成归一化结果

岩相	矿物组成（%）								TOC（%）	孔隙度（%）
	石英	钾长石	斜长石	方解石	白云石	菱铁矿	黄铁矿	黏土矿物		
富长英质	38.54	4.56	14.62	7.09	8.50	1.51	0.26	19.12	0.39	5.41
富泥质	28.04	1.95	7.25	3.20	0	0.61	0.48	51.49	6.01	0.98
富钙质	7.58	1.93	4.77	46.30	13.21	1.90	2.01	12.55	5.76	4.00
钙质	19.30	1.24	2.98	22.41	7.34	1.93	1.97	32.40	5.07	5.37
长英质	27.03	1.66	10.52	10.98	7.42	0	2.66	38.39	0.74	0.61

（二）页岩组分识别及灰度分布序列确定

图像中不同矿物组分和孔裂隙识别及灰度分布序列确定，是进行组分阈值分割、数字岩心重建的重要步骤。由于在背散射扫描电镜（BSE）图像中各组分灰度值的差别主要以各组分密度不同来体现，只通过 BSE 图像灰度差异难以对具有相似密度分布的组分加以区分，如石英和长石、菱铁矿和黄铁矿等，此时需要通过其他手段辅助。本书综合应用 BSE 图像灰度分布、矿物组成和能谱分析（EDX）识别等方法，以不同矿物及孔隙的形态和灰度分布特征为基础，对样品进行矿物组分识别及灰度确定。

应用 ImageJ 软件 Histogram 工具定量统计不同岩相泥页岩各组分灰度范围。处理图像为 8 位灰度图像，各组分灰度值范围为：孔裂隙（1～78）、有机质（32～86）、白云石 / 方解石（159～234）、斜长石（154～190）、石英（154～200）、钾长石（145～204）、黏土矿物（111～185）、菱铁矿（201～253）、黄铁矿（240～255）。并依据部分组分灰度均值接近、矿物组成类似的特点，进一步将 8 种矿物和孔裂隙简化为 6 大类（图 3-44），分别为孔隙、有机质、黏土矿物、长英质矿物（包括石英、斜长石与钾长石）、钙质矿物（包括方解石与白云石）、铁质矿物（包括菱铁矿与黄铁矿）。该 6 类组分的灰度值由小到大依次为孔裂隙（1～78，均值 27）、有机质（32～86，均值 55）、黏土矿物（111～185，均值 160）、长英质矿物（145～204，均值 178）、钙质矿物（159～234，均值 205）、铁质矿物（201～255，均值 244）。

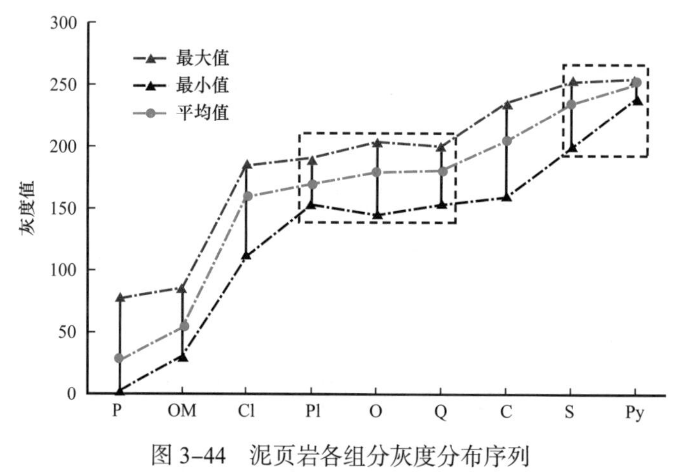

图 3-44　泥页岩各组分灰度分布序列

P—孔裂隙；Q—石英；OM—有机质；C—方解石 / 白云石；Cl—黏土矿物；S—菱铁矿；Pl—斜长石；Py—黄铁矿；O—钾长石

（三）泥页岩各组分灰度阈值确定

CT 图像阈值分割处理方法众多，如分水岭分割法、最大类间方差法以及迭代阈值法等。但由于页岩过于致密，各组分灰度值差异不大，分水岭分割法易出现欠分割或过分割现象，分割结果通常与实测值有一定误差，且最大类间方差法、迭代阈值法等方法计算量大，运算时间长，存在一定局限性。

本书提出一种划分阈值的方法，在已知岩样各组分灰度分布序列的基础上，以图像像素点灰度累计分布函数来表征岩样各组分体积相对含量分布函数，并以实际岩样各组分相对含量为参照，依次划分各组分阈值。继而进行岩样 CT 图像各组分分割。该方法可在确保阈值划分准确性的同时，有效提高运算速度。划分各组分灰度阈值方法如下。

页岩各组分体积相对含量在数字岩心中对应于各组分对应的像素数与总像素数的比值：

$$V_i = \frac{n_i}{N} \times 100\% \tag{3-16}$$

式中，V_i 为页岩各组分体积相对含量；n_i 为各组分对应的像素数；N 为数字岩心像素数。

设标准岩心 CT 图像像素灰度累计分布函数为 $f(t)$，孔裂隙、有机质、黏土矿物、长英质矿物、钙质矿物和铁质矿物阈值分别为 T_1、T_2、T_3、T_4 和 T_5，各组分阈值应满足下列公式：

$$\phi = \frac{f(T_1)}{N} \times 100\% \tag{3-17}$$

$$V_{n\text{mi}} / V_{n\text{OM}} = \frac{f(T_i) - f(T_{i-1})}{N} \times 100\%, i = 2,3,4,5 \tag{3-18}$$

基于式（3-16）和式（3-17）即可依次求得页岩各组分灰度阈值。以块状富长英

质泥页岩为例简述灰度阈值的计算过程。首先统计块状富长英质泥页岩 CT 图像中像素灰度累计分布函数（图 3–45），以其来表征岩样各组分体积相对含量分布函数。在求得该岩相各组分相对体积百分比的基础上，按照各组分灰度序列依次计算出孔裂隙、有机质、黏土矿物、长英质矿物、钙质矿物和铁质矿物组分间阈值 T_1、T_2、T_3、T_4 和 T_5（图 3–45）。通过以上方法对各岩相泥页岩进行阈值划分得到各组分灰度分布阈值。

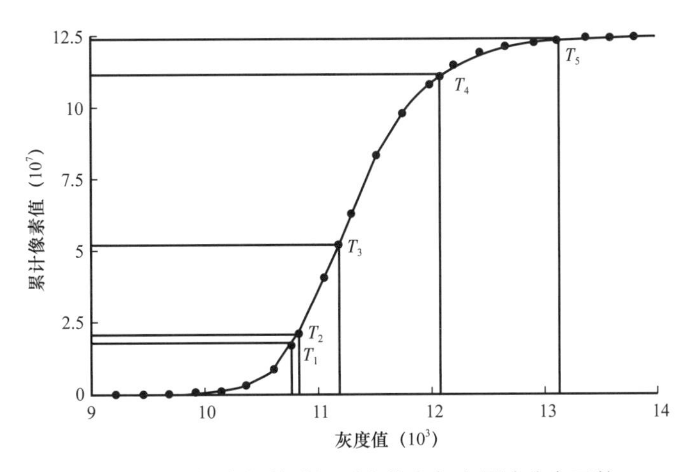

图 3–45　块状富长英质泥页岩像素灰度累计分布函数

（四）不同岩相泥页岩数字岩心构建

数字岩心的构建主要采用嵌套组合法在岩心 CT 图像的基础上完成。具体方法分为两步：首先进行单组分数字岩心构建。即在各岩相 CT 图像的基础上，依据各组分灰度阈值不同对图像进行分割，将某一组分视为研究对象，其余组分视为骨架，采用 ImageJ 软件依次对不同组分进行单组分数字岩心初始模型构建。最后将各单组分数字岩心嵌套组合为完整的泥页岩数字岩心。在单组分数字岩心初始模型构建完成的基础上，将各单组分数字岩心进行嵌套组合，重构成完整的泥页岩数字岩心 I_S：

$$I_S = I_A \cup I_B \cup I_C \cup I_D \cup I_E \cup I_F \quad (3\text{–}19)$$

式中，I_A、I_B、I_C、I_D、I_E、I_F 分别代表孔裂隙、有机质、黏土矿物、长英质矿物、钙质矿物和铁质矿物单组分数字岩心，构建完成的完整数字岩心，其中深红色、绿色、蓝色、蓝绿色、紫色和黄色部分分别代表孔裂隙、有机质、黏土矿物、长英质矿物、钙质矿物和铁质矿物。

重构数字岩心显示（图 3–46 和图 3–47），富钙质泥页岩与钙质泥页岩中钙质含量较高，富泥质泥页岩中黏土矿物占主导部分，这与实际情况相符。块状泥岩相对纹层状页岩非均质性较弱，包括孔裂隙在内，各组分较均匀分布在三维空间内；而纹层状页岩中铁质矿物、有机质等组分呈明显的层状分布。

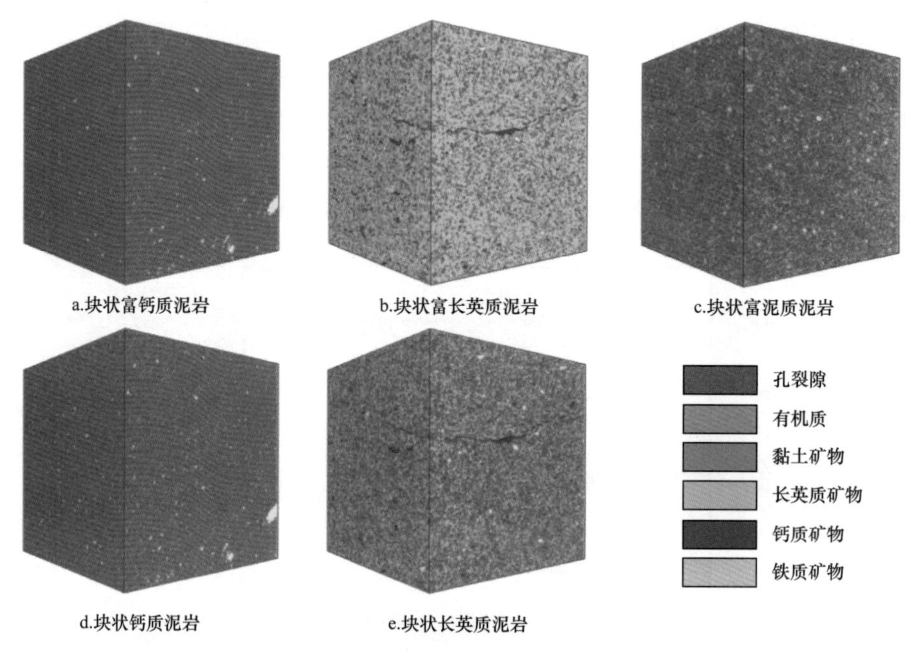

图 3-46　不同岩相块状泥岩简约标准数字岩心构建

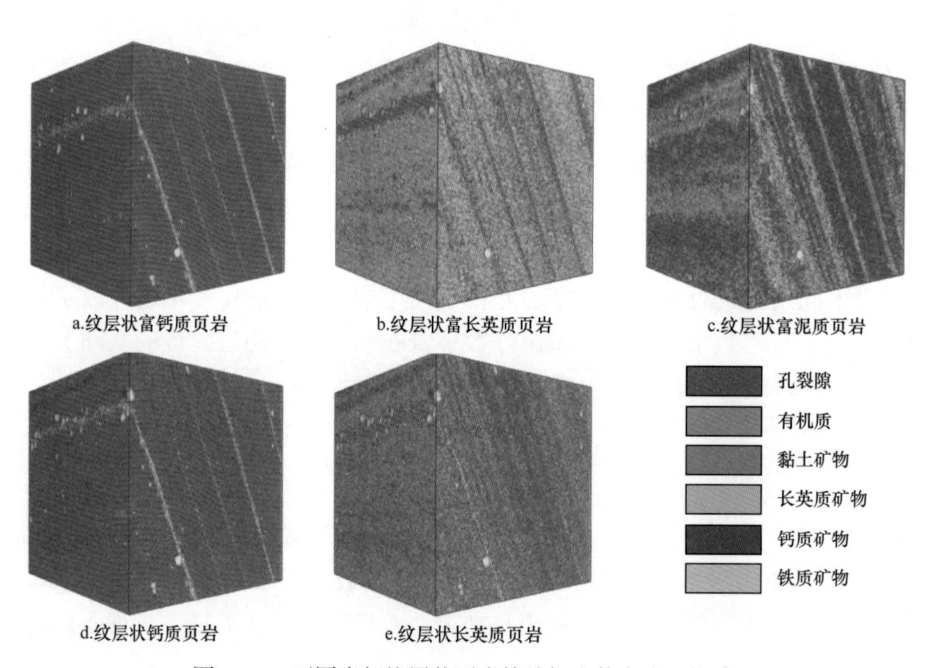

图 3-47　不同岩相纹层状页岩简约标准数字岩心构建

二、页岩全息简约数字岩心

如前所述，物理法重构的 3D 数字岩心的优点在于逼近实际样品，但突出问题在于，成像精度和样品分析尺寸（视域）之间的矛盾，即分析视域较大时，分辨率低，成像精

度不够，无法刻画细小的孔缝；而高分辨率成像时，分析视域极小，由于页岩普遍存在非均质性，使结果难以具有代表性。这一矛盾极大地限制了页岩数字岩心的实用性。因此，需要结合页岩全孔径分布、页岩组成—主要孔缝关系以及页岩孔渗参数等，构建既逼近真实岩心组分及孔缝分布，同时又满足各种宏观参数约束的全息❶数字岩心。不过，约束参数多了之后，所构建的数字岩心可能过于复杂，不便于后续的应用。因此，在全息数字岩心构建的基础上，结合数值重构方法，需要利用同类多个样品的分析结果进一步构建满足多参数约束，又能够代表一类岩性或岩相的总体特性的简约❷数值数字岩心，使其具有较高的普适性和地质上的可推广应用性。这应该代表了目前页岩数字岩心技术领域的发展趋势。全息简约数字岩心的构建方案如图 3-48 所示。由此构建的数字岩心可以作为模拟流体在孔隙空间中的流动、分布等一系列问题奠定基础，并作为评价烃—岩相互作用和可流动性定量评价的基础，这应该是成储机理研究的重要内容和发展方向。

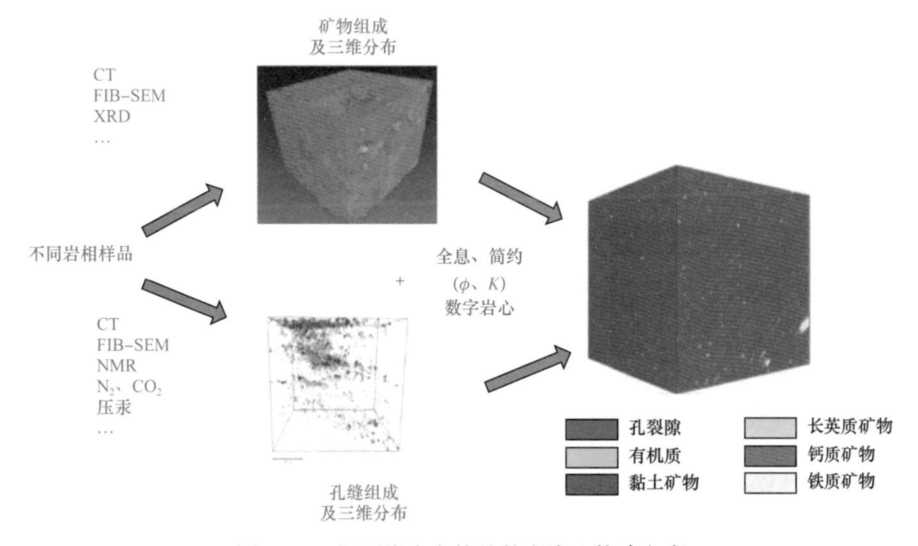

图 3-48　泥页岩全息简约数字岩心构建方案

第四节　页岩的成储机理—成储下限及分级评价标准

我国陆相页岩油勘探开发滞后的原因，除了地质条件较美国差之外（美国的页岩油一般成熟度较高、油质较轻，且其中脆性矿物含量较高，可压裂性较好；而我国东部湖相页岩油主要富集在相对较纯、较厚且成熟度较低的油窗阶段的泥页岩中）（宋国奇等，

❶ 全息：指尽可能地满足从微观到宏观各类参数的约束。

❷ 简约：“简”是指在满足宏观参数的前提下，所得到的三维数字岩心中的矿物组成和孔缝分布尽可能简单，以便于后续的数值模拟；“约”是指将同一类岩性 / 岩相样品的共性信息提取出来。因此，“简约”数字岩心不是代表一个具体的样品，而是代表同一类岩性 / 岩相页岩的整体特性，具有一定的普适性，便于地质推广应用。

2013；张林晔等，2014，2015），另一个重要原因在于目前对位于该阶段页岩的成储机理，即它能否成为油的有效储层、什么条件下可以成为较好的储层还缺乏明晰的认识。这需要在认识其成储下限的基础上建立分级评价标准。而目前有针对性的系统研究和报道还比较缺乏（卢双舫等，2016a；王伟明等，2016；张鹏飞等，2016）。

不难理解，页岩油能否被有效开发，一是与油的富集程度有关，这又与孔隙度和含油饱和度有关；二是与页岩的可压裂性有关，因为需要进行大规模的压裂以提高页岩的渗透性；三是与页岩基质内的渗流能力有关，因为压裂缝能够沟通的基质孔隙毕竟有限，页岩自身必须具备基本的流动能力，才能使基质孔隙中的油气有效流动到人工压裂缝中形成工业产能。显然，一、三两项与页岩油储层的性质有关，因此需要进行储层的分级评价。由于页岩作为储层的性质密切受控于页岩自身孔隙空间的大小、分布及其连通性，因此，页岩微观孔喉的表征及分类是页岩油储层分级的基础。

关于微观孔隙的分类，目前已经提出并被广泛应用的经典方案主要有 Hodot（1966）和 IUPAC（1972）提出的孔隙分类方案。Hodot 在工业吸附剂的基础上，将煤孔隙系统划分为4类，即微孔（＜10nm）、小孔（10～100nm）、中孔（100～1000nm）和大孔（＞1000nm）。IUPAC 提出的孔隙划分方案则为微孔（＜2nm）、介孔（2～50nm）和宏孔（＞50nm）。前一分类方案被广泛应用于煤岩中，后一方案近年来已被广泛应用于页岩气储层的研究中（Xiong 等，2015；Li 等，2016）。但与煤、页岩气储层相比，页岩油储层在矿物组成或在成岩演化/成熟度方面有明显的差别，上述分类方案能否反映页岩油储层的微观孔喉特征及内在分布规律，是否适用于作为页岩油储层的分级/分类评价的基础，还缺乏必要的论证和研究。因此，笔者在对页岩油储层微观孔喉表征的基础上，建立了适合其特征、反映其内在规律的微观孔喉分类方案，进一步由此出发，探讨了页岩油储层的分级评价标准及成储下限，并将其应用于靶区储层的评价当中。

一、微观孔喉表征及分类

微观孔喉表征及分类可以综合利用包括高分辨率成像技术、流体法测试技术、射线法技术（卢双舫等，2016a）在内的各种高端分析技术得到的全部信息，但考虑到主要的射线法技术，如小角 X 射线散射（SAXS）、超小角中子散射（USANS）等技术目前国内应用还较少，要将该类技术应用于分级/分类还有待进一步的探讨。高分辨率成像法虽然可以直观展示孔喉的大小、形态和分布，但要将其表征结果定量并用于孔喉分类/储层分级，需要做大量的统计分析工作，这将使分类不够简明、实用，但它们可用于辅助说明、佐证（Zhang 等，2017）。流体法技术中的 N_2、CO_2 吸附由于表征的孔喉微小，不能反映页岩孔喉的总体分布，用于分级/分类需要与其他技术表征的孔喉分布拼接。考虑到页岩的微观喉道及其关联孔隙是制约页岩油储层品质的关键因素，而高压压汞技术，尤其是进汞曲线正好能够反映喉道的大小及其关联孔隙的多少，同时该法具有较宽孔径表征范围（从几纳米到100000nm以上，更小的孔喉对页岩气也许有意义，但对页岩油的意义可能十分有限）。如果由此出发来建立分类/分级标准，可以说抓住了决定页岩油储层品质的主要矛盾，并使所建立的标准科学、简明和具有可推广应用性。

高压压汞进汞曲线主要反映孔喉分布，退汞曲线则主要反映孔隙分布。由于孔喉分布控制页岩渗透性，因此采用进汞曲线分支对页岩孔喉系统进行分类。对取自江汉盆地及济阳坳陷东营凹陷主力页岩烃源岩层的147块页岩样品，进行高压压汞测试分析。结果显示，在进汞曲线上普遍存在三个拐点（T_1、T_2和T_3）（图3-49），根据Washburn方程（Washburn，1921），可计算出这三个拐点对应的孔喉直径分别约为1000nm、100nm和25nm。那么，是否能以这三个拐点为界将页岩油储层连通孔喉系统划分为大孔（>1000nm）、中孔（100～1000nm）、小孔（25～100nm）和微孔（<25nm）4类呢？这可以通过分形理论进行考察和检验。分形理论用于研究不规则形体的自相似性和复杂程度，常用分形维数表示。具有同一种分形维数的元素通常具有某种自相似性。前人研究表明（Li等，2013；郭春华等，2014），一定尺度范围内孔隙具有自相似性，且不同尺度范围的孔隙具有不同的分形维数。图3-49显示，按照上述拐点分出的四类孔喉系统内各自具有相同的分形维数，但不同类型的孔喉具有不同的分形维数，说明四类孔隙具有不同的结构特性（Zhang等，2017）。因此，上述划分方案能够反映页岩油储层的微观孔喉特征和内在规律，因而是合理、可行的。同时也表明，前人提出的有关分类方案（Hodot，1966；IUPAC，1972）并不适合于页岩油储层。需特别说明的是，本书中提出的拐点是针对喉道及与之相连的孔隙系统的；某一尺度孔隙体积是指与该尺度喉道沟通的孔隙系统的集合。有时一个页岩样品的压汞曲线上并不一定呈现有三个明显、完整的拐点，甚至不存在明显拐点，但本书提供的分类方案仍然适用。

对于存在三个明显拐点的压汞曲线而言，在较低的进汞压力下（<1.47MPa，未达到第一个拐点T_1），汞即进入直径大于1000nm的喉道控制的大孔隙内；当进汞压力超出第一个拐点T_1，至第二个拐点T_2（对应的毛细管压力为14.7MPa、喉道直径为100nm），汞主要进入100～1000nm尺度的喉道控制的中孔范围的孔隙；随着进汞压力的持续增加，汞逐渐进入25～100nm、小于25nm尺度的喉道控制的小孔、微孔孔隙内，二者（即微孔和小孔）在第三个拐点T_3（对应的毛细管压力为58.8MPa、喉道直径为25nm）处分开。根据进汞曲线，可以直接获得各种尺度孔隙的体积百分含量。前人使用压汞曲线对煤岩进行了评价（Li等，2013），发现煤岩出现了三个拐点（即10μm、1μm和100nm）。这与本研究结果不尽相同。一方面，煤岩相对于页岩发育较多的微裂缝（>10μm），其与大孔（1～10μm）表现出不同的结构特征，在进汞曲线上10μm处出现拐点；另一方面，页岩纳米孔隙结构更复杂，在进汞曲线上25nm处存在一个明显拐点。

根据相同的孔喉表征及分类方法，对取自松辽盆地北部青一段和嫩一+二段的50块泥页岩样品，进行高压压汞测试分析。结果显示，在进汞曲线上也普遍存在三个拐点，根据Washburn方程（Washburn，1921），可计算出这三个拐点对应的孔喉直径分别约为150nm、50nm和10nm。

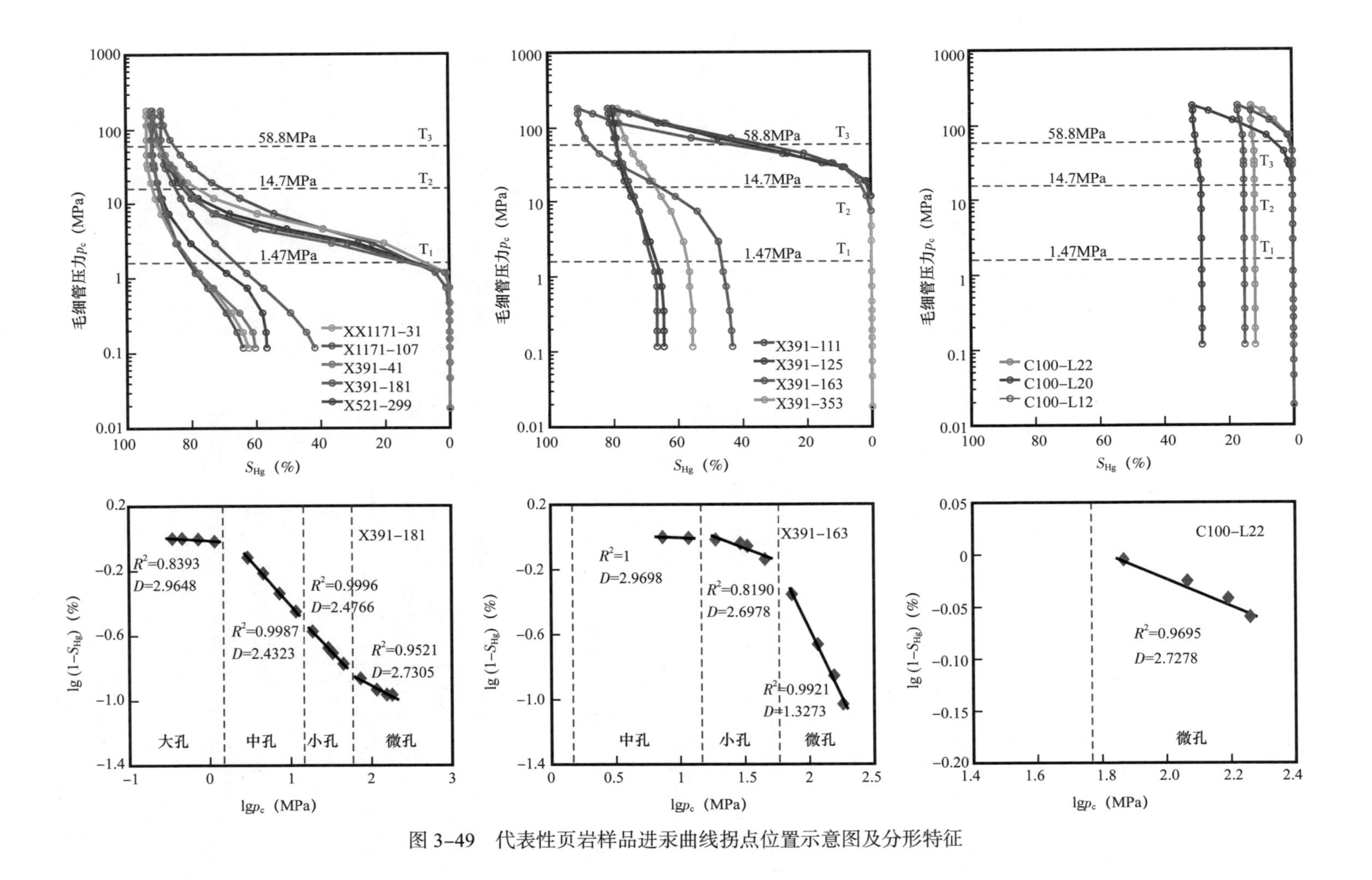

图 3-49　代表性页岩样品进汞曲线拐点位置示意图及分形特征

基于同样的方法，利用218个样品的压汞曲线数据，也可将冀中坳陷束鹿凹陷的页岩油储层连通储集空间划分为微孔（直径<25nm）、小孔（25～100nm）、中孔（100～1000nm）、大孔（＞1000nm）和裂缝（＞10000nm）。

二、页岩油储层成储下限及分级评价标准

（一）页岩油储层分类

根据147块页岩样品的高压压汞进汞曲线特征，可计算出不同尺度孔隙（大孔、中孔、小孔和微孔）的体积百分含量（表3-9），进一步结合物性参数（孔隙度、渗透率、平均孔喉半径）可将页岩油储层归纳为四种类型（图3-50）。Ⅰ类储层富含中孔和大孔，小孔和微孔含量较低，具有较高的孔隙度和渗透率，平均孔喉半径较大。Ⅱ类储层主要富集中孔，孔隙度较高，平均孔喉半径和渗透率处于中等水平。Ⅰ类与Ⅱ类储层的主要差异为Ⅰ类储层大孔比较发育，而Ⅱ类储层大孔发育较少。

表3-9　东营凹陷不同类型储层的孔隙发育特征

类型	占比（%）	体积百分含量（%）				孔隙度（%）	渗透率（mD）	平均孔喉半径（nm）
		微孔	小孔	中孔	大孔			
Ⅰ	4.1	2.60～5.51（3.97）	7.36～15.04（11.47）	34.55～67.03（51.04）	23.02～49.32（33.52）	4.2～18.7（13.5）	0.158～12.78（4.356）	151～432（242）
Ⅱ	20.4	0～6.06（3.00）	5.61～23.43（13.04）	66.98～88.35（77.30）	0～17.66（6.67）	9.6～26.9（18.2）	0.068～3.14（0.56）	48～135（91）
Ⅲ	55.1	4.22～42.11（16.79）	20.93～72.34（47.92）	0～74.58（36.60）	0～14.05（0.77）	1.8～26.9（14.3）	0.009～2.17（0.196）	10～119（32）
Ⅳ	20.4	44.05～100.00（69.91）	0～49.70（26.32）	0～20.01（3.55）	0～2.06（0.23）	0.3～20.6（9.1）	0.007～0.1（0.035）	4～20（8）

注：最小值～最大值（平均值）。

Ⅲ类储层以较高的小孔和中孔、较低的平均孔喉半径和渗透率为特征。本次研究Ⅲ类储层分布最多，占样品总数的55.1%。Ⅳ类储层突出的特点是富含微孔，孔隙度、渗透率和平均孔喉半径均较小。Ⅲ类和Ⅳ类储层几乎不含大孔。

总体上，由Ⅰ类到Ⅳ类页岩油储层，大孔含量逐渐降低，微孔含量逐渐增加，中孔和小孔含量则先增加后降低；渗透率和平均孔喉半径逐渐降低；孔隙度的变化比较复杂，Ⅱ类储层孔隙度最高、Ⅳ类储层孔隙度最低。

进一步分析发现，由高压压汞退汞曲线反映出来的页岩退汞效率与孔隙度呈一定的正相关性，但与孔喉分布或渗透率关系不密切。针对147块页岩样品，除了Ⅳ类储层的退汞效率（7.34%～57.38%，平均26.79%）总体上偏低之外，其他类型储层的退汞效率平均值较为接近（Ⅰ类25.18%～49.51%，平均34.65%；Ⅱ类24.37%～55.76%，平均

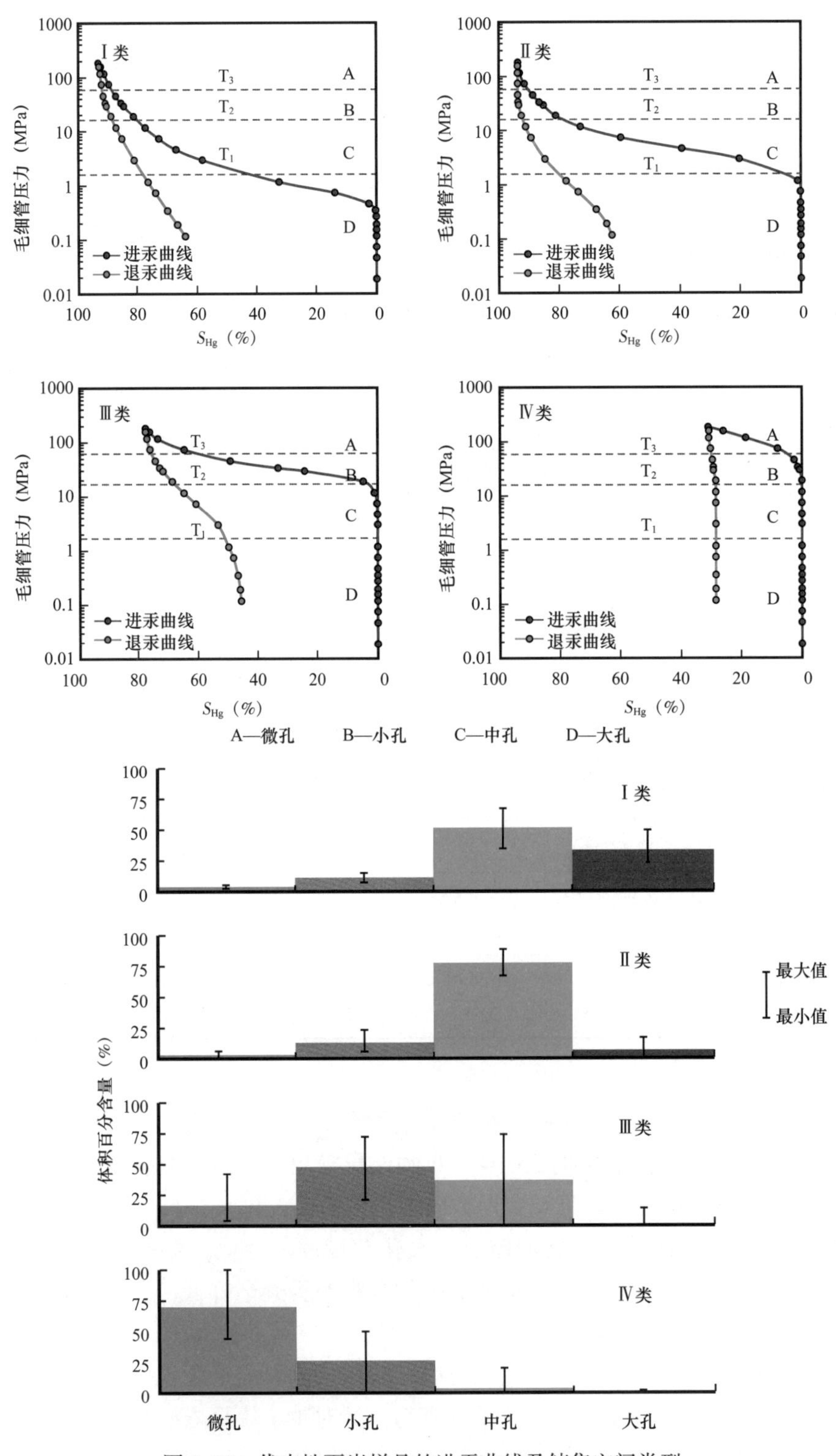

图 3-50　代表性页岩样品的进汞曲线及储集空间类型

35.62%；Ⅲ类 14.55%～58.07%，平均 37.52%），且分布范围均较宽，交叉重叠较多。如图 3-50 所示的Ⅰ—Ⅳ类 4 个代表性页岩样品，退汞效率分别为 31.18%、33.38%、41.33% 和 7.66%，其与页岩孔隙度（Ⅰ—Ⅳ类分别为 16.5%、17.6%、21.8% 和 2.5%）呈正相关性，但与渗透率（Ⅰ—Ⅳ类分别为 6.15mD、0.19mD、0.13mD 和 0.01mD）几乎不具有相关性。这些现象说明了退汞曲线可以较好地反映页岩储油性，但不适合页岩孔喉系统分类及储层分级评价。

根据同样的思路，松辽盆地北部泥页岩储层可归纳为 3 种类型（表 3-10），冀中坳陷束鹿凹陷泥页岩储层可归纳为 5 类储层（表 3-11）。

表 3-10　松辽盆地北部不同类型泥页岩储层的孔隙发育特征

类型	占比（%）	体积百分含量（%）				孔隙度（%）	平均孔喉半径（nm）
		微孔	小孔	中孔	大孔		
Ⅰ	11.54	2.30～24.92（17.71）	12.18～58.33（38.89）	8.33～54.89（23.64）	7.69～31.73（19.76）	3.76～8.7（5.82）	75～110（94）
Ⅱ	30.77	17.86～53.52（30.34）	28.17～91.44（56.37）	3.88～7.04（5.82）	1.71～12.07（7.47）	6.64～26.9（7.02）	41～64（47）
Ⅲ	57.69	41.43～70.14（61.82）	22.75～40.14（27.77）	3.32～5.80（4.48）	3.79～14.29（5.93）	3.74～9.23（5.86）	21～26（24）

注：最小值～最大值（平均值）。

表 3-11　冀中坳陷束鹿凹陷不同类型泥页岩储层的孔隙发育特征

类型	比例（%）	体积百分含量（%）					渗透率（mD）	孔隙度（%）	平均孔喉半径（nm）
		裂隙	大孔	中孔	小孔	微孔			
Ⅰ	17.8	17.13～52.78（33.0）	10.08～46.78（25.8）	17.73～23.13（17.1）	8.89～22.87（14.7）	2.67～20.3（9.4）	>2	1.2～1.9（1.58）	1.75～3.08（2.51）
Ⅱ	20	14.35～32.69（21.3）	14.53～39.05（29.5）	18.60～39.3（22.4）	10.75～25.57（16.1）	15.11～20.32（9.69）	0.4～2	1.0～2.3（1.61）	1.22～1.96（1.41）
Ⅲ	24.4	6.41～20.34（10.9）	6.29～19.98（15.9）	14.21～66.36（28.1）	16.01～34.36（25.1）	5.16～25.25（17.2）	0.05～0.4	0.6～2.1（1.34）	0.7～1.23（0.62）
Ⅳ	20	0.7～7.70（4.66）	2.45～10.65（6.5）	23.58～35.52（29.1）	30.84～51.87（39.9）	12.97～28.06（19.8）	<0.05	0.5～2.6（1.30）	0.015～0.05（0.029）
Ⅴ	17.8	0.04～4.86（1.42）	2.9～6.52（5.0）	16.05～22.08（19.3）	36.3～47.90（40.1）	24.12～41.39（34.3）	<0.05	0.5～2.6（1.01）	0.01～0.02（0.015）

注：最小值～最大值（平均值）。

（二）页岩油储层分级标准

上述按照进汞曲线特征、微观孔喉构成所划分的页岩油储层分类，原理上可以作为页岩油储层分级评价的基础，但需要落实到具体的分级指标值上。由于前述分类主要是基于受控于孔喉半径的微观孔喉分布特征，因此平均孔喉半径是基础的分级指标。如对东营凹陷，结合表 3-9 和图 3-51a，可以按照平均孔喉半径分别为 150nm、70nm 和 10nm 的界限，将页岩油储层相应分为 Ⅰ 级、Ⅱ 级、Ⅲ 级和Ⅳ级（表 3-12）。

表 3-12　页岩油储层分级评价标准

储层分级及成储下限	储集空间类型	平均孔喉半径（nm）	渗透率（mD）	储能评价参数（10^{-4}mD）
Ⅰ级（好）	Ⅰ类	＞150	＞1	＞500
Ⅱ级（中）	Ⅱ类	70～150	0.4～1	150～500
Ⅲ级（差）	Ⅲ类	10～70	0.05～0.4	10～150
Ⅳ级（非）	Ⅳ类	＜10	＜0.05	＜10

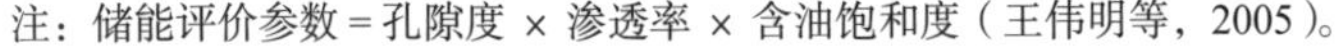

注：储能评价参数 = 孔隙度 × 渗透率 × 含油饱和度（王伟明等，2005）。

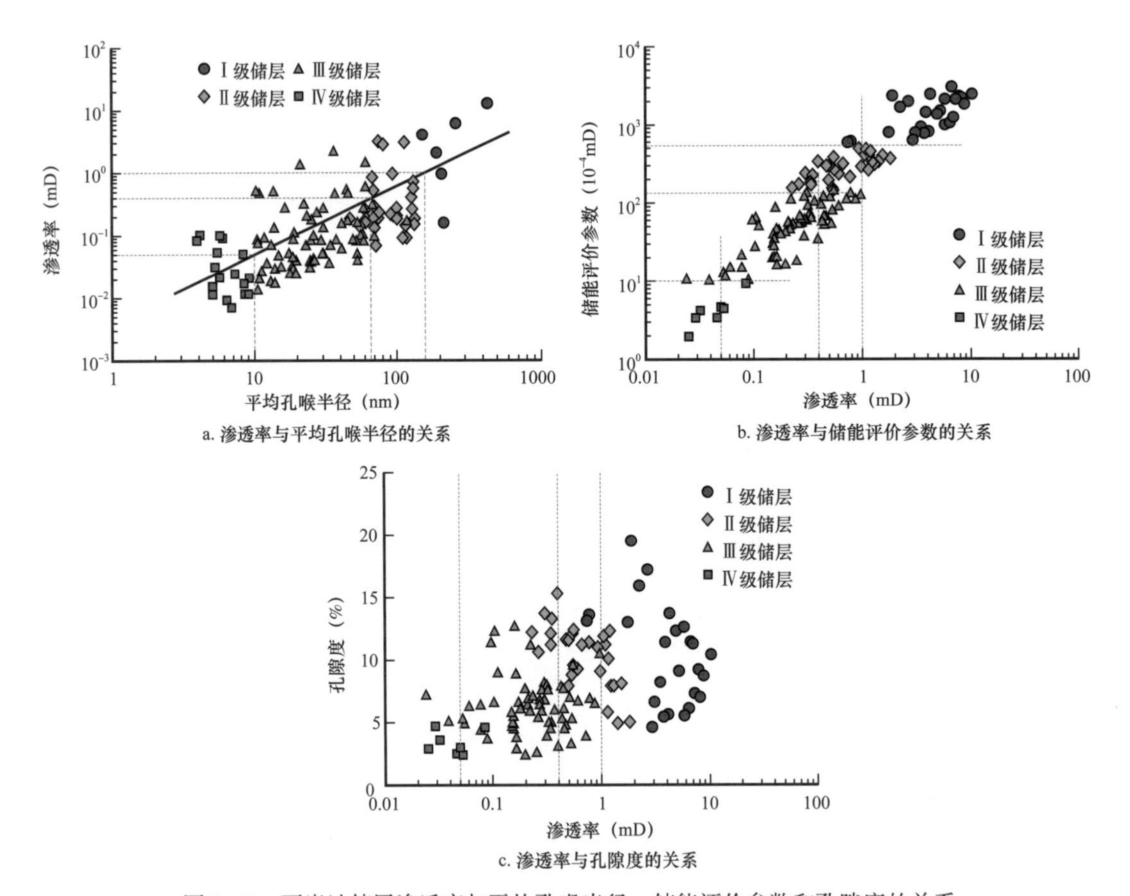

图 3-51　页岩油储层渗透率与平均孔喉半径、储能评价参数和孔隙度的关系

针对松辽盆地北部不同级次泥页岩储层孔隙度平均孔喉统计结果，显示各级储层间孔隙度与其平均孔喉半径之间存在定量关系，且可以发现青一段泥页岩Ⅱ级储层孔隙度大于Ⅰ级储层，表明平均孔喉可以直接作为区分泥页岩储层类型的主要依据。因此，可以通过孔隙度得到平均孔喉然后对研究区泥页岩储层进行分级评价（表3-13）。

表3-13　松辽盆地北部泥页岩储层物性下限及分级评价标准

储层分级	孔隙系统类型	平均孔喉（nm）
Ⅰ级（好）	Ⅰ型	>75
Ⅱ级（中）	Ⅱ型	40～75
Ⅲ级（差）	Ⅲ型	20～40
Ⅳ级（非）	—	<20

束鹿凹陷泥页岩储层以渗透率为指标进行分级，分级标准与东营凹陷相同。

（三）页岩成储下限

显然，从Ⅰ级到Ⅳ级，页岩储层的性质逐渐变差，但是否各级别的页岩都能成为油的有效储层呢？这需要明确页岩油储层的成储下限。

我们知道，岩石沉积时，孔隙中饱含水，经过压实等成岩演化排水之后，矿物表面仍然会有一层束缚水，如果能够评价得到束缚水膜的厚度，可以将它与页岩的孔喉半径相比，当孔喉的半径不大于对应的水膜厚度时，喉道将全部被束缚水膜所占据，没有油气渗流的空间。此时的页岩不可能成为有效的储层，相应的孔喉半径对应页岩的理论成储下限。

求取束缚水膜厚度的方法如下。

在地层条件下，吸附水膜受到垂直指向矿物颗粒表面的地层压力，及与其相反方向的分离压力和毛细管压力（p_c）（忽略水膜的重力）的共同作用。对吸附水膜进行受力分析，可建立孔喉半径与吸附水膜厚度的关系式：

$$r = 2\sigma\cos\theta / (p_i - 2200/h^3 - 150/h^2 - 12/h) \quad (3-20)$$

式中，σ 为液固界面张力，N/m；r 为孔喉半径，μm；θ 为矿物颗粒表面润湿角，(°)；h 为吸附水膜厚度，μm；p_i 为地层压力，MPa。

根据式（3-20），结合东营凹陷页岩的润湿性分析结果及地层压力，可计算不同地层压力下页岩和单矿物（石英、钾长石、方解石、白云石、黄铁矿）表面束缚水膜厚度。以济阳坳陷东营凹陷沙三段下亚段和沙四上纯上亚段的页岩储层为例，选择地层压力分别为30MPa、40MPa、50MPa和60MPa进行页岩及单矿物的束缚水膜厚度分析，结果见表3-14。如图3-52中所示的 $Y=X$ 直线，就是不同地层压力下的束缚水膜厚度。结果显示，页岩及单矿物的束缚水膜厚度随地层压力的增加而降低。当地层压力为 30MPa 时，束缚水膜厚度平均为 8.03nm；地层压力为 60MPa 时，束缚水膜厚度小于 30MPa 时的一半，平均为 3.79nm。束缚水膜厚度受润湿性影响较大，岩石及矿物颗粒表面水润湿性越强（接触角越小），束缚水膜厚度越大。黄铁矿、白云石、方解石、石英、钾长石润湿性逐渐增强，束缚水膜厚度亦逐渐增加。对于页岩样品，在 30～60MPa 地层压力下束缚水膜厚度范围为 7.97～3.78nm。因此对于水润湿的页岩储层，其成储孔喉半径下限约为 8nm，且地层压力越高，页岩成储孔喉半径下限值越低。辽河油田大民屯凹陷致密油（油页岩）在 25～40MPa 地层压力下的水膜厚度为 8.25～4.76nm，与东营凹陷评价结果接近（王伟明等，2016）。鉴于油分子本身还有一定的尺寸、微小孔喉对应着巨大毛细管压力，实际的下限应高于 8nm。由此来看，表 3–12 中的Ⅳ级储层其实就是非储层，即可将平均孔喉半径 10nm 视为页岩油的成储下限，而Ⅰ、Ⅱ、Ⅲ级储层可分别称为好、中、差储层。

表 3–14　东营凹陷页岩及单矿物临界水膜厚度

地层压力（MPa）	临界水膜厚度（nm）					
	石英	钾长石	方解石	白云石	黄铁矿	页岩
30	8.38	8.55	8.07	8.00	7.21	7.97
40	6.09	6.2	5.91	5.89	5.39	5.85
50	4.75	4.82	4.63	4.62	4.31	4.60
60	3.87	3.91	3.80	3.79	3.61	3.78

三、储层分级评价标准的推广应用

孔喉半径是一个并非容易获得的参数，故难以推广应用。因此，需要将其转换为其他较易获取，最好是能够通过测井资料求取的参数，以利于推广应用。图 3–51 利用东营凹陷页岩油重点探井樊页 1 井、牛页 1 井和利页 1 井页岩油储层实测数据，绘出了储层渗透率与平均孔喉半径、储能评价参数、孔隙度之间的关系。可以看出，渗透率与前两者在双对数坐标上具有良好的线性关系，且不同类型储层的样品点基本没有交叉。表明渗透率、储能评价参数也可以作为储层分级评价的指标。渗透率的分级界限为 1mD、0.4mD 和 0.05mD，储能评价参数的分级界限分别为 500×10^{-4}mD、150×10^{-4}mD 和 10×10^{-4}mD（表 3–12）。但是，图 3–51c 显示，孔隙度与渗透率基本没有相关性，并且不同类型储层的样品点在孔隙度参数上高度交叉重叠，表明此时孔隙度无法作为储层分级评价的有效参数。这多少有些令人失望。因为，孔隙度作为上述参数中最容易获得而且能够通过测井资料较为准确求取的参数，如果页岩油储层的分级评价标准与之相关联，将最具有推广应用意义。

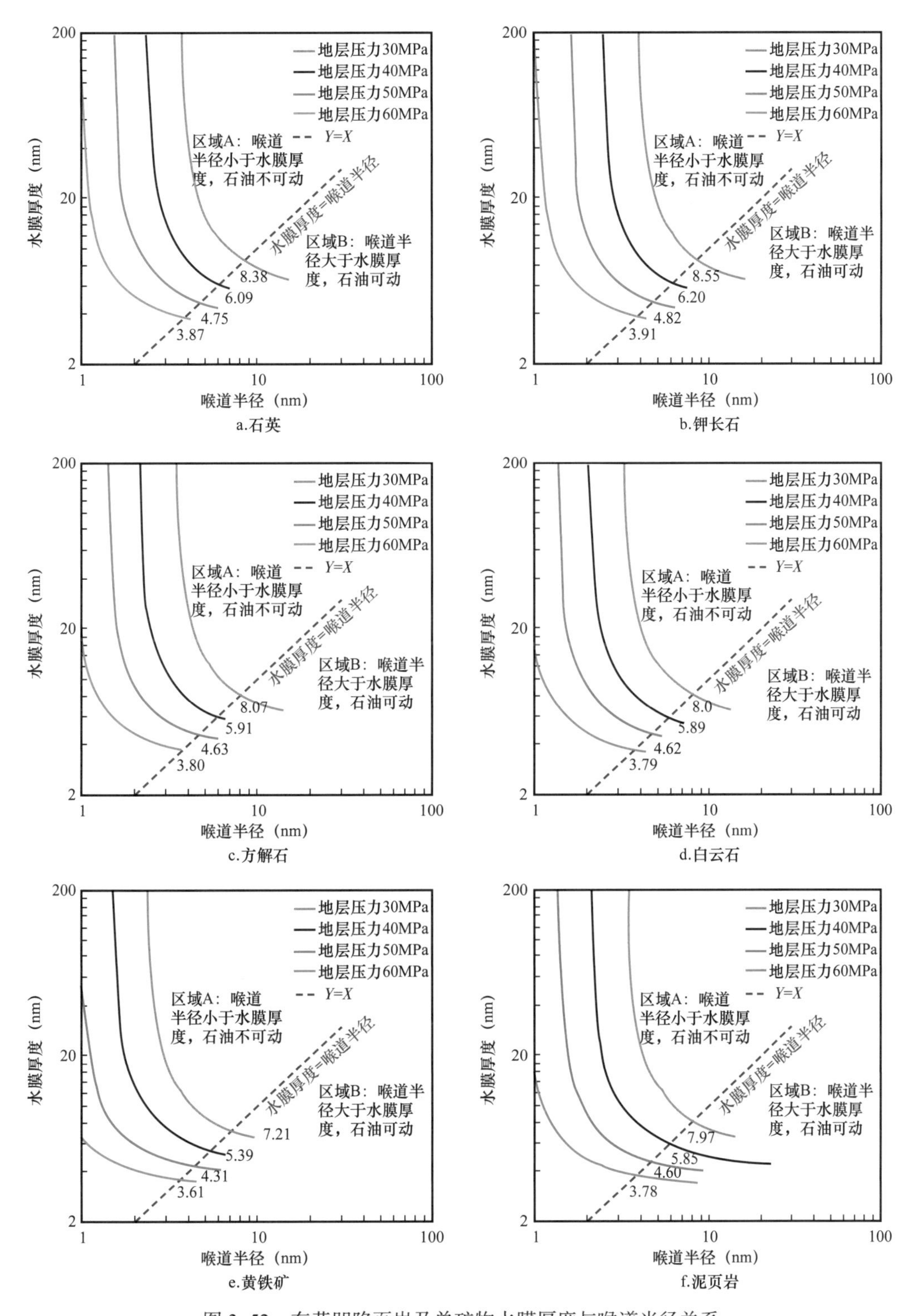

图 3-52　东营凹陷页岩及单矿物水膜厚度与喉道半径关系

（一）储层分级评价标准与孔隙度参数的关联

进一步的深入研究表明，虽然研究区页岩油储层的孔隙度、渗透率之间没有相关性，但如果通过耦合储层实测的孔隙度、渗透率参数，可以利用储层流动带指数（FZI）的累计密度分布及聚类分析结果，将研究区的页岩油储层划分为5类水力流动单元（HFU），同一水力流动单元的孔隙度、渗透率参数之间具有良好的相关关系（图3-53）。

这里，FZI值的计算公式如下（Ghiasi-Freez等，2012）：

$$FZI=\frac{RQI}{PMR} \tag{3-21}$$

其中，RQI为储层品质指数：

$$RQI=0.0314\sqrt{\frac{K}{\phi}} \tag{3-22}$$

PMR为标准化孔隙度：

$$PMR=\frac{\phi}{1-\phi} \tag{3-23}$$

式中，K为渗透率，mD；ϕ为孔隙度，%。

这就为将上述页岩油储层的分级评价标准推广应用到地质条件下建立了畅通的桥梁，因为FZI值和孔隙度都可以利用测井资料方便求得，并且测井计算值与实测值具有良好的关系（图3-54）。

（二）应用实例

利用油区丰富的测井资料和BP神经网络的计算方法，不难计算得到单井FZI和孔隙度剖面；参照图3-53a，由FZI值可以划分出水力流动单元；由同一流动单元内孔—渗良好的关系（图3-53b），不难得到渗透率；对照表3-12的页岩油储层分级评价标准，即可以实现对页岩油储层的分级评价。应用该方法，对东营凹陷27口井页岩油储层进行了评价。图3-55以牛页1井为例，给出了按照上述方法得到的中间结果，可以看到，评价值与实测值有较好的吻合关系。图3-56给出了东营凹陷储层分级评价的连井剖面。该剖面中主要岩性为灰质泥岩、泥岩、油泥岩和油页岩，夹少量的泥灰岩、泥质白云岩、白云岩、灰质白云岩和粉砂岩等薄夹层。可以看出，梁760井、牛页1井的储层类型很好，基本为Ⅰ级储层，而樊162井、纯110井的储层较差，大多为Ⅲ级及以下。由此可以评价有利页岩油储层的剖面分布。对研究区多井进行上述评价之后，可以作出有利储层的平面分布（图3-57），评价页岩油的物性有利区块。结合含油性甜点和工程甜点，可以预测出有利的页岩油勘探开发甜点。

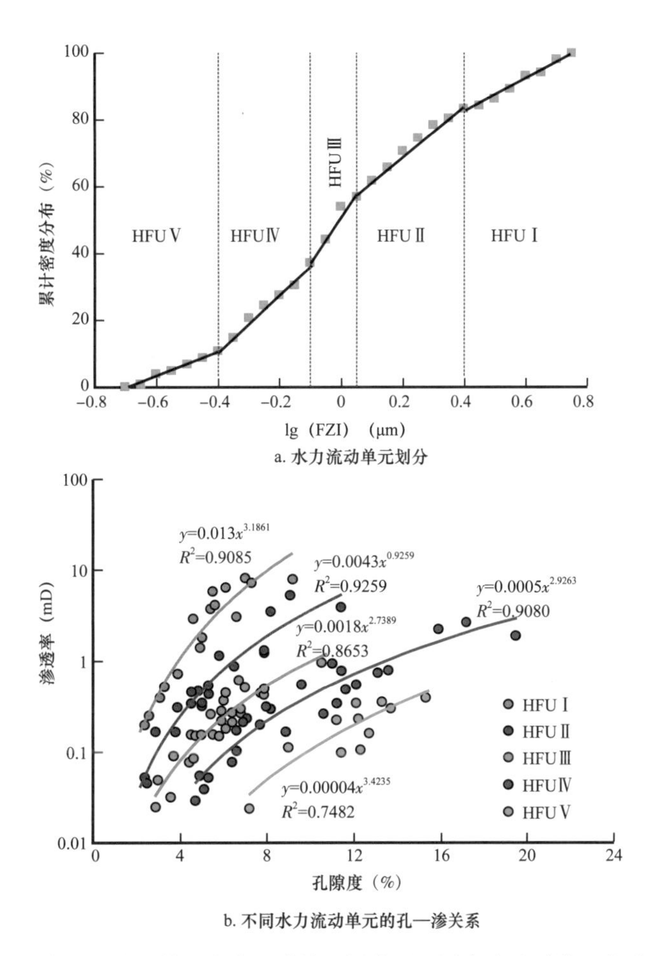

图 3-53　研究区页岩油储层水力流动单元划分及不同水力流动单元的孔—渗关系

HFU Ⅰ—lg（FZI）>0.4μm；HFU Ⅱ—0.14μm<lg（FZI）<0.4μm；HFU Ⅲ—-0.1μm<lg（FZI）<0.14μm；HFU Ⅳ—-0.4μm<lg（FZI）<-0.1μm；HFU Ⅴ—lg（FZI）<-0.4μm

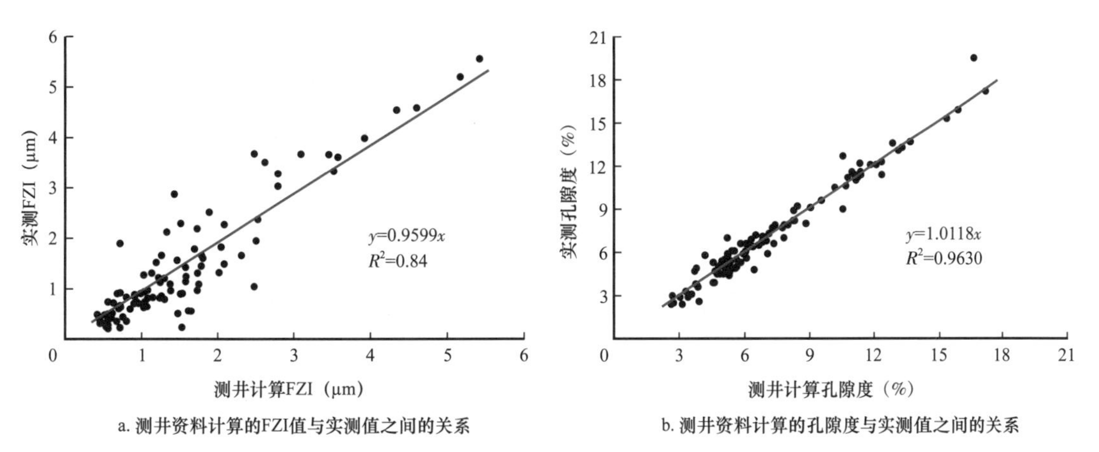

图 3-54　利用测井资料计算的 FZI 值、孔隙度与实测值之间的关系

以樊页 1 井和利页 1 井为建模井，利用 SP、CAL、GR、CNL、R4 和 RLML 测井曲线计算 FZI；利用 GR、AC、CNL 和 DEN 测井曲线计算孔隙度

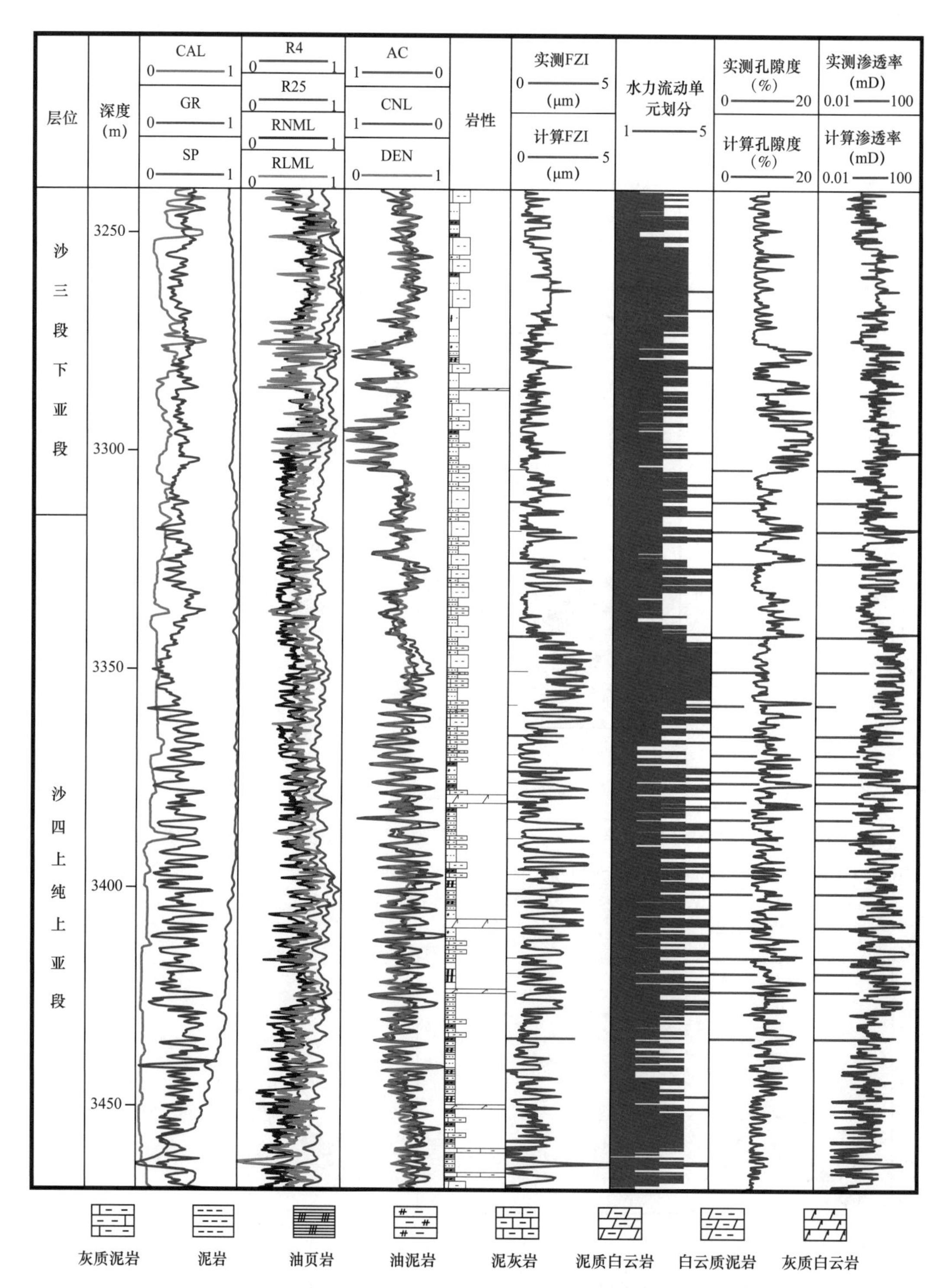

图 3-55　牛页 1 井页岩油储层 FZI 值、水力流动单元、孔隙度、渗透率评价剖面

水力流动单元划分列中蓝色柱赋值为 1、2、3、4、5，依次代表了 HFU Ⅰ、HFU Ⅱ、HFU Ⅲ、HFU Ⅳ、HFU Ⅴ

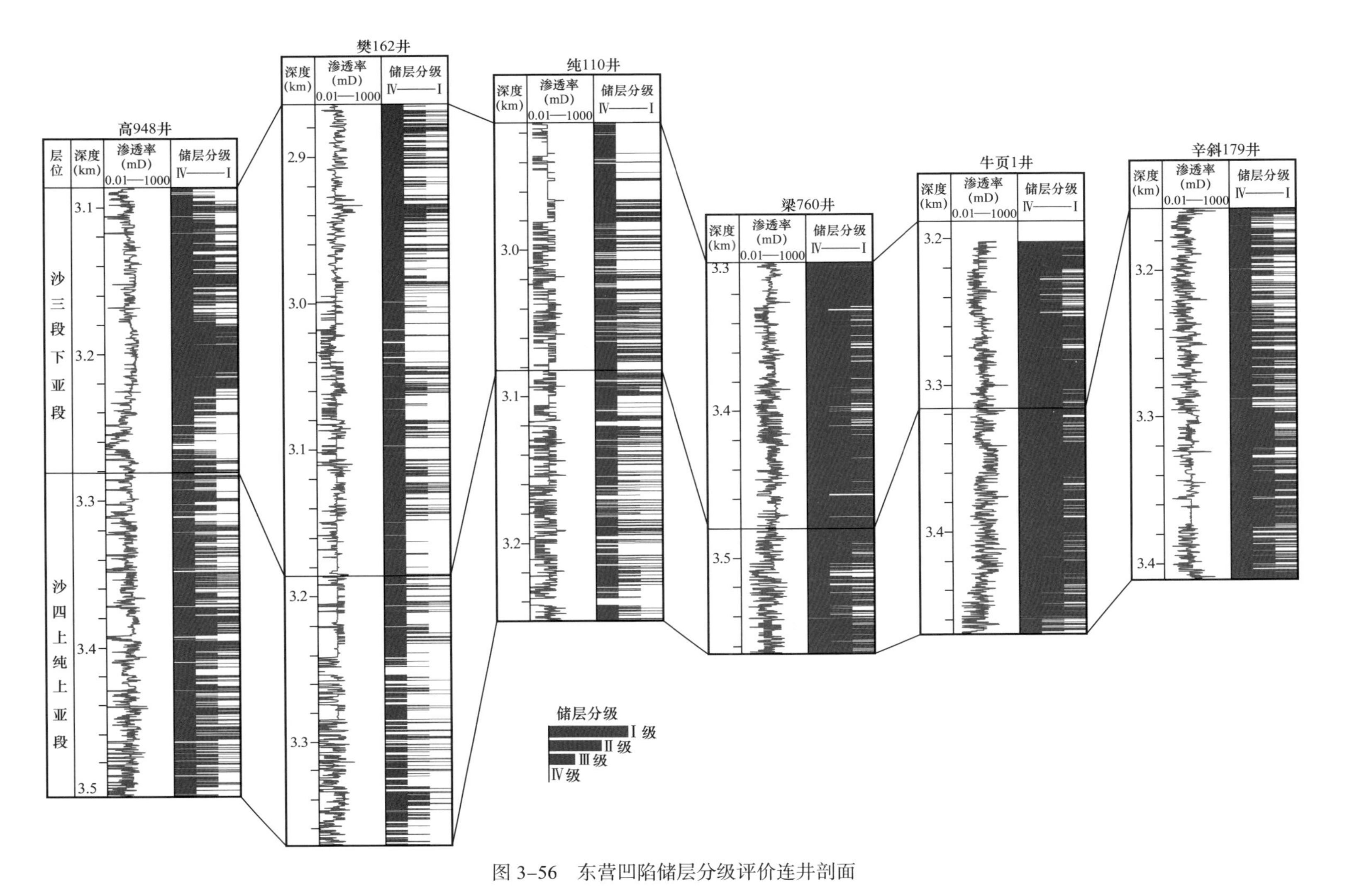

图 3-56　东营凹陷储层分级评价连井剖面

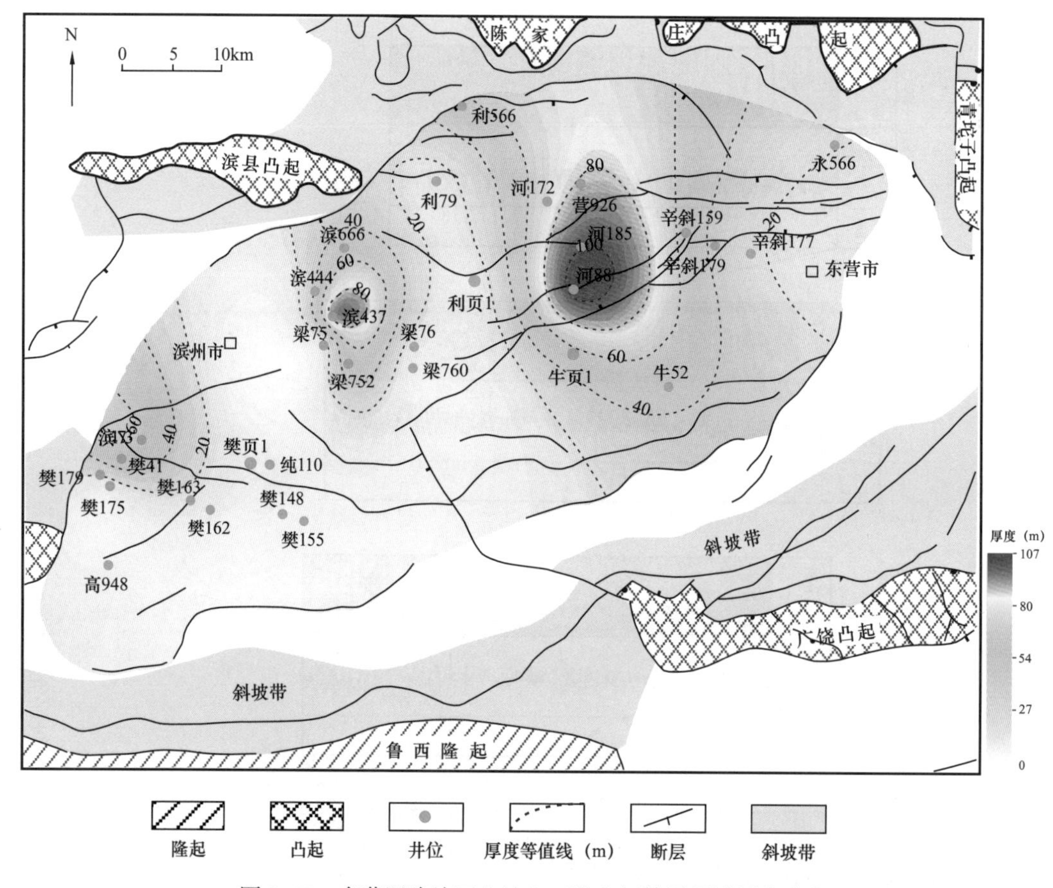

图 3–57　东营凹陷沙四上纯上亚段Ⅰ级储层累计厚度分布

利用松辽盆地北部测井资料和 BP 神经网络的计算方法，综合英 X55 井和金 601 井孔隙度和平均孔喉划分结果，计算青一段和嫩一段、嫩二段平均孔喉纵向分布（图 3–58），结果显示，平均孔喉计算值与实测值具有很好的相关性，变化趋势一致。因此，本次研究建立的孔隙度计算模型能够准确地刻画研究区泥页岩储层纵向平均孔喉变化特征，可用于计算松辽盆地北部青一段和嫩一段、嫩二段泥页岩孔隙度分布，并通过孔隙度与平均孔喉之间的关系进行泥页岩储层分级。

应用建立的松辽盆地北部青山口组和嫩江组泥页岩储层孔隙度和平均孔喉计算方法和模型，评价了研究区青一段和嫩一段、嫩二段泥页岩储层孔隙度值并得到其平均孔喉纵向分布，根据储层分级评价标准，揭示了不同级次储层纵向分布特征（图 3–59）。从评价结果来看，松辽盆地北部青一段泥页岩发育大量的Ⅰ类和Ⅱ类储层，但不同区域显示出不同的储层级别（图 3–59）。青一段剖面是从齐家北部向三肇凹陷南部，可以看到齐家凹陷的北部（以金 601 井为例）储层较好，发育大量的Ⅰ类和Ⅱ类储层，储层品质较好。向齐家南部可以看到储层逐渐变差，尤其是位于长垣南部井（以葡 51–2 井为例）

的储层较差，基本以Ⅲ类储层为主。而到了三肇凹陷的南部（以敖平3井为例）可以发现储层品质逐渐变好，以Ⅰ类储层为主。

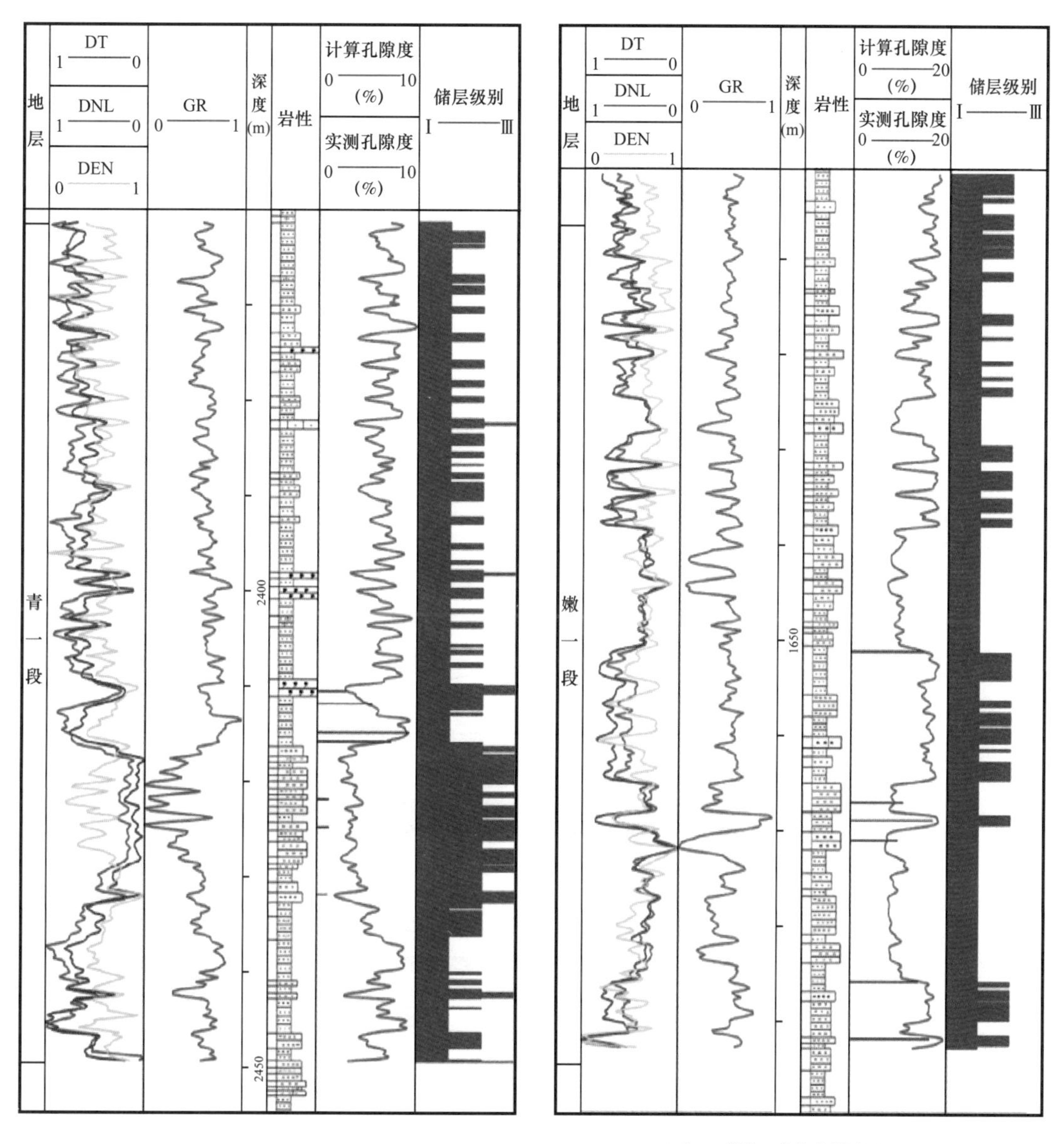

图3-58 松辽盆地英X55井和金601井孔隙度和储层分级预测

整体来说松辽盆地北部青一段泥页岩储层品质较好，以Ⅰ类和Ⅱ类储层为主。同时根据青山口组Ⅰ类和Ⅱ类储层的平面分布等值线图可以看出主要分布区域为齐家凹陷和三肇凹陷的南部（图3-60）。松辽盆地北部嫩江组泥页岩储层品质相对青一段差，以Ⅱ类和Ⅲ类储层为主。同时根据嫩江组Ⅱ类储层的平面分布等值线图可以看出较厚储层主要发育在古龙凹陷南部和三肇凹陷南部（图3-61）。

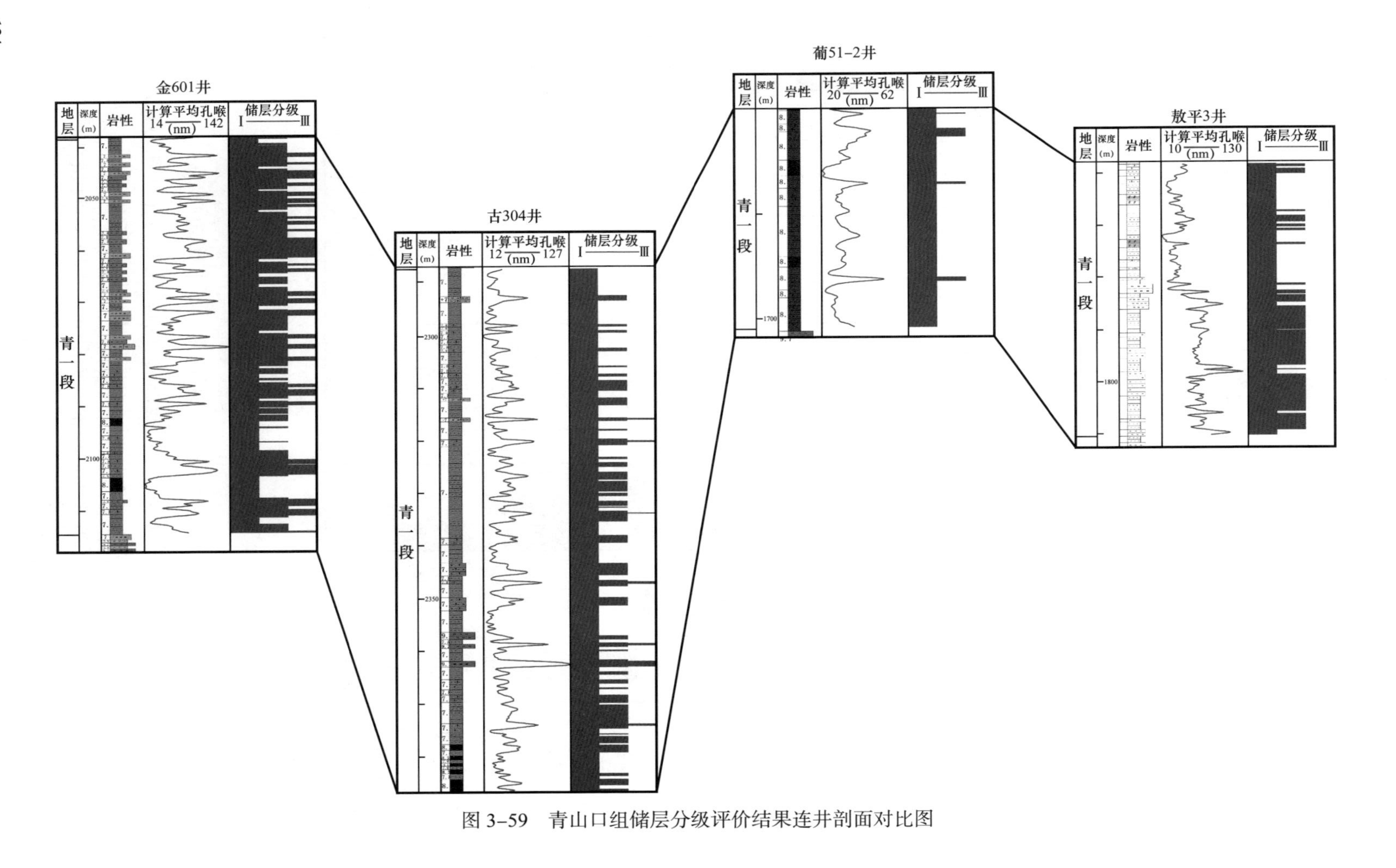

图 3-59 青山口组储层分级评价结果连井剖面对比图

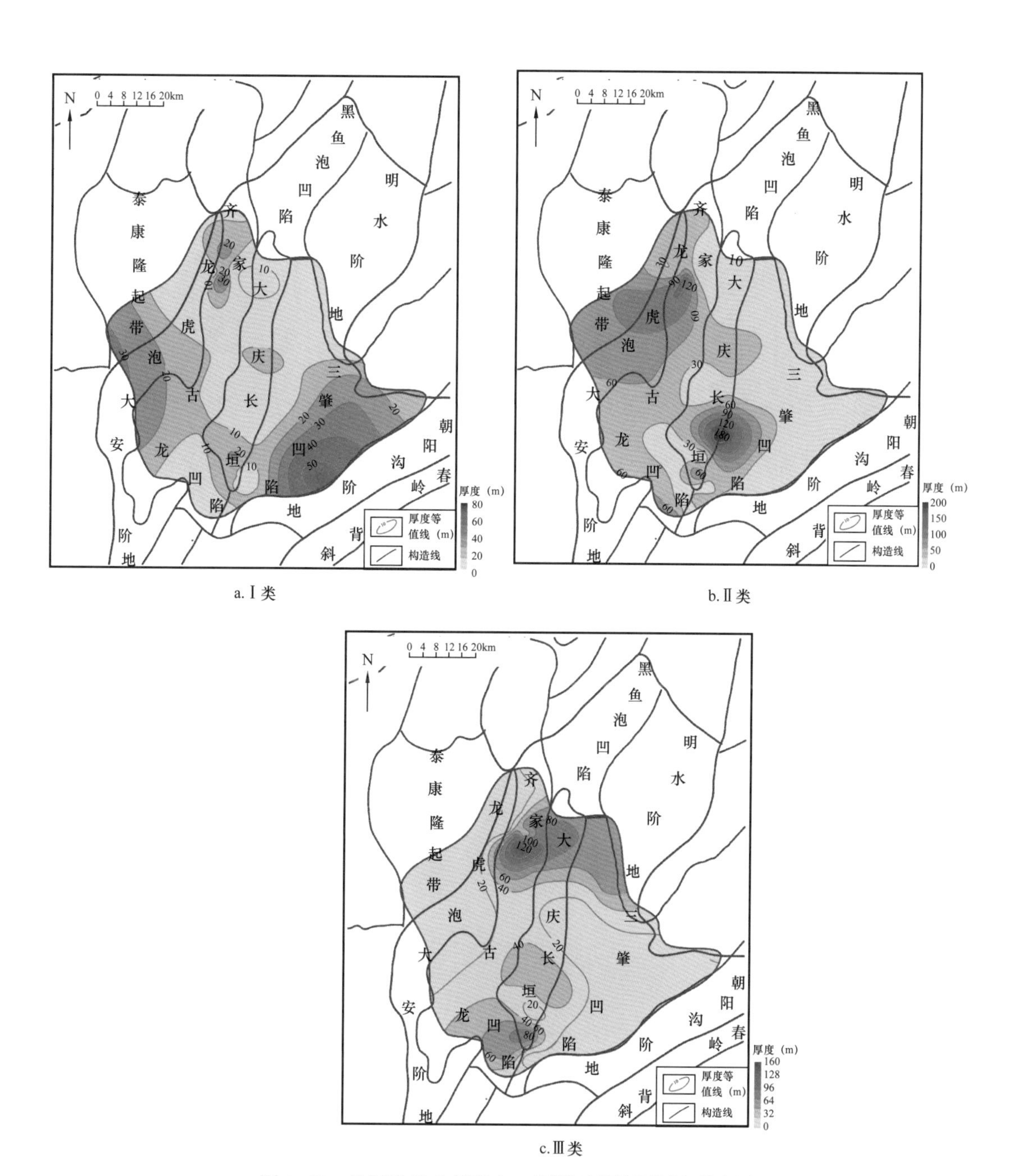

a. Ⅰ类　　b. Ⅱ类　　c. Ⅲ类

图 3-60　松辽盆地北部青山口组泥页岩储层厚度分布图

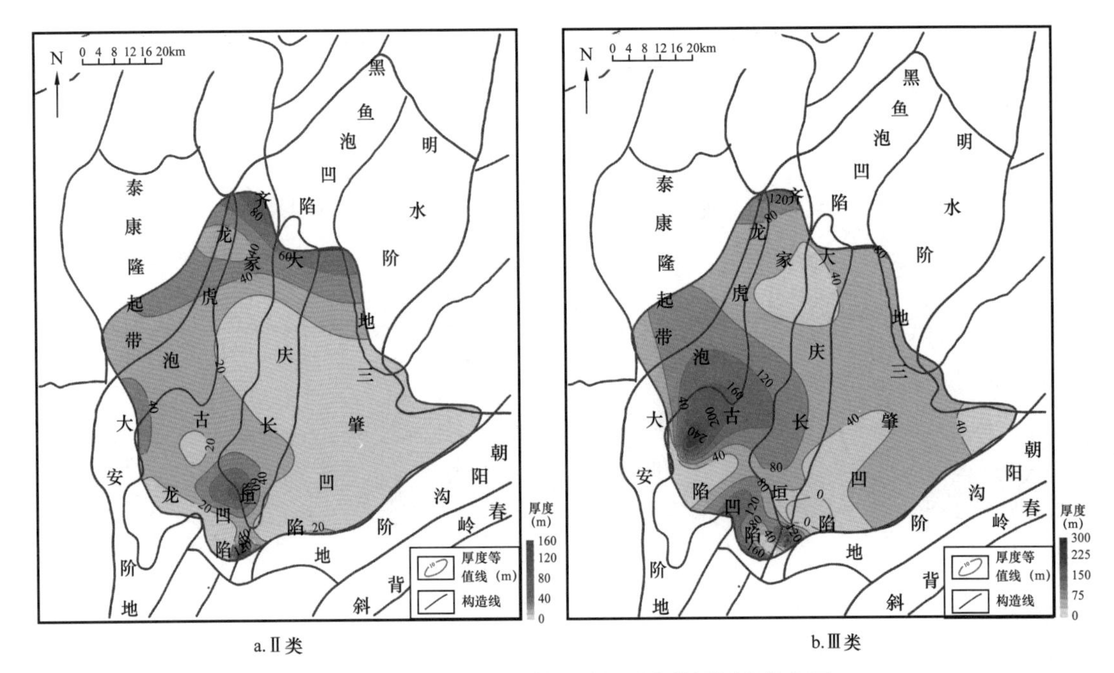

图 3-61　松辽盆地北部嫩江组泥页岩储层厚度分布图

第四章
页岩油赋存机理及可流动性评价

美国页岩油和我国泥岩裂缝油藏的有效勘探开发表明，页岩具有作为油储层的潜力，前文的探讨和分析也支持了这一点。但如前文所述，油在页岩中能否有效流动、可流动量多少，除了与页岩自身的孔喉大小、结构、分布、连通性有关之外，还与液—固相互作用及油在储层中的赋存状态和机理（如吸附、游离、溶解等）有关，这又进一步与页岩油的组成、类型及物理性质（如黏度、密度）等有关。因此，本章将重点讨论页岩油的组成、赋存机理及评价页岩油可流动性的主要技术，以期揭示我国东部湖相典型页岩油的勘探开发难以取得实质性突破的内在原因及可能的改善、突破方向。

第一节　页岩油组分特征及其影响因素

宏观上讲，石油具有大致相近的化学组成和物理性质。但不同来源、不同演化程度的石油，化学组成上会有不同程度的差异，页岩油也是如此。这会影响其物理性质，进一步影响其赋存机理及可流动性。

一、页岩油的组分特征及其对可流动性的影响

表 4–1 列出了我国代表性盆地的页岩（层系）中不同原油类型（包括页岩层系中的残留油和页岩层系裂缝产出油）和常规原油的族组成特征、原油密度及黏度等方面的特征（表中数据为均值）。根据统计的原油族组成数据来看，与同一产区的常规原油相比，页岩层系产出油和残留油的饱和烃与芳香烃的含量较低，页岩层系产出油的饱和烃与芳香烃含量一般低于 60%，而残留油的饱和烃、芳香烃含量更低，一般接近 40%。同时根据表中数据可以看出页岩层系残留油的非烃和沥青质含量最高，一般接近 65%。由原油物性特征可以看出，页岩层系中产出油和残留油的密度值略高于常规原油密度，而由原油黏度值可以看出常规油与页岩层系中的油差距较大，这与其非烃和沥青质含量较高有关。由表中数据可以看出长庆油田鄂尔多斯盆地延长组页岩中原油组分以饱和烃和芳香烃为主，其含量接近 90%，原油密度平均为 0.83g/cm^3，原油黏度平均仅为 5.04mPa·s，在所有盆地中原油密度及黏度最低；而其他油田的页岩层系产出油非烃和沥青质含量较高，导致其页岩层系原油密度和黏度较高，流动性较差。总体上看，长庆油田鄂尔多斯盆地延长组页岩油地球化学特征及原油物性最好，但我国其他代表性盆地页岩油的非烃和沥青质含量较高，原油密度大且黏度高，不易流动。

表 4-1　我国代表性盆地不同类型原油地球化学特征对比

油田	盆地	层位	地层特征				地球化学特征							流体物性特征		数据出处
			沉积相	岩性	页岩厚度（m）	埋深（m）	TOC（%）	R_o（%）	原油类型	饱和烃（%）	芳香烃（%）	非烃（%）	沥青质（%）	原油黏度（mPa·s）	原油密度（g/cm³）	
大庆油田	松辽盆地	白垩系	半深湖—深湖	页岩	50～200	1800～2400	0.7～8.7	0.5～2.0	残留油	22.40	9.70	6.70	61.20	—	—	曾维主（2018）
									产出油	40.03	16.91	37.70	5.36	—	0.95	陈凤祥（2018）
									常规油	71.20	19.42	7.84	1.54	22.90	0.85	《中国石油地质志·卷二》
河南油田	南阳盆地	古近系	半深湖—深湖	页岩	15～90	2000～3200	1.09～8.59	0.5～1.2	残留油	32.40	21.60	41.04	4.96	56.20	0.91	《中国石油地质志·卷七》
									产出油	—	—	—	—	—	—	
									常规油	66.89	12.29	14.73	6.09	11.86	0.86	《中国石油地质志·卷七》
辽河油田	渤海湾盆地	沙河街组	半深湖—深湖	页岩	30～200	1500～5000	2～17	0.35～1.5	残留油	19.98	14.09	41.89	24.04	—	—	
									产出油	29.97	15.67	28.86	13.87	56.62	0.82	
									常规油	64.39	23.49	9.38	2.74	25.90	0.86	《中国石油地质志·卷三》
长庆油田	鄂尔多斯盆地	延长组	半深湖—深湖	页岩	10～40	1500～3000	3～28	0.6～1.0	残留油	—	—	—	—	6.12	0.84	杨华（2013）
									产出油	78.24	11.13	10.08	0.55	5.04	0.83	王强（2018）
									常规油	82.10	9.30	7.70	0.90	4.70	0.85	
胜利油田	渤海湾盆地	沙河街组	半深湖—深湖	页岩	30～200	1500～5000	2～17	0.35～1.5	残留油	22.02	9.78	60.88	7.32	—	—	张林晔（2015）
									产出油	—	—	—	—	—	—	
									常规油	64.73	13.51	17.96	3.80	13.50	0.86	《中国石油地质志·卷六》

二、页岩油组成的影响因素及其与可流动性的关系

从油气地球化学的基本知识可知（卢双舫等，2018），页岩油主要源于倾油性的Ⅰ、Ⅱ型干酪根。其组成既有继承性（与有机质的来源、组成和性质有关），也具有演化性（对页岩油主要是有机质的成熟演化，对常规油气组成有显著影响的次生改造方面作用的影响较小）。

（一）干酪根组成、性质（来源）的影响

石油（包括页岩油）的组成首先与其母质的组成、性质有关，而这又与有机质的沉积环境和来源密切相关。根据有机质来源，可以将其分为海相和陆相两大类，它们对石油组成的影响是不同的（卢双舫等，2018）。

1. 海相有机质

海相有机质主要由浮游植物藻类提供，其次是各种浮游动物。它们富含蛋白质、类脂化合物及部分碳水化合物。在闭塞的海盆底部，当有机质丰富时，常常形成底部缺氧环境，使硫还原出来进入沉积物形成有机硫化物，有助于有机分子成环和芳构化。这样，海相有机质形成的以Ⅱ型为主的干酪根含有丰富的环状物质，形成的石油含有较多的环烷烃、芳香烃和含硫化合物。因此，容易形成高硫原油（含硫量>1% 的原油）。这类石油一般属于石蜡—环烷型或芳香中间型。饱和烃含量占石油的 30%～70%，芳香烃占 25%～60%。在浅层未成熟的石油中甾萜类化合物、胶质和沥青质都比较丰富，但由于 C—S 等杂原子键能较低，容易在后述的成熟演化过程中裂解为较小的分子，从而会提高页岩油的流动性。

美国 Bakken、Eagle Ford、Barnett 等典型页岩油均属于海相成因（边瑞康等，2014），有机质类型以易于生油的Ⅱ型为主（Bruner 等，2011）。

2. 陆源有机质

陆源有机质包括源于湖泊水生生物和主要源于高等植物的富含纤维素和木质素的有机质，其次是蛋白质和类脂化合物的有机质。正是这些类脂化合物才是陆源有机质中生油的组分。其中相对富含与生物蜡有关的高分子量（C_{23}—C_{33}）正构烷烃。

在一些近海或湖相环境中，微生物来源的有机质十分丰富。由于微生物的改造使有机质中更富含类脂化合物，因此，陆源有机质可以形成Ⅰ型—Ⅲ型各类干酪根，如通过微生物的强烈改造可以形成生油潜能最高的Ⅰ型干酪根，由其形成的石油为石蜡型，有时是石蜡—环烷型。其中饱和烃含量占石油的 60%～90%，占烃类的 70%～90%，含有丰富的正构、异构烷烃及单、双环环烷烃，多环物质特别是甾烷较少，芳香烃占总烃的 10%～30%，含硫量低于 0.5%，低硫、高蜡原油（石蜡为 C_{18} 以上以正构烷烃为主的烃类混合物，含蜡量>8% 的原油为高蜡原油，对应的饱和烃含量一般>40%）（黄第藩等，1984）是我国东部湖相原油的基本特征。由于石蜡的凝固点低，因此高蜡原油的流动性较差，且 C—C 键较为稳定，需要在更高的地温条件下才能裂解成低分子量的烃类，进一步提高了陆相页岩油流动的难度。

（二）成熟度的影响

图 4–1 展示了松辽盆地北部青一段泥页岩抽提物中，主要组成随成熟度的演化规律。可以看出，饱和烃含量随成熟度的升高逐渐增大，非烃含量与饱和烃演化趋势相反，明显减少，芳香烃则呈现先增后减的变化，沥青质含量虽然有所波动，但总体呈现下降趋势，由于总量不多，变化幅度较小。饱和烃和芳香烃组成变化幅度最为明显的点出现在 R_o=1.1% 左右，这应该与油窗阶段后期干酪根和非烃、沥青质的裂解生烃及芳香烃的歧化反应有关，这预示着页岩油质变轻、密度减小、黏度降低，有利于增强页岩油的可流动性。我国东部湖相烃源岩相当多的部分位于 R_o=1.1% 附近及更低，明显低于北美的海相页岩油，加上前述的高蜡特点，这是我国陆相页岩油可流动性较低的重要控因。

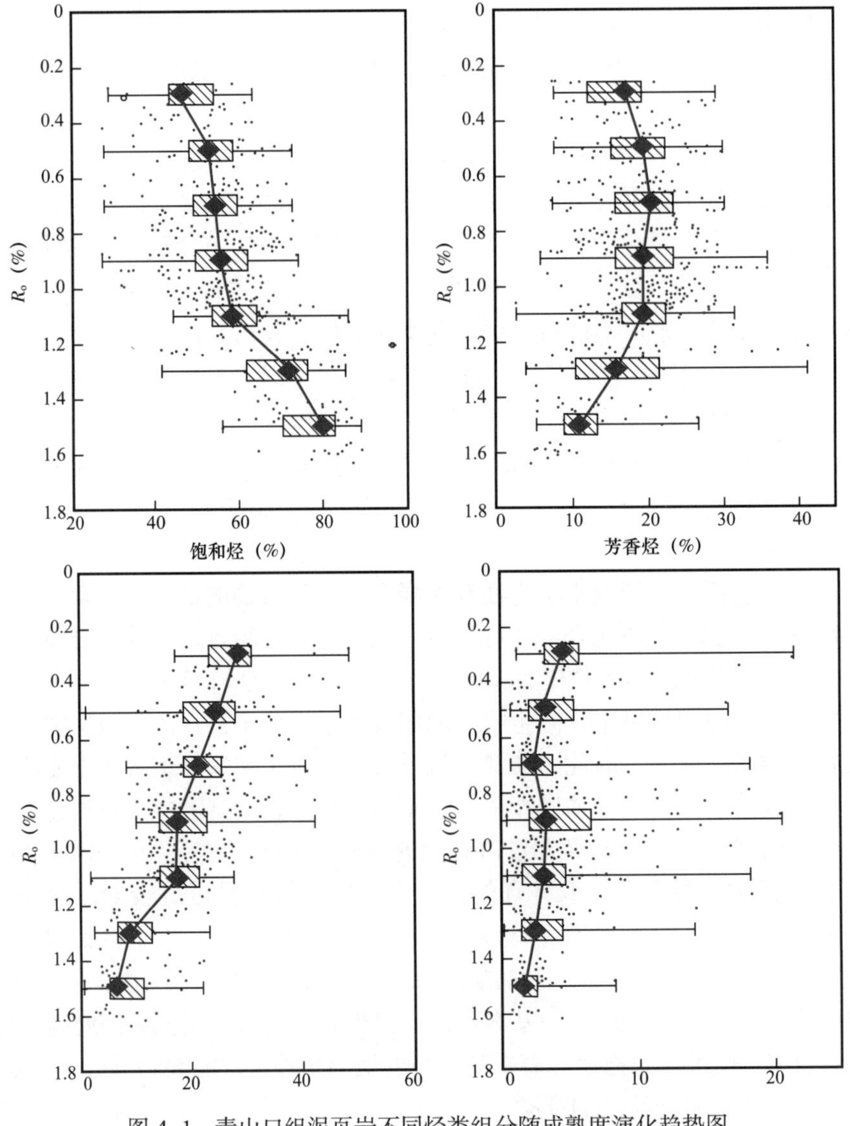

图 4–1　青山口组泥页岩不同烃类组分随成熟度演化趋势图

原油的黏度与其组成密切相关。气态烃和轻烃含量较多的原油黏度相对较低，而沥青质和胶质含量偏多的原油黏度则相对偏大（Barrufet 等，1996；Werner 等，1996；Aasberg-Petersen 等，1991；Pedersen 等，1987）。王强（2018）研究表明，在一定的成熟度范围内，长 7 页岩生成的气态烃和轻烃产率都随热解温度升高而增加。而已生成的重烃、非烃、沥青质会随着热演化程度的增加而裂解成小分子组分，C_{1-5}/C_{6+} 和 C_{1-14}/C_{15+} 会随 Easy R_o 的升高而不断增大（图 4-2）。因此，页岩油的黏度几乎必然随温度（成熟度）的增大而变小。

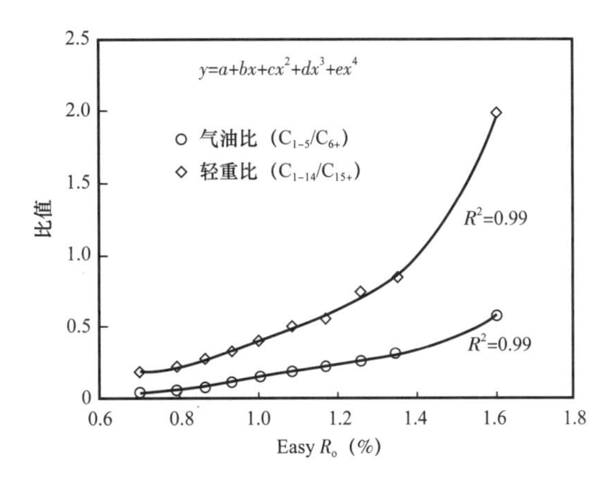

图 4-2 热解烃类产物的气油比（C_{1-5}/C_{6+}）、轻重比（C_{1-14}/C_{15+}）与 Easy R_o 的关系（2℃ /h）（据王强，2018）

三、排烃对页岩油组成的影响

王强（2018）通过对比鄂尔多斯盆地长 7 页岩油与长 7、长 6 致密油的物性，初步考查了排烃对页岩油组成的影响。研究发现鄂尔多斯盆地长 7 页岩油黏度平均约为 5.0mPa·s（两个样品），与致密油的黏度（平均约 4.7mPa·s）非常接近。页岩油中最主要的成分是饱和烃，其次是芳香烃和非烃组分，页岩油的饱和烃平均含量（78.2%）比致密油（82.1%）略低（图 4-3）；其饱 / 芳比虽处在致密油的饱 / 芳比变化范围内，平均值（约 7.3）却低于致密油的总体水平（约 9.3）；页岩油的 nC_{20-}/nC_{21+} 比值与致密油相对比较接近，平均为 1.5 左右（图 4-3）。

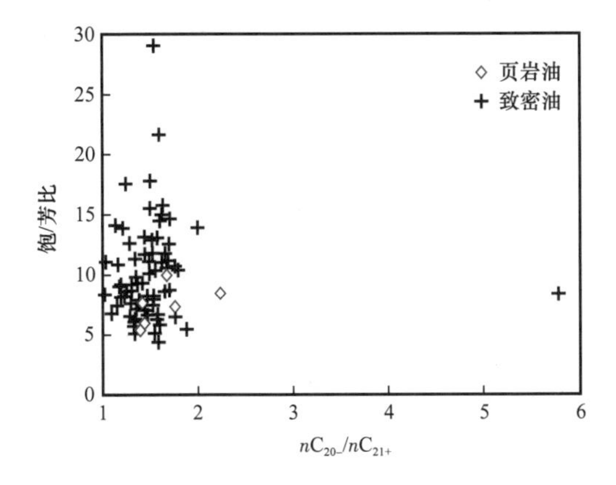

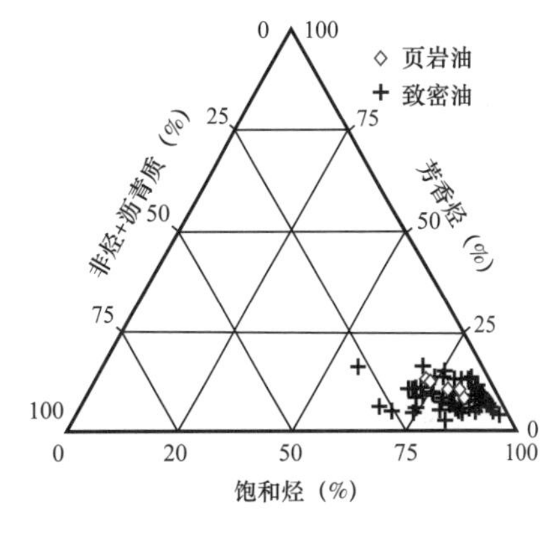

图 4-3 鄂尔多斯盆地长 7 页岩油与致密油的组分对比（据王强，2018）

第二节　页岩油赋存状态及赋存机理

页岩油以何种状态赋存，各种赋存状态页岩油的量受哪些因素控制、如何定量表征？对这些问题的认识有助于客观评价页岩油的资源潜力、可流动性和预测有利区。对于页岩油赋存状态的客观描述，也是页岩油赋存机理研究的必要要求。

一、概述

一般认为，页岩气主要以吸附态、游离态及少量溶解态赋存于页岩孔隙—裂缝系统中（Curtis，2002）。其中，吸附态是指页岩气分子通过范德华力和库仑力与有机质、矿物颗粒表面相互作用而以密度较高的“类固态”形式存在，被认为基本不具有流动性；游离态是指吸附层以外，没有被分子间作用力固定于矿物表面的、赋存于孔或裂隙中的游离相的天然气，理论上具有流动性；溶解态是指溶解在水或油中的天然气，其含量受控于水、油的量及溶解度和水、油的赋存状态。对页岩油来说，一般认为除了存在上述三种赋存状态外，还存在溶胀态。溶胀态是指页岩油“嵌入”有机质结构中，油分子被干酪根分子“包围”，因此不具有流动性。与页岩气相似，吸附态页岩油也同样通过范德华力和库仑力与有机质、矿物颗粒表面相互作用而以密度较高的“类固态”形式存在，也被认为基本不具有流动性。游离态页岩油赋存于较大的孔、缝中，由于距孔隙的矿物壁面有一定的距离，不受分子间相互作用力的束缚，理论上可以流动。但与页岩气的游离态—吸附态存在明显的气—固相态变化相比，页岩油的相态变化并不明显，因而考察、评价的难度更大。溶解态可以是水溶和气溶，由于页岩中水含量较低，且油在水中溶解度极低，而油窗阶段天然气的含量很少，因此，溶解态的油量很少，常常忽略不计。

国外学者在进行 Woodford 页岩含水热解实验的过程中观测到液态石油（O’ Brien 等，2002）的赋存形态主要有：（1）微裂缝中的圆球状油滴；（2）微裂缝两壁的覆膜状油层（图 4–4a、b）。油滴状页岩油中游离态页岩油比例较高（图 4–4c），覆膜状页岩油中游离态页岩油比例较油滴状页岩油低（图 4–4d）。

张文昭（2014）利用扫描电镜结合能谱分析技术，发现泌阳凹陷页岩油分子主要以游离和吸附两种形式存在的证据：一是页岩基质颗粒间的游离态油滴（图 4–5a）；二是黏土颗粒表面覆膜状吸附态油膜（图 4–5b），油滴、油膜能谱分析碳峰特征明显（图 4–5），为有机石油烃。柯思（2017）认为泌阳凹陷页岩油赋存状态有游离、吸附和溶解三种状态，以游离态和吸附态为主，含有少量溶解态页岩油；游离态页岩油主要赋存在黏土、石英、长石、方解石、白云石等矿物基质孔隙以及构造缝、层理缝、微裂缝中，以油滴形式存在；吸附态石油主要吸附在干酪根及黏土颗粒表面，以油膜形式存在。宁方兴等（2015）认为济阳坳陷页岩油赋存状态有游离、溶解或吸附三种状态，以游离态和吸附态为主，含有少量溶解态页岩油。由于溶胀态油渗入干酪根结构中，难以直观观察，通常利用溶胀前后的体积比 Q_v（溶胀后体积 / 溶胀前体积）表示。

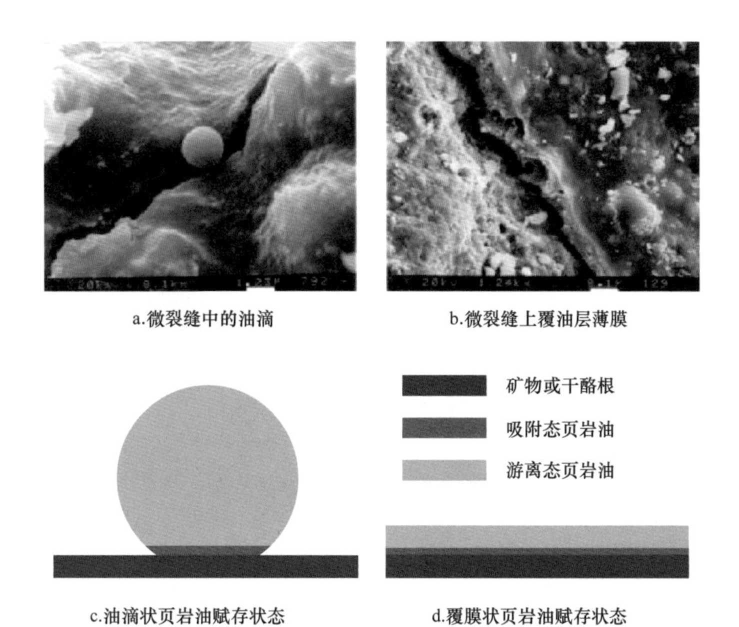

图 4-4　Woodford 页岩含水热解实验的扫描电镜显微照片（据 O' Brien 等，2002）

元素	质量百分比（%）	原子百分比（%）
C	61.44	70.34
O	29.56	25.40
Mg	0.26	0.15
Al	1.59	0.81
Si	5.98	2.93
K	0.42	0.15
Ca	0.41	0.14
Fe	0.33	0.08
总量	100.00	100.00

a. 页岩基质颗粒间游离态圆球状油滴，能谱C峰特征明显

元素	质量百分比（%）	原子百分比（%）
C	41.43	67.50
O	4.64	5.68
Si	0.46	0.32
S	29.88	18.24
Mn	0.58	0.21
Fe	23.00	8.06
总量	100.00	100.00

b. 黄铁矿晶体间薄膜状油层，能谱C峰特征明显

图 4-5　泌页 HF1 井 2436.64m 页岩油赋存形式（据张文昭，2014）

综上所述，不考虑溶解态，一般认为页岩油主要以游离态、吸附态、溶胀态三种状态赋存于页岩层系储层中。页岩油在无机矿物微纳米孔喉缝中主要以吸附态和游离态存在（图 4–6a），在有机孔隙中除了同样以吸附态及游离态存在（图 4–6b）外，还可以溶胀态赋存于干酪根基质中。这样页岩油就主要以干酪根溶胀态、干酪根吸附态、有机孔隙游离态、无机矿物吸附态及无机孔隙游离态这五种赋存形式存在。

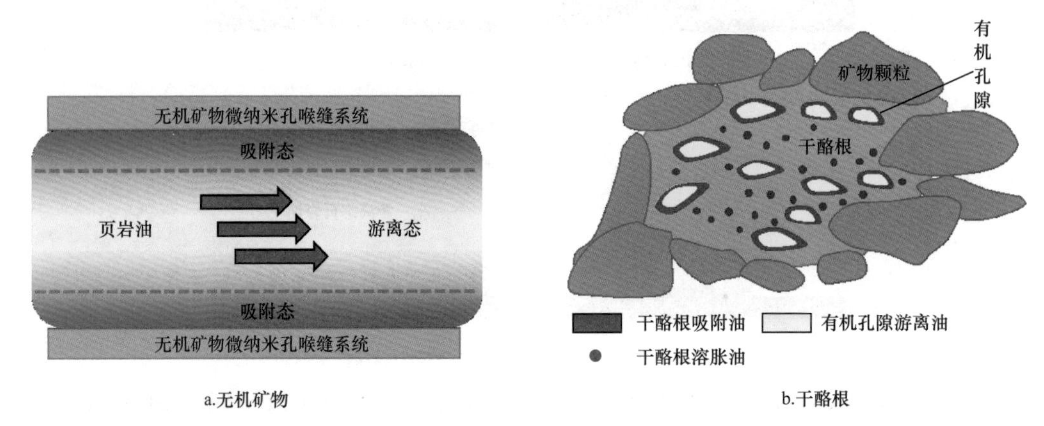

图 4–6　不同赋存状态页岩油模式图

理论上讲，页岩油的三种赋存状态对应着三种赋存机理：溶胀机理（溶胀态）、吸附机理（吸附态）和游离机理（游离态）。由于游离态是油分子与储层矿物没有因分子力相互作用而被束缚的自由状态，其含量可以由扣除吸附相体积之后的自由孔隙空间来评价。而储层的润湿性决定着油气等流体在岩石孔道内的原始分布状态和微观分布状态，影响到流体以吸附态或游离态形式存在的比例（沈钟等，2012）。因此，本节重点讨论吸附机理、溶胀机理和润湿机理。

从原理上讲，油气的赋存形式和状态受控于油气分子与周围矿物、有机质分子之间所存在的分子间作用力的类型和大小，即赋存机理。因此，定量评价分子间作用力类型和大小的分子模拟方法是考察和揭示油气赋存机理的有效方法。正因为如此，近些年来，包括笔者团队在内，很多国内外学者都利用这一方法对油气的赋存机理、状态、影响因素进行了比较系统、深入的研究（Keith Mosher 等，2013；Wang S 等，2015；Tian S 等，2017；Chen 等，2016，2019）。

二、吸附机理

分子动力学方法是 1957 年由 Alder 和 Wainwright 开创的，综合物理、数学和化学的一套分子模拟方法。发展至今，分子动力学的理论、技术和应用领域都得到了很大的拓展，可应用于平衡和非平衡体系。该方法运用经典力学（牛顿力学）或量子力学方法来模拟分子体系的运动，通过研究微观分子的运动规律，得到体系的宏观特性和基本规律。

在分子动力学模拟中，分子体系中分子一系列的位移是通过对牛顿运动方程积分得

到的。牛顿运动方程中最为重要的参数——分子间相互作用力通常用势函数来表达，势函数分为对势（间断对势、连续对势）、多体势。以在页岩油/气吸附的分子动力学模拟应用最为广泛的连续对势 LJ 势（Lennard-Jones 势）为例。

它主要由与原子距离倒数的 n 次方成比例的排斥力和配对原子感应的瞬间偶极子所产生的力两项构成，其具体形式如下：

$$U_{r_{ij}}=\frac{A_{ij}}{r^{n}}-\frac{B_{ij}}{r^{6}} \tag{4-1}$$

基于量子力学二次微扰理论的极化效应产生的相互作用，可导出 n=12，所以现在广泛使用 n=12；系数 A，B 可分别由点阵常数和升华热导出。当 n=12 时，式（4-1）可改写为下式：

$$U_{r_{ij}}=4\varepsilon_{ij}\left[\left(\frac{\sigma_{ij}}{r}\right)^{12}-\left(\frac{\sigma_{ij}}{r}\right)^{6}\right] \tag{4-2}$$

式中，ε_{ij} 为能量参数；σ_{ij} 为距离参数；r 为分子之间距离。式（4-2）仅仅是惰性气体原子的固体或液体。对于页岩油/气分子来说，该势经常与库仑力等相互作用组合使用。参数 ε_{ij} 和 σ_{ij} 通常由气体的第二维里系数（Virial Coefficients）的实验值确定。

对于由不同种类的原子组成的混合体系，LJ 势中通常使用下式给出的罗伦茨—贝特洛（Lorenze-Berthelot）组合法则：

$$\begin{cases}\sigma_{ij}=\dfrac{\left(\sigma_{ij}+\sigma_{ij}\right)}{2}\\ \varepsilon_{ij}=\left(\varepsilon_{ij}\cdot\varepsilon_{ij}\right)^{\frac{1}{2}}\end{cases} \tag{4-3}$$

对于分子间作用力主要是分散力和排斥力的物质，也可使用 LJ 势，如 CCl_4、CH_4、N_2、CO_2 等。

在 LJ 势函数所描述的原子（或分子）体系中，分子之间的势能和相互作用力如图 4-7 所示。图中 $V(r)$ 为分子之间的作用势，$F(r)$ 为分子之间的相互作用力。当固—液分子（如矿物—页岩油分子）相距较远时，分子之间基本没有相互作用力（0），但当分子相互靠近到一定距离时，分子之间开始相互吸引，LJ 势降低，体系能量降低，即进入吸附状态；但随着分子间距离进一步减小，分子间的排斥力迅速增大，LJ 势开始显著增加，表明分子不能无限接近。

库仑力的表达式：

$$F=k\frac{q_{1}q_{2}}{r^{2}} \tag{4-4}$$

式中，k 为静电常数；r 为分子之间距离；q_1、q_2 为两个原子分别所带电荷量。

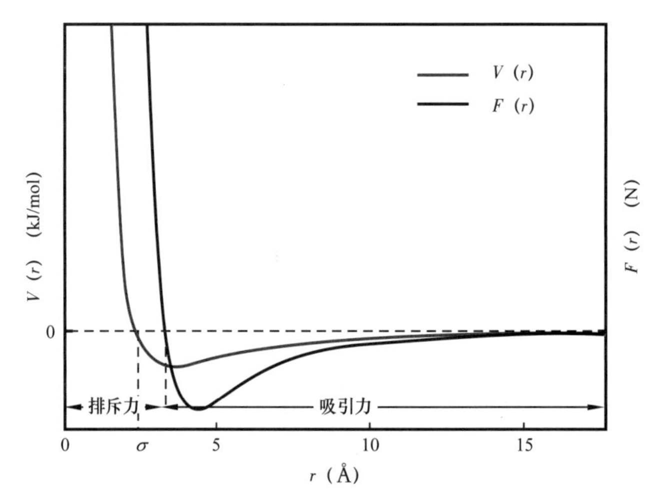

图 4-7　LJ 势函数分子之间的势能和相互作用力

在确定势函数后，分子体系中每个原子的初速度，可以从初始温度分布 T（r）下的 Maxwell–Boltzmann 分布来随机选取，使用周期性边界条件，利用等温等压（NPT）系统（V–rescale 热浴控温，Parrinello–Rahman 方法调压），应用 Velocity–Verlet 算法描述页岩油气分子中原子在不同时间的空间位置，系统在经过初始时刻的位形、速度设定之后，按照牛顿力学的规律沿时间轴进行演化。系统原子经过足够次数的碰撞之后，达到稳态。此时，就可以对关心的物理量选择样本进行统计，最终得到系统的热力学参数。

（一）液态烃 / 气态烃吸附特征对比

由于高岭石片层具有独特的物理性质，其硅氧四面体是非极性表面，铝氧八面体是极性表面，研究高岭石中页岩油的吸附可以同时了解页岩油分子在极性和非极性表面的吸附特征，首先选取高岭石作为吸附剂来研究页岩油的吸附特征。本次研究中高岭石晶胞化学式为 $Al_2Si_2O_5(OH)_4$，晶胞中没有离子替换。初始晶胞的原子位置取自美国矿物学家晶体结构数据库（AMCSD）（Downs 等，2003；Bish 等，1993）。高岭石壁面模型包含三个周期性的高岭石片层，由 252（12×7×5）个立方晶胞构成，尺寸约为 6.2nm×6.3nm×1.9nm。在模型中，高岭石壁面最初占据了 $0<z<1.9$nm 的区域，并且高岭石位置在模拟过程中略有变化。Curtis 等的研究发现当 $R_o>0.9\%$ 时，在页岩储层中出现了大量的纳米级孔隙（Curtis 等，2002）。在页岩中小于 20nm 的孔隙占有相当大的比例（Li 等，2015），本次模拟建立了 8nm 的高岭石狭缝型孔隙来代表这些孔隙。由于高碳数烷烃在进行气态烃模拟时，十分容易发生凝聚现象。本次研究使用正戊烷（nC_5H_{12}）来进行气态烃与液态烃吸附模拟。在进行气态烃吸附模拟时，模型中正戊烷分别加载了 10 个、25 个、50 个、100 个及 200 个分子，用以代表不同的气态烃吸附压力。在进行液态烃吸附模拟时，模型中正戊烷加载了 2000 个分子。使用 Packmol 程序在高岭石模型中插入正戊烷分子（Sposito 等，2008），初始模型如图 4–8 所示（以 25 个正戊烷气态烃吸附模型为例）。

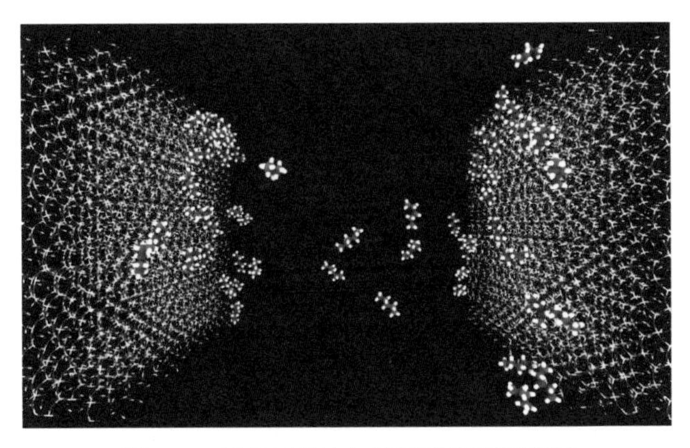

图 4-8　气态正戊烷初始吸附模型示意图

本次模拟过程中高岭石及正戊烷分子分别使用了 ClayFF 力场及 Charmm36/Cgenff 力场（Underwood 等，2016；Li 等，2017；吴春正等，2018；Liu 等，2012）。前人已经证实石英（ClayFF 力场）表面上有机分子（Charmm36/Cgenff 力场）的吸附模拟结果不仅与基于量子力学的从头算分子模拟结果一致，而且与 X 衍射实验结果一致，ClayFF 力场与 Charmm36/Cgenff 力场的联用效果良好（Yang 等，2015；Chen 等，2019）。油混合物分子与黏土矿物间的相互作用力采用 Lorentz–Berthelot 混合规则。

本次研究使用 Gromacs 4.6.7 软件进行模拟（Mosher 等，2013；Chen 等，2016），静电力模型使用 Particle–Mesh–Ewald 模型（PME）。范德华半径代表着分子间相互作用力的范围，范德华半径越大，计算结果越准确，但是模拟时间会大大加长，需要对范德华半径的选取进行权衡。首先使用 NPT 系统，选取不同范德华半径（0.8nm、1.0nm、1.2nm、1.4nm、1.6nm 及 1.8nm）对液态正戊烷进行模拟，能量最小化及弛豫过程中的参数与 Underwood 等（2016）一致。模拟温度为 40℃，压力为 10MPa，模拟时间为 20ns。对于气态正戊烷吸附模型，为了得到一条完整的等温吸附曲线，本次模拟使用 NVT 系综进行模拟，模拟温度为 40℃，利用模拟体系中体相正戊烷 40℃下的密度来对应体系内的压力，模拟时间为 10ns。

为了计算高岭石狭缝型孔隙内烷烃的质量密度分布，首先在与固体壁面平行的方向上将纳米缝划分为 N_s 个单元，并定义如下函数：

$$\begin{cases} H_n\left(z_{i,j}\right)=1 & (n-1)\Delta z < z_i < n\Delta z \\ H_n\left(z_{i,j}\right)=0 & \text{其他} \end{cases} \tag{4-5}$$

则对于第 n 个单元，从时间步 J_N 到 J_M 的各原子的质量密度分布：

$$\rho_{\text{Mass}} = \frac{1}{A\Delta z\left(J_M - J_N + 1\right)} \sum_{j=J_N}^{J_M} \sum_{i=1}^{N} H_n\left(z_{i,j}\right) \cdot m_i \tag{4-6}$$

式中，A 为固体壁面表面积；N 为模拟体系中构成流体的所有原子的个数；m_i 为原子 i 的摩尔质量；将 ρ_{Mass} 除以 Avogadro 常数可将其单位转换为 g/cm³。

利用式（4-5）及式（4-6）可以得到不同范德华半径下液态正戊烷吸附密度曲线（图 4-9），从图中可以看出，随着范德华截断半径的增大，游离相密度增大，且整个体系变小（z 轴距离减小），当范德华半径不小于 1.4nm 时，游离相密度不变，体系大小不变（图 4-9a）。吸附相密度呈现同样的规律，吸附相密度随范德华半径的增大先增大后不变（图 4-9b、c）。因此，本书选取 1.4nm 作为范德华半径。

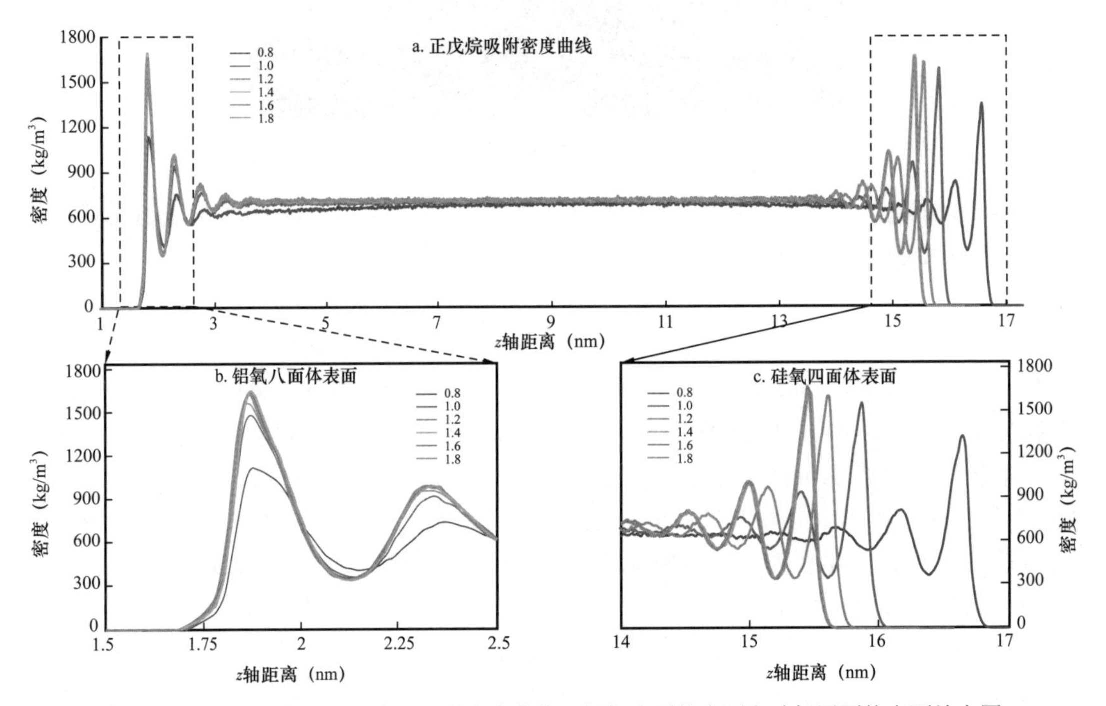

图 4-9　不同范德华半径正戊烷吸附密度曲线及铝氧八面体表面和硅氧四面体表面放大图

正戊烷吸附量可以吸附密度曲线进行积分所得：

$$m_{ada}=\int_{L_1}^{L_2} S_{model}\cdot\rho_{oil}\mathrm{d}L \tag{4-7}$$

$$m_{ads}=\int_{L_3}^{L_4} S_{model}\cdot\rho_{oil}\mathrm{d}L \tag{4-8}$$

式中，m_{ada} 为铝氧八面体表面吸附质量，mg；m_{ads} 为硅氧四面体表面的吸附质量，mg；S_{model} 为模型矿物的表面积，m²；L_1 为密度曲线的起始位置，nm；L_2 为硅氧四面体表面吸附层的截止位置，nm；L_3 为硅氧四面体表面吸附相与游离相分开的位置，nm；L_4 为吸附曲线的截止位置，nm；ρ_{oil}、L_1、L_2、L_3、L_4 可以从正戊烷的密度曲线中读取。

单位面积的吸附能力（铝氧八面体表面 $C_{ada\text{-}a}$、硅氧四面体表面 $C_{ads\text{-}a}$，mg/m²）在计算页岩油气的吸附量时至关重要。该参数主要受吸附质量（m_{ada}、m_{ads}，mg）和高岭石表面积（铝氧八面体表面 A_{ada}、硅氧四面体表面 A_{ads}，m²）影响，如式（4-9）和式（4-10）所示。高岭石矿物表面晶格排布问题，A_{ada} 和 A_{ads} 比 S_{model} 稍大。

$$C_{\text{ada-a}}=\frac{m_{\text{ada}}}{A_{\text{ada}}}=\frac{\int_{L_1}^{L_2} S_{\text{model}}\cdot\rho_{\text{ada}}\mathrm{d}L}{A_{\text{ada}}} \tag{4-9}$$

$$C_{\text{ads-a}}=\frac{m_{\text{ads}}}{A_{\text{ads}}}=\frac{\int_{L_3}^{L_4} S_{\text{model}}\cdot\rho_{\text{ads}}\mathrm{d}L}{A_{\text{ads}}} \tag{4-10}$$

根据式（4–5）及式（4–6）可以得到25个正戊烷分子吸附模型中正戊烷的蒸气吸附密度曲线（图4–10），游离相平均密度为0.8892kg/m³，在NIST数据库（Lemmon等，2007）中，可以查到40℃不同相对压力下正戊烷的密度（图4–11），由此可以对应出密度为0.8892kg/m³时，相对压力为0.2751（正戊烷40℃下饱和蒸气压p_0为115.09kPa）。

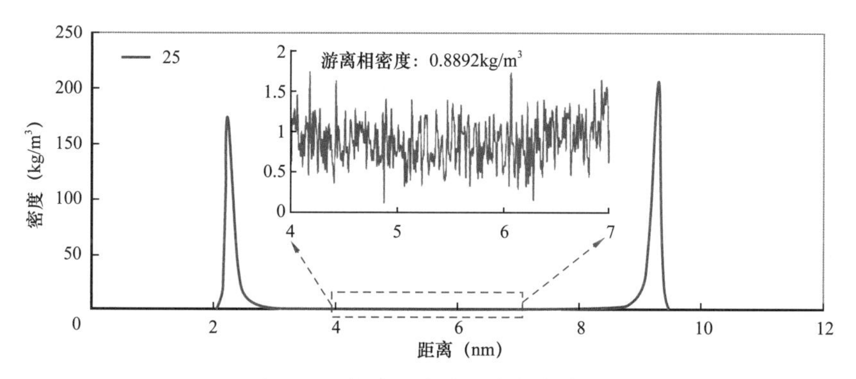

图4–10　气态正戊烷吸附密度曲线

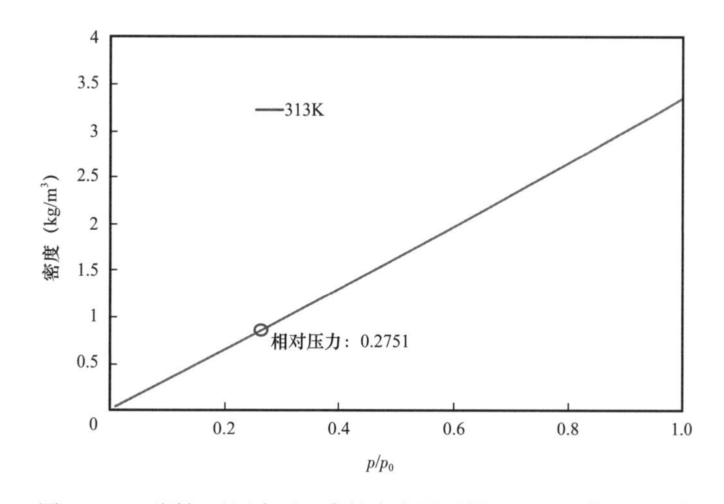

图4–11　不同相对压力下正戊烷密度图（据Lemmon等，2007）

利用式（4–7）至式（4–10），可以对气态正戊烷吸附密度曲线进行数据处理，得到单位面积高岭石表面气态正戊烷吸附量这一关键参数。从图4–12中可以看出，随着相对压力的增大，单位面积高岭石表面气态正戊烷吸附量不断增大，在相对压力小于 0.8 时，单位面积吸附量呈线性吸附并平稳增大，但是当相对压力大于 0.8 时，单位面积吸附量急剧增大。分析认为在单位面积吸附量线性增大阶段（相对压力 <0.8），正戊烷不断填补第一吸附层上的吸附位，第一气态正戊烷吸附层密度峰值不断增大，第一吸附层吸附量不断增大，在此阶段，第二吸附层并不明显（图 4–12），所以单位面积吸附量呈现线性平稳增大的趋势；在单位面积吸附量急剧增大阶段（相对压力＞0.8），正戊烷仍然在填补第一吸附层上的吸附位，第一气态正戊烷吸附层密度峰值不断增大，第一吸附层吸附量不断增大，但是，在此阶段气态正戊烷明显出现了第二吸附层（图 4–12），这导致在第一吸附层吸附量增大的基础上，又增加了第二吸附层的吸附量，这是导致单位面积吸附量急剧增大的根本原因。通过式（4–7）至式（4–10），同样对液态正戊烷吸附密度曲线进行数据处理，得到了单位面积高岭石表面液态正戊烷的吸附量，液态正戊烷在铝氧八面体表面的液相吸附量为 0.80mg/m^2，硅氧四面体表面为 0.82mg/m^2，平均为 0.81mg/m^2。气态正戊烷吸附量随相对压力的增大而增大，最大为 0.305mg/m^2，40℃下液态正戊烷单位面积吸附量是气态正戊烷单位面积吸附量的 2.65 倍。由此可知，用蒸气法实验所得气态烃吸附量难以代表页岩油在地质情况下的液态吸附量，如果使用蒸气法实验对页岩油吸附量进行评价时，需要对最终结果进行校正。

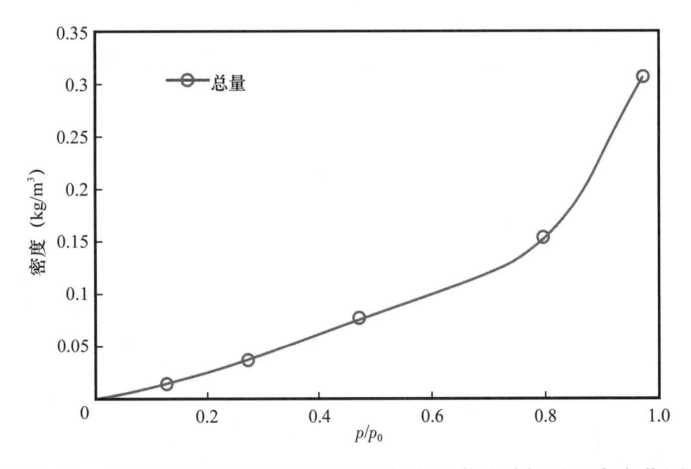

图 4–12　单位面积高岭石表面气态正戊烷吸附量随相对压力变化图

同样的，可以得到 10 个、50 个、100 个及 200 个正戊烷吸附模型中正戊烷的吸附密度曲线（图 4–13），从中可以计算出游离相密度分别为 0.4284kg/m^3、1.5336kg/m^3、2.6711kg/m^3、3.2673kg/m^3、对应的相对压力分别为 0.1334、0.4692、0.7994、0.9732。

从图 4–13 中，可以直观地看出，相对压力小于 0.8 时，正戊烷主要为单层吸附。随着相对压力的增大，第一吸附层的吸附相密度峰值不断增大，当相对压力大于 0.8 时，第二吸附层开始明显出现。液态正戊烷吸附密度曲线（绿线）则呈现多层吸附特征，液态正戊烷吸附中第一吸附层的密度峰值明显高于气态正戊烷吸附。图 4–13 中液态正戊

烷吸附密度曲线（绿线）与相对压力 0.9732 气态正戊烷吸附密度曲线所夹淡红色区域，即为液相吸附比气相吸附大的部分。

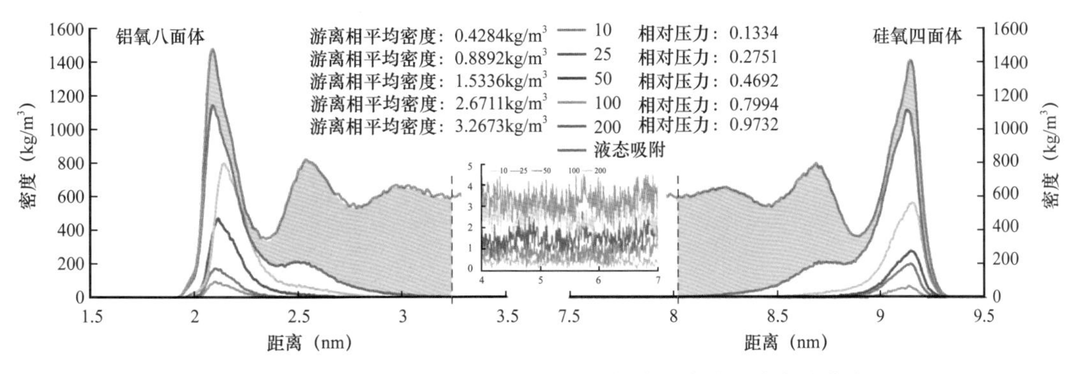

图 4-13　液态正戊烷与不同相对压力下气态正戊烷吸附密度曲线

（二）页岩油吸附主控因素分析

本节中高岭石晶胞化学式、高岭石壁面模型及狭缝型高岭石孔隙模型与前述模型一致。为了研究组分对页岩油吸附的影响，这里使用甲烷（CH_4）、正己烷（C_6H_{14}）、正十二烷（$C_{12}H_{26}$）、正十八烷（$C_{18}H_{38}$）、萘（$C_{10}H_8$）及硬脂酸（$C_{18}H_{36}O_2$）的混合物来代表油的混合物（图 4-14a—f）。为了对比多组分的吸附特征，模型中油混合物的各组分分别加载 150 个分子，初始摩尔百分比为 16.67%。甲烷分子代表页岩油中溶解的气体（C_1—C_5 部分），正己烷和正十二烷分子代表低碳数烷烃（C_6—C_{14} 饱和烃），正十八烷分子代表高碳数烷烃（C_{14+} 饱和烃），萘分子代表芳香烃（C_{6+} 芳香烃），硬脂酸分子代表极性化合物（胶质和沥青质）。使用 PackMol 程序插入吸附质分子，初始模型如图 4-14 所示。

本节中高岭石与六组分油混合物分子的力场模型同前述模型，使用的模拟软件、静电力模型、范德华半径、能量最小化及弛豫过程中的参数同前述参数。本次模拟使用 NPT 系统模拟时间为 200ns，为了研究温度对多组分油吸附的影响，设置了 298K—10MPa、323K—10MPa、348K—10MPa 及 373K—10MPa 四组模拟条件，为了研究压力对多组分油吸附的影响，进一步设置了 0.1MPa—323K、5MPa—323K 及 20MPa—323K 三组模拟条件，共计 7 组模拟。这些温度和压力是松辽盆地青一段油窗阶段地质温压的主要分布范围（Zhou 等，1999）。

为了研究多组分页岩油的吸附特征，本节中设置了各吸附层平均密度、吸附比例、摩尔密度曲线等参数来表征组分对页岩油吸附的影响。

1. 各吸附层平均密度

以铝氧八面体表面的第一层吸附为例，第一吸附层的平均密度（$\rho_{1layer\text{-}ave}$，g/cm³）能够从油混合物的密度（ρ_{oil}，g/cm³）中获得，高岭石表面的吸附密度曲线是每隔 0.015nm 计算的。其他吸附层的平均密度也是通过同样的方法获得的。

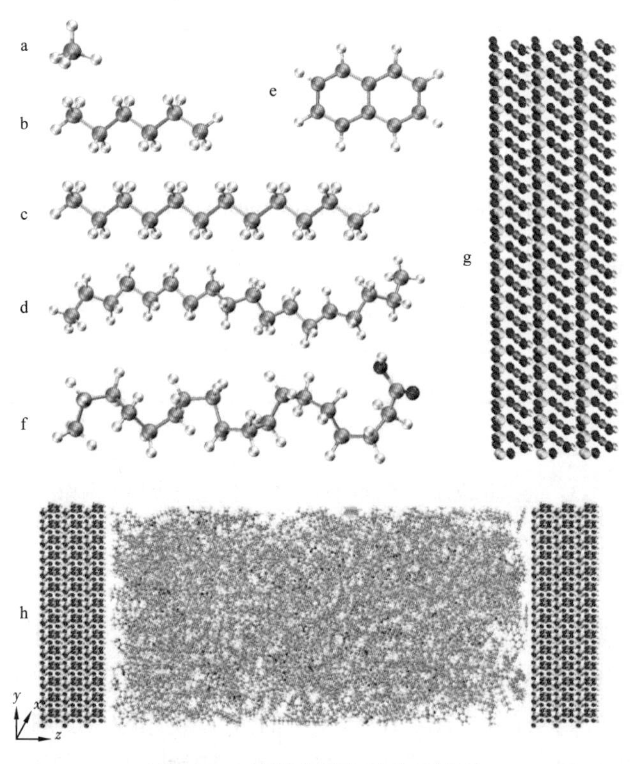

图 4-14　油混合物中的分子模型

a. 甲烷（CH_4）; b. 正己烷（C_6H_{14}）; c. 正十二烷（$C_{12}H_{26}$）; d. 正十八烷（$C_{18}H_{38}$）; e. 萘（$C_{10}H_8$）; f. 硬脂酸（$C_{18}H_{36}O_2$）; g. 高岭石模型; h. 高岭石狭缝状孔隙中油混合物的初始模型

$$\rho_{\mathrm{1layer\text{-}ave}}=\frac{m_{\mathrm{1layer}}}{V_{\mathrm{1layer}}}=\frac{\int_0^{L_{\mathrm{1layer}}}S_{\mathrm{model}}\cdot\rho_{\mathrm{oil}}\mathrm{d}L}{L_{\mathrm{1layer}}\cdot S_{\mathrm{model}}}=\frac{\int_0^{L_{\mathrm{1layer}}}\rho_{\mathrm{oil}}\mathrm{d}L}{L_{\mathrm{1layer}}} \tag{4-11}$$

式中，$\rho_{\mathrm{1layer\text{-}ave}}$ 为第一吸附层的平均密度，g/cm^3; m_{1layer} 为第一吸附层的质量，mg；V_{1layer} 为第一吸附层的体积，nm^3; ρ_{oil} 为高岭石模型中随距离 L 变化的混合油密度，g/cm^3; S_{model} 为所模拟模型（XY 平面）的面积，nm^2; L_{1layer} 为铝氧八面体表面第一吸附层的最大长度，nm；ρ_{oil}、L_{1layer} 可以从多组分油混合物的密度曲线中读取。

2. 吸附比例计算

在吸附模拟中，吸附比例能反映模型孔隙中油的不可动部分。

$$R_{\mathrm{adsorption}}=\frac{m_{\mathrm{ada}}+m_{\mathrm{ads}}}{m_{\mathrm{total}}}\cdot 100=\frac{\int_{L_1}^{L_2}s_{\mathrm{model}}\cdot\rho_{\mathrm{oil}}\mathrm{d}L+\int_{L_3}^{L_4}s_{\mathrm{model}}\cdot\rho_{\mathrm{oil}}\mathrm{d}L}{m_{\mathrm{total}}}\cdot 100 \tag{4-12}$$

式中，$R_{\mathrm{adsorption}}$ 为吸附比例，%；m_{ada} 为铝氧八面体表面吸附质量，mg；m_{ads} 为硅氧四面体表面的吸附质量，mg；m_{total} 为油混合物的总质量，mg；L_1 为密度曲线的起始位置，nm；L_2 为硅氧四面体表面吸附层的截止位置，nm；L_3 为硅氧四面体表面吸附相与游离相分开的位置，nm；L_4 为吸附曲线的截止位置，nm；ρ_{oil}、L_1、L_2、L_3、L_4 可以从多组

分油混合物的密度曲线中读取。

3. 摩尔密度曲线

为了定量评价吸附特征，对混合油中每个组分的摩尔密度都进行了计算并分析。由于6个组分一开始的摩尔比例相同（均为16.67%），摩尔密度曲线比密度曲线更能反映多组分吸附特征。拿甲烷来说，甲烷摩尔密度曲线（ρ_{mol-CH_4}，$kmol/m^3$）可以由甲烷密度曲线（ρ_{CH_4}，kg/m^3）与甲烷摩尔质量（M_{CH_4}，g/mol）获得，其他五种组分的摩尔密度曲线也可以用同样的方法获得：

$$\rho_{mol\text{-}CH_4}=\frac{\rho_{CH_4}}{M_{CH_4}} \tag{4-13}$$

4. 各吸附层中不同组分的摩尔比例

为了定量评价每个吸附层的吸附特征，对各组分在不同吸附层中的摩尔百分比进行了分析。以铝氧八面体表面第一吸附层中的甲烷为例，$R_{1layer-CH_4}$是通过以下公式计算的：

$$R_{1layer\text{-}CH_4}=\frac{\int_0^{L_{1layer}}\rho_{mol\text{-}CH_4}dL}{\int_0^{L_{1layer}}\rho_{mol\text{-}CH_4}dL+\int_0^{L_{1layer}}\rho_{mol\text{-}C_6H_{14}}dL+\int_0^{L_{1layer}}\rho_{mol\text{-}C_{12}H_{26}}dL+\int_0^{L_{1layer}}\rho_{mol\text{-}C_{18}H_{38}}dL+\int_0^{L_{1layer}}\rho_{mol\text{-}C_{10}H_8}dL+\int_0^{L_{1layer}}\rho_{mol\text{-}C_{18}H_{36}O_2}dL} \tag{4-14}$$

式中，L_{1layer}为铝氧八面体表面第一吸附层的截止位置，该参数可以在多组分混合油摩尔密度曲线上读取。

5. 吸附相中不同组分的总摩尔比例

为了定量对比不同温压条件下六个组分的吸附特征，对高岭石两个表面吸附相中各组分的吸附百分比进行了计算。以298K铝氧八面体表面的吸附相甲烷为例，R_{ada-CH_4}可以通过以下公式进行计算：

$$R_{ada\text{-}CH_4}=\frac{\int_0^{L_{ada}}\rho_{mol\text{-}CH_4}dL}{\int_0^{L_{ada}}\rho_{mol\text{-}CH_4}dL+\int_0^{L_{ada}}\rho_{mol\text{-}C_6H_{14}}dL+\int_0^{L_{ada}}\rho_{mol\text{-}C_{12}H_{26}}dL+\int_0^{L_{ada}}\rho_{mol\text{-}C_{18}H_{38}}dL+\int_0^{L_{ada}}\rho_{mol\text{-}C_{10}H_8}dL+\int_0^{L_{ada}}\rho_{mol\text{-}C_{18}H_{36}O_2}dL} \tag{4-15}$$

6. 不可动比例计算

不可动比例主要受单位质量吸附能力（$C_{adsorption-m}$，mg/g）、岩石热解参数（S_1，mg/g，1g富有机质页岩中油的质量，能够通过Rock-Eval实验获得）、赋存油的孔隙表面积（A_{oil}，m^2/g）所控制。

$$F_{uc}=\frac{C_{adsorption\text{-}m}}{S_1}=\frac{\frac{C_{ada\text{-}a}+C_{ads\text{-}a}}{2}\cdot A_{oil}}{S_1} \tag{4-16}$$

$$A_{\text{oil}} = A_{\text{shale}} \cdot Z_{\text{oil}} / 10 \tag{4-17}$$

$$Z_{\text{oil}} = \frac{A_{\text{shale-ab}} - A_{\text{shale-uab}}}{A_{\text{shale-ab}}} \tag{4-18}$$

式中，A_{shale} 为页岩表面积，可以通过氮气吸附实验获得，m^2/g；Z_{oil} 为包含油的孔隙比率，%；$A_{\text{shale-ab}}$ 为用氯仿抽提出来的页岩表面积，可以通过氮气吸附实验获得，m^2/g；$A_{\text{shale-uab}}$ 为未抽提的页岩表面积，可以通过氮气吸附实验获得，m^2/g。

7. 吸附平衡的判断

系统中六个组分的均方根位移（RMSD）首先用式（4-19）来计算并确定每个组分的吸附动平衡与需要模拟的时间：

$$\text{RMSD} = \sqrt{\frac{1}{N}\sum_{i=1}^{N}\left\langle\left|r_i(t) - r_i(0)\right|\right\rangle^2} \tag{4-19}$$

式中，N 为六组分中每个组分的总原子数；r_i（0）、r_i（t）分别为第 i 个原子最初位置及在时间 t 的最终位置。图 4-15 显示吸附在高岭石表面的六个组分的均方根位移是模拟时间的函数。40ns 以后，系统中六组分的均方根位移变化很少，表面吸附模拟达到了“平衡”。

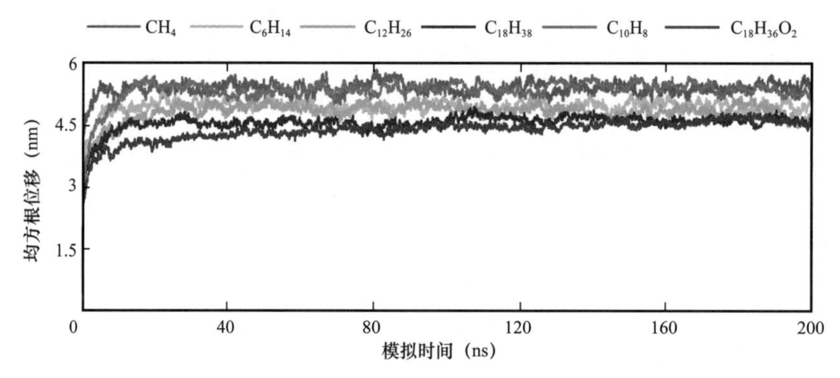

图 4-15　系统中六组分的均方根位移

然而，均方根位移是指每个组分分子的平均位移，游离相的分子对此影响很大。均方根位移不能判断模拟是否达到真正的位移，尤其是本次研究中重质的高碳数烷烃和非烃对此影响很大。在本书中，用式（4-14）计算了不同吸附层各组分摩尔百分比来判断吸附的动态平衡。图 4-16 表示高岭石两个表面不同吸附层六个组分的摩尔百分比随着模拟时间而变化。能清晰地看到模拟 40ns 后（用均方根位移判定的吸附平衡）摩尔百分比仍然随着模拟时间变化。随着模拟时间的增长，当达到 140ns 时，摩尔百分比变化不明显。最后三个时间段（140～160ns、160～180ns、180～200ns）中各组分摩尔百分比几乎相同，这就表明吸附达到了真正的平衡。

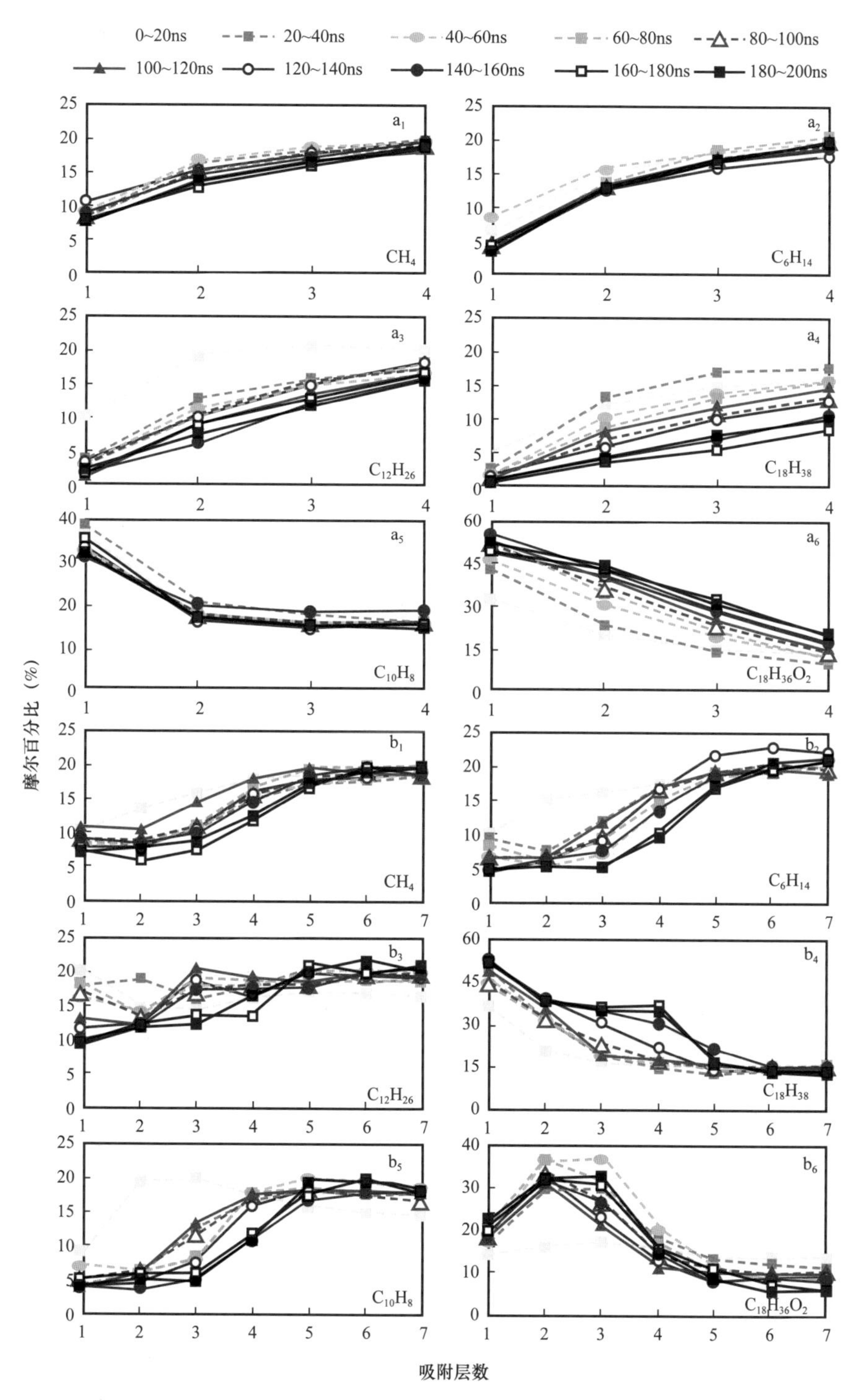

图 4-16　各组分摩尔百分比随模拟时间的变化

a_1 至 a_6—高岭石的铝氧八面体表面；b_1 至 b_6—高岭石的硅氧四面体表面

1）六组分油混合物吸附相体积及密度特征

为了深入了解高岭石纳米孔隙中六组分油混合物分子的吸附行为，本次研究使用达到平衡后的模拟数据计算出高岭石狭缝中油混合物的连续质量密度分布，并截取最后一帧作为构型图，得到了 323K、10MPa 条件下 7.82nm 直径的高岭石狭缝型孔隙中油混合物的密度分布图和平衡后不同吸附层中各组分的排列构型图（图 4–17）。由于高岭石两个不同表面与油分子均有一定的相互作用力，油分子在高岭石表面均呈现有序的排列并在靠近表面的密度分布上体现出不同的“波形”，每一个波峰代表一个吸附层。油混合物分子在狭缝状孔隙中分布不均匀，高岭石两个不同表面的吸附并不相同。铝氧八面体表面第一吸附层的密度峰值为 1887kg/m^3，约为体相密度（764kg/m^3）的 2.5 倍；而硅氧四面体表面第一吸附层的密度峰值为 3404kg/m^3，约为体相密度的 4.5 倍。这种吸附层高密度峰的成因是吸附层中的分子由于高岭石表面对油分子的吸引作用，导致油分子平行于高岭石表面进行有序排列，使其成为相对固定的“类固体”层（王森等，2015；Maolin 等，2008）。在远离高岭石表面的区域，高岭石对油分子的吸引力减小，这种有序排列的趋势变弱，导致远离高岭石表面的区域质量密度峰值有所下降，铝氧八面体一侧密度峰值降低至 999kg/m^3，硅氧四面体一侧密度峰值降低至 2519kg/m^3。在体相区域中，油混合物的密度曲线没有明显的波动，说明油分子在体相中分布得较为均匀。

为了确定页岩油的可动量，需要先确定吸附相所占的比例，之后将其从总孔隙空间中扣除。Davidchack 等通过模拟没有作用力的表面上流体分子的排布发现，在表面附近流体的平均密度与体相的平均密度一致，说明当流体分子与表面没有相互作用力时，尽管出现了密度曲线的波动，流体分子在平面上也有规律性的排列，但是由于平均密度与体相密度一致，这并非真正的吸附（Davidchack 等，2016）。本次研究中，高岭石模型中油混合物的质量密度分布曲线揭示了吸附相所在的区域（图 4–17b），不仅密度曲线发生波动，并且单层平均吸附密度大于体相（游离相）密度（Maolin 等，2008；Do 等，2005；Severson 等，2007）。同样利用式（4–11）对本次研究中高岭石两个不同表面油混合物密度波动区域的平均密度进行了计算，结果表明，两个不同表面密度波动区域的平均密度明显高于体相区域的平均密度，表明油混合物在高岭石表面存在吸附现象。油混合物在铝氧八面体表面有四层吸附，在硅氧四面体表面有七层吸附，说明油混合物在高岭石两个不同极性表面的多层吸附存在一定的差异。Christenson 等测量了正构烷烃和云母间的相互作用力，同时得到了烷烃在云母表面的层间距（0.40～0.50nm）约等于烷烃分子的宽度，而与链长无关（正辛烷链长约为 1.35nm）（Christenson 等，1987）。本次研究结果表明，铝氧八面体表面吸附层单层厚度约为 0.44nm，硅氧四面体表面吸附层单层厚度约为 0.42nm（图 4–17b），与上述实验结果一致。图 4–17b 还表明，铝氧八面体与硅氧四面体表面的吸附厚度分别为 1.77nm 和 2.96nm，表明在上述条件下，对于高岭石构成的 7.82nm 狭缝型孔隙来说，吸附相体积占孔隙体积的 60.4%，吸附相质量占流体总质量的 65.7% [式（4–12）]。铝氧八面体及硅氧四面体表面单位面积吸附量 C_{ada-a} 和 C_{ads-a} 分别为 1.44mg/m^2 和 2.47mg/m^2 [式（4–9）和公式（4–10）]。对于本次研究的油混合物模型来说，硅氧四面体表面的吸附能力要大于铝氧八面体表面的吸附能力。

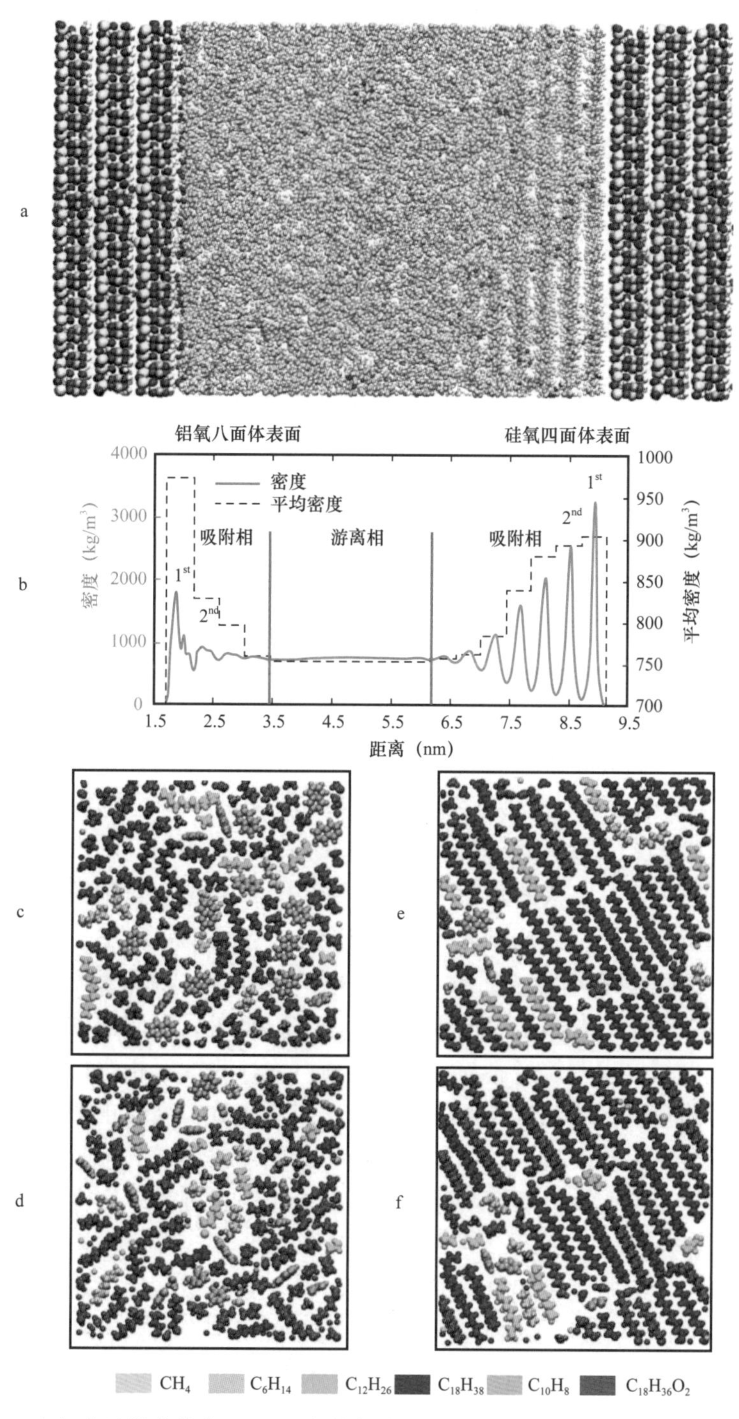

图 4-17　六组分油混合物在 7.82nm 宽的高岭石狭缝状孔隙中的吸附（323K、10MPa）

a. 模拟结果的最后一帧；b. 孔隙中油混合物的密度分布曲线；c. 铝氧八面体表面第一吸附层；d. 铝氧八面体表面第二吸附层；e. 硅氧四面体表面第一吸附层；f. 硅氧四面体表面第二吸附层

此外，为了研究油混合物在高岭石表面的吸附特征，截取了铝氧八面体和硅氧四面体表面第一和第二吸附层的截面图像（图 4–17c—f）。在铝氧八面体表面的第一吸附层中，硬脂酸和萘占据了大部分表面空间，并且没有明显的有序分布（图 4–17c），第二吸附层也有同样的规律（图 4–17d）。在硅氧四面体表面，硬脂酸和正十八烷呈有序分布，长轴与高岭石晶体 Y 轴方向呈 30° 夹角，如图 4–17e 中蓝色的正十八烷分子与红色的硬脂酸分子所示，这种吸附现象的发生是由高岭石矿物晶格在表面形成的势场控制的。作为比较，对比了 Dirand 等（2002）测量的正十八烷凝固态结构中的分子间距，实验结果为 0.48nm，比本次模拟结果中高岭石表面正十八烷分子间间距大 0.03nm，这表明正十八烷分子由于硅氧四面体表面六元环晶格的吸引而排列得更紧密。然而，正十八烷凝固态结构中 Z 轴方向上的厚度为 0.40nm，比硅氧四面体表面的厚度小 0.04nm，这是由于模拟中的温度是 323K，比实验中正十八烷凝固态测量温度高出 30K。尽管正十八烷分子被吸引到硅氧四面体表面，但温度在吸附过程中同样起到重要的作用，温度升高，正十八烷弯曲和扭转的趋势增加，单层吸附厚度会增加，因此，模拟中单个吸附层的厚度大于实验中正十八烷凝固态 Z 轴方向上的单层厚度。小分子（甲烷、正己烷和萘）分布在正十八烷和硬脂酸分子间的空隙中，硅氧四面体表面第二吸附层中的混合油分子比第一吸附层更无序，这可以通过它们与硅氧四面体表面间的距离增加来证明（图 4–17f）。

2）油的组分及矿物表面极性对页岩油吸附的影响

利用式（4–13），可以计算出油混合物中各组分的摩尔密度（图 4–18），以定量评价油混合物中各组分在高岭石表面的吸附特征。甲烷的摩尔密度分布图显示在铝氧八面体表面有四个不同的吸附层，单层吸附厚度为 0.42nm，第一吸附层的摩尔密度峰值略高于体相（图 4–18a）。与铝氧八面体表面相比，硅氧四面体表面甲烷的摩尔密度分布图显示七个不同的吸附层，但大多数都低于孔中心区域（图 4–18b）。这种现象与高岭石表面单组分甲烷的吸附特征不同，高岭石表面甲烷只有一个主要的吸附层，且该单组分甲烷吸附层的密度是体相密度的 4 倍（Chen 等，2017）。铝氧八面体表面烷烃的吸附摩尔密度分布图表明，甲烷同样具有四个吸附层（图 4–18a）。此外，吸附层的密度低于体相（狭缝状孔隙中部）区域，表明烷烃不易吸附在铝氧八面体表面。相比之下，硅氧四面体表面有七层烷烃吸附层，密度值远高于体相区域，对于碳数较高的正十八烷分子来说尤其如此，正十八烷分子占据了硅氧四面体表面第一吸附层表面积的一半。在硅氧四面体表面前四个吸附层（这是受高岭石影响最大的区域）内，发现摩尔密度峰值随烷烃链长而减小（图 4–18b）。

芳香烃（萘）主要吸附在铝氧八面体表面，而不是硅氧四面体表面，在铝氧八面体表面吸附密度曲线上呈现出一个明显的峰（图 4–18a），其峰值为 6.20kmol/m^3，是体相密度（0.87kmol/m^3）的 7 倍。但是在硅氧四面体表面有 7 个吸附层，每层的密度值都低于体相密度（图 4–18b）。这表明萘更容易吸附在铝氧八面体表面而不是硅氧四面体表面。硬脂酸的吸附密度曲线（图 4–18）显示在铝氧八面体表面有 3 个吸附层，在硅氧四面体表面有 6 个吸附层。硬脂酸的体相密度是最低的，表明硬脂酸相对于其他油组

分来说更容易吸附。硬脂酸在铝氧八面体表面的第一个吸附层密度曲线上有两个明显的峰，与其他组分特征不同。硬脂酸分子的羟基官能团吸附在铝氧八面体表面，部分氢键与 Al—OH 官能团结合，从而致使疏水烷基链远离铝氧八面体表面。这一现象可与硅氧四面体表面对比，在硅氧四面体表面可以观察到烷基链，平行于高岭石表面，羟基官能团远离硅氧四面体表面。该结果与 Underwood 等（2016）对于硅氧四面体表面的研究成果一致，硬脂酸分子吸附的排列与硅氧四面体表面方向平行，与正十八烷的分子结构类似。硬脂酸在第一吸附层只形成了一个峰，5 个密度峰的值高于体相密度值，由于正十八烷的竞争性吸附，第一层的密度不高于第二层的密度。

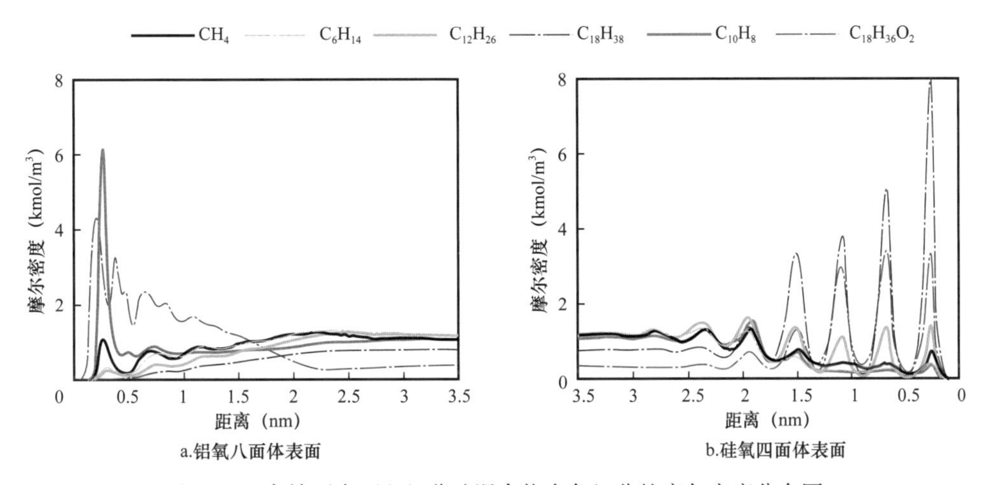

图 4–18　高岭石表面六组分油混合物中各组分的摩尔密度分布图

为了对比 6 个组分的吸附特征，计算了每个组分在不同吸附层的吸附比例［式（4–12）］。铝氧八面体表面 6 个组分的摩尔比例表明第一吸附层中萘和硬脂酸占了 85%（图 4–19a）。其吸附比例随着吸附层数量增加而减小（该现象可以称为正吸附趋势）。同时烷烃的吸附模式相反（可称为负吸附趋势），4 个吸附层中的吸附比例随着碳数增加而减小。

在硅氧四面体表面，正十八烷的吸附比例随着吸附层数增加而减小，与铝氧八面体的规律不同，表明正十八烷更容易吸附在硅氧四面体表面（图 4–19b）。甲烷、正己烷、正十二烷的吸附比例随着吸附层数增加而增加，与铝氧八面体表面规律一致，表明相对其他三种组分，他们不容易吸附在高岭石的两个表面。萘在硅氧四面体面上与甲烷、正己烷、正十二烷类似，也呈现负吸附趋势，不同于在铝氧八面体的规律，表明萘更容易吸附在铝氧八面体表面。每种液态烷烃（正己烷、正十二烷、正十八烷）的吸附比例在前四个吸附层随着碳数增加而增加。

在对比 6 个组分的吸附特征和密度曲线的摩尔比例后，可以得出这样的结论：（1）铝氧八面体表面的吸附层数、每个吸附层的密度、总吸附量均小于硅氧四面体的吸附层数、每个吸附层的密度、总吸附量；（2）硅氧四面体的表面晶格结构控制着油分子的排列，而铝氧八面体表面该现象不明显；（3）芳香萘和极性硬脂酸分子更容易吸附在铝氧八面体表面，正十八烷分子更容易吸附在硅氧四面体表面，烷烃分子在硅氧四面体吸附层中的吸附比例随着碳数增加而增加；（4）烷烃在铝氧八面体表面呈现负吸附趋势，萘与硬脂酸呈现正吸附趋势；（5）正十八烷分子在硅氧四面体表面呈现正吸附趋势，同时甲烷、正已烷、正十二烷、萘呈现负吸附趋势。将硅氧四面体与铝氧八面体分开进行统计对于油组分吸附特征的研究非常重要，有利于确定孔隙中油的界面张力与纳米尺度的流动机制。

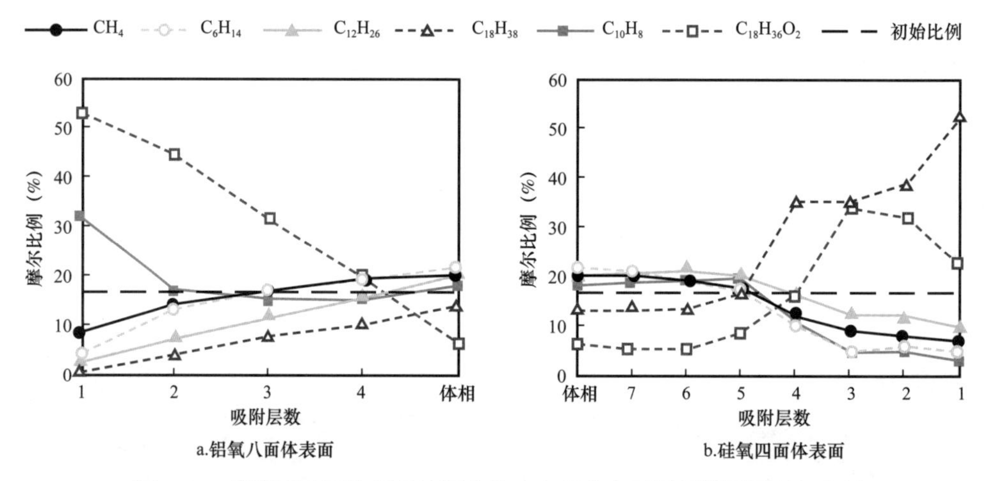

图 4-19　高岭石表面六组分油混合物中各组分在不同吸附层的摩尔比例

3）温度及压力对页岩油吸附的影响

首先讨论压力对多组分油混合物吸附特征的影响。由 4 个不同压力点（0.1MPa、5MPa、10MPa 及 20MPa）油混合物的密度分布曲线可以看出：首先，随着压力的升高，高岭石两个不同表面的吸附层数量保持不变（铝氧八面体表面 4 个吸附层，硅氧四面体表面 5 个吸附层）（图 4-20）；其次，油混合物密度随压力的变化不大，单个吸附层厚度随压力的增加略有减小，这是因为随着压力的增加，施加在系统上的力增加，导致油分子更加紧密的排列。因此，与单层厚度减小相对应，密度峰值略有增加。但是总体来说，压力对油吸附的影响很小。

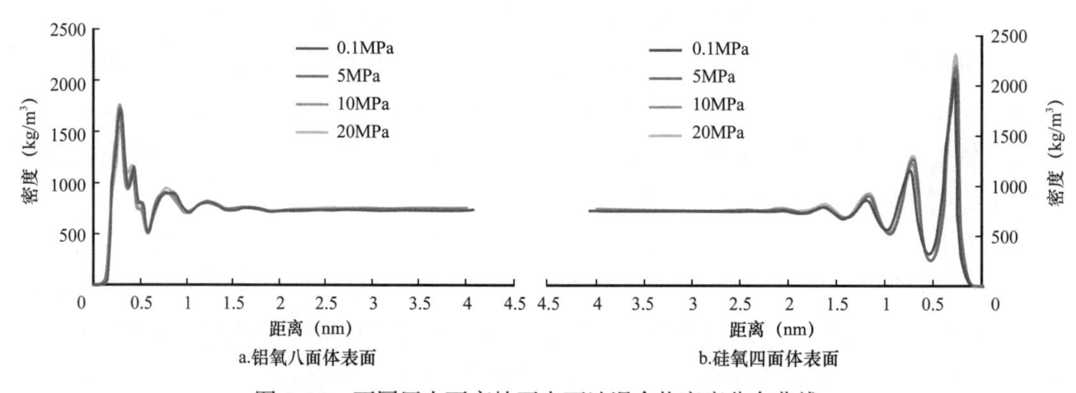

图 4-20　不同压力下高岭石表面油混合物密度分布曲线

其次研究温度对六组分油混合物吸附特征的影响。在四种不同温度（298K、323K、348K 及 373K）下，基于高岭石两个不同表面绘制了油混合物的密度分布图（图 4-21）。首先可以看到，随着温度的升高，高岭石两个不同的表面上油膜的厚度不断增大，而吸附密度随之减小。其次，随着温度的升高，铝氧八面体表面的吸附层数从 6 层下降到 3 层（298K 时为 6 层，323K 时为 4 层，348K 时为 4 层，373K 时为 3 层），硅氧四面体表面的吸附层从 7 层下降到 5 层（298K 及 323K 时为 7 层，348K 及 373K 时为 5 层）。虽然高岭石两个不同表面的单个吸附层厚度都随温度的升高而增大，但是吸附层的密度、总吸附厚度及总吸附能力则均随温度的升高而呈现下降的趋势。尤其是随着温度的升高，每个吸附层的密度峰值位置均会向远离高岭石表面的方向移动（在硅氧四面体表面密度峰值的位置：298K 时为 0.69nm，323K 时为 0.69nm，348K 时为 0.74nm，373K 时为 0.78nm），但是第一吸附层密度峰值位置不随温度的变化而变化（在四个温度点上，硅氧四面体表面的第一密度峰值位置均为 0.29nm）。将本次分子动力学模拟的单层吸附层厚度与 Dirand 等（2002）测量的 293K 下结晶态正十八烷分子间的厚度进行了对比：四个温度点下每个吸附层的厚度分别为 0.41nm（298K）、0.42nm（323K）、0.43nm（348K）及 0.44nm（373K）。这些距离与 293K 条件下所得结晶态正十八烷单层分子层厚 0.40nm 的实验结果相当，这些值比实验室稍高（低于 10%）的原因是：

（1）随着温度的升高，直链烷烃发生扭转的概率更高，在表面吸附时，分子与表面不成平行状吸附，排列不整齐；（2）本次模拟所使用油混合物模型中一些小分子（如甲烷、正己烷）溶解在长链分子中，这同样使得吸附厚度增加。

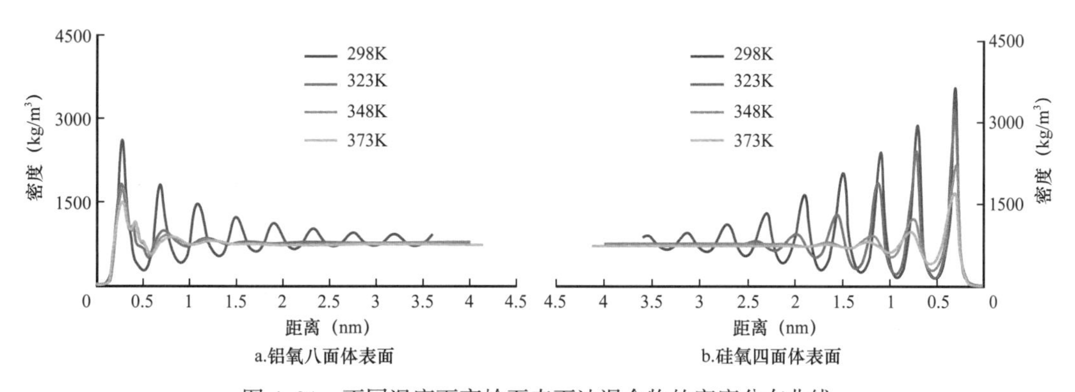

图 4-21　不同温度下高岭石表面油混合物的密度分布曲线

为了进一步定量比较六组分在四个温度下的吸附特征，本次研究用式（4-12）计算了高岭石不同表面吸附相中单组分的吸附比例，图 4-22a—c 显示了四种不同温度下，铝氧八面体表面吸附相区域、体相区域及硅氧四面体表面吸附相区域烷烃（甲烷、正己烷、正十二烷及正十八烷）的摩尔百分比，图 4-22d—f 分别显示了铝氧八面体表面吸附相区域、体相区域及硅氧四面体表面吸附相区域萘和硬脂酸的摩尔百分比，图中黑色虚线为混合油模型中各组分的初始摩尔百分比（16.67%）。铝氧八面体吸附相区域内烷烃的摩尔百分比随温度升高而降低，且均低于初始摩尔百分比，说明烷烃不易吸附在铝氧八面体表面。在较低温度（298K）下，烷烃的摩尔百分比几乎相同，非常接近初始百分比，然而随着温度的升高，吸附相区域高碳数烷烃的摩尔百分比下降速率快于低碳数烷烃。在373K时，不同碳数烷烃的摩尔百分比相差最大。铝氧八面体表面烷烃的摩尔百分比顺序为甲烷＞正己烷＞正十二烷＞正十八烷，分别为14.4%、12.1%、7.9%和6.8%（图4–22a）。随温度的升高，硬脂酸摩尔百分比在铝氧八面体吸附相区域内呈线性增长趋势，然而，萘有轻微下降的趋势。此外，硬脂酸和萘的摩尔百分比均高于初始摩尔百分比（16.67%），这表明它们比烷烃更容易被吸附在铝氧八面体表面（图4–22d）。

最后讨论六种组分在硅氧四面体表面吸附相区域内的摩尔百分比。烷烃在硅氧四面体表面的趋势与铝氧八面体表面的趋势相反，随着温度的升高，烷烃摩尔百分比随之升高。与低碳数烷烃相比，高碳数的烷烃优先吸附在硅氧四面体表面，这与铝氧八面体表面观察到的趋势是相反的（图4–22c）。硬脂酸的摩尔百分比随温度升高而降低，萘的吸附比例随温度的升高略有增加。同时，萘和硬脂酸的吸附比例都比初始百分比低，这表明它们不易吸附在硅氧四面体表面，特别是在更高的温度下（图4–22f）。

分析了体相区域多组分的摩尔百分比，也间接反映了高岭石不同表面总吸附量的百分比。在298K时，低碳数的烷烃（甲烷和正己烷）在体相区域内的百分比高于高碳数烷烃，但随着温度的升高，烷烃的百分比开始收敛，接近初始百分比。在373K时，体相区域的烷烃百分比顺序为甲烷＜正己烷＜正十二烷＜正十八烷，分别为17.7%、18.4%、18.8%和19.2%（图4–22b）。这表明，较高碳数的烷烃在低温下更容易吸附在高岭石的表面，而温度升高时，高碳数烷烃更易脱离吸附相区域。萘在体相区域中的摩尔百分比变化趋势与低碳数烷烃的摩尔百分比变化趋势相同，与初始摩尔百分比基本相等，这表明萘在体相区域内的比例与吸附相区域内的比例一致。硬脂酸的摩尔比例变化规律并不明显，但是比例均小于初始百分比，这表明硬脂酸相对于其他组分来说更易吸附在高岭石表面。

本次研究绘制了单位面积吸附油量、单位面积吸附油相体积及吸附油相密度随温度的变化关系图（图4–23）。研究发现单位面积吸附油量、单位面积吸附油相体积及吸附油相密度均随温度的增大而减小。从25℃到100℃，单位面积吸附油量减小了45.07%，单位面积吸附油相体积减小了43.00%，吸附油相密度只减小了3.10%，单位面积吸附油量随温度减小的主要因素是单位面积吸附油相体积减小，与吸附油相密度关系不大。

三、溶胀机理

溶胀是高分子物理中的一个概念，用来描述交联聚合物在溶剂中不溶解而溶胀的现象（陈莞等，1997）。Ritter（2003a，2003b）首先将溶胀理论用于油气的初次运移研究中，但并没有进行实验研究，只是借用溶胀理论的基本概念和思路。Ertas等（2006）通过实

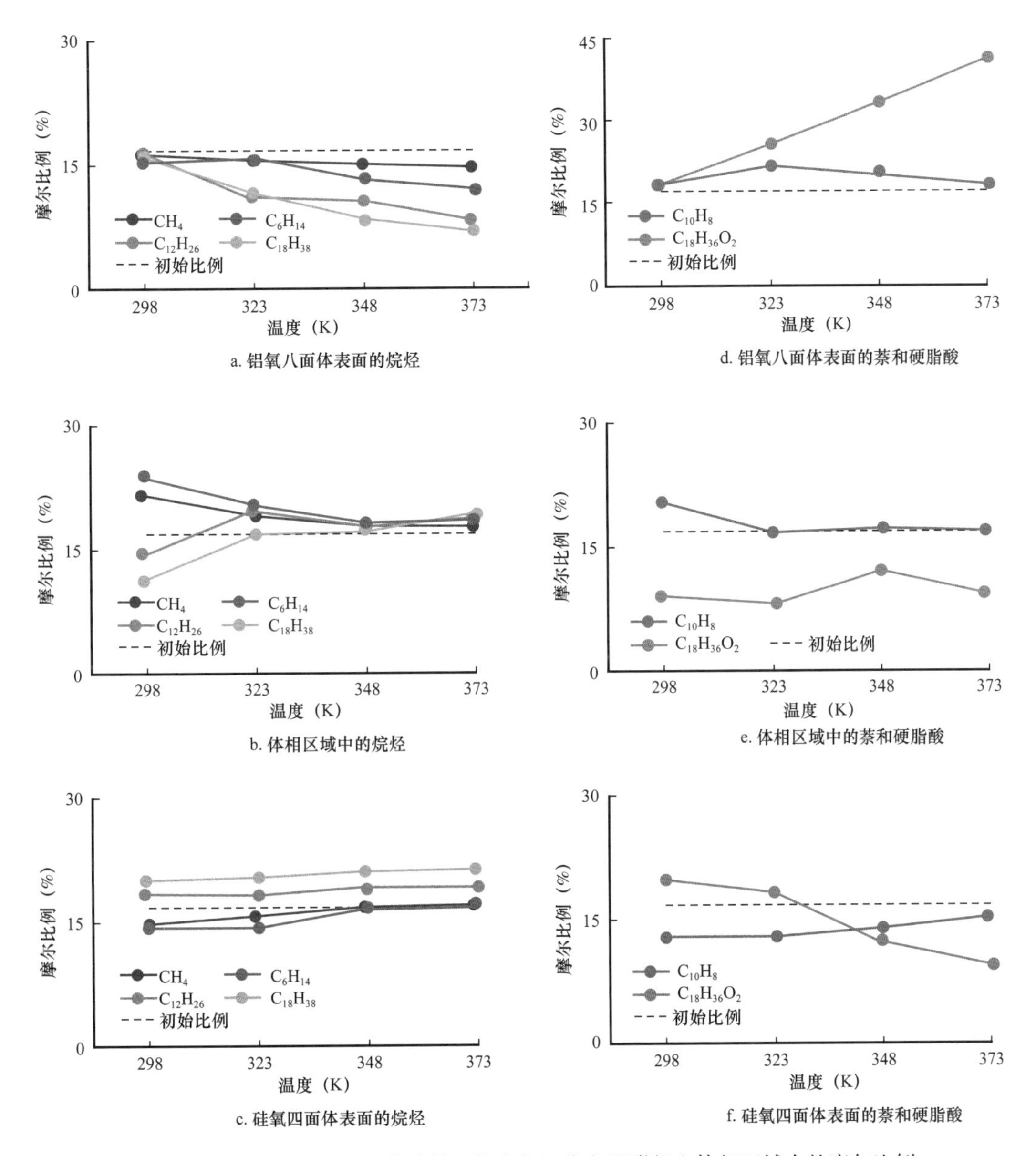

图 4-22　不同温度下六组分油混合物中各组分在吸附相和体相区域内的摩尔比例

验研究了石油在干酪根中的溶胀作用，陈茺等（1997）、蔡玉兰等（2007）也都通过实验模拟了石油在干酪根中的溶胀过程。

从高聚物角度，干酪根在溶剂中无法溶解，却可以大量吸收与其接触的溶剂，此时，溶剂分子向聚合物结构渗入，造成干酪根体积膨胀，称作干酪根的溶胀作用。该理论基于溶解度参数，Hildebrand J. 等（1939）将其定义为物质的内聚能密度平方根，该

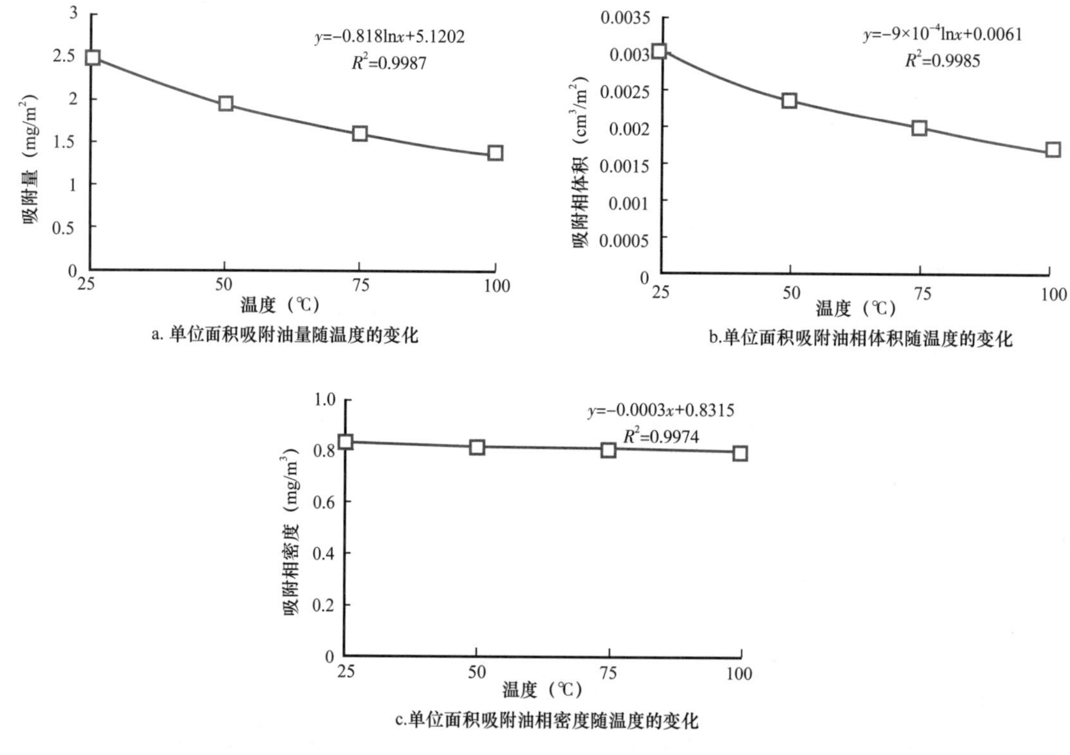

图 4–23　页岩油吸附参数随温度的变化关系图

参数主要是被用来表征简单液体分子间相互作用强度的特征和衡量不同聚合物之间的相容程度，进而被用于解释溶胀过程；Flory（1954）在早期研究中正是利用正规溶液溶解理论解释了溶胀过程。

干酪根中的溶胀烃，赋存在干酪根骨架中，不能流动，对产量没有贡献。但由于干酪根在溶胀过程中会发生体积增大，而地质条件下存在无机矿物的约束，增大部分体积因无法向外延展，就会向干酪根内孔隙部分膨胀，导致有机孔减小，有机孔隙容留油量减少。因此，开展溶胀机理研究，了解溶胀作用的控制因素还是很有必要的。

（一）干酪根溶胀作用原理

对煤中干酪根物理结构的认识随着物理检测技术及化学分析技术的发展不断提高，国内外学者先后提出了 Hirsch 模型、Riley 模型、交联模型、两相模型、缔合模型等多种各有特点的结构模型，其中两相模型多年来在科学研究和生产实践中得到了普遍的认可和应用（陈德仁，2011）。

两相模型指出，煤中干酪根分子多数呈交联的大分子网状结构，为大分子相，在非共价键的作用下，小分子“陷”在大分子网络结构中呈小分子相。图 4–24 为低阶烟煤的两相模型。

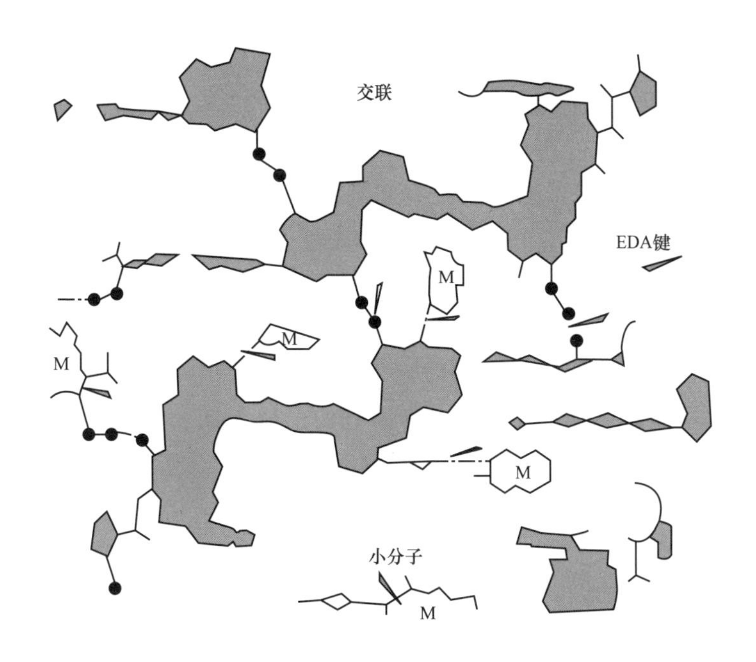

阴影面积表示大分子，有M的无阴影面积表示小分子

—●—●— 大分子交联键

—·—·—·· 小分子和大分子之间电子供体和接受体之间作用

图 4-24　低阶烟煤中两相模型示意图（图片转引自申峻等，1999）

溶胀过程中，试图渗入交联高聚物内的溶剂分子使其网络胀大，但网状分子链在交联高聚物体积膨胀后向三维空间伸展，导致交联网产生弹性收缩效果。这样直到溶剂的扩散力和网络的弹性收缩力相平衡时，高聚物体积不再增大，达到溶胀平衡。

研究表明煤中干酪根溶胀过程是不可逆的，且主要特征为非共价键的断裂，无法利用现有的正规溶液溶解理论去解释该过程。泥页岩中干酪根具有较高的交联密度，氢键在分子间作用力中不起主要作用，溶剂分子与干酪根网络之间不存在特殊相互作用，不伴随非共价键的断裂，因此遵循正规溶液溶解理论，可用正规溶液溶解理论对其溶胀过程进行解释（Flory，1954）。

（二）干酪根溶胀作用影响因素

干酪根溶胀行为主要是由干酪根分子间作用力以及干酪根与溶剂之间互相作用行为共同决定的，因此，干酪根性质、溶剂性质以及干酪根与溶剂的比例等均可对其溶胀行为产生影响。通常将干酪根溶胀前后的体积比作为干酪根的溶胀比，用以表征溶胀的程度。

1. 干酪根的类型

Exxon 公司根据 Flory–Rehner 胶体弹性理论和正规溶液溶解理论对影响干酪根溶胀行为的关键热力学参数进行了标定，并且在研究中发现Ⅲ型干酪根相比于Ⅱ型干酪根溶解度参数、交联密度和原始干酪根体积分数均较大，实验表明，除吡啶外，在与不同溶剂作用时，Ⅱ型溶胀比均大于Ⅲ型干酪根。

2. 干酪根的成熟度

张馨等（2008）对煤中干酪根的研究表明，在 R_o 小于 1.25% 范围内，Ⅲ型干酪根溶胀比随成熟度升高而降低，而 R_o 大于 1.25% 时，其溶胀比随成熟度增加反而升高，这表明干酪根的成熟度对其溶胀比的变化有显著的影响。

3. 溶剂的性质

不同溶剂所含杂原子及分子结构不同，因而对干酪根中大分子相和小分子相间弱键削弱能力不同，溶胀效果不同。Szeliga 等（1983）研究认为溶剂供电子数（EDN）为 0～16 时，分子扩散导致煤中干酪根发生略微溶胀。在一定范围内，分子体积增加导致溶胀度增大，并影响溶胀动力学过程，但不改变溶剂扩散机理。Hall 等（1988）研究认为，在碱性较弱的溶剂中，煤中干酪根的氢键参与反应的数量较多，因此溶胀度较大，但超过临界值后，溶胀度不变。根据非极性体系中“溶解度参数相近原则”和“相似相溶原则”，干酪根溶胀比随着干酪根的溶解度参数与溶剂溶解度参数差异大小而变化，差异越小溶胀比越大（张丽芳等，2003；Wei 等，2002；李沙沙等，2012；吴艳等，2008；倪献智等，2003）。

4. 样品预处理

Larsen 等（1994）研究发现经甲基化、乙酰化处理后的低阶煤，因衍生出—OH 而消除了煤中干酪根内部的氢键，在非极性溶剂中的溶胀度提高。陈茺（1996）等研究发现碱处理的烟煤和酸处理的褐煤在极性溶剂中的溶胀度增大。李文（2000）等在脱矿物质煤的溶胀特性研究中认为脱除煤的矿物导致其孔隙增多且结构布局发达，溶剂可更好地与煤中干酪根接触，因此溶胀度略有增加。

5. 溶剂量

实验表明，当溶剂充足时，溶剂分子充分地取代干酪根内的小分子，大分子网络得以完全伸展，平衡后溶胀比较高；而溶剂不足时，平衡后溶胀比较低。

（三）溶胀机理—干酪根溶胀作用的分子模拟

将油分子置入干酪根孔缝中，利用分子模拟技术同时考察干酪根溶胀和吸附作用。图 4-25a、b 分别展示了模拟结果的截图和密度分布。从截图中可以清晰地看到因溶胀作用进入干酪根基质中的油分子（图 4-25a）。将干酪根密度曲线及页岩油密度曲线（图 4-25b）与模拟图像进行区域比对，可以发现在密度曲线图上，页岩油分布主要呈现三个区域：溶胀区、吸附区和游离区。吸附区与游离区的规律与不同矿物及石墨烯表面页岩油吸附特征类似，均呈现多层吸附且第一吸附层密度峰值较大。值得注意的是，在干酪根左、右两个表面页岩油第一吸附层密度峰值分别为 853.46kg/m^3、850.96kg/m^3，远远小于石墨烯表面页岩油第一吸附层密度峰值（2515.16kg/m^3、2437.29kg/m^3）。这是由

于干酪根分子有众多支链，且干酪根是高分子的聚合体，表面并不平整，页岩油分子在干酪根表面排布时，并不像在石墨烯片层结构上排布得那么整齐，而是随着干酪根表面的起伏与 *XY* 平面有一定的倾角，这是导致在干酪根表面吸附时第一吸附层密度峰值并不高的根本原因。且干酪根与石墨烯吸附页岩油最大的区别是有溶胀态页岩油的存在，从图 4-25a 中可以看出，在干酪根区域，有相当数量的页岩油分子进入干酪根基质中，而在石墨烯吸附页岩油的图中并未发现相同的现象。这是由于石墨烯是碳原子以 sp^2 杂化轨道组成六角形呈蜂巢晶格的二维碳纳米材料，碳原子与碳原子之间成键距离小，页岩油分子不能通过石墨烯的片层结构进入石墨烯内部，而干酪根是高分子的聚合体，分子与分子之间仍然有相当的空间供页岩油分子进入其中，页岩油中与干酪根类似的组分会溶胀进入干酪根内部。

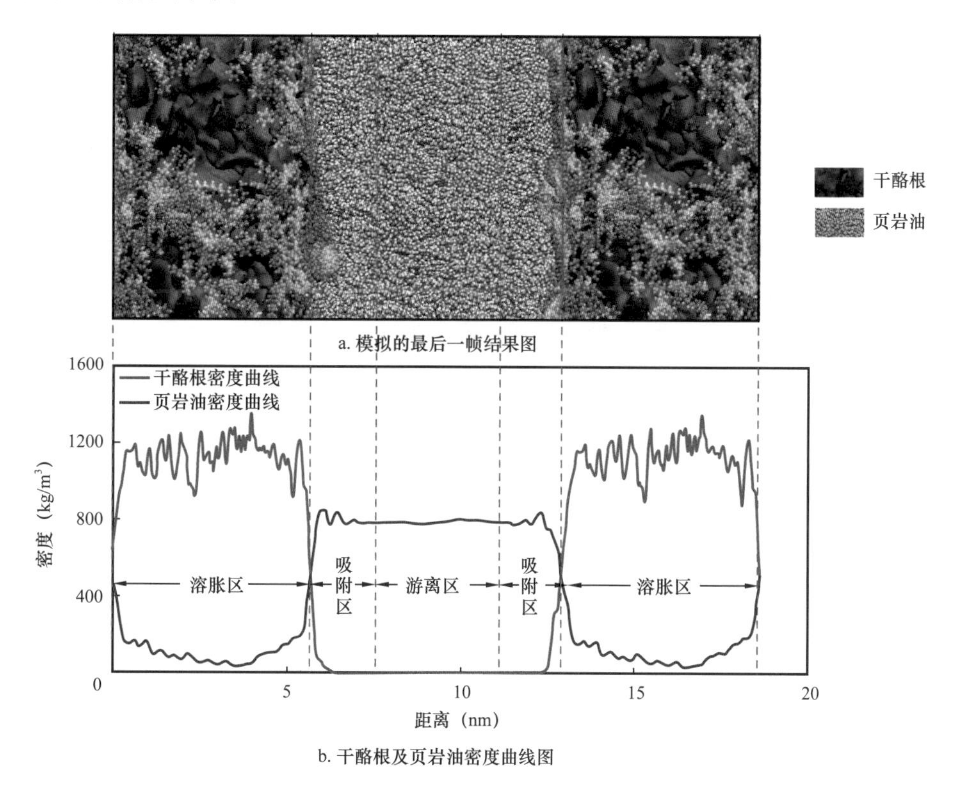

图 4-25 Ⅱ型干酪根溶胀及吸附分子动力学模拟图

为了研究页岩油在干酪根中的溶胀特征，设置了干酪根溶胀油量、各组分溶胀量、干酪根溶胀比这三个参数来表征组分及干酪根类型对页岩油溶胀的影响。

（1）干酪根溶胀油量：

$$Q_{oil}=\int_{L_{o1}}^{L_{o2}} S_{moedl}\cdot\rho_{oil}\mathrm{d}L \tag{4-20}$$

式中，Q_{oil} 为干酪根的溶胀油量，g；L_{o1} 为干酪根密度曲线与页岩油密度曲线相交的起始位置，nm；L_{o2} 为干酪根密度曲线与页岩油密度曲线相交的截止位置，nm；S_{model} 为干酪根—页岩油溶胀及吸附模型的截面积，m^2；ρ_{oil} 为页岩油密度，kg/m^3；ρ_{oil}、L_{o1}、L_{o2} 可以从页岩油的密度曲线中读取。

（2）干酪根溶胀比：

$$Q_v = \frac{Q_{oil}}{m_k} = \frac{Q_{oil}}{(n / N_A) \cdot M_k} \tag{4-21}$$

式中，Q_v 为干酪根溶胀比，无量纲；m_k 为干酪根质量，g；n 为干酪根分子个数，本书中为 100；N_A 为阿伏伽德罗常数，$6.02 \times 10^{23}/mol$；M_k 为干酪根摩尔质量，g/mol；Q_{oil} 为页岩油溶胀量，g。

为了进一步对比不同类型干酪根溶胀及吸附页岩油的区别，本次研究绘制了页岩油在不同类型干酪根内的溶胀—吸附密度分布曲线（图 4-26）。从图中可以看出，Ⅰ型干酪根溶胀区内页岩油密度分布曲线明显高于Ⅱ型干酪根和Ⅲ型干酪根。利用式（4-20）及式（4-21），对不同类型干酪根溶胀量及溶胀比进行了定量评价，Ⅰ型、Ⅱ型及Ⅲ型干酪根溶胀油量分别为 161.04mg/g、104.96mg/g 及 70.29mg/g，干酪根溶胀比 Q_v 分别为 1.161、1.105 及 1.070。对于干酪根溶胀来说，Ⅰ型干酪根中支链烷烃含量高，活动相比例大，分子与分子之间相互作用力弱，基质骨架收缩力低，页岩油分子更容易进入干酪根聚合体中，导致溶胀量大；而Ⅱ型干酪根和Ⅲ型干酪根分子中芳香结构含量高，固定相比例大，分子与分子之间相互作用力强，基质骨架收缩能力高，页岩油分子不容易进入干酪根聚合体中，导致类型越差，溶胀量越低。

在吸附区Ⅰ型干酪根表面没有明显的页岩油吸附峰，而Ⅱ型干酪根和Ⅲ型干酪根表面有明显的吸附峰，且Ⅰ型、Ⅱ型及Ⅲ型干酪根单位面积吸附量分别为 $1.149mg/m^2$、$1.239mg/m^2$ 及 $1.316mg/m^2$，类型越差，干酪根单位面积吸附油量越高。这是因为Ⅰ型干酪根分子中饱和烃支链较多，导致干酪根聚合体表面比含芳环结构较多的Ⅱ型干酪根和Ⅲ型干酪根表面更为不平整，吸附密度峰值与分子在固体表面的排列有关，排布越规律，吸附密度峰值越高，而Ⅰ型干酪根聚合体表面不平，使得页岩油分子在Ⅰ型干酪根聚合体表面排布不如在Ⅱ型干酪根和Ⅲ型干酪根表面规律，从而没有明显的吸附密度峰。且干酪根类型越差，其中芳香结构含量高，干酪根分子对页岩油的作用力越强，页岩油吸附相密度高，吸附相体积大，导致单位面积吸附量随类型的变差而变大。本次研究中Ⅰ型、Ⅱ型及Ⅲ型干酪根单位面积吸附量均低于石墨烯单位面积吸附量（$1.396mg/m^2$），可见表面的平整程度及芳香结构的含量控制着有机质单位面积吸附量。

四、润湿机理

润湿性是混相流体中的某相流体在固体表面扩展或黏附的趋势，它是固体材料表面特性中最重要的性质之一。润湿指液相与固相接触时液相沿着固相表面铺展的现象（Yoshimitsu 等，2002；Lafuma 等，2003）。

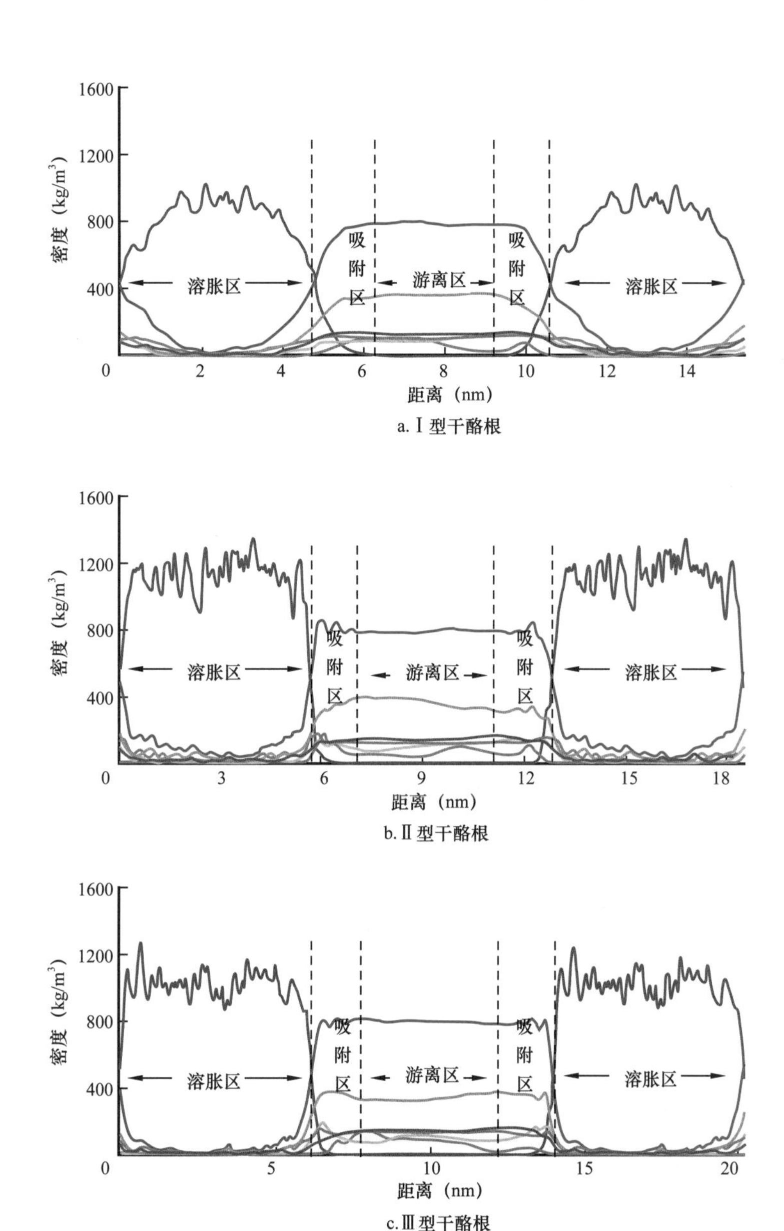

图 4-26　页岩油在不同类型干酪根内溶胀—吸附特征曲线图

对于页岩储层而言，岩石表面的润湿性与岩石对油 / 水的吸附性关系密切（沈钟等，2012）。由于各相表面张力相互作用的结果，润湿相流体优先附着于固体颗粒表面，并占据较窄小的孔隙通道，而非润湿相流体则倾向于流到孔隙中间。若页岩储层表现为亲油性，则原油可以吸附或润湿于储层孔喉表面，体系的表面自由焓则降低，降低越多表明储层表面的亲油性越强，吸附厚度也越大，游离态油的比例变小进而可动量减少。若页岩储层的亲水性越强，则油不容易吸附在储层孔喉表面，吸附态油的比例变小而游离油的比例变大，可动性越好。

储层的润湿性还影响到注入流体渗流的流动特性和分布，决定着油气充注的孔喉下限。在低渗透页岩储层中，毛细管压力对流体流动产生重要影响，而润湿性决定着毛细管压力的大小和方向（Odusina 等，2011）。在压差作用下，润湿相驱替非润湿相时毛细管压力为动力，反之则为阻力。当储层孔喉为亲水性时，原油进入孔喉的过程中毛细管压力表现为阻力，岩石亲水性越强，致密油充注所需孔喉半径越大，越难富集成藏。当岩石表现为亲油时，由于毛细管压力的捕获作用，油将保留在基质中，并从岩石表面驱替水。

液体在固体表面的接触角是反映润湿性最直观的方法。润湿接触角可以作为表征矿物颗粒表面润湿程度和表面自由能的一个物理量（李哲等，2011）。前人研究发现在光滑、均质的矿物表面，可以用接触角作为油气储层中主要矿物成分润湿性的量度（张曙光等，2011）。因此可以通过测量油滴在光滑矿物表面接触角的方法表征矿物的润湿性。采用润湿接触角来表征润湿性，这种方法操作简单且具有清楚的物理意义，应用比较广泛（Carre，1989；丁晓峰等，2008；Kaiser 等，2001；杜文琴等，2007）。目前国内外学者已经在矿物的润湿性及接触角测量方面做了大量的研究工作，秦之铮（1987）利用接触角计，在矿物表面存在水和油的情况下，通过水相测量矿物表面和油水界面之间的接触角评价油层润湿性。籍延坤等（2002）利用读数显微镜观察了石蕊水溶液在毛细管内凹球面与固体表面的接触角。陆现彩等（2003）分别测量了石英、长石、黑云母、黄铁矿、方解石、萤石等常见矿物与水、正庚烷和正丁醇的接触角，结果表明同一矿物不同晶面的接触角有一定的差异性。

（一）气—液—固三相体系润湿性

常温常压条件下的气—液—固体系采用座滴法测量接触角。座滴法是将液滴滴在固体表面上，通过作气液界面切线量取待测液体和固体的接触角，优点在于测试液体需求量小。早期是通过带有量角装置的望远镜或显微镜直接测量接触角，由此带来的误差主要来源于人工操作差异、视觉分辨率低等。现代仪器使用高倍显微镜获得显微影像并用计算机软件处理接触角数据，可大大提高测量精度，将误差控制在 ±2°。

仪器装置示意图如图 4–27 所示，测量流程如下：

（1）通过控制软件，用微量注射器在光滑洁净且水平放置的矿物表面滴一个液滴，液滴大小仅为 2～3μL，以消除重力作用对液滴形状产生的影响；

（2）待液滴接触角稳定后使用照相机拍摄液滴在矿物表面的形状；

（3）使用仪器自带的图像处理软件分析测量液滴在矿物表面的左接触角、右接触角和接触角平均值；

（4）对每组样品进行 3～4 次重复测定，求出接触角的平均值。

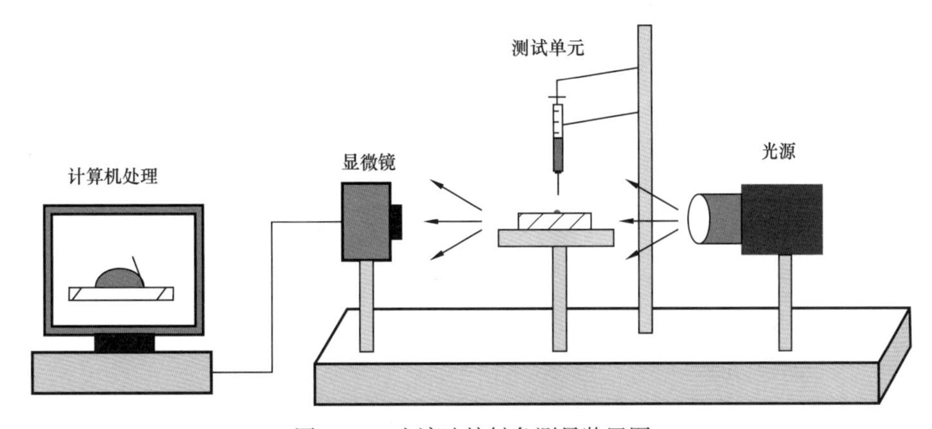

图 4–27 座滴法接触角测量装置图

在气—液—固三相体系中，液体与固体接触时形成固体—液体、液体—气体的界面和固—液—气的三相交界线，达到平衡时形成润湿接触角 θ。接触角 θ 的大小由固体、液体、气体的物质本性［表现为相应的表（界）面张力］所决定。接触角 θ 衡量固体表面的浸润性一般如下：θ=0°，液体完全润湿固体表面；0°<θ≤90°，液体部分润湿固体表面，液体为润湿相；90°<θ≤180°，液体不润湿固体表面，液体为非润湿相，θ>150° 的固体表面称为超疏液体表面（图 4–28）。

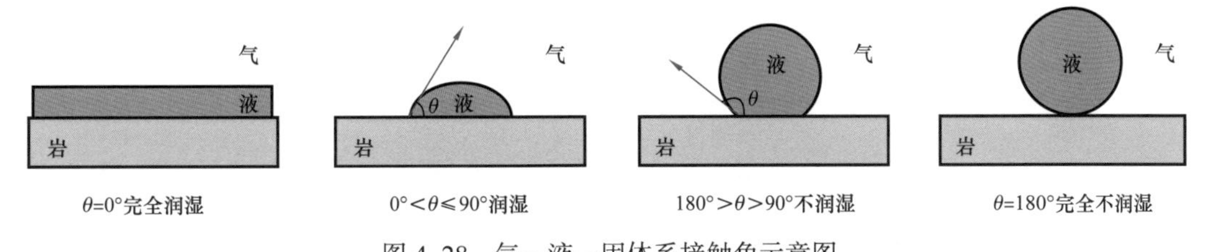

图 4–28 气—液—固体系接触角示意图

本研究同时选取了几种矿物开展润湿性实验，分别为：代表陆源碎屑矿物的石英、钠长石、钾长石，代表自生非黏土矿物的白云石、方解石、黄铁矿，代表黏土矿物的伊利石、蒙皂石、伊 / 蒙混层、绿泥石、高岭石。

对尽可能高纯度的单一矿物进行润湿性表征，这是探讨不同矿物组成对泥页岩整体润湿性的基础工作。对实验所用的非黏土矿物进行全岩 XRD 衍射分析，结果如表 4–2 所示。除了钾长石矿物的纯度为 70% 左右，其余矿物的纯度基本大于 97%，表明所用矿物样品均为较纯—高纯矿物。对于黏土矿物而言，直接从泥页岩中提取分离出单一黏土矿物比较困难，且提纯黏土原矿无法保证纯度。本研究所采用的黏土矿物均为国际黏土矿物协会（Clay Mineral Society）提供的单一成分的标准黏土矿物，以保证黏土矿物润湿特性结果的精确度。

表 4–2　非黏土矿物的 XRD 全岩分析结果

矿物名称	矿物组成
石英	石英 97%、伊利石 1%、其他 2%
方解石	方解石 98%～99%、石英＜1%、菱铁矿＜1%
白云石	白云石＞97%、石英 2%、斜长石 1%
钠长石	钠长石 100%
钾长石	钾长石 69%、石英 3%、斜长石 21%、方解石 3%、铁白云石 4%
黄铁矿	黄铁矿 100%

表 4–3 为泥页岩中 6 种常见非黏土矿物在空气中与水的接触角测定结果，接触角数值均为多次测量结果的平均值。由表 4–3 可知所测矿物接触角范围在 22.1°～55.4° 之间，表明组成储层岩石的主要非黏土矿物表面在洁净的情况下为亲水性，水能部分润湿矿物表面。接触角的大小反映矿物的亲水程度强弱，接触角 θ 越小，表明矿物表面与水的亲和度越高（越亲水）。如图 4–29 所示，亲水性强弱依次为钾长石、石英、方解石、白云石、黄铁矿。需要指出的是，蒸馏水在钠长石表面的接触角无法检测出来，测试过程发现蒸馏水在钠长石表面迅速铺展并渗入矿体内，这一方面可能与钠长石的强亲水性有关，另一方面也可能是由于钠长石渗透率较高，导致水能迅速排出空气而进入钠长石孔隙中。

表 4–3　蒸馏水在矿物表面的接触角、水与矿物之间的黏附功（W_a）

矿物名称	左接触角（°）	右接触角（°）	平均值（°）	$\cos\theta$	W_a（mJ/m^2）
黄铁矿	55.58	55.16	55.4	0.57	114.1
白云石	38.10	38.20	38.2	0.79	129.9
方解石	37.41	36.47	36.9	0.80	130.9
石英	27.79	29.04	28.4	0.88	136.7
钾长石	22.04	22.07	22.1	0.93	140.2

矿物表面的化合物润湿性与化合物本身的属性和矿物表面性质有关。一般来说，对于相同液体，固体表面能越大，则接触角 θ 越小，由此可推测矿物的表面能从大到小依次为钾长石、石英、方解石、白云石、黄铁矿。根据接触角测量值，计算了不同矿物与水的黏附功（定义为将两相分离要做的功），详见表 4–3。不同矿物表面的黏附功均不相同，且接触角越小，黏附功越大。

一般认为石英、长石、方解石、白云石的矿物表面具有亲水性，长石表面的亲水性比石英强，而石英的亲水性强于方解石，黄铁矿则具有弱亲水性。本研究所测得的矿物亲水性大小顺序符合一般性认识。

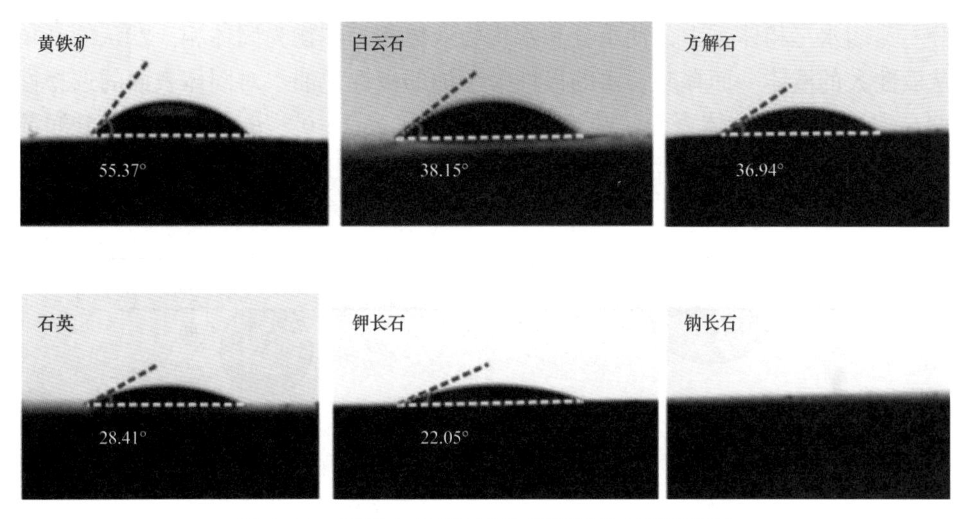

图 4–29　蒸馏水在不同矿物表面接触角测试图示

（二）油—水—岩三相体系润湿性

常温常压下，开展油—纯水—岩三相体系的接触角实验用于分析矿物和油组分对接触角的影响，同时还开展油—盐水—岩三相体系的接触角实验考察不同类型地层水和矿化度对润湿角的影响。悬滴法测试在由光学玻璃构成的小室内完成，小室内加入一相液体，被测样品放在小室内部水平支架上，在被测样品底部平面注入另一相液体浮泡，通过作两相液面界限切线获取接触角，其优点在于测试过程中被测固体表面受外界污染小。

悬滴法测试示意图如图 4–30 所示。悬滴法所需光学玻璃槽（接触角小室）及支架依次用四氯化碳溶剂和苯、酒精、丙酮混合溶剂（$V_{苯}$：$V_{酒精}$：$V_{丙酮}$=70：15：15）及蒸馏水冲洗处理，随后烘干待用。矿物经清洗后浸没在蒸馏水中待用。将蒸馏水注入小室，再把矿物安装在支架上，矿物下表面呈水平状，且浸没在水中。测量时将微量注射器针头—回形针管浸入水体内，通过软件控制注射器，在光滑洁净的矿物下表面放出一滴液泡，使其停留在矿物下表面成为浮泡，待浮泡稳定后拍摄浮泡在岩心表面的形状。角度测量与座滴法一致。测量的体系必须处于平衡状态，即温度恒定且液滴在平衡过程中严防任何微小振动。对每组实验均进行 3 次重复测定，取平均值。

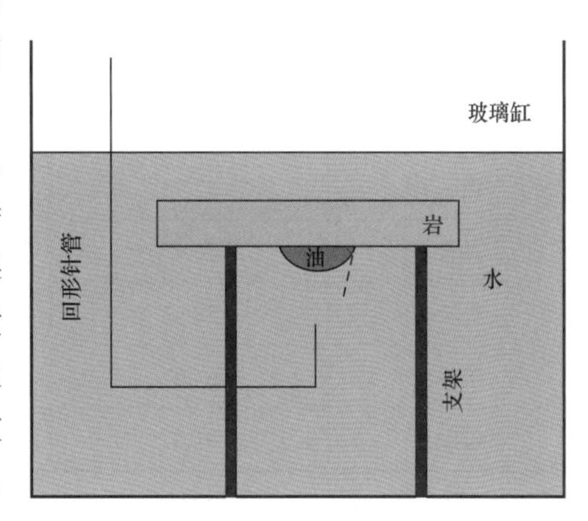

图 4–30　悬滴法测量油组分在矿物表面接触角示意图

在油—水—岩三相体系中，某种液体润湿固相与否，总是相对于另一相液体而言的。如果某一相液体润湿固相，则另一相是不润湿固相的。如图 4–31 所示，在矿物—

油组分—蒸馏水三相体系中，油组分和水均为液体相，矿物为固体相。默认的 θ 角一般规定从极性大的液体一面算起，水的极性大于油的极性，油水对固体表面的选择性润湿为 θ=0°，水完全润湿固体表面，油组分不润湿固体表面；0°<θ<90°，水部分润湿固体表面；90°<θ<180°，水不润湿固体表面，水为非润湿相；θ=90° 表示中间润湿；θ=180° 表示水完全不润湿固体表面。

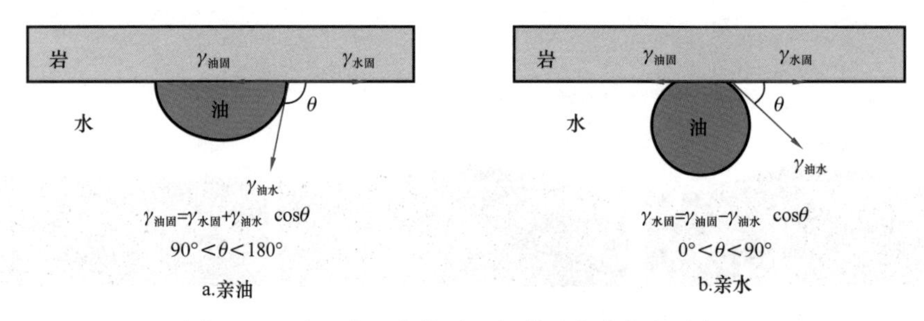

图 4-31　油—水—岩体系三相表面张力分布示意图

1. 原油组分对润湿性的影响

本研究完成了煤油、N，N—二甲基十二胺、3- 十二烷基噻吩、联环己烷在矿物—油组分—蒸馏水体系中的润湿角测量。除了常见矿物外，还测量了不同化合物在石英玻璃片上的润湿角。测量方法为悬滴法，液滴为油组分，周围液相为蒸馏水。接触角测量结果见表 4-4。

表 4-4　油—水—岩三相体系中蒸馏水在矿物表面的接触角

矿物	N，N- 二甲基十二胺	联环己烷	煤油	3- 十二烷基噻吩
石英	57.0°	30.1°	24.8°	24.3°
方解石	32.1°	26.3°	26.3°	26.4°
白云石	32.7°	26.8°	27.2°	25.0°
钠长石	36.4°	20.6°	24.1°	32.0°
钾长石	58.5°	31.0°	24.6°	24.9°
黄铁矿	61.0°	42.2°	32.1°	22.0°
玻璃片	91.0°	55.3°	60.9°	50.5°

固相与哪一相液体的界面张力低，固体就亲哪一相液体，或者说哪一相液体就容易沿固体表面流散。如表 4-4 所示，本实验在油组分、蒸馏水、矿物三相达到平衡时，石英、方解石、白云石、钠长石、钾长石、黄铁矿在油水体系的水接触角均小于 90°，表明所测矿物均对水的亲和性大于对油组分的亲和性。在实验室的短时室温条件下，油组分液滴吸附在矿物表面达到平衡后，水与矿物的界面张力 $\gamma_{水固}$低于油组分与矿物的界面张力 $\gamma_{油固}$。

原油组分不同，在同一矿物表面的接触角也有差异。极性强的含氮化合物 N，N–二甲基十二胺在同一矿物表面的接触角明显大于其他极性较弱的化合物，表明强极性的含氮化合物与矿物的亲和性大于其他弱极性化合物与矿物的亲和性。此外，原油组分相同，在不同矿物表面的接触角也不相同。极性强的 N，N– 二甲基十二胺在不同矿物表面接触角变化最大，而极性最弱的煤油在不同矿物表面的接触角变化最小。玻璃片与石英的元素组成相同，但晶形不同，与油组分的润湿角也有差别。玻璃片与油组分的接触角明显大于石英与油组分的接触角，表明玻璃片对油组分的亲和性大于石英与油组分的亲和性。特别是 N，N– 二甲基十二胺与玻璃片的接触角达到 91.0°，玻璃片表面已变为中性润湿。值得注意的是，碳酸盐类矿物如方解石和白云石与不同油组分的亲和性都相似，接触角分布范围都很窄，极性较弱的煤油、3– 十二烷基噻吩、联环己烷与这两种矿物的接触角介于 25.0°～27.2° 之间，极性较强的 N，N– 二甲基十二胺在方解石和白云石表面的接触角介于 32.1°～32.7° 之间。

实验还测量了蒸馏水中，混合组分油滴在矿物表面的接触角（图 4–32），实验结果表明：随着混合油中正十八烷含量的增多，油滴在方解石、云母、白云石、黄铁矿表面的润湿角逐渐变大，润湿性逐渐变好；在石英表面的润湿角逐渐变小，润湿性逐渐变差，表明重烃在石英表面的润湿性较差，这可能是因为石英对重烃的吸附作用较差，云母、方解石、白云石等矿物对重烃的吸附作用较强。

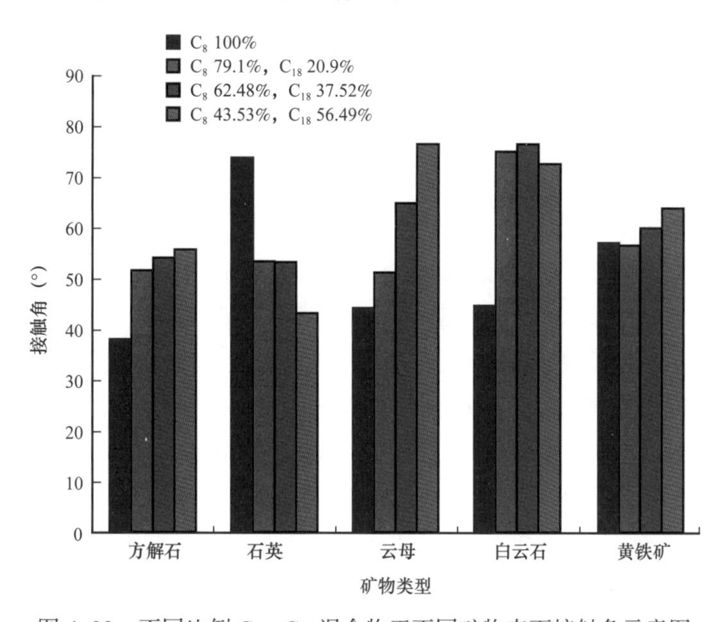

图 4–32　不同比例 C_8—C_{18} 混合物于不同矿物表面接触角示意图

润湿就是非混相流体在固体表面上的流散现象。流体在固体表面的附着力大于其内聚力（或称净吸力，取决于分子间的引力和分子结构）时，流体在固体表面能铺展，接触面有扩大的趋势，比如含油组分在矿物表面的铺展现象。如果液体在固体表面的附着力小于其内聚力，液体在固体表面不能铺展，接触面有收缩成球形的趋势，比如蒸馏水在矿物表面的浸湿现象。润湿性主要取决于固体和液体表面的分子性质。从热力学观点看，液体在岩石表面的吸附或润湿取决于体系的表面自由能是否降低，若自由能降低则润湿，降低越多润湿程度越高。水的极性大于油组分的极性，矿物的极性也相对较大，水和矿物表面接触时体系降低的表面自由能大于油组分与矿物表面接触时体系降低的自由能。因此本实验在油水互存的情况下，矿物会优先与水润湿，油组分液滴无法形成大的油—岩表面取代油—水表面，表现为接触角均小于90°。另外，在蒸馏水中测试油组分与不同矿物表面的接触角分布特征时，含长英质矿物（石英、钠长石、钾长石）、碳酸盐矿物（方解石、白云石）和含铁矿物（黄铁矿）对于油水的亲和特性各有不同。在实际盆地中，砂岩和碳酸盐岩对油水的亲和特性也应当具有较大的差别，这一性质影响到一些储层参数的计算以及开发过程中表面活性剂和驱替液的选取，是需要重点研究的重要储层特性。

2. 地层水类型及矿化度对润湿性的影响

储层岩石润湿特征发生改变的过程不仅与原油中极性组分的吸附或有机质的沉积作用密切相关（Anderson 等，1987），还与矿物表面和盐水化学性质相关。研究表明，含有极性的原油组分在矿物表面的吸附行为对盐水类型和浓度变化具有较大的敏感性（Anderson 等，1987；Shabib 等，2014；曹立迎等，2014）。虽然已围绕盐水化学性质和矿物表面的影响开展了大量研究，但目前对于它们的影响作用及其影响程度仍然具有争议性。此外，已有研究往往以石英和方解石为代表性矿物研究砂岩和碳酸盐岩储层中的润湿特征，然而这些结果直接应用于泥页岩的润湿特征必然会有很大的误差，因为后者的矿物组成更加多样化。因此，需要开展不同矿物的润湿特征研究，为对泥页岩的润湿特征进行全面刻画提供基础。

本实验选取含有极性的含N化合物N，N–二甲基十二胺和极性较弱的含S化合物及煤油开展研究。济阳坳陷页岩油流井的地层水资料分析表明，地层水的类型有氯化钙、氯化镁和碳酸氢钠型三种，其中氯化镁型地层水仅占13.6%（宁方兴等，2015）。本实验以氯化钙型和碳酸氢钠型为重点，进行水型和矿化度对体系润湿性的影响研究。将分析纯的无机盐事先在105℃下干燥4h，实验前称取一定量的无机盐，用蒸馏水配制成不同质量浓度的盐水溶液。实验所用盐水的性质和组成见表4–5。

在氯化钙水型中，N，N–二甲基十二胺在不同矿化度条件下与矿物表面接触角变化可分为两类特征：一是石英、钾长石、白云石、黄铁矿，随矿化度增高润湿性呈先增后减的反转（图4–33）；二是方解石、钠长石，润湿接触角在测试的矿化度范围内表现为单调变化趋势，没有出现明显的反转现象（图4–34）。从图4–33、图4–34中可见，在所测试的矿化度范围内（1628～13953mg/L），储层中常见非黏土矿物与含氮化合物的润湿接触角均小于90°，可认为实验室短时低温条件下这些非黏土矿物均具有亲水性。最低矿化度1628mg/L时，除了石英以外，所有矿物的润湿接触角均为最小，表示在此最低矿化度条件下所有矿物均具有最强的亲水性。

表 4-5　盐水性质及组成

编号	Ca^{2+}（mg/L）	Na^+（mg/L）	Cl^-（mg/L）	HCO_3^-（mg/L）	总矿化度（mg/L）	浓度（mol/L）	pH 值
Ca-1	920.5		707.5		1628	0.015	7.61
Ca-2	2104.0		1617.0		3721	0.034	6.23
Ca-3	3945.0		3032.0		6977	0.063	7.07
Ca-4	6312.0		4851.0		11163	0.101	6.87
Ca-5	7889.5		6063.5		13953	0.126	7.95
Na-1		611.2		1009.8	1621	0.019	8.40
Na-2		1430.8		2364.2	3795	0.045	8.39
Na-3		2619.6		4328.4	6948	0.083	8.31
Na-4		4191.1		6924.9	11116	0.132	8.89
Na-5		5238.8		8656.2	13895	0.165	8.32

如图 4-33 所示，石英、白云石、钾长石和黄铁矿等 4 种矿物的接触角随着矿化度的增加先增大后减小，指示这些矿物的亲水性先减弱后增强，石英、钾长石和黄铁矿在 6977mg/L 时接触角达到最大值，而白云石在 11163mg/L 时接触角最大。随着矿化度增加，不同矿物之间的润湿接触角的差异性也增大。1628mg/L 时，几种矿物之间的接触角范围为 21.4°～27.8°，而 13953mg/L 时，矿物之间的接触角范围为 27.8°～51.8°，可以认为储层矿物润湿特征的差异性随地层水浓度的变化而变化。

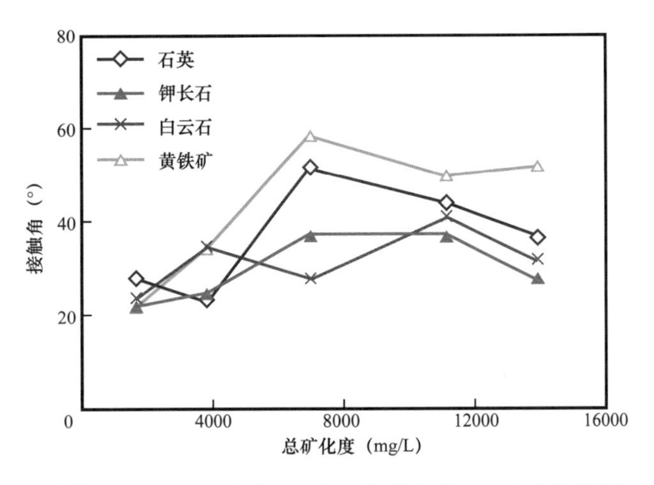

图 4-33　几种矿物与 N，N- 二甲基十二胺的接触角随氯化钙矿化度增加的变化特征

如图 4–34 所示，对于方解石和钠长石，它们的润湿接触角在矿化度为 1628～6977mg/L 范围内表现为增大趋势，即亲水性减弱；在 6977mg/L 之后接触角的值趋于平稳或略有上升，说明此范围内亲水性受矿化度的影响非常小。

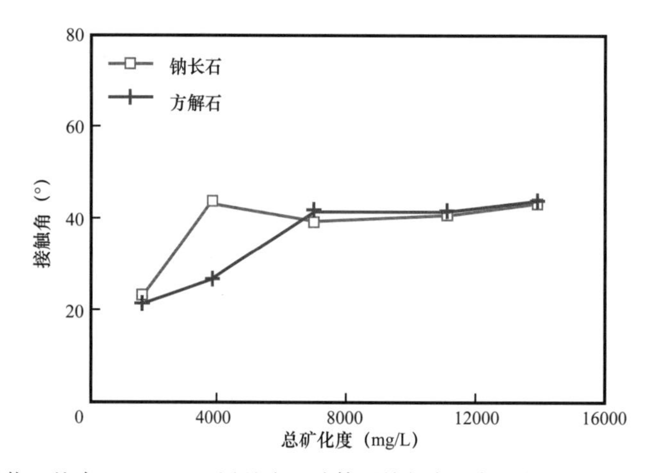

图 4–34　矿物—盐水—N，N– 二甲基十二胺体系接触角随氯化钙矿化度增加的变化特征

图 4–35 显示水溶液为碳酸氢钠水型时，N，N– 二甲基十二胺在不同矿化度条件下与矿物表面接触角变化特征。在所测试的矿化度范围内（1621～13895mg/L），储层中常见非黏土矿物与含氮化合物润湿接触角的变化特征差异较大。部分矿物的接触角甚至大于 90°，由水润湿转为油润湿。根据不同矿物的接触角随碳酸氢钠水溶液矿化度增加的变化特征分为两类：一是长英质矿物，如石英、钠长石、钾长石；二是钙质矿物，如方解石、白云石。

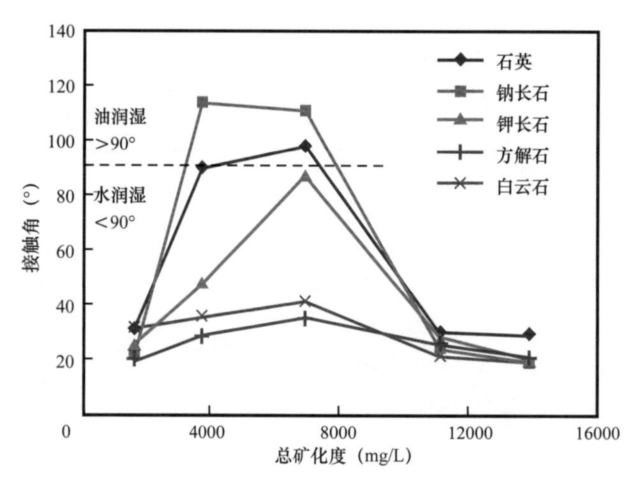

图 4–35　碳酸氢钠水型不同矿化度条件下 N，N– 二甲基十二胺与不同矿物的接触角

对于石英、钠长石和钾长石，它们与 N，N– 二甲基十二胺的接触角均随着矿化度的增加先增大后减小，表明这些矿物表面的亲水性先减弱后增强。在矿化度为 3795mg/L 和

6948mg/L 时，除了钾长石，石英和钠长石与 N，N- 二甲基十二胺的接触角均大于 90°，表明这些矿物的润湿性发生了反转，由水润湿转变为油润湿特征。并且在这两个矿化度范围内矿物之间接触角的差值变化也较大，表明不同矿物润湿特征的差异性比较明显。而在 1621mg/L、11116mg/L 和 13895mg/L 的矿化度条件下，矿物之间的润湿接触角差别不大，最大差值为 10.2°。

方解石和白云石与 N，N- 二甲基十二胺的接触角也随着矿化度的增加先增大后减小，在矿化度为 6948mg/L 时达到最大值。但这两种矿物与 N，N- 二甲基十二胺的接触角随矿化度增加的变化幅度并不大，并且具有很相似的润湿特征。

同时还进行了 3- 十二烷基噻吩在不同矿化度条件下与矿物表面接触角的测定，结果如图 4-36 所示。在所测试的矿化度范围内（1621～13895mg/L），储层中常见非黏土矿物与 3- 十二烷基噻吩润湿接触角的变化特征差异较小，处于 19.9°～27.6° 范围内。虽然 3- 十二烷基噻吩与矿物的接触角在测试矿化度范围内并不如 N，N- 二甲基十二胺与矿物间接触角的变化幅度大，但是也表现出相似的特征，即随着矿化度的增加接触角先变大后减小，说明矿物表面的亲水性先减弱后增强。

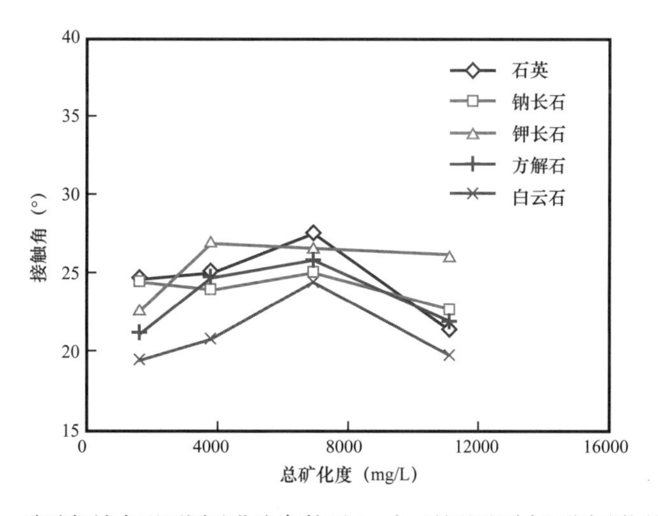

图 4-36　碳酸氢钠水型不同矿化度条件下 3- 十二烷基噻吩与不同矿物的接触角

对比 N，N- 二甲基十二胺、3- 十二烷基噻吩和煤油在石英表面的接触角随矿化度增加的变化特征（图 4-37），可以看出在特定的矿化度条件下，强极性的 N，N- 二甲基十二胺与含长英质矿物表面的接触角能大于 90°，说明 N，N- 二甲基十二胺可以破坏含长英质矿物表面水膜并吸附在矿物表面，使得矿物表面由亲水向弱亲水或亲油性转变。而极性较弱或无极性的 3- 十二烷基噻吩、煤油在石英表面的接触角在 25° 左右，明显小于 N，N- 二甲基十二胺，说明极性较弱或无极性的化合物难以破坏水膜进而难以吸附到矿物表面，对改变矿物的润湿性影响不大。

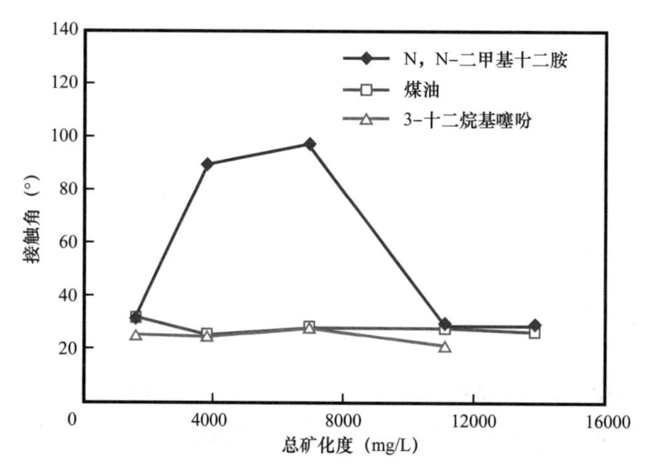

图 4-37　碳酸氢钠水型不同矿化度条件石英表面与不同油组分的接触角分布

从不同极性化合物在矿化度条件下与矿物表面的接触角测试结果得知（图 4-37），极性较强的油组分才能显著改变矿物表面的润湿特征，而弱极性或无极性的油组分对于改变矿物表面的润湿特征作用不大。地层原油中含极性的表面活性组分可能引起油藏润湿性的改变。地质条件下岩石孔隙被水所饱和，岩石表面附着一层水膜，水膜会降低但不会完全阻止极性物质的吸附。美国海相致密 / 页岩油多为凝析油，油质较轻，气油比高（邹才能等，2015），极性化合物含量少，对岩石表面水膜的破坏作用小，储层原始润湿性改变不大。吸附态原油比例低，可流动性强，有利于生产采出。而我国陆相页岩油油质较重（邹才能等，2015），极性的胶质 + 沥青质含量较高，易于穿透水膜吸附在岩石颗粒表面，并进而通过亲油基团吸附其他油组分，致使储层的润湿性由亲水性向亲油性改变幅度大，降低了页岩油的可流动性，不利于生产开采。从矿物表面水膜角度考虑，水膜不稳定破裂是引起润湿性改变的关键环节（彭珏和康毅力，2008；Kaminsky 等，1998）。热力学条件分析表明，只有当水膜厚度及影响水膜稳定的变量值在一定范围内，水膜才能稳定。而一旦某些因素的变化导致水膜的稳定性被破坏，则矿物与原油作用将使油藏最终润湿性偏离成藏之前的水润湿状态。水膜的稳定性包括很多变量，如 pH 值、矿化度、原油极性组分含量及毛细管压力等。这些因素如何影响水膜稳定性并最终引起油藏润湿性发生改变的机理需要进一步研究。

第三节　不同赋存状态页岩油定量评价

页岩油主要以干酪根吸附、干酪根孔隙容留、干酪根溶胀、无机矿物吸附、无机矿物孔隙容留五种状态存在。定量评价各种赋存状态页岩油的量，对于页岩油资源评价、可动量研究、产能预测均具有重要意义。

一、干酪根溶胀量定量评价

本次研究以松辽盆地青一段泥页岩中的Ⅰ型干酪根为例，介绍评价的原理和方法。以分子动力学模拟所得未熟阶段Ⅰ型干酪根的溶胀油量为初始溶胀量。由于干酪根的量在演化过程中因生烃而不断减少，且干酪根溶胀油的能力随成熟度的升高逐渐降低（魏志福，2012），因此，不同演化阶段Ⅰ型干酪根溶胀油量 Q_s 可以视为初始溶胀量（Q_w，161.04mg/g）与不同演化阶段Ⅰ型干酪根质量（m_k）及溶胀率减小系数（f_s）的乘积［式（4-22）、图 4-38a］。为了便于不同赋存状态页岩油量能在一起进行对比，本书对页岩油量进行了归一化，以 1g 原始有机碳对干酪根溶胀油量进行归一化。

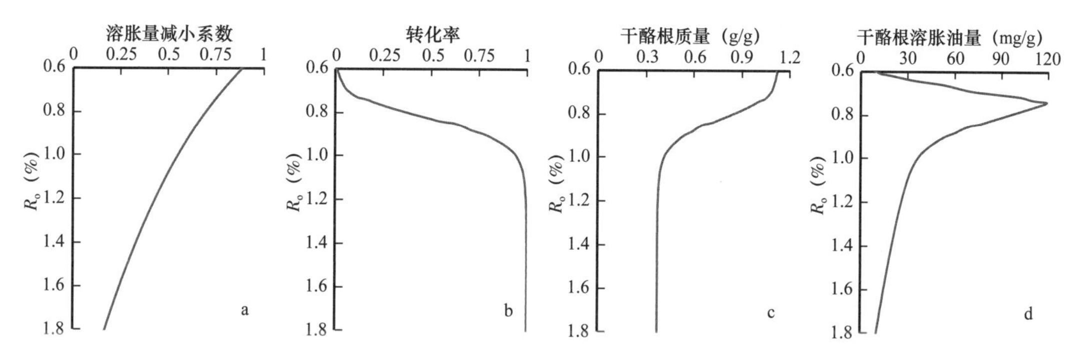

图 4-38　杜 402 井青一段泥页岩样品热解结果

a. 溶胀量减小系数随 R_o 演化图（据魏志福，2012，修改）；b. 转化率随 R_o 演化图；c. 干酪根质量随 R_o 演化图；d. 干酪根溶胀油量随 R_o 演化图

不同演化阶段Ⅰ型干酪根溶胀量：

$$Q_s=Q_w \cdot m_k \cdot f_s \tag{4-22}$$

1g 原始有机碳对应的干酪根质量：

$$m_k=m_f \cdot F_t+m_s=(I_{H0}/1000) \cdot F_t+(1-I_{H0} \cdot 0.083/1000) \tag{4-23}$$

式中，m_f 为干酪根中可转化部分质量，g；m_s 为干酪根中不可转化部分质量，g；I_{H0} 为原始氢指数，mg/g（本次研究取 750mg/g 作为松辽盆地北部青一段泥页岩Ⅰ型干酪根原始氢指数）；0.083 为氢指数中碳的转化系数，无量纲；F_t 为转化率，无量纲。

利用松辽盆地北部泰康隆起带杜 402 井青一段未熟泥页岩样品的热解及 PY-GC 实验结果，建立并标定化学动力学模型（卢双舫，1996），结合松辽盆地埋藏史及热史，计算不同 R_o 对应的转化率（图 4-38b），进而结合式（4-22）及式（4-23）计算不同演化阶段干酪根质量及干酪根溶胀油量（图 4-38c、d）。

从图 4-38d 中可以看出，干酪根溶胀油量随着 R_o 的增大呈现先增大后减小的趋势。在 R_o=0.6%～0.75% 的阶段，虽然此时干酪根质量较大，干酪根最大溶胀能力较强，但是此时干酪根尚未大量生油，受限于干酪根的生油量，干酪根溶胀油量随着生油量的增加而增加；在 R_o>0.75% 的阶段，随着干酪根成熟度的增高，干酪根刚性相比例增大，基质骨架塑性降低，从而导致干酪根溶胀能力降低，且干酪根质量不断减小，最终导致干酪根溶胀油量减小。

二、干酪根吸附油量定量评价

干酪根吸附油量受控于干酪根的吸附面积（比表面积）及单位面积吸附油量。而干酪根比表面积与演化程度有关，单位面积的吸附油量则与温度、压力和油的组成密切相关。一般来说，随着有机质演化程度的增加，伴随地层温度升高，油质变轻，吸附油相密度逐渐减小（超过压力升高的影响幅度），单位面积吸附油量下降，所吸附的油量总体上逐渐降低。因此，本次研究首先建立干酪根比表面积计算模型，得到不同演化阶段干酪根比表面积，然后根据分子动力学模拟所得干酪根单位面积吸附量，将干酪根比表面积与单位面积吸附油量相乘，得到干酪根总吸附油量。

（一）干酪根比表面积模型的建立

松辽盆地青山口组泥页岩的微观孔隙可以分为微孔（<10nm）、小孔（10～50nm）、中孔（50～150nm）、大孔（150～1000nm）、宏孔（1000～10000nm）。按对数坐标对其进行划分，每段平均分为 10 份，统计第 n 段（D_{n-1}～D_n）孔径内有机孔隙的表面积，则有机孔隙表面积 S_K 可由这 n 段比表面积之和而来：

$$S_K = \sum_1^n S_{Kn} \tag{4-24}$$

式中，n 为泥页岩孔径分段统计个数，n=50；S_{Kn} 为第 n 段（D_{n-1}～D_n）孔径内干酪根孔隙的表面积，m^2。

设第 n 段（D_{n-1}～D_n）孔径内有机孔隙均由直径为 D_n 的球形孔隙组成，则 S_{Kn} 可由下式而来：

$$S_{Kn} = N_{Kn} \cdot S_{KD_n} \cdot R_K \tag{4-25}$$

式中，N_{Kn} 为第 n 段（D_{n-1}～D_n）孔径内有机孔隙个数；S_{KD_n} 为单个直径为 D_n 的球形孔隙的表面积，m^2；R_K 为干酪根孔隙表面粗糙系数，利用原子力显微镜对齐家—古龙凹陷 Ha16 页岩油样品（TOC=2.048%，S_1=1.89mg/g，S_2=7.15mg/g）干酪根孔隙表面粗糙系数进行评价，R_K=1.2176。

S_{KD_n} 可由球的表面积计算公式所得：

$$S_{KD_n}=\pi D_n^2 \tag{4-26}$$

第 n 段（D_{n-1}～D_n）孔径内有机孔隙个数 N_{Kn} 可由第 n 段（D_{n-1}～D_n）孔径内有机孔隙体积 V_{Kn} 除以单个直径为 D_n 的球形孔隙的体积 V_{KD_n} 而来：

$$N_{Kn}=\frac{V_{Kn}}{V_{KD_n}}=\frac{V_{\phi}\cdot P_{Kn}}{\frac{4}{3}\pi\left(\frac{D_n}{2}\right)^3} \tag{4-27}$$

式中，V_{ϕ} 为 1g 原始有机碳对应干酪根孔隙体积，m^3；P_{Kn} 为第 n 段（D_{n-1}～D_n）孔径的比例，无量纲。

第 n 段（D_{n-1}～D_n）孔径的比例 P_{Kn} 可由下式而来：

$$P_{Kn}=\frac{\int_0^{D_n}P_{KSEM}dD-\int_0^{D_{n-1}}P_{KSEM}dD}{\int_0^{D_n}P_{KSEM}dD} \tag{4-28}$$

式中，P_{KSEM} 为基于扫描电镜实验的孔径分布比例，无量纲。

干酪根孔隙体积随着干酪根生烃作用的增加在不断增大，但是由于溶胀作用，会减小一部分孔隙，地层对岩石的压实作用同样会导致有机孔隙减小，综合这三种因素，1g 原始有机碳对应的有机孔隙体积 V_{ϕ}：

$$V_{\phi}=(V_{gh}-V_{sw}-V_{os})\cdot V_{comp} \tag{4-29}$$

式中，V_{gh} 为因干酪根生成油气所产生的有机孔隙体积，cm^3/g；V_{sw} 为干酪根溶胀体积，cm^3/g；V_{os} 为油裂解成气产生的死碳体积，cm^3/g；V_{comp} 为压实系数，无量纲（姚秀云等，1989）。

因干酪根生成油气所产生的有机孔隙体积 V_{gh} 可由下式所得：

$$V_{gh}=V_f\cdot F_t \tag{4-30}$$

式中，V_f 为干酪根中可转化部分所对应的体积，cm^3/g；F_t 为转化率，无量纲。干酪根中可转化部分所对应的体积 V_f 可由 1g 有机碳对应的原始干酪根体积 V_K^0 及干酪根中不可转化部分所对应的体积 V_s 而来：

$$V_f=V_K^0-V_s \tag{4-31}$$

$$V_K^0=m_K^0/\rho_K^0 \tag{4-32}$$

$$V_s=m_s/\rho_s \tag{4-33}$$

$$m_K^0=I_{H0}/1000+m_s \tag{4-34}$$

$$m_s=1-I_{H0}\cdot 0.083/100 \tag{4-35}$$

式中，I_{H0} 为原始氢指数，mg/g；0.083 为氢指数中碳的转化系数，无量纲；ρ_K^0 为未熟干酪根密度，g/cm^3；ρ_s 为干酪根中不可转化部分的密度，g/cm^3。参考傅家谟（1995）未熟阶段及过熟阶段 I 型干酪根密度曲线图，ρ_K^0 及 ρ_s 分别为 $1.25g/cm^3$ 及 $1.35g/cm^3$。

有机孔隙体积 V_ϕ 与干酪根溶胀能力 Q_v 及因干酪根生成油气所产生的有机孔隙体积 V_{gh} 有关：

$$V_\phi=\begin{cases}\left[V_f\cdot(1-F_t)+V_s\right]\cdot Q_v & \text{当}\left[V_f\cdot(1-F_t)+V_s\right]\cdot Q_v<V_{gh}\text{时}\\ V_{gh} & \text{当}\left[V_f\cdot(1-F_t)+V_s\right]\cdot Q_v\geqslant V_{gh}\text{时}\end{cases} \tag{4-36}$$

式中，Q_v 为分子动力学模拟所得Ⅰ型干酪根溶胀率，无量纲。

按照上述方法，不难得到有机孔隙体积及干酪根比表面积随 R_o 的演化图（图 4-39）。从图中可以看出，随着 R_o 的增大，有机孔隙体积及干酪根比表面积均呈现先增大后减小的趋势，但是由于高演化阶段有机孔隙中小孔及中孔比例增大，干酪根比表面积减小的趋势与有机孔隙体积减小的趋势相比较缓。

（二）不同类型干酪根吸附油量随成熟度的演化规律研究

由分子动力学模拟所得Ⅰ型干酪根单位面积吸附油量，与干酪根比表面积相乘，即可得到Ⅰ型干酪根吸附油量与 R_o 的关系（图 4-40）。可以看出，干酪根吸附油量随 R_o 的增大呈现先增大后减小的趋势，虽然随着 R_o 的增大，地层温度在增大，但是温度造成的单位面积吸附量变化较小，干酪根吸附油量的趋势与干酪根比表面积的趋势一致，干酪根吸附油量主要受控于干酪根的比表面积。

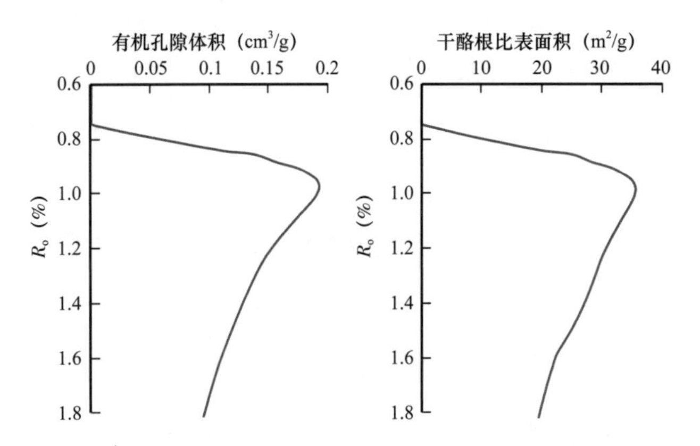

图 4-39　有机孔隙体积及干酪根比表面积随成熟度演化

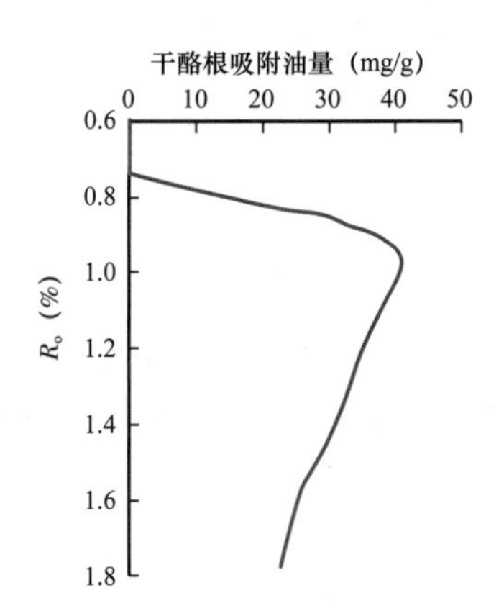

图 4-40　干酪根吸附油量随 R_o 的演化

三、有机孔隙游离油量定量评价

干酪根在生烃的过程中会产生有机孔隙，有机孔隙也会在埋深、演化过程中发生变化。本次研究计算了Ⅰ型、$Ⅱ_1$ 型、$Ⅱ_2$ 型有机质生烃增孔、油成气形成死碳减孔、干酪根溶胀减孔、烃源岩压实减孔，得到不同类型的有机质在不同演化阶段条件下有机孔隙体积的变化规律。有机孔隙体积减去油吸附相体积，结合不同阶段生成的油密度，计算得到有机孔隙容留油量。具体计算过程及结果如下。

在对有机孔隙体积及干酪根吸附油量定量评价的基础上，对有机孔隙游离油量进行

了定量评价。在有机孔隙中，页岩油主要以吸附态及游离态两种赋存状态存在，扣除页岩油吸附相体积，即为页岩油游离相体积，将之与页岩油密度相乘即可得到有机孔隙游离油量 Q_{free}：

$$Q_{free}=(V_{\phi}-V_{ad})\cdot\rho_{oil} \tag{4-37}$$

式中，V_{ad} 为干酪根吸附油相体积，cm^3/g；ρ_{oil} 为页岩油密度，g/cm^3。

$$V_{ad}=Q_{ad}/\rho_{ad} \tag{4-38}$$

式中，Q_{ad} 为干酪根吸附油量，mg/g；ρ_{ad} 为干酪根吸附油相密度，g/cm^3。

本次研究根据Ⅰ型干酪根生成油气各组分比例随 R_o 的变化（Tang，1997；Ni，2011）计算得到了页岩油密度（图 4-41a），利用干酪根吸附量除以分子动力学模拟所得页岩油吸附相密度，得到干酪根吸附油相体积（图 4-41b），结合有机孔隙体积得到有机孔隙游离油相体积（图 4-41c），乘以页岩油密度，最终得到有机孔隙游离油量随 R_o 的演化趋势（图 4-41d）。从图中可以看出，有机孔隙游离油量随 R_o 的增大呈现先增大后减小的趋势。与干酪根溶胀油量趋势相比，有机孔隙游离油量起始 R_o 较晚，说明干酪根中页岩油首先满足干酪根溶胀油量，然后进入有机孔隙分为吸附和游离。

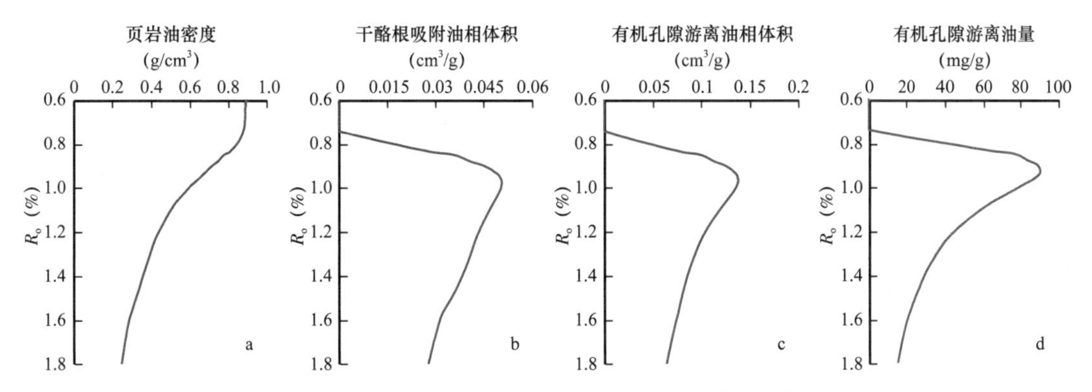

图 4-41　Ⅰ型干酪根页岩油密度、干酪根吸附油相体积、有机孔隙游离油相体积和油量随 R_o 演化趋势图

四、烃源岩中无机部分滞留液态烃的定量评价

前面建立了干酪根中溶胀、吸附、游离三种赋存状态页岩油的评价方法。本节尝试评价页岩无机矿物孔隙中的页岩油赋存量。

（一）无机孔隙中总滞留烃量评价

研究选择松辽盆地代表性泥页岩样品，粉碎后分成两份，一份进行氯仿抽提实验，得到泥页岩中的氯仿沥青“A”；另一份进行酸处理富集有机质，对有机质进行氯仿抽提，得到赋存于干酪根中的氯仿沥青“A”。用泥页岩中的氯仿沥青“A”数据减去干酪根中的氯仿沥青“A”数据，得到的就是无机孔隙页岩油量，具体流程见图 4-42。

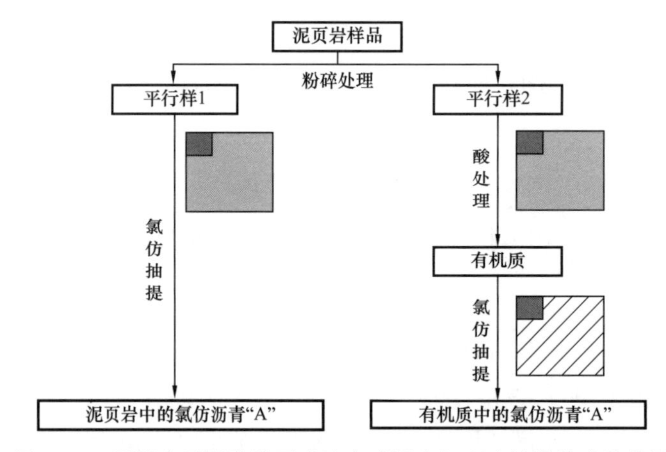

图 4–42　页岩中无机孔隙页岩油实验测定与理论计算技术路线图

表 4–6 给出了研究所用松辽盆地 15 个样品的地球化学数据及按照前述方法得到的无机孔隙页岩油量。表中泥页岩中的氯仿沥青"A"数据简称"A"，赋存于干酪根中的氯仿沥青"A"数据简称有机"A"，无机矿物中的氯仿沥青"A"简称无机"A"，单位均为相对于岩石质量的百分比。对无机"A"/ 有机"A"与 TOC 作关系图（图 4–43），可以看出，有机质含量越低，无机"A"占比越高；总体上，干酪根类型越差，无机"A"/ 有机"A"比例越高。

表 4–6　松辽盆地 15 个样品点地球化学数据及无机部分烃量计算结果表

井号	深度（m）	类型	R_o（%）	TOC（%）	T_{max}（℃）	S_1（mg/g）	S_2（mg/g）	"A"（%）	有机"A"（%）	无机"A"（%）	无机"A"/有机"A"
古 204	2376	$Ⅱ_1$ 型	1.49	1.47	441	2.12	5.78	0.58	0.31	0.27	0.85
古 844	2579	$Ⅱ_2$ 型	1.79	1.6	357	1.23	1.45	0.23	0.04	0.19	5.43
英 391	2166	$Ⅱ_2$ 型	1.22	0.45	420	0.51	0.72	0.13	0.02	0.1	4.9
英 52	2187.3	$Ⅱ_1$ 型	1.25	1.56	437	2.94	6.27	0.78	0.18	0.6	3.39
英 52	2189	$Ⅱ_1$ 型	1.25	3.76	448	2.98	14.32	0.92	0.75	0.17	0.22
英 52	2190.35	$Ⅱ_1$ 型	1.25	2.67	453	2.5	10.76	0.77	0.21	0.56	2.72
英 52	2190.6	$Ⅱ_1$ 型	1.25	1.46	449	1.15	5.27	0.37	0.13	0.24	1.85
台 602	1821	Ⅰ型	0.89	2.41	445	2.19	12.7	0.72	0.22	0.5	2.21
台 602	1825.5	Ⅰ型	0.89	4.52	449	2.99	24.08	0.83	0.31	0.52	1.68
台 602	1827	Ⅰ型	0.89	3.77	449	3.79	22.76	1.18	0.4	0.78	1.95
徐 11	1948	Ⅰ型	0.99	2.64	442	2.75	17.67	0.89	0.53	0.36	0.68
徐 11	1965.47	Ⅰ型	1.01	1.79	443	0.95	11.81	0.33	0.26	0.07	0.26
徐 11	1966.27	Ⅰ型	1.01	3.32	445	2.07	23.59	0.73	0.36	0.37	1
徐 11	1972	Ⅰ型	1.02	3.31	450	2.33	22.63	0.62	0.42	0.19	0.46
徐 11	1996.17	Ⅰ型	1.04	5.27	448	5.25	31	1.23	1.03	0.2	0.19

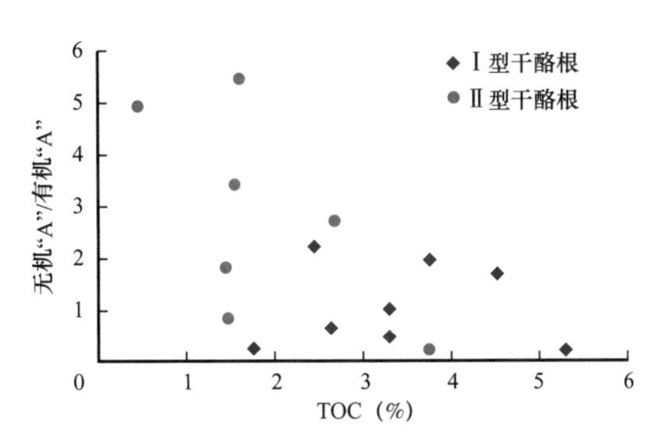

图 4-43　松辽盆地样品无机“A”/有机“A”比例与 TOC 关系图

表 4-7 给出了全岩 X 衍射分析得到的 15 块样品的无机矿物组成。

表 4-7　松辽盆地 15 个样品点的无机矿物组成

井号	深度（m）	石英（%）	黏土矿物（%）	钾长石（%）	斜长石（%）	方解石（%）	铁白云石（%）	白云石（%）	菱铁矿（%）	黄铁矿（%）
古 204	2376	37.97	39.93		12.23	1.43	6.96		1.48	
古 844	2579	37.06	36.93	0.45	14.71	3.36				7.48
英 391	2166	20.18	13.36		35.65	24.82	4.84			1.15
英 52	2187.3	41.44	36.01	2.41	19.21	0.93				
英 52	2189	36.11	41.21	0.72	13.49	1.55	6.92			
英 52	2190.35	37.95	34.32		16.61	4.57	1.71		1.23	3.61
英 52	2190.6	23.07	23.94		7.67	5.35				39.96
台 602	1821	35.08	43.65		14.92					6.35
台 602	1825.5	33.88	41.06		17.2		1.12		1.71	5.03
台 602	1827	33.43	45.73		16.97	3.86				
徐 11	1948	33.25	38.73	1.12	13.56	4.09	4.45			4.81
徐 11	1965.47	32.65	38.58	1.81	20.13	0.81	0.44		1.04	4.54
徐 11	1966.27	30.66	39.85		14.87	9.06			1.8	3.77
徐 11	1972	11.51	12.24		2.17			74.08		
徐 11	1996.17	40.35	39.21		7.25	8.49			0.42	4.28

通过拟合 $W_{无机/有机}$（即无机“A”/有机“A”的比值）与 TOC、无机矿物比例、镜质组反射率（R_o）及孔隙度（ϕ）的关系，建立 $W_{无机/有机}$计算模型：

$$W_{无机/有机}=\frac{1}{\sqrt{2\pi}\cdot(d_1+d_2)}\cdot\Big(M_{TOC}\cdot TOC+M_q\cdot 碳含量+M_c\cdot 黏土矿物含量 \\ +M_o\cdot 其他矿物含量\Big)\cdot \exp\left[-\left(\frac{\ln R_o-a}{d_1}\right)^2-\left(\frac{\ln\phi-b}{d_2}\right)^2\right] \tag{4-39}$$

式中，M_{TOC}、M_q、M_c、M_o 分别为与有机质、石英、黏土矿物和其他矿物赋存油量有关的系数；a、d_1 为体现成熟度对赋存油量影响的系数；b、d_2 为体现孔隙度对赋存油量影响的系数。

利用表 4–6、表 4–7 的数据，优化标定出模型中各参数（表 4–8）。图 4–44 给出了标定后的模型对实测值的拟合效果，可以看出，所建模型精度较高，这为后续应用奠定了良好的基础。

表 4–8 模型中各参数优化结果

类型	M_{TOC}	M_q	M_c	M_o	a	b	d_1	d_2
Ⅰ型	3.93	1.67	–2.86	–0.75	–0.27	2.41	–9.20	–0.18
Ⅱ型	–0.60	0.76	–0.72	0.00	–0.75	2.89	–1.12	–1.12

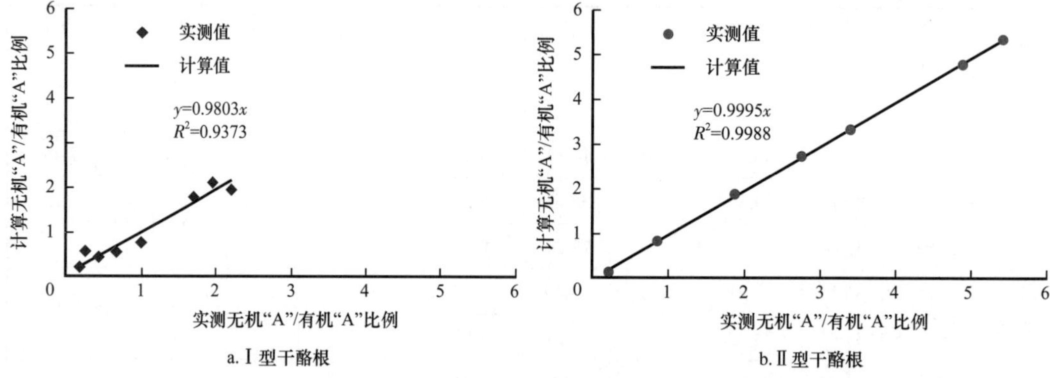

图 4–44 不同类型干酪根泥页岩样品无机“A” / 有机“A”实测值与计算值关系图

为了将上述模型应用于实际地区无机滞留油量的评价当中，本书选取靶区松辽盆地 144 个泥页岩样品进行了全岩 X 衍射实验，并按沉积相对其进行分类（三角洲平原 13 个样品点；三角洲前缘 5 个样品点；滨浅湖 91 个样品点；深湖—半深湖 35 个样品点），作出松辽盆地青一段不同沉积相矿物成分三角图（图 4–45）及矿物成分平均值表（表 4–9）。

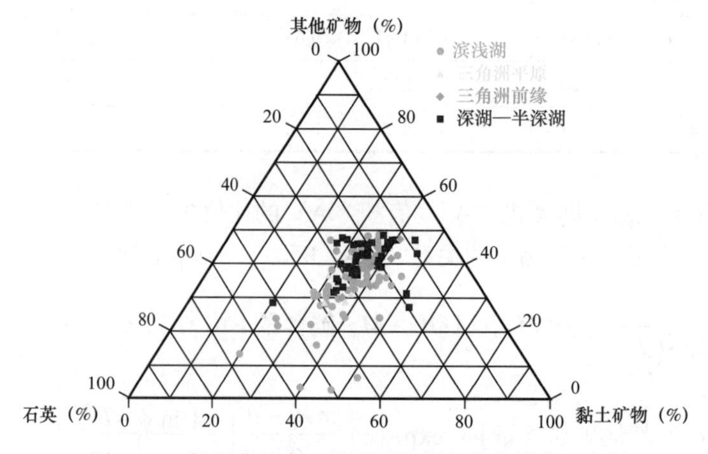

图 4–45 松辽盆地青一段不同沉积相矿物成分三角图

表 4–9　松辽盆地青一段不同沉积相矿物成分平均值表

相带	黏土矿物（%）	石英（%）	其他矿物（%）
三角洲平原	33.63	32.23	34.14
三角洲前缘	38.60	39.40	22.00
滨浅湖	36.46	35.16	28.38
深湖—半深湖	37.46	32.83	29.71

以深湖—半深湖相矿物（表 4–9）及 TOC=5% 为例，计算了深湖—半深湖相无机“A”/ 有机“A”比例（图 4–46a），乘以干酪根吸附油量及有机孔隙游离油量之和，得到无机部分页岩油的总赋存量（图 4–46b）。从图 4–46a 中可以看出无机“A”/ 有机“A”随着 R_o 的增大呈现先增大后减小再增大的趋势，最大值处于低熟阶段，为 1.281。无机部分页岩油量随着 R_o 的增大先增大后减小，最大值为 139.187mg/g。

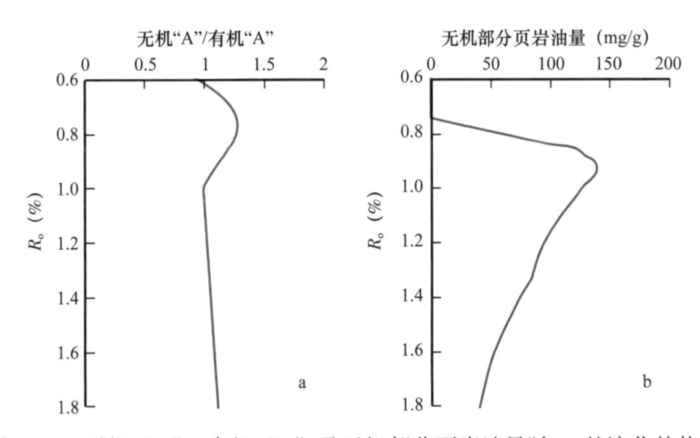

图 4–46　无机“A”/ 有机“A”及无机部分页岩油量随 R_o 的演化趋势图

（二）无机矿物吸附油量及无机孔隙游离油量定量评价

页岩油在无机矿物孔隙中主要以吸附态和游离态存在，对于无机矿物吸附油量来说，与干酪根吸附油量评价类似，应该等于无机矿物比表面积乘以无机矿物单位面积吸附油量；而无机孔隙游离油量等于页岩中无机部分总的滞留油量减去无机矿物吸附油量。为了得到无机矿物比表面积，首先开展核磁共振实验得到页岩全尺寸孔径分布，然后利用扫描电镜实验得到无机孔隙 / 有机孔隙比例、无机孔隙孔径分布及有机孔隙孔径分布。

1. 无机孔隙比表面积评价模型的建立

1g 泥页岩中无机孔隙的比表面积 S_M：

$$S_M = \sum_1^n S_{Mn} \qquad (4\text{–}40)$$

式中，n为泥页岩孔径分段统计个数，n=50，无量纲；S_{Mn}为第n段（D_{n-1}～D_n）孔径内无机孔隙的表面积，m^2。

设第n段（D_{n-1}～D_n）孔径内无机孔隙均由直径为D_n的球形孔隙组成，且无机孔隙表面光滑，则S_{Mn}可由下式而来：

$$S_{Mn}=N_{Mn}\cdot S_{MD_n} \tag{4-41}$$

式中，N_{Mn}为第n段（D_{n-1}～D_n）孔径内无机孔隙个数，无量纲；S_{MD_n}为单个直径为D_n的球形孔隙的表面积，m^2。

S_{MD_n}可由球的表面积计算公式所得：

$$S_{MD_n}=\pi D_n^2 \tag{4-42}$$

第n段（D_{n-1}～D_n）孔径内无机孔隙个数N_{Mn}可由第n段（D_{n-1}～D_n）孔径内无机孔隙体积V_{Mn}除以单个直径为D_n的球形孔隙的体积V_{MD_n}而来：

$$N_{Mn}=\frac{V_{Mn}}{V_{MD_n}}=\frac{\left(V_{shale}\cdot\phi-\mathrm{TOC}/100\cdot V_\phi\right)\cdot P_n\cdot F_{Mn}}{\frac{4}{3}\pi\left(\frac{D_n}{2}\right)^3} \tag{4-43}$$

式中，V_{shale}为1g页岩的体积，m^3；ϕ为页岩孔隙度，无量纲；TOC为页岩中有机碳含量，%；V_ϕ为单位质量有机碳中有机孔隙体积，cm^3/g；P_n为第n段（D_{n-1}～D_n）孔径在核磁共振孔径分布上的比例，无量纲；F_{Mn}为无机孔隙在第n段（D_{n-1}～D_n）孔径的比例，无量纲。

第n段（D_{n-1}～D_n）孔径在核磁共振孔径分布上的比例P_n可由下式而来：

$$P_n=\frac{\int_0^{D_n}P_{NMR}\mathrm{d}D-\int_0^{D_{n-1}}P_{NMR}\mathrm{d}D}{\int_0^{D_n}P_{NMR}\mathrm{d}D} \tag{4-44}$$

式中，P_{NMR}为基于核磁共振实验的孔径分布比例，无量纲。

无机孔隙在第n段（D_{n-1}～D_n）孔径的比例F_{Mn}可由下式而来：

$$F_{Mn}=\frac{P_{Mn}}{P_{Kn}+P_{Mn}} \tag{4-45}$$

$$P_{Kn}=\left(\int_0^{D_n}P_{KSEM}\mathrm{d}D-\int_0^{D_{n-1}}P_{KSEM}\mathrm{d}D\right)\Big/\int_0^{D_n}P_{KSEM}\mathrm{d}D \tag{4-46}$$

$$P_{Mn}=\left(\int_0^{D_n}P_{MSEM}\mathrm{d}D-\int_0^{D_{n-1}}P_{MSEM}\mathrm{d}D\right)\Big/\int_0^{D_n}P_{MSEM}\mathrm{d}D \tag{4-47}$$

式中，P_{KSEM} 为由扫描电镜实验所得有机孔隙孔径分布，无量纲；P_{MSEM} 为扫描电镜实验所得无机孔隙孔径分布，无量纲。

在得到 1g 泥页岩中无机孔隙的比表面积后，需要将其对 TOC 进行归一化。经过计算，本次研究得到了无机孔隙比表面积随 R_o 的演化趋势图（图 4-47），从图中可以看出，无机矿物比表面积随着 R_o 的增大呈现先减小后增大的趋势。在 R_o=0.6%～1.2% 阶段，泥页岩无机孔隙中大孔比例增大，导致无机矿物比表面积不断降低；在 R_o＞1.2% 阶段，泥页岩中大孔比例降低，小孔及中孔的比例增大，导致无机矿物比表面积增大。

2. 无机矿物吸附油量、无机孔隙游离油量及随成熟度的演化规律研究

本次研究在评价完成无机孔隙比表面积随 R_o 的演化后，结合前述无机矿物单位面积吸附油量，对比表面积及无机矿物单位面积吸附油量作乘积处理，得到无机矿物吸附油量；然后将页岩中无机部分页岩油量减去无机矿物吸附油量，即可得到无机孔隙游离油量，评价结果如图 4-48 所示。无机矿物吸附油量随 R_o 的增大呈现先快速增大然后基本不变最后缓慢增大的趋势（图 4-48a）。页岩油在满足干酪根溶胀油、干酪根吸附油及有机孔隙游离油后进入无机孔隙，首先在无机矿物表面进行吸附，这导致了无机矿物吸附油量在 R_o=0.72%～0.75% 的迅速增大，在 R_o＞0.75% 时，无机矿物吸附油量的演化趋势主要受控于无机矿物比表面积。无机孔隙游离油量随着 R_o 的增大呈现先增大后减小的趋势，最大值为 131.13mg/g(图 4-48b)。由于无机矿物吸附油量远小于无机孔隙游离油量，在无机孔隙中，页岩油以游离态为主，无机孔隙游离油量的演化趋势主要受控于无机部分页岩油量。

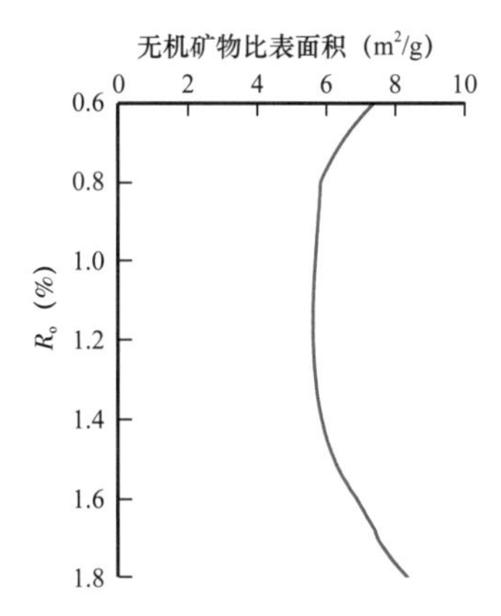

图 4-47　无机矿物比表面积随 R_o 演化图

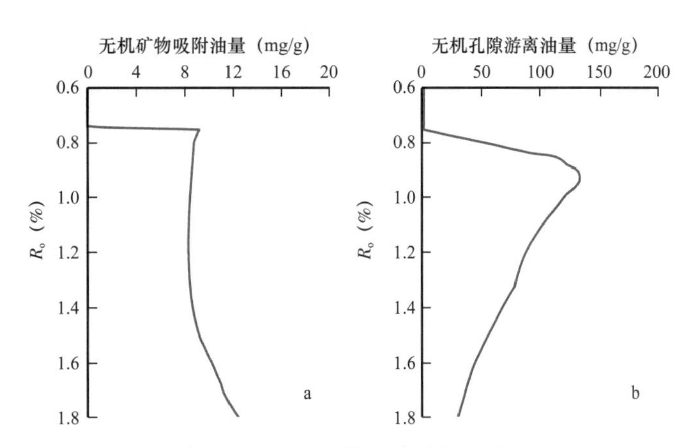

图 4-48　无机矿物吸附油量及无机孔隙游离油量随 R_o 的演化

五、不同赋存状态页岩油定量评价结果

综合泥页岩不同赋存状态页岩油量的定量评价方法，建立了泥页岩中不同赋存状态页岩油量演化模型（图 4-49）。从图中可以看出，随着 R_o 的增大，泥页岩中页岩油量呈现先增大后减小的趋势，这与松辽盆地北部青一段泥页岩单位有机质含油率参数

（S_1/TOC × 100）的演化趋势一致；在 R_o=0.6%～0.8% 时，页岩油主要以干酪根溶胀态赋存于泥页岩内；在 R_o=0.8%～1.0% 时，随着干酪根大量生烃，有机孔隙快速生成，干酪根生成的页岩油在满足干酪根溶胀及吸附能力后进入有机孔隙中，然后再进入无机孔隙中，该阶段有机孔隙游离油量及无机孔隙游离油量快速增大。由于随演化程度的加深干酪根溶胀能力降低，以及干酪根生烃造成的质量下降，干酪根溶胀油量不断降低；在 R_o>1.0% 时，干酪根溶胀油量、干酪根吸附油量、有机孔隙游离油量及无机孔隙游离油量均随 R_o 的增大而减小，但是在泥页岩中页岩油主要以有机孔隙游离油及无机孔隙游离油存在。

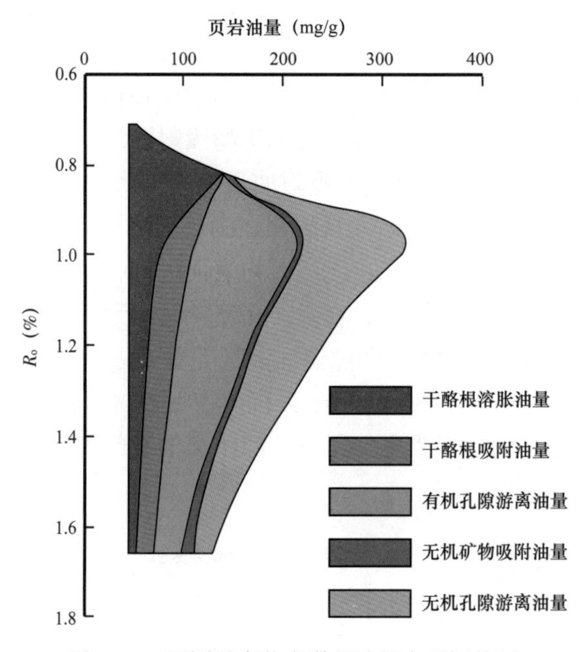

图 4-49　不同赋存状态滞留油量定量评价图

第四节　页岩油可流动性及可动量评价

页岩中蕴含的油资源总量巨大，但目前页岩油的有效勘探开发举步维艰。显然，这与页岩致密、低孔尤其是低渗的特征，加上油相对气密度、黏度大，地下更难以流动有关。虽然含油量高是页岩油有效勘探开发的基础，但可动油量高更为关键。因此，页岩油可动量、可流动性的评价至关重要。

前面有关页岩油赋存机理、赋存状态及各种形式赋存量评价的讨论已经为我们认识页岩油的可流动性奠定了初步的基础，但落实到具体应用还有一点距离。概括来说，目前用于评价页岩油可动量、可流动性的方法主要包括以下 7 种：（1）经验法—排油门限法；（2）核磁共振法；（3）吸附 / 溶胀实验法；（4）多步热解法；（5）溶剂分步萃取法；（6）分子模拟法；（7）毛细凝聚理论法。下面分别介绍这些方法。

一、经验法—排油门限法

Jarvie（2012）在对页岩油开发井、层进行统计分析时发现，当页岩的油饱和度指数（OSI=S_1/TOC × 100）高于 100mg/g（HC/TOC）时，具有工业产能，而低于该值时，则效果较差（图 4–50）。因此，将该值作为页岩油具有可流动性的下限：即 OSI 低于该值时页岩油难以有效流动，而高于该值的页岩中的油具有可流动性，超出的部分为可动油量。国内也有学者直接应用这一标准来判识页岩中油的可流动性和可动量（蒋启贵等，2016；Cao 等，2017）。由于最初确定的这一界限值源于对实际数据的统计分析，我们称之为经验法。

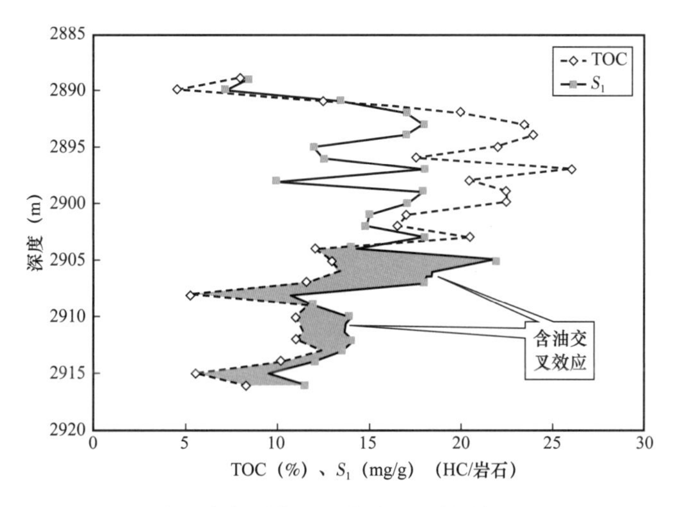

图 4–50　经验法确定页岩油可流动性下限（据 Jarvie，2012）

含油交叉效应：当含油量（如由岩石热解测量的 S_1）超过总有机碳（TOC）时，就存在潜在的可开采石油，或者说相应层位的页岩油可采出。两条曲线的交点就对应着油饱和度指数（OSI=S_1/TOC × 100），为 100mg/g

在对济阳坳陷的湖相泥页岩进行研究时，发现上述的 OSI 门限值差不多正好对应着排烃门限深度处 OSI 值。如在东营凹陷（图 4–51），由生烃潜力指数—埋深关系图所确定的排烃门限约为 2600m，而在 OSI—埋深关系图上，这一深度对应的 OSI 正好为 100mg/g。而在渤南洼陷（图 4–52），排烃门限所对应的 OSI 值为 75mg/g。排烃门限（庞雄奇，1993，1995）是烃源岩所生成油气满足了烃源岩自身各种形式的残留油气需要之后，开始明显地以游离相向外排出所对应的门限深度（成熟度），超过该门限值的含油量才具有流动并排出的潜力。这也解释了不同地区、不同地质条件下，OSI 经验值差异的内在原因。因此，我们将由此确定的判识页岩油可流动性、可动量的 OSI 值法称为排油门限法。

按照同样的原理，可以确定松辽盆地齐家—古龙凹陷青一段泥页岩和辽河坳陷大民屯凹陷可动油的含量下限分别为 75mg/g 和 25mg/g（图 4–53、图 4–54）。

基于上述分析，该法评价页岩油可动量（Q_m）的公式为

$$Q_m=S_1 \times 100-\text{OSI}$$

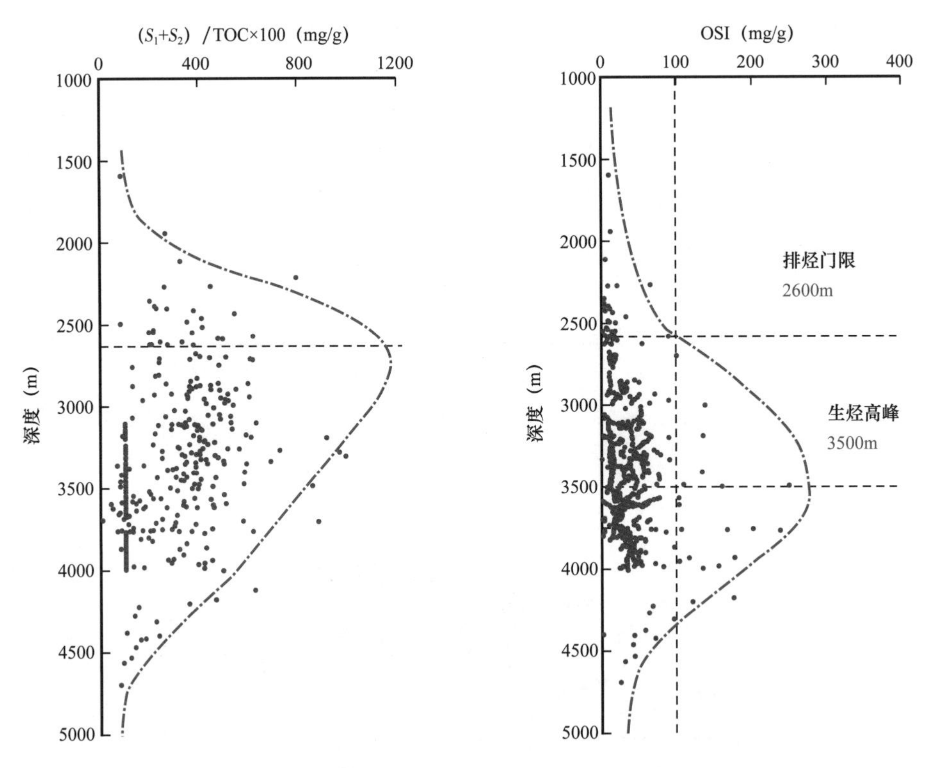

图 4-51　东营凹陷生烃潜力指数和 OSI 剖面图

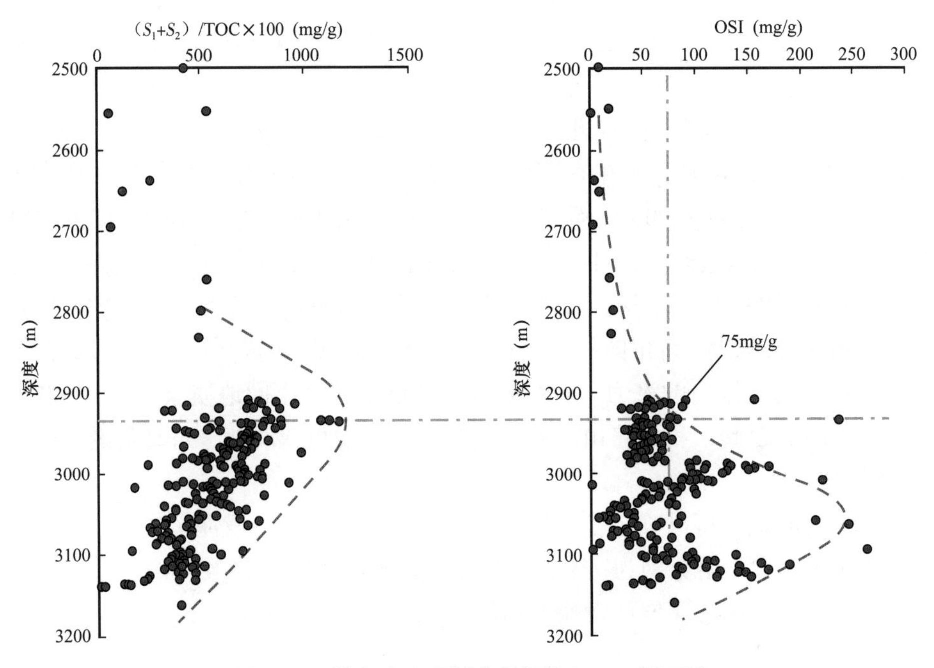

图 4-52　渤南洼陷生烃潜力指数和 OSI 剖面图

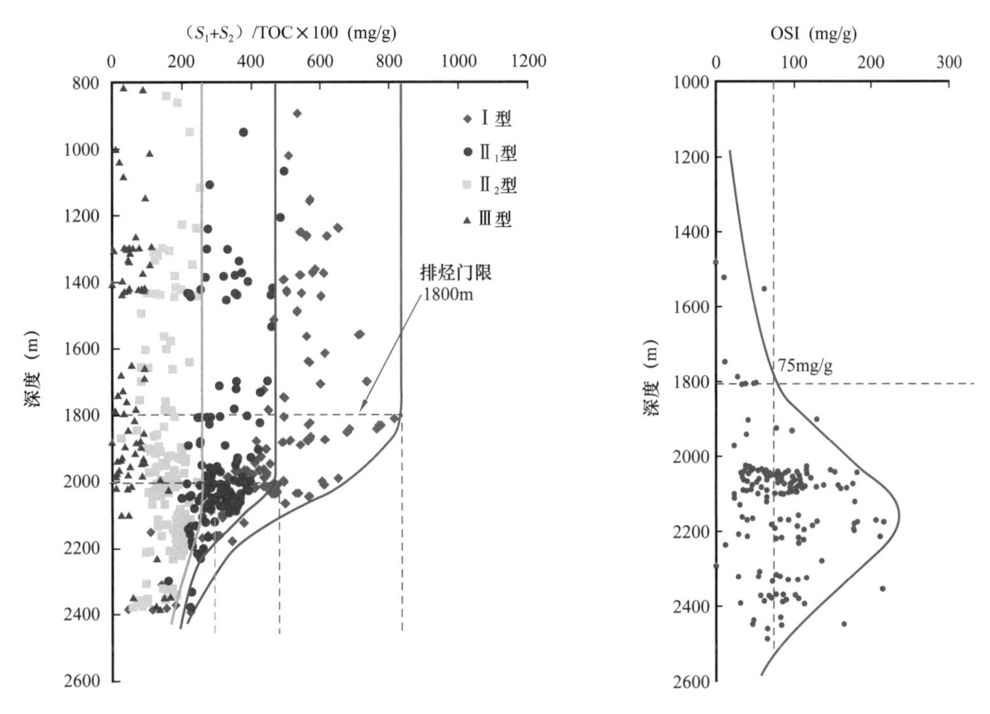

图 4-53 松辽盆地齐家—古龙凹陷青山口组生烃潜力指数和 OSI 剖面图

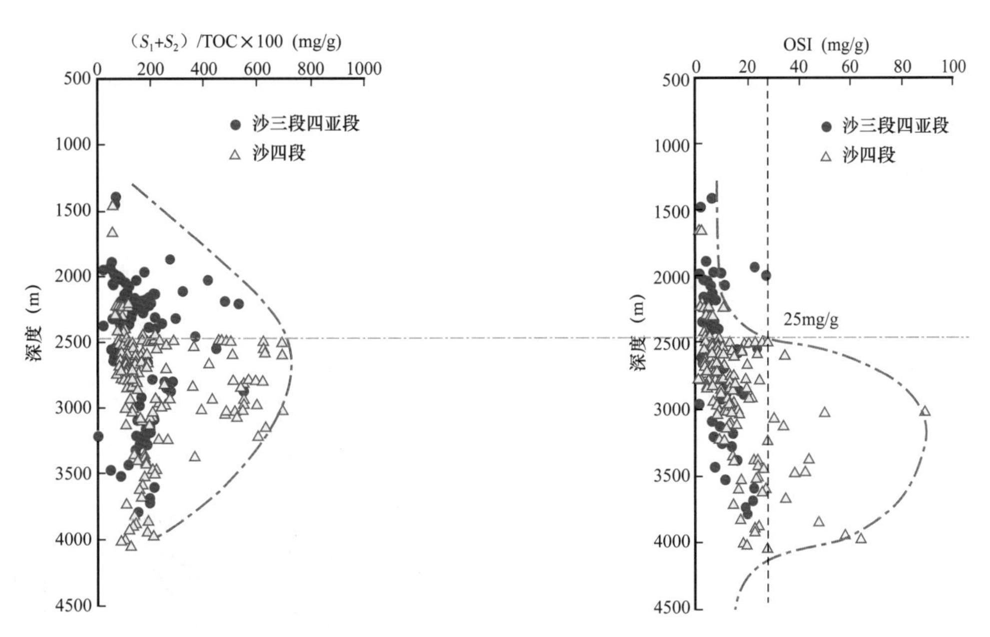

图 4-54 辽河油田大民屯凹陷生烃潜力指数和 OSI 剖面图

二、核磁共振法

（一）一维核磁共振

利用核磁共振测试资料判别流体的可流动性早期更多利用 T_2 截止值法，即确定一个固定的 T_2 值，将 T_2 分布曲线分为两部分，大于该 T_2 值的部分即为可动流体。如孙军昌等（2012）应用核磁共振结合离心实验分析了 12 块高成熟度页岩岩心可动流体分布特征，得到页岩 T_2 截止值分布在 3.87～16.68ms 之间，平均为 8.29ms，平均可动流体百分比（或饱和度）为 9.7%，可动流体主要分布在 T_2 值大于 10ms 的孔 / 裂隙内。周尚文等（2016）分别采用 1.38MPa、2.06MPa 和 2.76MPa 离心力测试了 12 块中国南方海相龙马溪组页岩的可动流体分布，认为建立页岩束缚水状态最佳离心力为 2.76MPa，12 块页岩 T_2 截止值为 1.07～3.22ms，平均为 1.8ms，计算得到页岩可动流体百分比为 23.2%～30.8%（平均为 27.3%）。不过从核磁共振分析的原理上讲，在任意孔径（对应不同的 T_2 值）的孔隙中，都既含有束缚流体又含有可动流体，因此，每一孔径（弛豫时间）都包含了束缚流体的贡献，仅是弛豫时间不同，对应的孔隙内包含的束缚流体含量不同。近期更为常用也更为科学的方法是，利用离心—核磁共振联用仪，分别对饱和油 / 水页岩离心前、后的样品进行核磁共振分析，对比 T_2 谱的差别，揭示含油 / 水总量、可动量及其与孔径的关系。

本研究选取东营凹陷 15 块泥页岩样品，开展饱和煤油后 2.76MPa 离心实验，结果显示研究区泥页岩储层可动流体百分比较低，多小于 10%，总体介于 1.1%～25.5% 之间，平均为 9.8%，表明研究区泥页岩储层流体可流动性较差，以束缚流体为主（图 4–55）。从图 4–56 可以看出，泥页岩中微小孔（p1 峰）越发育，可动流体占比越低，而中孔或者大孔（p2 或 p3 峰）越发育，可动流体比例越高，越有利于流体流动。当然，评价研究区实际页岩样品可动油的含量时，也可以直接利用原样核磁共振分析结果与离心后的核磁共振分析结果对比完成。

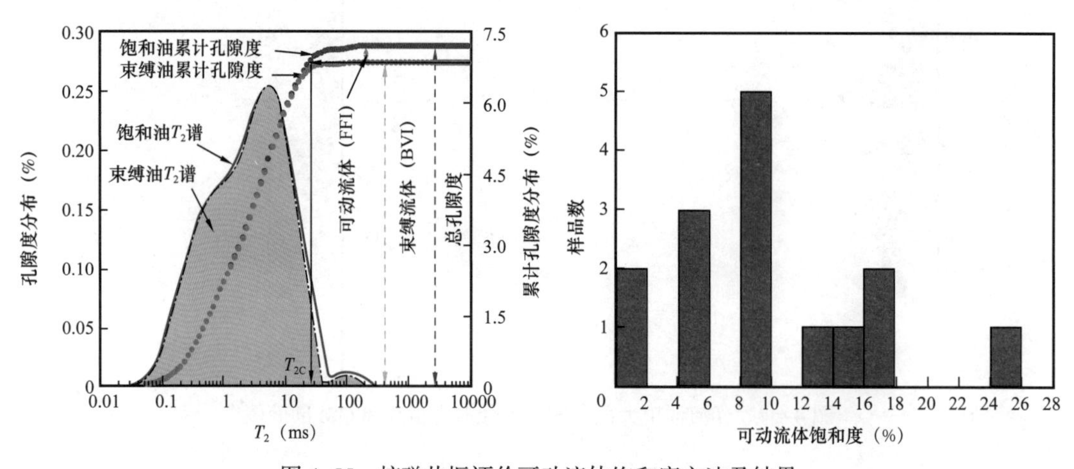

图 4–55　核磁共振评价可动流体饱和度方法及结果

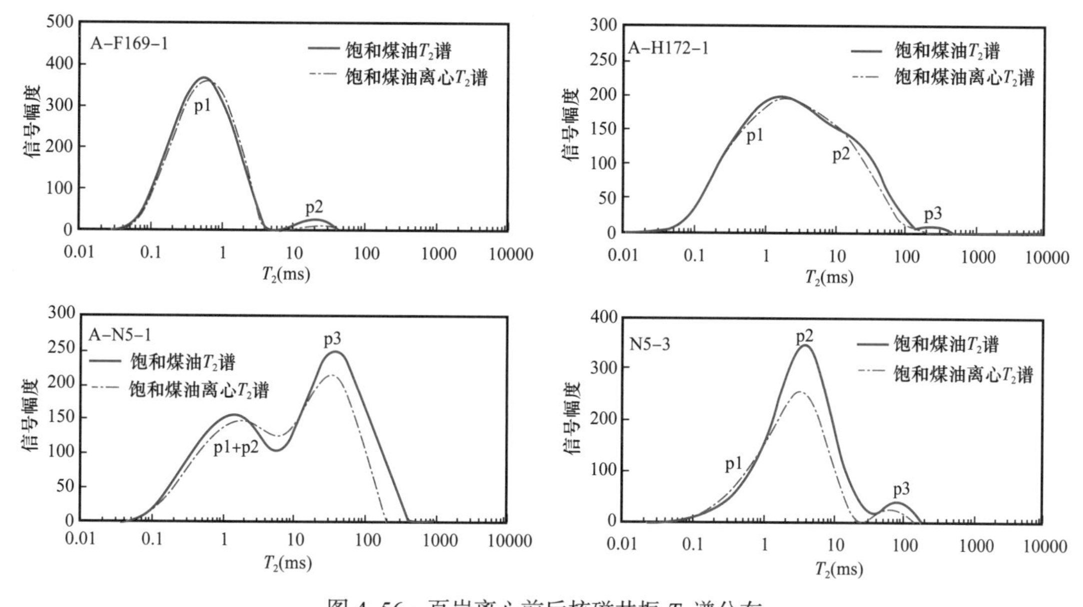

图 4-56　页岩离心前后核磁共振 T_2 谱分布

图 4-57 作出了由此得到的可动流体比例与页岩主要矿物组成关系。可以看出，研究区泥页岩可动流体百分比随黏土矿物含量增加迅速降低，随长英质矿物含量增加而增加。黏土矿物含量增加不利于页岩油流动，对于富长英质泥页岩，长英质矿物含量增加，矿物组分对页岩油吸附性降低，页岩油可流动性增加。为了消除不同样品间孔隙度差异的影响，计算了可动流体孔隙度（核磁共振可动流体百分比与孔隙度乘积），其值大小可直接反映泥页岩可动流体含量。可动流体孔隙度与渗透率在半对数坐标中显示极好的正相关性（图 4-57），表明泥页岩储层可动流体含量受渗透率影响较大，渗透率越高，可动流体含量越高。

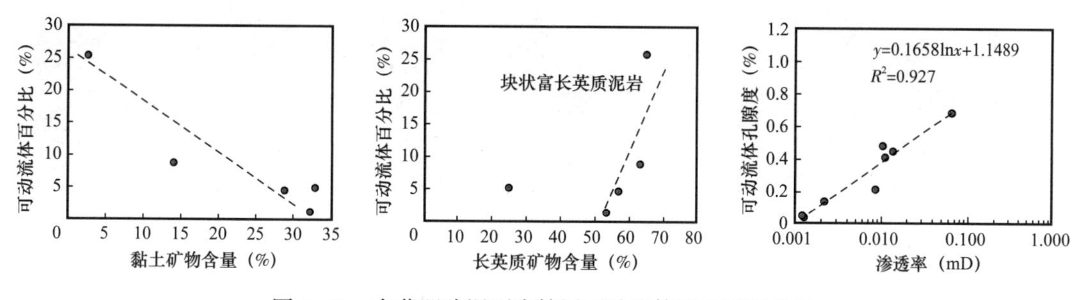

图 4-57　东营凹陷泥页岩储层可动流体影响因素分析

（二）二维核磁共振

核磁共振纵向弛豫时间（T_1）和横向弛豫时间（T_2）与流体密度、黏度等参数密切相关。自由状态的游离态流体 T_1 与 T_2 相似，均呈现单峰分布，而类固态或固态氢核 T_1 与 T_2 则存在明显差异，T_2 呈现较小的单峰分布，T_1 则变化范围较大。分子动力学模拟结果表明页岩孔隙内吸附油呈现类固态，与游离油在黏度、密度等方面存在显著差异，导致二者可能具有不同的核磁共振响应特征，这为核磁共振定量表征不同状态页岩油提供了理论基础。

本研究中，第一，根据干酪根、黏土矿物以及不同含油/水态泥页岩的核磁共振 T_1—T_2 谱实验，建立泥页岩各含氢组分（油、水）的划分方案；第二，标定吸附、游离油量与其核磁共振信号幅度的关系；第三，评价泥页岩中滞留油的吸附、游离油量，并与分步热解对比分析，验证方法的可行性；第四，以东营凹陷 FY1 井为例，综合 T_2 谱和 T_1—T_2 谱技术评价地层原位条件吸附、游离油含量。

1. *泥页岩核磁共振 T_1—T_2 谱信号划分方案建立*

1）干酪根及吸附油信号

生油阶段页岩干酪根的核磁共振 T_1—T_2 谱如图 4-58a 所示。受同核偶极耦合相互作用，干酪根横向弛豫时间较短（$0.01<T_2<0.65$ms），而纵向弛豫时间相对较长（$0.65<T_1<100$ms），$T_1/T_2>100$（峰值处 T_1/T_2 值为 193），该值与海相干酪根所测结果（T_1/T_2 为 250）较为接近（Fleury 和 Romero-Sarmiento，2016）。经泡油和烘干处理后，含吸附态油的干酪根的 T_2 明显增加，信号幅度增强（图 4-58b）。对含吸附态油干酪根的 T_1—T_2 谱与干酪根的 T_1—T_2 谱做差即可得到吸附油的 T_1—T_2 谱分布（若出现负值则设置为零）（图 4-58c）。吸附油的弛豫特征为：0.22ms$<T_2<$1ms，10ms$<T_1<$125ms，$25<T_1/T_2<200$，峰值处 T_1/T_2 约为 50。此外，部分油因溶胀作用进入干酪根内部，其分子受限制作用较强，可流动能力差，因此，T_1/T_2 在 100 以上（$T_2<0.22$ms）的区域可能指示溶胀油。

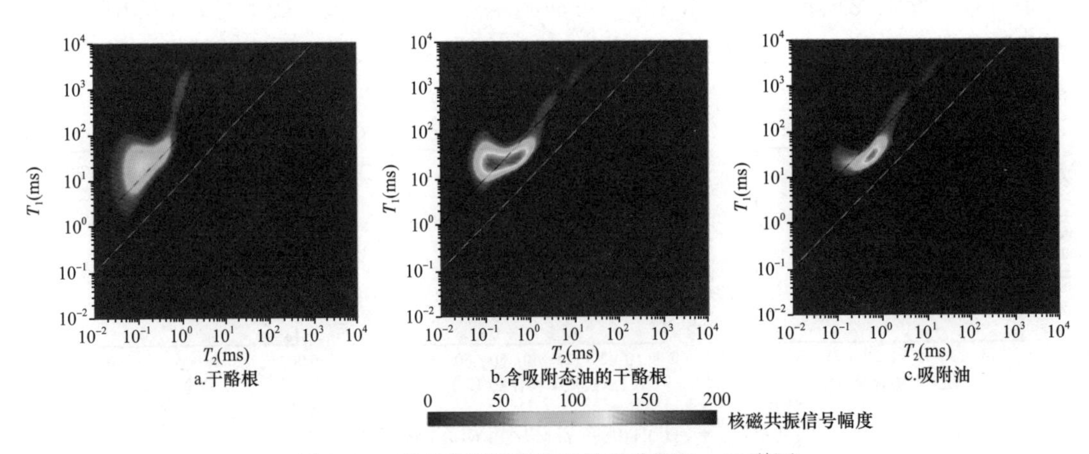

图 4-58　干酪根和吸附油的核磁共振 T_1—T_2 谱图

2）游离水、吸附水及矿物结构水信号

以蒙皂石为例，首先对蒙皂石饱和水（游离水和吸附水），然后分别在 121℃和 315℃条件下烘干 24h，121℃烘干后，其游离态水散失；315℃烘干后，其吸附态水散失，仅剩结构水（Handwerger 等，2011）。饱和水的蒙皂石的核磁共振谱以游离水为主

（图 4-59a），$0.22ms < T_2 < 1ms$，$1 < T_1/T_2 < 4.64$。与国外学者针对海相页岩的研究结果相比（Fleury 和 Romero-Sarmiento，2016），蒙皂石孔隙内游离水的 T_2 表现出窄而小的特征，其原因与蒙皂石孔径较小，孔隙结构相对较为单一等因素有关。121℃烘干后，蒙皂石脱除层间 / 游离水后，此时核磁共振谱以吸附水为主。赋存在矿物表面的吸附水与矿物之间的相互作用较强，可动能力较差，因此，与孔隙中心的游离水相比，吸附水的 T_2 明显变短（$0.01ms < T_2 < 0.11ms$），T_1/T_2 比值变大（峰值处 T_1/T_2 约为 3）（图 4-59b）。315℃烘干后，核磁共振谱检测的是结构水，其信号区域与吸附水有重叠，且与吸附水相比，结构水的 T_2 仅出现轻微左移趋势，但 T_1 明显变宽，T_1/T_2 变高（图 4-59c），这与其氢质子可流动性极弱有关。

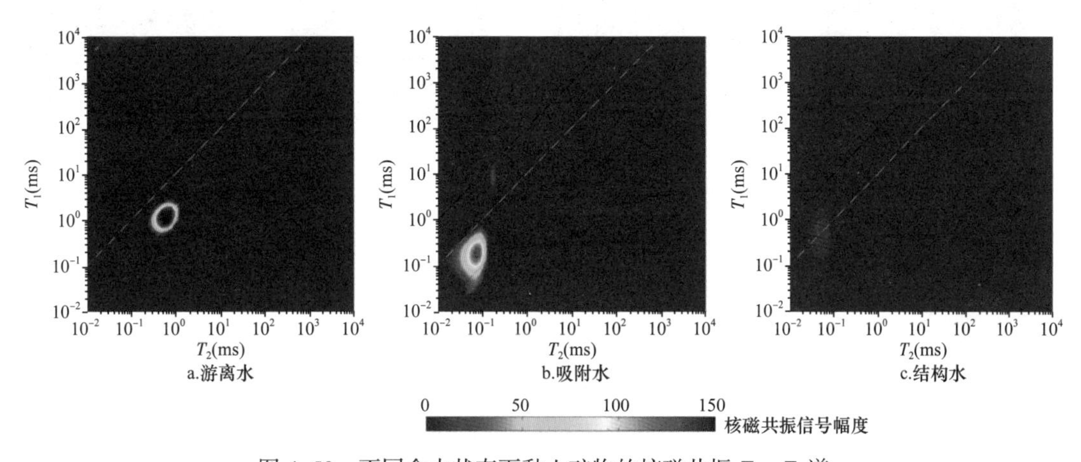

图 4-59　不同含水状态下黏土矿物的核磁共振 T_1—T_2 谱

3）不同状态下泥页岩信号

泥页岩的核磁共振 T_1—T_2 谱如图 4-60a 所示，主要分布在五个区域：A（$T_2 < 1ms$，$T_1/T_2 > 100$），B（$0.22ms < T_2 < 1ms$，$25 < T_1/T_2 < 100$），C（$T_2 > 1ms$，$10 < T_1/T_2 < 100$），D（$T_2 < 0.22ms$，$T_1/T_2 < 100$），E（$T_2 < 0.22ms$，$T_1/T_2 < 10$）。其中 A 为干酪根（包含部分溶胀油），B 为吸附油，C 为游离油，D 为结构水，E 为吸附水（D 和 E 有信号重叠）。

对泥页岩进行氯仿抽提并在 315℃条件下烘干后，泥页岩干样核磁共振 T_1—T_2 谱如图 4-60b 所示，与原始泥页岩（图 4-60a）相比，区域 B 和区域 C 处信号量明显降低，因此推断，区域 C 为游离油信号。泥页岩干样在区域 B 和 C 处仍存在油信号，该信号可能是部分存在于死孔隙中的残留油，在氯仿抽提和烘干的过程中没有完全去除。

饱和油态泥页岩和饱和水态泥页岩的核磁共振 T_1—T_2 谱如图 4-60c 和图 4-60d 所示。饱和油后（图 4-60c），区域 C 处信号量明显增加，证实其为游离油信号。与泥页岩相比，饱和油状态下区域 C 信号幅度亦要强得多，其原因为泥页岩中的残留油为非饱和状态，在岩心采集及实验室内放置的过程中，存在着烃类的损失。与饱和油不同的是，饱和水后，区域 F（$0.22ms < T_2 < 1ms$，$T_1/T_2 < 10$）和 G（$1ms < T_2 < 10ms$，$T_1/T_2 < 10$）明显增强，指示为游离水。其中，区域 F 位置与蒙皂石饱和水状态（图 4-59a）相同，

可能指示黏土矿物晶间孔隙中的水，而对于区域G，其T_2弛豫时间较长，反映了孔径相对较大的粒间孔隙。

对比泥页岩干样饱和油与饱和水状态（图4-60c和图4-60d）游离油（区域C）和游离水（区域F和G），二者差异主要表现为：（1）主峰位置处，游离水的T_2小于游离油。孔隙中流体的T_2分布是泥页岩孔径大小的体现，富含黏土矿物的泥页岩在饱和水后容易发生膨胀，改变了原始孔隙结构，导致孔径变小，T_2峰左移。（2）泥页岩中游离油的T_1/T_2高于游离水（游离油为17.30，游离水为1.55）。

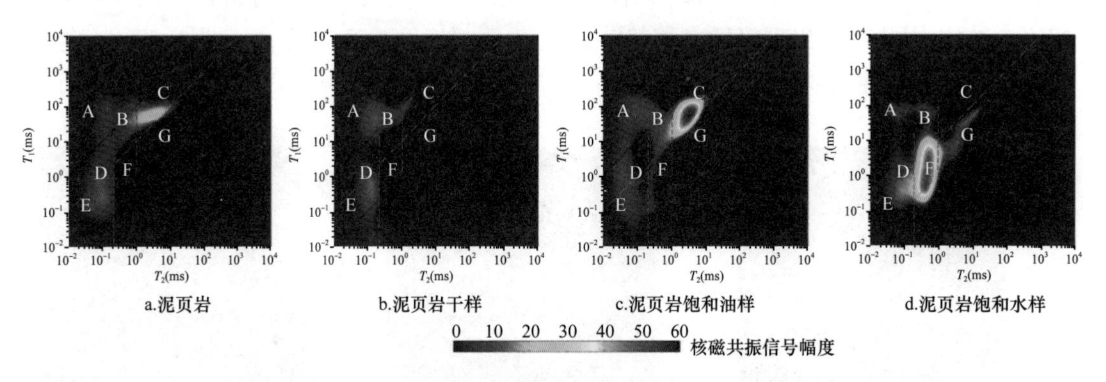

图4-60 泥页岩不同状态下核磁共振T_1—T_2谱

4）泥页岩核磁共振T_1—T_2谱信号划分方案

根据上述干酪根、含吸附态油干酪根、不同含水状态下的黏土矿物、泥页岩、抽提烘干后泥页岩、饱和油、饱和水等状态下的核磁共振T_1—T_2谱特征，总结了湖相泥页岩中的各含氢组分在核磁共振T_1—T_2谱上的分布范围（图4-61）。

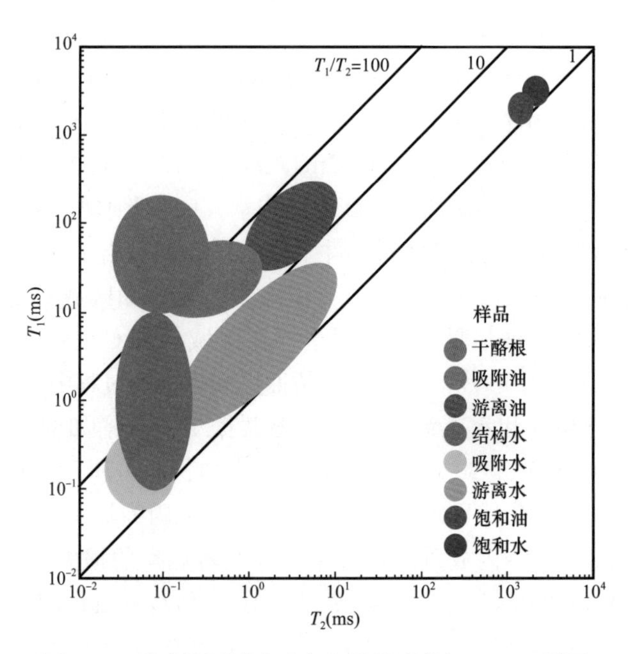

图4-61 湖相泥页岩各含氢组分核磁共振T_1—T_2谱图

2. 吸附 / 游离油核磁共振信号的标定

1）游离油核磁共振信号幅度与质量的关系

配制不同质量油的标样进行核磁共振 T_2 谱测试（图 4–62a）。根据游离态油质量和其对应的核磁共振 T_2 谱面积，建立游离油的核磁共振信号幅度与质量的标线方程（图 4–62b）：

$$M_f = 0.0074 \times A_f \tag{4–48}$$

式中，M_f 为游离油的质量；A_f 为游离油的核磁共振 T_2 谱面积。

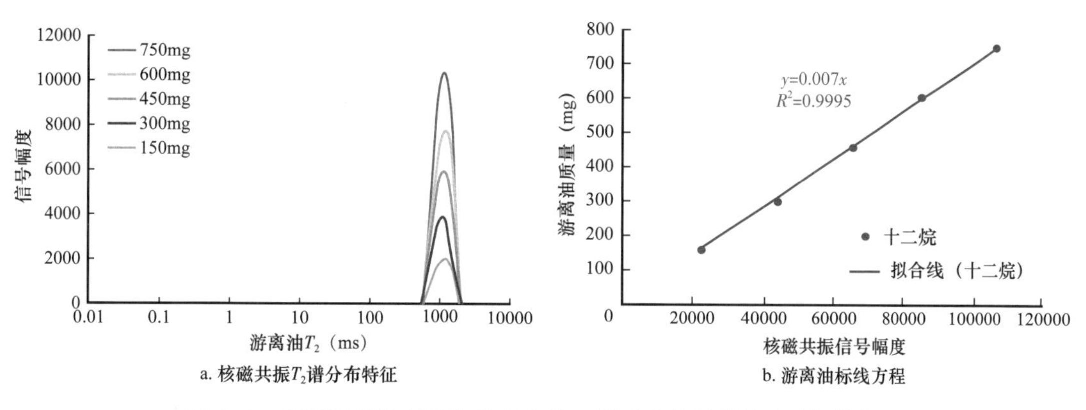

图 4–62　不同质量游离油的核磁共振 T_2 谱分布特征及游离油标线方程

2）吸附油核磁共振信号幅度与质量的标定

因吸附油的横向弛豫时间较短，加之同等条件下，单位质量干酪根吸附油的能力远大于泥页岩。为减小实验误差，本研究采用干酪根作为吸附剂，首先测定干酪根质量 m_k 及其 T_2 谱（信号幅度为 T_{2k}），其次对干酪根进行抽真空浸泡油一周后，在 50℃条件下烘干处理（温度参考 Li 等，2017），待样品质量及其 T_2 谱稳定不变后，得到含吸附油的干酪根样品，测定质量 m_{ak} 和 T_2 谱（信号幅度为 T_{2ak}）（图 4–63a）。

利用不同干酪根样品及其含吸附油态干酪根的核磁共振 T_2 谱的差异 A_a（T_{2ak}–T_{2k}），结合吸附油质量 M_a（m_{ak}–m_k），建立吸附油的核磁共振标线方程（图 4–63b）：

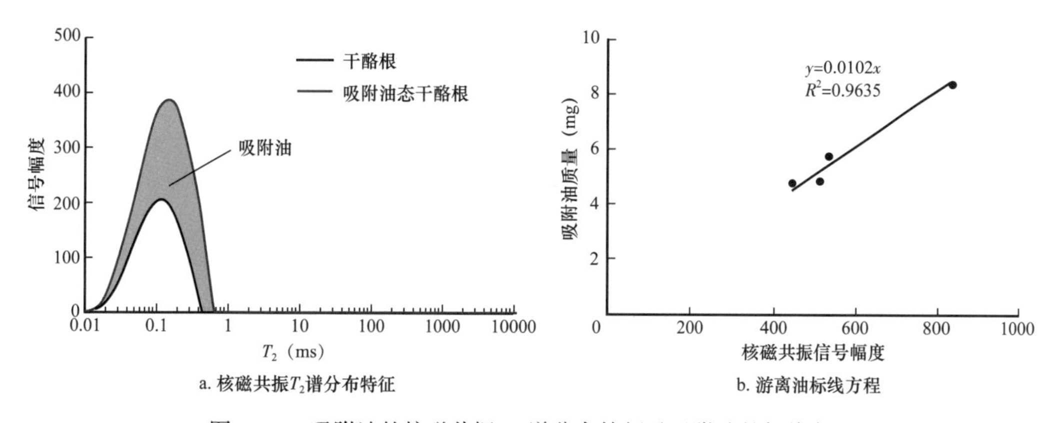

图 4–63　吸附油的核磁共振 T_2 谱分布特征及吸附油的标线方程

$$M_a=0.0102\times A_a \tag{4-49}$$

式中，M_a 为吸附油的质量；A_a 为吸附油的核磁共振 T_2 谱面积。

3. 泥页岩吸附/游离油计算

以东营凹陷沙河街组泥页岩为例，根据泥页岩核磁共振 T_1—T_2 谱测试结果，基于上述建立的泥页岩核磁共振 T_1—T_2 谱信号划分方案（图 4–61），提取吸附油和游离油的核磁共振信号幅度，根据式（4–48）和式（4–49）分别求取孔隙中游离油、吸附油的质量，并与多步热解实验（蒋启贵等，2016）进行对比分析。如图 4–64 所示，根据核磁共振 T_1—T_2 谱检测的吸附油和游离油量与多步热解实验结果较为接近，二者散点均匀分布在对角线两侧，且线性相关系数大于 0.85，可信度较高。因此，利用核磁共振 T_1—T_2 谱技术可实现泥页岩吸附油、游离油的定量表征，且与热解法相比，核磁共振 T_1—T_2 谱技术除了不损坏样品外，亦可提供泥页岩油、水分布及其含量等信息。

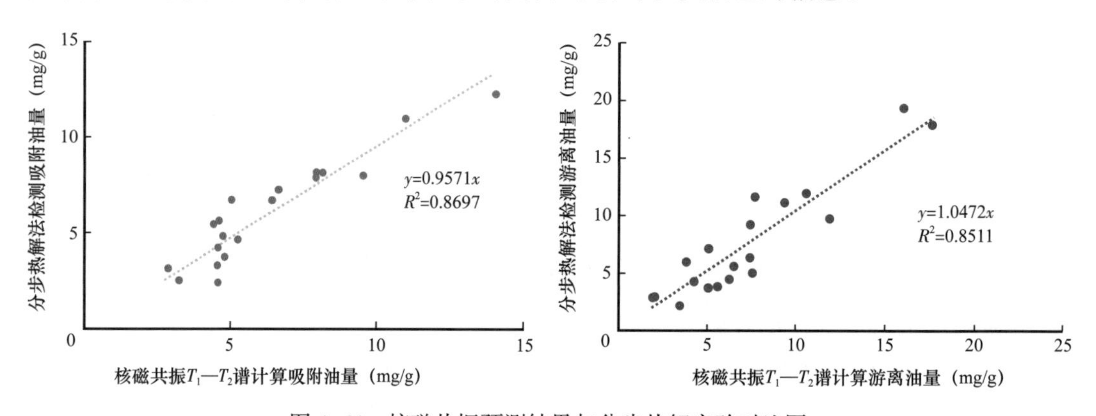

图 4–64　核磁共振预测结果与分步热解实验对比图

三、吸附/溶胀实验法

吸附/溶胀实验法方法的基本思想是，页岩中的溶胀油和吸附油不具有可流动性，游离油具有理论上的可流动性。因此，如果能够评价得到页岩中的游离油量，可视为最大可动油量，由此出发评价页岩油的可流动性和可动量。而页岩中的游离油量 = 总滞留油量 − 吸附/溶胀油量（张林晔等，2015），因此，需要评价页岩中的总滞留油量和吸附油量。

页岩中的总滞留油量可以利用地球化学分析技术得到，如氯仿沥青“A”经过轻烃补偿校正或者热解分析技术的“S_1”经轻烃和重烃补偿校正得到（参见第五章第二节）。页岩中的吸附/溶胀油量可以利用前述的技术进行评价。本节介绍李政等（Li 等，2016）利用对无机矿物进行的吸附实验和对干酪根进行的吸附/溶胀实验来评价页岩中的吸附/溶胀油量。

不难理解，页岩中总吸附油量等于所有无机矿物与干酪根吸附/溶胀油量之和，即

$$S_p=p_0x_0+\gamma\sum_{i=1}^{n}p_ix_i \tag{4-50}$$

式（4–50）的约束条件为

$$p_0+\sum_{i=1}^{n}p_i=1 \tag{4–51}$$

假设孔隙为球形，孔隙压实前后的比表面积分别为 S_0 和 S，比表面积比（γ）表示为（Kieffer 等，1999）

$$\gamma=\frac{S}{S_0}=\left[\frac{\phi}{\phi_0}\right]^{2/3} \tag{4–52}$$

式中，S_p 为页岩吸附潜力；p_0 和 x_0 分别指有机质含量和吸附能力；p_i 和 x_i 分别指第 i 种矿物含量和吸附能力；γ 为系数，反映比表面积变化。S_0 和 ϕ_0 指压实前比表面积和孔隙度；S 和 ϕ 指压实后比表面积和孔隙度。

如果通过实验，确定了不同矿物及干酪根的吸附/溶胀油量和 γ，则不难由式（4–50）评价总吸附油量。

为简便起见，可将无机矿物简化为黏土矿物、石英/长石和碳酸盐矿物三大类。干酪根则从不同成熟度的烃源岩样品中富集。先将样品在油中浸泡饱和后，以 3000r/min 离心 15min，然后 50℃下干燥 12h，没有被离心和加热出去的被认为是不可动油。之后进行溶剂抽提，得到不同矿物及不同成熟度干酪根的吸附/溶胀油量。实验结果显示，无机矿物吸附油的能力较低，黏土矿物、石英/长石和灰质吸附油量分别约为 18mg/g、3mg/g 和 1.8mg/g，有机质的吸附/溶胀油的能力较强并随成熟度升高而降低（图 4–65），在成油门限附近为 20～25mg/g，在油窗末期为 110～130mg/g，在油窗范围内的均值约为 80mg/g（Li 等，2016）。

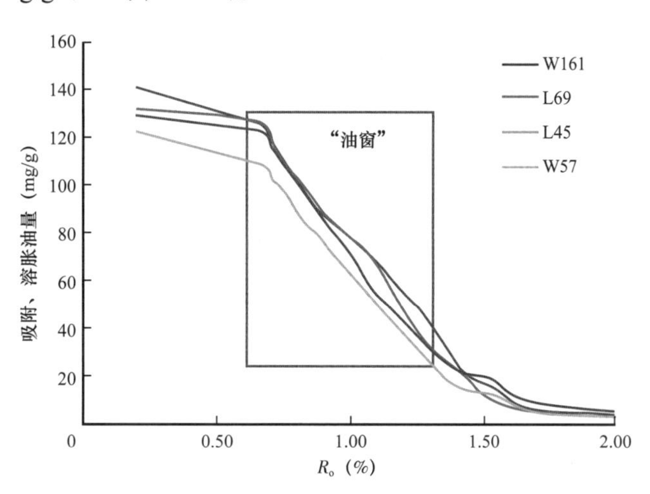

图 4–65　实验所得干酪根吸附/溶胀油量与成熟度的关系

将吸附实验的结果及区内样品的成熟度、孔隙度（地面孔隙度和 NY1 井页岩目标层段 3300～3500m 的孔隙度分为 50% 和 10%）分析数据代入式（4–50）中，不难评价得到地下泥页岩的吸附能力，预测页岩油吸附潜力（S_p），并可将其与滞留烃量（S_1）进行比较。当 S_1 大于 S_p，代表过饱和状态，页岩内赋存的游离油量为（S_1-S_p）（图 4-66），由此可以确定有利层段；当 S_1 小于 S_p，页岩内不含游离油。

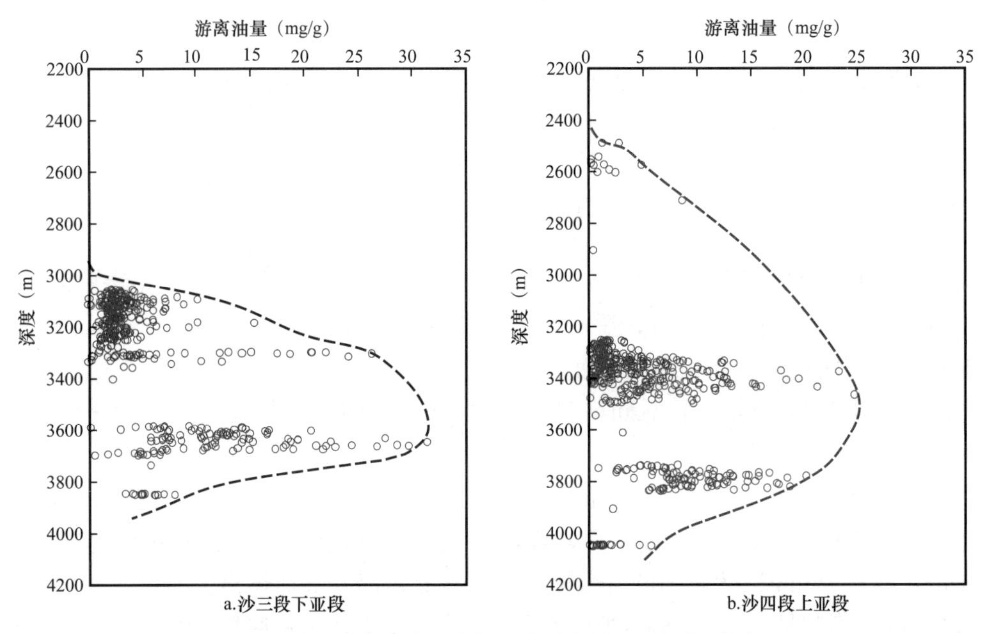

图 4-66　济阳坳陷主力烃源岩游离油量—埋深关系

四、多步热解法

不难理解，分子量越小的烃类可流动性越高，也越容易在较低的温度条件下被从烃源岩中热蒸发出来，同时赋存于裂缝及大孔隙内的页岩油相对于微孔内的油容易热释出来。按此原理，可以利用 Rock-Eval 热解实验来评价页岩油的可流动性和可动量。

不过，传统 Rock-Eval 热解是以一定的升温速率（如 20℃ /min）将样品从室温加热到 550℃（或 600℃），其中，在 300℃之前热蒸发出来的 S_1 峰被认为代表烃源岩中已经生成但尚未排出的游离烃类产物，300℃之后出来的 S_2 峰则为实验受热过程中干酪根新裂解生成的烃类产物。但后来更多的研究揭示，烃源岩在地质条件下生成的烃类并不都能够在 300℃的温度条件下热蒸发出来（参见第五章第二节中 S_1 重烃恢复），因此，传统的热解升温程序并不适合有效评价页岩油的可流动性。为此，蒋启贵等（2016）在大量探索性实验的基础上，对常规热解分析进行了改进，建立了页岩热释烃分析方法（图 4-67）：在 200℃条件下恒温 1min 得到 S_{1-1}，然后以 25℃ /min 升温至 350℃，并恒温 1min 得到 S_{1-2}，再以 25℃ /min 升温至 450℃，并恒温 1min 得到 S_{2-1}，最后再以 25℃ /min 升温至 600℃得到 S_{2-2}。通过对不同温度段热释烃组分热解色谱分析和二氯甲烷萃取前后热释烃对比分析结果综合研究，认为热释烃 S_{1-1} 主要成分为轻油组分，S_{1-2} 主要成分为轻中质油组分，S_{2-1} 主要成分为重烃、胶质 + 沥青质组分，而 S_{2-2} 主要是页岩中干酪根热解新生烃。因此，在页岩油研究中，S_{1-1} 与 S_{1-2} 之和可被认为代表页岩中

可流动性较高的游离态油量，S_{1-1} 由于是轻油，反映了现实可动油量，而 S_{1-1} 与 S_{1-2} 之和反映了最大可动油量；参数 S_{2-1} 主要表征了页岩中吸附态油量（含干酪根溶胀烃），参数 S_{2-2} 主要表征了页岩中干酪根的剩余生烃潜力。S_{1-1}、S_{1-2} 和 S_{2-1} 之和表征页岩中总油量。根据分步热解法所测的渤南洼陷泥页岩吸附油含量和 TOC 表现出较好的线性关系，表明泥页岩吸附油量主要受 TOC 控制（图 4-68）。由于这一升温程序的分段数多于传统 Rock-Eval 热解，故称之为评价页岩油可流动性、可动量的“多步热解法”。

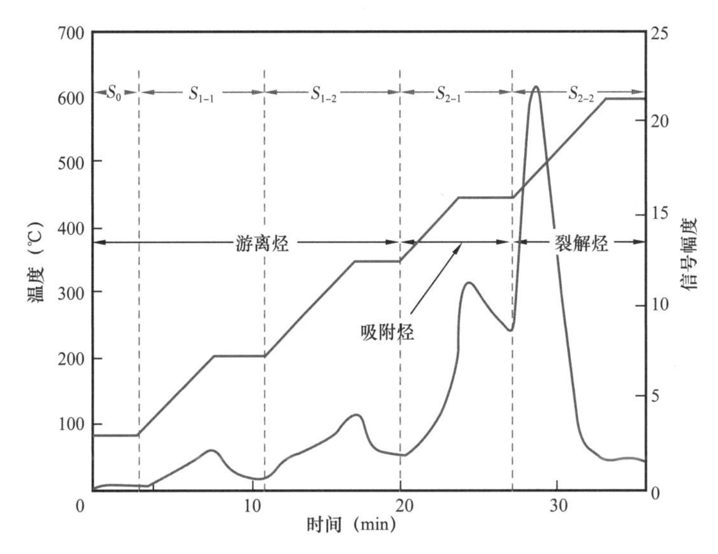

图 4-67　分步热解法实验示意图

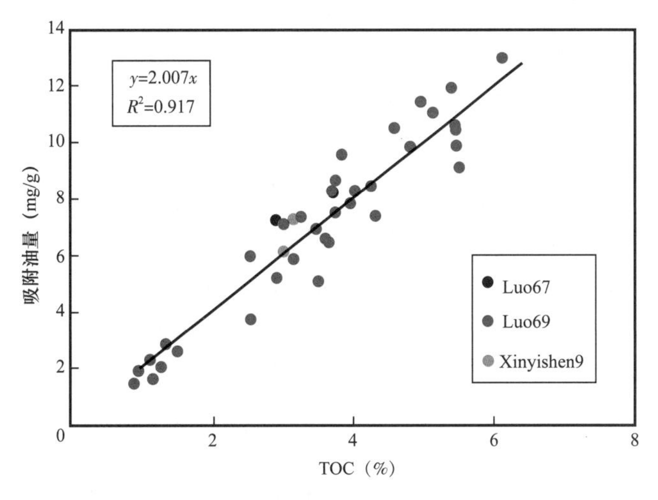

图 4-68　渤南洼陷泥页岩吸附油量与 TOC 关系图

五、溶剂分步萃取法

溶剂分步萃取法的原理是利用不同赋存状态页岩油赋存空间及其分子极性不同，采用不同极性溶剂分别对块样和碎样进行萃取，获取游离 / 吸附态页岩油含量（钱门辉等，2017）。游离态页岩油由于赋存储集空间相对较大，与萃取溶剂接触能力较强，容易被萃取出。而赋存于微孔以及吸附干酪根内或表面的页岩油难与萃取溶剂接触，因而难以被萃取出；此外，游离态页岩油一般分子极性较弱，容易被萃取出来，而吸附态页岩油一般分子极性较大，相对难以被萃取，因此选择不同极性溶剂组合逐次抽提方法（表4-10）可以定量研究页岩中不同赋存状态页岩油量。

表 4-10　不同实验步骤使用的溶剂组合及样品状态（据钱门辉等，2017）

抽提顺序	样品形式	溶剂系统	溶剂用量（mL/g）	抽提方式	赋存状态
步骤 1	整块（1cm^3）	二氯甲烷 / 甲醇（93∶7）	0.4	超声冷抽提	游离态
步骤 2	长度 0.1～0.5cm 块状	二氯甲烷 / 甲醇（93∶7）	0.4	超声冷抽提	游离态（压裂）
步骤 3	150 目粉末状	二氯甲烷 / 甲醇（93∶7）	0.4	超声冷抽提	吸附—互溶态
步骤 4	150 目粉末状	四氢呋喃 / 丙酮 / 甲醇（50∶25∶25）	0.15	超声冷抽提	吸附态

注：溶剂用量为每克岩石使用的溶剂体积。

济阳坳陷沙河街组不同构造页岩溶剂分步萃取结果显示（钱门辉等，2017），湖相页岩中干酪根吸附油占有较大比例（49%～72%），其次为游离态页岩油（18%～40%），矿物表面吸附页岩油相对较少（10%）。湖相纹层状页岩与块状页岩中可溶有机质的赋存形式明显不同。纹层状页岩相比块状页岩游离态可溶有机质含量占比较高，而块状页岩相比纹层状页岩干酪根吸附—互溶态可溶有机质含量占比较高（图 4-69），两类样品矿物吸附有机质含量占比相当，纹层状页岩相比块状页岩更有利于页岩油的开发。

加热释放法和溶剂分步萃取法分析原理表明，二者均假设游离态页岩油主要为赋存于裂缝或大孔隙内的小分子、弱极性或非极性烃类化合物，而吸附态页岩油主要为赋存于微孔或干酪根内的大分子、极性烃或非烃化合物。然而，不同分子量、不同极性化合物在页岩中均存在吸附和游离两种状态，页岩加热或萃取时吸附态和游离态页岩油均可能被排出，难以有效区分排出油在页岩内的赋存状态。因此，多步热解法和溶剂分步萃取法分析结果主要反映了不同尺度储集空间、不同分子量及极性页岩油含量，可能并未直接揭示页岩油吸附 / 游离量，但其含量的多少应该可以近似指示页岩油的可动量、可流动性。

六、分子模拟法

在本章第二节中，已经介绍了分子模拟的基本原理、方法、流程和结果。利用该技术，可以模拟计算不同矿物 / 有机质表面吸附油的层数、单层厚度及密度，由此不难评价得到一定孔径的孔、缝中吸附相、游离相分别所占的体积比和质量比（图 4-20、图 4-21、图 4-22），从而认识其可动油量及相对可流动性。故这里不再另外专门讨论。

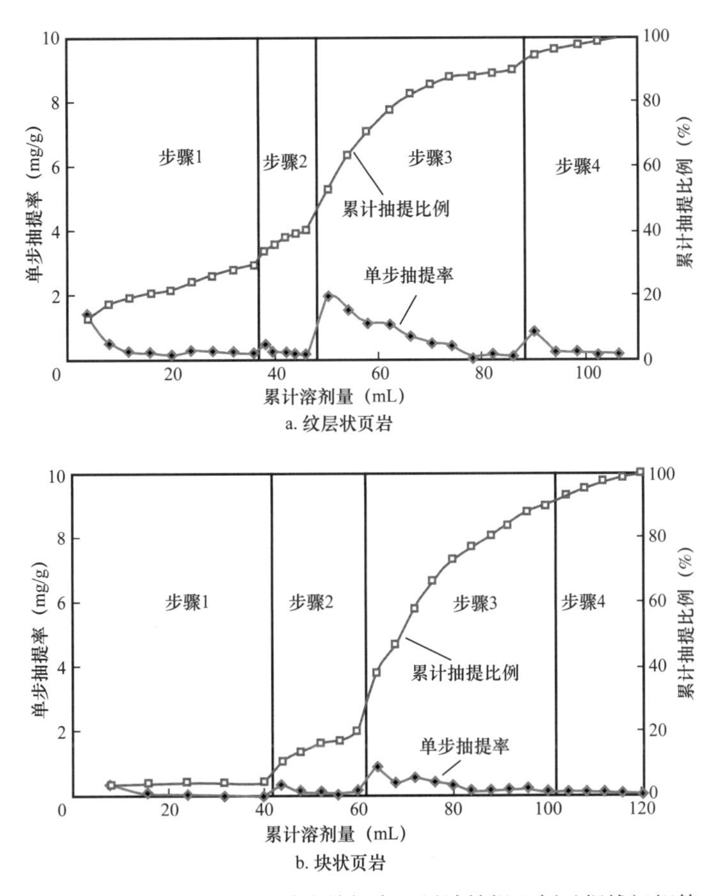

图 4-69　纹层状页岩和块状页岩单步抽提率和累计抽提比例（据钱门辉等，2017）

七、毛细凝聚理论法

（一）基本原理

当多孔介质吸附蒸气时，随相对压力（p/p_0）增加，蒸气（在相对压力较低时，油分子也为气态）吸附量逐渐增加，蒸气先在孔壁上进行多分子层吸附，并在吸附膜所占体积之外的孔内由小孔到大孔依次在吸附膜上发生毛细凝聚，同时多分子层吸附还在继续。但为了研究方便，通常将毛细凝聚和多分子层吸附两个过程分开。吸附最终状态，在相对压力接近 1 时，孔隙内充满吸附态和毛细凝聚态流体。储层条件下，页岩油主要以吸附态和游离态充填在储集空间内。在较高相对压力（p/p_0 接近 1）时，孔隙内充满吸附态和毛细凝聚流体，可类比储层饱含油孔隙内的吸附态和游离态流体。

为简单起见，将吸附态烃分子假定为椭球形状的刚性长分子（以正癸烷为例），且特定相对压力和温度条件下，页岩孔隙内烃分子以平行于孔隙表面方向堆积聚集。微观上，页岩油成层状吸附于页岩孔隙表面，在孔隙内部呈游离态存在。吸附相呈现多峰分布，吸附相密度普遍由孔隙表面至两相分界面逐渐降低，直至等于游离相密度。临近孔隙表面第一层具有最强吸附亲和力、最低流动速率（即几乎不流动）。由于有机质和矿物孔隙表面的不均一性，吸附相层数不一致，造成孔隙表面吸附厚度不一样。毛细凝聚态（游离态）烃无序地、随机地分布于孔隙内。

基于不同尺度孔隙内烃赋存状态，页岩孔隙系统理论上可分为四个部分（图 4-70），定义为 A（$d_0<d_h$）、B（$d_h\leqslant d_1\leqslant d_a$）、C（$d_a<d_2\leqslant d_k$）和 D（$d_k<d_3\leqslant d_{max}$），其中 d_h 为烃分子尺寸，nm；d_a 为完全吸附的孔隙最大直径，nm；d_k 为开尔文直径，nm；d_{max} 为孔隙最大直径，nm。这四部分孔隙对应的孔体积和比表面积分别表示为 V_0、V_1、V_2、V_3（cm^3/g）和 S_0、S_1、S_2、S_3（m^2/g）。由于孔隙直径（d_0）小于烃分子直径（d_h），A 部分无法聚集油气，视为无效孔。B 部分由吸附态烃分子完全充填。C 部分孔隙内同时存在吸附态和游离态烃。由于孔径（d_3）大于毛细凝聚直径（d_k），D 部分只有吸附态烃聚集，烃平均吸附层数相对小于 B 部分孔隙，而大于 C 部分孔隙内的吸附层数。然而，B、C、D 部分中吸附相单层吸附厚度为定值。

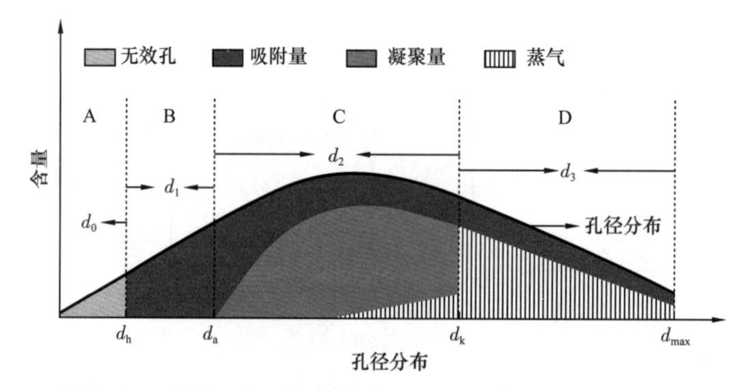

图 4-70　在某一相对压力条件下不同孔径内烃赋存示意图

在某一相对压力下，烃吸附量和毛细凝聚量（即游离量）分别表示为（Li 等，2017）

$$Q_a = kd_m\left[S_1\bar{n}_1 + \left(S_2 + S_3\right)n\right]h\rho_1 \tag{4-53}$$

和

$$Q_f = (\beta V_2 - kd_m S_2 hn)\rho_2 \tag{4-54}$$

式中，Q_a 为吸附量，g/g；Q_f 为游离量，g/g；k 为系数，nm^{-1}；d_m 为平均孔径，nm；$\bar{n}$ 为 B 部分的平均吸附层数，无量纲；n 为 C、D 部分的平均吸附层数，无量纲；h 为平均单层吸附厚度，nm；ρ_1 为平均吸附相密度，g/cm^3；ρ_2 为平均游离相密度（即毛细凝聚部分的密度），g/cm^3；V_2 为 $2hn<d_2\leqslant d_k$ 孔隙的总体积，cm^3/g；β 为发生吸附和凝聚的孔隙体积（V_2）的比例，$0<\beta\leqslant 1$，如果为完全饱和（$p/p_0=1$）时，β 为 1。

在进行地质应用时，孔隙度和视密度参数更易通过测井数据获得，因此将式（4-53）、式（4-54）中的表面积转换成孔隙度、视密度的函数。在地质条件下，页岩油吸附量和游离量计算公式为（Li 等，2018）

$$Q_{\mathrm{a}} = \frac{FV_{\mathrm{o}}H\rho_1}{d_{\mathrm{m}}} \tag{4-55}$$

和

$$Q_{\mathrm{f}} = \left(1 - \frac{FH}{d_{\mathrm{m}}}\right)V_{\mathrm{o}}\rho_2 \tag{4-56}$$

其中

$$V_{\mathrm{o}} = \frac{\phi S_{\mathrm{o}}}{\rho_{\mathrm{a}}} \tag{4-57}$$

式中，V_{o} 为含油连通孔隙体积，$\mathrm{cm^3/g}$；F 为孔隙形状因子，无量纲；H 为平均吸附厚度，nm；ϕ 为孔隙度，无量纲；S_{o} 为含油饱和度，无量纲；ρ_{a} 为视密度，$\mathrm{g/cm^3}$。

式（4–55）和式（4–56）为页岩油饱和吸附时的吸附量和游离量表达式；式（4–57）为宏观参数（即孔隙度、含油饱和度和视密度）评价页岩油吸附量和游离量搭建了桥梁。

（二）模型标定与验证

要计算页岩中烃的吸附量（Q_{a}）和游离量（Q_{f}），首先需确定系数 k 和 β。联合式（4–53）和式（4–54）可得

$$Q_{\mathrm{t}} = kd_{\mathrm{m}}\left\{V_1\rho_1 + \left[S_2\left(\rho_1 - \rho_2\right) + S_3\rho_1\right]hn\right\} + \beta V_2\rho_2 \tag{4-58}$$

式中，Q_{t} 为测试烃总量，由烃蒸气吸附实验获得。比表面积（S_2、S_3），孔隙体积（V_1、V_2）和平均孔径（d_{m}）由低温氮吸附 / 解吸实验确定。以 d_{h}、d_{a}、d_{k} 和 $d_{\max}$ 作为计算表面积、孔隙体积和平均孔径的界限值。

（1）由分子尺寸（长度）确定 d_{h}；

（2）由分子动力学模拟确定 h、n，进而计算 d_{a}（$=2hn$）；

（3）由开尔文方程确定开尔文半径 r_{k}，开尔文方程为

$$\ln\left(\frac{p}{p_0}\right) = -\frac{2\sigma V_{\mathrm{L}}}{r_{\mathrm{k}}RT} \tag{4-59}$$

式中，p_0 为饱和蒸气压；σ 为表面张力，dyn/cm；V_{L} 为摩尔体积，$\mathrm{m^3/mol}$；R 为气体常数，为 $8.314\mathrm{Pa\cdot m^3/(mol\cdot K)}$；$T$ 为开尔文温度，K。

在获得 r_{k} 后，可计算出发生毛细凝聚时对应的孔隙直径 d_{k}，计算方程为

$$d_{\mathrm{k}} = 2\left(hn + r_{\mathrm{k}}\right) \tag{4-60}$$

（4）$d_{\max}$ 由低温氮测试的最大孔径确定。

记
$$X_1 = d_m\left\{V_1\rho_1 + hn\left[S_2\left(\rho_1-\rho_2\right)+S_3\rho_1\right]\right\}$$
$$X_2 = V_2\rho_2 \tag{4-61}$$

则可得
$$Q_t = kX_1 + \beta X_2 \tag{4-62}$$

确定每个样品的 X_1、X_2 和 Q_t 值后，对式（4-62）进行多元线性回归，标定出系数 k 和 β 的最优解。然后将 k 和 β 反代入式（4-53）和式（4-54），即可计算出吸附量和毛细凝聚量（游离量），二者之和即为总量。以正癸烷为例，计算的正癸烷总量（吸附和凝聚）与实验测试的正癸烷总量具有明显的正相关关系（图 4-71），R^2 达到 0.912，同时也验证了模型的可靠性。

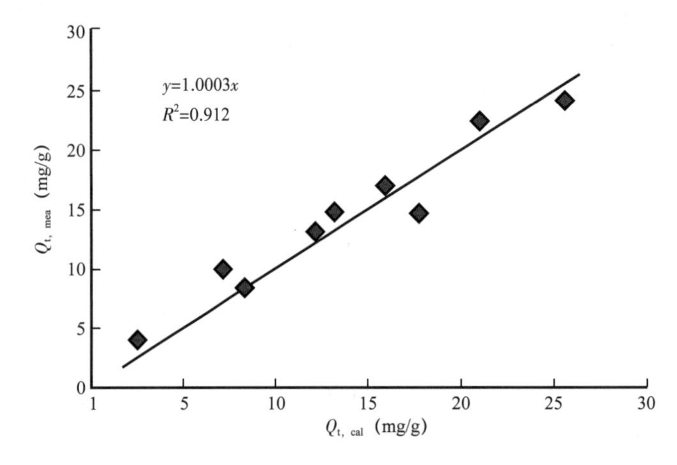

图 4-71　相对压力为 0.8 时实测值（$Q_{t,\ mea}$）与模型计算值（$Q_{t,\ cal}$）关系

根据正癸烷测试结果，进行地质条件下的吸附油和游离油含量评价。地质条件下的流体压力比实验条件高，此时 β 值为 1。参考正癸烷吸附量与比表面积和孔隙体积的关系，根据轻烃恢复后的氯仿沥青“A”含量与总比表面积 / 孔隙体积相关性，对每个样品赋予最大的氯仿沥青“A”值（图 4-72）。

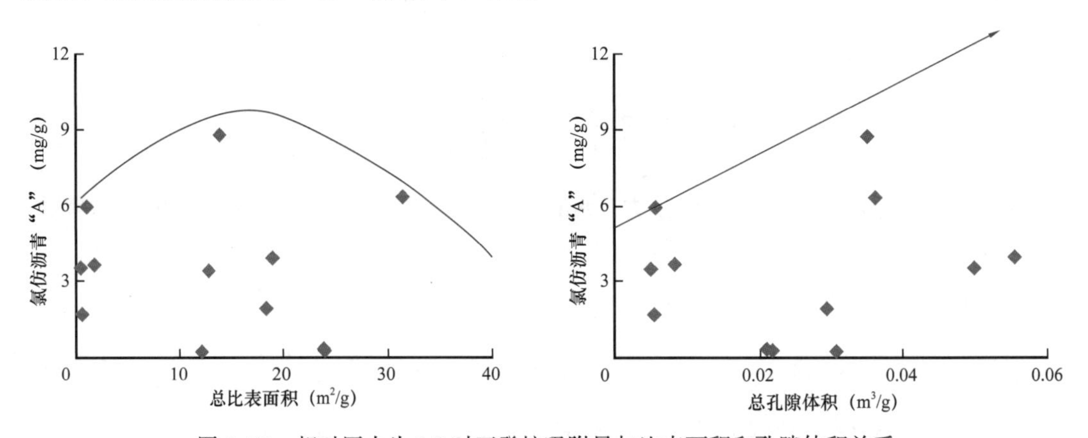

图 4-72　相对压力为 0.8 时正癸烷吸附量与比表面积和孔隙体积关系

根据分子动力学模拟结果，取氯仿沥青“A”吸附相密度 ρ_1 为 1.4g/cm³，体相密度 ρ_2 为 0.9g/cm³，平均层厚 0.48nm，平均吸附层数为 3 层。结合样品的储集空间参数，采用式（4–58），基于多元线性回归方法对实验结果进行标定。结果表明，东营凹陷页岩油吸附比例介于 59.11%～84.77% 之间，平均为 68.03%（图 4–73）。通过分析发现，页岩油吸附量、游离量与孔隙度 / 视密度具有较好的正相关性（图 4–74），进一步验证了式（4–55）和式（4–56）。

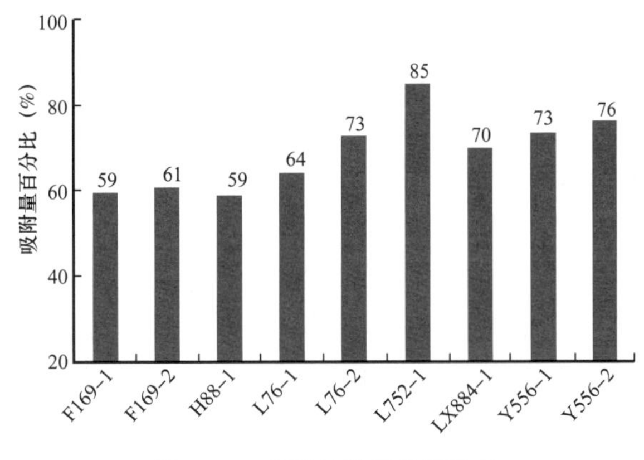

图 4–73　页岩油吸附比例分布

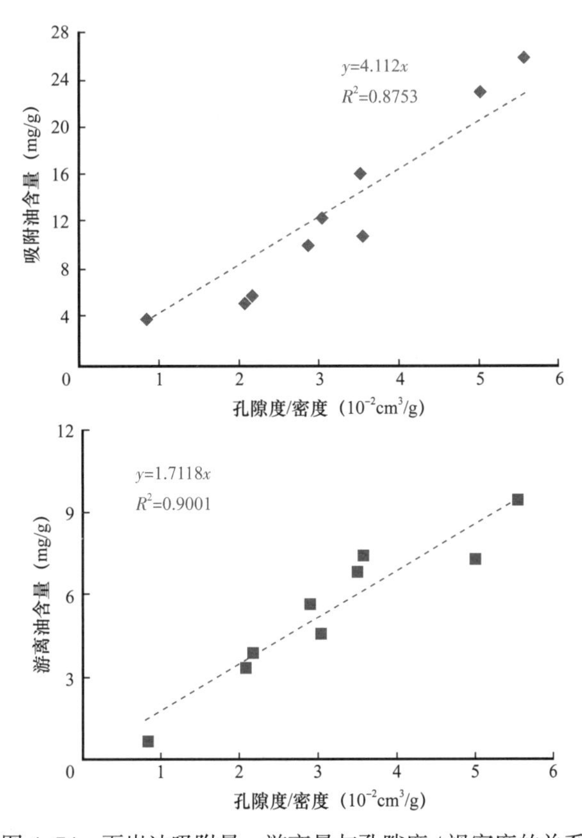

图 4–74　页岩油吸附量、游离量与孔隙度 / 视密度的关系

八、不同评价方法的比较及初步应用

前面介绍的各类评价页岩油可动量、可流动性的方法中，离心—核磁共振法、多步热解法、溶剂分步萃取法需要取到实际页岩样品才能进行，虽然分析测试的结果有助于我们客观认识和评价研究区具体样品中页岩油的可动量和可流动性，但由于可供分析样品数量、成本、时间的制约，难以将这些方法直接推广应用到地质条件下页岩可动油甜点层位和靶区的筛选中。分子模拟法作为一种理论方法，虽然对认识页岩油的赋存机理、影响因素及吸附油 / 游离油占比与孔径的关系（参见第四章第二节），从而对认识页岩油的理论可流动性、可动量有帮助，但受模拟计算量的限制，目前的模拟还只是假设简单的孔径来进行，难以在页岩复杂的孔、喉、缝基础上进行系统的模拟，因此，也不能推广应用到地质条件下页岩可动油甜点层位和靶区的筛选中。

比较而言，经验法—排烃门限法所主要依据的 S_1 指标在我国东部湖相油区有丰富的资料可以利用，更为重要的是，由测井评价有机非均质性的技术（参见第二章第三节），可以利用实测地球化学数据标定评价 S_1、TOC 的模型后，利用丰富的、分辨率较高的测井资料，实现对井剖面上泥页岩层段有关地球化学指标的系统评价，从而有助于筛选页岩含油量、可动油量的甜点层位，进一步结合井间插值或地震技术，有助于筛选甜点区块。

吸附 / 溶胀法中，页岩中总的滞留油量可以利用有机非均质性评价技术（参见第二章第三节）及轻重烃恢复技术（参见第五章第二节）实现井剖面的系统评价，而吸附 / 溶胀油量可以由式（4–50）出发，在具体的靶区建立其与 TOC 的经验关系式（参考图 4–68）后进行评价。从而实现这一评价方法的地质推广应用。

毛细凝聚法通过微观结构表征技术确定不同尺度储集空间参数（孔体积、比表面积、孔径等）（参见第三章）、轻重烃恢复技术确定氯仿沥青“A”或 S_1（即含油量）（参见第五章第二节）、分子动力学模拟确定单层吸附厚度和吸附密度（参见第四章第二节），建立分析页岩油吸附量、游离量的标定方程；结合有机非均质性评价技术（参见第二章第三节），获得不同深度 / 成熟度页岩中吸附油、游离油含量以及页岩油可流动性、可动量，基于单井、连井剖面筛选页岩油可动甜点。

图 4–75 即为应用上述三种方法（经验法—排烃门限法、吸附 / 溶胀法、毛细凝聚法），分别评价所得济阳坳陷东营凹陷利页 1 井的总含油量、吸附油量及游离量（= 最大可动量）剖面。可以看出，就吸附油量来说，经验法—排烃门限法评价所得值最低，吸附 / 溶胀法稍高但与经验法比较接近，毛细凝聚法最高；而就游离量（最大可动量）来说，三种方法所得结果有所交叉，但总体上经验法所得值较高，其次是吸附 / 溶胀法；不过，虽然三种方法评价所得的可动油量具体值有差别，但总体变化趋势是一致的，可动油量较高的甜点层段介于 3590～3670m 之间。由于主要分布湖相页岩油的我国东部老油区地球化学及测井资料丰富，有机非均质性的测井评价技术成熟，因此，经验法—排烃门限法更容易实现，可操作性最强。

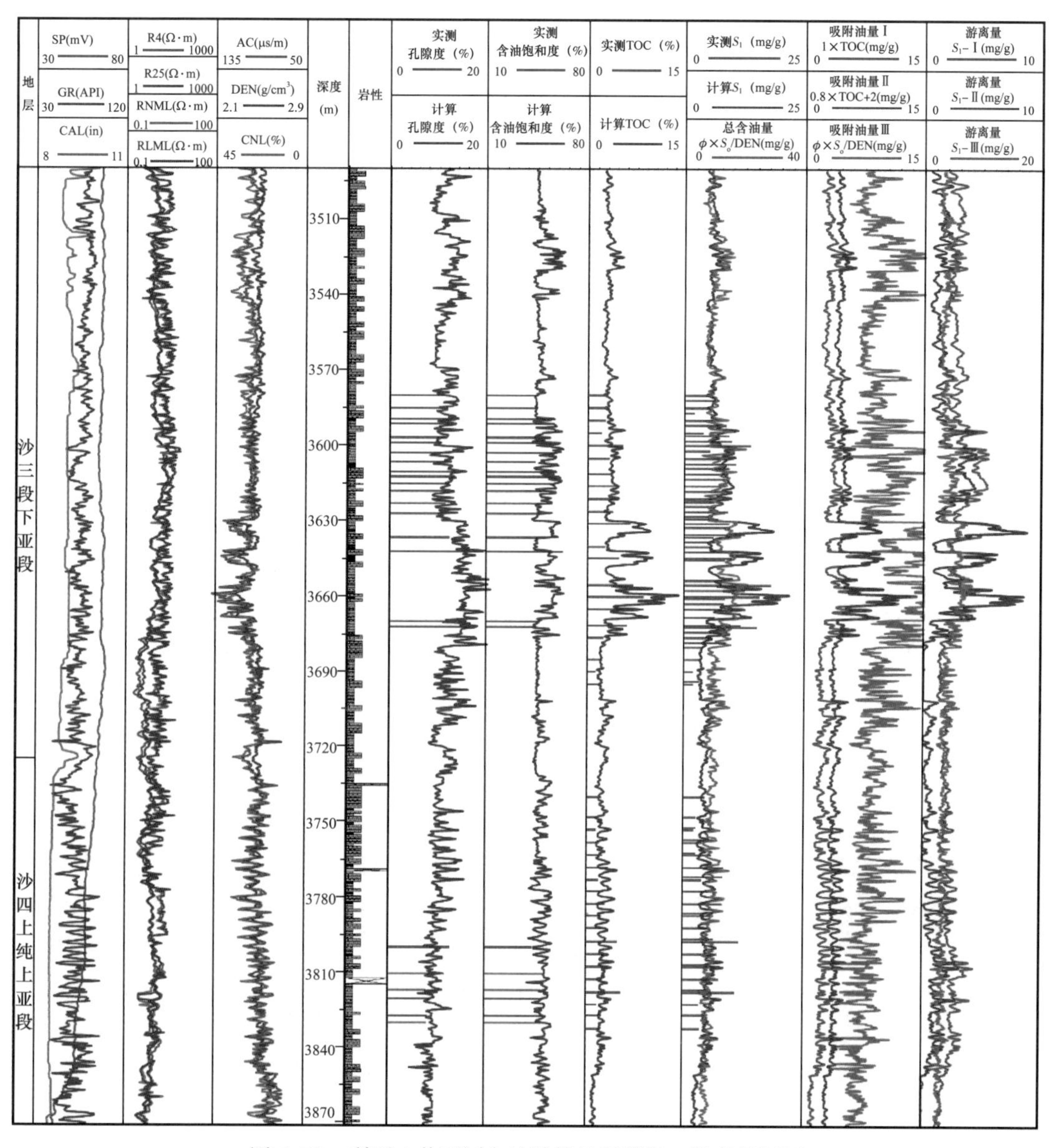

图 4-75　利页 1 井不同方法计算的吸附量、游离量剖面

Ⅰ排烃门限法；Ⅱ为吸附 / 溶胀法；Ⅲ为毛细凝聚法

第五章

页岩油资源潜力评价

油气资源量及其分布是制定油气产业发展规划、政策，决策勘探开发投资力度和投资方向的基础依据。凡事预则立，不预则废。常规油气如此，非常规油气，包括页岩油也是如此。因此，世界上的主要产油国对此都非常重视。目前，我国已经完成三轮全国性的油气资源评价工作，2016 年中国石油完成了第四次油气资源评价，2017 年国土资源部组织开展了“十三五”全国油气资源评价，各油田针对探区（盆地 / 凹陷 / 区带）的资源评价就更是难以计数，体现出资源评价对油气工业发展的重要意义。

在中国石油第四次油气资源评价中，增加了对非常规油气的资源评价，但主要针对致密油气和页岩气以及油砂（重油）、油页岩等，并未专门针对纯页岩油进行评价。中国石化在 2011—2012 年组织对全系统页岩油气资源进行了专项评价，笔者当时承担了页岩油资源评价方法、参数筛选、评价标准厘定、评价软件（平台）研制及所建方法推广的工作，为页岩油资源评价提供了有效支撑。

本章将在概括总结目前已有的常规油气资源评价技术的基础上，筛选对页岩油有效的评价技术 / 方法；对比分析页岩油与常规油气资源评价的异同，厘定页岩油资源评价的关键参数；针对我国页岩油主要发育于老油区的实际，结合渤海湾盆地济阳坳陷沾化凹陷渤南洼陷实例，介绍适合于油区（盆地 / 凹陷 / 区块）的有效页岩油资源评价方法。最后汇总给出了部分代表性靶区的页岩油资源评价结果。

第一节　油气资源评价技术发展现状

目前业已报道并应用的用于常规油气资源评价的方法很多，但大体上可以分为类比法、统计法和成因法三类（表 5–1）。类比法可用于盆地大范围类比，也可用于某一口井或某一实验数据的类比，它是对勘探程度较低、资料较少的地区进行评价时常采用的方法，精度和可信度取决于类比资料的详实程度。主要有面积丰度类比法、体积丰度类比法、比分法和评分法。统计法是西方油公司、政府进行油气资源评价时应用的主要方法，重视各级资源的经济性、动态性和风险性。统计法包括油气田规模概率统计法、油气田规模序列法、油气发现过程法等。这类方法参与计算的参数比较简单，与地质分析缺乏明显的联系，计算的参数没有明确的地质意义。受评价对象勘探成果资料的制约，该方法一般适用于有一定程度勘探发现（钻井数据、储量、产量等）的评价目标区（区

块、区带、盆地、大区等）。成因法重视物质平衡原理的应用，是目前国内常规油气资源评价中应用最为广泛的方法。该方法又称地球化学法，是根据油气生成、运移和聚集的基本理论，结合评价区的具体地质条件，再现油气生排运聚的过程，估算生油量、排油量和聚集量（资源量）的方法。常用方法有物质平衡法、自然剖面演化法、热模拟实验法以及化学动力学法等。

表 5-1　油气资源评价常用方法汇总

大类	小类	原理	技术要求与优缺点
类比法	面积丰度类比	用刻度区（已知油气分布规律的盆地或区块）的单位面积油气资源丰度来近似代替评价区的单位面积油气资源丰度	刻度区和评价区属同一类型盆地，具有相近演化史、相似几何学特征（面积、沉积物厚度等）和内部结构（砂泥岩垂向分布、横向变化等），要求预测目标的成藏地质条件基本清楚，且刻度区已进行过系统的资源评价研究
	体积丰度类比	用刻度区单位沉积岩体积油气资源丰度代替评价区的单位沉积岩体积油气资源丰度	与面积丰度类比法相同，要求预测目标与刻度区有类似的成藏地质条件
	比分法	将勘探成熟度高的盆地作为比分样板，各项控制油气聚集条件核定为 100 分。将需要评价的盆地的聚集条件逐条与样板盆地的聚集条件对比，定分	各项控制油气聚集条件的权重 / 赋分及相似因子的合理确定是关键。需要考虑盆地规模、沉积岩厚度、油气成熟度、可探测深度范围内的岩石体积、盖层厚度、构造格局、生储盖岩层所占比例和含油岩系的地质时代等，还应考虑盆地在时—空上的有效组合
	评分法	根据地质专家经验，对评价盆地的油气地质条件给以主观打分。据打分进行分级，给定储量丰度系数，计算资源量	不同地质专家对资料的理解和利用程度、对地质条件认识程度不同，因此，受主观因素影响比较大，认识问题的角度和评价结果可信度方面都存在较大的差异。该法在我国应用较少
统计法	油气田规模概率统计法	认为地质学研究的地质现象和地质过程普遍遵循概率法则，故据概率论和数理统计学原理，使用已获得的部分地质信息（子样）建立起符合地质体系母体的数学模型，进而对未知的部分子样进行预测	该方法的关键是获取油气藏概率分布密度函数 $f(q,\lambda)$，λ 为分布函数的特征参数。如果能够找到 $f(q,\lambda)$ 的数学表达式，并且可以预测出该评价单元中油气藏的个数 N，则根据概率论原理，评价单元中油气总资源量为 $Q=N\int_{q_{\min}}^{q_{\max}} qf(q,\lambda)\,\mathrm{d}q$。根据 $f(q,\lambda)$ 数学表达式的不同，概率密度分布模型有多种，如对数正态分布、对数—对数正态分布、均和分布、施比伊曼分布、金氏分布、广义帕雷托（Pareto）分布、截断偏移帕雷托分布等
	油气田规模序列法	在一个油气生成、运移、聚集以及其后的地质变迁都是在同一石油地质演化条件下发生的石油地质体系内，当一个含油气区的一些油气田被发现后，如果以油藏规模为纵坐标，以油藏规模的序号为横坐标，它的轨迹在双对数坐标系上基本呈直线状态，符合帕雷托定律	将已发现的油气藏按储量从大到小的顺序进行排列，得到油藏规模序列，进而求出未 / 待发现油田的储量，用公式 $\frac{q_m}{q_n}=\left[\frac{n}{m}\right]^k$ 表示。q_m、q_n 分别代表油气区内序号等于 m、n 的油气藏的储量；k 为实数，取值一般在 0.5～2.0 之间，特别是当 k=1 时，即为齐波夫（G P Zipf）定律，它是帕雷托定律的一个特例；m、n 分别为整数序列中的任一数值，且 $m \neq n$

续表

大类	小类	原理	技术要求与优缺点
统计法	油气发现过程法	根据已发现油气田（藏）的产出特征和发现过程来预测未发现油气资源，主要用于成熟区勘探层的石油资源定量评价。可分为时间发现率法、单位进尺发现率法	时间发现率法：在含油气盆地中，发现油气之后，随着钻探和其他地球物理勘探工作的开展，每年的油气发现量逐渐增加，达到峰值之后，发现量随时间进展而降低。这方面典型的数学模型有翁氏生命旋回模型
			单位进尺发现率法：一个盆地（或地区）的探井成功率随着勘探程度的不断提高，总会达到一个最低值，即探井发现率在达到峰值以后，随时间推移而迅速降低。这样，即使累计钻井进尺不断增大，发现率仍会不断下降，最后到达经济下限而终止勘探。统计含油气盆地中的每米探井进尺的发现量（y）与随时间而累计的探井进尺（h）的关系，选择其相关性较好的数学表达式（指数模型）进行拟合，利用这一思想进行资源预测及勘探效益分析的应用相当广泛
成因法	物质平衡法	地质历史中的有机质转化过程，不论作用机理如何，都是一个物质平衡过程。通过确定有机质演化过程中的元素变化及产物的组成及变化，计算出任一时刻的油气生成量	随成熟度而变化的残余干酪根的碳氢氧元素组成难以得到，在成烃过程中（尤其是成气过程中）是否有外来氢的加入也存在分歧，同时，该法无法探讨成烃机理
	自然剖面演化法	通过在地层垂向剖面上间隔一定距离连续采集生油岩样品，然后分析不同深度生油岩的各种有机地球化学指标，并研究这些指标与埋藏深度和地温、埋藏时间等的关系，以确定油气的生成和演化过程	难以在我国成熟度偏高而缺乏中低成熟度样品的碳酸盐岩地区应用，而且不适合研究成气过程
	热模拟实验法	通过对未熟样品进行热模拟生烃实验，建立产烃率图版（产烃率与深度或成熟度的关系），进而评价盆地 / 凹陷油气生成量，通过乘以运聚系数，得到资源量	由于实验条件和地质条件的明显差别，实验结果能否以镜质组反射率作为桥梁应用到地质实例中还有争议
	化学动力学法	将地质条件下有机质低温、长时间裂解生油气过程视为化学反应的过程，可用化学动力学模型描述。利用热模拟实验获得的产烃率数据标定生烃动力学模型参数，之后结合埋藏史、热史定量计算烃源岩成烃转化率剖面	将烃源岩的评价从经验上升到模型和理论，是一种动态、定量评价的方法，是研究生烃机理的重要方法，在油气资源评价中得到了广泛应用

一、类比法

类比法的主要理论依据为地质成因与结构相似的地质对象之间，其油气资源潜力具

有相应的可比性。主要做法是：首先进行评价对象的地质特征分析并选定已知类比对象（刻度区或标准区），然后根据类比对象之间的具体参数指标值确定二者的相似性与相似系数，从而确定评价区的关键参数即资源丰度值，最后利用资源丰度值，采用对应的面积丰度、体积丰度得到评价对象的总资源量（武守诚，2005）。该方法易于理解，应用较广，但经验性较强。在关键因子的考虑上容易出现偏差，主要影响因素包括被类比的对象的特征和类比系数两个方面（邱晓松等，2014）。类比法通常需要将评价区与刻度区的主要关联因素进行评估类比，其主要因素包括有机碳含量（TOC）、含油（气）率、热成熟度、页岩分布面积、页岩厚度、埋深等。

（一）面积丰度类比法

面积丰度类比法是根据评价区与刻度区油气形成与富集条件的相似性，由刻度区的面积资源丰度估算评价区面积资源丰度，从而计算评价区油气资源量的评价方法。国内目前普遍采用的类比法，其资源量基本计算公式：

$$G=SF_S=SF_{S_0}a \tag{5-1}$$

式中，S 为有效评价面积，km^2；F_S 为评价区单元面积资源丰度，10^6t/km^2；F_{S_0} 为刻度区单元面积资源丰度，10^6t/km^2；a 为类比相似系数，无量纲。

（二）体积丰度类比法

体积丰度类比法与面积丰度类比法相似，是根据评价区与刻度区油气形成与富集条件的相似性，由刻度区的体积资源丰度估算出评价区的体积资源丰度，进而计算评价区油气资源量的评价方法：

$$G=ShF_V=ShF_{V_0}a \tag{5-2}$$

式中，S 为有效评价面积，km^2；h 为有效厚度，m；F_V 为评价单元体积资源丰度，10^6t/（km^2·m）；F_{V_0} 为标准单元体积资源丰度，10^6t/（km^2·m）；a 为类比相似系数，无量纲（甘辉，2015）。

类比法需要有与研究区地质情况相似的勘探程度较高的刻度区作类比，对于我国处于页岩油勘探初期阶段并不合适，而北美海相页岩油地层与我国湖相页岩油地层明显不同，也不能用于类比。目前还局限于与美国页岩气区具有相似地质背景的研究对象中，一些学者做积极工作，如朱华等（2000）、王伟峰等（2013）运用类比法，采用福特沃斯盆地的页岩气系统作为类比刻度区，分别对川西坳陷和鄂尔多斯盆地上三叠统延长组页岩气资源潜力进行了评价。

二、统计法

统计法或统计分析法，是根据体系自身已经确知的变化规律，建立相关数学模型去推测未来的变化过程。统计法计算原理比较简单，各种模型所涉及的参数少，参数取值主观影响小。它可根据油气田历年储量、产量或已发现油气藏的时间规模序列，按照某种变化趋势或假设油气藏规模服从某一种分布，然后进行油气资源量预测，具体见表 5–1。统计法预测的油气资源量可以是可采储量，也可以是可探明储量，取决于输入的参数。有的统计法模型还考虑了油气藏的经济下限，预测了经济油气藏的规模范围及其个数，能够为经济评价和决策分析提供较为充分的信息。从表 5–1 中可以看出，油气藏规模概率法、油气藏规模序列法、发现过程模拟法均需要有大量的产能数据。美国地质调查局（USGS）提出的评价连续型油气资源的 FORSPAN（即 FORecast SPAN 的缩写；Schmoker，1999）模型方法就是统计法。

FORSPAN 模型是从油气藏的地质特征出发，采用生产井数据，用概率分析的方法评价未发现的可采量（具增储潜力的可采量），因此也可以称基于油气井生产动态的评价模型。应用 FORSPAN 模型时需要将地质区 / 盆地 / 含油气系统进行单元划分，要求每个评价单元内均有油气生成能力，且评价单元内部相对均质，即具有相似的油气生成、聚集、储集或残留等特征。计算各个评价单元内具有潜在可采量的充注单元数量和最终可采量，再通过一系列计算得到地质区 / 盆地 / 含油气系统内的总未发现可采量。

评价单元是总油气系统内由已发现及未发现油气构成的适合资源评价方法的相对均质的地质体所在的区域。充注单元是指与油气井泄油气面积有关的一个次级单元或区域。理论上讲，油气充注单元就是用一口井就能完成生成的一个区域，不过一些充注单元在其开发历史上可能已经钻了一口以上的生产井。油气充注单元与井动态密切相关，充注单元面积的确定是以单井泄油面积的期望平均值为基础的。在实际应用中发现，油气充注单元并不是一个地质实体，但又与泄油面积关系密切，导致二者在使用过程中极易混淆，而且单井泄油面积的分布并没有理论上的规则，而且在确定单个充注单元大小时必须考虑与现有井距间的关系，过大会导致充注单元的重叠，最终评价结果会偏大；过小则会漏掉部分面积，导致评价结果偏小。因此，2010 年 USGS 对油气充注单元进行了修改，用实际存在的“井”来取代并非实体的“油气充注单元”，避免了两个紧密相关概念的混淆，同时降低了评价过程中的不确定性。USGS 根据油气充注单元中的钻探和油气井生产情况，可将其分为两大类：（1）已测试（已钻井评价）充注单元；（2）未测试充注单元。

可以看出，未发现可采量是通过估算的、具有可采量的未测试充注单元数量及每个充注单元潜在可采量这两个参数的概率分布计算得到的。USGS 将这两者相结合的统计计算方法称作 ACCESS 法（Analytic Cell–based Continuous Energy Spreadsheet System）（Croveli，2000）。

因此，利用 FORSPAN 模型进行可采量评价需要进行几项工作。

（1）确定每个充注单元估算的最终可采量（EUR）下限，小于该下限的单元不能纳入评价中。

（2）进行两项风险评估：① 地质风险评估，确定该评价单元中至少存在一个具备充足生烃量、足够储集空间、合适的成藏时间并且大于 EUR 下限的充注单元；② 开发风

险评估，确定在预测年限（如30年）内至少在评价单元的某一地区可以进行油气开采。

（3）确定预测年限内未测试但有潜在可采量的单元数目的概率分布。与4个参数有关：① 评价单元面积；② 评价单元中未测试充注单元所占比例；③ 未测试单元中具有可采量的充注单元面积比例；④ 单个未测试充注单元的面积（可使用评价单元内的单井泄油面积）。

（4）确定预测年限内未测试且具有潜在可采量的充注单元EUR的概率分布。可通过生产数据进行预测，若整个评价区内均无钻井则可通过相似区对比进行选择EUR的概率分布。

（5）利用（3）和（4）计算该评价单元中未测试的充注单元在预测年限内的潜在可采量概率分布，对已测试的充注单元可根据地质和生产数据计算得到其在评价期内采出量的概率分布，二者之和即为该评价单元在评价期限内的潜在可采量的分布情况。

（6）利用生产井资料计算气油比和凝析油气比或液气比，用于计算评价单元内的伴生油或气的可采量。

FORSPAN模型法提出的是一个估算评价对象潜在可采量的复杂概率问题，而定量地解决这一问题就需要用到USGS的ACCESS表。在求解这一概率问题的过程中要用到诸如充注单元面积、未测试充注单元面积比、未测试充注单元中有可采量的充注单元面积比、充注单元的EUR等9个随机变量，除充注单元的EUR概率采用截尾对数正态分布描述外，其他参数概率均采用三角分布描述。这些变量的概率由USGS根据美国连续型油气藏的统计特征得到，不同区域的参数分布可能存在差异。

三、成因法

成因法是从研究油气在地壳中的生成、运移、聚集直到形成油气藏的成因条件出发，来预测油气资源量。其步骤是，估算盆地（凹陷）烃源岩的生烃量（可通过化学动力学法、氯仿沥青“A”法、热模拟实验法等评价），生烃量乘以运聚系数得到资源量，或者通过评价排烃效率后，再用生烃量乘以排烃效率得到排烃量或通过生烃量减去残烃量（通过体积法评价），进而用排烃率乘以聚集系数得到油气资源量。重点是评价与生烃量有关的参数，如TOC及恢复系数、产烃率、排烃效率、运聚（聚集）系数等。

从原理上讲，上述常规油气资源评价中所用的类比法和统计法均可用于页岩油资源评价当中。但类比法需要有与研究区地质情况相似的勘探程度较高的刻度区作类比，而统计法需要有一定的产油井产能数据。对于我国尚未取得明显产能的陆相（湖相）页岩油来讲，类比法和统计法缺乏比较、参照的对象（北美的海相页岩油由于条件相差太大不宜类比）。如FORSPAN模型法适合已开发单元的剩余可采量的预测，需要用到大量的钻井和产油气井资料。除了裂缝型页岩油外，目前我国页岩油勘探并未获得成功突破，因此，在缺乏足够的钻井和生产数据情况下，FORSPAN法在我国湖相页岩油评价中难以应用。常规油气资源评价中成因法的思路及目标与开展页岩油评价的需求不同，如前者重点是烃源岩生烃量、排烃量的评价及运聚/聚集系数的评价，而后者主要是残留烃量的评价。但是成因法中评价生烃、残烃的体积法恰好可用于页岩油资源评价，它是通过评价烃源岩中残留烃含量，乘以烃源岩体积得到页岩油资源量的方法，是目前最为有效、适用的方法。该体积模型中所用到的热解 S_1、氯仿沥青“A”资料在我国湖相泥页岩中十分丰富，使得该方法成为我国页岩油评价最基本的方法。如杨华等（2013）、柳波等（2013）、卢双舫等（2011，2016）通过体积法评价了鄂尔多斯盆地、马朗凹陷、渤南洼陷、东濮坳陷、大民屯凹陷页岩油资源量。

四、评价页岩油资源量的体积法

页岩油资源包括纯泥页岩中的资源以及泥页岩薄夹层中的资源，尽管均可以采用体积法，但参数有所不同。纯泥页岩中页岩油资源量评价主要有氯仿沥青“A”法和热解 S_1 法。

（一）氯仿沥青“A”法

氯仿沥青“A”反映的是沉积岩石中可溶有机质的含量，通常用占岩石质量的百分比来表示。作为生烃和排烃作用的综合结果，从本质来讲，氯仿沥青“A”反映的实际上是烃源岩中残油量。因此，应用氯仿沥青“A”的指标来评价烃源岩的滞留油量（残留油量）较为合适。

通过原始氯仿沥青“A”进行泥页岩油量的计算如下式：

$$Q_a=V\rho Ak_a \tag{5-3}$$

式中，V 为页岩体积，m^3；ρ 为页岩密度，g/cm^3；A 为氯仿沥青“A”含量，%；k_a 为氯仿沥青“A”的轻烃补偿校正系数。

由于同一页岩层的厚度及有机质丰度、类型和成熟度在平面及剖面上存在着明显的变化，为提高评价精度，将研究区页岩分布区在平面及剖面上均分为若干个网格区，分别计算各个网格区的资源量，然后累加求和即可得到研究区页岩油总量。

氯仿沥青“A”是常规油气勘探中常用的指标，其分析方法成熟，基础资料丰富。由于氯仿沥青“A”的组成与原油接近，能较好地衡量页岩中油的含量。氯仿沥青“A”分析样品用量较大，能较好地消除页岩非均质性问题。氯仿沥青“A”也存在较严重的轻烃损失，需要做轻烃补偿校正。同时，由于氯仿抽提过程中溶解了部分吸附烃量，因此，采用式（5-3）计算得到的为总页岩油量，包括游离油和吸附油。

（二）热解 S_1 法

热解 S_1 法是应用热解 S_1 参数作为页岩油含量的衡量指标。岩石热解数据 S_1 为游离态［mg/g（HC/岩石）］，是岩石在热解升温过程中 300℃以前热蒸发出来的，为烃源岩中已经生成但尚未排出的烃类产物，正是页岩油评价和勘探的对象。因此，S_1 也可以作为衡量残油量的指标。

与应用原始氯仿沥青“A”计算泥页岩油量的原理、方法相同，原始 S_1 计算页岩油量的公式如下：

$$Q_s=V\rho S_1 k_{轻烃} k_{重烃} \tag{5-4}$$

式中，V 为页岩体积，m^3；ρ 为页岩密度，g/cm^3；$k_{轻烃}$为 S_1 的轻烃补偿校正系数；$k_{重烃}$为 S_1 的重烃补偿校正系数。

热解是常规油气勘探中常用的分析方法之一，具有方法成熟、分析精度高、经济快捷、样品用量少、获取比较方便等优点。在页岩油的评价中，热解 S_1 是重要的评价参数，热解 S_1 的量值直接影响到页岩含油量的值。已有的研究表明，热解 S_1 值受岩心后期的保存影响很大，对同一样品，新鲜样品是常温下放置一个月样品热解 S_1 值的1.5～2.0倍（轻烃损失），故式（5-4）中有轻烃补偿校正系数。这一差别还受样品的热演化程度影响。另一方面，热解 S_2 中也存在部分可溶烃量（重烃容留），这部分可溶烃量对页岩油的贡献也需进行研究，故式（5-4）中有重烃补偿校正系数。

（三）含油饱和度法

含油饱和度法是借鉴常规油气勘探中储量计算的方法，计算公式如下：

$$Q_{油}=100Ah\phi S_o\rho_o/B_{oi} \tag{5-5}$$

式中，$Q_{油}$为页岩油地质储量，10^4t；A 为含油面积，km^2；h 为有效厚度；ϕ 为有效孔隙度，%；S_o 为原始含油饱和度，%；ρ_o 为原油密度，t/m^3；B_{oi} 为原油体积系数。

从方法原理上说，含油饱和度法最接近常规油气勘探中的储量计算，然而由于页岩孔隙度和含油饱和度资料非常少，孔隙度和含油饱和度的测量精度受其他影响因素较大，许多孔隙度和含油饱和度的测量方法对岩心的要求较高，如样品的大小、样品纹层或裂缝发育程度、页岩的后期保存情况、页岩中可溶有机质的含量等，这些因素限制了该方法的使用。

（四）页岩油伴生气计算方法

对于页岩油中的伴生气，主要采用气油比的方法进行计算，该方法主要根据油气中页岩油量和气油比来确定页岩油中气态烃 C_1—C_5 的含量，计算公式如下：

$$V_{气}=Q_{油}\cdot r \tag{5-6}$$

式中，$V_{气}$为伴生气体积，m^3；$Q_{油}$为页岩油量，m^3；r 为气油比。

可以看出，气油比是定量评价页岩油中伴生气含量的关键参数。可以通过以下方法确定：（1）采用相当埋藏深度自生自储岩性油气藏的气油比来代替；（2）热模拟实验中得到的气油比。

（五）砂岩薄夹层内页岩油资源评价方法

与页岩油资源量的求取原理相同，同样利用体积法计算砂岩薄夹层的资源量，原理如下：

$$Q=\sum_{i=1}^{n} h_i \cdot S_i \cdot \phi_i \cdot S_{oi} \cdot \rho_{oi} \quad (i=1,2,\cdots,n) \tag{5-7}$$

式中，Q 为砂岩薄夹层含油量，10^6t/km^2；n 为砂岩薄夹层的层数；h_i 为砂岩薄夹层厚度，m；S_i 为网格化后的砂岩薄夹层面积，km^2；ϕ_i 为孔隙度；S_{oi} 为含油饱和度；ρ_{oi} 为原油密度，g/cm^3。

其中，含油饱和度 S_o 可由下式获得：

$$S_o=1-S_w \tag{5-8}$$

$$\frac{1}{R_t}=\left(V_{sh}^{1-\frac{V_{sh}}{2}} \cdot \sqrt{\frac{1}{R_{sh}}}+\frac{\phi^{\frac{m}{2}}}{\sqrt{a \cdot R_w}}\right)^2 \cdot S_w^{\ n} \tag{5-9}$$

并且，泥质含量指数：

$$I_{sh}=\frac{GR_{测}-GR_{min}}{GR_{max}-GR_{min}} \tag{5-10}$$

泥质含量：

$$V_{sh}=\frac{2^{GcuR \cdot I_{sh}}-1}{2^{GcuR}-1} \tag{5-11}$$

由声波计算孔隙度：

$$1 \cdot \Delta t=\phi \cdot \Delta t_f+V_{sh} \cdot \Delta t_{sh}+(1-\phi-V_{sh})\Delta t_{ma} \tag{5-12}$$

$$\phi=\frac{\Delta t-V_{sh} \cdot \Delta t_{sh}-\Delta t_{ma}+V_{sh} \cdot \Delta t_{ma}}{\Delta t_f-\Delta t_{ma}} \tag{5-13}$$

式中，GcuR 为经验系数，古近系为 3.7，老地层为 2；S_w 为含水饱和度，%；GR_{max}、GR_{min}、$GR_{测}$为测井 GR 值的最大、最小及实测值；a 为与岩性有关的系数（取值在 0.6～1.2 之间），无量纲；m 为孔隙度指数，无量纲；n 为饱和度指数，无量纲；R_w 为水的电阻率，Ω·m；R_t 为地层电阻率，Ω·m；Δt 为声波时差，μs/ft；Δt_f 为流体声波时差，μs/ft；Δt_{sh} 为泥质声波时差，μs/ft；Δt_{ma} 为骨架声波时差，μs/ft。

需要指出的是，上述页岩油资源量评价中强调残油量的轻烃、重烃恢复校正，而利用成因法评价常规油气资源［=（生烃－残烃）× 聚集系数］时，并没有特别强调轻烃、重烃的校正恢复，是因为与聚集系数取值对评价结果的影响相比，残烃量校正与否的影响小得多。页岩油评价则不同，评价对象本身是残留烃量，故其恢复 / 校正系数的研究十分重要。

第二节 页岩油资源评价关键参数

从式（5-3）—式（5-5）可以看出，采用体积法评价页岩油资源量涉及的参数有页岩的体积、密度、含油率以及轻、重烃校正系数。页岩体积（有效分布面积 × 厚度）不仅控制页岩油的分布范围，同时也是决定资源总量的重要参数。由于在一定深度范围内页岩密度相差不大，且通过密度测井容易获取，岩石密度并非页岩油气资源评价的关键参数，而含油率存在较强的非均质性，纵、横向变化大，同时岩石样品在存放、处理及测试分析过程中易发生烃损失，故含油率及校正系数对页岩油资源评价结果有重要影响，为关键参数。

下面以页岩油总资源量的评价为例，介绍上述关键参数的取值。如果要评价的是分级资源量，则页岩的体积要分别由各级页岩的分布面积和有效厚度来计算，含油率则应该取相应层段的氯仿沥青“A”或 S_1 的值（参见第二章）。如果需要评价可动资源量，则含油率应该取可动油量（具体求法参见第四章）

一、页岩体积

页岩的体积取决于页岩的分布面积和有效厚度。

（一）页岩厚度的确定

页岩的厚度可以利用测井、录井、地震反演等方法获得评价层系内目的层有效厚度[如前所述，如果要评价页岩油的分级资源量，需要利用测井资料计算井剖面中泥岩的TOC（或氯仿沥青“A”或 S_1），之后按照第二章建立的分级评价标准，确定各泥页岩段的分级归属，统计各级别的有效厚度]，利用所有井的数据，作出页岩厚度平面等值线图，作为定量评价页岩油资源量的基础图件。

（二）页岩面积的确定

泥页岩面积的刻画方法主要有：（1）依据页岩等厚图、成熟度图叠加取重叠面积。（2）概率估计法。当资料程度较低、研究程度不足时，可根据研究区内的构造格局及其演化、沉积相及展布特征、地层缺失与保存、页岩稳定性及有效性等，分别按条件概率估计页岩面积。（3）有机碳含量关联法。页岩面积的大小及其有效性主要取决于其中有机碳含量的大小及其变化，可据此对面积的条件概率予以赋值。即当资料程度较高时，可依据有机碳含量变化进行取值。在扣除了缺失面积的计算单元内，以TOC平面分布等值线图为基础，依据不同TOC含量等值线所占据的面积，分别求取与之对应的面积概率值。

如步少峰等（2012）根据湘中地区大塘阶测水段页岩厚度等值线图和有机碳的质量分数等值线图，运用存在概率估计法和有机碳含量关联法求取了页岩展布面积，并依据有机碳含量变化，求取其不同条件概率下的面积。

二、氯仿沥青“A”及轻烃恢复

利用氯仿作为溶剂抽提泥页岩不难获得残留在页岩中的含油量——氯仿沥青“A”，其非均质性理论上可以通过密集取样分析得到。不过，如第二章所述，受制于样品和分析成本，表征其非均质性更为经济且有效的方法是利用测井资料来求取。不过，由于氯仿沥青“A”在抽提过程中损失轻烃组分（C_{14-}），在利用氯仿沥青“A”法计算页岩油资源量时需要对损失的轻烃组分进行恢复。

氯仿沥青“A”恢复公式如下：

$$“A”_{原始}=“A”+“A”\times C_{饱和烃+芳香烃}\times K_{A}$$

式中，“A”$_{原始}$为恢复后氯仿沥青“A”；“A”为实测氯仿沥青“A”；$C_{饱和烃+芳香烃}$为实测氯仿沥青“A”中饱和烃和芳香烃所占比例（不同油田以各自实测数据为准，为成熟度的函数）；K_A 为氯仿沥青“A”轻烃校正系数，为后面组分动力学中计算得出的 $C_{6—13}$ 与 C_{13+} 的比值（图 5-1、图 5-2，表 5-2），需要注意不同类型有机质的 $C_{6—13}/C_{13+}$ 图版会有较大差别。

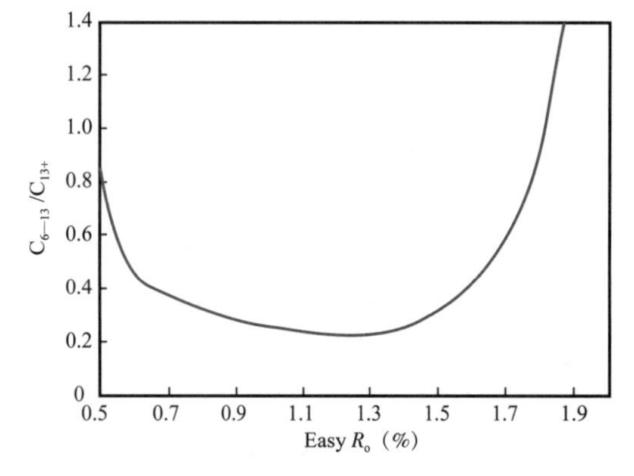

图 5-1 汶 ZK16 井（Ⅰ型干酪根）不同演化阶段 $C_{6—13}/C_{13+}$ 图版

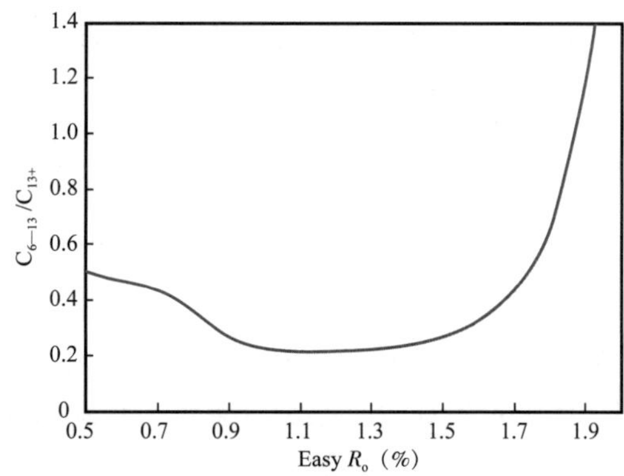

图 5-2 Behar 等（1997）（Ⅰ型干酪根）不同演化阶段 $C_{6—13}/C_{13+}$ 图版

表 5-2 汶 ZK16 井、Behar 实验样品（Ⅰ型干酪根）不同演化阶段 $C_{6—13}/C_{13+}$ 数据表

R_o（%）	$C_{6—13}/C_{13+}$	
	汶 ZK16 井	Behar 实验样品
0.5	0.8512	0.5058
0.6	0.4467	0.4740
0.7	0.3783	0.4406
0.8	0.3310	0.3701

续表

R_o（%）	C_{6-13}/C_{13+}	
	汶 ZK16 井	Behar 实验样品
0.9	0.2820	0.2695
1.0	0.2595	0.2298
1.1	0.2401	0.2189
1.2	0.2249	0.2192
1.3	0.2321	0.2266
1.4	0.255	0.2438
1.5	0.3126	0.2727
1.6	0.4016	0.3303
1.7	0.5750	0.4504
1.8	0.9559	0.7158

由氯仿沥青“A”轻烃恢复系数图版可得不同深度氯仿沥青“A”恢复系数，进而得出不同目标层位氯仿沥青“A”恢复系数平面展布图。

三、热解参数 S_1 及损失量恢复

（一）页岩含油率参数 S_1

S_1 为利用 Rock-Eval 仪加热岩样到 300℃时所挥发出的烃（图 5-3），基本上是 C_7—C_{33} 的烃，为已经生成但并未排出的烃类，也有人称之为岩石中的热解烃 / 游离烃 / 残留烃，可以指示页岩的含油率。同样，利用第二章介绍的技术，可以利用测井资料方便地评价 S_1 的平面、剖面非均质性变化，作为评价页岩油资源量的基础。不过，进行热解分析所用的样品往往在岩心库中放置了较长时间，其中的气态烃（C_{1-5}）、轻烃（C_{6-13}）已有较多的损失。同时，已有的研究表明，岩石热解分析得到 S_2（裂解烃）中存在部分先前生成的液态烃，这部分液态烃分子量较大，Rock-Eval 分析中在 300℃之前尚未蒸发出（Jarvie，2012），而是残留在孔隙中或吸附在有机质中。因此，S_1 其实低于页岩在地下的实际含油量。如王安乔等（1986）通过对生油岩氯仿沥青“A”的热解分析发现，氯仿沥青“A”中的烃类相当一部分进入 S_2 中，说明实测 S_1 值偏低。李玉恒（1993）通过对含中质油岩样在室温条件下不同放置时间的热解结果分析表明，轻烃损失量随存放条件的变化而变化，放置时间越长其损失量越大。前人主要利用生油岩和储油岩热解实验对比或实验数据回归分析评价热解烃 S_1 的损失量（盛志纬和葛秀丽，1986；王安乔和郑保明，1987；庞雄奇等，1993；郎东升等，1996；郭树生和郎东升，1997；周杰和李

娜，2004；张林晔，2012）。国外学者通过分析不同存放条件和性质的原油色谱实验结果，确定轻烃的损失量为10%～100%（Hunt，1980；Cools 等，1986；Englel 等，1988；Sofer，1988；Noble 等，1997）。Jarvie（2012）对泥页岩中干酪根吸附烃量的研究表明干酪根吸附烃量可达实测热解烃 S_1 量的 2～3 倍。热解烃 S_1 的轻烃损失除了受样品的存放和实验分析条件影响外，还受有机质类型、成熟度的控制。因此，通过对少数泥页岩样品的生烃热解实验结果对比分析而得出的轻烃损失量或公式难以进行推广应用。同时，生烃热解实验获得的油气组分含量与储层油气组分组成有一定的差异，也使得生烃热解实验结果难以直接应用。从原理上讲，地下滞留烃应包含三部分：（1）实测 S_1；（2）热解分析前已经损失的小分子烃类；（3）进入 S_2 中的先前生成的液态烃（ΔS_2）（图 5-4）。所以页岩油资源评价需要进行 S_1 的轻烃补偿和重烃校正。

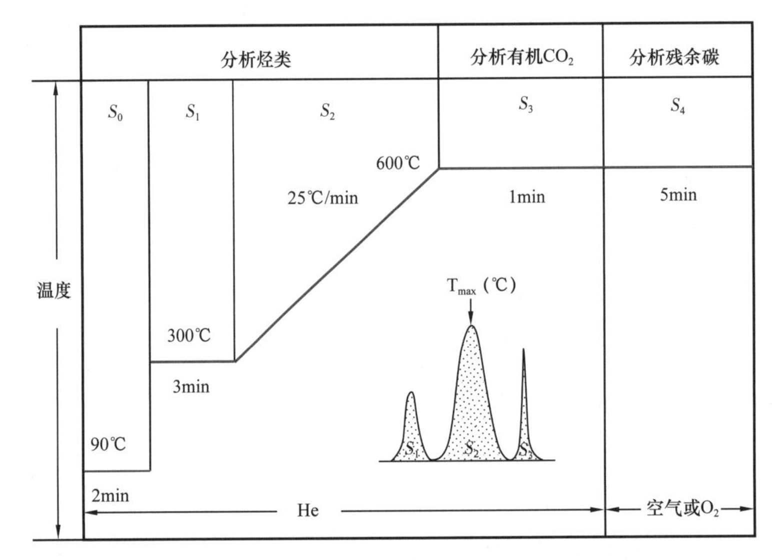

图 5-3　Rock-Eval 岩石热解分析 S_1、S_2、S_3 示意图

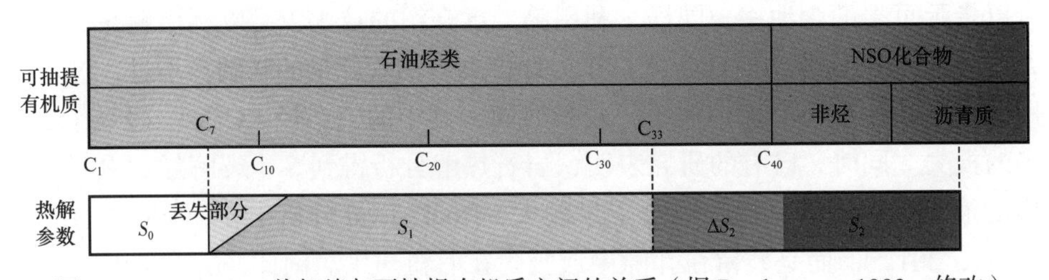

图 5-4　Rock-Eval 热解峰与可抽提有机质之间的关系（据 Bordenave，1993，修改）

（二）页岩含油率参数 S_1 的重烃校正

本次设计下述实验方案进行 S_1 的重烃校正（图 5-5），通过对比抽提和未抽提泥页岩样品热解实验数据获取，由实验方案和重烃损失的原理可知，S_1 的重烃校正系数为

$$K_{hh}=\frac{\left(S_1-S_1'\right)+\left(S_2-S_2'\right)}{S_1}$$

式中，S_1、S_2 为未抽提泥页岩样品热解参数，S_1'、S_2' 为抽提后泥页岩样品的热解参数。

本次研究选取了松辽盆地、渤海湾盆地、四川盆地 100 余块湖相泥页岩开展上述实验，有机质类型主要为Ⅱ$_1$ 和Ⅱ$_2$ 型，含有Ⅰ型及少量Ⅲ型。考虑到作为页岩油源岩的有效性，选取 T_{max} 大于 425℃、TOC 大于 0.4% 的样品（共 72 块），结果表明滞留烃（$S_1-S_1'+S_2-S_2'$）与 S_1 呈现出很好的线性相关（图 5-6），重烃校正系数 K_{hh} 为 3.2，同时与 T_{max} 并未呈现出相关性。尽管 K_{hh} 不受成熟度的控制，并不意味着滞留烃量不受成熟度影响。通过对前人报道的我国东部湖相沉积盆地多种类型有机质泥页岩热解数据的分析（图 5-7），可以看出 ΔS_2（S_2-S_2'）约为 S_1 的 1.8 倍，略低于本次实验结果（本次实验结果 ΔS_2 约为 S_1 的 2.2 倍）。Jarvie（2012）认为滞留油（$S_1-S_1'+S_2-S_2'$）是 S_1 的 2～3 倍，实际上从 Jarvie（2012）图中可以分析得出 ΔS_2 应该是 S_1 的 3 倍左右。从目前的实验结果来看，不同类型有机质在成熟阶段 S_1 的重烃校正系数在 2～3 之间比较可靠。

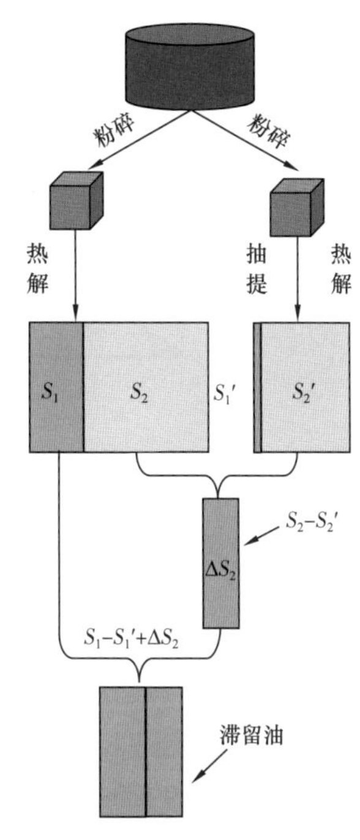

图 5-5　泥页岩样品 S_1 重烃恢复实验方案

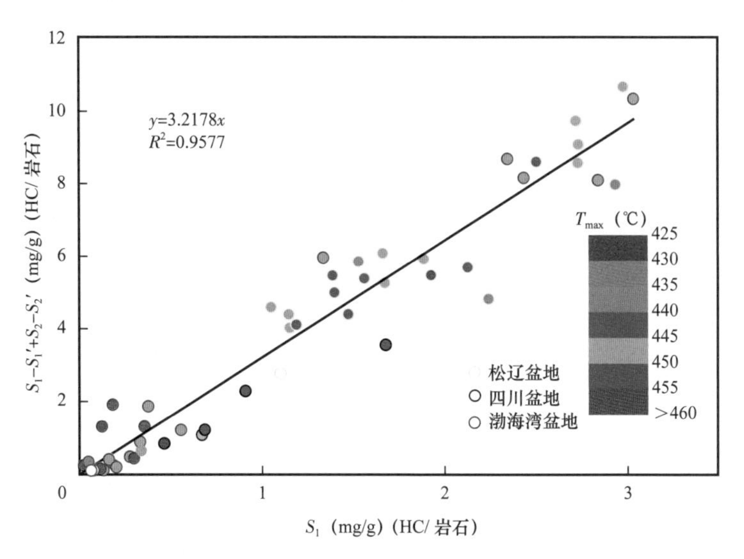

图 5-6　中国东部湖相沉积地层泥页岩滞留油（$S_1-S_1'+S_2-S_2'$）与 S_1 的关系图

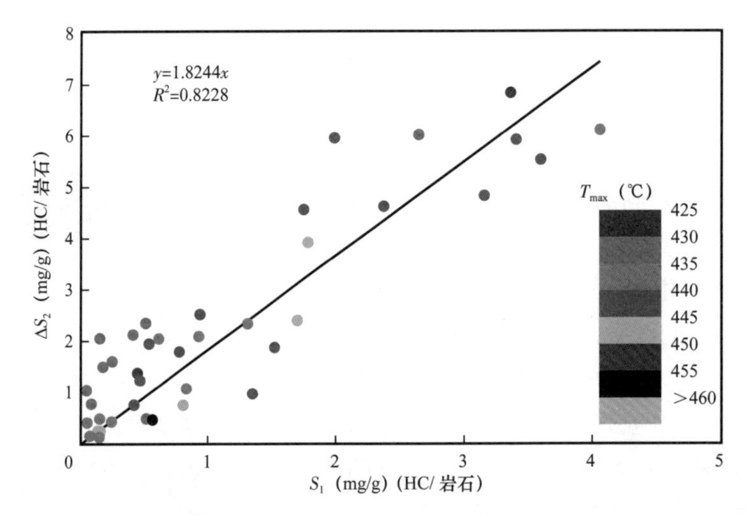

图 5-7　中国东部湖相沉积地层泥页岩 ΔS_2 与 S_1 的关系图（据王安乔数据）

（三）页岩含油率参数 S_1 的轻烃校正

以往对轻烃补偿校正系数（K_{lh}=C_{6-14}/C_{6+}）研究得比较少，结果也有差异。如 Cools（1986）认为轻烃大部分损失掉了，其中轻烃占总油量的 35%（C_{14-}/C_{5+}）；Hunt（1980）认为原油中约有 30% 的轻烃；张林晔（2012）认为约有一半的 S_1 在岩心静置及分析过程中损失。重度为 60°API 的原油，其 C_{12-} 损失部分可达 70%，重度为 20°API 的原油，其 C_{12-} 损失部分仅为 10%（Englel 等，1988；Sofer，1988；Noble 等，1997）。不难理解，轻烃的损失量与轻烃含量有关，含量越高，损失量越大。而轻烃的含量与有机质类型和成熟度有关，Ⅱ型有机质比Ⅰ型有机质易于生气，生成的轻质烃含量越高，损失量越大；成熟度越大，有机质裂解程度就越强，轻质烃含量就越高，相应的损失量也越大。因此，轻烃的补偿校正系数（K_{lh}）受成熟度和有机质类型双重控制。针对组分生烃动力学能反映有机质生烃（气态烃、液态烃）过程这一特点，采用组分生烃动力学模拟方法建立有机质类型和成熟度双重影响的轻烃补偿校正系数图版，优点是可以模拟多个不同地质情况时的轻烃损失补偿校正系数。

本次建立的组分生烃动力学方案如图 5-8 所示，有机质初次裂解各产物的含量（*a*、*b*、*c*、*d*）及二次裂解过程中的各产物含量（*e*、*f*、*g*、*h*）受母质类型和成熟度的控制。采用 Woodford 页岩初次裂解动力学参数及 PetroMod 软件中提供的 C_{10}、C_{15+}、C_1—C_5 二次裂解动力学参数（图 5-9b），模拟计算Ⅰ、Ⅱ型有机质热降解过程中轻烃补偿校正系数，具体结果见图 5-9c、d。有机质类型与产物含量（*a*、*b*、*c*、*d*）有关，实际上热解产物是干酪根官能团的反映。因此，可以通过产物含量反映有机质类型（图 5-9a），可以大致认为Ⅰ、Ⅱ、Ⅲ型有机质初次裂解时气态烃含量分别为 15%、50%、70%。目前对于有机质初次裂解中轻烃的含量和二次裂解过程中各组分的含量研究极少，本次假定多个组分含量，模拟出对应的轻烃补偿校正系数曲线。模拟结果显示，K_{lh} 受成熟度控制，有机质成熟度

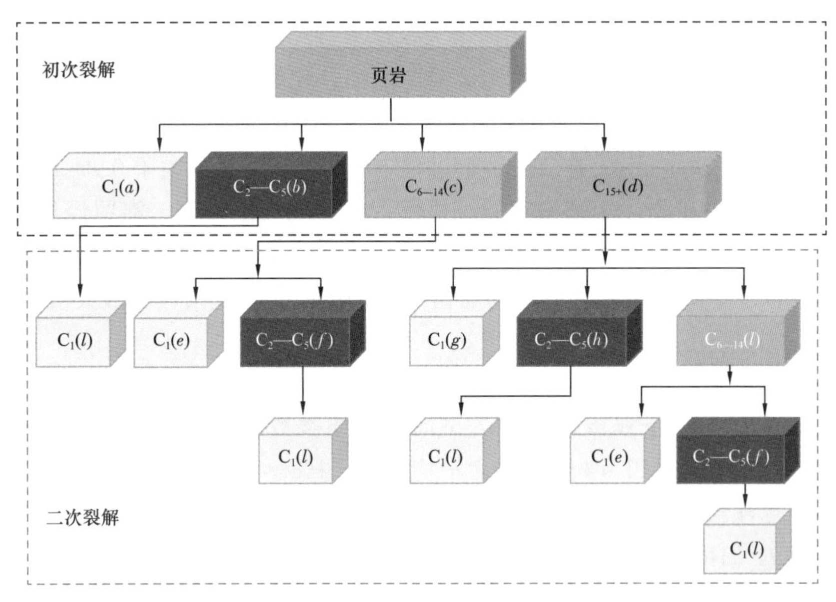

图 5-8　泥页岩有机质裂解生烃方案

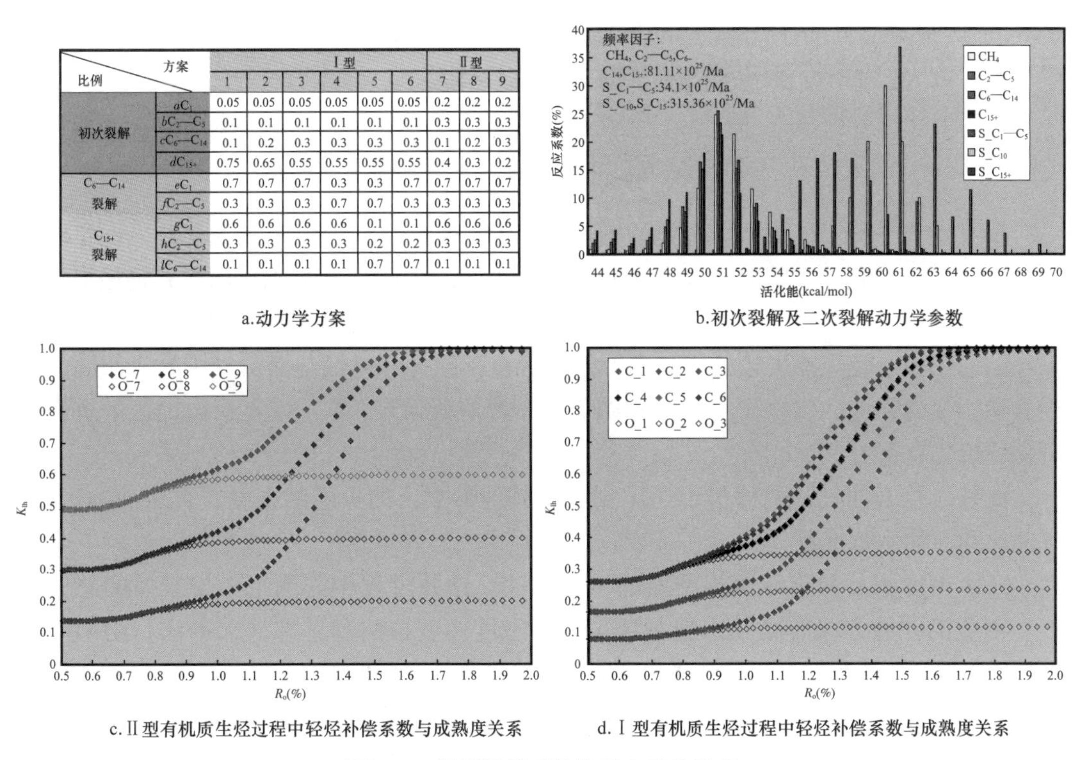

比例＼方案		Ⅰ型						Ⅱ型		
		1	2	3	4	5	6	7	8	9
初次裂解	aC_1	0.05	0.05	0.05	0.05	0.05	0.05	0.2	0.2	0.2
	bC_2—C_5	0.1	0.1	0.1	0.1	0.1	0.1	0.3	0.3	0.3
	cC_6—C_{14}	0.1	0.2	0.3	0.3	0.3	0.3	0.1	0.2	0.3
	dC_{15+}	0.75	0.65	0.55	0.55	0.55	0.55	0.4	0.3	0.2
C_6—C_{14}裂解	eC_1	0.7	0.7	0.7	0.3	0.3	0.7	0.7	0.7	0.7
	fC_2—C_5	0.3	0.3	0.3	0.7	0.7	0.3	0.3	0.3	0.3
C_{15+}裂解	gC_1	0.6	0.6	0.6	0.6	0.1	0.1	0.6	0.6	0.6
	hC_2—C_5	0.3	0.3	0.3	0.3	0.2	0.2	0.3	0.3	0.3
	lC_6—C_{14}	0.1	0.1	0.1	0.1	0.7	0.7	0.1	0.1	0.1

a.动力学方案

b.初次裂解及二次裂解动力学参数

c.Ⅱ型有机质生烃过程中轻烃补偿系数与成熟度关系

d.Ⅰ型有机质生烃过程中轻烃补偿系数与成熟度关系

图 5-9　轻烃补偿系数恢复方案及结果

R_o 依据 Easy R_o 模型模拟得到，模拟温度范围 50～300℃，升温速率 3℃ /Ma；C 代表密闭体系，O 代表开放体系

小于 0.9% 时，开放体系和密闭体系情况下轻烃补偿系数基本一样，成熟度高于 0.9% 之后，开放体系情况下 K_{lh} 不再增加，是由于泥页岩排烃，体系中轻烃含量不再增加所致。

而密闭体系情况下 K_{lh} 随成熟度增加快速增大，在 R_o 为 1.7% 时 K_{lh} 达到最大，原因是液态烃的大量裂解（二次裂解）导致轻烃含量快速增加。此外，K_{lh} 受初次裂解及二次裂解过程中轻烃含量（c、l）的控制，其中初次裂解过程中 c 值的高低决定了 K_{lh} 在成熟度小于 0.9% 时的高低，l 则决定了 K_{lh} 在二次裂解过程中的高低（成熟度大于 0.9%）。

考虑到泥页岩中矿物、干酪根对原油极性大分子的吸附作用，滞留烃比排出烃中更加富集极性大分子，滞留烃中的轻烃含量低于排出烃中的轻烃含量。同时，轻烃不一定完全损失，因此，上述模型给出的应为滞留烃中轻烃损失校正系数的最大值。

（四）应用实例

以渤南洼陷沙三段下亚段泥页岩为例简述上述参数和图版应用过程。靶区泥页岩 TOC 含量高，分布范围为 1.0%～9.3%，平均值为 3.1%，氢指数平均值为 496mg/g（HC/TOC），氯仿沥青“A”为 0.22%～3.03%，平均值为 1.07%，残留烃 S_1（未恢复）为 0.03～13.12mg/g（HC/岩石），平均值为 2.14mg/g。有机质类型主要为 Ⅰ—Ⅱ$_1$ 型，R_o 分布范围为 0.52%～0.92%，处于成熟生油阶段（宋国奇等，2013）。

考虑其有机质类型、成熟度范围和有机质初次裂解过程中各组分所占比例（依据 PY-GC 实验确定），估计轻烃校正系数 K_{lh} 在 15%～25% 之间（图 5-9d 中 C_2 线），重烃校正系数 K_{hh} 为 3.2。假设轻烃损失量为 $S_{1轻损}$，则

$$\frac{S_{1轻损}}{S_{1轻损}+S_{1实测}\cdot K_{hh}}=K_{lh}$$

由此计算得到残留烃（S_1）的轻烃损失量为（0.56～1.07）$\times S_{1实测}$，原始 S_1 为（3.72～4.27）$\times S_{1实测}$。前人通过密闭取心分析认为，沙三段下亚段泥页岩 S_1 轻烃损失量约为 S_1 实测值的一半（张林晔，2012），低于本次研究结果（56%～107%）。本次研究偏高的原因在于轻烃损失校正模型中假定轻烃全部损失和排烃与滞留烃中具有相同的轻烃含量。尽管如此，本次研究方法和图版对于没有残留烃（S_1）恢复系数地区的页岩油资源评价仍有重要参考价值。

此外，页岩油气资源评价中还用到一些其他参数，如页岩的密度、页岩油的密度、气油比和原油体积系数。

（1）密度测井是确定页岩密度的一种方法。钻井过程中需测定页岩岩屑的总体密度。密度测井的方法有高压水银泵法、流体密度梯度柱法和钻井液天平法。泌阳凹陷安深 1 井实测资料与测井相结合表明，安深 1 井密度变化不大，视密度分布在 2.37～2.9g/cm^3 之间，平均为 2.66g/cm^3，略大于美国页岩岩石密度（2.3～2.75g/cm^3）。松辽盆地嫩江组油页岩密度平均为 2.20g/cm^3，青山口组油页岩密度平均为 2.18g/cm^3（郑玉龙等，2015）。

（2）原油体积系数为原油在地下的体积 V_f（地层原油体积）与其在地面脱气后体积 V_s 的比值。溶解气油比的定义为地层油在地面进行一次脱气，分离出的气体体积与地面

脱气后油体积的比值。

气油比和原油体积系数的求取主要通过现场取样后在实验室进行 PVT 分析确定。而分析高压物性（PVT）的取样井必须满足不产水或产水率不超过 5%，采油指数较高、油流稳定，没有或只有很小的间歇现象；水泥封固井段层间无窜槽、自喷等一系列限制条件。地层原油中溶解有天然气，不同类型油藏的地层原油中溶解天然气的量差别很大。一般气油比越大，原油体积系数也越大。另外，气油比还受温度的影响，随着温度的升高，烃类组分的饱和蒸气压升高，天然气溶解度下降，气油比减小。影响体积系数的因素较多，比如油层温度越高，由于热膨胀，原油体积系数越大；另外，还受压力、深度、原油密度等影响。

通常勘探程度较高的油区，高压物性资料比较丰富，因此页岩油资源计算的过程中，体积系数获取也可参考邻井相同或相近层位的常规油气体积系数。以泌阳凹陷为例，安深 1 井页岩油层无高压物性分析数据，因此所有的体积系数均取相邻的赵凹—安棚油田相同层位的体积系数。

（3）原油密度是指在标准条件下（20℃，0.1MPa）每立方米原油质量，该参数获取相对较容易，常规原油分析即可获得。泌阳凹陷安深 1 井核三段Ⅲ砂组页岩油原油密度取 2450～2510m 页岩段实测原油密度 0.8756g/cm^3，其余层位取邻区赵凹油田同层砂岩油藏的原油密度。

第三节　页岩油资源评价实例

利用本章第一节的评价模型［式（5-3）—式（5-7）］和第二节的参数取值方法，结合第二章建立的页岩油分级评价标准，不难定量评价各级页岩油资源潜力及总资源量。结合页岩油可流动性和可动量，可评价页岩油的可动资源量。如果要评价可采资源量（储量），则需要结合人工压裂所波及的体积或可采系数，在资源量基础上进行类比计算。本节以渤海湾盆地济阳坳陷沾化凹陷渤南洼陷沙河街组为例，给出了评价流程和结果。

一、地质概况

渤南—四扣洼陷位于山东省东营市河口区境内。区域构造上，位于济阳坳陷沾化凹陷中西部，是沾化凹陷最大的二级负向构造单元，为一个西北陡东南缓北东走向的箕状断陷。北以埕南—埕东断层与埕东凸起相接，向东以孤西断层与孤北洼陷、孤岛潜山构造带相连，南以缓坡形式过渡至陈家庄凸起，西部通过义东断裂带与义和庄凸起相接，渤南洼陷和四扣洼陷被东西走向的断裂带分隔（图 5-10）。至 2010 年已完钻探井 250 余口，古近系—新近系自下而上发育孔店组、沙河街组、东营组、馆陶组和明化镇组，沙河街组为主要的含油层系，发现了渤南、陈家庄、义东、垦西、邵家、罗家等六个油田，有利勘探面积约 1000km^2。

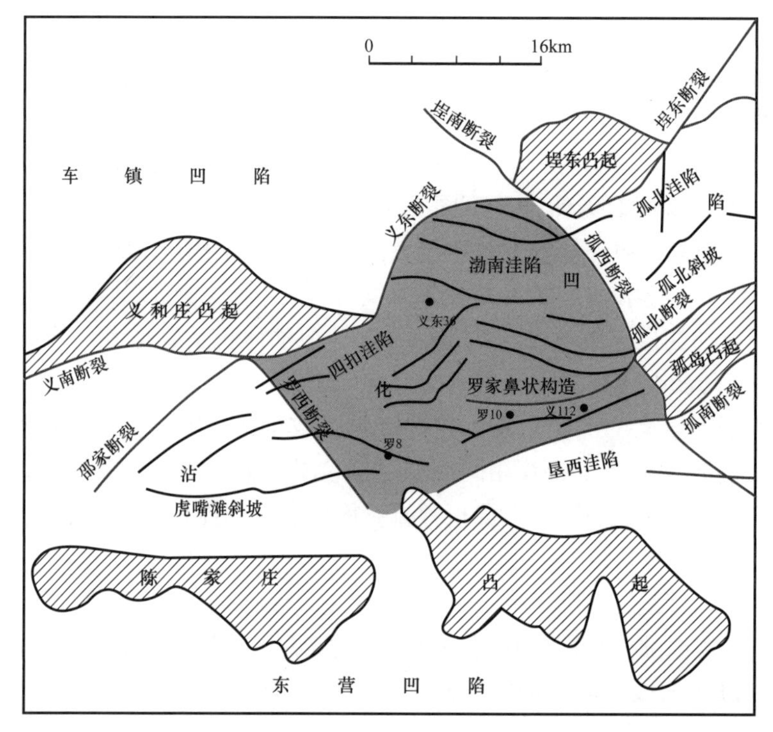

图 5-10 渤南—四扣洼陷位置及构造简图（据胜利油田地质院，2009）

二、页岩油资源分级评价

我国页岩油气资源潜力巨大，应用前述体积法可以方便地评价出页岩油总量。但是受沉积环境、矿物组成及其中有机质丰度、类型、成熟度及排烃效率的影响，页岩中含油气量有明显的变化，需要开展页岩油气资源的分级评价。

（一）泥页岩丰度及厚度平面分布

由于泥页岩内有机质具有强烈的非均质性，常规实测地球化学数据往往无法连续反映出泥页岩纵向的有机质非均质性，而测井评价有机质非均质性技术使得对泥页岩有机质丰度的纵向连续性刻画得以实现。利用第二章泥页岩油气资源分级评价标准和由测井资料评价有机质非均质性（TOC、S_1、氯仿沥青“A”）的技术，将渤南—四扣洼陷沙三段下亚段分为富集资源（Ⅰ级）、低效资源（Ⅱ级）和分散资源（Ⅲ级），分别对每一级别泥页岩的 TOC、S_1、氯仿沥青“A”以及泥页岩厚度的平面展布进行评价。

图 5-11 为靶区沙三段下亚段不同级别页岩 TOC 分布图。沙三段下亚段Ⅰ级泥页岩 TOC 高值区主要集中在渤南洼陷渤深 5 井附近，大于 6%，其余地区 TOC 值也较高，几乎都大于 4%；Ⅱ级泥页岩 TOC 的低值区主要集中在罗 67 井和义 17 井附近，低值小于 1.5%，其余地区 TOC 值均较高；Ⅲ级泥页岩 TOC 的高值区主要集中在义 170 井附近，达 0.7% 以上；沙三段下亚段整个层位泥页岩 TOC 分布趋势同Ⅰ级泥页岩 TOC 分布趋

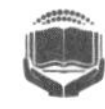

势，高值区主要集中在渤深 5 井附近，TOC 高值大于 6%，表明该段泥页岩主要是Ⅰ级页岩。

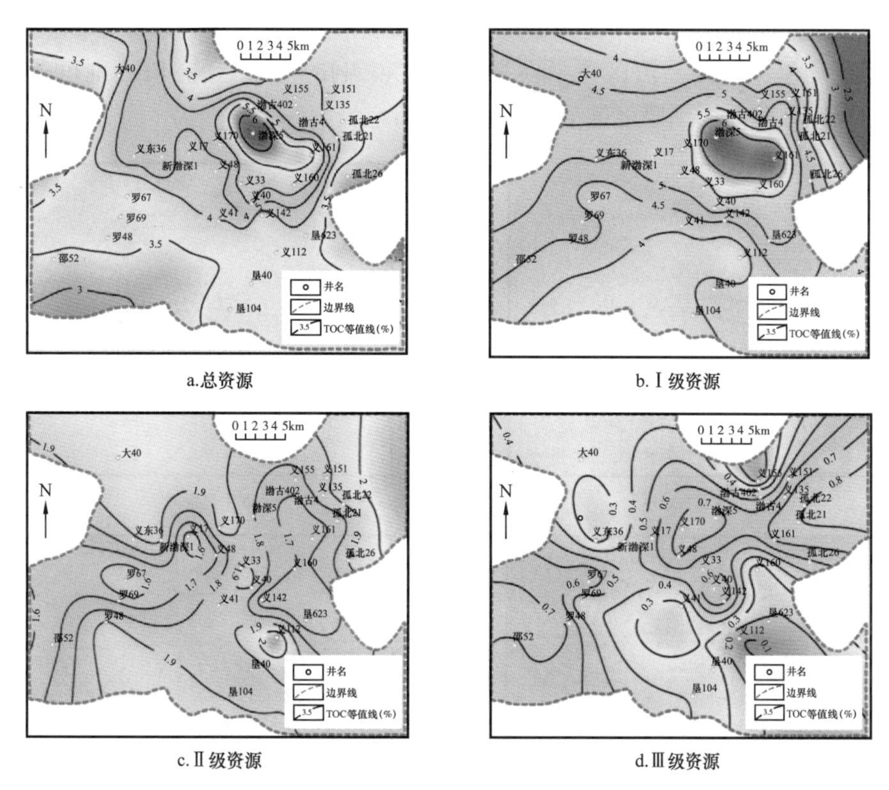

a.总资源　　b.Ⅰ级资源

c.Ⅱ级资源　　d.Ⅲ级资源

图 5-11　渤南洼陷沙三段下亚段泥页岩 TOC 等值线图

图 5-12 为工区内沙三段下亚段不同级别泥页岩 S_1 等值线图。Ⅰ级泥页岩 S_1 高值区主要集中在渤南洼陷渤深 5 井、义 170 井，S_1 高值大于 4.5mg/g，次高值区分布比较广泛，主要集中在四扣洼陷，S_1 大于 2.5mg/g；Ⅱ级泥页岩 S_1 的高值区主要集中在渤南洼陷义 170 井和孤北洼陷孤北 21 井附近，S_1 高值大于 3mg/g，在孤北洼陷北部出现最低值；Ⅲ级泥页岩高值区主要集中在渤南洼陷和四扣洼陷，S_1 可达 2mg/g 以上；沙三段下亚段整个层位的 S_1 分布同Ⅰ级泥页岩 S_1 分布。

图 5-13 为渤南洼陷沙三段下亚段不同级别泥页岩氯仿沥青“A”分布图，工区内沙三段下亚段Ⅰ级资源氯仿沥青“A”高值区主要集中在渤南洼陷，可达 2.57%，区内呈现以渤南洼陷为中心向四周逐渐减小的趋势；Ⅱ级泥页岩氯仿沥青“A”的高值区主要分布在孤北 21 井附近，可达 1.8%；Ⅲ级泥页岩氯仿沥青“A”的低值区主要集中在渤南洼陷和四扣洼陷，氯仿沥青“A”最小值可小于 0.2%，在义 170 井、邵 52 井和义 160 井处氯仿沥青“A”较大，可达 1%；沙三段下亚段整个层位氯仿沥青“A”的高值区集中在渤南洼陷，最高值可达 2.29%，氯仿沥青“A”的最低值也都在 0.8% 以上。

图 5-14 为渤南洼陷沙三段下亚段不同级别泥页岩厚度图，工区内沙三段下亚段Ⅰ级泥页岩厚度高值区主要集中在渤南洼陷，厚度高值可达 600m，孤北 26 井附近的厚度

值最低，小于 50m；Ⅱ级泥页岩厚度的高值区主要分布在渤南洼陷的西部和四扣洼陷，厚度高值可达 100m，高值区以北厚度值均很小；Ⅲ级泥页岩厚度高值区分布在渤南洼陷义东 36 井附近，最大厚度可达 10m，次高值区分布在四扣洼陷东部；沙三段下亚段整个层位泥页岩厚度的高值区集中在渤南洼陷和四扣洼陷，最高值分别可达 800m 和 380m，由渤南洼陷向四周厚度值呈现逐渐减小的趋势。

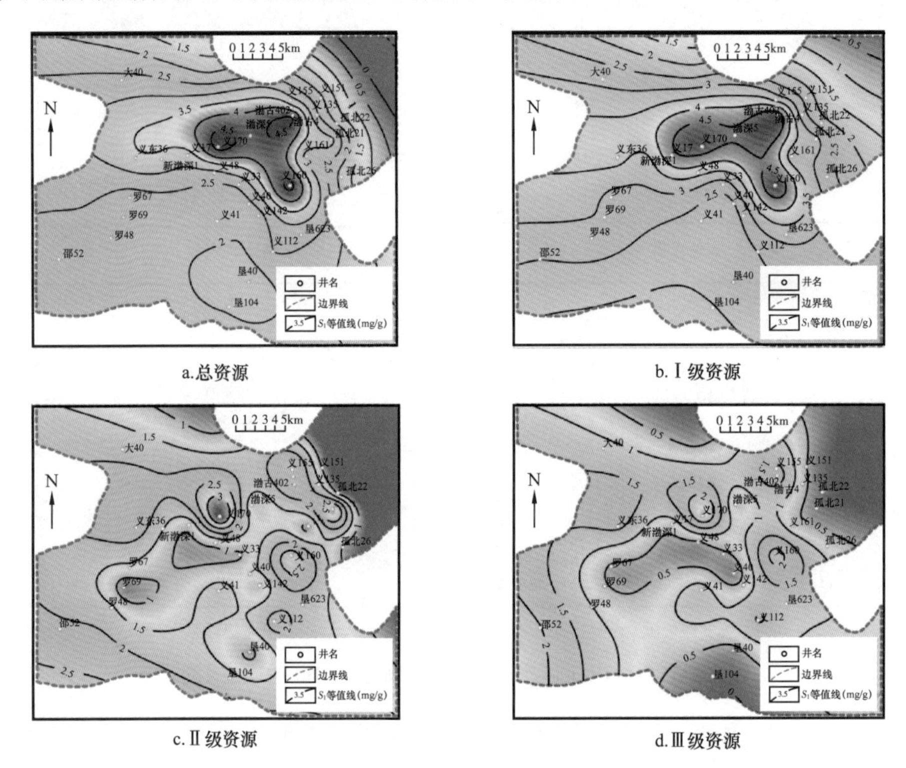

图 5-12　渤南洼陷沙三段下亚段泥页岩 S_1 等值线图

由此不难进一步评价得到区内的总资源量及分级资源量、可动资源量、可采资源量（表 5-3）。

（二）页岩油分级资源量平面分布

如图 5-15 所示，沙三段下亚段由氯仿沥青“A”评价的泥页岩油资源丰度高值区集中在渤南洼陷，最高值可达 $2846.12 \times 10^4 t/km^2$，工区内大部分井的资源丰度值大于 $500 \times 10^4 t/km^2$；Ⅰ级泥页岩油资源丰度高值区主要集中在渤南洼陷，资源丰度高值可达 $2783.05 \times 10^4 t/km^2$，工区内大部分井的资源丰度值大于 $500 \times 10^4 t/km^2$；Ⅱ级泥页岩油资源丰度的低值区主要分布在四扣洼陷东部和渤南洼陷，资源丰度低值低于 $45 \times 10^4 t/km^2$，在邵 52 井处较高，约 $270 \times 10^4 t/km^2$；工区内沙三段下亚段Ⅲ级泥页岩油资源丰度低值区主要分布在渤南洼陷和四扣洼陷，在工区内大部分井的资源丰度值均小于 $4 \times 10^4 t/km^2$，在义东 36 井处较高，为 $32 \times 10^4 t/km^2$。

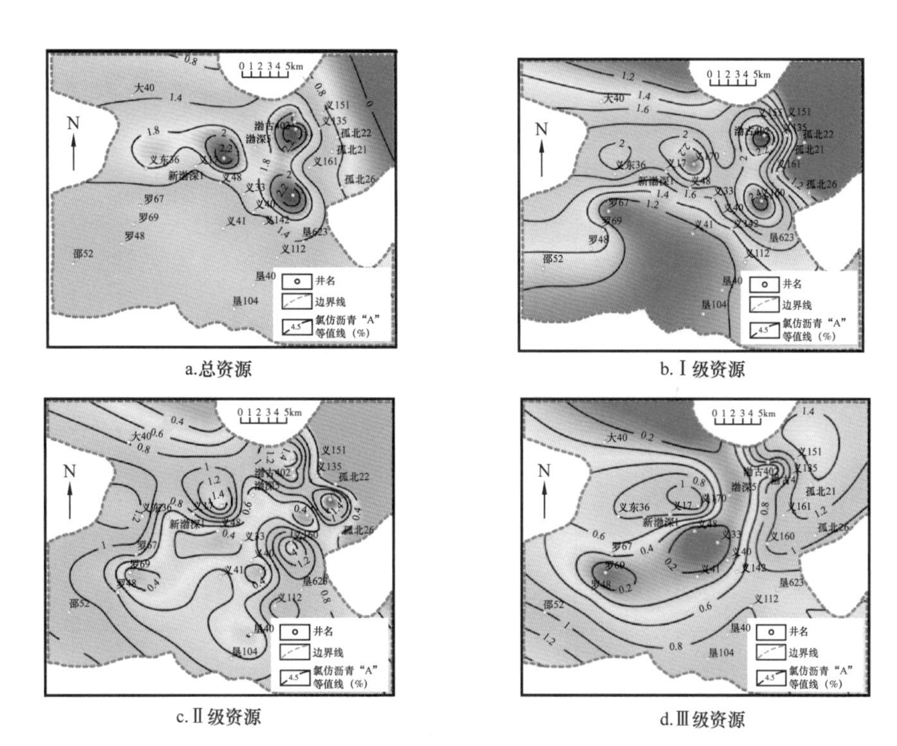

图 5-13　渤南洼陷沙三段下亚段泥页岩氯仿沥青“A”等值线图

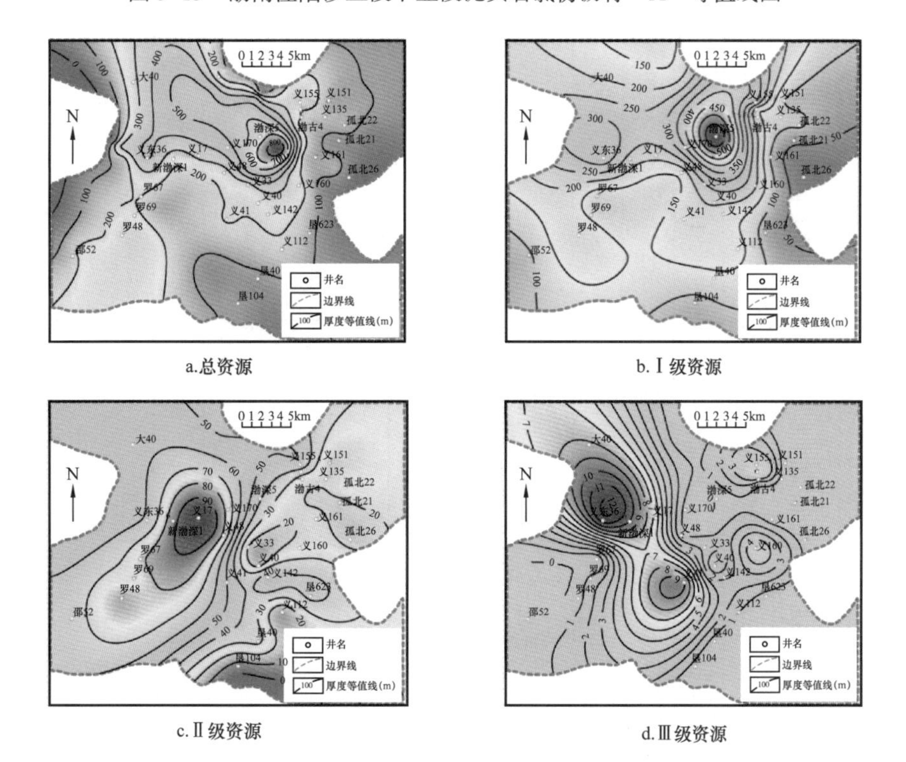

图 5-14　渤南洼陷沙三段下亚段泥页岩厚度等值线图

表 5–3　各个凹陷及地区的各类资源量评价结果统计表

油田	所属盆地	层位	有机质			厚度（m）	各级资源量（10^8t）				资源量（10^8t）			
			类型	TOC（%）	成熟度（%）		Ⅰ级	Ⅱ级	Ⅲ级	总计	薄夹层	总	可动	可采
大庆油田	松辽盆地北部	K_1qn_1	Ⅰ、$Ⅱ_1$型	>1	<1.3	<120	33.6	111.7	34.1	179.4	25.1	204.5	10.9	4.2
		K_1qn_{2+3}	Ⅱ型为主	0.4～2	<1.3	<550	145.4	68.2	1.3	214.9	21	235.9	15.9	5.3
吉林油田	松辽盆地南部	K_1qn_1	Ⅰ、$Ⅱ_1$型	>0.6	0.5～1.1	<80	48.08	87.65	20.3	156.03	43.24	199.27	—	—
		K_1qn_{2+3}	$Ⅱ_1$、$Ⅱ_2$型	0.6～2	0.5～1.1	<320	60.8	82.76	71.61	215.16	53.53	268.69	—	—
		K_1n_1	Ⅰ、$Ⅱ_1$型	>1	0.5～1.1	<100	40.68	95.46	42.34	178.48	39.54	218.02	—	—
		K_1n_2	Ⅰ、$Ⅱ_1$、$Ⅱ_2$型	>0.6	0.5～1.1	20～200	0	4.47	39.86	44.33	9.63	53.96	—	—
辽河油田	大民屯凹陷	Es_3^4	$Ⅱ_2$、Ⅲ型	<3	0.3～1	<540	0.48	0.56	0.22	1.26	0	1.26	—	—
		Es_4^1	$Ⅱ_2$、Ⅲ型	1～4	0.3～1	100～1100	3.42	1.36	0.32	5.1	0.33	5.43	0.13	—
		Es_4^2	Ⅰ、Ⅱ型	2～12	0.3～1	<340	3.77	0.38	0.38	4.53	0.39	4.92	0.31	—
中原油田	东濮凹陷	Es_1	$Ⅱ_1$、$Ⅱ_2$型	0.6～2.4	0.3～1.1	<400	1.66	2.76	1.83	6.25	0.09	6.34	1.27	0.28
		Es_3^s	Ⅰ、$Ⅱ_1$、$Ⅱ_2$型	0.8～2	0.3～2	<540	2.54	6.06	2.61	11.21	0.39	11.6	4.27	0.54
		Es_3^z	$Ⅱ_1$、$Ⅱ_2$型	0.5～2.8	0～2	200～760	2.84	4.6	3.16	10.6	0.48	11.08	2.73	0.48
		Es_3^x	Ⅰ、$Ⅱ_1$、$Ⅱ_2$型	0.5～2.5	0～2.4	160～520	6.7	1.95	2.02	10.67	0.56	11.23	2.59	0.46
		Es_4	Ⅰ、$Ⅱ_1$、$Ⅱ_2$型	0.6～2.0	<5.2	80～720	0.89	0.23	0.54	1.66	—	1.66	0.11	0.07

续表

油田	所属盆地	层位	有机质			厚度（m）	各级资源量（10^8t）				资源量（10^8t）			
			类型	TOC（%）	成熟度（%）		Ⅰ级	Ⅱ级	Ⅲ级	总计	薄夹层	总	可动	可采
南阳油田	泌阳凹陷	H_2	Ⅰ、$Ⅱ_1$型	1.4～2.8	0.2～0.6	62～312	1.25	1.06	0.11	2.42	—	2.42	0.66	—
		H_3^s	Ⅰ、$Ⅱ_1$型	0.8～3.0	0.2～1.4	<725	2.66	2.56	0.57	5.79	—	5.79	1.73	—
		H_3^x	Ⅰ、$Ⅱ_1$型	0.8～2.8	0.2～1.9	<530	3.54	1.01	0.05	4.6	—	4.6	1.57	—
胜利油田	渤南洼陷	Es_3^z	$Ⅱ_1$、$Ⅱ_2$型	2.1～4.2	0.3～0.9	<400	18.12	5.4	0.23	23.75	—	23.75	—	—
		Es_3^x	$Ⅱ_1$、$Ⅱ_2$型	2.5～6.5	0.3～1.3	<900	75.29	9.95	0.41	85.65	—	85.65	7.55	0.39
		Es_4^s	$Ⅱ_1$、$Ⅱ_2$型	2.0～3.5	0.3～1.9	<300	5.63	2.75	0.76	9.14	—	9.14	—	—
	东营凹陷	Es_3^x	Ⅰ、$Ⅱ_1$型	0.3～9.8	0.3～0.8	60～400	44.85	24.24	0.54	69.63	—	69.63	6.96	—
		Es_4^s	Ⅰ、$Ⅱ_1$型	<6.0	0.3～0.8	40～350	19.36	13.13	2.2	34.69	—	34.69	3.47	—
华北油田	饶阳凹陷	Es_1^x	$Ⅱ_1$型	<1.5	<0.9	<230	3.94	3.49	4.29	11.72	—	11.72	—	—
		Es_3^s	$Ⅱ_2$型	<1.5	0.5～0.9	<180					—		—	—
	晋县中南部	Ek_2	$Ⅱ_2$型	<1	0.5～1.3	520	3.21	3.18	0.82	7.21	—	7.21	—	—
		Es_4—Ek_1	$Ⅱ_2$型	<1	0.5～0.9	260					—		—	—
	束鹿凹陷	Es_3	$Ⅱ_1$、Ⅰ、$Ⅱ_2$型	0.1～4.3	0.5～1	300～1500	3.70	4.20	0.74	8.64	—	8.64	—	—

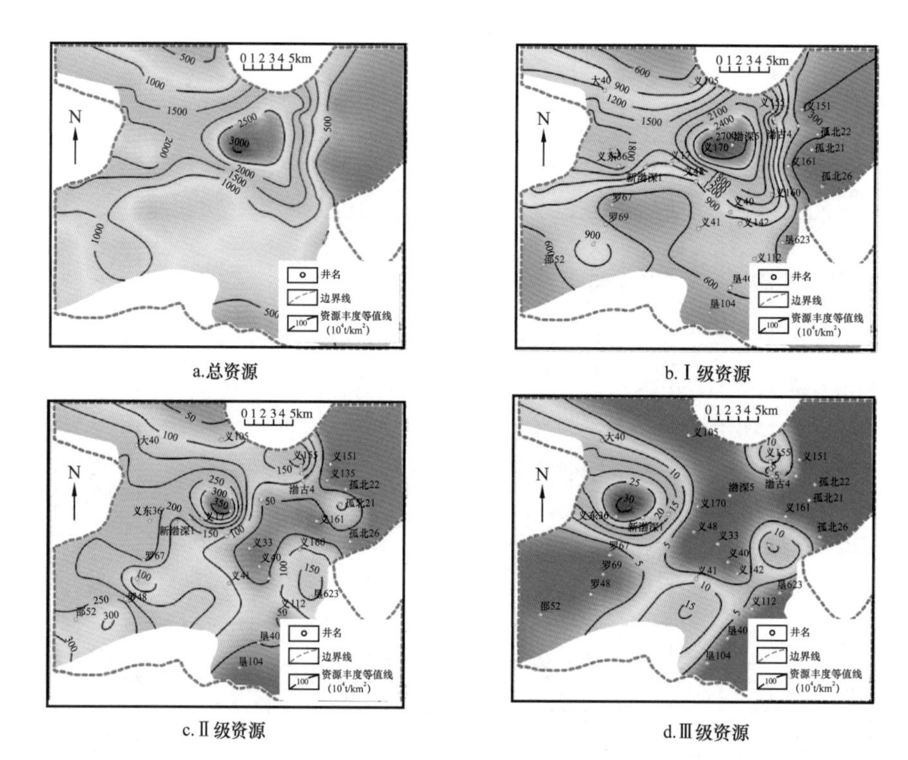

图 5-15　渤南洼陷沙三段下亚段氯仿沥青“A”泥页岩油资源丰度等值线图

如图 5-16 所示，沙三段下亚段由 S_1 评价的泥页岩油资源丰度高值区主要分布在渤南洼陷渤深 5 井附近，最高值可达 2590.82×10^4t/km^2，工区内大部分面积的丰度值大于 450×10^4t/km^2；Ⅰ级泥页岩油资源丰度高值主要分布在渤深 5 井附近，资源丰度高值可达 2541.47×10^4t/km^2，工区内丰度值呈现出以渤深 5 井为中心向四周逐渐减小的趋势；Ⅱ级泥页岩油资源丰度的高值区主要分布在邵 52 井和罗 48 井附近，资源丰度高值介于 200×10^4～220×10^4t/km^2 之间；工区内沙三段下亚段Ⅲ级泥页岩油资源丰度高值区主要分布在义东 36 井、新渤深 1 井和大 40 井附近，高值可达 24.11×10^4t/km^2，工区内大部分井丰度值小于 2×10^4t/km^2。

三、可动页岩油资源潜力评价

由于页岩具有致密、低孔尤其是低渗的特征，加上油相对于气密度、黏度大，地下更难以流动。因此，页岩中可动资源量的多寡对评价其勘探开发潜力更为重要。

利用第四章评价页岩油可流动性、可动量的经验法和第二章评价页岩油有机质非均质性的技术，研究绘制了渤南洼陷沙三段下亚段页岩油可动资源丰度等值线图（图 5-17）。洼陷内有利层段的页岩油可动资源量在义 170 井—渤古 4 井一带较为富集，可动资源丰度在 250×10^4t/km^2 以上。根据体积法对洼陷内页岩油资源量进行计算，其页岩油可动资源量约为 11×10^8t。

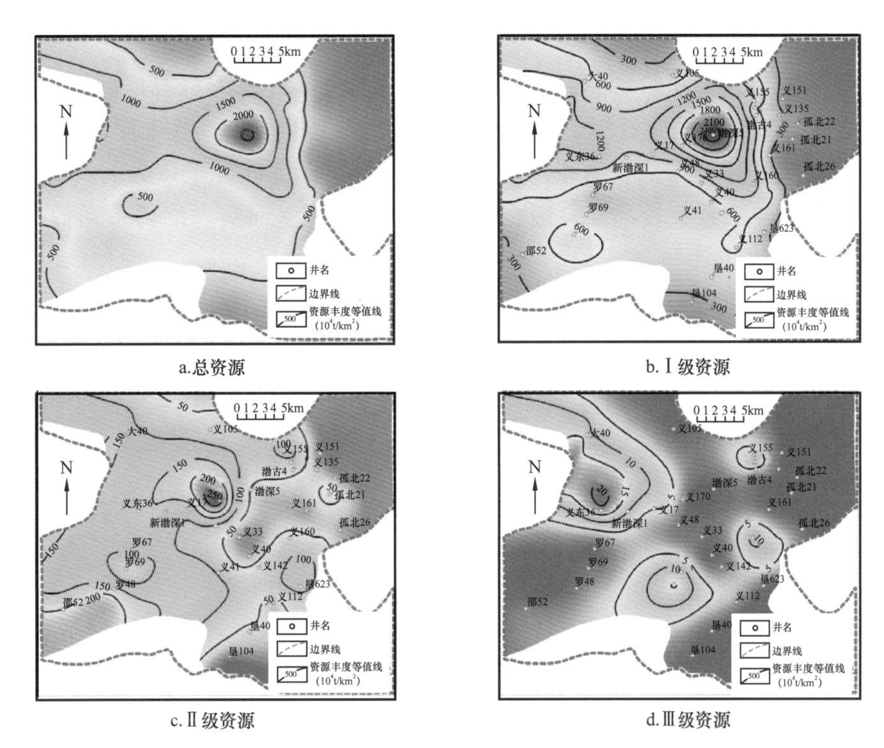

图 5-16　渤南洼陷沙三段下亚段 S_1 泥页岩油资源丰度等值线图

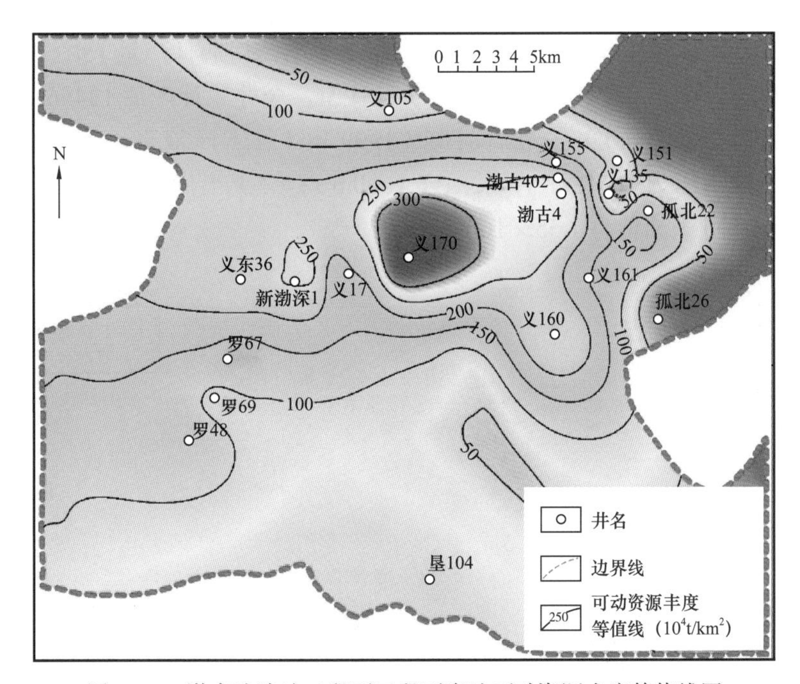

图 5-17　渤南洼陷沙三段下亚段页岩油可动资源丰度等值线图

四、可采页岩油量评价

地质资源量刻画出总资源量，其中包含着很大一部分束缚资源，即不可流动的部分，而可动资源量则是地质资源量中可流动那部分。但可动并不意味着可采，因此，需要确定可采系数来评价可采资源量。根据对国内外页岩油气可采系数的统计（表 5-4）发现，页岩气的可采系数较高，一般在 12%～35% 之间，而页岩油可采系数相对较小，一般在 5%～8% 之间。

表 5-4　国内外页岩油气资源可采系数统计表

数据来源	Barnett	Haynesville	Marcellus	Antrim	New Albany	Lewis	东濮凹陷	中海油
开采对象	页岩气	页岩气	页岩气	页岩气	页岩气	页岩气	页岩油	页岩油
采收率（%）	13.5	35	17.5	26	12	33	5.2	5～8

对于已开发的页岩油井来说，可采系数如下：

$$K=Q_{产量}/Q_{原地资源}$$

式中，$Q_{产量}$为已开发页岩油气井的最终产量；$Q_{原地资源}$为直井控制范围内的原地资源量；K为可采系数。

罗 42 井的平均日产量曲线如图 5-18 所示，第一个周期 2 年 2 个月，初期日产量较高，达 112.5t，产量下降较快，通过一年半时间开采，日产量降到 20t 以下。又过了一年，日产量降至 5t 以下，停产；第二个周期 2 年半，初期日产量 15t，至周期末降到 1t；第三个周期 1 年半，日产量更低，初期只有 5t。全井累计产油 13456t，水 1079m^3，综合含水 7.3%。假设：（1）按最后时刻（1999 年 4 月）产液量（4m^3/d）定液生产；（2）最小井底流动压力 10MPa（下泵深度 1600m）；（3）当产油量小于 0.2t/d 时关井，预测罗 42 井单井可采油量为 1.55×10^{4}t。

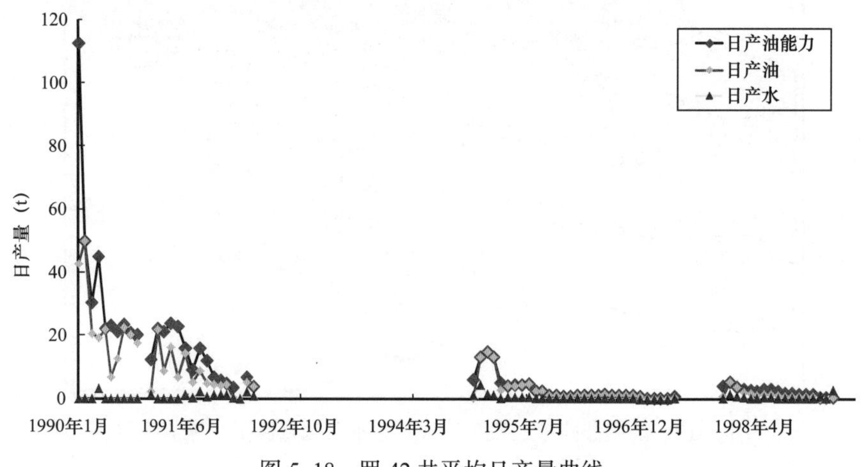

图 5-18　罗 42 井平均日产量曲线

原地资源量如下：

$$Q_{原地资源}=S\times 可动资源丰度 \tag{5-14}$$

式中，S 为直井控制面积，km^2。

可动资源丰度可以通过可动资源量评价结果获取，因此直井控制面积 S 的确定尤为重要。

S 计算公式如下：

$$S=\pi R^2 \tag{5-15}$$

式中，S 为供油面积，m^2；R 为极限供油半径，m。

对于中高渗透稀油油藏，由于油层中孔道半径比较大，原油边界层的影响微弱，压力梯度值极小；原油在孔道半径很小，原油边界层的影响显著，在流动过程中出现渗流阻力梯度。如图 5–19 所示，v 为驱替速度；$\Delta p/L$ 为驱替压力梯度。a 点为非线性渗流段端点，对应最小启动压力梯度值；b 点为拟启动压力梯度值；c 点为最大启动压力梯度值，也称为临界启动压力梯度；d 点为渗流曲线的初始实验点；e 点为非线性渗流段与拟线性渗流段的分界点；f 点为拟线性渗流曲线终点。

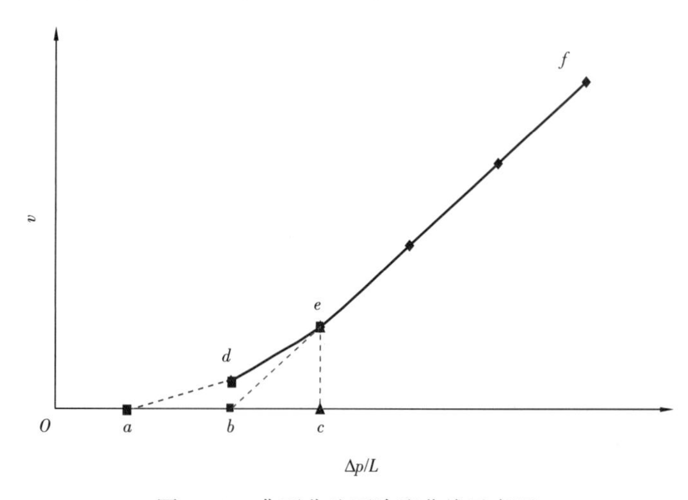

图 5–19　典型非达西渗流曲线示意图

低渗透油藏极限半径公式如下：

$$R_{极限}=\left(p_e-p_w\right)/\gamma_a \tag{5-16}$$

$$\gamma_a=a(K/\mu)^b \tag{5-17}$$

式中，$R_{极限}$为极限供油半径；p_e-p_w 为生产压差；K 为空气渗透率；μ 为油黏度；γ_a 为（视）启动压力梯度；a、b 为所求系数，由实验数据求取（图 5–20）。

由图 5–20 可知：

$$\gamma = 0.4903 \times \left(\frac{K}{\mu}\right)^{-1.2443} \tag{5-18}$$

进而得到极限供油半径公式：

$$R_{极限} = 2.0396 \times \left(p_e - p_w\right) \times \left(\frac{K}{\mu}\right)^{1.2443} \tag{5-19}$$

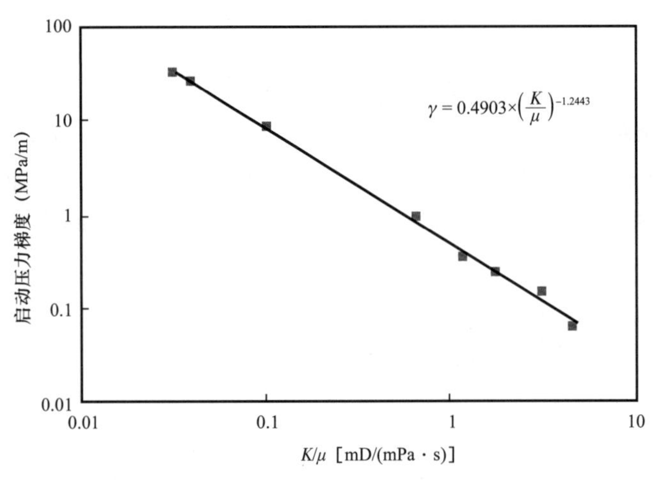

图 5-20　启动压力与视流度关系图

经过对实验数据的分析以及与油田的沟通，确定生产压差取值 17.61MPa，渗透率取值 10mD，地下黏度取值 3.85mPa·s。将这些参数代入极限供油半径公式，可得极限供油半径约为 120m，直径控制面积约为 45000m^2，单井控制可动资源量约为 29.4 × 10^{4}t，进而可得可采系数为 5.2%。以此可采系数计算，渤南洼陷沙三段下亚段有利目标层段中热解 S_1 法页岩油可采资源量约为 0.39 × 10^{8}t。

五、其他研究区页岩油资源评价

利用上述原理和方法，2011 年以来，对我国部分油区湖相页岩油的资源潜力进行了评价，表 5-3 汇总列出了代表性油区不同层位的有机质特征、各级资源量、总资源量、可动资源量及可采资源量。从表 5-3 中可以看出，我国东部主要油区残留在泥页岩中的页岩油总量巨大，如松辽盆地北部青一段的总量为 204.5 × 10^{8}t，青二 + 三段为 235.9 × 10^{8}t，南部青一段、青二 + 三段、嫩一段的总量分别为 199.27 × 10^{8}t、268.69 × 10^{8}t、218.02 × 10^{8}t；济阳坳陷面积约 800km^2 的渤南洼陷总量就高达 118.54 × 10^{8}t，但以基本不含可动资源潜力的无效和低效（Ⅱ级、Ⅲ级）资源为主。总体上可动资源的含量不高，可采的资源总量更少。因此，要有效开发大量页岩油资源，还需要有新的、革命性的技术来支撑。

第六章

页岩岩石力学特征及可压裂性评价

众所周知，与常规储层相比，页岩明显致密、低孔、低渗。而由于成熟度偏低，中国陆相页岩油总体上组成重、密度大、黏度高，加上页岩中有机质和黏土矿物对液态油的吸附能力强，使页岩油的流动性差、可采性低。这些特征决定了仅仅依靠储层自身的孔缝系统难以形成有效的油流，必须经过大规模人工压裂才有可能形成工业产能。因此，尽管页岩油资源总量巨大，但迄今勘探开发效果不佳。除了页岩油的原位改质技术之外，目前正在尝试、探索的改善和提高开发效果的途径之一，是复制在页岩气开发中行之有效的水平井和大型压裂技术。从页岩气的经验来看，岩石力学特性在压裂改造过程中对裂缝起裂、扩展、延伸和展布形态等多方面起着至关重要的作用（朱宝存等，2009；冯晴等，2011），影响压裂改造效果（聂昕等，2012），从而将影响页岩油产量与开采潜力。从压裂改造储层的角度而言，研究泥页岩力学特性对于评价泥页岩储层可压裂性以及寻找页岩油工程“甜点”具有重要意义。对于泥页岩层系内薄夹层（如致密砂岩、碳酸盐岩、火山岩等），其可压裂性远好于纯泥页岩储层，故评价泥页岩储层可压裂性对页岩油的开采更具实际意义。因此，本章将集中讨论页岩油储层的岩石力学特征及其可压裂改造性。目前评价页岩可压裂性的方法主要有：（1）直接法。在实验室开展应力—应变力学实验，获取杨氏模量、泊松比等岩石力学参数，由此出发评价泥页岩的脆性和可压裂性。（2）间接法。分析页岩的矿物组成，石英、长石等脆性矿物含量高、黏土等塑性矿物含量低的泥页岩可压裂性高，并可由此构建脆性指数。上述两种方法的优点在于准确、直观，不足在于受样品及分析经费的制约，不可能大规模进行，因而难以描述纵向和平面的非均质性变化，也不具有预测功能。因此需要借助其他技术（如利用测井、地震资料）来求取岩石力学参数或矿物组成，达到详细评价 / 预测泥页岩脆性 / 可压裂性的目的。本章的主要研究内容包括以下四个方面：（1）采用直接法评价泥页岩岩石力学特性，分析力学参数影响因素；（2）建立基于 BP 神经网络算法和体积法的泥页岩无机非均质性测井评价技术，构建泥页岩脆性评价方法；（3）建立泥页岩力学参数测井评价方法；（4）基于泥页岩力学特性，建立泥页岩可压裂性评价技术。

第一节　页岩力学特性及其影响因素分析

岩石力学性质是岩石在各种静力、动力作用下所表现的性质，主要是指岩石的变形和强度特征。岩石力学参数主要包括变形参数（弹性 / 杨氏模量、泊松比、剪切模量、体积模量、拉梅第一常数等）和强度参数（抗压强度、抗拉强度、抗剪强度、断裂韧性、黏聚力、内摩擦角等）。其中，杨氏模量、泊松比是两个非常重要的变形参数，前者是描述岩石抵抗形变能力的物理量，其值越大，岩石越不易发生形变，指示脆性/可压裂性越高；后者是岩石横向与纵向应变比值的绝对值，反映岩石横向变形的弹性常数，一般值越低，可压裂性越强。泥页岩水力压裂中，在影响裂缝的起裂和扩展方面，岩石力学特性扮演着重要的角色，这既影响压裂方式的有效性，也影响流体介质的流通（Josh 等，2012；张林晔等，2014）。

针对泥页岩力学特性影响因素，国内外学者进行了较多的实验研究。迄今为止，已揭示出泥页岩岩石力学特性的影响因素众多且复杂，主要包括宏/微观结构（Josh 等，2012）、无机矿物组成（Mondol 等，2007；Eliyahu 等，2015）、有机质含量（Valès 等，2004）、赋存流体性质（Al-Bazali 等，2008；Abousleiman 等，2010；Zhang 等，2012）、围压（Sarout 等，2007；Abousleiman 等，2010）、应变速率（Cook 等，1990；Al-Bazali 等，2008）、孔隙压力（Cook 等，1990）、温度（Masri 等，2014）、试样尺寸（杨圣奇，2011）、孔隙度（Lashkaripour，2002）等。例如，Zhang 等（2012）认为黏土岩力学特性对含水量和结构非均质性具有敏感性，当含水量增加，弹性模量和破裂强度降低，塑性变形更加明显；在平行和垂直层理方向，弹性模量、轴向峰值应变和峰值应力均表现出各向异性（Zhang 等，2012）。泥页岩具有很强的非均质性，这就为准确刻画其力学特性带来了更大的挑战。由于中国陆相泥页岩的复杂物质组成，尤其是较高的黏土矿物含量（Tang 等，2004），选择有利的水力压裂区域就显得比较困难。本研究以渤海湾盆地济阳坳陷东营凹陷页岩油储层为例介绍岩石力学参数及其影响因素。

一、页岩应力—应变及力学参数

（一）样品与实验

东营凹陷是我国东部最富油的凹陷之一，以东营凹陷页岩油发育的主力泥页岩储层（沙三段中、下亚段和沙四上纯上亚段）为研究对象，用于实验的 20 块泥页岩样品采自东营凹陷 6 口钻井，井位分布如图 6-1 所示。本研究针对不同类型泥页岩样品，沿平行层理方向（泥岩为块状，各向异性相对较弱，可沿任意方向）钻取柱状岩心。基本信息见表 6-1。

三轴力学参数测试装置如图 6-2 所示。该实验装置主要包括围向应力控制系统和应力—应变监测系统。应力控制系统：主要用于提供围压、轴压和孔隙压力，将控制系统和计算机相连接，通过计算机输入压力条件，信号发送至控制系统，从而改变轴压、围压和孔压。三轴室连接水力泵，通过水力泵将水注入三轴室提供围压，打开三轴室上、下腔之间的连接阀，使整个三轴室上、下腔均充满液体，因此岩心受到均匀的围压。应力—应变监测系统：在实验过程中，实时监测岩心在不同围压条件下的应变特性，在设置一定的围压条件下，以一定速率加载轴压，通过 4 个轴向应变仪和 4 个径向应变仪记录岩心轴向应变和径向应变，从而获得岩心应力—应变曲线和力学参数。应变数据通过数据采集系统（DAS）自动采集，由计算机输出。

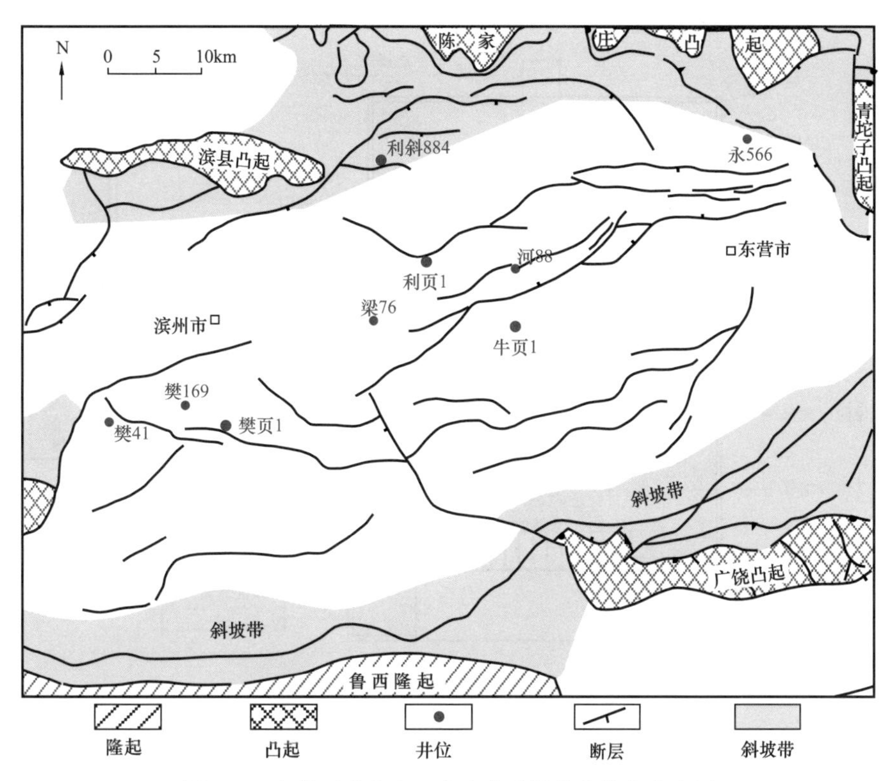

图 6-1　东营凹陷应力—应变实验样品点井位分布图

表 6-1　东营凹陷应力—应变实验样品基本信息

样品编号	井位	层位	深度（m）	干酪根类型	岩心参数		
					直径（mm）	长度（mm）	密度（g/cm^3）
FA	樊 169	Es_4^s	3697	Ⅰ	24.94	48.38	2.6
FB	樊 169	Es_4^s	3760.8	$Ⅱ_1$	24.93	39.02	2.62
HC	河 88	Es_3^x	3042.6	Ⅰ	24.96	48.2	2.49
YD	永 556	Es_3^x	2448.3	Ⅰ	24.92	48.14	2.27
YE	永 556	Es_3^x	2516.2	Ⅰ	24.92	48.91	2.25
YF	永 556	Es_3^x	2520.1	Ⅰ	24.95	47.32	2.31
LX	利斜 884	Es_3^x	3506.2	—	—	—	—
F41–C1	樊 41	Es_3^z	2679.25	—	25.19	51.59	2.48
L76–C2	梁 76	Es_4^s	3780.42	—	25.42	50.17	2.5
Y556–C3	永 556	Es_3^x	2520.1	—	24.94	47.65	2.27

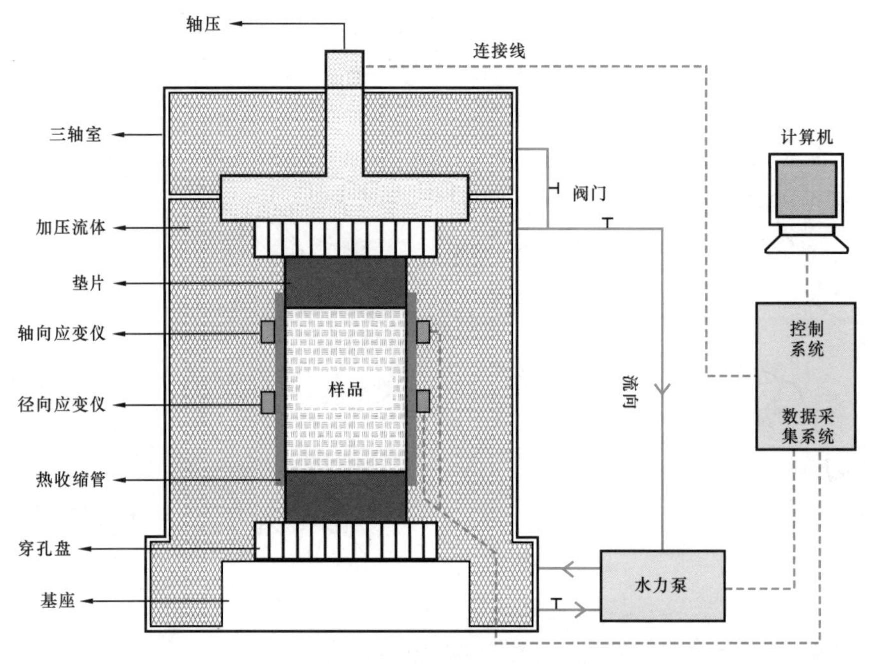

图 6-2　实验装置示意图

在一定温度、围压条件下，以一定速率加载轴压，监测、记录岩心应力—应变数据。在此过程中，泥页岩岩心轴向和径向均发生变形。采用图 6-2 所示装置可以测试一定条件下的应力—应变曲线，据此研究泥页岩力学性质及其影响因素。

基于全应力—应变曲线的线性阶段，首先可获得泥页岩岩心的杨氏模量（E）和泊松比（ν），其数学表示：

$$E=\frac{\Delta\sigma_a}{\Delta\varepsilon_a} \tag{6-1}$$

式中，$\Delta\sigma_a$ 为轴向应力增量；$\Delta\varepsilon_a$ 为轴向应变增量。

$$\nu=\frac{\Delta\varepsilon_r}{\Delta\varepsilon_a} \tag{6-2}$$

式中，$\Delta\varepsilon_a$ 为轴向应变增量；$\Delta\varepsilon_r$ 为径向应变增量。

根据杨氏模量与泊松比，可以计算剪切模量（G）、体积模量（K）和拉梅第一常数（λ）数值大小，其换算关系：

$$G=\frac{E}{2(1+\nu)} \tag{6-3}$$

$$K=\frac{E}{3(1-2\nu)} \tag{6-4}$$

 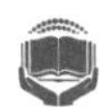

$$\lambda = \frac{\nu E}{(1+\nu)(1-2\nu)} \quad (6-5)$$

从轴向应力—应变曲线上，还可以直接获得岩心的破坏强度，即抗压强度参数。

一个单位体积的岩体单元在外力作用下产生变形，假设该物理过程与外界没有热交换，即封闭系统，外力功所产生的总输入能量（单位体积实际吸收的能量）为 U_0，根据热力学第一定律：

$$U_0 = U_d + U_e \quad (6-6)$$

式中，U_d 为岩体单位耗散能，用于形成岩体单元内部损伤和塑性变形，其变化满足热力学第二定律，即内部状态改变符合熵增加的趋势；U_e 为岩体单元中储存的可释放应变能，该能量形成于岩体单元发生弹性应变阶段，当外力卸除后，这部分能量能够使岩体变形得到一定的恢复。

三轴等围压压缩条件下，对于单位体积岩样单元来说，应力状态为双轴受压，同时存在轴向 σ_1、径向 $\sigma_2=\sigma_3$，将其代入可得岩样实际吸收的能量 U_0：

$$U_0 = \int \sigma_1 d\varepsilon_1 + 2\int \sigma_3 d\varepsilon_3 \quad (6-7)$$

式中，U_0 的单位为 MJ/m^3，与应力单位 MPa 等同；ε_1 和 ε_3 分别为岩样的轴向应变和径向应变，且径向应变为负值，由岩样泊松比效应可知：

$$\nu = -\frac{\varepsilon_1}{\varepsilon_3} \quad (6-8)$$

式中，ν 为岩样的泊松比，这样由上述公式可以得到等围压下岩样实际耗散的能量：

$$U_0 = \int (\sigma_1 - 2\nu\sigma_3) d\varepsilon_1 \quad (6-9)$$

对于可释放应变能 U_e 来说，假设岩样为各向同性体，径向可释放弹性应变能相对轴向来说很小，可忽略不计，因此，计算可释放弹性应变能公式：

$$U_e = \frac{\sigma_1^2}{2E} \quad (6-10)$$

（二）泥页岩应力—应变特性及力学参数

泥页岩样品的实验测试条件为：室温 26 ℃，加载速率 0.05mm/min，变围压（1MPa、5MPa、10MPa、15MPa、20MPa）。在不同围压条件下的全应力—应变如图 6-3 和图 6-4 所示。由图可知，样品无明显的压缩变形阶段（围压＞1MPa），显示出泥页岩具有较好的致密性特征；泥页岩的弹性变形阶段较短，弹塑性变形阶段较长。总体上，样品表现出脆性破坏的特征。此外，不同岩心的应力—应变在峰值破坏、应变软化等具有差异性。与页岩样品（FA、YD、YE、YF）相比，泥岩样品（FB、HC）在应力达到抗压强度后表现出完整的连续变形，这可能与页岩发育页理有关。

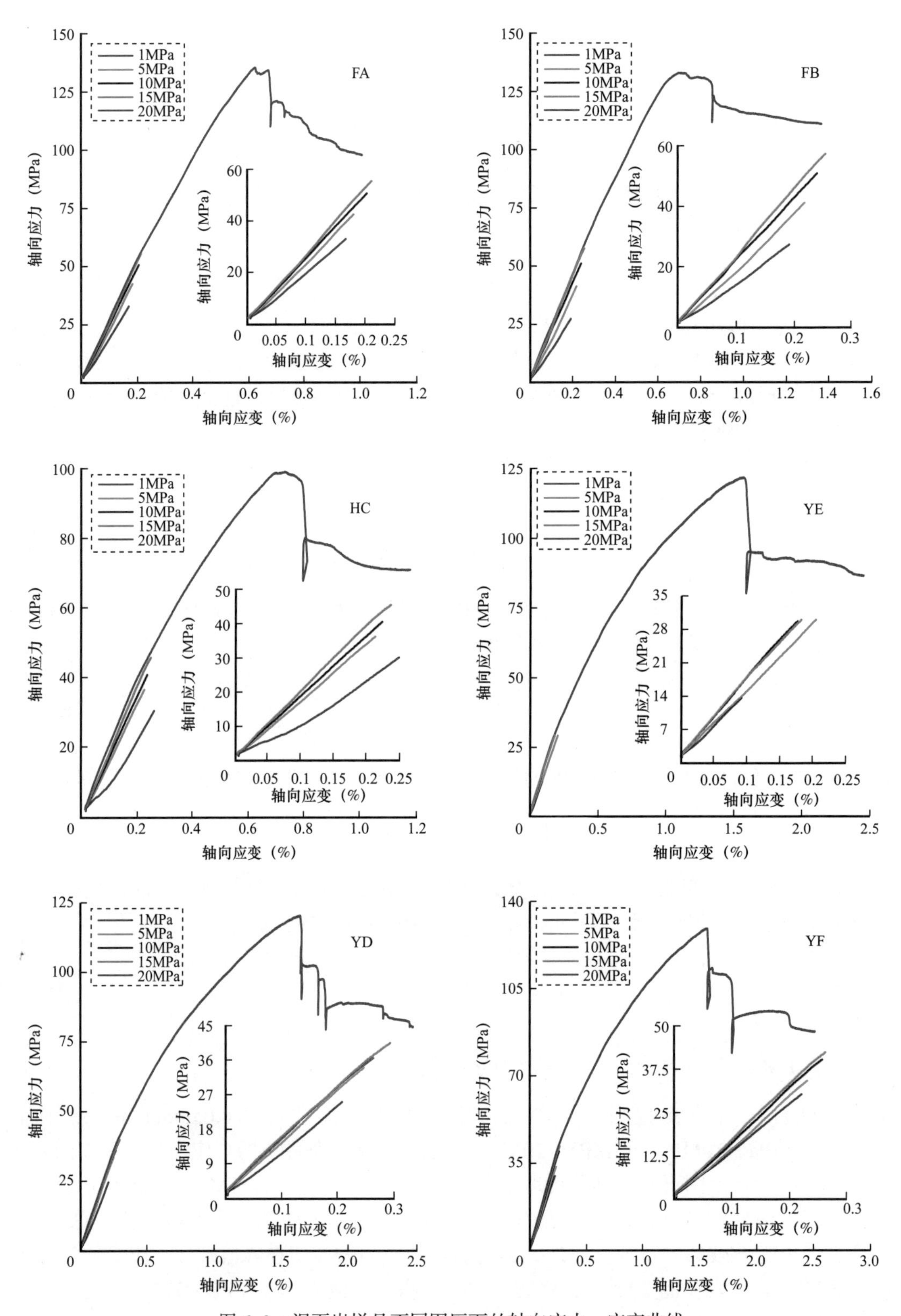

图 6-3　泥页岩样品不同围压下的轴向应力—应变曲线

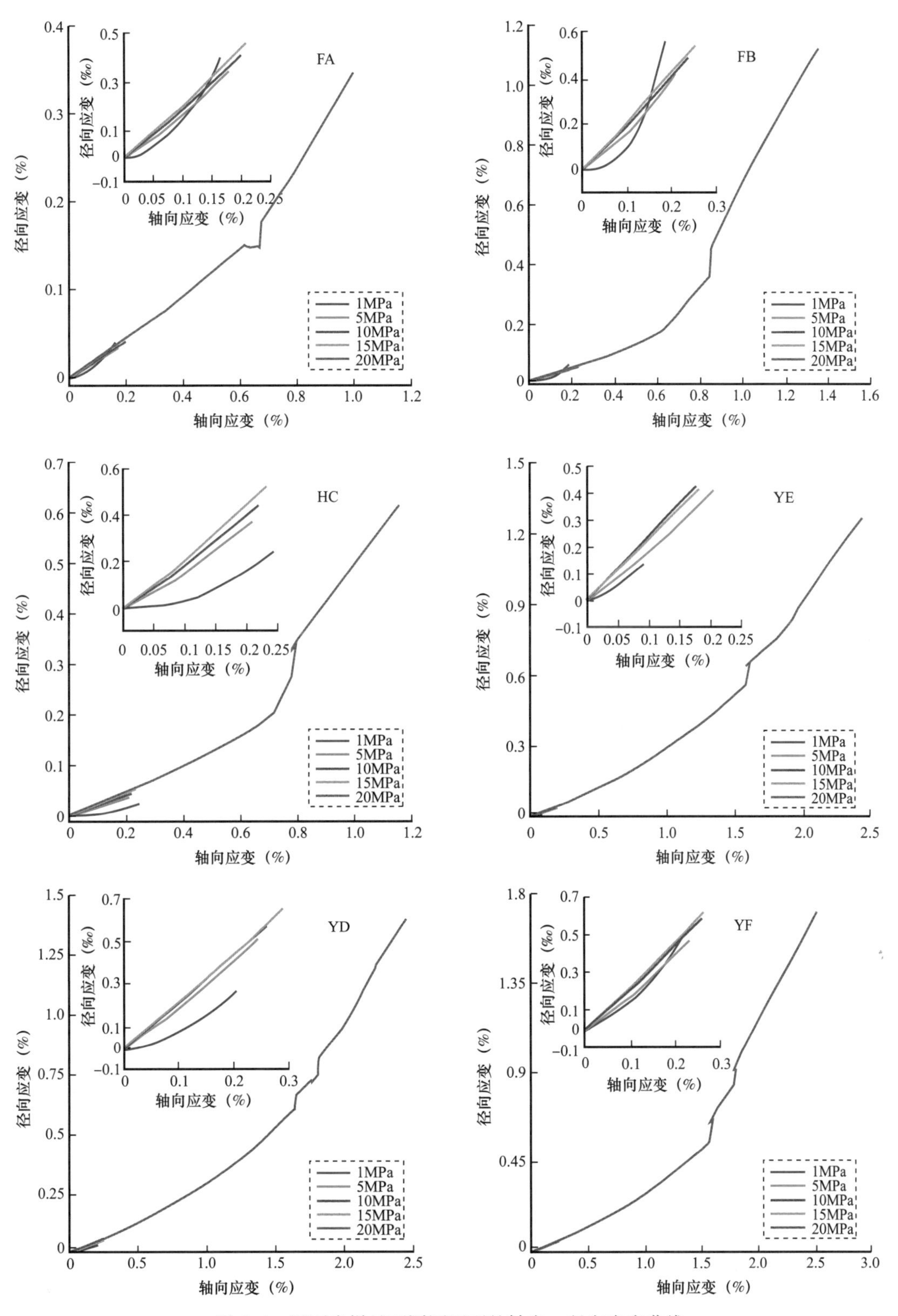

图 6-4 泥页岩样品不同围压下的轴向—径向应变曲线

泥页岩力学参数计算结果如表6-2和图6-5、图6-6所示。在实验条件下，泥页岩杨氏模量为12.319～26.782GPa，平均为17.272GPa；泊松比为0.183～0.667，均值为0.254。其中，样品FA的力学参数与整体相比，较为离散，在围压为1MPa的时候，杨氏模量就达到了19.222GPa，远高于整体的平均值。从整个样品的测试情况来看，泥页岩的力学参数具有一定的规律性，相对于杨氏模量来说，泊松比变化范围更为集中，大约为0.24（图6-7）。这指示该区页岩可压裂性的变化主要由杨氏模量来反映。

表6-2 泥页岩样品FA—YF力学参数测试结果

样品编号	围压（MPa）	杨氏模量（GPa）	泊松比	破坏强度（MPa）	剪切模量（GPa）	体积模量（GPa）	拉梅第一常数（GPa）
FA	1	19.922	0.4453		6.892	60.701	56.106
	5	24.099	0.234		9.765	15.10	8.59
	10	24.87	0.215		10.235	14.544	7.721
	15	26.782	0.237		10.825	16.972	9.755
	20	25.916	0.2264	135.206	10.566	15.787	8.743
FB	1	15.28	0.667		4.583	–15.250	–18.305
	5	20.263	0.2669		7.997	14.488	9.157
	10	20.92	0.205		8.68	11.819	6.032
	15	22.642	0.225		9.242	13.722	7.561
	20	22.494	0.228	133.963	9.159	13.783	7.677
HC	1	14.319	0.1829		6.052	7.526	3.491
	5	16.753	0.207		6.94	9.53	4.903
	10	17.626	0.2139		7.26	10.268	5.428
	15	19.092	0.238		7.711	12.145	7.004
	20	19.537	0.239	98.609	7.884	12.476	7.22
YD	1	12.319	0.2232		5.036	7.418	4.06
	5	13.337	0.2223		5.456	8.003	4.366
	10	13.618	0.2219		5.572	8.161	4.446
	15	13.038	0.2253		5.32	7.91	4.364
	20	13.86	0.2376	119.216	5.6	8.803	5.07
YE	1	14.325	0.1859		6.04	7.601	3.575
	5	13.702	0.2225		5.604	8.229	4.493
	10	15.944	0.2431		6.413	10.344	6.069
	15	15.474	0.2289		6.296	9.513	5.316
	20	15.386	0.2253	121.137	6.278	9.335	5.149

续表

样品编号	围压（MPa）	杨氏模量（GPa）	泊松比	破坏强度（MPa）	剪切模量（GPa）	体积模量（GPa）	拉梅第一常数（GPa）
YF	1	13.172	0.4051		4.687	23.133	20.008
	5	14.62	0.2302		5.942	9.031	5.07
	10	15.102	0.2395		6.092	9.662	5.601
	15	15.533	0.2409		6.259	9.992	5.819
	20	15.854	0.2509	128.352	6.337	10.608	6.383

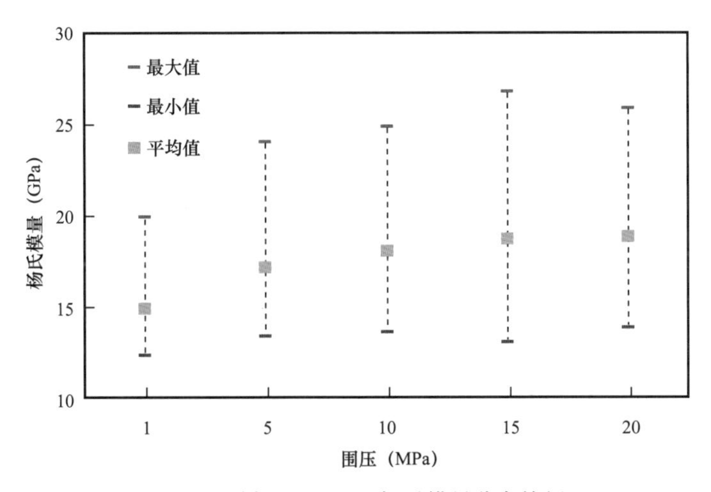

图 6–5　样品 FA—YF 杨氏模量分布特征

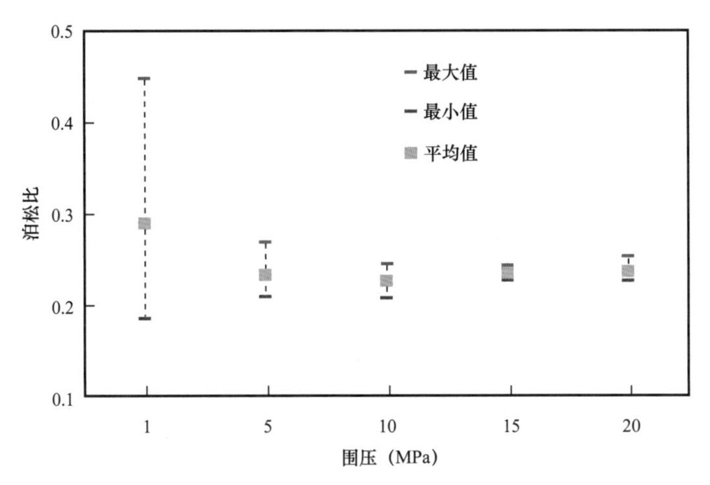

图 6–6　样品 FA—YF 泊松比分布特征

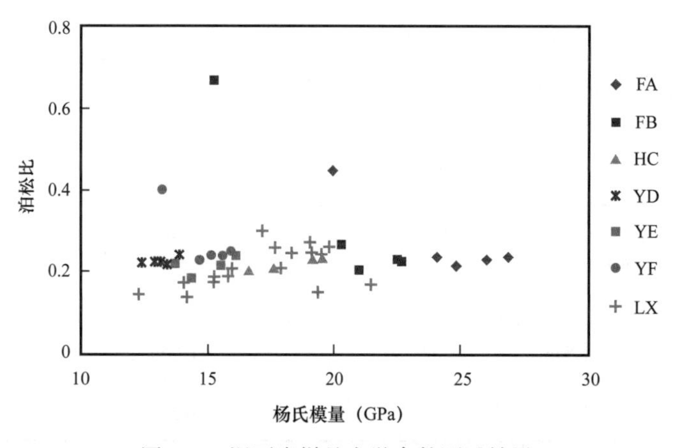

图 6-7　泥页岩样品力学参数测试结果

二、页岩力学特性影响因素分析

针对泥页岩力学特性影响因素，国内外学者进行了较多的实验研究。到目前为止，已揭示出泥页岩岩石力学特性的影响因素众多且复杂。结合前人研究，本次重点探讨试样尺寸、围压、孔隙度和矿物组成（含有机质）对泥页岩力学参数的影响。

（一）试样尺寸的影响

岩石是一种非均质材料，其内部结构具有错位、裂隙、节理和弱面等缺陷，使得地下岩体被分割成不同尺寸的岩石。岩体中存在不同尺度的不连续面，导致不同尺度试样被测得的力学性质有差异的现象，即尺寸效应。尺寸效应是岩石材料本身固有的力学特性，对其进行研究关系到对岩石力学特性的客观认识，有助于理解不同尺寸条件所测得的岩石力学参数的差异，并由此建立合适的模型将实验室内小尺寸岩石的测试结果用于预测原位岩体的力学特性。

为探讨尺寸效应对岩石力学特性的影响，将样品 LX 沿某一固定方向用干钻法钻取不同尺度（长径比）的岩心，具体样品参数如表 6-3 所示。对于样品 LX（S1—S7），在室温（26℃）条件下，以 0.05mm/min 的加载速率分别测试不同围压（10MPa、20MPa、30MPa）下岩样的应力—应变曲线。其中，在 10MPa、20MPa 围压时加载至线性变形阶段，在 30MPa 围压时加载至试样破裂。根据应力—应变曲线，计算相应的岩石力学参数（杨氏模量和泊松比等），以及应力—应变过程中的能量耗散。7 个不同尺寸岩心柱的应力—应变全过程如图 6-8 所示，其变形特征与上述样品具有类似的特征，但不同尺寸（长径比）的样品之间又具有差异性。

测试结果如表 6-4 和图 6-8 所示。在试验范围内，同一围压下样品 S1—S7 的力学参数具有一定的离散性。在 10MPa 围压时，杨氏模量为 12.367～19.389GPa，平均为 16.150GPa；泊松比为 0.143～0.244，平均为 0.181。在 20MPa 围压时，杨氏模量为 14.227～21.428GPa，平均为 17.699GPa；泊松比为 0.169～0.264，平均为 0.214。

在 30MPa 围压时，杨氏模量为 15.225～19.050GPa，平均为 16.940GPa；泊松比为 0.169～0.297，平均为 0.232；破坏强度为 126.587～165.339MPa。

表 6-3　样品 LX 钻取制备岩心参数表

编号	直径（mm）	长度（mm）	长径比
S1	25.20	19.66	0.78
S2	25.30	30.06	1.19
S3	25.26	40.40	1.60
S4	25.22	48.30	1.92
S5	25.32	60.56	2.39
S6	25.14	69.94	2.78
S7	25.24	80.04	3.17

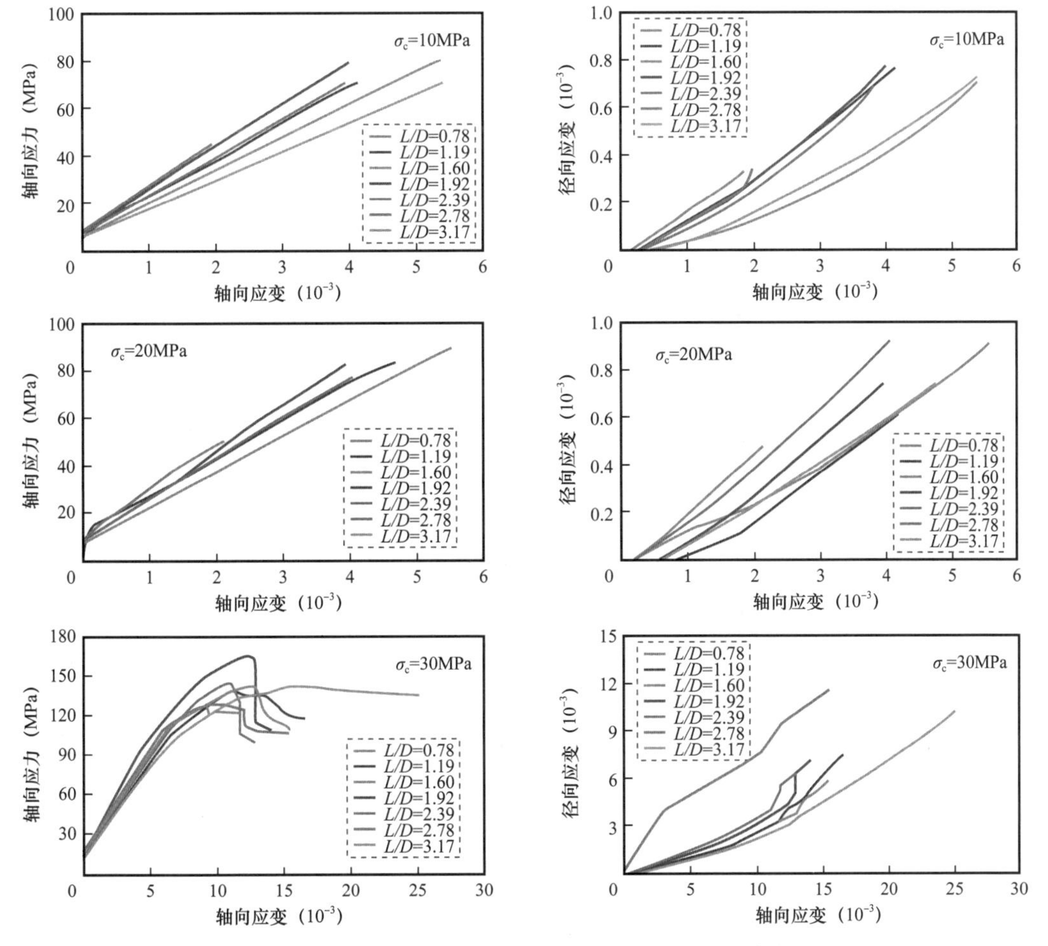

图 6-8　泥页岩样品 LX（S1—S7）应力—应变曲线

表 6-4　泥页岩样品 LX 测试结果

样品编号	围压（MPa）	杨氏模量（GPa）	泊松比	破坏强度（MPa）	剪切模量（GPa）	体积模量（GPa）	拉梅第一常数（GPa）
S1	10	12.367	0.143		5.41	5.77	2.17
	20	14.227	0.184		6.01	7.50	3.50
	30	15.225	0.188	142.644	6.41	8.13	3.86
S2	10	15.281	0.174		6.51	7.81	3.47
	20	15.923	0.207		6.60	9.06	4.66
	30	15.256	0.196	138.573	6.38	8.36	4.11
S3	10	14.180	0.143		6.20	6.62	2.48
	20	15.285	0.169		6.54	7.70	3.34
	30	15.797	0.190	142.785	6.64	8.48	4.05
S4	10	17.840	0.201		7.42	9.96	5.01
	20	19.527	0.242		7.86	12.60	7.36
	30	18.321	0.254	165.339	7.31	12.39	7.52
S5	10	16.129	0.244		6.48	10.52	6.20
	20	17.616	0.259		7.00	12.16	7.49
	30	17.192	0.297	144.471	6.63	14.12	9.70
S6	10	19.389	0.146		8.46	9.12	3.48
	20	21.428	0.173		9.13	10.92	4.84
	30	17.741	1.169	128.188	4.09	–4.42	–7.14
S7	10	17.867	0.214		7.36	10.39	5.49
	20	19.887	0.264		7.87	14.04	8.80
	30	19.050	0.271	126.587	7.50	13.85	8.85

受实验条件的限制，在三轴条件下开展尺寸效应研究难度较大，如实验仪器的三轴压力盒的容积是一定的，这就限定了试样尺寸不可能足够大。因此，建立岩石尺寸效应的理论模型（即试样尺寸与力学参数之间的关系）至关重要（Obert 等，1946；Jeager 和 Cook，1979；刘宝琛等，1998）。为便于分析比较，结合已有岩石材料的尺寸效应研究成果，本研究运用前人提出的模型（杨圣奇，2011）分别对不同围压下岩石试样的尺寸效应进行分析，模型表示如下：

$$F_0=F_2e^{a+\frac{b}{s}} \tag{6-11}$$

式中，F_0 为任意尺寸的力学参数；F_2 为标准试样的力学参数；S 为试样的尺寸，可表征立方体岩样的边长或体积，也可表征圆柱体试样的长径比 L/D；a 和 b 均为材料常

数，参数 a 反映岩石力学参数对尺寸的敏感程度，参数 b 反映岩石力学参数与尺寸的相关性。

图 6–9 为试样在不同围压下杨氏模量（E）及泊松比（ν）与尺寸（长径比 L/D）的关系，理论曲线由式（6–11）计算得到。F_2 为标准试样的力学参数，本研究采用试样 S4 的力学参数近似代替。随长径比增加，试样归一化杨氏模量 E/E_2 和归一化泊松比 ν/ν_2 的比值呈指数形式逐渐增大，且增大的幅度逐渐趋于平缓（图 6–9）。另外，从图 6–9 中可以看出，力学参数离散性较大，造成理论曲线和实验结果存在一定差异性，这可能与实验过程中试样端面与刚性垫块之间的摩擦效应、岩石材料本身的非均质性及试样端面的不平行程度等有关（刘宝琛等，1998；杨圣奇等，2005）。但随尺寸的增加，试样杨氏模量和泊松比总体趋势是增加的。另外，由杨氏模量和泊松比所计算的剪切模量、体积模量和拉梅第一常数也具有相似的变化规律。

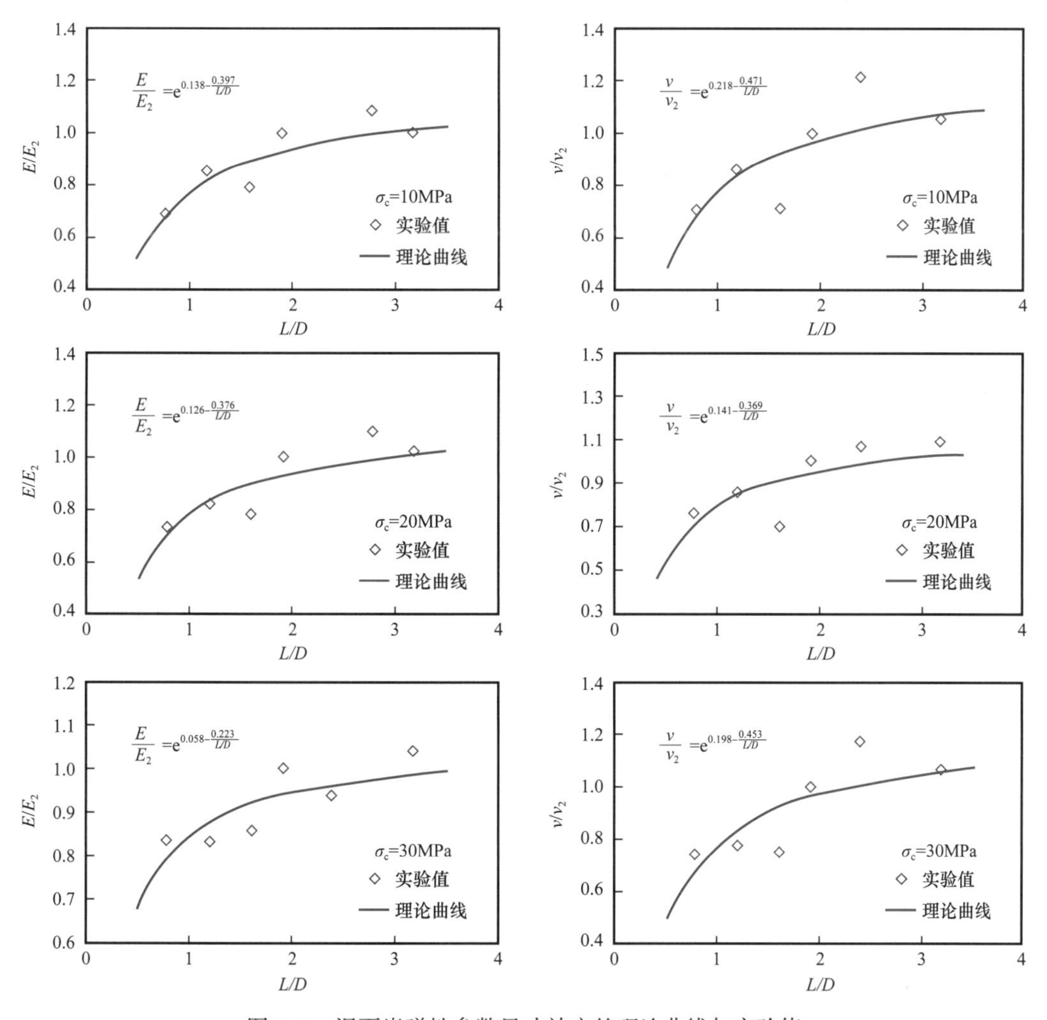

图 6–9　泥页岩弹性参数尺寸效应的理论曲线与实验值

岩石屈服破坏是一个微裂隙萌生、扩展、贯通的过程。物质破坏是能量驱动下的一种状态失稳现象。岩石材料中新裂隙的产生需要耗散能量，裂隙面之间的滑移也需要耗散能量，岩石材料的屈服破坏与损伤断裂实质上就是能量耗散的损伤演化过程（尤明庆和华安增，2002；谢和平等，2004）。假设岩体在外力作用下产生变形过程中与外界没有热交换，单位体积岩样所吸收的能量（U_0）包括储存的可释放应变能（U_e）和耗散能（U_d），单位体积岩样所吸收的能量与岩样体积的乘积即为岩样的破坏能（W_0）（谢和平等，2005；杨圣奇等，2007；黎立云等，2011）。不同尺寸的岩石，其屈服破坏过程中能量耗散的特征具有差异性（杨圣奇，2011）。本次研究采用尺寸效应分析模型［式（6-11）］，对不同尺寸试样在三轴应力—应变过程中的能量耗散特征进行分析。

由图 6-10 可见，理论曲线和实验值吻合较好，这表明式（6-11）所示的理论模型可运用于含油页岩应变过程（破坏能）尺寸效应分析。随长径比增加，试样归一化的单位体积所吸收的能量 U_0/U_{02}、储存的可释放应变能 U_e/U_{e2} 和耗散能 U_d/U_{d2} 均呈指数衰减的变化趋势。试样的破坏能随长径比增加，呈现先减小后增大的变化趋势，当长径比为 0.517［即式（6-11）中的参数 b 值］时，破坏能最小。与中（细）晶大理岩相比，该值（0.517）明显偏低（杨圣奇，2011）。

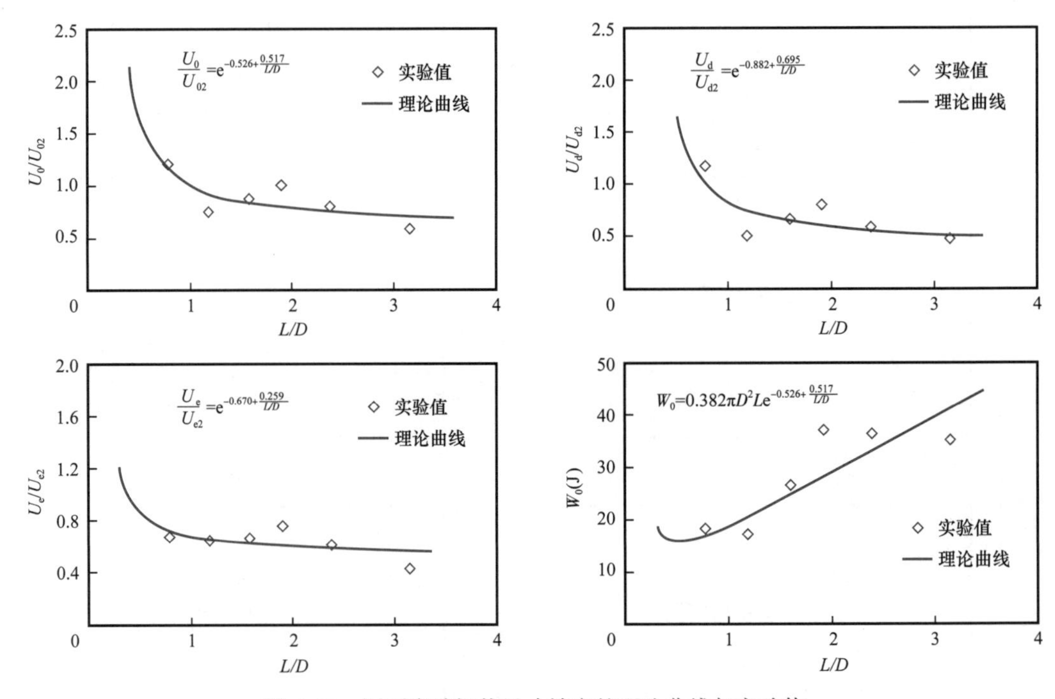

图 6-10　泥页岩破坏能尺寸效应的理论曲线与实验值

通过以上分析可知，尺寸对泥页岩的破坏变形、能量耗散具有重要的影响，运用合适的模型有助于采用实验室内小尺寸岩石试样力学特性来预测原位岩体的力学特性。另外，试样需具有相同或相似的尺寸，所测试的力学参数才具有可比性，这对于泥页岩储层的可压裂性评价至关重要。

（二）围压的影响

研究围压对页岩岩石力学参数的影响，不仅有助于比较和认识不同围压条件下岩石力学参数的差异，也有助于由实验室观测的页岩力学参数预测地下高围压条件力学特征的变化方向和趋势。为此，本实验分析了不同围压（1MPa、5MPa、10MPa、15MPa、20MPa）条件下岩石力学参数（杨氏模量、泊松比、剪切模量、体积模量和拉梅第一常数）的变化规律及其影响。通常，一个完整的应力—应变曲线包括五个阶段：初始压缩变形阶段、线性变形阶段、非线性变形阶段、峰值破坏阶段和应变软化阶段。对于典型泥页岩样品，在高围压（不小于 5MPa）条件下，其初始压缩变形阶段并不明显存在。同时，随着轴向外加载荷的增加，短的弹性变形之后常伴随有较长的塑性变形。在实验中显示有脆性破坏现象。在脆性破坏中，峰值应力后，其应力减小、应变增加。但与典型脆性页岩相比，含油泥页岩的破坏具有一定塑性，破坏之后其应力波动变化（Dembicki 和 Madren，2014）。

围压对泥页岩的弹性特征具有重要的影响，例如杨氏模量在不同围压条件下明显不同。在 1～20MPa 围压条件下，杨氏模量范围为 12.319～26.782GPa，总体上表现为随围压增大而增大的趋势（图 6–11）。这是因为，随着围压的增加，泥页岩逐渐压实会增强岩石的刚度和强度，致使在相同轴向应变时其变形相对较小（Al–Bazali 等，2008；Abousleiman 等，2010）。随着围压的增加，杨氏模量呈非线性增加，但与围压的对数呈正相关（图 6–12），可表示为

$$E = a\lg\sigma_{\mathrm{c}} + b \qquad (6\text{–}12)$$

式中，E 代表杨氏模量，GPa；a 为无量纲系数；b 为系数，GPa；σ_{c} 为围压，MPa。

对于泊松比，变化特征与杨氏模量不同（图 6–11），其随围压的升高主要呈现出两种变化趋势：降低型（即先降低至一定围压后基本趋于稳定）和上升型（持续增大）。对于上升型，可进一步划分为两种亚类趋势：上凸型（泊松比的增大趋势逐渐降低）和下凹型（泊松比的增大趋势逐渐增加）。对于降低型，不同泥页岩的泊松比开始趋于稳定时所对应的围压具有差异，其拐点主要位于 5MPa，总体上围压较低。

泥页岩样品的剪切模量、体积模量和拉梅第一常数与围压的关系如图 6–13 所示。在其他测试条件相同时，随围压的升高，泥页岩的力学参数（剪切模量、体积模量和拉梅第一常数）均呈线性增加，但各参数变化的快慢有所差异，主要取决于泊松比。另外，在较低围压（5MPa）的时候，个别泥页岩样品的部分力学参数测量值异常，如样品 FB。

岩石材料具有非均质性，内部各处的材料强度处处不等。低围压时，强度低的材料在岩石屈服过程中，首先达到其承载极限而屈服弱化产生塑性变形；强度高的材料在岩石达到应力峰值时，随着轴向承载能力的降低，由于未达到其承载极限而处于卸载状态，岩样内材料的塑性变形没有趋于均匀化，因而随着轴向承载能力的降低，岩样进一步发生的塑性变形将集中在那些已经承担了大部分变形的低强度材料上，从而形成变形的局部化，岩石表现为脆性特性。高围压时，随着承载能力的增大，岩样内强度较低的

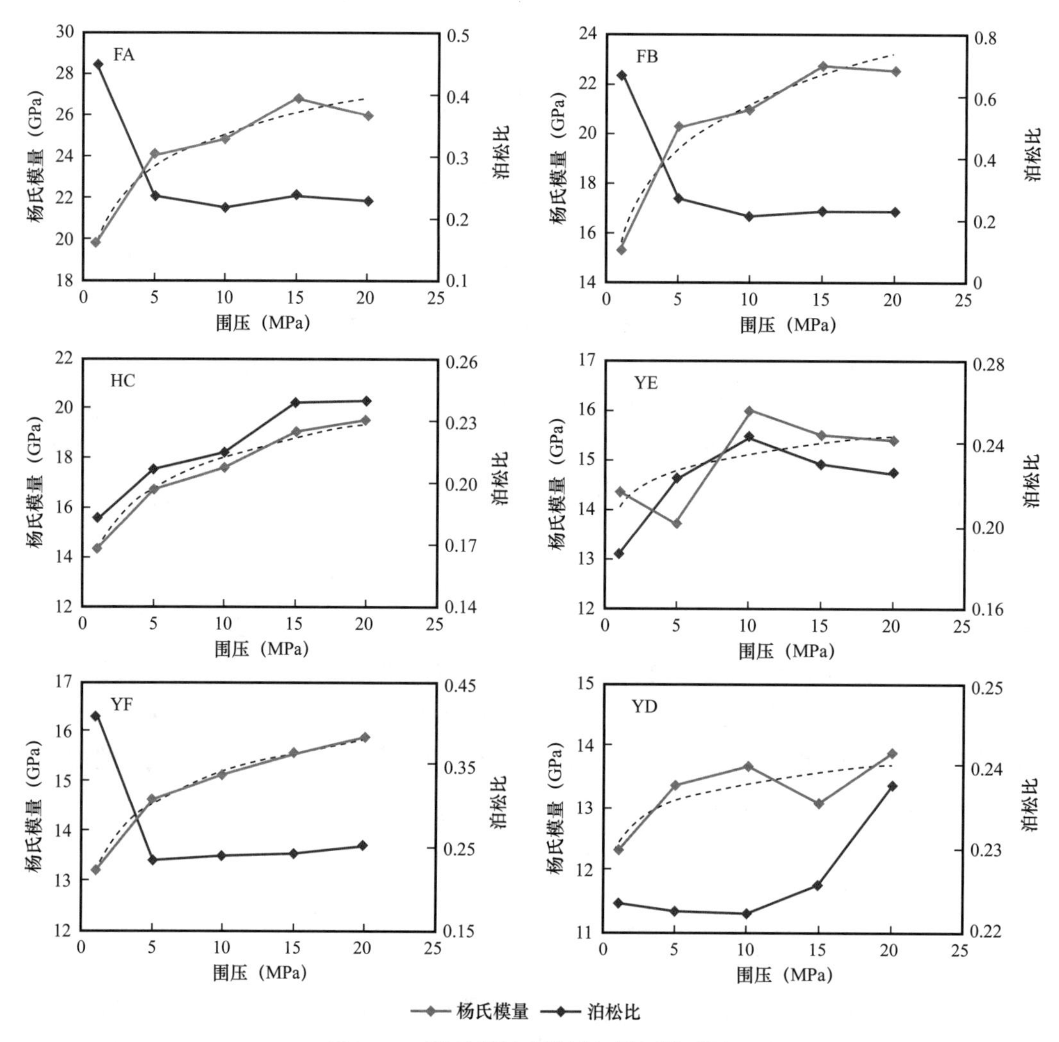

图 6-11　泥页岩杨氏模量与围压关系图

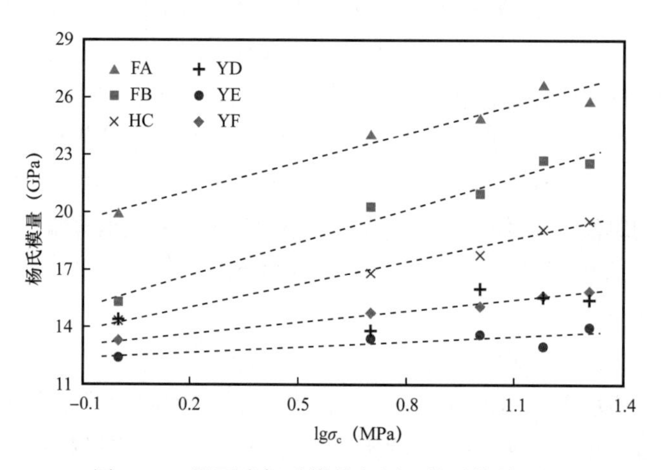

图 6-12　泥页岩杨氏模量与围压的对数关系图

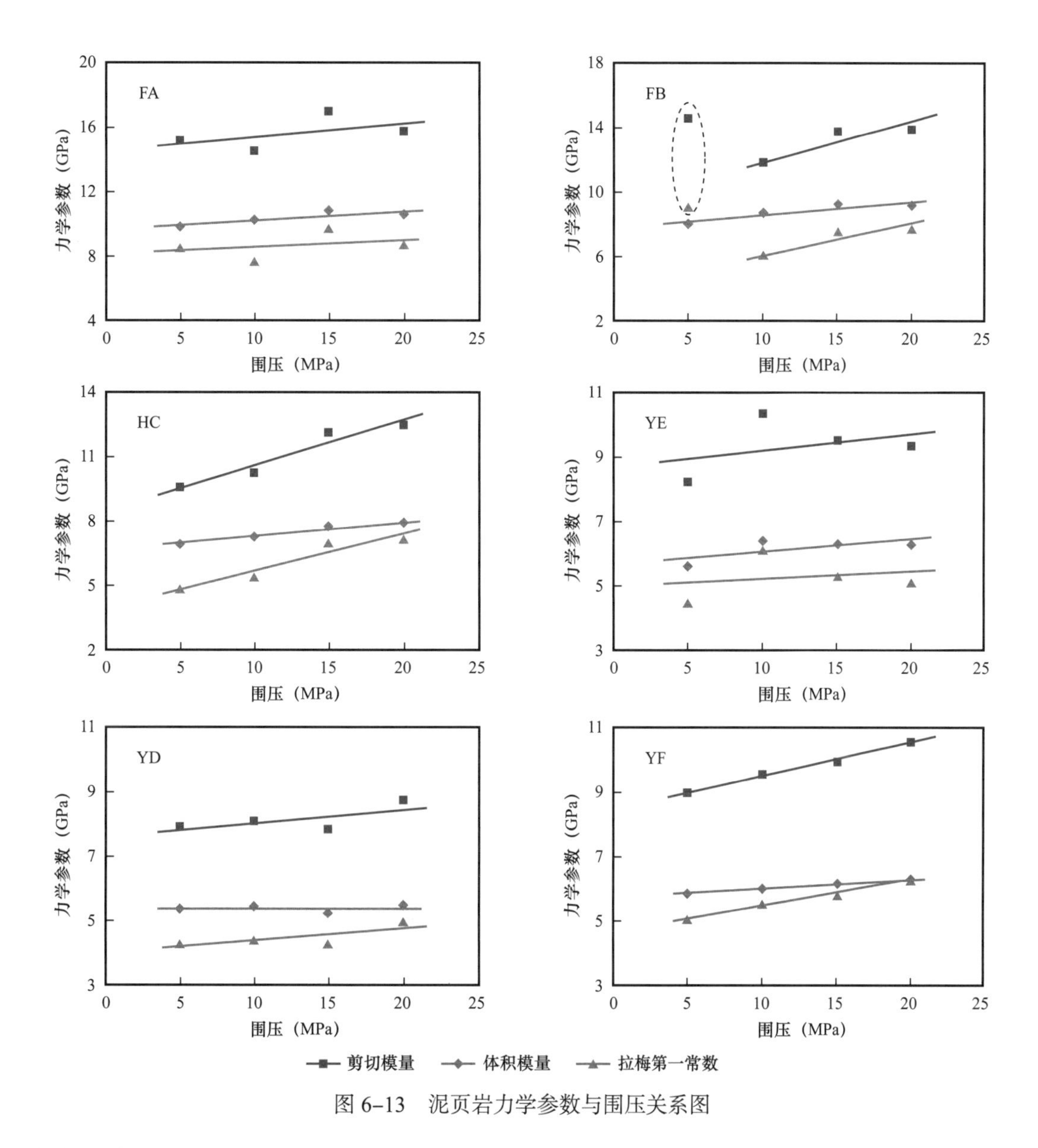

图 6-13　泥页岩力学参数与围压关系图

材料首先达到承载极限而屈服弱化，产生塑性变形；岩石的承载能力随着变形的增加而增大，要使岩样破坏就必须持续增大轴向应力，从而岩样内部强度较高的材料也会达到其承载极限而屈服破坏产生塑性变形（杨圣奇等，2005）。

（三）孔隙度的影响

含有一定的孔隙结构是岩石的固有属性，作为泥页岩储层的重要组成部分，孔隙的存在对泥页岩的力学特性具有重要的影响（Lashkaripour，2002）。为探究储层孔隙度对泥页岩力学特性的影响程度，在三轴测试前，从试样上截取部分块状岩心测试其孔隙度。采用高压压汞法测定固体材料（岩石）孔隙度，测试结果见表 6-5。

表 6–5　试样压汞法孔隙度测试结果

样品编号	FA	FB	HC	YD	YE	YF
孔隙度（%）	3.67	2.74	6.03	12.01	11.77	9.93

试样杨氏模量与孔隙度的关系如图 6–14 所示。由图可知，泥页岩的杨氏模量与孔隙度呈非线性负相关，即随着孔隙度的增加，杨氏模量呈非线性减小。不同围压下杨氏模量与孔隙度的拟合关系见表 6–6，拟合效果与围压相关：在低围压（1MPa）下，杨氏模量数据较为离散，幂函数拟合关系相对较差（R^2=0.5131）；在高围压下（不小于 5MPa）时，幂函数的拟合关系明显改善，R^2 达到 0.8 以上。这可能与高围压下试样裂隙被压至闭合有关：随着测试的围压增大，试样裂隙渐趋相对闭合，而张开裂隙的存在会明显影响岩石的力学特性。相较于岩石骨架，岩石的孔隙（包括其内可能含有的流体）本身的杨氏模量很低，而试样的杨氏模量是其各组分的综合响应，其存在会明显降低岩石的杨氏模量，故孔隙度越高，泥页岩的杨氏模量会相对减小。

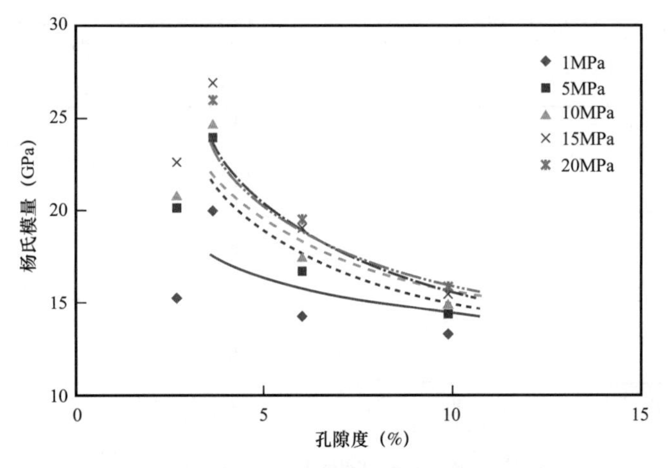

图 6–14　杨氏模量与孔隙度拟合关系

表 6–6　各围压下的拟合关系

围压（MPa）	拟合幂函数	R^2
1	$E=21.0142\theta^{-0.189}$	0.5131
5	$E=32.243\theta^{-0.347}$	0.8709
10	$E=32.092\theta^{-0.316}$	0.8005
15	$E=38.311\theta^{-0.394}$	0.8496
20	$E=36.391\theta^{-0.361}$	0.8756

（四）物质组成的影响

不同的物质由于其自身性质的不同具有不同的力学特性，而岩石是由多种物质组成的，是组成物质的综合反映。因此，泥页岩物质组成对其力学特性具有重要的影响。泥页岩物质组成可以划分为无机、有机两大部分，各部分又可进一步划分为不同的类型，测试样品的物质组成如表 6–7 所示。

表 6–7　泥页岩的物质组成特征

样品编号	Q（%）	K（%）	PL（%）	C（%）	D（%）	S（%）	PY（%）	F（%）	CM（%）	CB（%）	TOC（%）
FA	30.8	1.8	11.1	6.1	10.3	0	0	0	39.8	0.018	0.37
FB	24.1	1.5	10.1	16.7	5.9	0	5.1	0	36.7	0.022	0.25
HC	30.8	2.1	7.9	3.6	0	0	0	0	55.5	0.156	1.10
YD	20.0	1.7	2.5	31.6	0	2.4	2.2	2.6	37.0	0.373	2.86
YE	19.8	1.8	3.0	25.6	6.9	5.3	4.6	0	32.8	0.330	2.58
YF	19.8	1.6	2.2	26.6	6.8	0	4.5	0	38.5	0.329	2.87

注：Q—石英；K—钾长石；PL—斜长石；C—方解石；D—白云石；S—菱铁矿；PY—黄铁矿；F—铁白云石；CM—黏土矿物；CB—氯仿沥青“A”；TOC—残余有机碳。

1. 无机矿物

矿物是指在各种地质作用中产生和发展着的，在一定地质和物理化学条件下处于相对稳定的自然元素的单质及其化合物。其具有相对固定的化学组成，呈固态者还具有确定的内部结构，是组成岩石和矿石的基本单元（白旭红，2009）。不同的矿物由于自身组成、结构的特殊性与差异性，其对岩石的性质具有不同的影响。泥页岩样品的无机矿物组成部分有黏土、石英、方解石和长石，部分样品含少量白云石、菱铁矿、黄铁矿和铁白云石（表 6–7）。不同矿物的力学参数（杨氏模量）差异较大，这与矿物本身的性质密切相关。如黄铁矿、石英和方解石的杨氏模量分别为 250～312GPa、77～96GPa、74～83GPa（Mavko 等，2003），黏土矿物为 21～55GPa（Katahara，1949）。

矿物组成对泥页岩杨氏模量的影响如图 6–15 所示。可见不同矿物对杨氏模量具有不同的影响，尤其是含量相对较高的石英、斜长石、方解石和黏土矿物。杨氏模量与石英和斜长石含量呈正相关，但随方解石的减少而增大，这与前人的数值模拟结果具有一致性（Diao，2013）。结合各矿物对杨氏模量的影响综合分析，可将矿物划分为四类：长英质矿物（石英和长石）、钙质矿物（方解石和白云石）、铁质矿物（黄铁矿、菱铁矿和铁白云石）和黏土矿物。由图 6–16 可知，不同类别的矿物对泥页岩杨氏模量的影响具有差异性：杨氏模量与长英质矿物正相关，与钙质矿物负相关。泥岩样品 HC 的高黏土矿物含量（55.6%）致使其杨氏模量减小，虽然其具有高长英质矿物含量和低钙质矿物含量，这与部分学者的观点相同，其认为黏土使得岩石过于柔软而导致高黏土矿物含量

（不小于 40%）的岩石难以实现有效的水力压裂，即脆性较低（Jarvie 等，2007；Wang 和 Gale，2009）。铁质矿物的含量很低，导致其对杨氏模量的影响很弱。

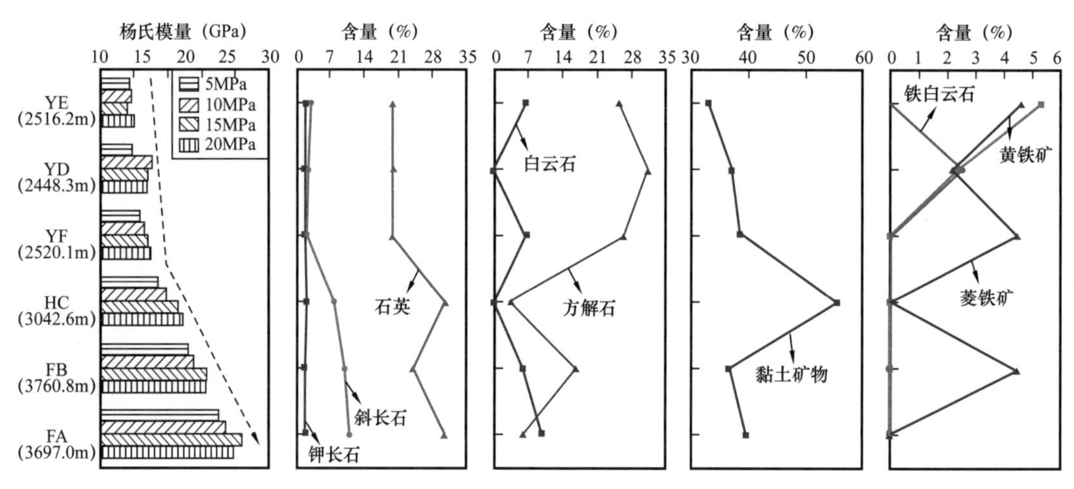

图 6-15　矿物组成与杨氏模量的关系图

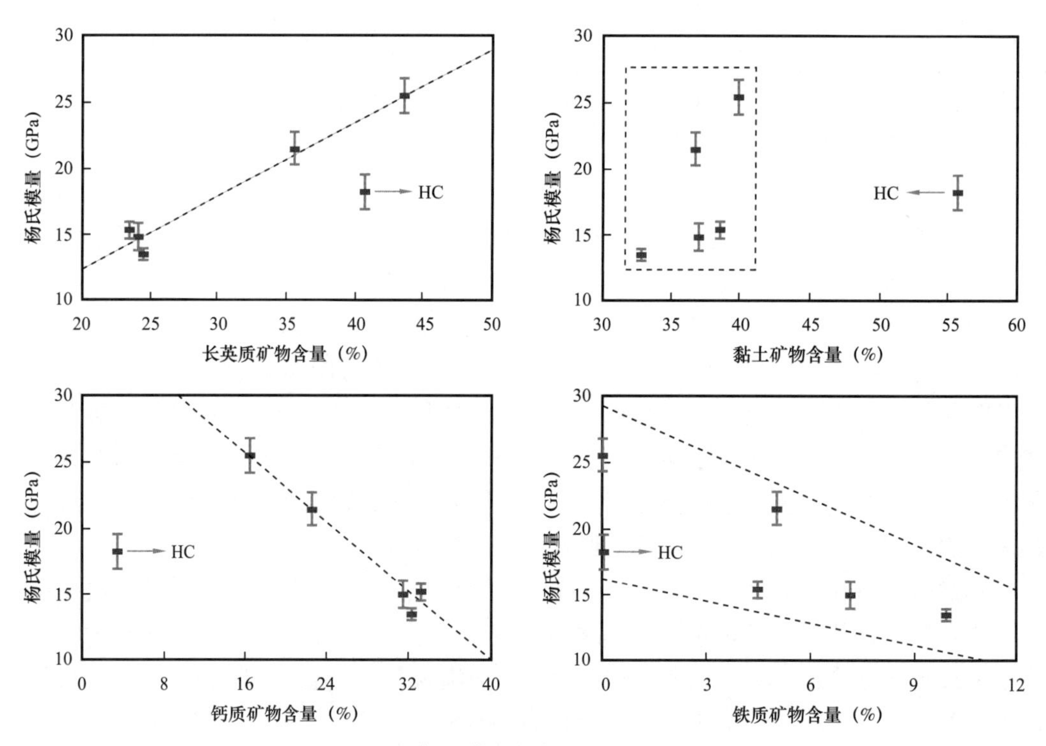

图 6-16　杨氏模量与各类矿物的关系图

2. 有机质

泥页岩中的有机质是形成油气的物质基础，有机质在岩石中的含量，是决定岩石生烃能力的重要因素。泥页岩形成之后，在埋深、温度等因素作用下使得富含有机质

页岩具有不同的成熟度。实验样品（FA—YF）的有机碳含量为0.25%～2.87%（平均为1.67%），干酪根的类型主要为Ⅰ型（样品FB为$Ⅱ_1$型）。成熟度随着埋深的增加而升高，覆盖未成熟到成熟阶段。

泥页岩有机质本身的脆性程度很低，对泥页岩力学性质也具有重要影响。在有机质丰度评价中，有机碳含量（TOC）是重要的衡量指标之一。泥页岩残余有机碳含量与其力学性质的关系如图6-17a所示，随着残余有机碳含量的增加，杨氏模量呈幂函数形式减小。因为泥页岩中的有机质具有低杨氏模量，且常占据颗粒间的微纳米尺度孔隙空间，这就降低了泥页岩的整体刚度和强度（Eliyahu等，2015）。Eliyahu等（2015）运用AFM技术研究了微纳米尺度下有机质和无机矿物（黄铁矿、石英和黏土）的力学特性，结果显示柔软部分的杨氏模量仅为0～25GPa，相当于碳富集区（Eliyahu等，2015）。这表明柔软部分的物质比无机矿物的杨氏模量小。泥页岩中烃类流体是泥页岩的重要物质组成部分，其含量对泥页岩力学性质也具有一定的影响。Zargari等（2013）测试挤压出的沥青，显示其杨氏模量仅2GPa。本研究结果显示杨氏模量随氯仿沥青"A"的增加呈幂函数形式减小（图6-17b）。因此，总有机质含量对泥页岩杨氏模量具有重要的影响。

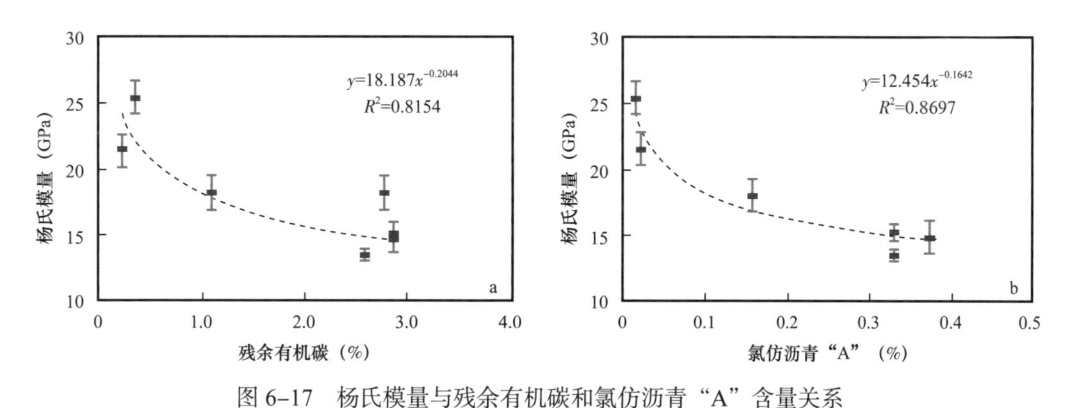

图6-17　杨氏模量与残余有机碳和氯仿沥青"A"含量关系

三、页岩力学参数评价方法

基于物质组成与力学参数之间的关系，建立泥页岩力学参数评价模型。在构建体积模型时，将泥页岩物质组成简化为三部分：无机矿物、流体及有机质（图6-18）。由于同一岩石不同尺寸样品具有不同的力学参数，因此在预测泥页岩的力学参数时，要求样品的尺寸应该相同或相近。根据物质组成百分含量，构建评价模型如下：

$$Y_j=\sum_{i=1}^{6}a_iC_i+b \tag{6-13}$$

$$\sum_{i=1}^{6}C_i=1 \tag{6-14}$$

式中，Y_j为围压j（5MPa、10MPa、15MPa和20MPa）条件下的岩石力学参数（杨氏模量、剪切模量、体积模量、拉梅第一常数）；C_i 为第 i 种成分的质量分数，%（i=1，黏土矿物；i=2，长英质矿物；i=3，钙质矿物；i=4，其他矿物；i=5，残留烃；i=6，TOC）；b 为常数；a_i 为第 i 种成分的拟合系数。

进一步根据围压与力学参数的对数关系，可利用式（6-12）计算任意围压下的力学参数。

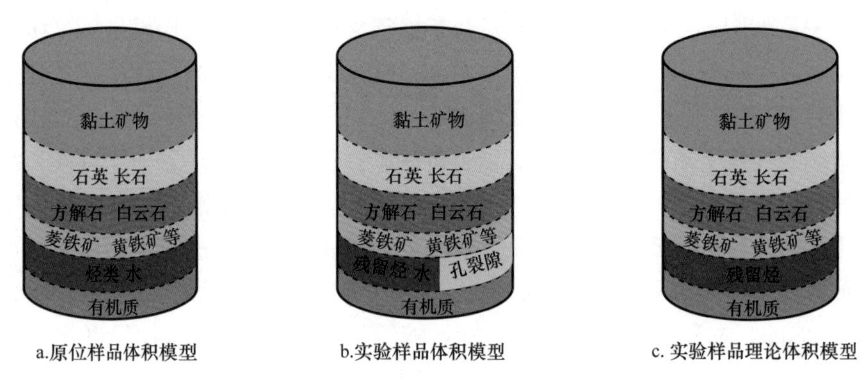

图 6-18 泥页岩力学参数预测体积模型

根据样品实测数据所建立的预测模型，计算结果和实测结果二者之间具有很好的拟合关系（图 6-19），这表明了上述预测模型具有较高的准确性，达到了建立体积模型的基本要求。

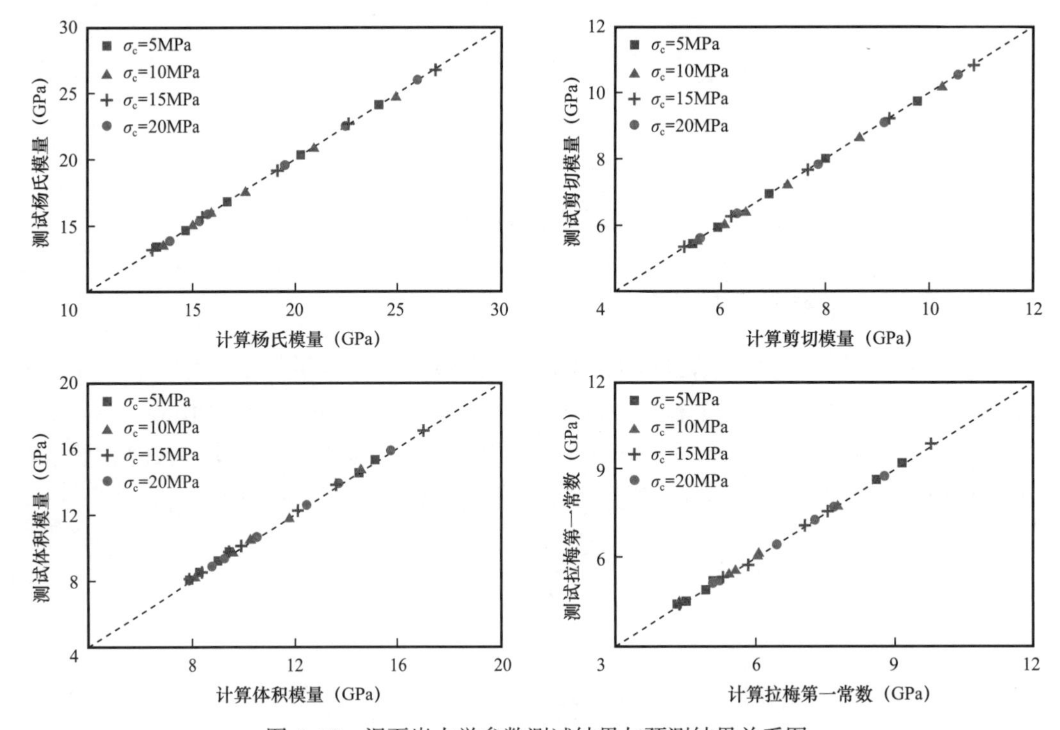

图 6-19 泥页岩力学参数测试结果与预测结果关系图

第二节　泥页岩微观结构演化及其对渗透性的影响

岩石材料的损伤和变形响应相当复杂，与延性金属、合金和聚合物相比，其具有较明显的尺寸效应、非弹性变形、应力的突变跌落、应变软化、剪胀效应和变形的非正交性等特征，通常称为脆塑材料。在岩石破坏过程中，微观/宏观裂纹演化对岩石渗透性具有重要影响。针对这一问题，可通过全应力—应变过程中渗透率变化对其进行评价，即开展应力—应变与渗透性耦合关系研究。据此，可定性评价压裂对储层改造的效果。

一、样品及实验

用于实验的泥页岩样品采自东营凹陷的樊41井、梁76井和永556井，样品信息见表6-8。在进行渗透率测试之前，样品沿同一方向钻成直径约2.5cm的圆柱形岩心，挑选岩性差异相对较大的3个标准岩心柱。在120℃和250℃抽真空各干燥36h去除孔隙流体后，采用千分尺精确测量岩心柱直径和长度、电子天平测量其质量（表6-8）。在进行三轴—渗透率联测实验前，先用惰性气体（氦气）测试样品的初始孔隙度和渗透率（室温25℃，围压500psi）。同时，利用MicroXCT-200型微米CT扫描仪监测页岩应力—应变前后的微观结构演化特征。

表6-8　东营凹陷三轴—渗透率联测实验样品基本信息

试样编号	井号	井深（m）	层位	R_o（%）	长度（mm）	直径（mm）	孔隙度（%）	渗透率（mD）
F41-C1	樊41	2679.25	Es_3^z	0.702	51.59	25.19	6.486	0.016
L76-C2	梁76	3780.42	Es_4^s	0.504	50.17	25.42	6.197	0.345
Y556-C3	永556	2520.10	Es_3^x	0.374	47.65	24.94	11.234	0.041

在应力—应变过程中，同时监测样品渗透率。实验装置在图6-2的基础上增加气体压力控制系统和气体流量测试系统。气体压力控制系统可以通过压力表直接控制进口气体压力大小，出口压力设置为大气压。流量测试过程中将刻度量筒尖口端沾湿肥皂水，当有气流通过时会产生气泡，用秒表记录气泡流过一定体积所消耗的时间（即时长），然后重复进行测试，直至连续三次测试的结果近似相等为止，取最后三个时长平均值用以计算该测试条件下的气体流量。介质采用氦气，除本身为惰性气体外，也为了减少渗透率测试时间以降低高应力对岩石蠕变的影响。

完整的应力—应变曲线包括五个阶段，即初始压缩变形阶段、线性变形阶段、非线性变形阶段、峰值破坏阶段和应变软化阶段，为监测整个应力—应变过程中渗透率的变化特征，根据完整曲线的阶段性，选择多个渗透率测试点，主要位于不同阶段中及各阶段之间的拐点。在本研究过程中，假定作用于岩石的围向应力保持不变，探讨在应力—应变过程中渗透性的演化特征，揭示泥页岩微观结构演化对渗透性的影响。

对于致密泥页岩，气体渗流偏离达西定律，渗透率公式满足如下方程：

$$K_{\mathrm{g}}=\frac{2p_{\mathrm{o}}Q_{\mathrm{g}}L\mu_{\mathrm{g}}}{A\left(p_1^2-p_2^2\right)} \tag{6-15}$$

式中，K_{g} 为气体渗透率，μD；p_{o} 为标准大气压，10^{-1}MPa；L 为岩心长度，cm；Q_{g} 为标准大气压下气体流量，mL/s；μ_{g} 为测试气体平均压力［(p_1+p_2)/2］下的动力黏度系数，mPa·s；A 为岩心横截面积，cm^2；p_1 为岩心进口气体压力，10^{-1}MPa；p_2 为岩心出口气体压力，10^{-1}MPa。式中的气体黏度在不同压力条件下的敏感程度不同，所以不能笼统地采用标准状态下的气体黏度值，需要确定实验温度条件下不同压力的气体黏度，以便精确计算渗透率值。

二、应力—应变与渗透性耦合关系

受实验条件的影响，测试时温度为室温（25℃），考虑到地层压力，围压设置为30MPa以尽可能接近原位地层条件。样品的测试结果如图6-20所示。不同试样之间的测试结果差异很大，微观结构变化特征不同，渗透率特征表现出不同的变化规律，分为渗透率增大型和减小型两类。

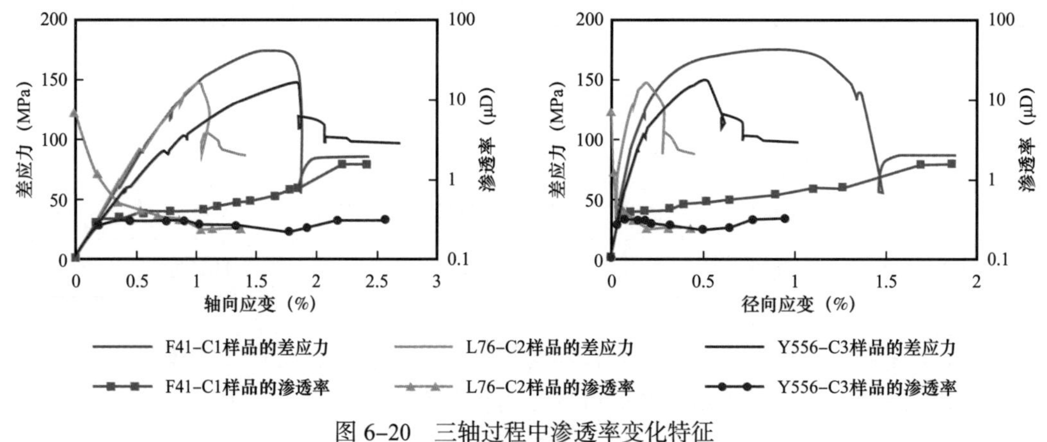

图6-20　三轴过程中渗透率变化特征

（一）渗透率增大

试样F41-C1和Y556-C3的渗透率都呈随着轴向应变的增加而增大趋势，渗透率峰值基本处于岩石强度峰值附近，但二者又有差异，前者在峰值破坏之后达到极大值，后者在峰值破坏前就达到极大值。

试样F41-C1：初始渗透率低，在弹性变形—应变软化阶段，其渗透率呈逐渐增加的趋势；在峰值破坏阶段之后，渗透率陡增至最大，短期内趋于稳定。

试样 Y556–C3：初始渗透率较低，在弹性变形阶段，渗透率即显著增加；在非线性变形阶段至峰值破坏阶段，渗透率一定程度降低，但比初始渗透率高；峰值破坏之后，渗透率又有所改善，极大值基本与弹性变形阶段的渗透率极大值近似，甚至略大。

（二）渗透率减小

试样 L76–C2，渗透率变化趋势明显与前两者不同：初始渗透率较高，在弹性变形阶段，渗透率快速减小，从非弹性变形阶段开始仅略微降低，趋于相对稳定。

三、微观结构演化及其对渗透性的影响

流体介质在岩石中的流动通道主要为连通的孔隙和裂缝，岩石不同的微观结构演化会形成多种形状的孔裂隙结构，这将严重影响介质的流通效率，影响开采效果。在试样尺寸和围压等条件相同的情况下，物质组成对泥页岩的力学特性具有重要的影响，因此，在三轴—渗透率联测和 X 射线微焦 CT 扫描等实验结束后，采用 X 射线衍射技术测试样品的物质组成，以分析其与破坏模式及微观结构演化特征等的内在联系。样品的测试结果见表 6–9。

表 6–9　试样弹性参数及物质组成

试样编号	弹性参数		全岩矿物组成（%）						
	杨氏模量（GPa）	泊松比	Q	K	PL	C	D	CM	其他
F41–C1	16.68	0.19	38.7	5.8	18.5	11.2	6.6	14	5.2
L76–C2	19.05	0.14	37.7	4.8	10.5	2.3	8.3	32.1	4.3
Y556–C3	12.73	0.19	19.8	1.6	2.2	26.6	6.8	38.5	4.5

注：Q—石英；K—钾长石；PL—斜长石；C—方解石；D—白云石；CM—黏土。

对于样品 F41–C1，根据矿物组成，该样品属于富长英质泥岩（长英质含量 63%），黏土矿物含量低（14%），长英质含量高有利于压裂（表 6–9）。由图 6–21 可知，该样品无明显层理发育，存在微观裂纹，属于泥岩。长英质矿物含量较高，在受力变形作用下产生平直、贯通的大裂纹及微裂纹，裂纹有利于流体介质的流动，渗透率增加。在非线性变形阶段，原生裂隙扩展与新生裂隙的萌生、发育、贯通，渗透率增大；应力达到峰值时，各种微裂隙虽有一定贯穿，并可能形成较大的宏观裂纹，但裂纹的张开度并不是最大；进入峰后，样品破裂，裂隙张开度达到最大，产生贯通大裂纹，导致峰值破坏阶段之后渗透率急剧增加，岩石渗透率出现最大值；应变软化阶段裂隙张开度减小，出现一定程度的压密闭合，渗透率一般平稳降低（李世平和李玉寿，1995；杨永杰等，2007）。如图 6–22 所示，应变过程中产生的平直、贯通大裂纹延伸方向与试样长轴方向夹角小，高差应力使得裂纹张开，在压差作用下，流体介质氦气能够通过大裂纹及微裂

纹有效流通，渗透率大。结合应力—应变曲线特征，峰值破坏前，应力—应变曲线较为平直；峰值破坏后差应力急速减小，具有单剪切破坏面，属于典型的脆性破坏。

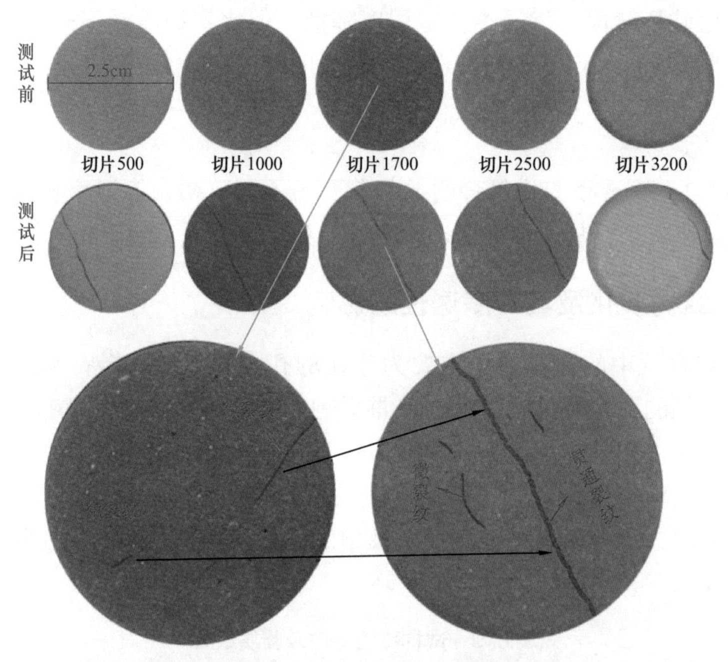

图 6-21　试样 F41-C1 相同位置应力加载前后的变化特征

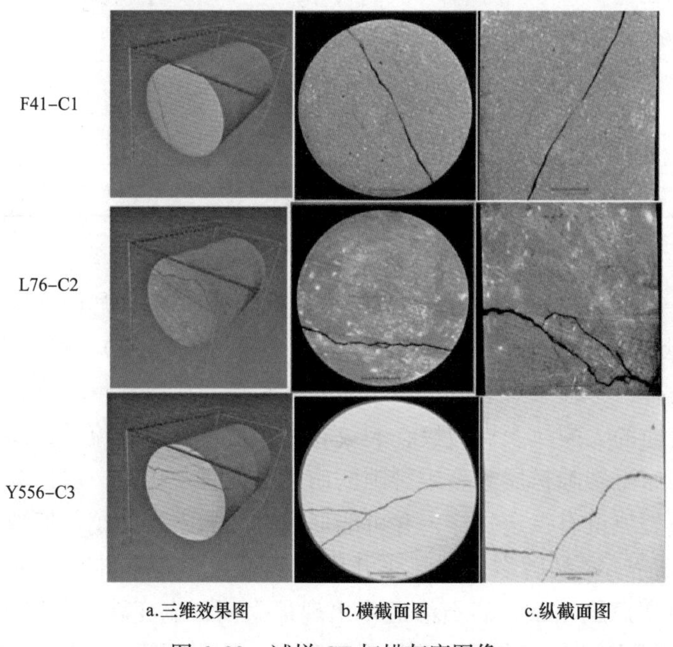

图 6-22　试样 CT 扫描灰度图像

对于样品 Y556-C3，根据矿物组成，其属于钙质页岩，黏土矿物含量较高（38.5%）（表 6-9）。与 F41-C1 不同，渗透率最大值超前于应力—应变峰值，这与岩样内部结构

密切相关（王环玲等，2006）。该样品层理发育，为页岩，层理方向与试样长轴方向较为接近，夹角比试样 L76–C2 产生的夹角小很多（图 6–22 和图 6–23）。钙质和黏土矿物含量较高，在受力变形之后，小裂纹逐渐压实闭合，差应力达到一定程度后沿层理和相交层理方向产生交叉裂纹，裂纹的延伸方向偏向长轴方向，渗透率相对增大。非线性变形阶段后期到峰值破坏前期，在高差应力作用下，交叉裂纹部分闭合，渗透率一定程度减小。在峰值破坏阶段，产生新的贯通裂纹，延伸方向偏向试样长轴方向，介质氦气能够有效流通，对页岩渗透性有所改善（图 6–22）。

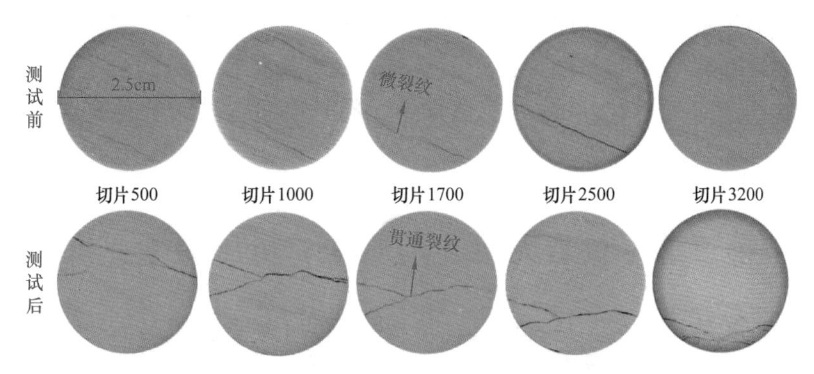

图 6–23　试样 Y556–C3 相同位置加载前后变化特征

对于样品 L76–C2，根据矿物组成，其属于长英质页岩，黏土矿物含量较高（32.1%）。该样品层理发育，层理方向与试样的径向较为接近。长英质和黏土矿物含量较高，在受力变形之后，小裂纹逐渐压实闭合，导致渗透率逐渐降低（图 6–24）。在峰值破坏后，形成贯通大裂纹（指裂纹贯通试样），但页岩渗透率没有明显改善，这与裂纹的贯通方向有关。如图 6–22 所示，在差应力作用下产生的大裂纹整体上沿着层理方向延伸，而该方向与试样长轴方向（即气体进出口压差方向）夹角较大，导致在高差应力作用下，孔裂隙坍塌，压缩破碎后的细小颗粒阻塞了宏观裂纹等流通通道，大裂纹始终闭合，且试样四周的热收缩管进一步阻碍了介质氦气的有效流动，因此渗透率越来越小，压裂效果很差。根据应力—应变曲线特征，该试样仍属于脆性变形，但相对试样 F41–C1 和 Y556–C3，又具有轻微的塑性变形，这与其高黏土矿物含量有关。

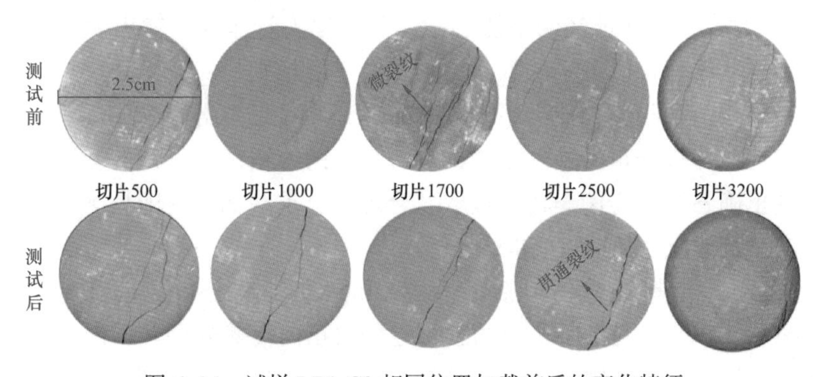

图 6–24　试样 L76–C2 相同位置加载前后的变化特征

对比而言，试样 F41–C1 为富长英质泥岩，高长英质含量（低黏土含量，仅 14%）有利于压裂，在受力变形过程中表现为脆性破坏，贯通大裂纹沿长轴方向，岩石渗透率增加。而长英质页岩 L76–C2，虽长英质含量高，但高黏土矿物含量（32.1%）和较大的夹角（大裂纹与长轴之间的夹角）却不利于压裂，在岩石受力变形过程中，岩石的渗透率逐渐降低。试样钙质页岩 Y556–C3 的黏土矿物含量也高（38.5%），但由于其大致沿层理方向发育的大裂纹与长轴之间的夹角较小，在高差应力作用下大裂纹并未像 L76–C2 试样基本闭合，在弹性变形阶段和峰值破坏后，渗透率都会增加，渗透率有所改善。岩石变形过程中的渗透性不仅与岩石应力—应变状态以及孔隙压力所引起的岩石内部孔隙和裂纹变化的外部条件有关，还受与岩石本身特性有关的引起微细观尺度上的渗流性质影响（王环玲等，2006）。总体来说，高长英质含量、低黏土含量的富硅质泥岩具有较好的可压裂性。

第三节　页岩无机非均质性 / 可压裂性评价

泥页岩脆性矿物（石英、长石等）含量越高，黏土矿物（高岭石、伊利石、蒙皂石及混层黏土矿物等）含量越低，在压裂时越容易形成网状缝，从而沟通天然孔缝形成油气高效渗流通道，有利于页岩油气开采（邹才能等，2013）。在实际地层中，泥页岩矿物组成及其含量变化较大，在平面及纵向上表现出极强的无机矿物组成非均质性，即无机非均质性，其对泥页岩裂缝发育及储层改造具有一定的控制作用。因此，泥页岩无机非均质性研究有助于揭示泥页岩矿物组成平面及纵向分布特征及其变化，指导页岩油气储层压裂改造。本研究基于 BP 神经网络算法、体积法建立了济阳坳陷（东营凹陷、渤南洼陷）泥页岩无机矿物含量的计算模型。

一、基于 BP 神经网络的无机非均质性评价

（一）BP 神经网络原理

BP 神经网络是一种按误差反向传播算法训练的多层前馈网络，是目前应用最广泛的神经网络模型之一。BP 神经网络能够学习和存储大量输入、输出模式映射关系，而无需事前揭示描述这种映射关系的数学方程，其学习规则是最速下降法，通过反向传播不断调整网络的权值和阈值，使网络误差平方和最小（王爽等，2009）。BP 神经网络具有高度的非线性，并行分布的处理方式，具有很强的容错性和很快的处理速度，其能够通过学习包括正确答案的实例集自动提取“合理的”求解规则，即具有自学习能力，具有一定的推广、概括能力和自适应能力。

BP 神经网络模型拓扑结构包括输入层（Input）、隐含层（Hide Layer）和输出层（Output Layer）。BP 神经网络所采用的学习过程由正向传播处理和反向传播处理两部分组成。在正向传播过程中，输入层模式从输入层经隐含层逐层处理并传向输出层，每一

层神经元状态只影响下一层神经元状态，如果在输出层得不到期望的输出，则转入反向传播，此时，误差信号从输出层向输入层传播并沿途调整各层间连接权值及各层神经元的偏置值，以使误差信号不断减小。BP 神经网络算法实际上是求误差函数的极小值，其通过多个学习样本的反复训练并采用最速下降法，使得权值沿误差函数的负梯度方向改变，并收敛于最小点。

由于神经网络输入曲线具有不同的单位和变异程度，常导致系数的解释发生困难。为了消除量纲和变量自身变异大小及数量级的影响，使曲线间具有可比性，故将输入测井曲线归一化。对具有近似线性特征的输入信息，采用线性归一化公式进行处理：

$$X_i = \frac{X_i^* - X_{\min}^*}{X_{\max}^* - X_{\min}^*} \tag{6-16}$$

对于电阻率等具有非线性对数特征的曲线，采用对数归一化公式：

$$X_i = \frac{\lg X_i^* - \lg X_{\min}^*}{\lg X_{\max}^* - \lg X_{\min}^*} \tag{6-17}$$

式中，X_i 为经过归一化后的测井曲线值；X_i^* 为原始测井值；$X_{\max}^*$ 和 $X_{\min}^*$ 为研究层段测井曲线最大值和最小值，本次研究取东营凹陷沙三段下亚段和沙四上纯上亚段测井曲线最大值和最小值。

（二）测井评价模型建立

樊页 1 井位于博兴洼陷东北部，是东营凹陷典型页岩油探井之一，其无机矿物组分测试数据较多，测井数据齐全。博兴洼陷以樊页 1 井为建模井，采用 BP 神经网络算法建立黏土矿物、长英质矿物和钙质矿物测井评价模型。

学习样本为神经网络提供示范性指导，学习样本的好坏直接影响神经网络的收敛速度、学习时间和结果。黏土矿物含量样本来自岩心 XRD 实验分析，而岩心数据要经过深度归位后才能与相应的测井曲线匹配。常规测井曲线包括岩性测井（自然伽马测井 GR、自然电位测井 SP 和井径测井 CAL）、孔隙度测井（声波时差测井 AC、密度测井 DEN 和中子测井 CNL）和电阻率测井（深电阻率、中电阻率和浅电阻率）。本次研究选用深、中、浅电阻率测井分别为 4m 底部梯度 R4、2.5m 底部梯度 R25、微电位 RNML 和微梯度 RLML。

不同测井曲线对黏土矿物测井响应特征及相关性不同，应选择与黏土矿物含量相关性较大的测井曲线进行岩心深度归位和测井建模。黏土矿物实测值与测井曲线归一化值相关性分析结果显示，10 条测井曲线中，CAL、AC、CNL、DEN、RNML 和 RLML 测井曲线与黏土矿物含量相关性最大（表 6–10）。根据优选的测井曲线与岩心实测黏土矿物含量的相关性进行岩心深度归位和异常点剔除。经过岩心归位和异常点剔除后选用 100 个黏土矿物实测数据进行 BP 神经网络建模。

表 6-10　樊页 1 井黏土矿物、长英质矿物和钙质矿物含量与测井曲线相关性分析

矿物组分	CAL	SP	GR	AC	CNL	DEN	R4	R25	RNML	RLML
黏土矿物	0.42	0.12	0.03	0.34	0.35	−0.20	−0.14	−0.12	0.15	0.26
长英质矿物	−0.13	0.07	0.18	0.05	0.11	−0.11	0.20	0.21	−0.06	0.01
钙质矿物	−0.34	−0.10	0.05	−0.30	−0.22	0.29	−0.03	−0.02	−0.07	−0.07

应用 SPSS Modeler 软件建立 BP 神经网络多层感知器（MLP）模型，建模过程中选用增强准确性模型，并由软件自动计算优选隐含层和神经元数，通过观察训练样本数逐渐增加过程中训练样本和测试样本相关性，优选训练样本和测试样本数（测试样本数应不小于 5 个）。结果显示，当训练样本为 94 个、测试样本数为 6 个时，训练样本和测试样本整体相关性最好，建模效果最好（图 6-25a）。

长英质矿物实测值与测井曲线归一化值相关性显示，CAL、GR、R4 和 R25 测井曲线与长英质矿物含量相关性最好（表 6-10），故以此 4 条测井曲线为基础进行长英质矿物实测值异常点删除和 BP 神经网络建模。经过异常点剔除后选用 114 个长英质矿物实测值进行 BP 神经网络建模。应用 SPSS Modeler 软件采用相同的方法建立长英质矿物 BP 神经网络计算模型，结果显示，当训练样本数为 59 个、测试样本数为 55 个时，训练样本和测试样本整体相关性最好，建模效果最好（图 6-25b）。

钙质矿物含量实测值与测井曲线归一化值相关性显示，CAL、SP、AC、DEN 和 CNL 测井曲线与钙质矿物含量相关性最好（表 6-10），故以此 5 条测井曲线为基础进行钙质矿物实测值异常点剔除和 BP 神经网络建模。经过异常点剔除后选用 90 个钙质矿物实测值进行 BP 神经网络建模。应用 SPSS Modeler 软件采用相同的方法建立钙质矿物 BP 神经网络计算模型，结果显示，当训练样本数为 84 个、测试样本数为 6 个时，训练样本和测试样本整体相关性最好，建模效果最好（图 6-25c）。

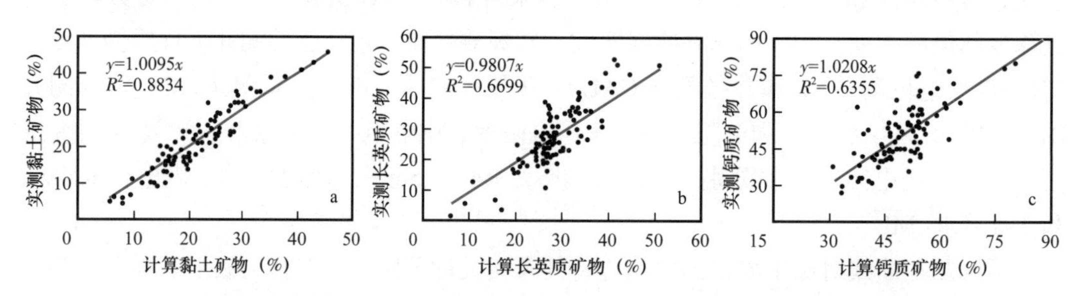

图 6-25　樊页 1 井黏土矿物、长英质矿物和钙质矿物 BP 神经网络计算值与实测值相关性

应用建立的黏土矿物、长英质矿物和钙质矿物 BP 神经网络计算模型分别计算樊页 1 井沙三段下亚段和沙四上纯上亚段黏土矿物、长英质矿物和钙质矿物含量连续分布。结果显示，樊页 1 井矿物组分计算值与实测值具有较好的相关性，整体变化趋势一致，BP 神经网络矿物计算模型能够较好地预测泥页岩纵向矿物组成连续分布（图 6-26）。

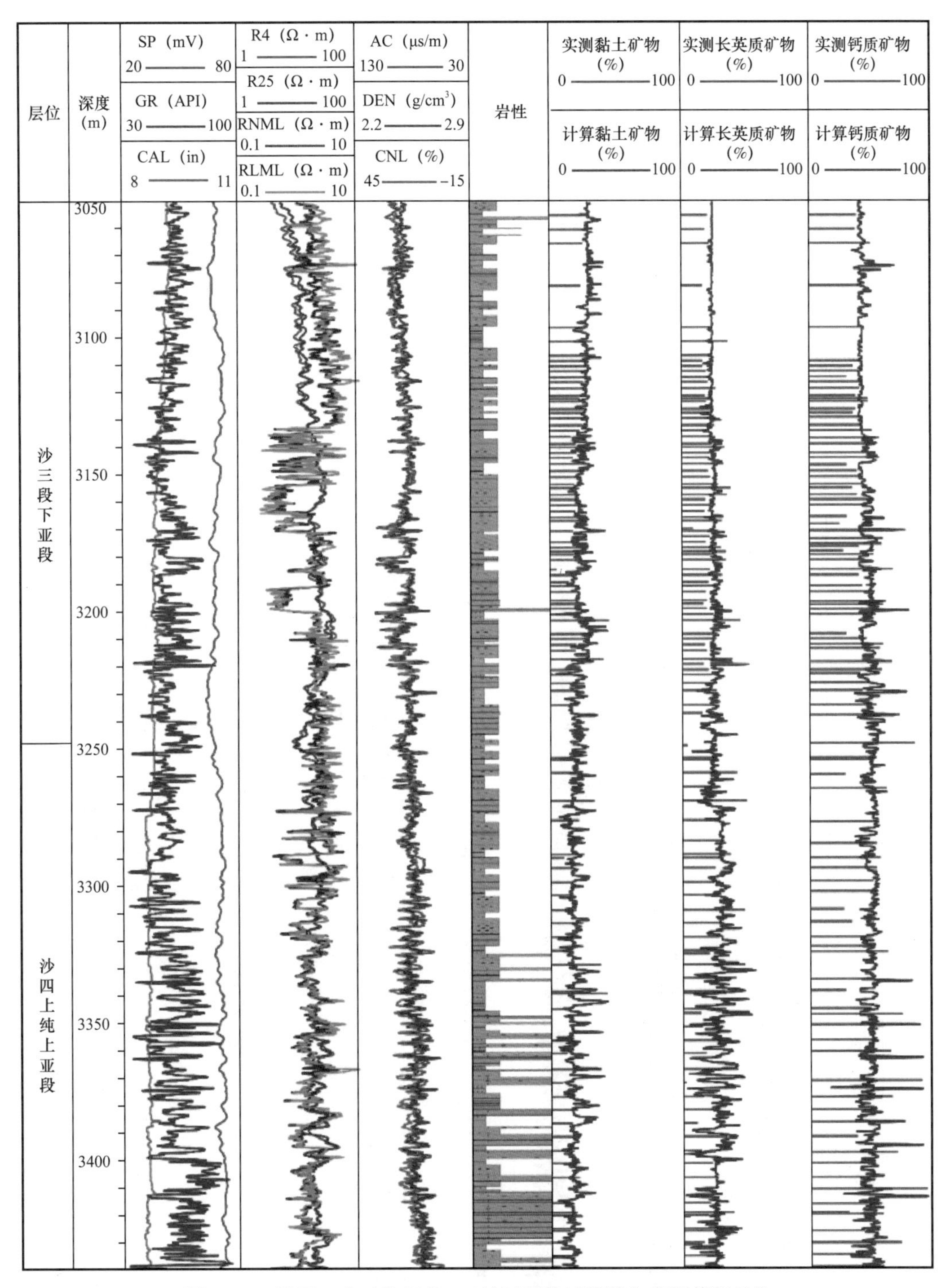

图 6-26　樊页 1 井矿物组分 BP 神经网络计算值与实测值相关性

采用相同的方法，建立了利页 1 井、牛页 1 井黏土矿物、长英质矿物和钙质矿物 BP 神经网络计算模型，并计算了无机矿物组成纵向分布（图 6-27 和图 6-28）。结果显示，BP 神经网络计算值与岩心实测值具有较好的相关性，且纵向变化趋势一致，能够较好地反映泥页岩无机矿物组成纵向变化趋势及无机非均质性，为定量评价东营凹陷泥页岩无机矿物组成及无机非均质性奠定基础。

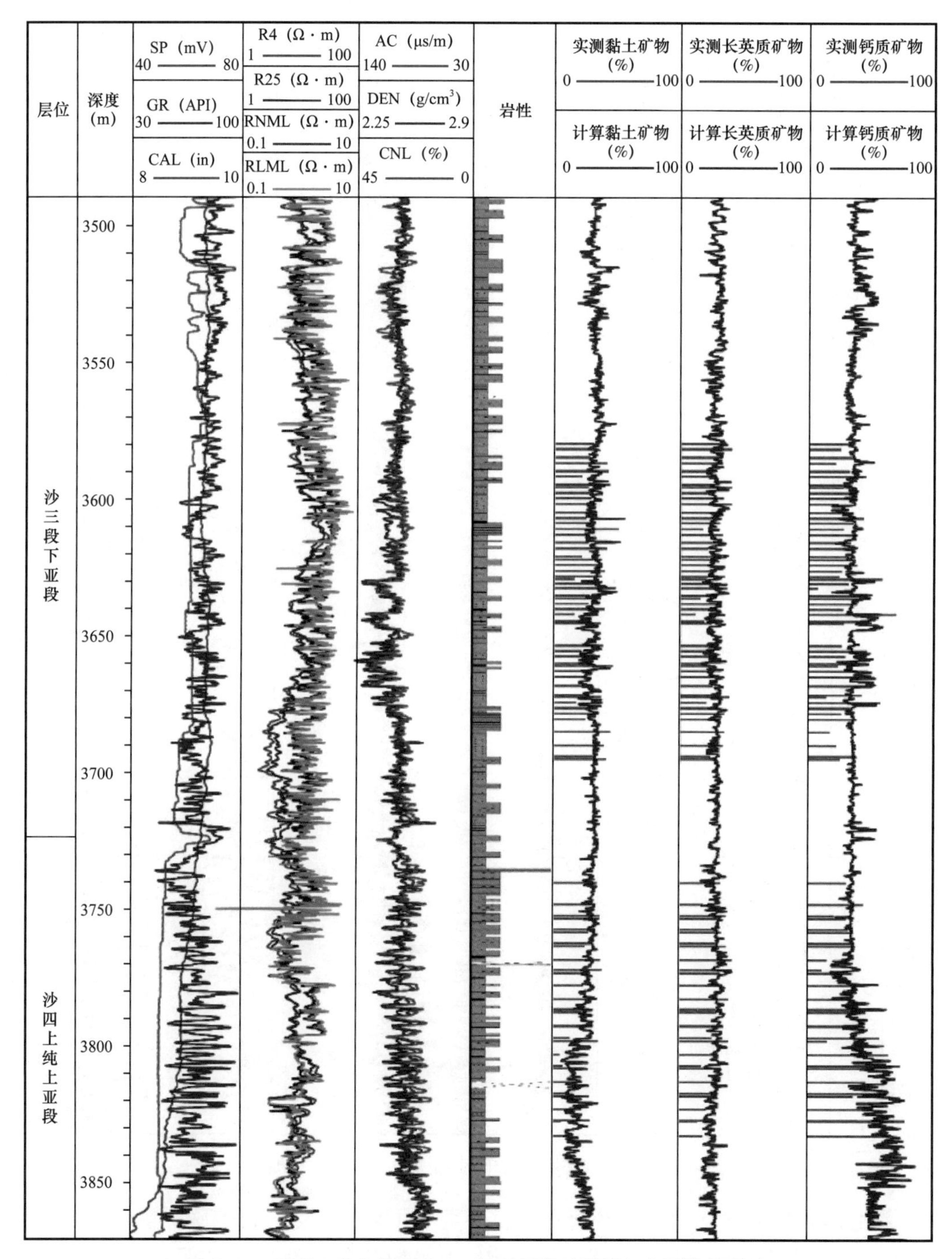

图 6-27　利页 1 井矿物组分 BP 神经网络计算值与实测值相关性

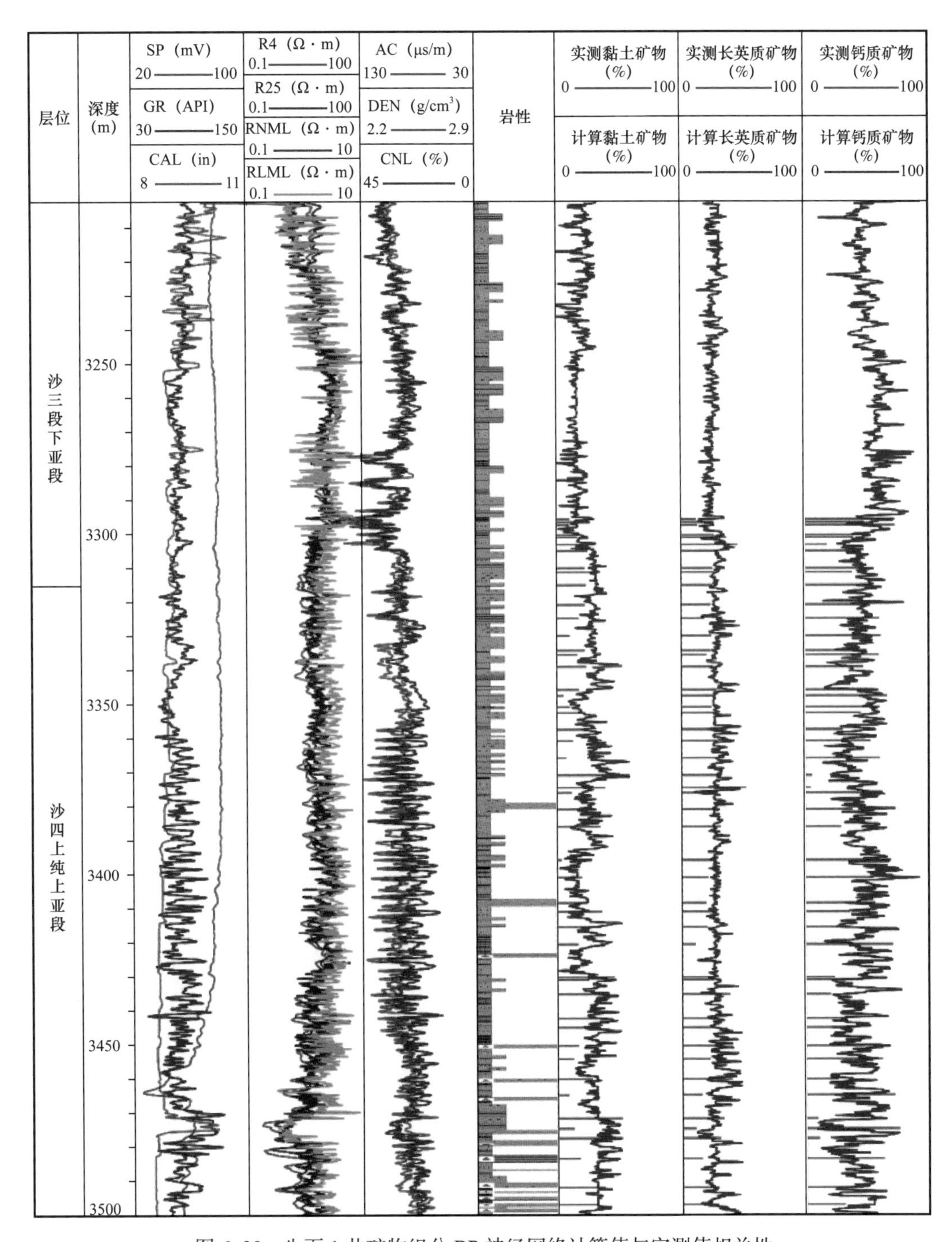

图 6-28　牛页 1 井矿物组分 BP 神经网络计算值与实测值相关性

二、基于全体积法的页岩矿物组成非均质性评价

通过渤南洼陷罗 69 井的无机矿物组成分析结果可知：罗 69 井沙三段下亚段泥页岩黏土矿物含量小于 50%（大多小于 40%）；石英、长石等含量在 10%～60% 之间（大多

小于 40%)；碳酸盐矿物含量大于 10%（大多大于 30%）。同时可以看出同一口井的同一层位岩石矿物含量变化非常明显。

每一条测井曲线的响应值均由岩石中各个成分所决定，岩石中矿物含量的变化将引起各个测井响应值的变化，本次研究利用多种测井信息建立全组分模型，并运用最优化的数学方法对模型进行优化求解。地层对于测井仪器的响应方程可由岩石体积物理模型表示（图 6–29）。例如，对于含有 m 种矿物（包括孔隙体积）的地层，密度测井 ρ_b 的响应方程表示为

$$\rho_b=\rho_1 V_1+\rho_2 V_2+\cdots+\rho_i V_i+\cdots+\rho_\Phi V_\Phi \tag{6–18}$$

$$1=V_1+V_2+\cdots+V_i+\cdots+V_\Phi \tag{6–19}$$

式中，V_i、ρ_i 分别为地层中第 i 种矿物的体积相对含量及体积密度。同理，GR、AC、CNL 测井曲线也可表示为与式（6–18）及式（6–19）相同的测井响应方程（假定有 N–1 条测井曲线，要计算 m 种矿物含量，包括孔隙体积 V，并且 $N \geqslant m$）。

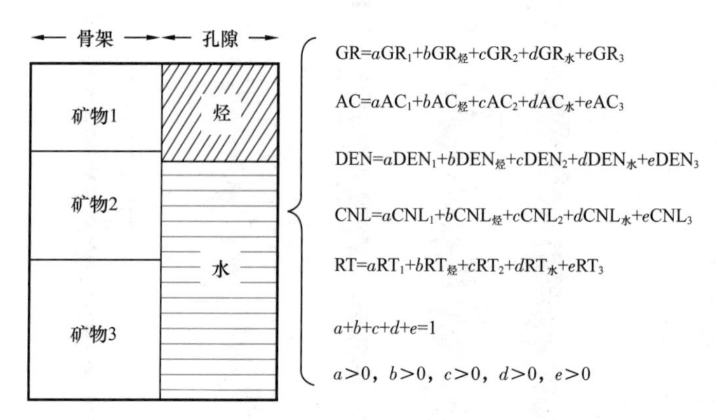

图 6–29 无机矿物组分评价的全体积模型及测井评价数学模型

目标函数为

$$\min f(x)=\sum_{j=1}^{n}\left(B_j-\sum_{i=1}^{m}V_i\cdot A_i\right)^2$$
$$\text{s.t.}\begin{cases}\sum_{i=1}^{m}V_i=1\\ a\leqslant V_i\leqslant b\end{cases} \tag{6–20}$$

式中，B_j 为测井曲线响应值；V_i 为第 i 种矿物的体积相对含量；A_i 为第 i 种体积含量对应的测井响应值；a、b 为第 i 种矿物的上下限。

上述含有约束条件的极小值的求解问题比较复杂，因为除了要使目标函数逐渐下降之外，还要注意解的可行性，即看解是否处于约束条件所限定的范围之内。这里采用惩罚函数法将有约束极值问题化为无约束极值问题，对无约束极值问题的求解，数学上提供了多种优化算法。这里选择收敛速度较快而又无须计算烦琐的二阶导数矩阵及其逆矩

阵的变尺度法来进行优化计算。

利用罗 69 井数据进行建模，并在纵向上对矿物含量进行连续计算。图 6-30 为罗 69 井计算矿物含量成果图，从图中可以看到，计算值与实测值较为接近。模型标定后根据矿物含量反算测井曲线，结果如图 6-31 所示，计算值在实测值两侧附近浮动，与实测值较为接近。

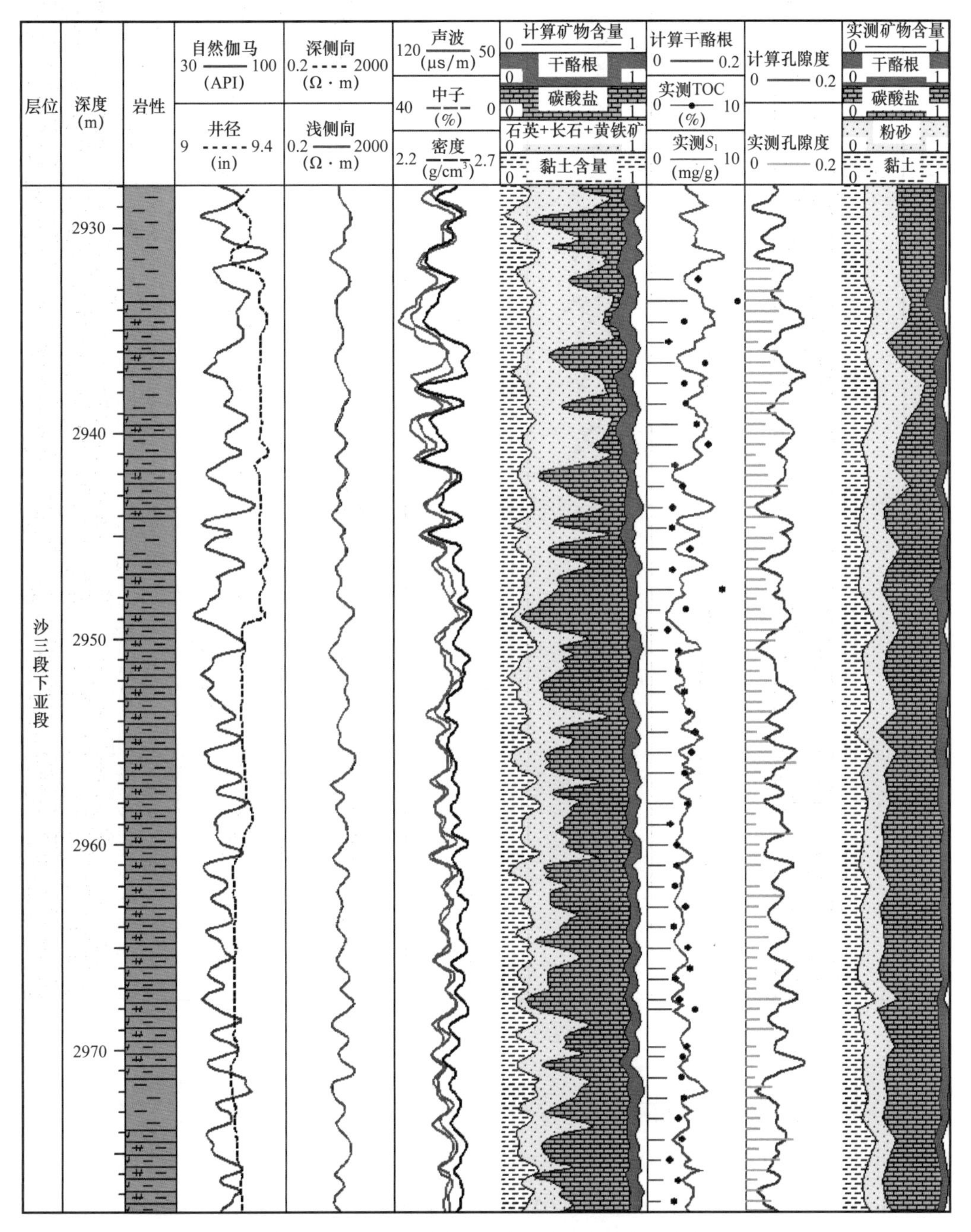

图 6-30　渤南洼陷罗 69 井计算矿物含量成果图

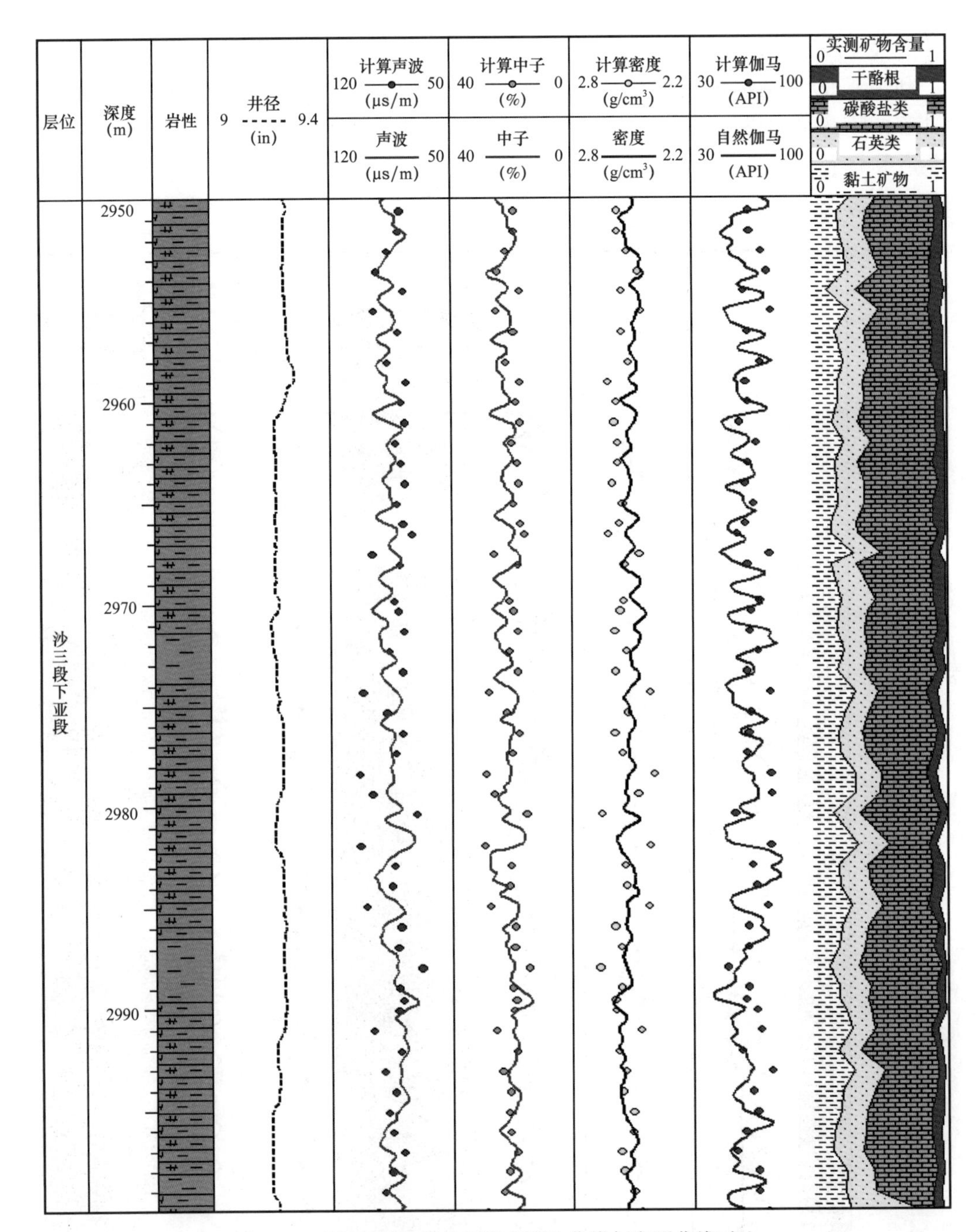

图 6–31 罗 69 井全岩分析样点理论曲线与实测曲线对比

三、泥页岩脆性指数构建

基于岩石的弹性和强度特性，前人已经建立了一系列脆性指数，以定量评价岩石的脆性（Hucka 和 Das，1974；Altindag，2002；Grieser 和 Bray，2007；Guo 等，2012；Eliyahu 等，

2015)。例如，Grieser 和 Bray(2007)利用杨氏模量和泊松比的比值，高杨氏模量、低泊松比的泥页岩储层具有较好的可压裂性。另外，Britt 和 Schoeffler(2009)推断杨氏模量高于 3.5×10^6psi(20.684GPa)的页岩脆性较好。强度参数在表征岩石脆性方面也发挥着积极作用(Hucka 和 Das，1974；Andrissi 等，2005；Kahraman，2005)，对于评价泥页岩储层可压裂性具有实际意义。

根据无机矿物和有机组成对泥页岩力学参数的影响，本次研究构建了一个新的泥页岩脆性指数计算公式：

$$F=\frac{C_2}{C_1+C_3+C_5+C_6}\times100\% \tag{6-21}$$

式中，F 为泥页岩脆性指数；C_1 为黏土矿物含量；C_2 为长英质矿物含量；C_3 为钙质矿物含量；C_5 为残留烃含量；C_6 为 TOC 含量。

根据表 6-2 和表 6-4 中的实验结果，分析了脆性指数与杨氏模量之间的关系，如图 6-32 所示。可见，泥页岩脆性指数与杨氏模量具有较好的正相关性，说明脆性指数与杨氏模量均可表示泥页岩的可压裂性。因此，根据无机非均质性评价结果，可获得泥页岩的工程“甜点”分布。

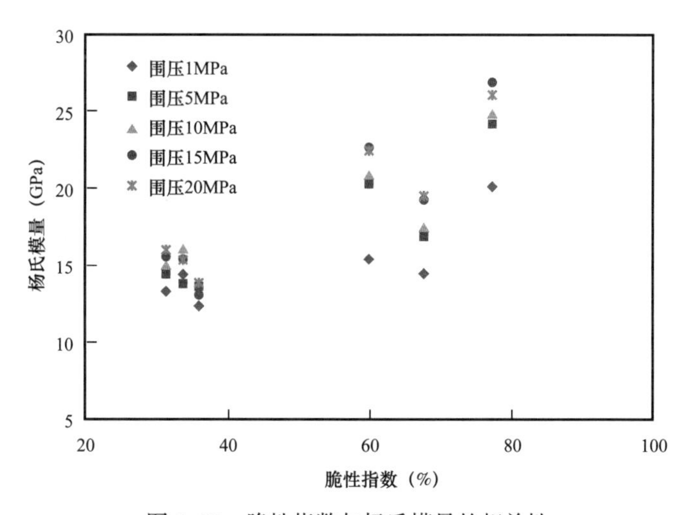

图 6-32 脆性指数与杨氏模量的相关性

四、泥页岩储层力学参数测井评价方法

如前文所述，泥页岩矿物组分和力学特性是影响可压裂性的重要因素，其对压裂产生诱导缝的形态具有重要影响。黏土矿物含量较高的泥页岩塑性较强，压裂时容易产生塑性变形，形成简单裂缝网络，同时，压开的裂缝也难以保持，石英等脆性矿物含量较高的硬脆性泥页岩，压裂时容易形成复杂裂缝网络(蒋裕强等，2010；姜在兴等，2014)。杨氏模量和泊松比是表征泥页岩脆性的主要岩石力学特性参数，杨氏模量反映岩石的刚性大小，即泥页岩被压裂后保持裂缝的能力，而泊松比反映岩石弹性大小，即

泥页岩在压力下破裂的能力，因此杨氏模量越高，泊松比越低，泥页岩可压裂性越大（汪忠浩等，2016）。

岩石力学特性揭示研究区泥页岩泊松比变化较小，集中分布在 0.2 附近，而杨氏模量变化较大，因此东营凹陷泥页岩储层可压裂性主要受杨氏模量控制，利用测井资料可以得到杨氏模量大小，可为储层压裂改造提供有力依据。

（一）泥页岩储层横波速度预测

根据弹性波动理论，岩石杨氏模量计算公式如下：

$$E=\rho v_{\mathrm{S}}^{2}\frac{3v_{\mathrm{P}}^{2}-4v_{\mathrm{S}}^{2}}{v_{\mathrm{P}}^{2}-v_{\mathrm{S}}^{2}} \tag{6-22}$$

式中，E 为岩石杨氏模量，GPa；v_{P} 为岩石纵波速度，m/μs；v_{S} 为岩石横波速度，m/μs；ρ 为岩石密度，g/cm^3。

岩石纵波速度及密度可以分别由声波时差和密度测井获取，横波速度信息通常由长源距声波全波列测井或多极子阵列测井获取。但是，在我国各探区老井中，多数未经过该类测井，仅有声波时差测井和密度测井。在无法从井下直接测量获得横波速度信息时，需要用常规测井资料求取横波速度信息。因此测井资料计算杨氏模量的关键是横波速度测井预测。

目前常用的横波速度估算方法有：经验公式法和理论计算法。其中经验公式法具有计算简单、快速、所需的参数少等优点，但每个地区的经验公式均不相同，因此每个经验公式只适用于相应采样点采集区，不能在大范围工区推广应用（喻永生等，2012）。经验公式法中最常用的是线性公式法，根据不同岩石和流体理论纵横波速度（时差）计算，如泥岩线性公式法（Castagna 公式）（马中高和解吉高，2005），或采用横波时差与纵波时差、密度测井的相关性计算（姜传金等，2004；张晋言和孙建孟，2012）。线性经验公式法多基于理想地层，与实际地层差异较大，尤其是对于复杂的泥页岩层系计算精度较低。理论计算法是根据 Boit–Gassmann 理论，通过计算岩石骨架的等效弹性模量、密度和孔隙内混合流体等效体积模量、密度，利用测井解释成果的泥质含量、孔隙度及饱和度等数据，由弹性孔隙介质及岩石物理分析的有关理论计算纵横波速度、密度和各种弹性参数。该方法具有明确的物理意义，精度高，适于流体替代和正演模拟，但其处理困难，需要干燥岩石泊松比、泥质含量、孔隙度和饱和度等辅助参数。

综合分析，本次研究采用非线性经验公式建立研究区东营凹陷泥页岩储层横波速度预测模型。以渤海湾盆地沈 352 井横波测井数据为基础，应用 SPSS 软件逐步回归方法建立横波速度（时差）多元非线性预测模型：

$$\mathrm{DTS}=122.010+0.829\times\mathrm{DTC}+0.05\times\mathrm{CNL}\times\mathrm{RT}-0.375\times\mathrm{GR} \tag{6-23}$$

式中，DTS 为横波时差，μs/m；DTC 为纵波时差，μs/m；CNL 为中子孔隙度，%；RT 为地层真电阻率，Ω·m；GR 为自然伽马，API。模型预测横波时差值与实测值相关

 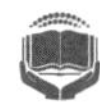

系数达到 0.74，具有很好的相关性，可实现较精确地预测研究区泥页岩储层横波速度（时差）。

（二）泥页岩储层杨氏模量测井计算

根据式（6–23），采用常规声波时差、中子孔隙度、地层真电阻率和自然伽马测井资料计算地层横波时差，进而采用式（6–22）计算泥页岩储层杨氏模量。本次研究共计算了东营凹陷 27 口井沙三段下亚段和沙四上纯上亚段泥页岩杨氏模量。杨氏模量计算结果能够较好揭示研究区泥页岩储层纵向可压裂性分布特征，为寻找易压裂层段提供基础，且与泥页岩力学特性实验结果具有很好的一致性（图 6–33—图 6–35）。

研究区泥页岩力学特性研究结果显示，杨氏模量与长英质矿物含量呈正相关，与黏土矿物、有机质含量呈负相关，且随着围压的增加而增加。以樊页 1 井为例，杨氏模量计算值与长英质矿物含量计算值具有一定的正相关性，与黏土矿物含量计算值具有负相关性，但其值大小受有机质含量（TOC、S_1 和氯仿沥青“A”）影响较大，二者呈现明显的负相关性，有机质含量较高时杨氏模量明显降低，如樊页 1 井 3170～3220m 深度段内有机质含量呈现全井段高值，而杨氏模量则表现为全井段最低值。同时，从沙三段下亚段顶界到沙四上纯上亚段底界，杨氏模量随深度的增加呈明显增加趋势，反映了围压对杨氏模量的影响。杨氏模量计算结果与泥页岩力学特性实验结果的一致性表明，研究区泥页岩杨氏模量计算结果具有较高的准确性，能够较精确地揭示泥页岩易压裂层段的分布，为页岩油有利区优选奠定基础。

五、页岩可压裂性评价

作为一种复杂的非均质性材料，岩石的力学响应具有明显的非线性和各向异性。在岩石的受力损伤演化过程中，微裂隙从无序分布逐渐向有序发展，最终形成宏观大裂隙导致岩石失稳破坏。岩石在变形破坏过程中始终不断地与外界交换着能量。岩石材料中新裂隙的产生需要耗散能量，裂隙面之间的滑移也要耗散能量，岩石材料的屈服破坏与损伤断裂实质上就是能量耗散的过程，能量在岩石变形过程中起着根本作用（谢和平等，2004，2005，2008；杨圣奇等，2007）。轴向压缩时，实验机对岩样所做的功就是岩石材料所耗散的能量。

样品 FA—YF 在 20MPa 围压时的应力—应变曲线如图 6–36 所示。可见不同样品的应力—应变曲线具有一定的差异性。样品 FA、FB 的应力—应变曲线较为接近，峰后略有差异；样品 YD、YE、YF 的应力—应变曲线较为相似；样品 HC 的应力—应变曲线与其他样品差异较大。根据公式，计算出各样品在峰值破坏时单位体积实际吸收的能量（图 6–37）。根据能量值的大小，不同样品在峰值破坏时单位体积吸收的能量值有差异。样品 FA、FB、HC 的值较为接近，但样品 HC 最低；样品 YD、YE、YF 的值比较接近，均值为 1.413MJ/m^3。

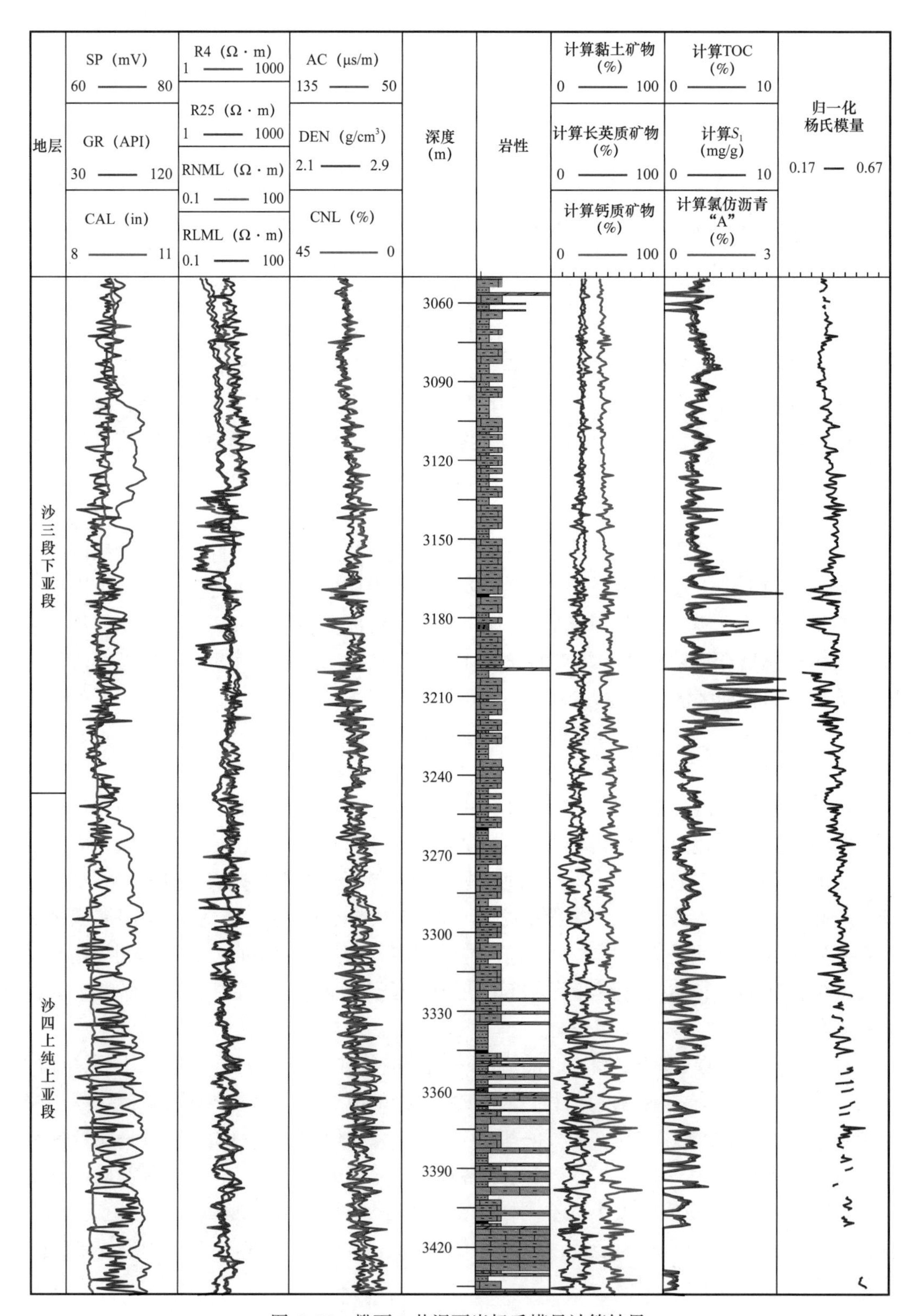

图 6–33 樊页 1 井泥页岩杨氏模量计算结果

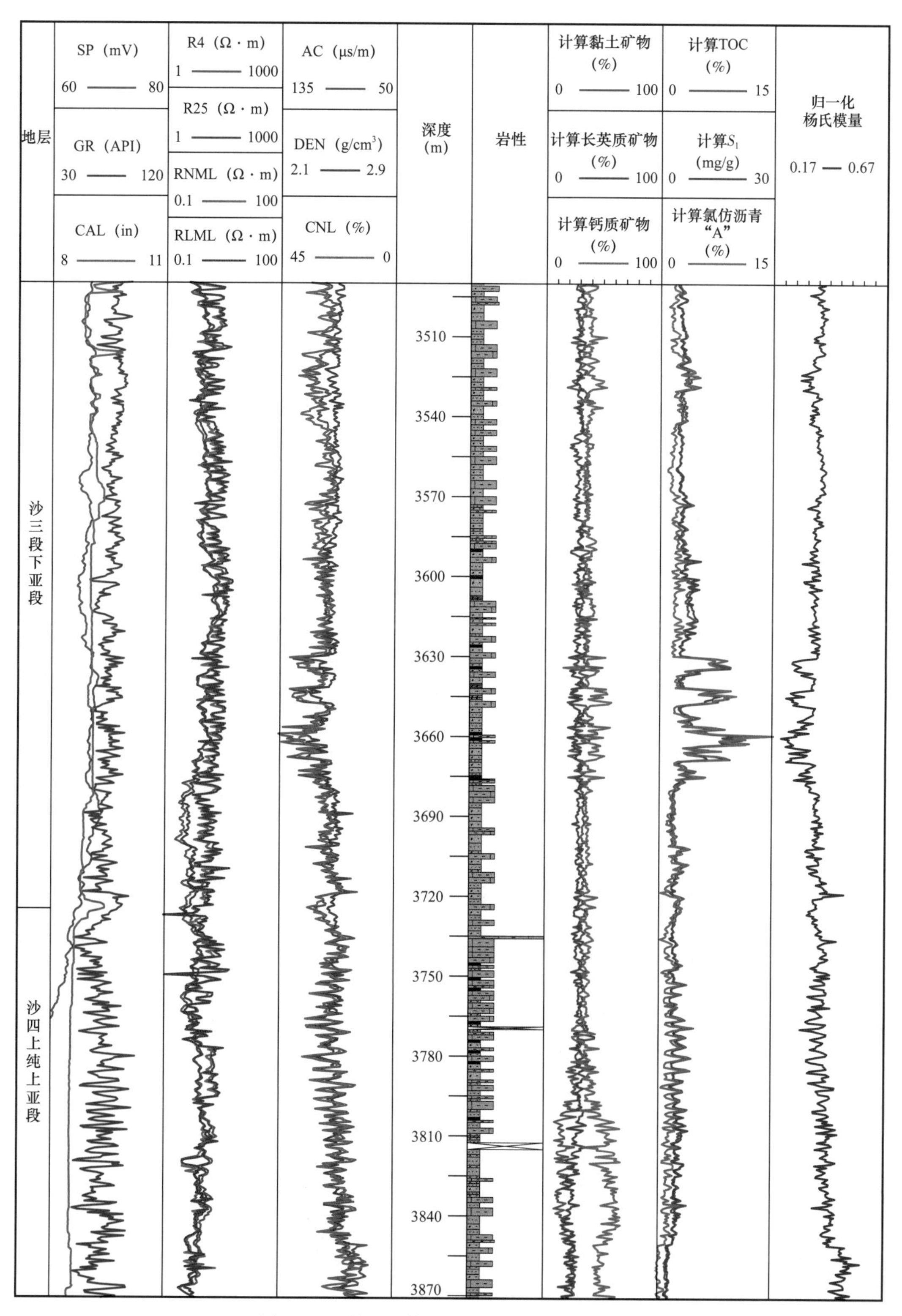

图 6-34　利页 1 井泥页岩杨氏模量计算结果

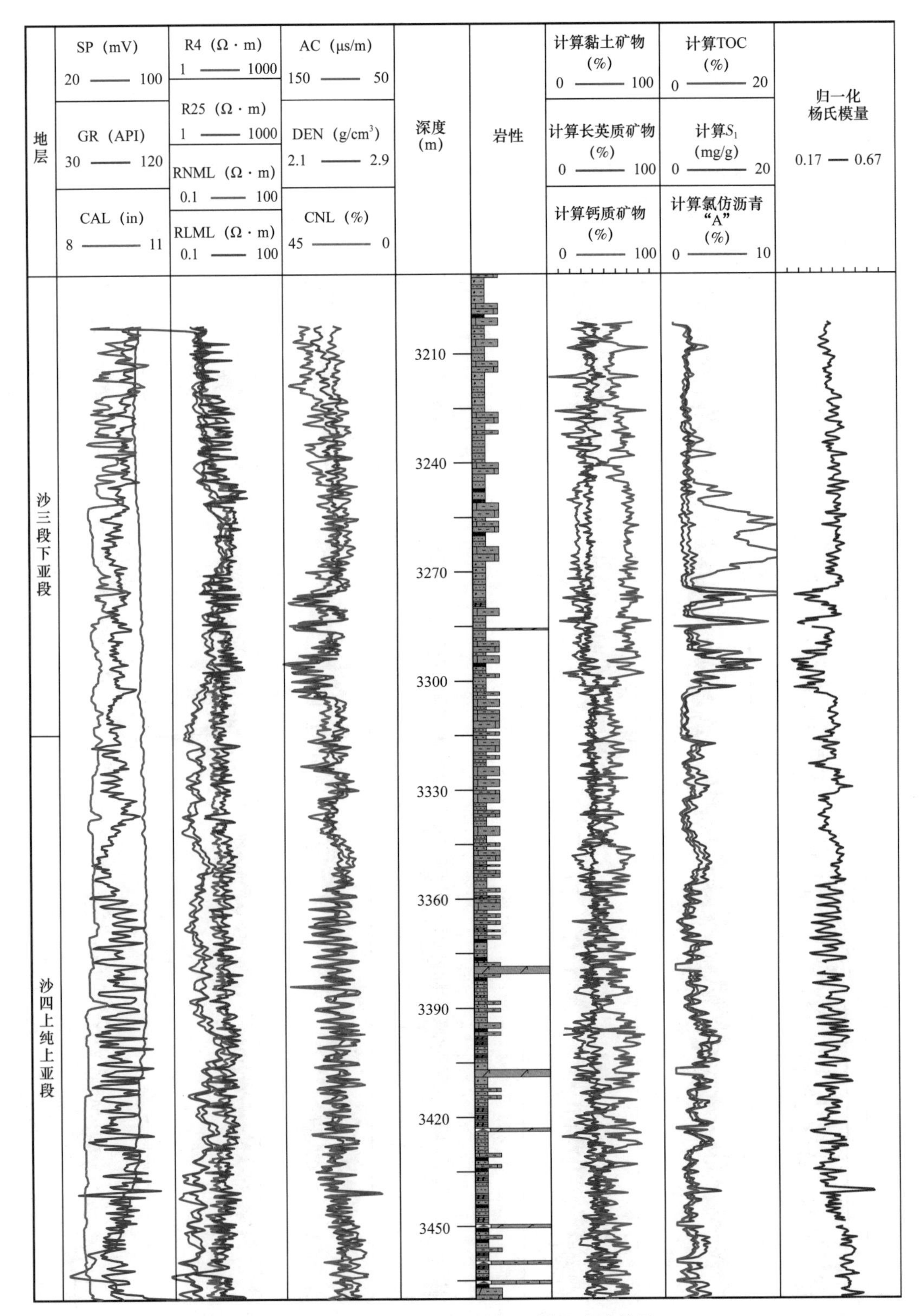

图 6-35　牛页 1 井泥页岩杨氏模量计算结果

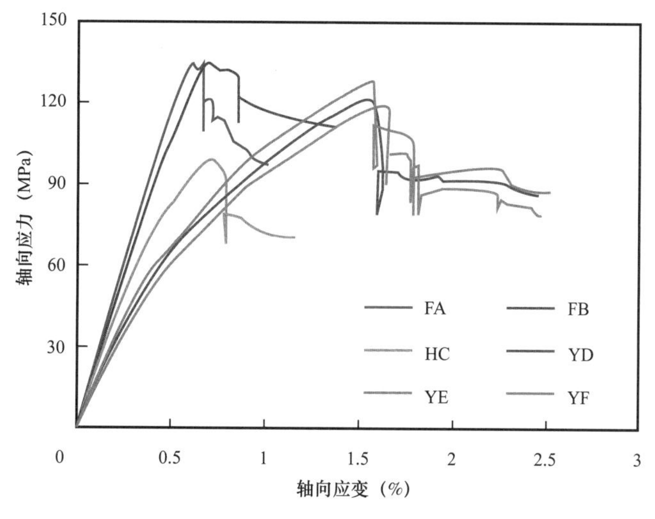

图 6-36　典型样品应力—应变曲线

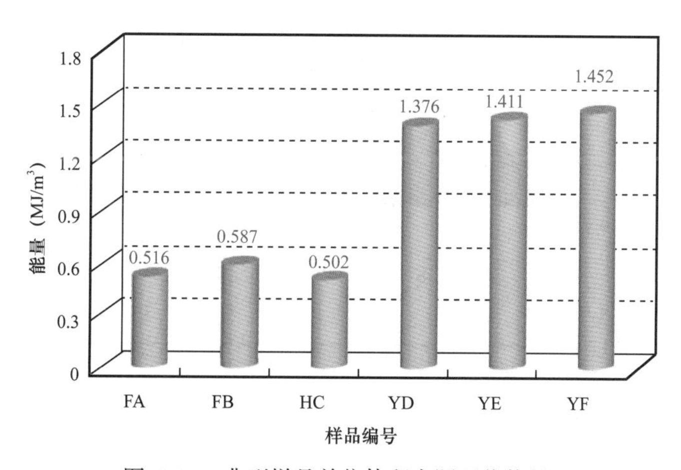

图 6-37　典型样品单位体积实际吸收能量

前人研究认为，泥页岩具有高杨氏模量（＞20GPa）、低泊松比时具有较好的可压裂性（姜在兴等，2014）。根据表 6-2 可知，样品 FA—YF 在 20MPa 围压时，杨氏模量的均值仅为 18.89GPa，杨氏模量值大于 20GPa 的样品有 FA、FB。岩石材料在应力—应变过程中的屈服破坏与损伤断裂实质上是能量耗散的过程。岩石形变破坏过程的实质在于，当受到外加载作用时，弥散在岩石内部的微细缺陷不断演化，从无序分布逐渐向有序分布发展，从而形成宏观裂隙，最终宏观裂隙沿着某一方位会聚形成大裂隙导致整体失稳，引起岩石的灾变，这是一种自组织现象（谢和平等，2005）。按照耗散结构理论，这种自组织的形成需要外部能量的供给，并通过内部的能量耗散和非线性动力学机制来维持。在人工压裂中，岩石耗散的能量是需要靠人工提供的。那么，岩样在峰值破坏时单位体积所耗散的能量越低，则人工所需要提供的能量也越低，越有利于压裂和节约成本。

图 6–38 显示了试样 FA—YF 的矿物组成特征，试样 FA 和 FB 具有高硅质含量和低黏土含量，而研究认为高硅质含量和低黏土含量的岩石具有相对较好的可压裂性。图 6–39 给出了泥页岩样品的杨氏模量与岩样峰值破坏时单位体积所实际吸收能量的关系。根据前人对具有较好可压裂性的泥页岩的力学参数条件，结合能量对可压裂性的影响，综合分析认为，具有较高的杨氏模量、较低的峰值破坏时单位体积所实际吸收能量的泥页岩才具有较好的可压裂性。综上所述，在 FA—YF 样品中，样品 FA、FB 所代表的泥页岩类型具有相对较好的力学上的可压裂性，样品 HC 次之。

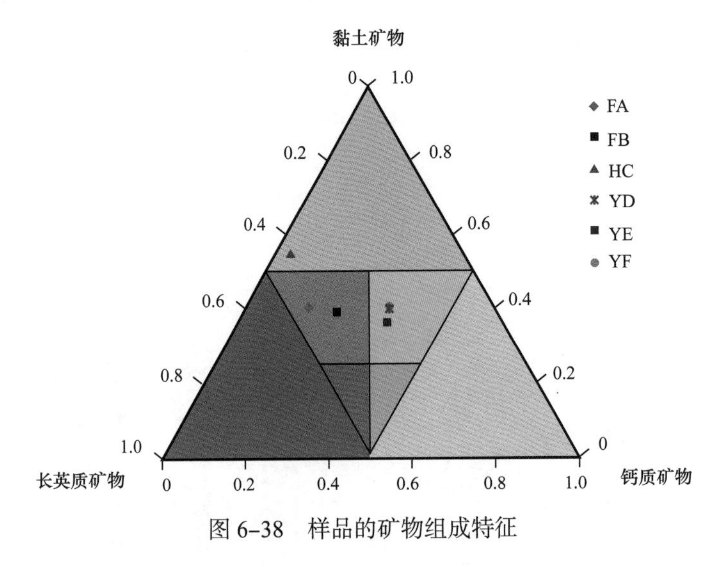

图 6–38　样品的矿物组成特征

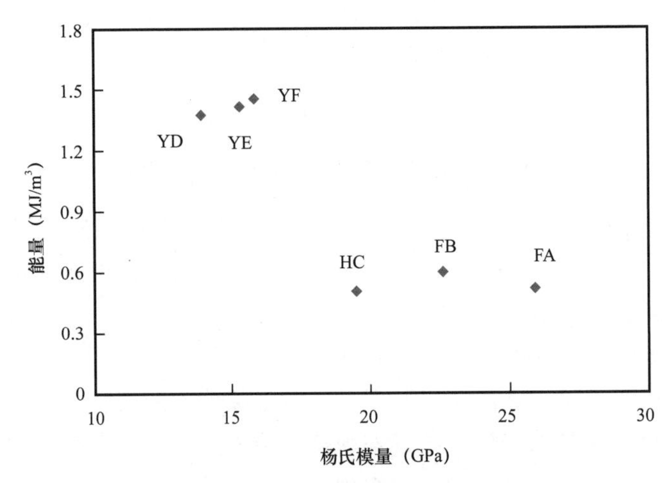

图 6–39　样品杨氏模量与能量关系图

东营凹陷泥页岩储层杨氏模量变化较小，整体表现为随着深度的增加而增加，随着有机质含量的减小而减小，各洼陷差异较小，说明泥页岩储层可压裂性不是影响泥页岩有利靶区分布的关键因素。典型连井剖面如图 6–40 所示。

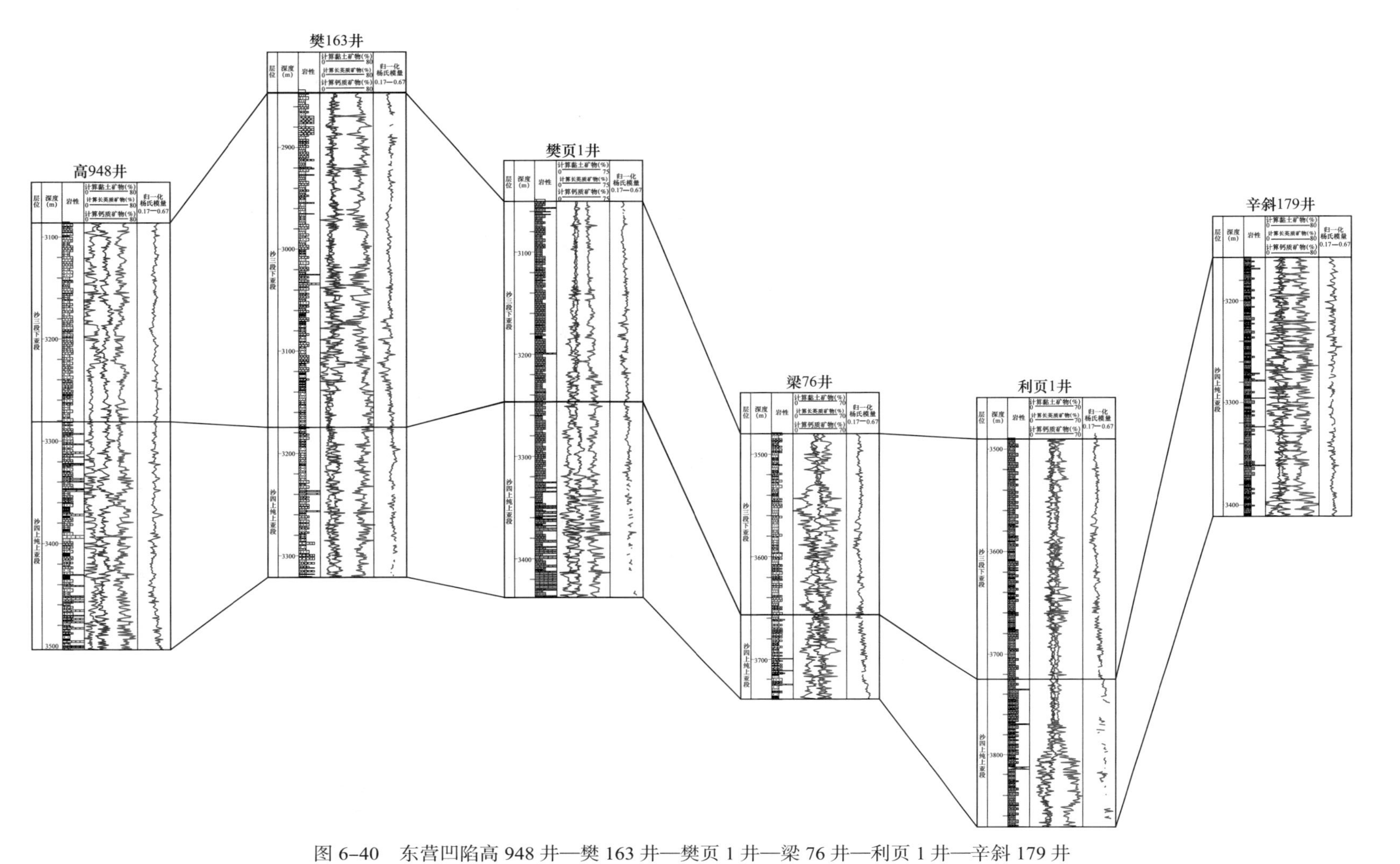

图 6-40 东营凹陷高 948 井—樊 163 井—樊页 1 井—梁 76 井—利页 1 井—辛斜 179 井无机非均质性及杨氏模量剖面

页岩油的有利区不仅包括资源“甜点”，还包括工程“甜点”。因为页岩油储层的低孔低渗，而且油的密度与黏度相对较大，导致仅靠页岩油本身难以有效流动，故页岩油的有效勘探开发还与储层的可压裂性相关，压裂产生的复杂裂缝网络能有效改善页岩油的流动。评价页岩油储层岩石的可压裂性，确定有利的压裂位置，对压裂的成功与否至关重要。本研究共计算了东营凹陷27口井的沙三段下亚段和沙四上纯上亚段泥页岩杨氏模量。为缩小杨氏模量的波动范围，对其进行正归一化，归一化杨氏模量的值介于0～1之间，越靠近1代表杨氏模量相对越大。杨氏模量计算结果能够较好揭示研究区泥页岩储层纵向和平面的可压裂性分布特征，为寻找易压裂位置提供基础，且与泥页岩力学特性实验结果具有很好的一致性。

研究区泥页岩力学特性研究结果显示，杨氏模量与长英质矿物含量呈正相关，与黏土矿物、有机质含量呈负相关，且随着围压的增加而增加。东营凹陷目的层段（沙三段下亚段和沙四上纯上亚段）的杨氏模量等值线图如图6-41、图6-42所示。由图6-41可知，沙三段下亚段泥页岩的杨氏模量值分布相对集中，博兴洼陷的杨氏模量值相对较高，由南向北有增大的趋势，工程上的可压裂性相对较好；其他三个洼陷（利津、牛庄和民丰洼陷）的杨氏模量相对较低，可压裂性相对较差。这与东营凹陷的矿物组成分布

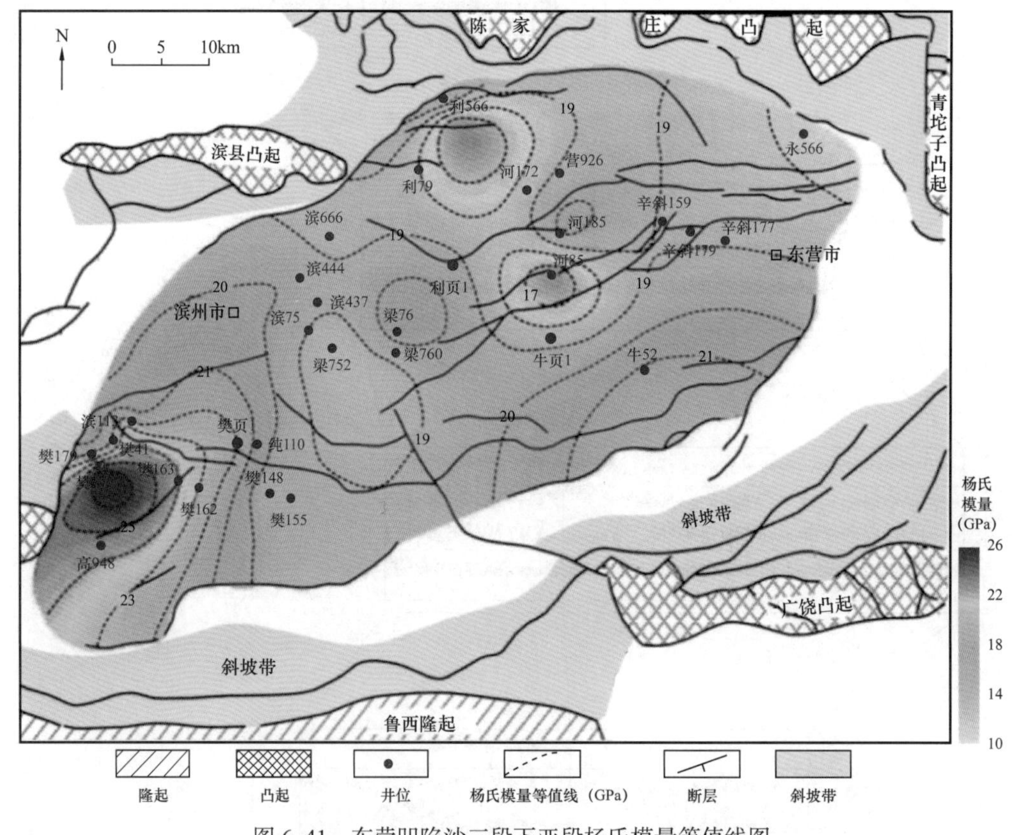

图6-41 东营凹陷沙三段下亚段杨氏模量等值线图

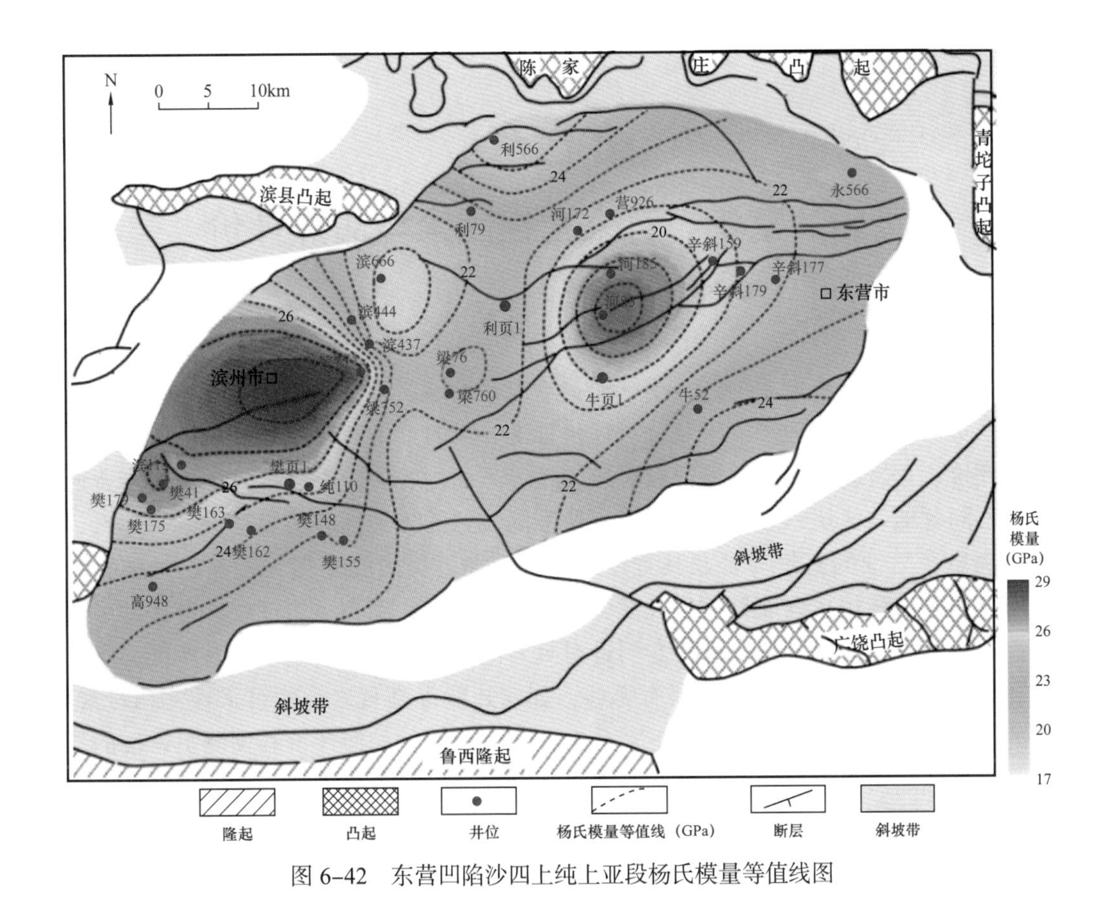

图 6-42　东营凹陷沙四上纯上亚段杨氏模量等值线图

较一致，博兴洼陷的长英质矿物含量比较高。图 6-42 揭示了沙四上纯上亚段泥页岩的杨氏模量分布特征。博兴洼陷的杨氏模量最高，其次在利津洼陷北边杨氏模量有一定的增大。在该层段上，博兴洼陷的长英质矿物含量最高，其次为利津洼陷。两层段相比较，沙四上纯上亚段的杨氏模量相对较高，这与其所处地层埋深有关，埋深越大，围压越大，泥页岩的力学参数（杨氏模量）也相对增大。而各层段的杨氏模量在凹陷中间都出现低值现象，与其埋深（围压）密切相关，这也正好与凹陷的中央背斜带相对应。

第七章

页岩油富集、可采主控因素与甜点评价

前述各章分别系统地总结、介绍了泥页岩发育的地质背景、页岩油资源潜力分级评价标准、页岩的成储机理和下限及分级评价标准、页岩油的赋存机理和可流动性、页岩油资源评价、页岩的岩石力学特征及可压裂性等方面内容。可以看出，虽然页岩普遍含油，但不同盆地、区块、层位以及同一层位不同位置的含油性有明显的差别。那么，哪些因素决定页岩油的富集与否及其程度？同样含油，美国的海相页岩油已经被有效开发，而我国东部湖相页岩油目前绝大部分难以经济开采，湖相页岩油中，有些井（如泥岩裂缝油）的产量和累产高，有些专门针对页岩油的水平井反而基本没有产能，主要原因是什么？影响可采性的主要因素有哪些？如何才能提高页岩油的可采性？相对富集、可采的页岩油主要发育在什么条件下？分布在哪些地方？如何评价和预测页岩油的甜点以提高页岩油勘探开发的效益？这些是页岩油勘探开发过程中需要面对、回答的关键问题，也是本章将讨论的主要内容。

事实上，以往常规油气勘探过程中已经揭示了许多泥岩裂缝油藏或油流井的存在（昝立声等，1986；陈弘等，2006；宁方兴等，2008；黄志龙等，2012）。如东部的渤海湾、松辽、江汉、南襄、苏北盆地，西部的柴达木、吐哈、酒泉、准噶尔、塔里木盆地，中部的四川盆地，单井累计产油量可达数万吨，如胜利油田的河 54 井，在沙三段下亚段泥页岩段累计产油 27896t，罗 42 井沙三段下亚段灰褐色油页岩累计产油 13605t（张林晔等，2014）。据初步统计结果，至 2010 年底，济阳坳陷共有 320 余口探井在页岩中见油气显示，其中 30 余口井获工业油流，页岩油广泛分布于济阳坳陷的东营、沾化和车镇等凹陷，层位主要集中在古近系沙四段、沙三段和沙一段泥页岩层系中。但近几年来专门针对页岩油部署的钻井，包括水平井，效果并不如预期，也没有达到美国页岩油的产能，甚至还不如以往直井“无心插柳”钻遇的泥岩（裂缝）油藏。如胜利油田的渤页平 1 井，经过两次压裂后的初产也不过 $8.22m^3/d$，并很快降到 $1.6m^3/d$，累计产油 $100\ m^3$。即使是效果相对最好的、国内陆相页岩油首个重大突破区河南油田泌阳凹陷泌页 HF1 井，泥页岩层分段压裂后获 $23.6m^3/d$ 的高产油流（张金川等，2012；马永生等，2012），但产量也很快降到 $1m^3/d$ 左右。由于页岩油钻井 / 作业成本高，目前的产量还远远不具备经济效益。

因此，前几年受美国页岩气革命鼓舞而兴起的页岩油勘探热潮逐渐消退，但相关研究并没有停止。2018 年，大港油田的 KN9 页岩油直井改造后 2mm 油嘴日产油 29.6t，

预期水平井会有更大的突破（赵贤正等，2018），给寒冬中页岩油勘探开发增加了一抹信心。但总体上看，我国目前页岩油的勘探、开发效果远不如预期，也没有达到美国页岩油的产能。但前期积累的资料、数据和对页岩油基本地质地球化学特征（Cardott，2012；邹才能等，2013）、资源丰度（Lu 等，2012）及可采性（Jarvie，2008；Sheng 和 Chen，2014）等方面的认识，为本章的分析奠定了初步的基础。

第一节　页岩油富集主控因素

页岩油气是残留在泥页岩中未排出的油气，因此页岩油气的富集性除了与生烃密切相关外，还与泥页岩的排烃效率密切相关。虽然前人对生烃与页岩油气富集性的关系（Bowker，2007；Jarvie 等，2008）及泥页岩排烃效率（Hunt，1990；Capuano，1993；Robert 等，1995；Xie 等，1997）已多有研究，但均是分别进行研究，缺少相应的对比。实际上二者的对照研究有利于加深对泥页岩含油气性的认识，总结页岩油气的富集规律。另外，美国页岩油主要产自海相地层，而海相油气与陆相油气生成和保存环境存在明显差异，这决定了对于陆相页岩油勘探不能简单照搬海相页岩油勘探的模式，需要开展针对性的研究。中国东部存在典型的陆相高有机质丰度泥页岩，其成熟度正处于“油窗”范围内，是陆相页岩油勘探的有利目标。本章主要以松辽盆地北部青山口组、渤南洼陷沙三段和泌阳凹陷核桃园组等中国东部典型富油气层位为例，利用有机碳、岩石热解、孔隙度等地质、地球化学数据对泥页岩排油效率及其对页岩油富集的影响进行了研究，旨在为中国东部富油盆地页岩油勘探提供参考。综合研究表明，页岩油的富集主要受控于生烃基础、储集空间和保存条件。

一、生烃基础

生烃是页岩油赋存、富集的基础。生烃量主要取决于泥页岩的发育规模及其地球化学特征（有机质的丰度、类型和成熟度）。无论对于常规还是非常规油气藏都需要一定规模的高丰度成熟烃源岩作为物质基础。相对常规油气，页岩油气受构造控制作用弱，源控性明显。通过理论计算可以得出不同性质泥页岩的生烃量（表 7–1）。从中可以看出，泥页岩生油量要达到富集资源要求（含油率达到 0.4%），其有机质丰度、类型和成熟度都有较高的要求（表 7–1 中原油烃类族组成按 60% 计算）。而要达到富气的标准，一般含气量超过 $1m^3/t$ 或 $2m^3/t$，从生气的角度讲对泥页岩有机质丰度、类型和成熟度的要求并不高。由此可以看出，泥页岩中有机质对页岩油、气的意义并不完全相同。对于页岩油而言，有机质的油源重要性突出，而对于页岩气而言，有机质可能更多地起到吸附气载体和游离气、溶解气储集体的作用（Ross 和 Bustin，2007，2009）。造成这一差别的根本原因在于天然气的易散失性，泥页岩对石油的储存能力远高于天然气。为将有机质性质对泥页岩含油量的影响进行细致刻画，分别进行了泥页岩有机质丰度、类型和成熟度对泥页岩含油量的影响研究。

表 7-1　不同丰度、类型和成熟度有机质理论生烃量

TOC（%）	生烃潜力（mg/g）（HC/TOC）	生烃转化率（%）	生油量（kg/t）（HC/岩石）	生气量（m^3/t）（HC/岩石）
1	300	30	0.45	1.22
1	300	60	0.90	2.37
1	500	30	1.25	2.04
1	500	60	2.50	3.95
2	300	30	0.90	2.44
2	300	60	1.80	4.74
2	500	30	2.50	4.07
2	500	60	5.00	7.90

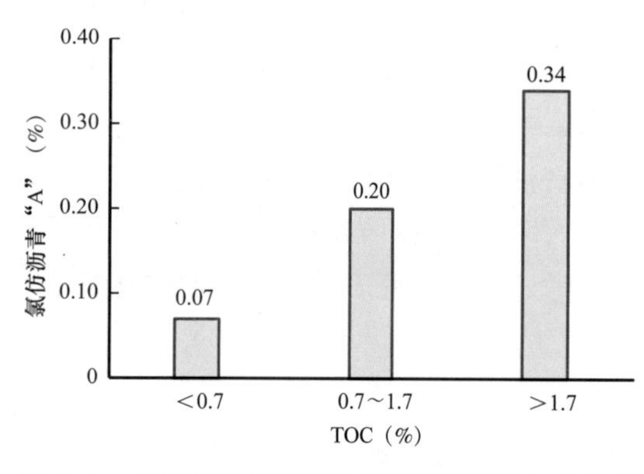

图 7-1　泌阳凹陷核桃园组泥页岩含油性与有机质丰度的对应关系

（一）泥页岩含油性与有机质丰度的关系

泥页岩的绝对含油性可以由氯仿沥青“A”、热解烃 S_1 来反映。在第二章中，我们已经利用氯仿沥青“A”、S_1—TOC 相关关系的三段性特征建立了页岩油气资源潜力的分级评价标准，其中就体现了含油性与有机质丰度（TOC）的关系。以泌阳凹陷为例，以 TOC 等于 0.7% 和 1.7% 为页岩油资源潜力三分的标准（见图 2-8），可以统计得到图 7-1。可见，总体上有机质丰度越高，含油性越好。

（二）泥页岩含油性与有机质类型的关系

由图 7-2a 可以看出，泌阳凹陷有机质类型总体以Ⅰ型和$Ⅱ_1$型为主，安深 1 井、泌页 1 井核三段上亚段泥页岩有机质类型主要为Ⅰ型。图 7-2b 绘出了泌阳凹陷核桃园组泥页岩有机质类型与含油性的关系。从中可以明显看出，泥页岩有机质类型对其含油性有明显的控制作用，有机质类型越好，含油性越好。有机质类型为$Ⅱ_2$型和Ⅲ型的泥页岩含油性明显低于有机质类型为Ⅰ型和$Ⅱ_1$型的泥页岩。有机质为Ⅰ型的泥页岩含油性为Ⅲ型的 10 倍以上。安深 1 井、泌页 1 井良好的有机质类型也是其高含油性的重要基础。北美已经取得页岩油勘探突破的 Bakken、EagleFord 及我国已发现泥岩裂缝油气藏、具有较好页岩油前景的渤南洼陷沙河街组、古龙凹陷青山口组也均以Ⅰ、Ⅱ型为主

（图 7–3）。有机质类型对其含油性的制约主要是其生油能力所决定的，Ⅰ、Ⅱ型有机质为倾油型有机质。

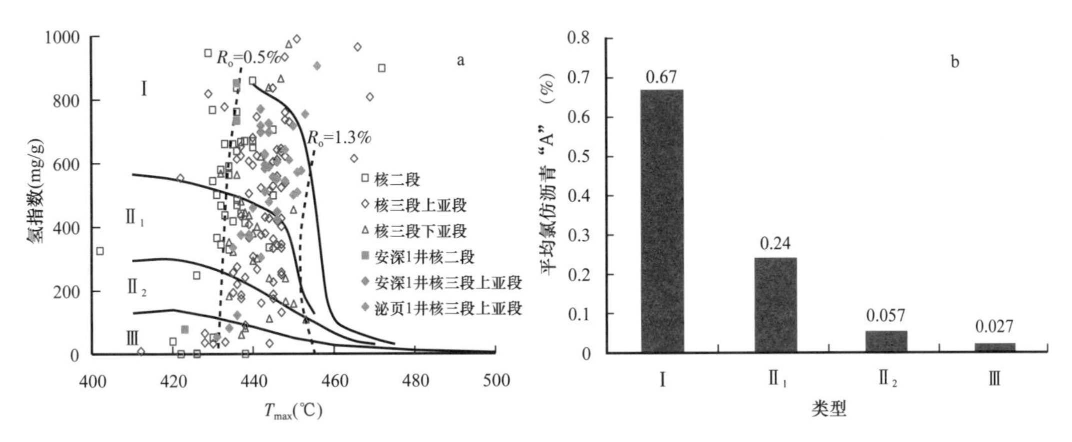

图 7–2　泌阳凹陷核桃园组泥页岩有机质类型及其与含油性关系

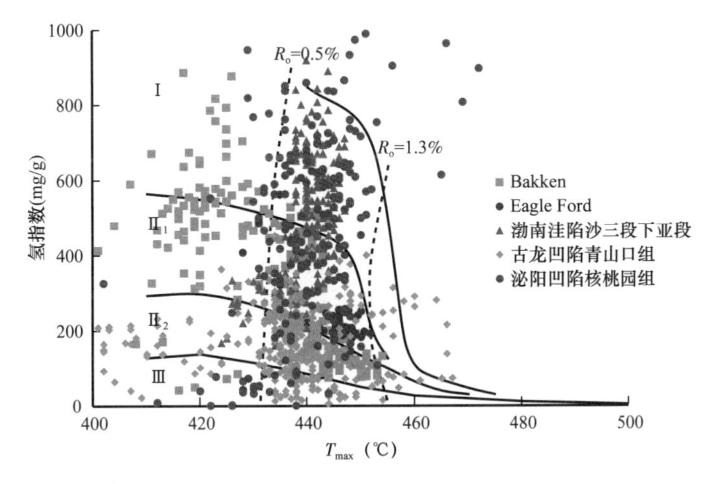

图 7–3　国内外主要页岩油盆地泥页岩有机质类型

除了绝对含油量指标氯仿沥青“A”、S_1 之外，相对含油量（S_1/TOC）也可以用于评价泥页岩的含油性。由于干酪根对页岩油具有较强的吸附、溶解作用，因此，TOC 高的页岩对油的吸附能力也较强，影响页岩油的可采性。所以，Jarvie 等（2008）认为，相对含油量 S_1/TOC 大于 1 的页岩层才有较好的可采性。这也表明还应结合相对含油量（S_1/TOC）来评价泥页岩的含油性。绝对和相对含油量分别决定页岩油资源量的大小和品质。

利用绝对含油量与相对含油量的结合，可以将图 7–4 中泥页岩的含油性划分为四个区域。其中第①区域泥页岩的含油性最佳，相对和绝对含油量均为高值区；第②区域次之，相对含油性处于高值区，绝对含油量处于低效等级；第③区域绝对含油量中等，相对含油量处于低值区；第④区域最差，相对和绝对含油量均处于低值区。对于分散资源，不存在相对含油性高的样品点；而对于富集资源，相对含油性低的样品点也较少。

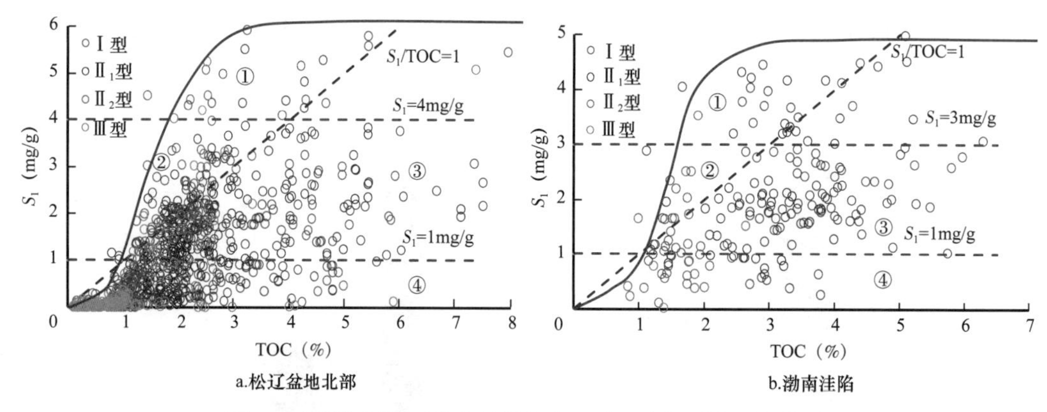

图 7–4　研究区泥页岩含油性与有机碳、有机质类型的关系

利用热解和有机碳数据对泥页岩类型进行划分（图 7–5），对照含油性级别可以看出，Ⅰ型干酪根应该具有最高生烃能力的有机质几乎没有出现在第①、②区域，这两个区域的有机质类型主要为$Ⅱ_1$—$Ⅱ_2$型，烃潜力最差的Ⅲ型有机质绝大多数（约 98%）集中在第④区域。由此可以看出，对页岩油勘探应以Ⅱ型有机质泥页岩为主，Ⅰ型次之，Ⅲ型可基本排除。从目前美国页岩油开发情况看，对应的有机质类型也基本均为Ⅱ型（张金川等，2012）。需要说明的是，划分有机质类型的图版有多种，各种方法划分的结果可能存在一定的差异，但均反映Ⅰ型有机质相对于Ⅱ型和Ⅲ型有机质具备较高的生烃潜力（氢含量）和较低的有机酸生成能力（氧含量）。上述现象对下一步的页岩油勘探具有重要的指导意义。在成熟阶段，Ⅰ型有机质的生烃能力毋庸置疑，但相应泥页岩的含油性较差，这意味着Ⅰ型有机质泥页岩的排烃效率较高。为此，本章对研究区泥页岩的排烃效率及影响因素进行了探讨。

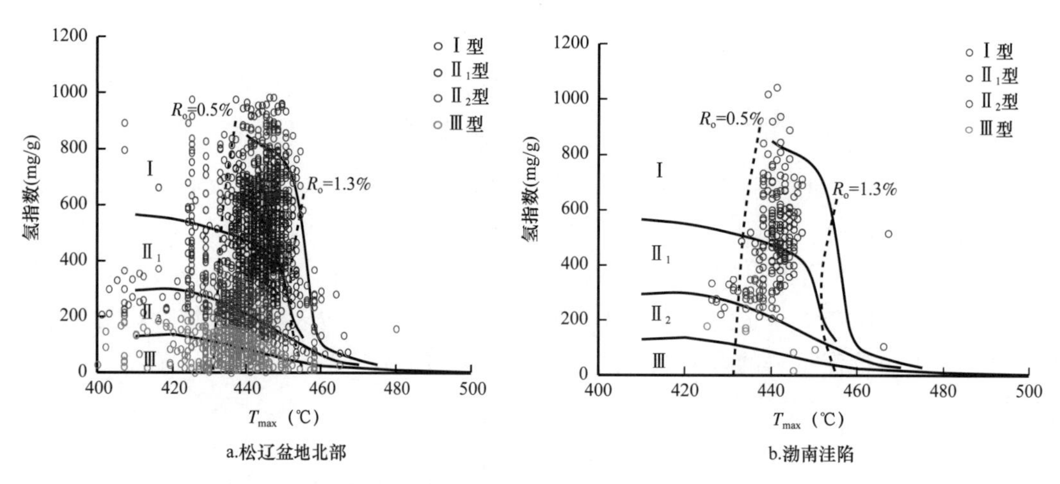

图 7–5　研究区泥页岩有机质类型划分

（三）排烃效率对页岩含油性的影响

排烃效率为排烃量与生烃量的比值，是衡量传统烃源岩有效性的重要指标，只有生

成并排出烃类的烃源岩才能作为有效烃源岩。尚未排出而残留在烃源岩内部的这部分烃类即是页岩油气。对传统烃源岩评价我们重视其排烃效率，希望其排出尽可能多的油气供运聚成藏，而对于页岩油气则希望泥页岩中残留尽可能多的油气。由此，页岩油气勘探开发同样需要考虑排烃效率问题。在排烃效率的计算过程中，排烃量可通过生烃潜力达到最高值后的减小幅度确定，残烃量可通过烃指数获得，根据物质平衡原理二者相加即为生烃量。由图 7–6 可以看出，从Ⅰ型到Ⅲ型，随着有机质类型的逐渐变差，相应泥页岩的生、排烃门限逐渐加深，反映生、排烃过程依次滞后。同时，Ⅰ型有机质泥页岩排烃量远高于其他类型，而残烃量相差不大，且高值区较Ⅱ型有机质泥页岩低，由此可以计算出Ⅰ型有机质泥页岩排烃效率远高于其他类型。以 2450m 为例，Ⅰ型、$Ⅱ_1$型、$Ⅱ_2$型和Ⅲ型有机质泥页岩的排烃效率分别为 86%、64%、48% 和 32%。如果考虑残留烃（S_1）检测前样品中所含轻烃已挥发殆尽，且相当一部分重烃在低于 300℃条件下不能气化检测（王安乔等，1987），各类泥页岩的排烃效率将减小，但不会影响其大小顺序。Ⅰ型有机质泥页岩排烃效率高决定了在常规油气勘探中应重视优质烃源岩的作用，但这同时也是造成其相对含油量较低的内在原因。

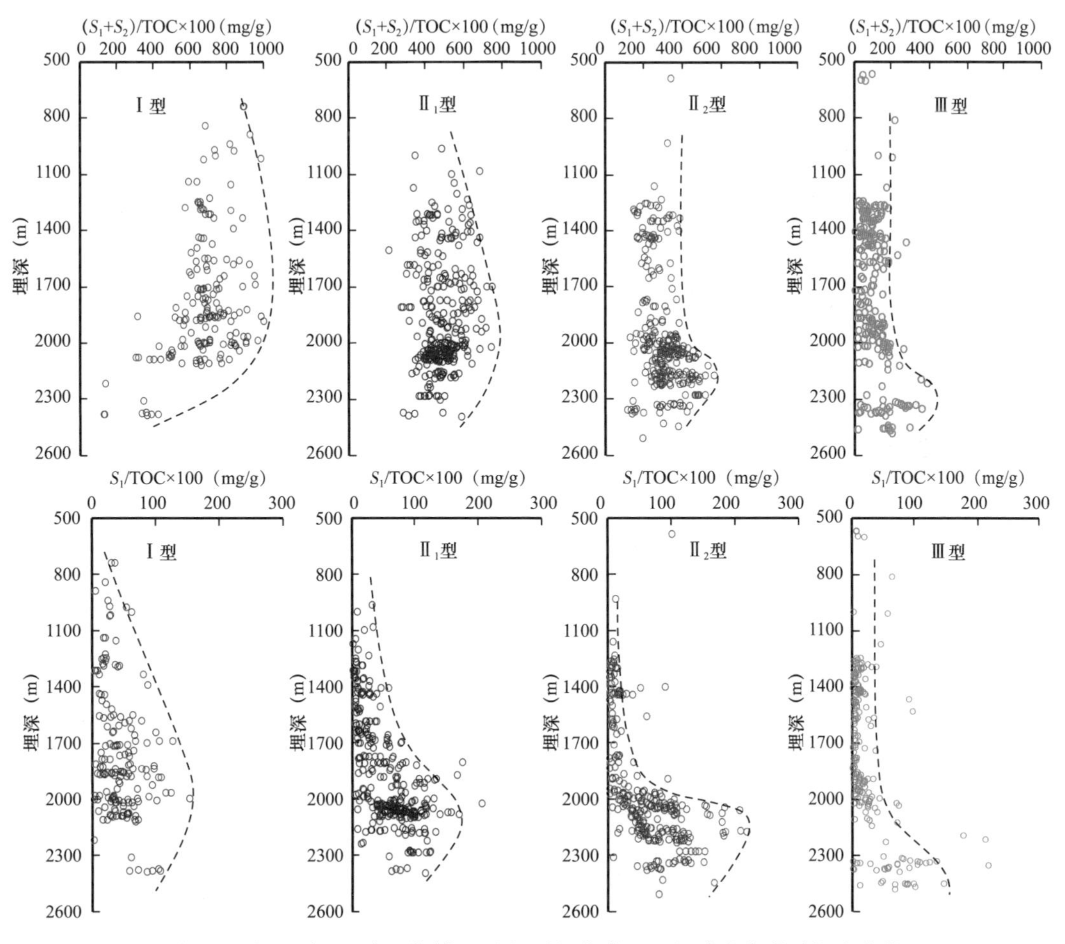

图 7–6　松辽盆地北部不同类型有机质烃指数、生烃潜力指数随深度变化

Ⅰ型有机质泥页岩生烃量高于其他类型，但残烃量不高，甚至较低，这主要反映了对应泥页岩储集空间和排烃方式的差异。图 7–7 绘出了济阳坳陷渤南洼陷罗 69 井不同深度下泥页岩地质地球化学特征，取心层段为不含砂质夹层的整套暗色泥页岩。密集的取样分析表明，有机质类型多样，有机质成熟度处于 0.70%～0.93% 的油窗范围内。从图 7–7 可以看出，不同类型有机质泥页岩的组合方式对其含油性具有明显的影响。当Ⅰ型和Ⅱ型有机质泥页岩位置接近时（排烃条件基本相同），Ⅰ型有机质泥页岩的绝对含油性（S_1）高于Ⅱ型，相对含油性（S_1/TOC）相差不大或略高（Ⅰ型有机质泥页岩 TOC 较Ⅱ型高）；对于Ⅰ型有机质泥页岩集中的层段，其含油性明显较低。对此，下文探讨了渤南洼陷泥页岩有机质类型、分布方式对其排烃效率 / 含油性影响的机理。

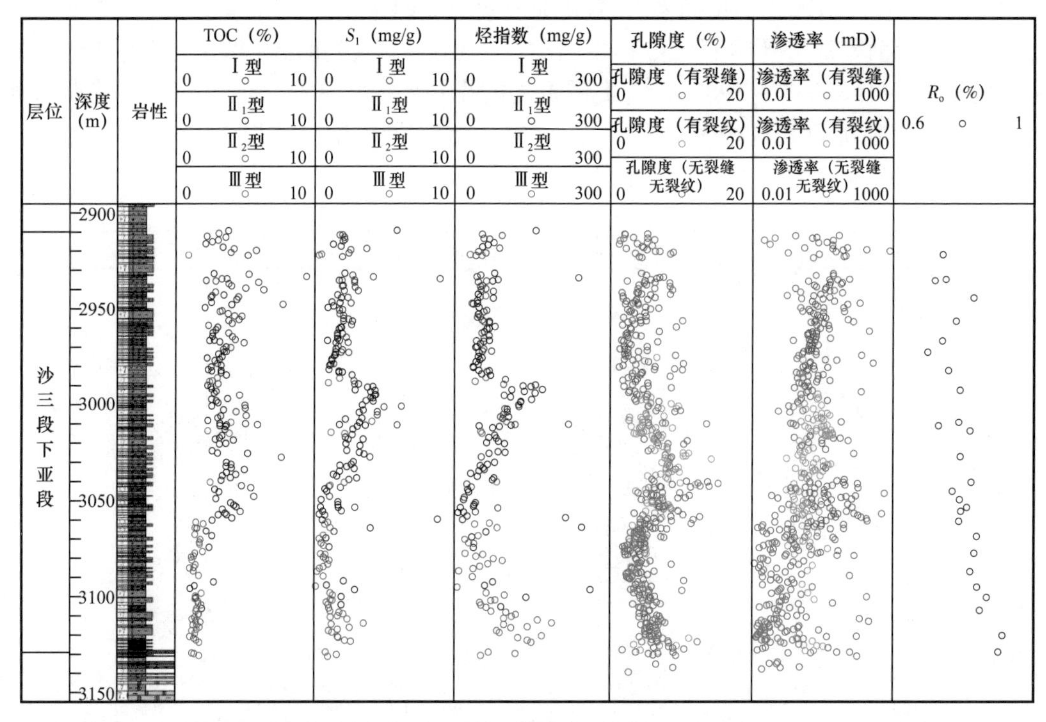

图 7–7　罗 69 井页岩层系地质地球化学特征

由图 7–7 可以看出，泥页岩含油性首先受控于裂缝发育情况，在裂缝发育情况相近时受控于孔隙发育情况，说明输导条件和储集空间对页岩油的富集具有明显的控制作用。在罗 69 井 2980m 以浅层段泥页岩裂缝发育，含油性差，相对和绝对含油性分别为 29.46～92.73mg/g 和 0.96～3.10mg/g；2980～2990m 输导条件逐渐变差，含油性逐渐变好，相对和绝对含油性最高分别达到 170.18mg/g 和 5.00mg/g；2990～3060m 层段泥页岩输导条件逐渐变好，由不发育裂纹、裂缝为主向发育裂纹为主转化，再向发育裂纹、裂缝为主转化，由此造成泥页岩含油性逐渐变差，相对和绝对含油性最低分别降至 7.64mg/g 和 0.30mg/g，尽管该段孔隙度逐渐增大；3060m 以深层段泥页岩裂纹、裂缝不发育，含油性随孔隙度增大逐渐变好，相对和绝对含油性最高分别达到 189.27mg/g 和

3.56mg/g。

对于泥页岩裂纹、裂缝的发育，认为生烃超压是重要原因之一。即有机质类型好、丰度高的泥页岩集中层段进入生烃门限后生成大量的烃类，易于形成生烃超压，特别是当泥页岩孔隙不发育时，流体压力超过岩层破裂的临界值即形成微裂缝（Hunt，1990；Capuano，1993；Robert 等，1995；Xie 等，1997）。微裂缝产生的同时烃类大量排出，压力释放，之后在围压作用下微裂缝重新闭合。高压破裂缝的发育往往不规则，易与层间页理缝、张性缝交叉连通，形成裂缝网络输导体系（邓美寅和梁超，2012），从而大幅提高排烃效率。而实验室环境下所测裂缝发育泥页岩的孔隙度明显较高，在很大程度上是由于缺少围压的影响（刘斌等，2001），由此夸大了地质条件下裂缝的储集能力。扫描电镜观察发现罗 69 井高压破裂缝发育（邓美寅和梁超，2012），本书认为这些裂缝主要由生烃超压造成，这点可从泥页岩裂缝发育程度与生烃能力的对应关系看出：该井 2990m 以浅有机质类型为Ⅰ型，且丰度高（TOC 均值约为 4%），生烃量大，裂缝发育；2990～3060m 有机质类型为$Ⅱ_1$型，丰度逐渐增高，生烃量逐渐增大，裂纹、裂缝发育程度逐渐增大；3060m 以深有机质类型为$Ⅱ_2$型，且丰度较低（TOC＜2%），生烃量较小，裂纹、裂缝不发育（图 7–7）。

（四）泥页岩含油性与有机质成熟度的关系

有机质成熟度可以由传统地球化学指标 R_o 反映，随深度的增加有机质成熟度总体上呈增大趋势（图 7–8a）。受成熟度影响，氯仿沥青“A”/TOC 随深度总体上呈先增加后减小的趋势（图 7–8b），早期的增加是由于有机质的生烃作用造成的，后期的减小则是由于液态烃的裂解造成的。从含油量角度考虑，氯仿沥青“A”/TOC 的高值区所对应的深度范围是进行页岩油勘探、开发的有利深度范围。对泌阳凹陷，该深度范围为 3000～3500m，对应 R_o 为 0.8%～1.2%。安深 1 井和泌页 1 井核三段三亚段中部富集段埋深在 2500 m 左右，距离最佳埋深还有一定的差距，成烃转化率还未达到最高值。成熟度较小一方面会对泥页岩的含油性造成影响；另一方面，还将对地层原油的物性造成很大影响。

二、储集空间

（一）较大孔隙是页岩油赋存的主要空间

存储空间同样是页岩油富集的重要因素，不难理解，在油气源充足的情况下，储集空间越大，泥页岩的含油性越高。页岩油气的存储空间主要包括两大类：无机孔隙（裂缝）和有机纳米孔隙。图 7–9 为泌页 1 井综合柱状图，从中可以看出，泥页岩含油性与孔隙度呈正相关，与 TOC 呈负相关，说明孔隙主要源于无机孔隙 / 裂缝的贡献，有机纳米孔隙作用有限，无机孔隙是页岩油的主要赋存空间。有机孔隙主要发育在高—过成熟阶段，对于中—低成熟度的样品，有机质丰度与低温氮气吸附实验所揭示的比表面积及孔隙体积呈负相关（图 7–10），说明有机孔隙不发育。另外，气测异常与有效孔隙度、

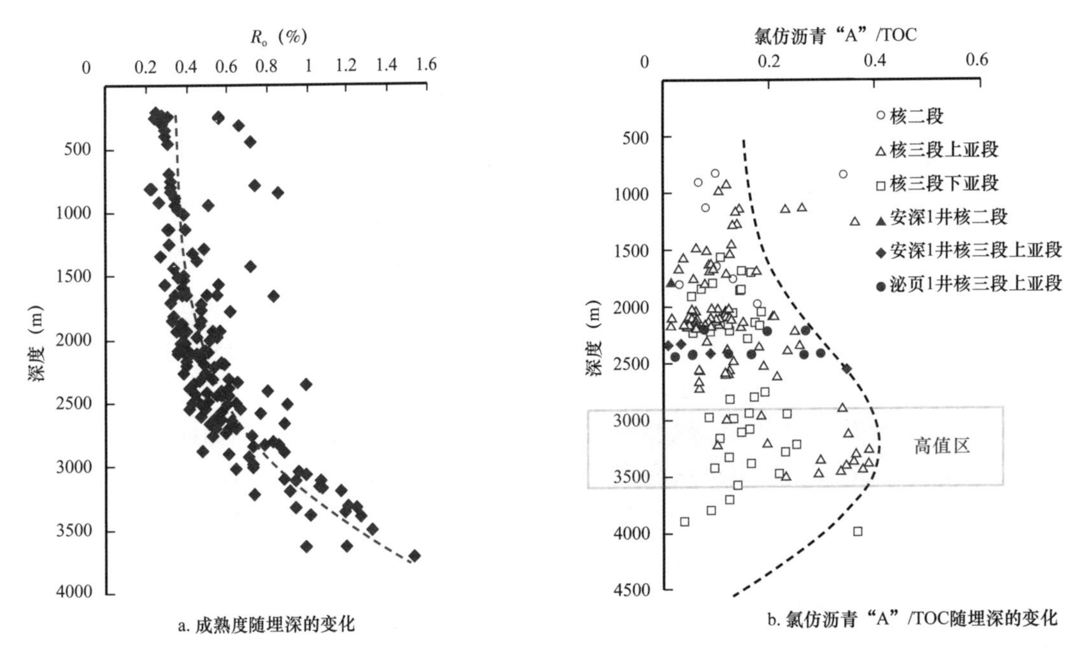

图 7-8　泌阳凹陷泥页岩有机质成熟度随埋深的变化及“A”/TOC 随埋深的变化

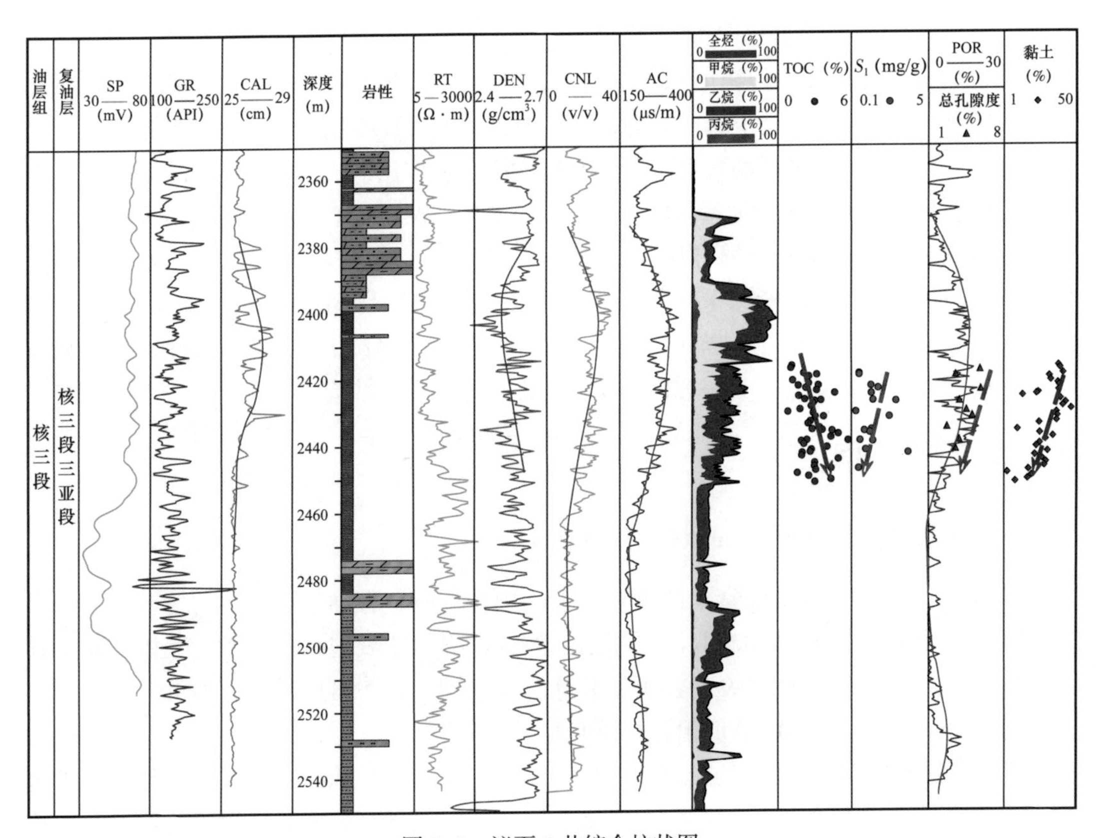

图 7-9　泌页 1 井综合柱状图

扩径等有较好的对应关系，与有机质丰度呈负相关关系，说明气测异常主要揭示溶解气和游离气的量。吸附气量在气测异常上没有很好的响应主要由于在油气可以共存的较大孔隙内，气分子难以与油分子竞争吸附位，天然气主要是溶解在原油中或以游离态存在，而赋存在纳米级孔隙中以吸附态存在的天然气在平衡钻井过程中难以在短时间内大量解析。含油性、气测异常与孔隙度间的良好对应关系说明，对于大面积连续分布的泥页岩油气藏，也存在高孔渗的甜点区，有利于页岩油气的富集和开采。另外需要注意的是，在不发生扩径的层段可能出现含油性较好，但气测异常不明显的情况。加之气测异常与钻井工艺有很大关系，因此仅靠气测异常确定含油气层位具有一定的风险。

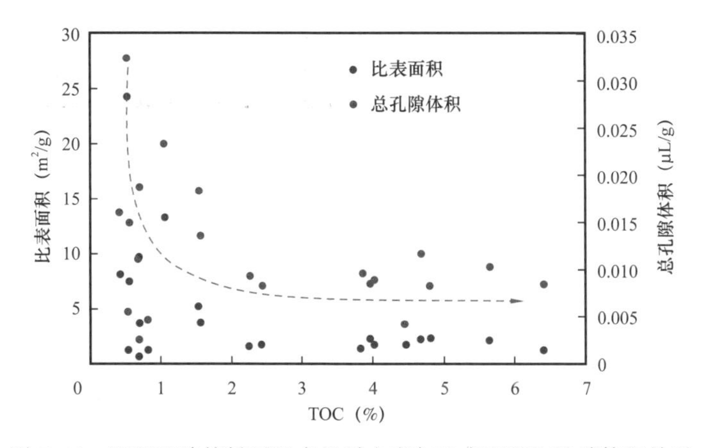

图 7–10　泌阳凹陷核桃园组有机质丰度与比表面积和孔隙体积关系

泌页 1 井、安深 1 井研究显示，泌阳凹陷无机孔隙（裂缝）主要包括宏观的页理、高角度构造裂缝（图 7–11）以及微观的纹层（图 7–12）、基质孔隙（图 7–13）等。从图 7–11、图 7–12、图 7–13 可以看出，对于页岩而言，其页理、高角度构造裂缝、纹理发育，而普通块状泥岩发育程度较差。泥页岩的基质孔隙主要受其成分控制，对于成分单一的黏土矿物含量较高的泥岩，其基质孔隙往往是不发育的，而成分复杂的白云质泥页岩往往具有较好的基质孔隙。

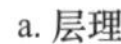

a. 层理

b. 高角度构造裂缝

图 7–11　泌页 1 井泥页岩层理及高角度构造裂缝（岩心直径 101mm）

a.块状泥岩，2427.6m

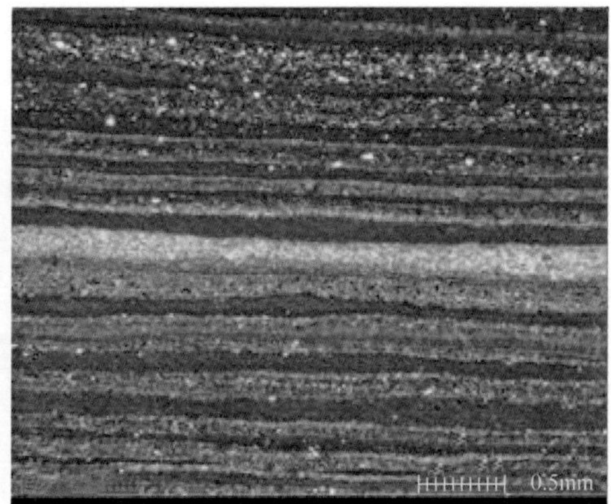

b.页岩，2419.5m

图 7–12 泌页 1 井泥页岩纹层发育情况

a.泥岩2418.55～2418.85m

b.白云质泥岩2570.46～2570.76m

图 7–13 安深 1 井泥页岩基质孔隙

图 7–14 绘出了松辽盆地泥页岩比孔容与含油性的关系，所选泥页岩处于生油窗范围内且具有较高的有机质丰度，生油量较高，能够满足泥页岩的储存能力。从图 7–14 可以看出不同级别孔隙比孔容与含油性的关系，微孔（<2nm）比孔容与含油性不存在正相关性，介孔和宏孔比孔容与含油性存在较好的正相关性，说明泥页岩含油性仅受控于较大宏孔和介孔的发育情况。宏孔（>50nm）和介孔（2～50nm）比孔容与含油性的相关系数虽很接近，但由于宏孔比例远低于介孔，因此宏孔的含油性明显要好于介孔，前者线性关系斜率为后者 5 倍。从扫描电镜观察（图 7–15a—c）可以看出，溶蚀孔隙的孔径级别均为宏孔级别，这说明了溶蚀孔隙对页岩油富集的重要性。同时，孔径大小对泥页岩含油性（S_1）检测可能也有一定影响，孔径越小，孔隙内部的烃类越不容易被热萃取检测。不过，小孔隙容积小，其内的烃类量少，也存在难以开采的问题，忽略这部分检测不到的烃类影响不大。

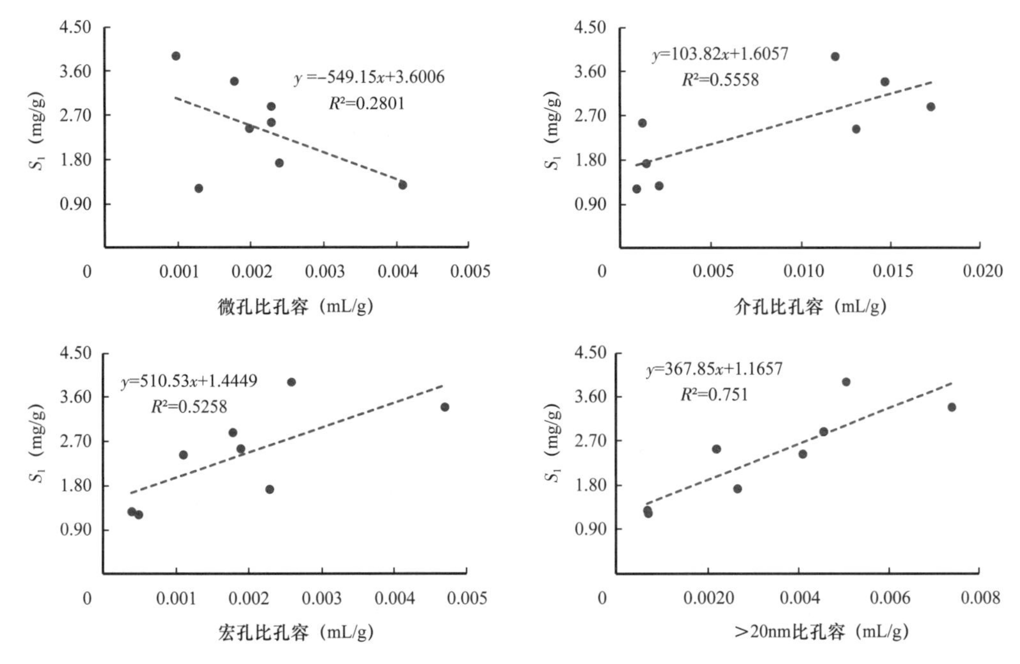

图 7–14　泥页岩比孔容与含油性的关系

表 7–2 列出了不同孔径分布范围与含油性的相关性，可以看出，20nm 以上孔隙比孔容与含油性相关性最好，尽管大于 20nm 孔隙仅占总孔隙的不到 30%，这表明，页岩油主要赋存于 20nm 以上的较大孔隙中。

其他条件相同的情况下，高孔隙度有助于提高渗透率。对于不同的盆地，由于具体地质条件的差异，具体界限可能存在差异，但这表明在进行页岩油勘探开发时应着力寻找较大孔隙发育的甜点区。

表 7–2　泥页岩不同孔径范围孔隙比例及其与含油性的关系

孔径范围（nm）	比孔容与含油性相关性	所占比例（%）
>0	0.585	100
>2	0.642	71.71
>5	0.676	50.20
>7	0.694	46.26
>10	0.725	40.11
>20	0.751	29.18
>30	0.704	23.51
>40	0.526	18.76
>50	0.526	18.76

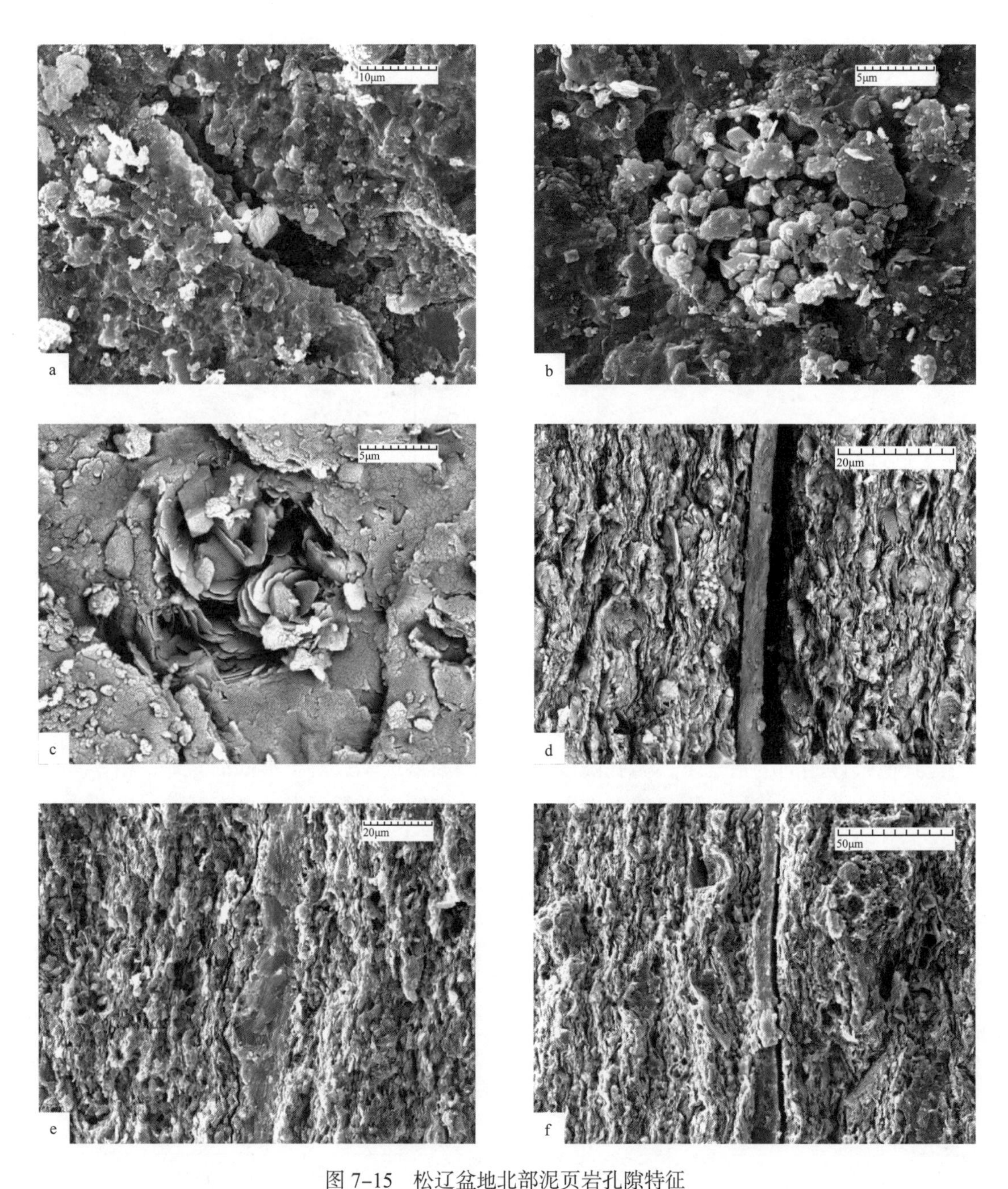

图 7-15　松辽盆地北部泥页岩孔隙特征

a. S-7 样品发育泥质溶蚀缝；b. S-7 样品溶孔中柱状石膏和粒状黄铁矿；c. S-9 样品溶孔中发育叶片状绿泥石和自生石英晶体；d—f. S-1—S-3 样品泥质裂缝中方解石半充填

由松辽盆地、渤海湾盆地热解数据可以看出，样品含油性（S_1）与氩离子抛光—扫描电镜、核磁共振和压汞所揭示孔隙发育程度及低温氮气吸附所揭示平均孔径变

化趋势一致（图 7-16a—c），而与低温氮气吸附所揭示孔隙发育程度的变化趋势相反（图 7-16d），说明页岩油主要富集在较大孔隙中。页岩油在大孔隙内的聚集是原油在烃源岩内运移、富集的结果，因为原油初次运移过程中必然会在大孔隙中发生一定程度的富集，之后才会运移至源外。在目前的技术条件下，在进行页岩油勘探时应当寻找较大孔隙发育的甜点区，因为大孔隙内不仅页岩油丰富而且大孔隙发育的泥页岩通常会有较高的渗透率，压裂后，相对易于开采。对于大孔隙发育的揭示，氩离子抛光—扫描电镜、核磁共振和压汞均是比较有效的方法，低温氮气吸附不能对大孔隙进行完全的揭示，其所测孔隙度不适宜应用于页岩油勘探，但其孔径分布和平均孔径的变化可以反映大孔隙发育程度的变化趋势。

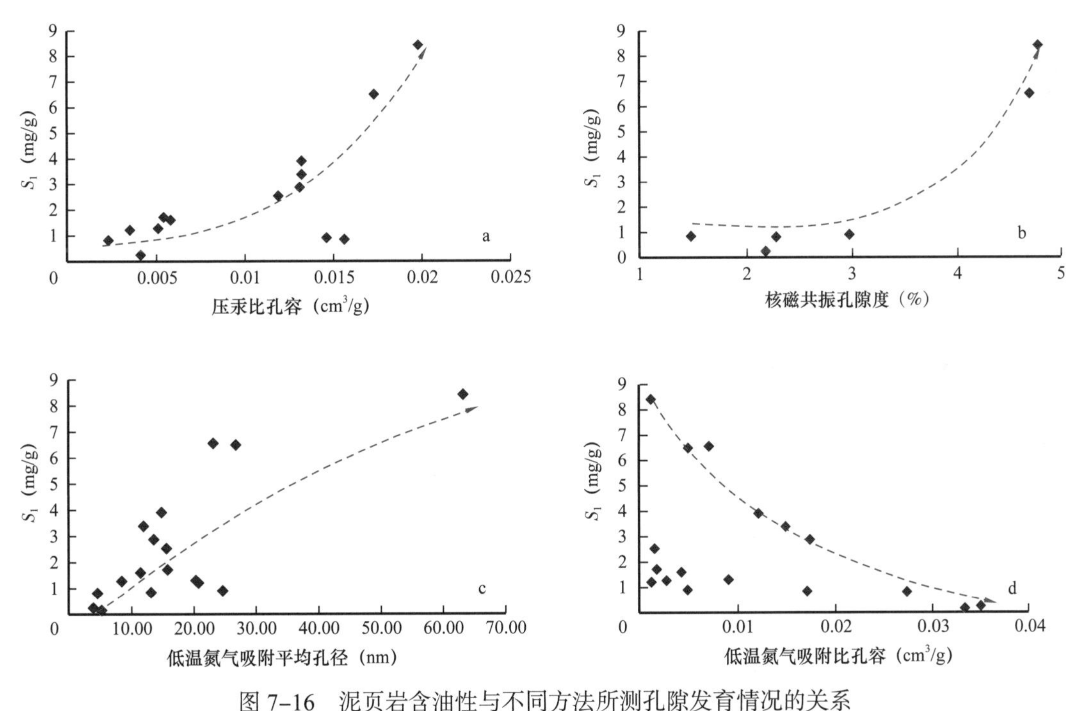

图 7-16　泥页岩含油性与不同方法所测孔隙发育情况的关系

（二）有机酸的溶蚀作用对页岩油储层局部储集空间的形成有重要作用

对于泥页岩孔隙的发育，本书认为有机酸的溶蚀作用突出。首先，由图 7-7 可以看出泥页岩的有机质类型、丰度和成熟度是影响孔隙发育的主要因素。在罗 69 井 2990m 以浅，泥页岩有机质类型以Ⅰ型为主，由于其有机质氧元素含量较低，生成有机酸量有限（Surdam 等，1989；陈传平等，1995），孔隙度较低。2990～3060m 泥页岩有机质类型以$Ⅱ_1$型为主，生成有机酸含量较高，次生孔隙发育。另外，该段有机质丰度先增大后减小，高值在3040m左右，受其影响孔隙度表现出同样的变化趋势。3060m以深泥页岩有机质类型以II_2型为主，成熟度随深度增加而增大的幅度较上部层段明显，受其影响孔隙度逐渐增大，但由于有机质丰度较低（TOC＜2%），该段孔隙度总体较上段低。同时，从（库伦滴定法测定）碳酸盐含量看，不发育裂纹、裂缝的泥页岩孔隙度随碳酸盐含量增大而减小（图7–17a）。对于裂纹、裂缝发育的泥页岩，其次生孔隙的比例在一定程度上会减小，从而造成碳酸盐含量随孔隙度增大而减小的趋势减弱或消失（图7–17b）。另外，扫描电镜观察也证实罗69井泥页岩溶蚀孔缝发育（邓美寅和梁超，2012）。

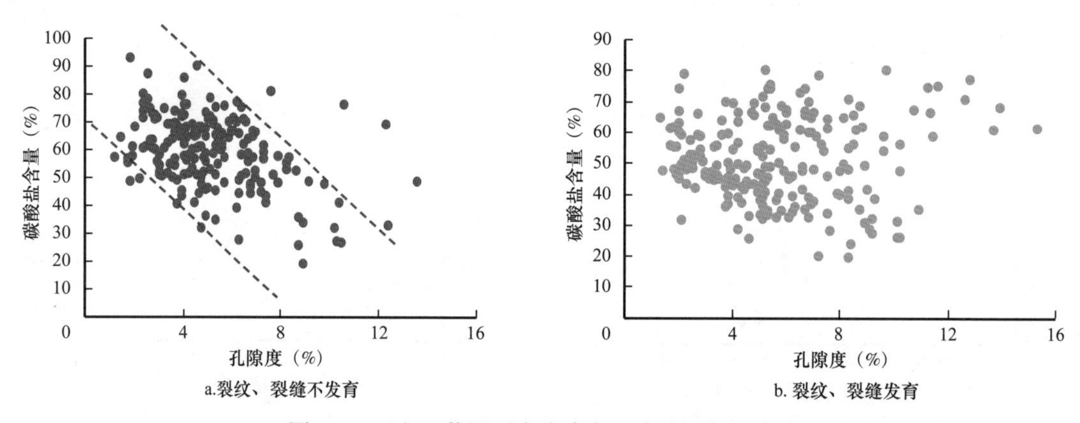

图7–17 罗69井泥页岩孔隙度及碳酸盐含量关系

有机酸对泥页岩次生孔隙发育和页岩油富集的影响在松辽盆地北部同样表现明显。图7–18绘出了本次进行孔隙度分析的10个样品的比孔容与碳酸盐含量的关系，二者的负相关性显示出有机酸的溶蚀作用对孔隙发育的贡献。从扫描电镜图7–15a—c上

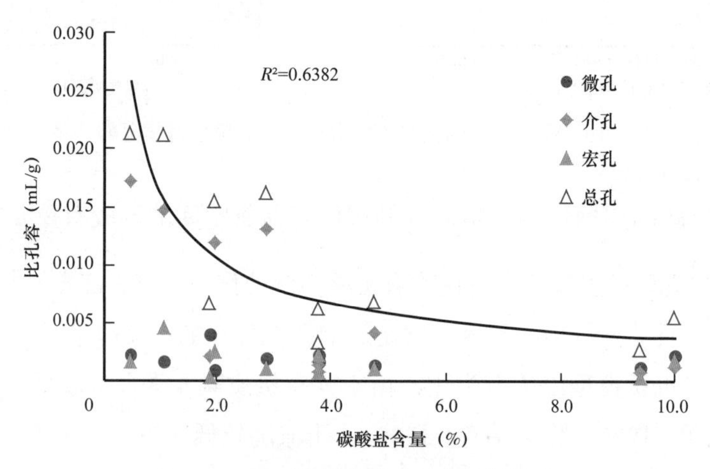

图7–18 泥页岩样品孔隙发育控制因素

看，孔隙度较高的样品，溶蚀孔隙明显较发育，而其余样品泥质裂缝中多见方解石充填。

对松辽盆地北部青山口组泥页岩含油性数据进行统计发现，能够达到储层级别（烃指数大于100mg/g）的泥页岩主要分布于龙虎泡阶地南部与齐家—古龙凹陷交界处的哈14、哈18和英16井区（图7–19），本次所选S–7、S–9样品即处于该井区。该井区青一段埋深2025～2100m，有机质成熟度为1.0%～1.3%，有机质类型主要为II_1、II_2型，为烃类和有机酸的生成奠定了基础。同时，岩性组合也有助于该区孔隙发育和富油。该井区泥页岩层系含较多粉砂质泥岩、泥质粉砂岩和粉砂岩薄夹层，相对于大套泥页岩，其流体流动较为容易，有机酸溶蚀碳酸盐所产生的盐溶液易于排出，避免二次沉淀，次生孔隙发育，泥页岩物性会有较大改善；若流体环境相对封闭，有机酸溶蚀碳酸盐所产生的盐溶液不能及时排出，容易重新达到过饱和状态而沉淀，如此泥页岩物性不会得到有效的改善（苗建宇等，2003；Nedkvitne和Bjorlykke，1992；Sullivan和McBride，1991）。本次所选S–1—S–3样品所处泥页岩层系含夹层较少，流体环境相对封闭，由此造成了泥质裂缝中的方解石充填（图7–15d—f）。另外，砂岩类薄夹层的存在有利于储层的压裂改造。综上，龙虎泡阶地南部与齐家—古龙凹陷交界处青一段应成为松辽盆地北部页岩油勘探开发的首选区域。

三、保存条件

页岩油气的保存条件主要涉及沟通传统源储的断裂、源内裂缝的发育程度和岩性组合等。沟通源储的断裂发育会造成泥页岩向高孔渗的储层大量排烃，从而不利于页岩油的保存；致密的顶底板或薄夹层可对页岩油气起到较好的封闭作用；页理、构造裂缝和层间微裂缝既是页岩油气的储存空间，又是油气运移的输导通道，具有双重作用。泌阳凹陷有效泥页岩层系均发育在深凹区内，断裂不发育（陈祥等，2011），此外，泌阳凹陷页岩油富集段发育致密的白云岩顶底板且段内发育低有机质丰度泥页岩隔层（图7–20），这些均有利于页岩油的保存。尽管影响页岩油的保存还涉及其他因素，总体上缺少定量指标，研究难度大，但异常地层压力的存在与否及大小可以作为页岩油气保存条件的直观判识指标。保存条件好的地区，有机质生烃过程中必然产生异常高压（杨兴业等，2014；吴财芳等，2014），尽管产生异常高压的原因不仅限于此，目前已发现的页岩油藏通常呈高压特征（张金川等，2012；邹才能等，2013）。从声波时差随深度变化的关系曲线（图7–20）可以看出，泌阳凹陷页岩油富集段具有高声波时差的特征，但这些位置恰好是有机质丰度较高的层位，且经常伴随扩径现象发生，因此高声波时差的特征未必是超压现象的体现，泌阳凹陷的勘探实践也证实该凹陷不存在明显超压。超压不明显表明该区页岩油气保存条件一般，同时也说明该区地层能量不高，不利于页岩油的开采。

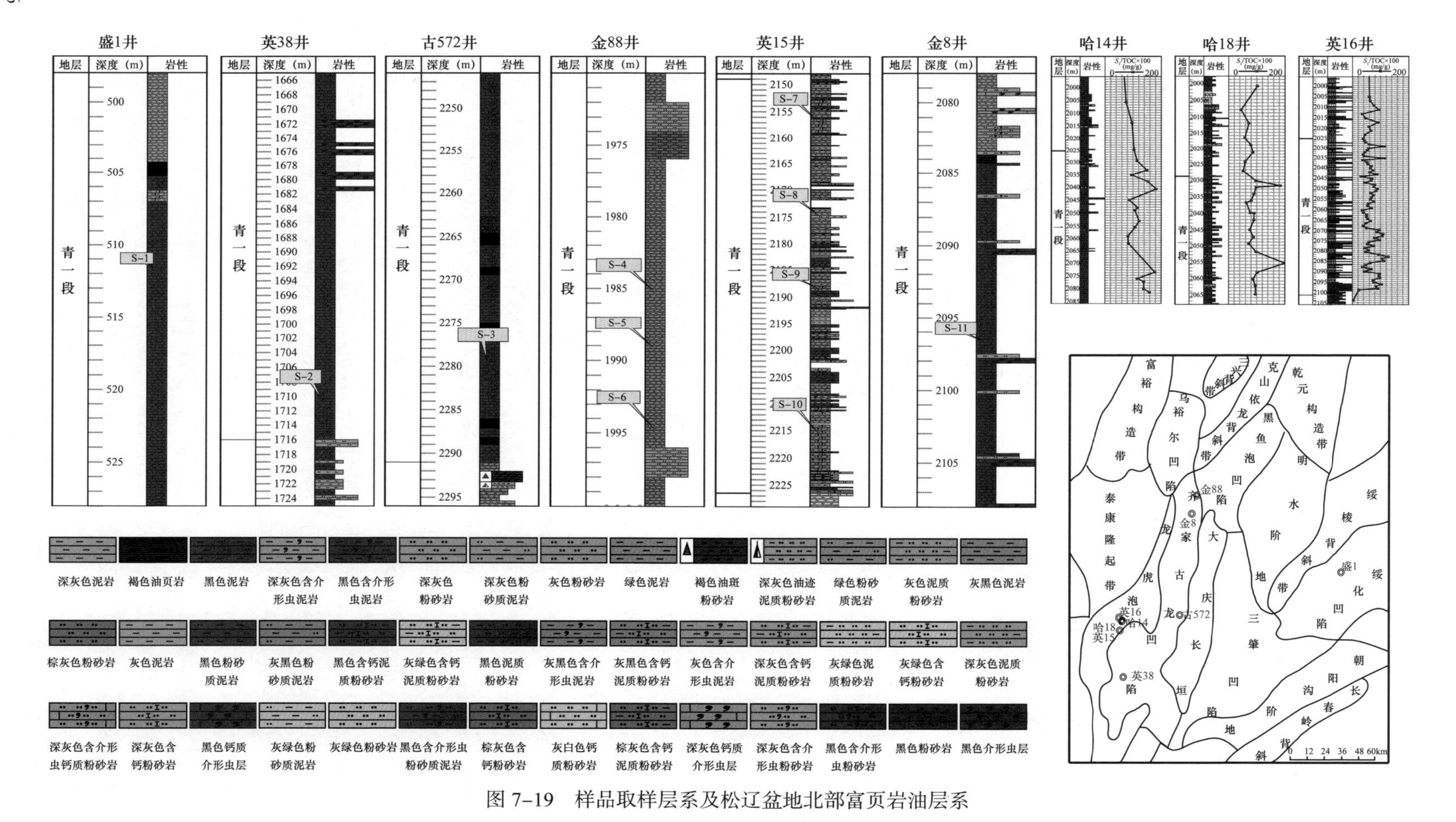

图 7-19　样品取样层系及松辽盆地北部富页岩油层系

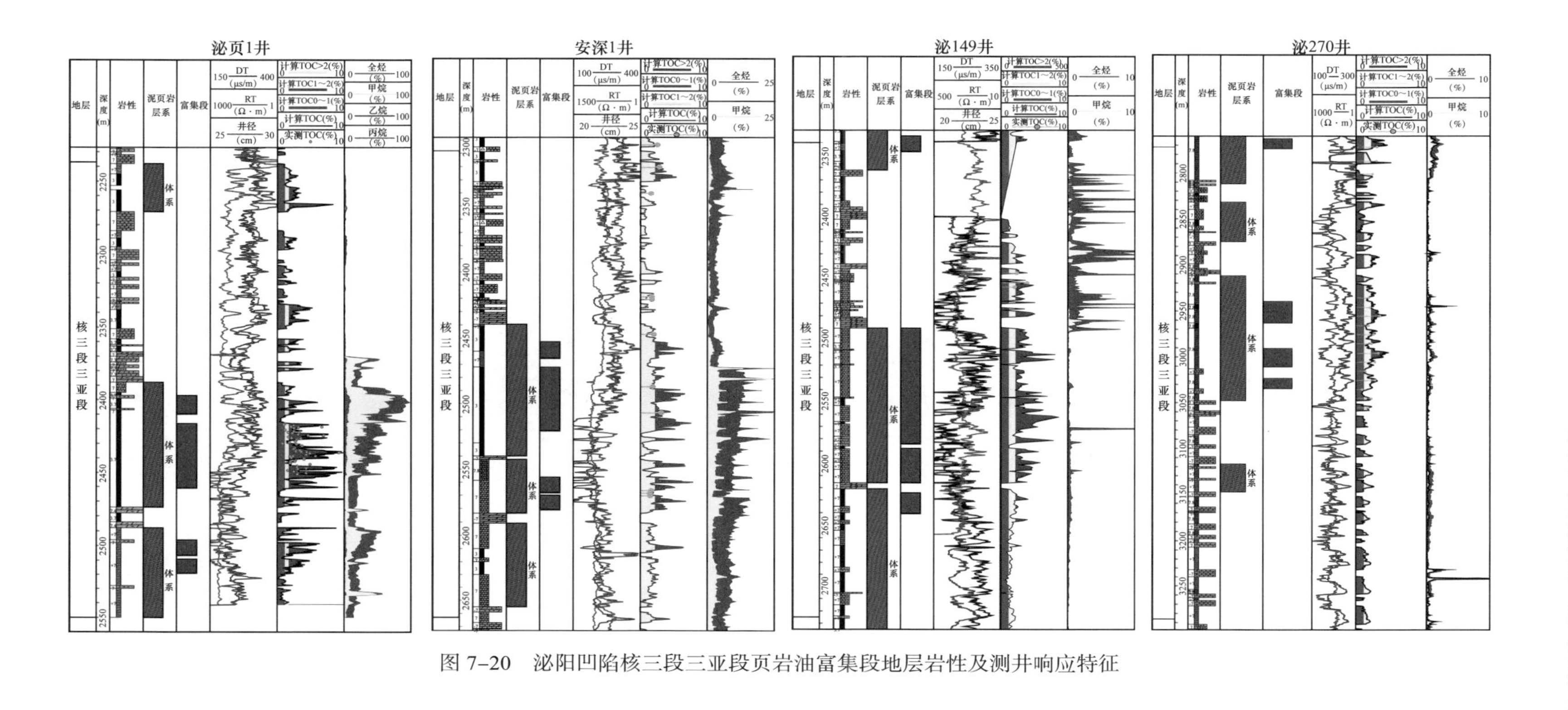

图 7-20　泌阳凹陷核三段三亚段页岩油富集段地层岩性及测井响应特征

第二节　页岩油可采主控因素

一、储层改造条件

储层改造的最终目的是形成复杂的网状裂缝，提高渗流能力。在地应力场和施工条件一定的情况下，影响储层压裂效果的主要是岩石的脆性和天然孔缝的发育。首先，岩石的脆性越高，越容易形成网状裂缝，而天然的孔缝可以与人造裂缝相互连通，进一步增加储层的渗流能力。泌阳凹陷具备一定的天然孔缝，尤其是页理、纹理发育（图 7–11、图 7–12），它们很容易与压裂过程中产生的高角度裂缝连通形成网状输导体系。泌阳凹陷泥页岩脆性矿物含量多数超过 50%，泌页 1 井脆性矿物含量与泌阳凹陷整体大致相当，安深 1 井脆性矿物含量稍高，一般在 60% 以上（图 7–21）。安深 1 井偶极子声波测井解释的岩石力学参数反映核桃园组主力层段页岩泊松比为 0.25～0.35，杨氏模量为 20～63 GPa，闭合压力为 38.37～57.49 MPa，地层破裂压力为 40.59～62.46 MPa（陈祥等，2015）。海相页岩黏土矿物含量多低于 30%（Wang 和 Carr，2013），与其相比，陆相页岩总体具有黏土矿物含量较高的特征，此为制约陆相页岩油可采性的关键因素。

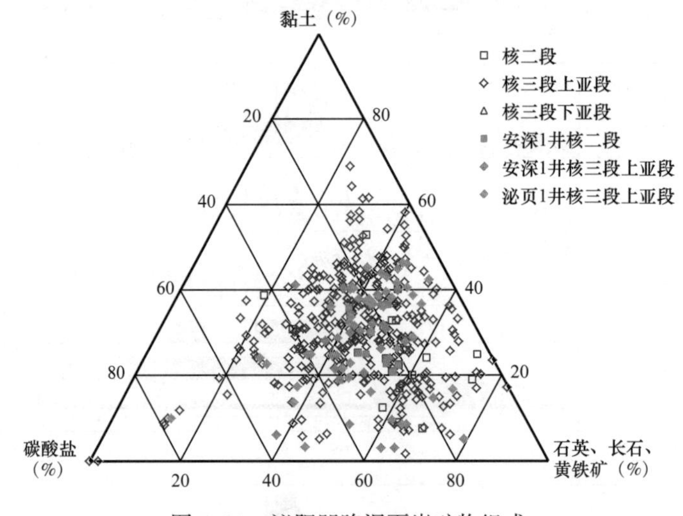

图 7–21　泌阳凹陷泥页岩矿物组成

水平应力差是制约储层压裂改造效果的重要因素，一般情况下水平应力差小于10%，有利于形成复杂裂缝或网络缝，易获高产；水平应力差为 10%～25%，高压下可形成较为复杂的裂缝，能获中高产；水平应力差大于 30%，不能形成复杂裂缝，普遍低产。我国焦石坝地区地应力差小于 10%，与北美主力页岩相似，压裂效果好，而昭通、长宁和威远地区则在 20%～25% 之间，影响压裂效果。此外，水平井眼的轨迹应垂直最大主应力。通过开展页岩地应力差应变分析测试发现，泌阳凹陷页岩油核心区的垂直主应力梯度平均为 0.0244MPa/m，水平最大和最小主应力梯度平均为 0.0197MPa/m 和 0.0160MPa/m，

三个主应力梯度中垂向主应力梯度最大，易于压裂的人工裂缝横向延伸。同时反映出岩层地应力各向异性较弱，有利于压裂改造网状缝的形成（陈祥等，2015）。

二、原油物性

原油物性是影响页岩油开采的重要因素之一，不难理解，对于低孔渗的致密储层，低密度、低黏度的原油更容易被采出。北美致密、页岩油的密度一般为重度高于 40°API 的轻质油、凝析油（图 7–22），这是其稳产、高产的重要因素（图 7–23）。原油物性主要取决于原油的组成，也可以由原油中胶质 + 沥青质的含量或原油中溶解天然气的数量反映，前者含量越低或者后者含量越高，可采性越好。图 7–24 绘出了泌阳凹陷原油、泥页岩抽提物随深度变化关系，从中可以看出，随深度（成熟度）的增加，原油及抽提物中胶质与沥青质的含量呈明显的降低趋势。安深 1 井、泌页 1 井原油性质介于同深度常规原油与泥页岩抽提物之间。这主要是由于原油从烃源岩排出的初次运移过程中存在组分分馏作用，烃类更多地排出，而胶质和沥青质则更多地残留在泥页岩中；而与烃源岩抽提物相比安深 1 井和泌页 1 井早期所产原油主要源自较大的孔缝（层理、裂缝），跟基质孔隙中原油相比烃类含量较高，而且烃源岩抽提物存在轻烃挥发损失的问题。

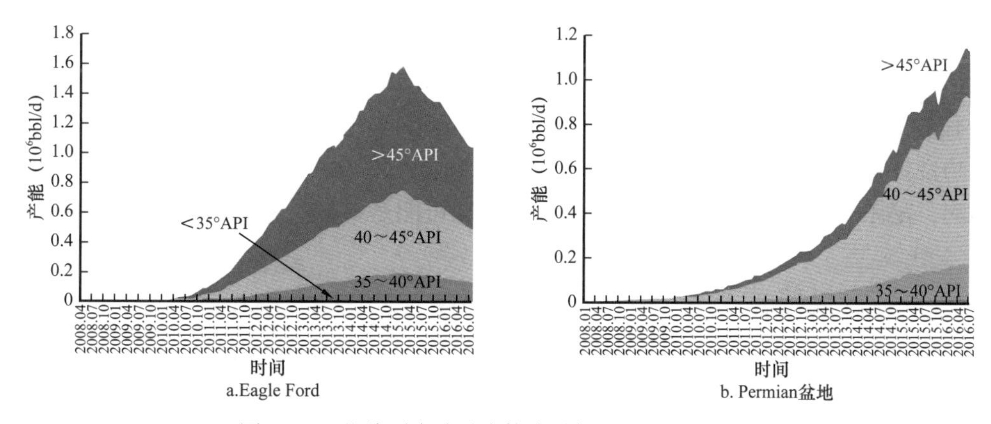

图 7–22　北美页岩油重度构成（据 Berman，2017）

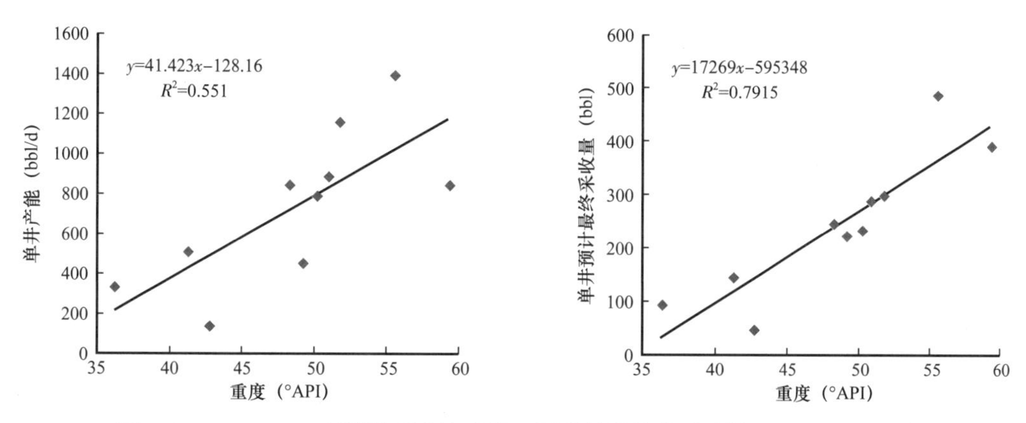

图 7–23　Eagle Ford 页岩油重度与产能、可采储量的关系（据 Swindell，2012）

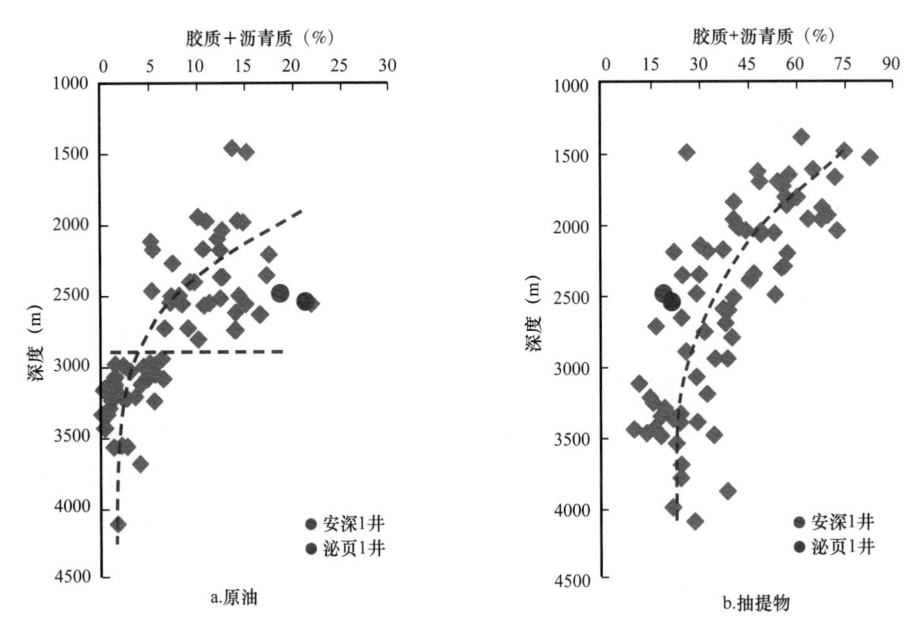

图 7-24　泌阳凹陷原油及泥页岩抽提物胶质 + 沥青质含量随深度的变化规律

随着胶质 + 沥青质含量的降低，原油的密度和黏度呈明显下降趋势（图 7-25），特别是在 2800m 左右，原油密度和黏度开始骤减。泌页 1 井、安深 1 井由于目的层埋深较浅，有机质成熟度较低（R_o 平均为 0.86%），所产原油的密度和黏度均处于高值区。从原油物性考虑，2800m 以深应是页岩油开发的有利深度段。结合成熟度对泥页岩含油量的影响，泌阳凹陷泥页岩埋深较大的东南部地区可能是下步页岩油勘探开发的有利区。

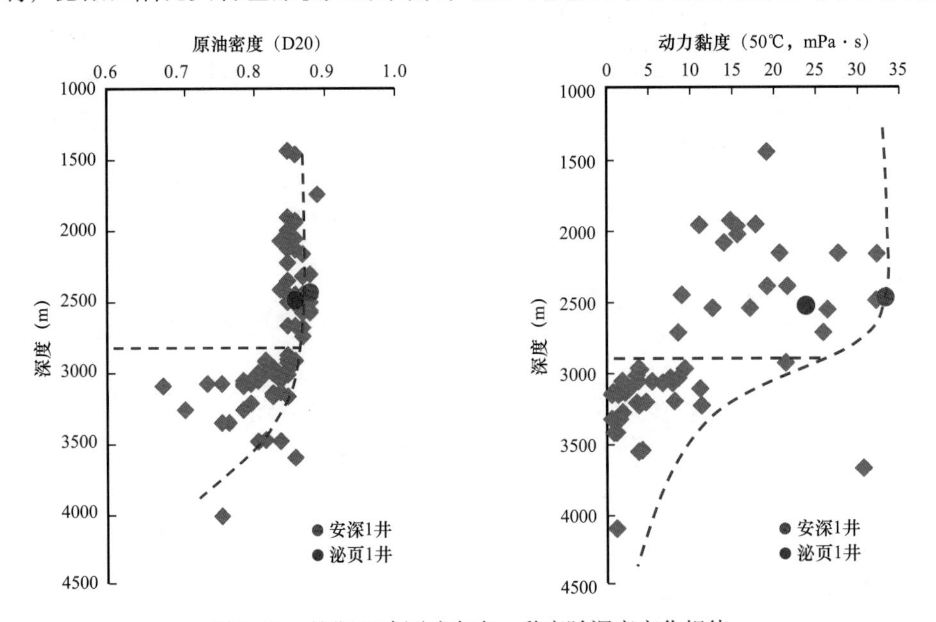

图 7-25　泌阳凹陷原油密度、黏度随深度变化规律

三、地层压力

页岩的致密性决定了页岩油气的开采需要有充足的地层能量，即较高的地层压力。而地层压力与页岩油的保存条件息息相关，保存条件较好的情况下生烃增压会产生明显的地层超压。也就是说超压是含油气量和地层能量的直接体现。Midland 盆地 Wolfcamp 组地层压力为 28～40MPa，压力系数为 1.18～1.5，属超压地层。Midland 盆地 Wolfcamp 组 B 段地层压力与埋深和成熟度具有很好的正相关性，说明生烃增压是 Wolfcamp 组发育超压的主要原因（图 7–26）。图 7–27 中给出了 Midland 盆地 Wolfcamp 组 B 段 29 口井的估计可采储量。根据储量大小油井被分成三个等级，其中储量较大的油井位于压力梯度较大的区域（＞0.57psi/ft），储量较小的油井位于压力梯度较小的区域（＜0.52psi/ft），储量中等的油井区域压力梯度分布范围较大，为 0.5～0.56psi/ft，证明地层压力对油井产量具有重要的作用（图 7–27）。

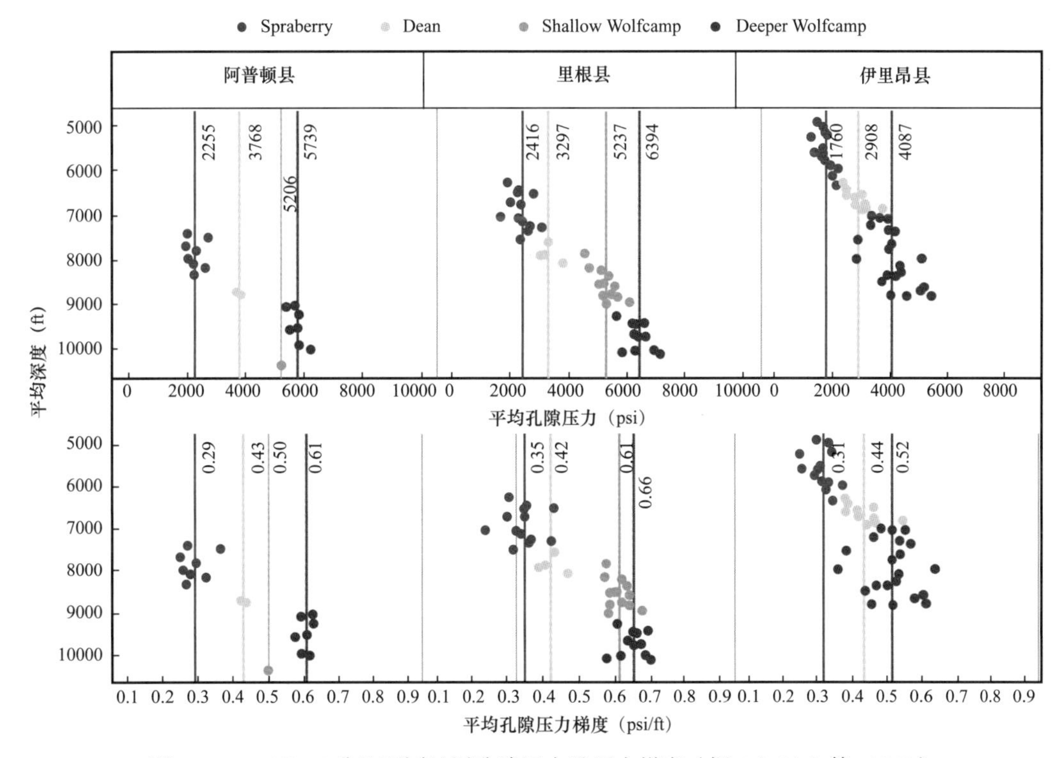

图 7–26　Midland 盆地不同地层孔隙压力及压力梯度（据 Friedrich 等，2013）

页岩油的保存条件主要涉及沟通传统源储的断裂、源内裂缝的发育程度和岩性组合等，即相对稳定的构造环境和良好的顶底封盖条件是影响页岩油保存的重要因素。同时，压力系数是判断地层能量充足与否的一个重要指标。王永诗等（2012）对渤南洼陷沙三段下亚段压力系数与产油量关系的研究表明：压力系数越大，产能一般越高，即地层能量充足，保存条件好（图 7–28）。

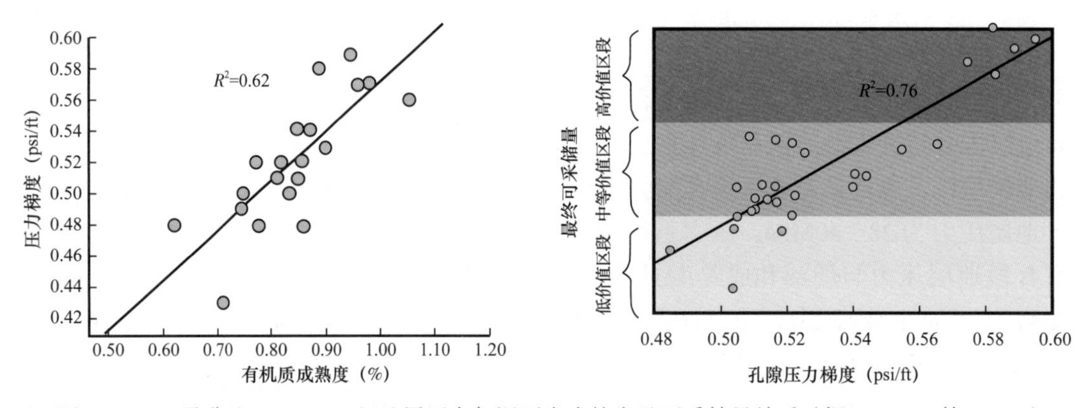

图 7-27　二叠盆地 Wolfcamp 组地层压力与泥页岩成熟度及可采储量关系（据 Loughry 等，2015）

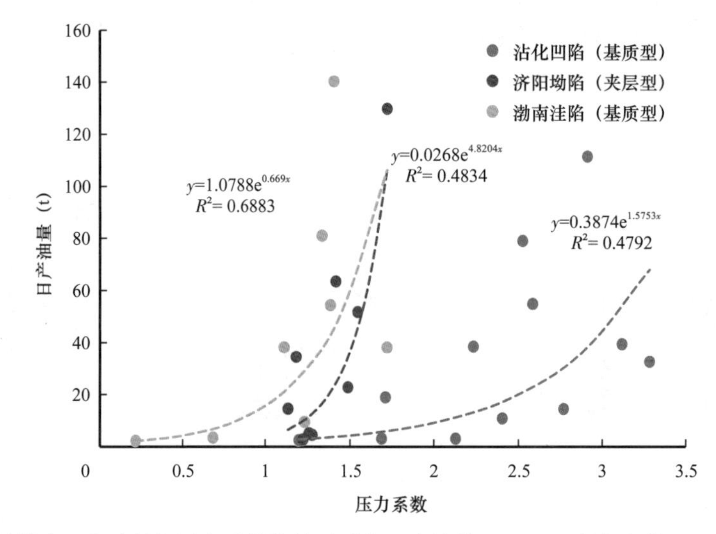

图 7-28　济阳坳陷日产油量与压力系数的关系（据王永诗等，2012；宁方兴等，2015；苏思远等，2017）

Bakken 组地层平坦，构造活动平缓，未发生强烈的变形，剖面上粉砂岩和厚层的泥页岩相互叠置，平面上相同岩性的地层大面积连续分布，构成了源储一体岩性组合，且压力系数为 1.35～1.58，为页岩油的保存创造了条件（Kuhn 等，2012）。Eagle Ford 页岩油产区处于稳定的构造区域，地层产状变化小，不发育大型断裂，页岩油保存条件好；Eagle Ford 组垂向上为夹心饼式岩性组合，由下到上依次为石灰岩、页岩、石灰岩，这种岩性组合有利于页岩油的保存；压力系数为 1.35～1.80，具有超压特征，对页岩油的保存具有良好的指示作用（Adkins 和 Lozo，1951；祝彦贺，2013；胡东风等，2010）。

江汉盆地潜江组顶底均为盐岩层，盐岩在各蒸发岩中韧性最强，同时兼具门限压力高及极低渗透率的特征，具有极好的封闭能力。潜三段 10 号韵律层在王场背斜存在超压，压力系数为 1.32。潜三段 10 号韵律层中存在超压的可能使顶底盐岩层发生过水力破裂，造成了油气的泄漏，但潜三段 10 号韵律层中仅见钙芒硝充填的现象可能指示裂

缝只与钙芒硝层发生了沟通，而并未抵达盐岩层。与之类似的，生物标志化合物 C_{29} 甾烷 $-20S/(20S+20R)$ 和 C_{20} 甾烷 $-\beta\beta/(\alpha\alpha+\beta\beta)$ 的差异表明盐间层中的油气并未在超压存在的情况下进入底部盐岩中的薄层灰质泥岩之中，亦即超压的存在并未破坏盐岩层的封闭性。

济阳坳陷渤南洼陷沙三段下亚段在烃源岩主要生排烃期断层活动基本停止，具有良好的页岩油后期保存条件；渤南洼陷发育沙四段、沙三段中下亚段等区域性盖层，且沙四段上亚段发育有连续性膏盐层，形成了良好的封盖条件；此外，盖层下发育超压体系，压力系数为 1.5 左右，构成了相对封闭的流体封存箱（牟雪梅，2010）。宁方兴等（2008）对济阳坳陷页岩油富集主控因素的剖析表明，异常压力越大，毛细管压力越小，夹层型页岩油越易成藏（图 7–28）。苏思远等（2017）对沾化凹陷内的 10 口产油井与地层压力系数进行统计表明（图 7–28），压力系数越大，产能一般越高。松辽盆地古龙凹陷青山口组及其以后沉积时期未发生断裂，且存在的裂缝段发育在青山口组泥岩内部，上未穿顶、下未透底，有利于页岩油保存；青山口组上下层位为泥砂岩互层，压力系数为 1.2～1.3，保存条件较好。

对比发现，美国的页岩油与国内均具有相对稳定的构造环境和良好的岩性组合条件，为页岩油富集创造了良好的保存条件。从压力系数对保存条件的指示作用可以看出，美国 Bakken 组、Eagle Ford 组的地层能量较高，保存条件好于国内页岩油储层。

四、开发方式

图 7–29 为泌阳凹陷泌页 1 井页岩油气产能曲线，从中可以看出页岩油产能呈指数型下降，页岩气产能呈先下降、后高值波动、最后平稳的三阶段特征。这种产能变化曲线是 Bakken 组页岩油气生产过程中最为典型的一种（Tran 等，2011）。页岩油气产能的变化反映了地层压力变化下页岩油气赋存空间、相态的变化。在页岩气产能快速降低的第一阶段（50d 之前），单相流体（页岩气以溶解态产出）从裂缝网络流向井筒，储层压力高于泡点压力，但压力急剧下降；在页岩气产能出现高值波动的第二阶段（50～150d），储层压力低于泡点压力，气体从溶解态解析出来，油仍从裂缝网络流向井筒；在页岩气产能趋于平稳的阶段（150d 以后），基质开始向裂缝网络排烃，气和油的产量趋于稳定。原油中溶解天然气的数量对其黏度有重要影响，天然气的大量脱溶必然造成原油黏度的大幅上升，从而不利于页岩油的产出，降低页岩油最终的采收率。因此生产过程中应尽量延缓储层压力的降低，延长页岩气产出的第一周期，使页岩气更多地以溶解态而不是以游离态产出，最终达到提高页岩油采收率的目的。此外，以往对致密储层的研究表明，低渗透储层一般具有较强的应力敏感性，地层压力的降低会进一步降低储层渗透率，增强流—固耦合作用，增大启动压力梯度，不利于致密油气的开采（郭肖和伍勇，2007；胥洪俊等，2008；李传亮，2009）。而且，泥页岩相对致密砂岩具有较高的黏土矿物含量，塑性较强，储层应力敏感会更为明显。基于该认识，页岩油气开采过程中也应尽量保持储层压力。

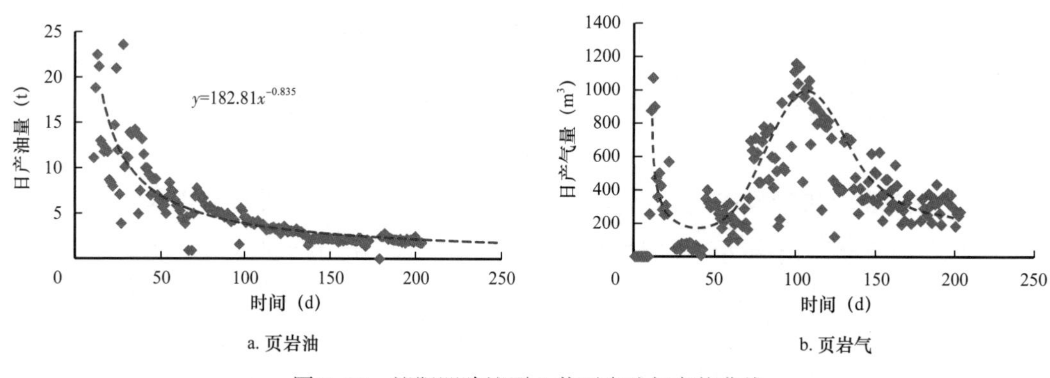

图 7-29　泌阳凹陷泌页 1 井页岩油气产能曲线

第三节　页岩油有利区（甜点）评价和预测

一、基本思路

对常规油气藏的勘探，人们首先关注的是其有无，其次才是优劣；但对规模性连续分布，且总体上物性较差、非均质性较强的页岩油藏，在一定范围内，页岩油的有无并不是问题，人们更关注的是差中选优，要找到页岩油的有利勘探开发区——甜点。近年来，国内学者采用不同方法进行页岩油气有利目标区优选，如综合信息叠合法（聂海宽等，2009；龙鹏宇等，2012；赵瞻等，2017）、基于地理信息系统的（GIS）模糊优化法（胡宝林等，2015）、综合因子分析法（李中明等，2016）和层次分析法（臧东升等，2014；周宝艳等，2018）等。在勘探初期，这些方法有一定效果，但有些方法应用指标偏多，内涵有交叉，有些方法考虑不全面，如页岩油气富集区不一定是高渗区或者易压裂区，页岩油气富集区往往黏土矿物、有机质等含量较高，导致泥页岩脆性下降，难以有效压裂，同时高黏土含量导致泥页岩渗透性变差（Li 等，2016）。

笔者认为，从原理上讲，页岩油气的甜点，应该既是地质上的甜点，也是工程上的甜点（图 7-30）。地质甜点的内涵首先是资源甜点，因为页岩油资源的富集是其效益开发的基础；其次是物性甜点，因为必须具有基本的孔、渗，尤其是有基本的渗透性，才能使页岩油有效流入人工压裂缝（人工压裂缝能够直接沟通孔隙毕竟只占一小部分），实现有效的开发。同时，从现有的认识和技术来看，页岩油的有效开发离不开水平井和大型压裂技术，因此，页岩油气的甜点还应该是工程甜点，即它有利于在压裂过程中形成复杂的缝网。这一方面取决于页岩自身脆性的高低，同时也与地应力场中水平应力差的相对大小有关。如前所述储层改造条件，如果相对水平应力差过大（＞30%），则不利于形成复杂缝网。不过，在我国东部湖相泥页岩所处的张性应力环境中，相对水平应力差总体不高。因此，东部湖相泥页岩的可压裂性主要受控于页岩的脆性，即高脆性段（区）为页岩油的工程甜点。

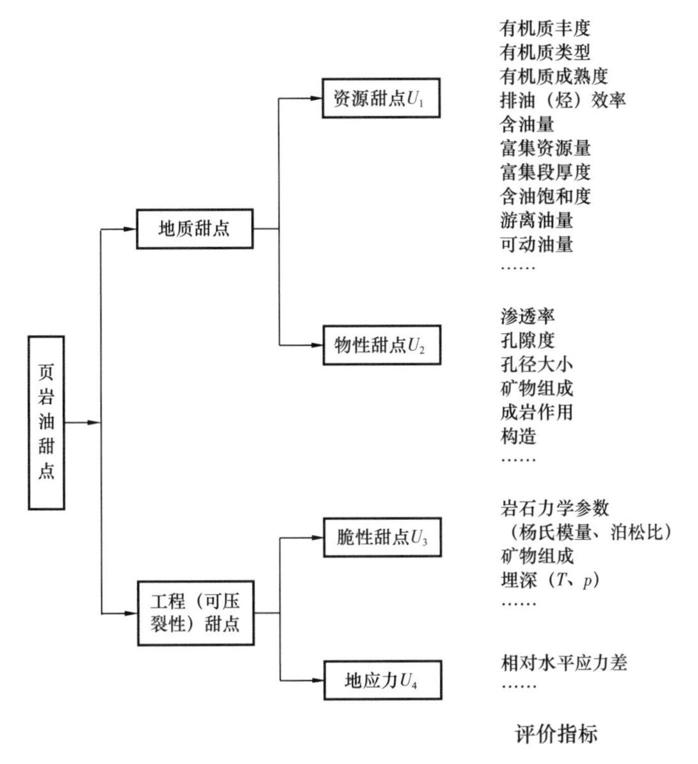

图 7-30　页岩油甜点评价的内涵及可能参数

基于上述原理和分析，这里以济阳坳陷东营凹陷为例，介绍一种基于主地质参数的页岩油甜点定量化综合评价方法。以决定页岩油资源、储层物性及工程甜点的主地质参数作为评价指标，构建综合权重因子，确定页岩油勘探开发甜点层（区），从而优选出页岩油勘探开发有利靶区。

二、参数选取

（一）主地质参数优选

如前所述，页岩油有利区（甜点）应该既是页岩油资源甜点、储集物性甜点，又是储层工程甜点。因此，解决页岩油甜点优选问题的关键即为寻找能表征页岩油资源、储集物性和工程甜点的主地质参数。

不难理解，页岩中的可动油量较总含油量参数更能够反映页岩中的可采油量，而游离油量是理论最大可动用油量。故可以游离油量（参见第四章第四节）来作为表征页岩油资源甜点的主地质参数，但如果资料有限或研究程度未到，也可以由富集资源量（强度）（参见第二章第一、二节），或者含油量（强度）（参见第二章第四节），甚至由 TOC 的高值来指示；物性甜点的评价可以在第三章建立的页岩油储层分级评价标准（参见第三章第四节）的基础上进行。由于分级评价是通过孔隙度、渗透率等指标来实现的，因此，有关指标，尤其是渗透率可作为表征页岩储层物性甜点的主地质参数。从原理上讲，泥页岩的脆性甜点可以利用以下两方面的技术来评价：（1）直接法。利用泥页岩样品的岩石力学参数，如杨氏模量和泊松比来评价泥页岩的脆性。杨氏模量高、泊松比低的泥页岩脆性强（参见第六章第一节）。（2）间接法。利用泥页岩的矿物组成评价其脆性。石英等脆性矿物含量高的泥页岩脆性高，可压裂性好，黏土等韧塑性矿物含量高的泥页岩脆性低，可压裂性差（参见第六章第三节）。直接法中，评价页岩的岩石力学参数最为直接、可信的方法是利用岩心样品在实验室中进行应力—应变测试获取（参见第六章第一节），但受制于可以利用的样品数、分析经费、时间等方面因素的制约，加上该方法不具备预测性，因此，实际应用中，更多利用测井资料来评价（参见第六章第三节）或地震资料来预测。间接法中，评价矿物组成最为直接、可信的方法是利用岩心样品在实验室中进行XRD衍射分析获取，或利用高分辨率电镜观察、统计获得。基于同上的原因（样品数、分析经费、时间、预测性），实际应用中，更多是利用测井资料来评价（参见第六章第三节）或预测（井间插值）。不过，在东营凹陷中泥页岩的泊松比变化不大（参见第六章第一节，见图6–7），因此页岩的杨氏模量可以反映其脆性（可压裂性），加上杨氏模量可以由测井资料计算（参见第六章第三节），故这里以其作为表征页岩储层工程甜点的主地质参数。即在东营凹陷目前的资料积累和研究程度下，可以选用游离油量、渗透率和杨氏模量分别作为反映东营凹陷资源甜点、物性甜点和工程甜点的主地质参数。其他地质参数则可通过影响这些主地质参数而间接地反映页岩油有利区。

主地质参数优选使得过去复杂的、多参数的综合信息评价体系得以简化，可以有效降低甜点评价、优选的工作量。例如，游离油量是有机质丰度、类型、成熟度、排烃效率、矿物组成、地质构造等多种地质因素综合作用的结果，根据实测（或测井预测）游离油量可直接找出页岩油资源甜点区，无须分析有机质丰度、类型等一系列地质因素。

（二）确定主地质参数权重评价值

主地质参数权重评价值确定是有利区优选的关键环节，而地质参数平面及纵向非均质性使得泥页岩不同部分地质参数值不同，其对应的权重评价值亦不相同。泥页岩游离油量越高、渗透率越高、可压裂性（杨氏模量）越好，越有利于页岩油开采。基于这一认识，根据研究区主地质参数分布范围，将最大值对应的评价值设定为10，并以最大值将主地质参数进行归一化处理，以此获得主地质参数权重评价值。其中游离油量和杨氏模量以最大值进行线性归一化处理，为了消除对数负值渗透率则采用对数极差归一化处理。

$$U_1 = \frac{S_{1m}}{S_{1m,max}} \times 10 \tag{7-1}$$

$$U_2=\frac{\lg K-\lg K_{\min}}{\lg K_{\max}-\lg K_{\min}}\times 10 \tag{7-2}$$

$$U_3=\frac{E}{E_{\max}}\times 10 \tag{7-3}$$

式中，U_1 为游离油量权重评价值；S_{1m} 为泥页岩游离油量，mg/g；$S_{1m,\ max}$ 为研究区泥页岩游离油量最大值，mg/g。U_2 为渗透率权重评价值；$\lg K$ 为泥页岩渗透率对数；$\lg K_{max}$ 为研究区泥页岩渗透率最大值对数；$\lg K_{min}$ 为研究区泥页岩渗透率最小值对数；U_3 为杨氏模量权重评价值；E 为泥页岩杨氏模量，GPa；E_{max} 为研究区泥页岩储层杨氏模量最大值，GPa。由于这三方面的参数都是页岩油得以有效开发的必要条件，具有一票否决的性质，本次研究定义综合权重因子为三个主地质参数权重评价值乘积：

$$U=U_1\times U_2\times U_3 \tag{7-4}$$

1. 游离油量

如前所述，游离油量可以作为页岩油资源甜点的主地质参数。在第四章（参见第四章第四节）中介绍了多种可以评价页岩中游离油量（可动油量）的技术手段，其中图 4-51、图 4-66、图 4-75 就分别利用经验法、吸附 / 溶胀法、毛细凝聚法评价得到了济阳坳陷东营凹陷利页 1 井剖面沙三段下亚段、沙四段上亚段页岩油可动量垂向分布，从中可以明显看出页岩油的资源甜点层段。利用同样的方法，可以对东营凹陷有相关测井资料的井进行类似的评价，作为综合甜点评价的基础。

2. 渗透率

同样，前文已经说明，渗透率可以作为反映页岩油物性甜点的主地质参数。第三章已经介绍了利用测井资料计算页岩储层的水力流动带指数（FZI）和孔隙度，进一步计算其渗透率的方法（参见第三章第四节；卢双舫等，2018）。应用该方法，评价了济阳坳陷东营凹陷博兴、利津和牛庄洼陷 27 口井沙三段下亚段和沙四段上亚段泥页岩渗透率纵向分布，渗透率最大值对数为 2.248，最小值对数为 −3.070。图 3-55 展示了牛页 1 井的评价剖面，图 3-56 展示了连井剖面，图 3-57 给出了渗透率较高的 Ⅰ 级储层的等厚图分布。这些展示了评价区的页岩油物性甜点段、区，也可以作为后面页岩油综合甜点评价的基础。

3. 杨氏模量

前文也论证，杨氏模量可作为东营凹陷页岩可压裂性的主地质参数。利用第六章中所介绍的评价杨氏模量的测井方法，定量评价了东营凹陷 27 口井沙三段下亚段和沙四段上亚段泥页岩杨氏模量纵向分布，最大值约为 55GPa。图 6-33—图 6-35 以樊页 1 井、利页 1 井和牛页 1 井为例展示了评价结果（参见第六章第三节）。可以看出，杨氏模量评价结果能够反映区内泥页岩纵向可压裂性分布特征，其值大小与有机质含量呈负相关，随着围压的增加而增加，与泥页岩力学特性实验结果具有很好的一致性（Li 等，2015）。

三、页岩油甜点（有利区）综合评价

（一）综合权重因子及有利层（系）分布

基于游离油量、渗透率及杨氏模量权重评价值，计算了东营凹陷27口井沙三段下亚段和沙四段上亚段泥页岩综合权重因子。结果显示，综合权重因子在平面上表现出强非均质性（图7-31）。利津洼陷综合权重因子最高，介于0～871.71之间，平均为51.90，主要分布在20～80范围内（图7-32b）；牛庄洼陷次之，介于0～139.68之间，平均为20.22，主要分布在0～40范围内（图7-32c）；博兴洼陷综合权重因子最低，介于0～108.1之间，平均仅为9.73，集中分布在小于20范围内（图7-32a）。根据东营凹陷综合权重因子分布，将其分为三级：页岩油勘探开发有利层（$U \geq 40$）、低效层（$20 \leq U < 40$）和无效层（$U < 20$）。其中页岩油勘探开发有利层主要分布在利津洼陷，牛庄洼陷仅分布在部分层段，博兴洼陷分布极少，低效层主要分布在牛庄洼陷，利津洼陷次之，而博兴洼陷主要分布无效层。

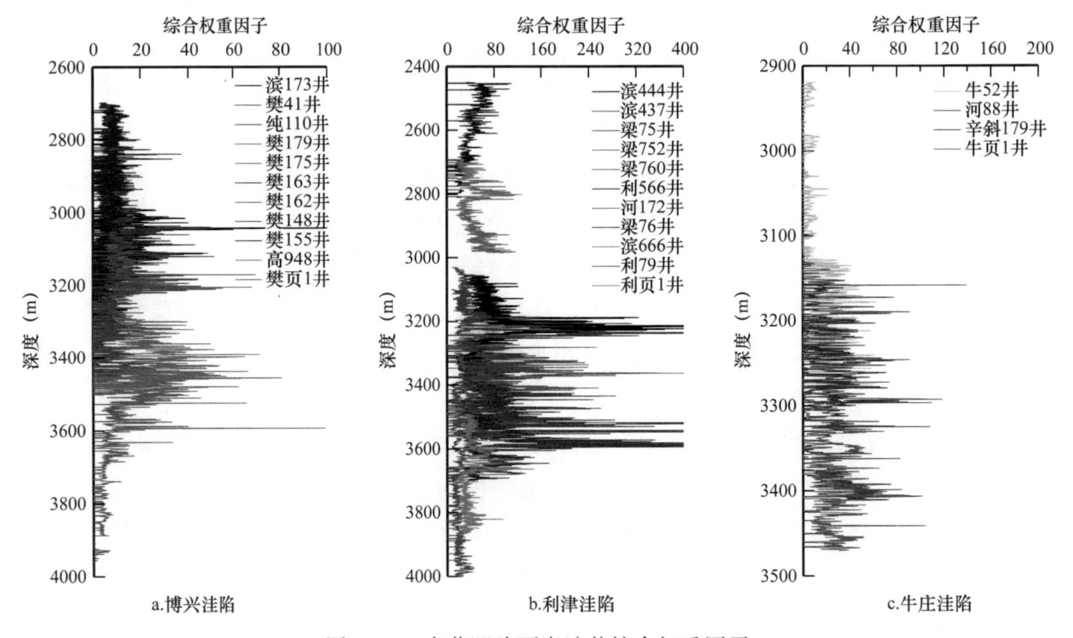

图7-31　东营凹陷页岩油井综合权重因子

页岩油勘探开发有利层系是指泥页岩连续厚度大于30m，以有利层为主，连续低效层（或/和无效层）不超过2m，且总厚度不超过整体1/3的泥页岩层系。结果表明，东营凹陷泥页岩有利层系主要分布在利津洼陷，其中滨444井最厚，有利层系累计厚度达到251.5m，利页1井最薄，累计厚度为42.10m，累计厚度平均值达到146.90m。页岩油有利层系主要分布在沙三段下亚段，利津洼陷累计厚度达到1219.79m，沙四上纯上亚段相对较少，累计厚度达到396.13 m。东营凹陷页岩油有利层系单井和连井纵向分布特征揭示（图7-33），沙三段下亚段有利层系主要取决于页岩油游离油量，主要分布在低效

和无效夹层较少的高游离油量层段。单井有利层系的发育指示甜点层段，连井有利层系应该指示可能的水平井钻井轨迹。

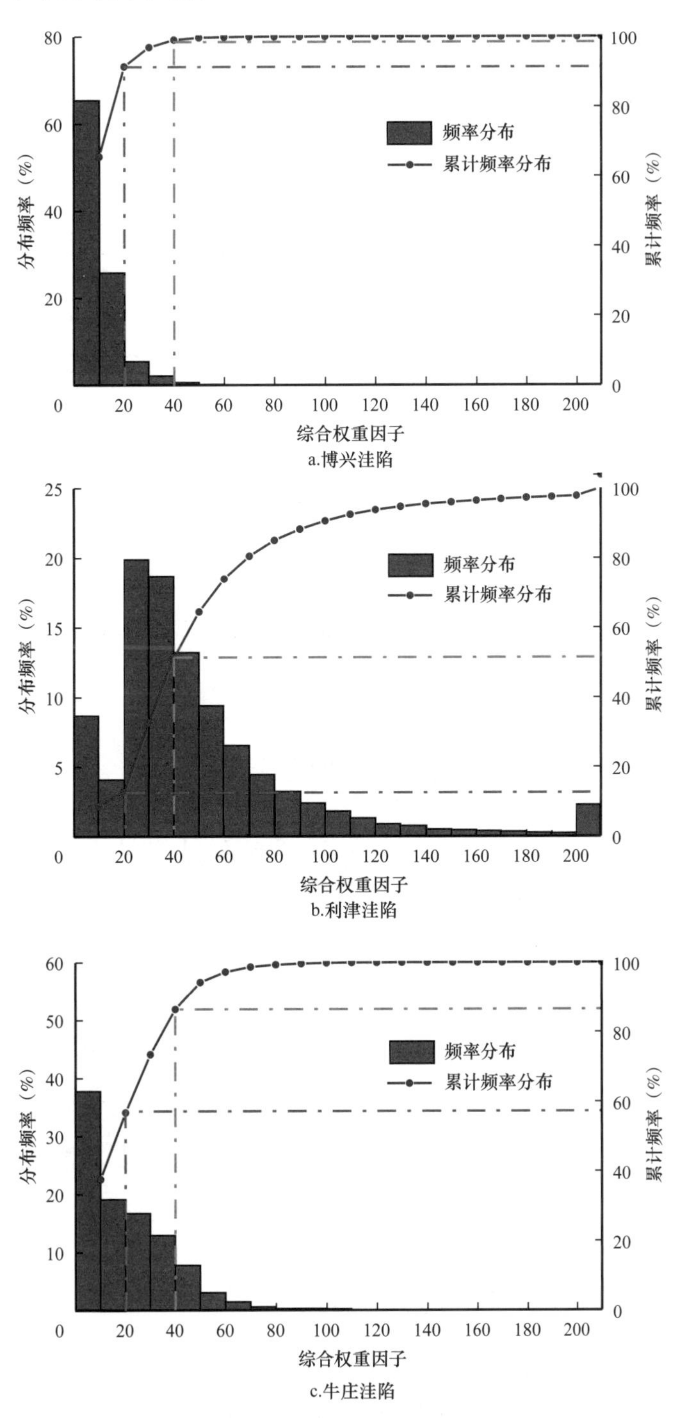

图 7–32　东营凹陷综合权重因子频率分布

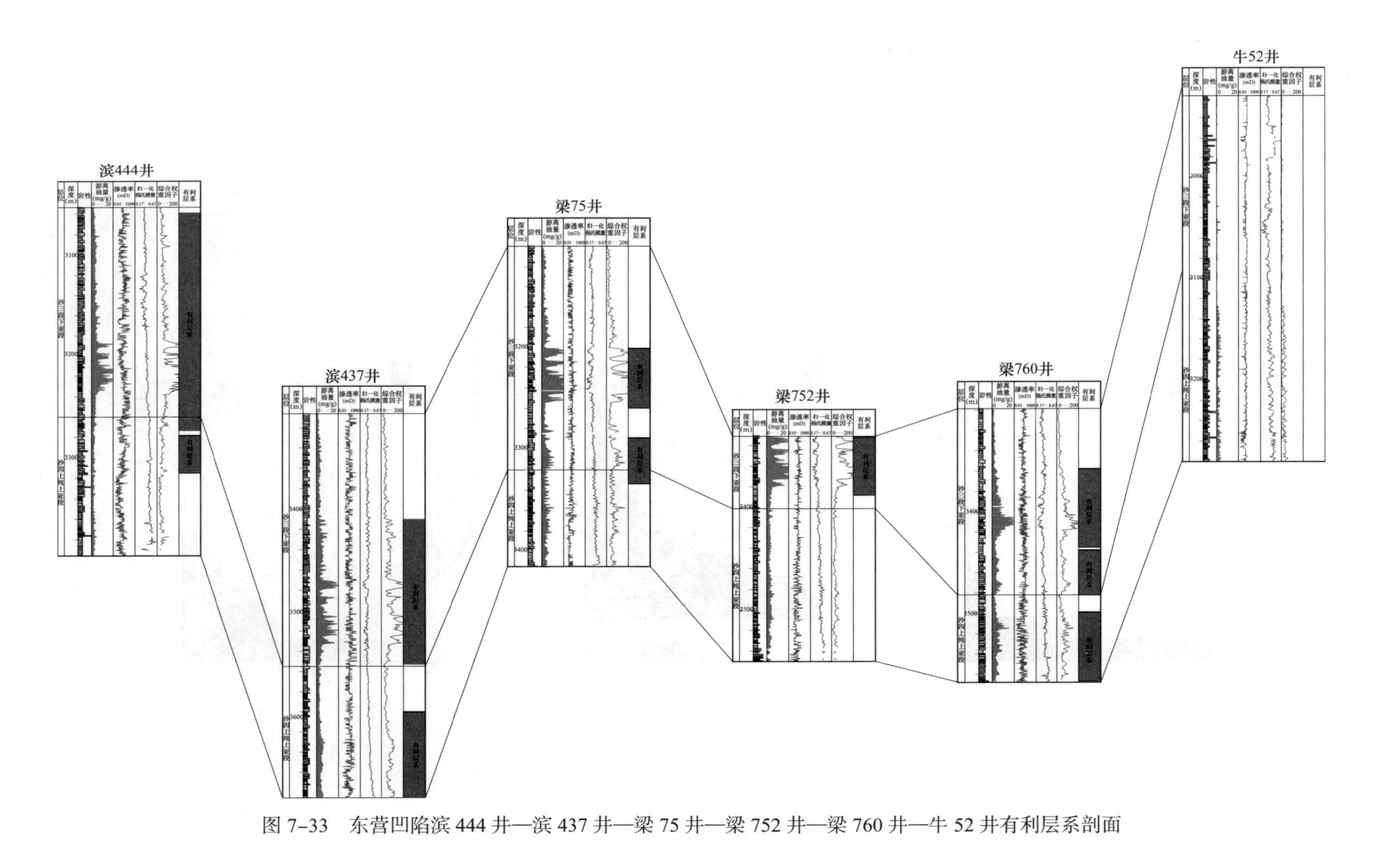

图 7-33　东营凹陷滨 444 井—滨 437 井—梁 75 井—梁 752 井—梁 760 井—牛 52 井有利层系剖面

（二）页岩油甜点（有利）区评价结果

利用前述方法对不同井进行页岩油有利层系评价并统计其厚度之后，不难作出各层位有利层系等厚图（图 7–34、图 7–35），厚度较大的区域应该指示甜点区。从图中可以看出，东营凹陷沙三段下亚段有利区主要分布在利津洼陷南部和北部，分别以滨 444 井—梁 76 井（有利区Ⅰ）和河 172 井（有利区Ⅱ）为中心形成两个页岩油有利区（图 7–34）。有利区Ⅰ平均有利层系厚度达到约 142m，面积为 $291.50km^2$，游离资源量约为 7.75×10^8t。有利区Ⅱ有利层系平均厚度达到 156m，面积为 $168.88km^2$，游离资源量约为 4.38×10^8t。沙四段上亚段有利区主要分布在利津洼陷西南部（有利区Ⅲ）和南部（有利区Ⅳ）（图 7–35）。有利区Ⅲ以梁 75 井为中心，面积为 $274.88km^2$，游离资源量为 2.46×10^8t；有利区Ⅳ包括梁 760 井，面积为 $145.21km^2$，游离资源量为 1.48×10^8t。

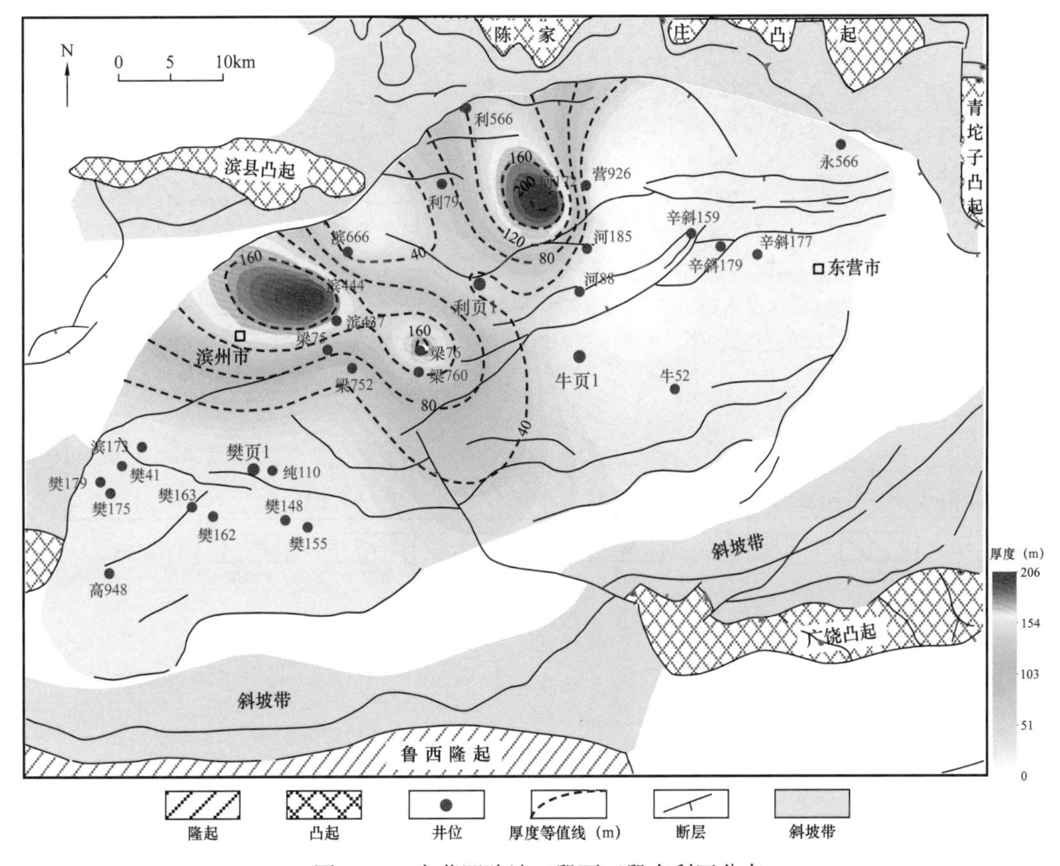

图 7–34　东营凹陷沙三段下亚段有利区分布

需要强调的是，上述介绍的是页岩油甜点评价的基本原理和思路。页岩油资源甜点、物性甜点、工程甜点评价中，主地质参数的筛选也并非是固定不变的，而是应该随地质条件、资料积累、研究程度而变化。例如，如果研究靶区的研究还没有深入到可动油量时，资源甜点可以由含油性甜点或者富集资源丰度、高 TOC 段、富集段的厚度，甚至有效页岩层系的厚度来反映。如果研究区的泊松比不像东营凹陷这样变化较小，则由岩石力学参数评价页岩的可压裂性时，还需要考虑泊松比的变化。如果没有岩石力学参数，则可以由脆性矿物的含量占全岩的比值构建脆性系数来评价页岩的可压裂性。下面给出其他含油气盆地进行页岩油甜点评价的部分实例。

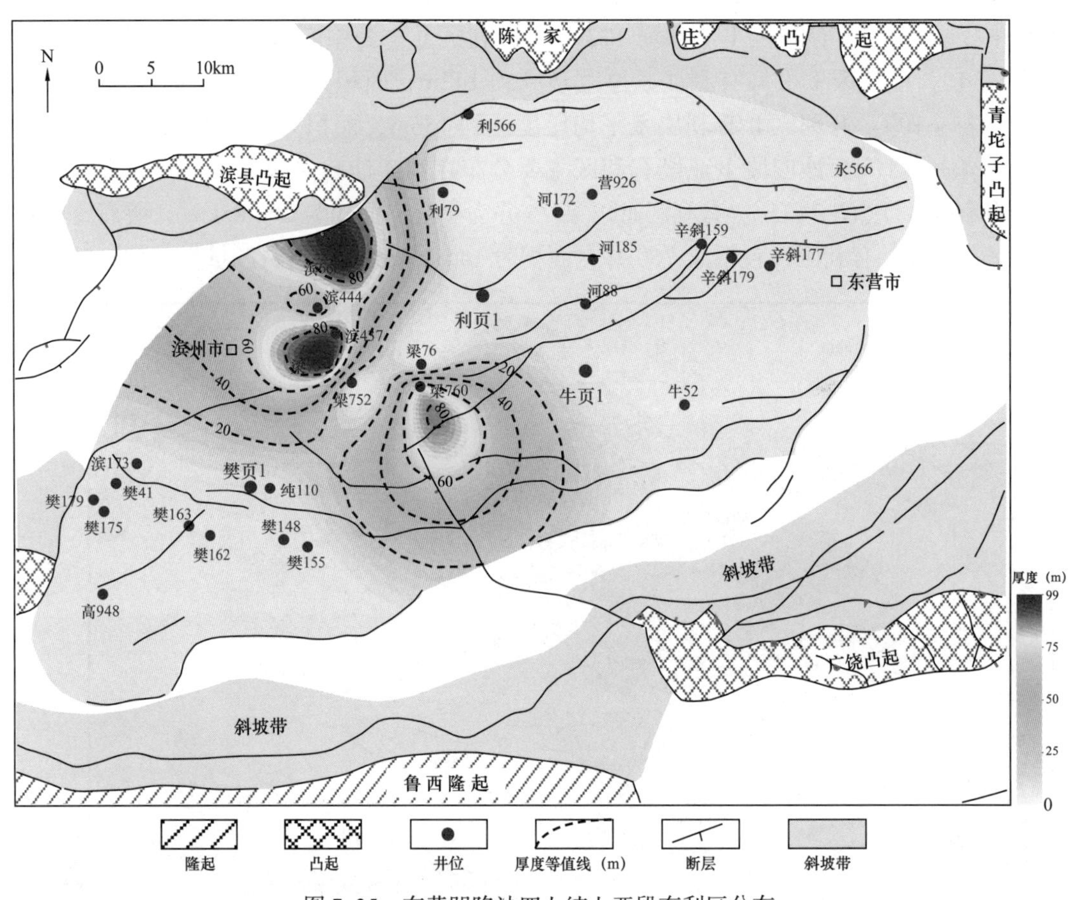

图 7-35　东营凹陷沙四上纯上亚段有利区分布

四、其他靶区

（一）松辽盆地北部大庆探区

松辽盆地北部主力烃源岩层青山口组泥页岩的埋深浅（多小于 2500m）、厚度大，地表条件优越，管网齐备，有效层系内页岩油资源的富集程度、页岩的可压裂性将是控制、影响页岩油有利区分布的主要因素。应用前述评价方法，分别评价出区内目标层的游离油含量、储集物性、黏土矿物含量，剖面上综合可以确定甜点层段（图 7-36），平面上叠合可以圈出甜点区域（图 7-37）。

例如，利用经验法—排烃门限法不难确定松辽盆地北部青山口组泥页岩的排烃门限为 1800m，对应 S_1/TOC 外包络线的交点 75mg/g 为可动油含量的界限（见图 4-53）。以

龙虎泡阶地青一段泥页岩中已发现工业油流的哈 14 井与三肇凹陷相应层位未发现工业油流的芳深 2 井为例，哈 14 井 S_1 平均为 2.55mg/g，芳深 2 井 S_1 平均为 2.46mg/g，其 S_1 值基本相同，但是可动油参数（S_1–TOC × 0.75）差异巨大，哈 14 井可动油参数平均为 0.75mg/g，芳深 2 井为 0（图 7–36）。这可能是哈 14 井有工业油流产出而芳深 2 井没有的根本原因。齐平 1 井水平井前端 3300～3500m 纯泥岩段压裂试油 15d，日产油 0.36m^3，累计产油 5.55m^3。该泥岩段对应的直井段可动油含量平均为 0.11mg/g，可动油量较低，这可能是造成齐平 1 井泥岩段试油产量低的原因。

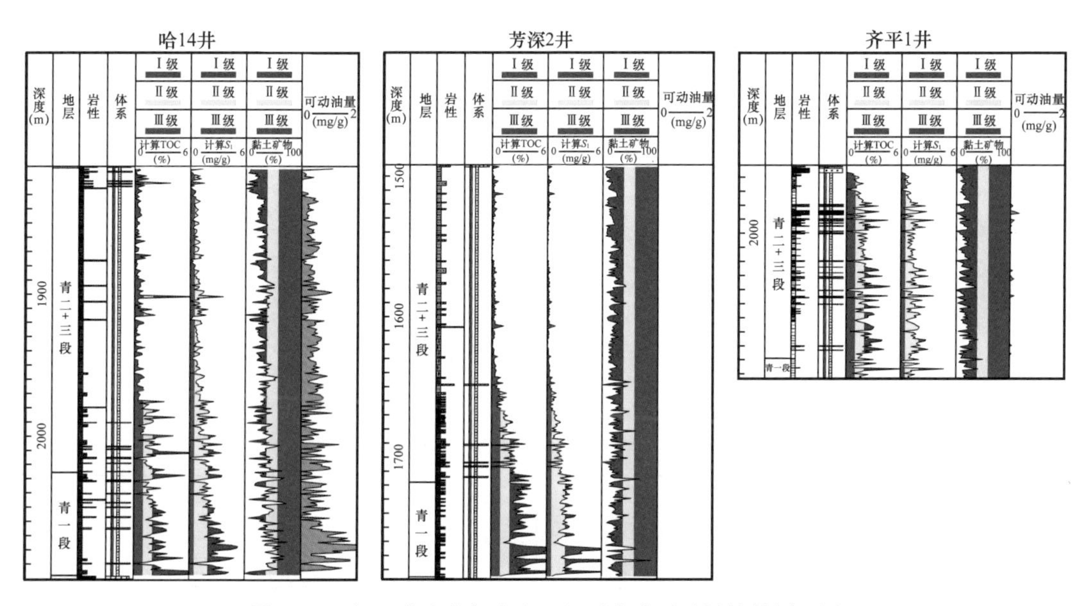

图 7–36　松辽盆地北部青山口组页岩油可动量单井剖面图

脆性矿物含量影响泥页岩储层可压裂性，黏土矿物含量越低，可压裂性越强，国外成功压裂的泥页岩储层黏土矿物含量通常小于 40%（张金川等，2012；王鹏等，2013），本次研究将黏土矿物含量小于 40% 作为页岩油勘探开发有利区的黏土矿物含量上限。

将可动油含量高值区与黏土矿物含量低于 40% 的区域叠合，得到靶区内页岩油勘探开发有利区，青一段有利区域主要集中在齐家—古龙凹陷中部及北部与龙虎泡—大安阶地中部；青二 + 三段有利区域主要集中在龙虎泡—大安阶地中部与齐家—古龙凹陷中部及南部（图 7–37）。目前已获得页岩油工业油流的龙 201 井、哈 16 井、哈 10 井、英 12 井、英 18 井、古 1 井及古 105 井均位于本次评价的有利区内，评价结果与实际勘探结果吻合较好。

（二）松辽盆地南部吉林探区

松辽盆地南部青山口组页岩油有利区采用资源丰度与可采性指数叠合的方法圈定。将测井评价有机非均质性模型应用后计算出应用井连续的 TOC 和 S_1，根据泥页岩油气资源分级评价标准，将松辽盆地南部青山口组页岩油分为富集资源（Ⅰ级）、低效资源（Ⅱ级）和分散资源（Ⅲ级）。本次有利区预测仅针对Ⅰ级资源区段。当烃源岩 S_1 含量为2mg/g、厚度为30m时对应资源丰度为 15×10^4t/km^2，以此为有利区资源丰度下界，将上述标准与工区内不同目的层连续30m厚度内Ⅰ级资源丰度等值线图相结合划分出相应有利区带（图7–38）。值得补充的是，30m厚仅仅是页岩油开采的厚度上限，部分区块烃源岩厚度小于30m，而资源丰度达到 15×10^4t/km^2，同样可作为有利区带，甚至比相同资源丰度而厚度为30m的烃源岩具有更高的经济开采价值。

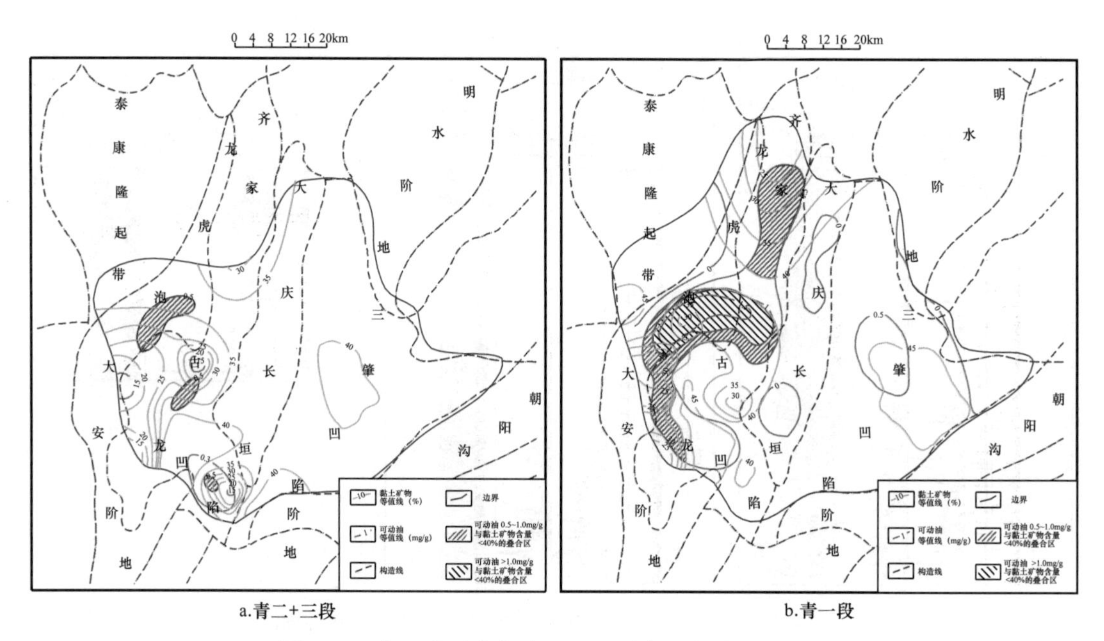

a.青二+三段　　b.青一段

图7–37　松辽盆地北部青山口组页岩油有利区预测图

鉴于地质条件下通常可采性指标并非同时达标，常常有交叉、过渡状态出现，因此本书定义可采性指数（I_r）来评价页岩油气的可采性：

$$
\begin{aligned}
I_r &= I_f \cdot I_t \cdot I_d \\
&= \min\left(\frac{100-V_c}{50},1\right)\min\left(\frac{h}{30},1\right)\sqrt{\max\left(\frac{D_m-D}{D_m},0\right)}
\end{aligned}
\tag{7–5}
$$

或

$$
\begin{aligned}
I_r &= I_f \cdot I_t \cdot I_d \\
&= \min\left(\frac{100-V_c}{50},1\right)\min\left(\frac{h_n}{9},1\right)\sqrt{\max\left(\frac{D_m-D}{D_m},0\right)}
\end{aligned}
\tag{7–6}
$$

式中，I_f 为可压裂性指数；I_t 为厚度指数；I_d 为埋深指数；V_c 为黏土矿物含量，%；h 为页

岩层系厚度，m；h_n 为有效页岩厚度，m；D 为页岩埋深，m；D_m 为工区的最大技术（或经济）可采埋深，m。

式（7–5）与式（7–6）中，可压裂性指数的含义是，当黏土矿物含量小于 50% 时（脆性矿物的含量大于 50%），页岩能够被有效压裂，此时 I_f=1；黏土矿物含量越高，页岩被有效压裂的可能性越低，可压裂性指数越小。厚度指数的内涵是，当页岩层系厚度大于 30m［式（7–5）］或纯厚度大于 9m［式（7–6）］时，厚度指数为 1；厚度越小，厚度指数越小。埋深指数的内涵是，当页岩层埋深不小于工区的最大技术（或经济）可采埋深时，埋深指数为 0（表示不可采）；页岩层埋深小于工区的最大技术可采埋深时，埋深指数随页岩埋藏变浅逐渐增大；I_r 为一个 0～1 的数值，其值越接近 1，可采性越高。

松辽盆地南部不同工区埋深差别较大，由于受到构造运动，东南隆起区遭受抬升剥蚀，生成的油气不利于保存；西部斜坡区青一段底部埋深普遍小于 800m，泥岩未进入生烃门限；中央凹陷区目的层埋深普遍在 1000～2500m 范围内，深度适中利于泥页岩发育和大量生烃，为开发页岩油气的有利区。青一段最大埋深值为 2600m，青二 + 三段最大埋深为 2500m，综合分析将埋深开采下限定为 3000m。

综合工区内不同层位的埋深数据、地层厚度数据和黏土矿物含量数据得出相应层位的泥页岩可采性指数（图 7–38）。青一段可采性指数最大值可达 0.95，整体呈现东部大西部小的特征，可采性指数的低值区主要分布在西部斜坡区和长岭凹陷中部，主要因为这两个地区泥页岩体系厚度较低；青二 + 三段全区可采性指数分布不均，整体呈现由东向西逐渐递减的趋势，登娄库背斜和钓鱼台隆起局部可采性指数为零，是因为这部分地区缺乏泥岩体系，西部斜坡区可采性指数小于 0.2，造成这种现象的原因是该区块泥岩体系厚度小、埋深浅。综合考虑，本书将可采性指数 0.5 定为有利区可采性下限。

松辽盆地南部青山口组资源丰度与可采性指数叠合图如图 7–38 所示，按照上述标准（资源丰度达到 15×10^4t/km^2 为含油性有利区，可采性指数大于0.5 作为可采性有利区）圈出了页岩油的有利区，可以看出松辽盆地南部页岩油有利区主要在扶新隆起和华字井阶地，青一段有利区面积大于青二 + 三段。

（三）东濮凹陷

图 7–39 作出了东濮凹陷沙三段上亚段和沙三段中亚段资源丰度与可采性指数叠合图，按照上述标准（资源丰度达到 15×10^4t/km^2 为含油性有利区，可采系数＞0.5 作为可采性有利区）圈出了页岩油的有利区，可以看出，沙三段上亚段内，在前梨园洼陷、柳屯洼陷、濮卫地区资源丰度基本都达到Ⅰ级标准（15×10^4t/km^2）；沙三段中亚段内，在前梨园洼陷、海通集洼陷、柳屯洼陷、濮卫地区资源丰度基本都达到Ⅰ级标准。受埋深和矿物组成影响，东濮凹陷沙三段上亚段和中亚段可采性指数在西北部的卫城—马寨—柳屯地区较高。综合资源丰度和可采性，东濮凹陷沙三段上亚段有利区分布在卫城—马寨—柳屯地区，中亚段有利区主要分布在古云集、胡状集和庆祖集地区。

a.青一段

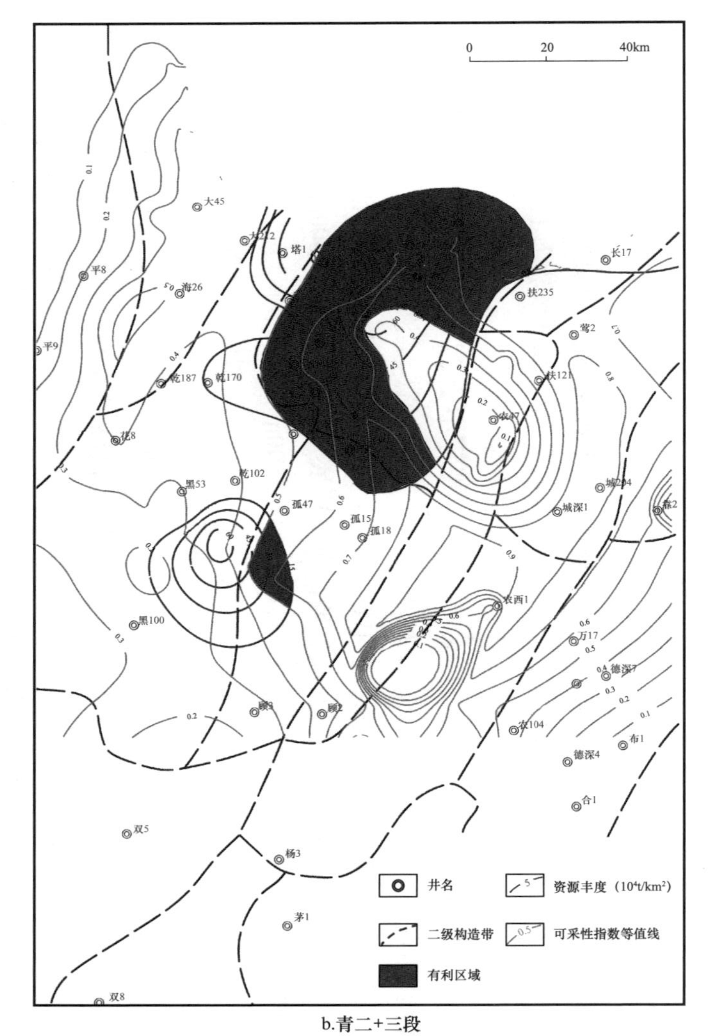

b.青二+三段

图 7-38　松辽盆地南部青山口组页岩油有利区分布

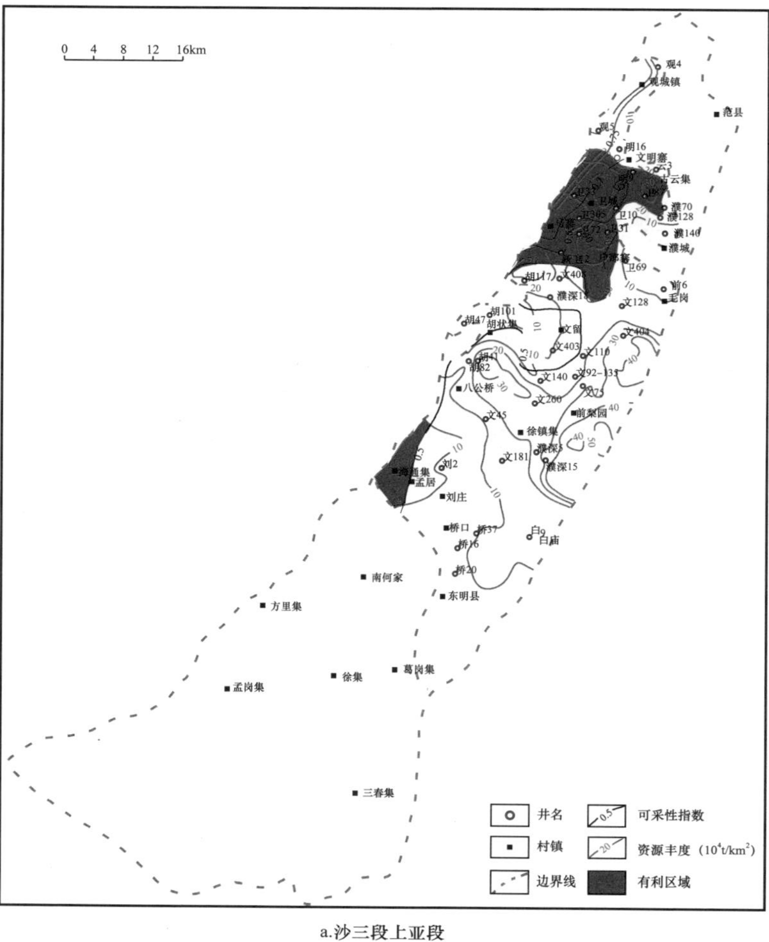

a.沙三段上亚段

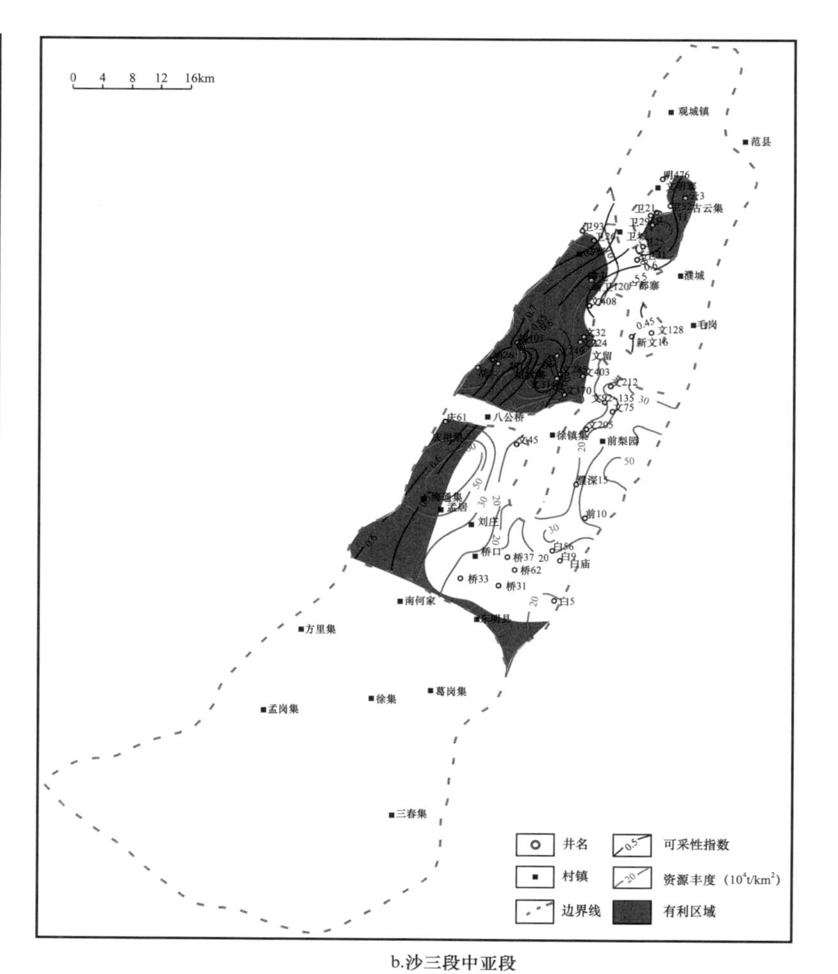

b.沙三段中亚段

图 7-39　东濮凹陷沙三段上、中亚段页岩油有利区分布

（四）江汉盆地

如前所述，页岩油的有利区（甜点）应该是含油性、物性、可压裂性（脆性）有利区的叠加。但在江汉盆地进行的无机非均质性研究揭示，研究区新沟嘴组页岩油储层各凹陷及各凸起带矿物组成差别不大，脆性矿物含量变化较小，因此，该区页岩油有利区的识别主要考虑含油性和物性高值区。其中，含油性以游离烃高值区（S_1/TOC＞75mg/g）为有利区，物性有利区主要利用孔隙度来识别。根据丫角—新沟低凸起和陈坨口凹陷、沔阳凹陷等的孔隙度与微观孔隙结构参数、孔喉半径及储能评价参数的特征，将不同研究区页岩油储层物性按孔隙度划分成不同的三个等级：丫角—新沟低凸起，好（ϕ≥14%）、中（8%≤ϕ＜14%）和差（ϕ＜8%）；而对于陈坨口凹陷、沔阳凹陷等，好（ϕ≥9%）、中（5%≤ϕ＜9%）和差（ϕ＜5%）。

图 7–40 至图 7–42 作出了研究区不同层位含油量等值线与孔隙度等值线的叠加图，并按照上述标准圈出了页岩油的有利区和潜在（有利）区。可以看出，江汉盆地新沟嘴组下亚段Ⅱ$_1$ 有利区在新沟地区、陈坨口凹陷和沔阳凹陷均有分布，有利区带呈北西—南东向分布。新沟嘴组下亚段Ⅱ$_1$ 有利区在新沟地区呈“品”字形分布，其中西北部有利区主要分布在由新斜 461 井、新 32 井、新 391 井和新斜 1171 井围成的区域，呈北西西—南东东展布；南部的有利区较西北部的小，呈近东西向展布；东北部有利区面积最小，呈北东东—南西西展布。

新沟嘴组下亚段Ⅱ$_2$ 页岩油有利区主要分布在新沟地区和沔阳凹陷，丫角—新沟低凸起有利区分布面积较新沟嘴组下亚段Ⅱ$_1$ 小，主要分布在丫角—新沟低凸起新沟地区北部，呈近东西向展布。新沟地区页岩油有利区主要分布在两个区域，包括由新 32 井、新 391 井、新斜 461 井和新斜 1171 井围成的区域及其东南部分地区。

新沟嘴组下亚段Ⅱ$_3$. 页岩油有利区主要分布在新沟地区、沔阳凹陷和江陵凹陷，丫

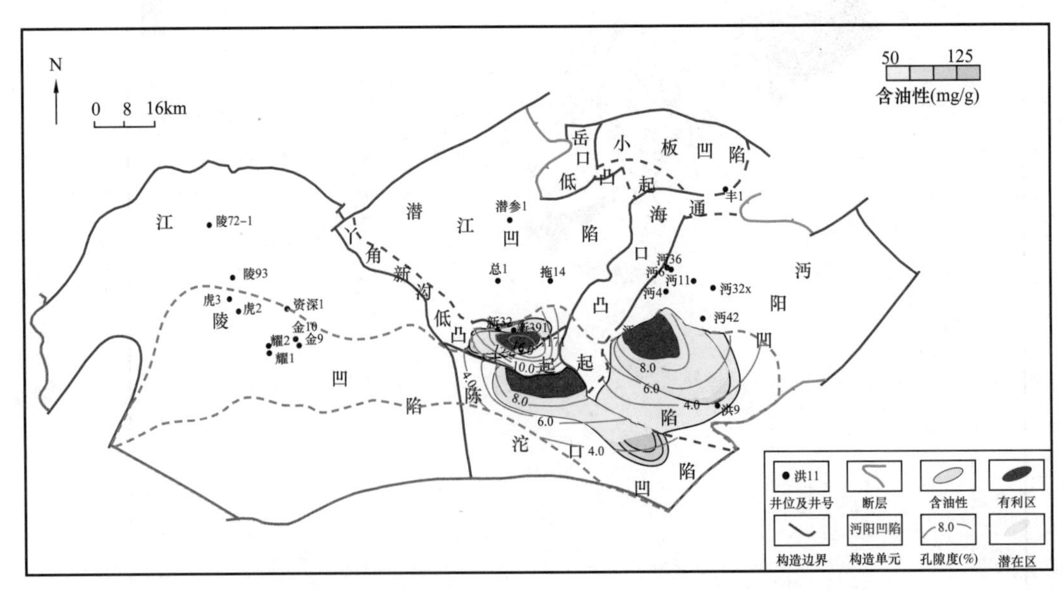

图 7–40　江汉盆地新沟嘴组下亚段Ⅱ$_1$ 页岩油有利区分布

角—新沟低凸起新沟地区新沟嘴组下亚段Ⅱ$_{3}$. 页岩油有利区分布范围较新沟嘴组下亚段Ⅱ$_{1}$ 有所缩小，呈北西—南东向展布。

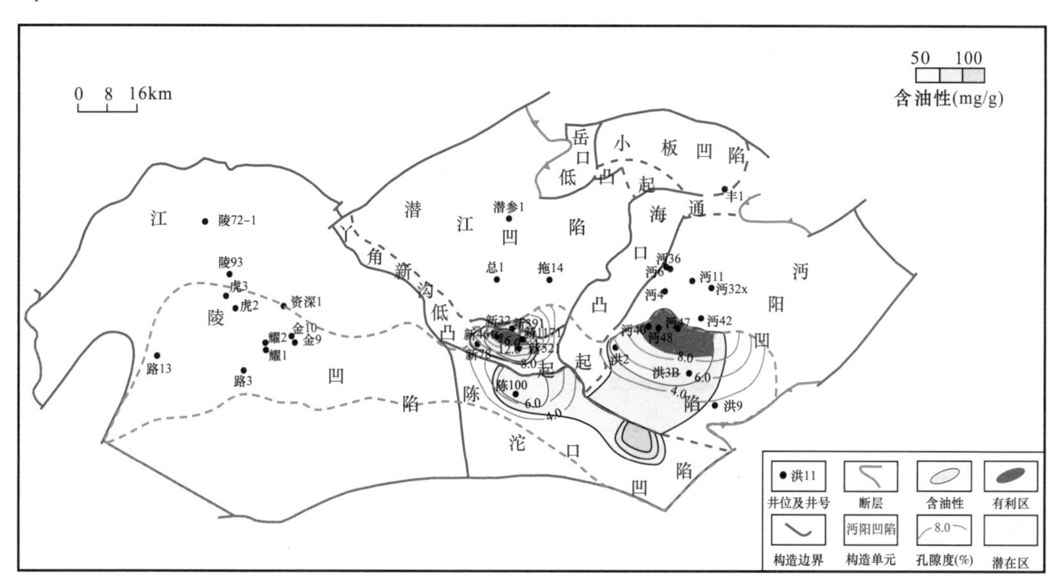

图 7-41　江汉盆地新沟嘴组下亚段Ⅱ$_{2}$ 页岩油有利区分布

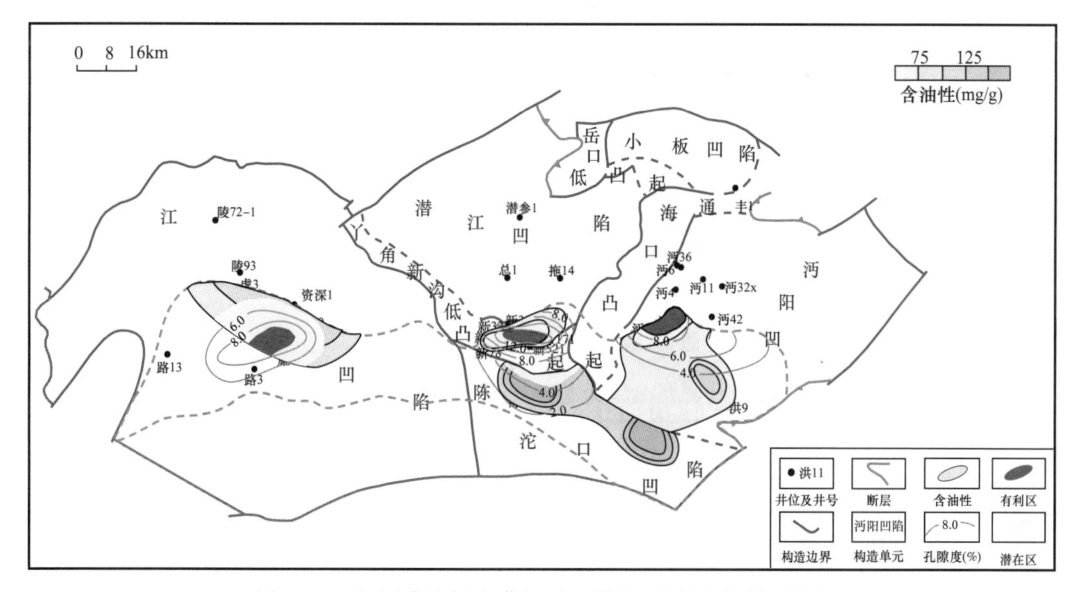

图 7-42　江汉盆地新沟嘴组下亚段Ⅱ$_{3}$ 页岩油有利区分布

（五）泌阳凹陷

通过大量的单井对比分析，发现泌阳凹陷核三段二亚段、核三段三亚段页岩油富集段主要发育在核三段二亚段下部、核三段三亚段上部及核三段三亚段中部。其中，核三段三亚段中部富集段最为发育，在深凹区存在西北和东南两个发育区，且东南发育区富集段厚度高于西北区，两发育区中心分别处于泌 47 井区和泌 149 井区（图 7-43）。目前泌阳凹

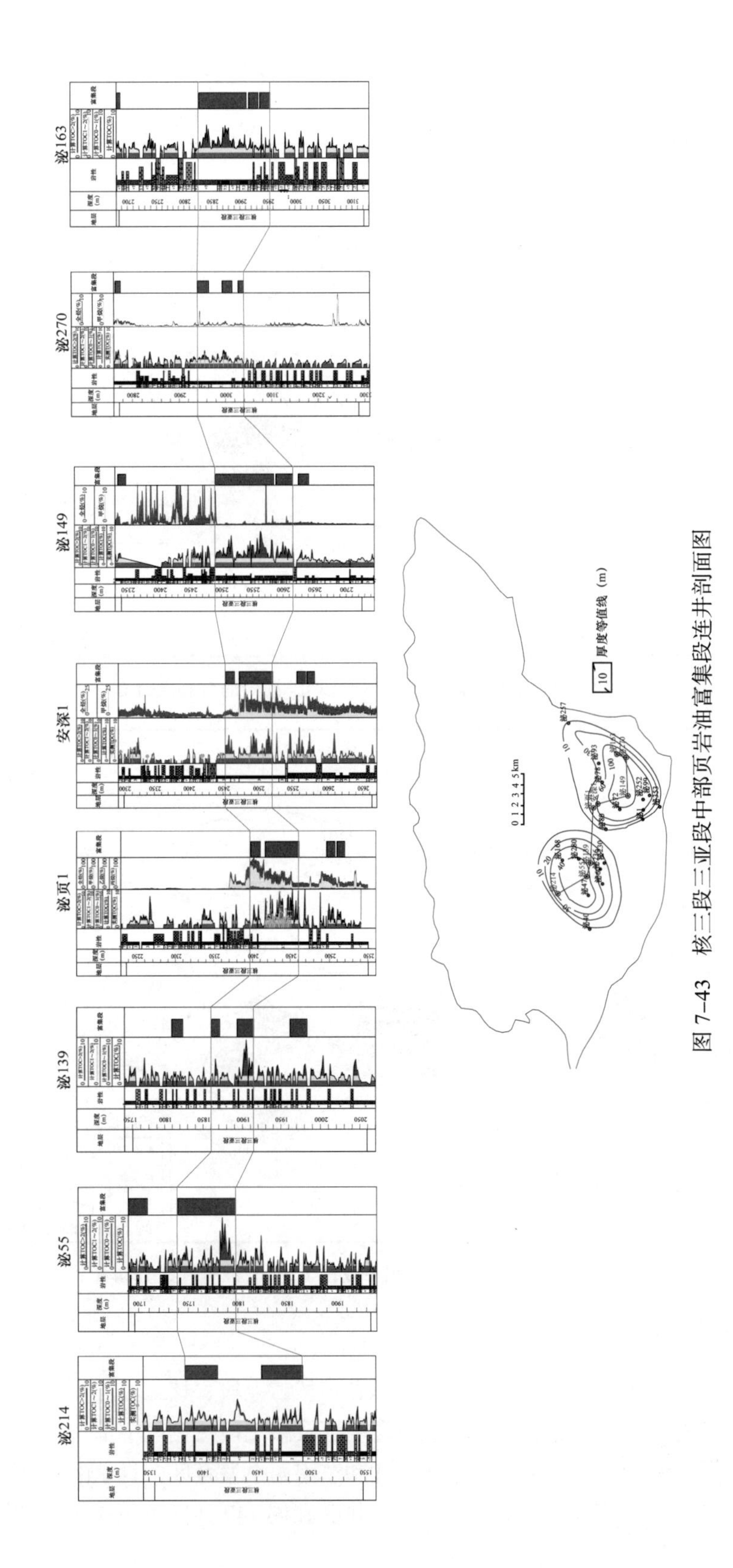

图 7-43　核三段三亚段中部页岩油富集段连井剖面图

陷已取得突破的安深 1 井、泌页 1 井、泌页 2 井页岩油开发层位处于该富集段的东南发育区，但并非中心区域。

页岩油的富集程度、物性，泥页岩储层的脆性、埋深以及地表条件，共同影响着页岩油能否被有效开发利用。泌阳凹陷的埋深多小于 4000m，地表以平原为主，不会成为工区内页岩油资源有效开发利用的制约条件。从资源丰度（图 7–44）看，泌 149 井区应成为下步研究重点，同时泌 163—泌 270 井区也具有较高的资源丰度；从原油物性考虑，泌 163—泌 270 井区富集段埋深超过 2800m，对应页岩油黏度较低，便于开采；从矿物组成看，上述两井区均处于脆性矿物含量的高值区，介于 70%～80% 之间，有利于地层的压裂改造。以页岩油原位资源量大于 $80\times10^4t/km^2$ 和黏土矿物含量低于 40% 为标准，泌 149 井区和泌 163—泌 270 井区所在的泌阳凹陷东南部地区应是下步页岩油勘探开发的有利区。

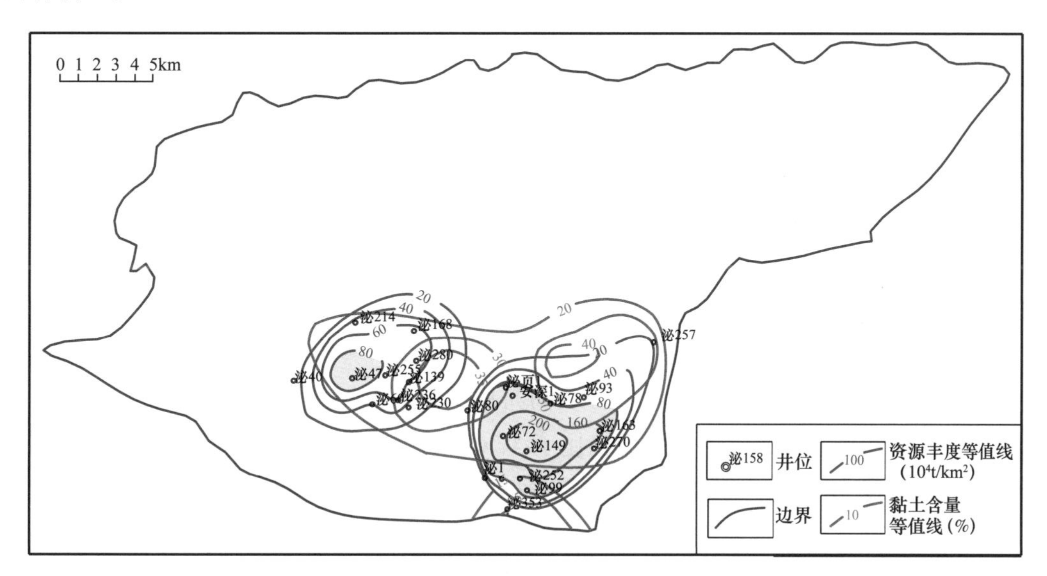

图 7–44　泌阳凹陷核三段三亚段中部富集段页岩油资源丰度与黏土矿物含量叠合图

结　语

从目前已经取得的成果和认识来看，学界已经对我国陆相页岩的成储机理（成储下限和分级评价标准）、页岩油的赋存机理及可流动性等关键科学问题有了较为系统、深入的认识，并建立了页岩有机非均质性、无机非均质性及相应的地质、工程及综合“甜点”评价 / 预测的关键技术，但我国陆相页岩油有效勘探开发依然任重道远，这首先与陆相页岩油的特点有关，即我国东部湖相页岩的成熟度总体明显低于北美海相页岩，因而可流动性较低（吸附态的不可动油多，游离态的可动油少，储层致密低渗）、地层能量较低，黏土等塑性矿物含量较高，因而物性较差且可压裂改造性较差。我们预期，陆相页岩油取得突破的途径在于以下三方面：

（1）从“甜点”筛选上着力，选准物性、含油性、可流动性、脆性四方面“甜点”和地应力有利区的叠置区（层）。其中，前三者（物性、含油性、可流动性）属于地质“甜点”的范畴，后两者（脆性和地应力）决定泥页岩的可压裂改造性，属于工程“甜点”。在我国东部的张性地质背景下，最大、最小地应力差距一般并不太大，地应力对可压裂性的影响较小，但对位于挤压环境的西部山前、山间盆地，地应力场的影响举足轻重。其他条件相近时，含油性一般正比于 TOC，可流动性正比于成熟度（不超过液态油保存的成熟度），物性和脆性与脆性矿物（长英质、白云质）的含量或者砂质、云质的互层发育有关，如目前页岩油产能较高的大港油田官东 1701H 井区的孔二段、准噶尔盆地吉木萨尔芦草沟组和三塘湖盆地马郎凹陷芦草沟组、江汉盆地潜江组盐间页岩中白云质的含量较高、互层比较普遍（赵贤正等，2018；柳波等，2015；王芙蓉等，2016）。过去常规油气勘探中发现的泥岩裂缝油气藏往往也与这类“甜点”有关。圈定了这类“甜点”，借鉴目前在页岩气开发中行之有效的水平井 + 大型压裂技术，就有望实现页岩油产能和效益的突破。不过，就已有认识来看，我国陆相湖盆，尤其是东部湖相泥页岩中同时满足上述条件的“甜点”区 / 层有限，因此，这一途径虽然能够获得页岩油有效勘探开发的局部突破，但能够解放的页岩油资源潜力有限。

（2）研发适用于我国东部湖相页岩油储层有效的低成本工程技术，包括能够对黏土矿物含量较高的泥页岩层的有效压裂（压得开、撑得住）、防（黏土）膨（胀）、降黏、地层能量补充技术。这要求的不是简单借鉴页岩气开发中的水平井 + 大型压裂技术，而是需要在压裂方式、压裂液、添加剂、支撑剂等方面做针对性探索和研发。如果能够突破，将能够显著扩大页岩油的“甜点”范畴，有效解放更多的页岩油资源潜力。

（3）页岩油原位加热改质技术。如果能够经济有效地加热页岩，将会获得增油、降黏、增压、增渗一箭四雕的效果。后三者正是页岩油难以被有效开发的瓶颈因素，而前者可以大大提高页岩油的可采量，甚至可以远高于原来赋存的页岩油资源量。因此，有望成为页岩油有效开发的“颠覆性”技术。赵文智等（2018）也指出：“目前已有的调研、实验和现场先导试验均表明，地下原位加热是实现页岩油规模开发利用的最优选项，是页岩油规模效益开发利用的‘撒手锏’技术。”从原理和初步实验结果来看，这一途径的技术有效性没有问题，关键在经济可行性。一旦突破，将具有解放我国广大的中低成熟度，甚至未成熟页岩中油气资源潜力的巨大应用前景。加热可以通过电、电磁波、放热化学反应、流体换热等多条可能的技术路径来实现。虽然每一条技术路径的实现都还面临着技术瓶颈和风险，需要艰苦的探索，但鉴于其巨大的应用潜力，有关的研究已经受到越来越多的重视和关注。

参考文献

白旭红．2009. 矿物岩石学［M］．北京：石油工业出版社．

边瑞康，武晓玲，包书景，等．2014. 美国页岩油分布规律及成藏特点［J］．西安石油大学学报（自然科学版），29（01）：1–9.

蔡玉兰，张馨，邹艳荣．2007. 溶胀——研究石油初次运移的新途径［J］．地球化学，36（4）：351–356.

曹立迎，孙建芳，徐婷，等．2014. 碳酸盐岩油藏岩石润湿性评价实验研究［J］．油气地质与采收率，21（4）：89–92.

曾辉．2013. 黔南坳陷九门冲组富有机质页岩无机孔隙定量评价［J］．石油天然气学报，35（9）：34–39.

陈茺．1996. 煤中非共价键行为的研究［D］．上海：华东理工大学．

陈茺．许学敏，高晋生，等．1997. 氢键在煤大分子溶胀行为中的作用［J］．燃料化学学报，25（6）：524–527.

陈传平，梅博文，易绍金，等．1995. 地层水中低分子量有机酸成因分析［J］．石油学报，（04）：48–54.

陈德仁，秦志宏，陈娟，等．2011. 煤结构模型研究及展望［J］．煤化工，9（4）：28–31.

陈弘．2006. 泥岩裂缝油气藏勘探状况［J］．中外科技情报，（20）：4–20.

陈践发，张水昌，孙省利，等．2006. 海相碳酸盐岩优质烃源岩发育的主要影响因素［J］．地质学报，80（3）：467–472.

陈世悦，张顺，王永诗，等．2016. 渤海湾盆地东营凹陷古近系细粒沉积岩岩相类型及储集层特征［J］．石油勘探与开发，43（2）：198–208.

陈祥．2015. 陆相页岩油勘探［M］．北京：石油工业出版社．

陈祥，严永新，章新文，等．2011. 南襄盆地泌阳凹陷陆相页岩气形成条件研究［J］．石油实验地质，33（02）：137–141+147.

陈一鸣，魏秀丽，徐欢．2012. 北美页岩气储层孔隙类型研究的启示［J］．复杂油气藏，4（9）：19–22.

陈祖庆．2014. 海相页岩 TOC 地震定量预测技术及其应用——以四川盆地焦石坝地区为例［J］．天然气工业，34（6）：24–29.

程斌，廖泽文，田彦宽，等．2012. 川西北侏罗系沙溪庙组固体沥青包裹烃的释放及其地球化学意义［J］．地球化学，41（5）：425–432.

戴金星．1999. 我国天然气资源及其前景［J］．天然气工业，19（1）：3–6.

邓美寅，梁超．2012. 渤南洼陷沙三下亚段泥页岩储集空间研究：以罗 69 井为例［J］. 地学前缘，19(1)：173–181.

丁文龙，许长春，久凯，等．2011. 泥页岩裂缝研究进展［J］．地球科学进展，26（2）：135–144.

丁晓峰，管蓉，陈沛智．2008. 接触角测量技术最新进展［J］．理化检验（物理分册），44（2）：84–90.

董春梅，马存飞，林承焰，等．2015. 一种泥页岩层系岩相划分方法［J］．中国石油大学学报（自然科学版），（3）：1–7.

董大忠，程克明，王世谦，等 . 2009. 页岩气资源评价方法及其在四川盆地的应用［J］. 天然气工业，29（5）：33–39.

董红丽，杜彦军，李军，等 . 2018. 鄂尔多斯盆地中部延长组烃源岩生物标志化合物特征［J］. 西安科技大学学报，37（4）：604–610.

杜文琴，戊莹柱 . 2007. 接触角测量的量高法和量角法的比较［J］. 纺织学报，28（7）：29–34.

段小龙，任红，高光海，等 . 2014. 压力变化对Ⅰ型甲烷水合物稳定性影响的分子动力学模拟［J］. 石油化工，43（6）：657–660.

范二平，唐书恒，张成龙，等 . 2014. 湘西北下古生界黑色页岩扫描电镜孔隙特征［J］. 古地理学报，16（1）：132–142.

冯晴，吴财芳，雷波 . 2011. 沁水盆地煤岩力学特征及其压裂裂缝的控制［J］. 煤炭科学技术，39（3）：100–103.

付金华，李士祥，徐黎明，等 . 2018. 鄂尔多斯盆地三叠系延长组长 7 段古沉积环境恢复及意义［J］. 石油勘探与开发，45（6）：936–946.

傅家谟，秦匡宗 . 1995. 干酪根地球化学［M］. 广州：广东科技出版社 .

甘辉 . 2015. 长宁地区龙马溪组页岩气资源潜力分析［D］. 成都：西南石油大学 .

公言杰，邹才能，袁选俊，等 . 2009. 国外“连续型”油气藏研究进展［J］. 岩性油气藏，21（4）：130–134.

郭春华，周文，林璠，等 . 2014. 页岩气储层毛管压力曲线分形特征［J］. 成都理工大学学报（自然科学版），41（6）：773–777.

郭树生，郎东升 . 1997. 热解参数 S1 的校正方法［J］. 录井技术，8（1）：23–26.

郭肖，伍勇 . 2007. 启动压力梯度和应力敏感效应对低渗透气藏水平井产能的影响［J］. 石油与天然气地质，4：539–543.

郭小波，黄志龙，陈旋，等 . 2014. 马朗凹陷芦草沟组泥页岩储层含油性特征与评价［J］. 沉积学报，32（1）：166–173.

韩双彪，张金川，Brian HORSFIELD，等 . 2013. 页岩气储层孔隙类型及特征研究［J］：以渝东南下古生界为例［J］. 地学前缘，20（3）：247–253.

贺顺义，师永民，谢楠，等 . 2008. 根据常规测井资料求取岩石力学参数的方法［J］. 新疆石油地质，29（5）：662–664.

胡宝林，平文文，郑凯歌，等 . 2015. 基于 GIS 的模糊优化法的页岩气有利区预测——以淮南煤田下石盒子组为例［J］. 断块油气田，22（02）：189–193.

胡东风 . 2010. 川东北元坝地区隐蔽气藏的勘探突破及其意义［J］. 天然气工业，30（08）：9–12+110.

黄第藩，张大江，张林晔 . 2003. 中国未成熟石油成因机制和成藏条件［M］. 北京：石油工业出版社 .

黄文彪，邓守伟，卢双舫，等 . 2014. 泥页岩有机非均质性评价及其在页岩油资源评价中的应用——以松辽盆地南部青山口组为例［J］. 石油与天然气地质，35（5）：704–711.

黄振凯，陈建平，王义军，等 . 2013. 利用气体吸附法和压汞法研究烃源岩孔隙分布特征——以松辽盆地白垩系青山口组一段为例［J］. 地质论评，59（3）：587–595.
黄至龙，马剑，吴红烛，等 . 2012. 马朗凹陷芦草沟组页岩油流体压力与初次运移特征［J］. 中国石油大学学报（自然科学版），36（5）：7–11.
籍延坤，郝久清，崔玉广 . 2002. 固体与液体接触角的测定［J］. 抚顺石油学院学报，22（3）：84–87.
贾承造 . 2012. 关于中国当前油气勘探的几个重要问题［J］. 石油学报，33（a01）：6–13.
贾承造，郑民，张永峰 . 2012. 中国非常规油气资源与勘探开发前景［J］. 石油勘探与开发，39（2）：129–136.
贾承造，邹才能，李建忠，等 . 2012. 中国致密油评价标准、主要类型、基本特征及资源前景［J］. 石油学报，33（3）：343–350.
姜传金，马学辉，周恩红 . 2004. 拟声波曲线构建的意义及应用［J］. 大庆石油地质与开发，23（1）：12–14.
姜在兴 . 2010. 沉积学［M］. 北京：石油工业出版社 .
姜在兴，张文昭，梁超，等 . 2014. 页岩油储层基本特征及评价要素［J］. 石油学报，35（1）：184–196.
姜振学，唐相路，李卓，等 . 2016. 川东南地区龙马溪组页岩孔隙结构全孔径表征及其对含气性的控制［J］. 地学前缘，23（2）：126–134.
蒋启贵，黎茂稳，钱门辉，等 . 2016. 不同赋存状态页岩油定量表征技术与应用研究［J］. 石油实验地质，38（6）：842–849.
蒋裕强，董大忠，漆麟，等 . 2010. 页岩气储层的基本特征及其评价［J］. 天然气工业，30（10）：7–12.
焦堃，姚素平，吴浩，等 . 2014. 页岩气储层孔隙系统表征方法研究进展［J］. 高校地质学报，20（1）：151–161.
金强，朱光有，王娟，2008. 咸化湖盆优质烃源岩的形成与分布［J］. 中国石油大学学报（自然科学版），32（4）：19–23.
近藤精一，石川达一，安部郁夫 . 2001. 吸附科学［M］. 北京：化学工业出版社 .
琚宜文，戚宇，房立志，等 . 2016. 中国页岩气的储层类型及其制约因素［J］. 地球科学进展，31（08）：782–799.
柯思 . 2017. 泌阳凹陷页岩油赋存状态及可动性探讨［J］. 石油地质与工程，31（1）：80–83.
郎东升，郭树生，马德华 . 1996. 评价储层含油性的热解参数校正方法及其应用［J］. 海相油气地质，1（1）：53–55.
黎立云，谢和平，鞠杨，等 . 2011. 岩石可释放应变能及耗散能的实验研究［J］. 工程力学，28（3）：35–40.
李昌伟，陶士振，董大忠，等 . 2015. 国内外页岩气形成条件对比与有利区优选［J］. 天然气地球科学，26（05）：986–1000.
李传亮，张学磊 . 2009. 对低渗透储层的错误认识［J］. 西南石油大学学报（自然科学版），31（06）：177–180+221.
李登华，李建忠，王社教，等 . 2009. 页岩气藏形成条件分析［J］. 天然气工业，29（5）：22–26.

李吉君，史颖琳，黄振凯，等 . 2015. 松辽盆地北部陆相泥页岩孔隙特征及其对页岩油赋存的影响［J］. 中国石油大学学报（自然科学版），04：27–34.

李吉君，史颖琳，章新文，等 . 2014. 页岩油富集可采主控因素分析：以泌阳凹陷为例［J］. 地球科学（中国地质大学学报），39（07）：848–857.

李建忠，董大忠，陈更生，等 . 2009. 中国页岩气资源前景与战略地位［J］. 天然气工业，29（5）：11–16.

李俊乾，姚艳斌，蔡益栋，等 . 2012. 华北地区不同变质程度煤的物性特征及成因探讨［J］. 煤炭科学技术，40（4）：111–115.

李丕龙 . 2004. 济阳坳陷“富集有机质”烃源岩及其资源潜力［J］. 地学前缘，11（01）：317–322.

李庆辉，陈勉，金衍，等 . 2012. 页岩脆性的室内评价方法及改进［J］. 岩石力学与工程学报，31（8）：1680–1685.

李沙沙，侯丽红，刘惠青，等 . 2012. 煤溶胀影响因素及溶胀技术的应用［J］. 洁净煤技术，（2）：31–34+59.

李世平，李玉寿 . 1995. 岩石全应力应变过程对应的渗透率——应变方程［J］. 岩土工程学报 . 17（2）：13–19.

李廷钧，刘欢，刘家霞，等 . 2011. 页岩气地质选区及资源潜力评价方法［J］. 西南石油大学学报（自然科学版），33（2）：28–34.

李文，李保庆，尉迟唯，等 . 2000. 原煤及脱矿物质煤的溶胀特性［J］. 煤炭转化，23（4）：46–49.

李霞，程相志，周灿灿，等 . 2015. 页岩油气储层测井评价技术及应用［J］. 天然气地球科学，26（5）：904–914.

李新景，吕宗刚，董大忠，等 . 2009. 北美页岩气资源形成的地质条件［J］. 天然气工业，29（5）：27–32.

李玉喜，何建华，尹帅，等 . 2016. 页岩油气储层纵向多重非均质性及其对开发的影响［J］. 地学前缘，23（2）：118–125.

李哲，姚雨龙，肖伟丽 . 2011. 矿物颗粒表面润湿程度的表征及应用［J］. 黑龙江科技学院学报,21（4）：225–229.

李中明，张栋，张古彬，等 . 2016. 豫西地区海陆过渡相含气页岩层系优选方法及有利区预测［J］. 地学前缘，23（02）：39–47.

李卓，姜振学，唐相路，等 . 2017. 渝东南下志留统龙马溪组页岩岩相特征及其对孔隙结构的控制［J］. 地球科学，42（7）：1116–1123.

梁世君，黄志龙，柳波，等 . 2012. 马朗凹陷芦草沟组页岩油形成机理与富集条件［J］. 石油学报，33（4）：588–595.

刘宝琛，张家生，杜奇中，等 . 1998. 岩石抗压强度的尺寸效应［J］. 岩石力学与工程学报，17（6）：611–614.

刘斌，王宝善，季卫国 . 2001. 围压作用下岩石样品中微裂纹的闭合［J］. 地球物理学报，44（3）：421–428.

刘冰，杨杰，赵丽，等．2014. 盐水液滴在砂岩表面润湿性的分子动力学模拟［J］. 中国石油大学学报：自然科学版，38（3）：148–153.

刘超，卢双舫，黄文彪，等．2011. ΔlgR 技术改进及其在烃源岩评价中的应用［J］. 大庆石油地质与开发，30（3）：27–31.

刘超，卢双舫，薛海涛．2014. 变系数 ΔlgR 方法及其在泥页岩有机质评价中的应用［J］. 地球物理学进展，29（1）：312–317.

刘堂宴，王绍民，傅容珊，等．2003. 核磁共振谱的岩石孔喉结构分析［J］. 石油地球物理勘探，18（3）737–742.

刘曰强，乔向阳，魏尚武，等．2005. 应用核磁共振技术研究吐哈盆地低渗透储层渗流能力［J］. 特种油气藏，12（2）：96–100.

刘智荣．2007. 贵州南部泥盆系层序地层划分和层序地层格架的建立［J］. 地质通报，26（2）：206–214.

龙鹏宇，张金川，李玉喜，等．2012. 重庆及其周缘地区下古生界页岩气成藏条件及有利区预测［J］. 地学前缘，19（02）：221–233.

卢双舫，陈国辉，王民，等．2016. 辽河坳陷大民屯凹陷沙河街组四段页岩油富集资源潜力评价［J］. 石油与天然气地质，37（1）：8–14.

卢双舫，黄第藩．1995. 煤岩显微组分的成烃动力学［J］. 中国科学：化学生命科学地学，（1）：101–107.

卢双舫，黄文彪，陈方文，等．2012. 页岩油气资源分级评价标准探讨［J］. 石油勘探与开发，39（2）：13–14.

卢双舫，李娇娜，刘绍军，等．2009. 松辽盆地生油门限重新厘定及其意义［J］. 石油勘探与开发，36（2）：166–173.

卢双舫，李俊乾，张鹏飞，等．2018. 页岩油储集层微观孔喉分类与分级评价［J］. 石油勘探与开发，45（03）：436–444.

卢双舫，马延伶，曹瑞成，等．2012. 优质烃源岩评价标准及其应用：以海拉尔盆地乌尔逊凹陷为例［J］. 地球科学（中国地质大学学报），37（3）：535–544.

卢双舫，薛海涛，王民，等．2016. 页岩油评价中的若干关键问题及研究趋势［J］. 石油学报，37（10）：1039–1322.

卢双舫，张敏．2018. 油气地球化学［M］. 北京：石油工业出版社．

卢双舫，张亚念，李俊乾，等．2016. 纳米技术在非常规油气勘探开发中的应用［J］. 矿物岩石地球化学通报，35（1）：28–36.

陆现彩，侯庆峰，尹林，等．2003. 几种常见矿物的接触角测定及其讨论［J］. 岩石矿物学杂志，22（4）：397–401.

罗承先．2011. 页岩油开发可能改变世界石油形势［J］. 中外能源，16（12）：22–26.

罗小平，李奕霏，吴昌荣，等．2013. 湘东南拗陷龙潭组泥页岩储层特征［J］. 成都理工大学学报（自然科学版），40（5）：588–593.

马晓彬 . 2013. 中—低勘探程度区页岩气资源量计算方法研究［D］. 成都：成都理工大学 .
马义权 . 2017. 济阳坳陷古近系沙河街组湖相页岩岩相学及古气候记录［D］. 武汉：中国地质大学 .
马永生，冯建辉，牟泽辉，等 . 2012. 中国石化非常规油气资源潜力及勘探进展［J］. 中国工程科学，14（6）：22–30.
马中高，解吉高 . 2005. 岩石的纵、横波速度与密度的规律研究［J］. 地球物理学进展，20（4）：905–910.
马中良，郑伦举，李志明，等 . 2013. 盐类物质对泥质烃源岩生排烃过程的影响［J］. 西南石油大学学报：自然科学版，35（1）：43–51.
苗建宇，祝总祺，刘文荣，等 . 2003. 济阳坳陷古近系—新近系泥岩孔隙结构特征［J］. 地质论评，49（3）：330–336.
牟雪梅，查明，吴兆徽，等 . 2010. 渤南洼陷古近系天然气成藏条件［J］. 科技导报，28（07）：83–87.
倪献智，王力，陈丽慧，等 . 2003. 年轻煤溶剂溶胀后加氢液化性能的研究［J］. 山东科技大学学报（自然科学版），22（3）：97–100.
聂海宽，唐玄，边瑞康 . 2009. 页岩气成藏控制因素及中国南方页岩气发育有利区预测［J］. 石油学报，30（04）：484–491.
聂海宽，张培先，边瑞康，等 . 2016. 中国陆相页岩油富集特征［J］. 地学前缘，23（02）：55–62.
聂昕，邹长春，杨玉卿，等 . 2012. 测井技术在页岩气储层力学性质评价中的应用［J］. 工程地球物理学报，9（4）：433–439.
宁方兴 . 2008. 东营凹陷现河庄地区泥岩裂缝油气藏形成机制［J］. 新疆石油天然气，4（1）：20–25.
宁方兴 . 2015. 济阳坳陷页岩油富集机理［J］. 特种油气藏，22（03）：27–30+152.
宁方兴，王学军，郝雪峰，等 . 2015. 济阳坳陷页岩油赋存状态和可动性分析［J］. 新疆石油天然气，11（3）：1–5.
庞雄奇，陈章明，陈发景 . 1993. 含油气盆地地史、热史、生留排烃史数值模拟研究与烃源岩定量评价［M］. 北京：地质出版社 .
彭珏，康毅力 . 2008. 润湿性及其演变对油藏采收率的影响［J］. 油气地质与采收率，15（1）：72–76.
钱门辉，蒋启贵，黎茂稳，等 . 2017. 湖相页岩不同赋存状态的可溶有机质定量表征［J］. 石油实验地质，39（2）：278–286.
秦之铮 . 1987. 利用接触角计测角评价油层润湿性［J］. 石油勘探与开发，（03）：80–81+79.
邱小松，胡明毅，胡忠贵，等 . 2014. 页岩气资源评价方法及评价参数赋值——以中扬子地区五峰组—龙马溪组为例［J］. 中国地质，41（6）：2091–2098.
撒利明，杨午阳，姚逢昌，等 . 2015. 地震反演技术回顾与展望［J］. 石油地球物理勘探，50（1）：184–202.
申峻，凌开成，邹纲明，等 . 1999. 煤油共处理过程中的反应机理［J］. 煤炭转化，22（4）：5–9.
沈钟，赵振国，康万利 . 2012. 胶体与表面化学［M］. 北京：化学工业出版社 .
盛志伟，葛秀丽 . 1986. 生油岩定量评价中的轻烃问题［J］. 石油实验地质，8（2）：139–152.
宋国奇，张林晔，卢双舫，等 . 2013. 页岩油资源评价技术方法及其应用［J］. 地学前缘，20（4）：

221–228.
苏思远，姜振学，宁传祥，等 . 2017. 沾化凹陷页岩油富集可采主控因素研究［J］. 石油科学通报，2（02）: 187–198.
孙军昌，陈静平，杨正明，等 . 2012. 页岩储层岩芯核磁共振响应特征实验研究［J］. 科技导报，30（14）: 25–30.
孙庆和，何玺 . 2000. 特低渗透储层微缝特征及对注水开发效果的影响［J］. 石油学报，21（4）: 52–57.
孙庆和，何玺，林海 . 1999. 特低渗透油藏可动油的测量及应用［J］. 大庆石油地质与开发，18（6）: 35–37.
孙镇城，杨藩，张枝焕，等 . 1997. 中国新生代咸化湖泊沉积环境与油气生成［M］. 北京：石油工业出版社 .
田华，张水昌，柳少波，等 . 2012. 压汞法和气体吸附法研究富有机质页岩孔隙特征［J］. 石油学报，33（3）: 419–427.
汪忠浩，陈嗣，李厚霖，等 . 2016. 泥页岩气层脆性特征的地球物理测井研究方法［J］. 工程地球物理学报，13（1）: 7–13.
王安乔，郑保明 . 1987. 热解色谱分析参数的校正［J］. 石油实验地质，9（4）: 342–350.
王冠民 . 2005. 古气候变化对湖相高频旋回泥岩和页岩的沉积控制——以济阳坳陷古近系为例［D］. 中国科学院广州地球化学研究所 .
王环玲，徐卫亚，杨圣奇 . 2006. 岩石变形破坏过程中渗透率演化规律的试验研究［J］. 岩土力学，27（10）: 1703–1708.
王慧中，梅洪明 . 1998. 东营凹陷沙三下亚段油页岩中古湖泊学信息［J］. 同济大学学报，26（3）: 315–319.
王鹏，纪友亮，潘仁芳，等 . 2013. 页岩脆性的综合评价方法——以四川盆地 W 区下志留统龙马溪组为例［J］. 天然气工业，33（12）: 48–53.
王强 . 2018. 鄂尔多斯盆地延长组长 7 段致密油和页岩油的地球化学特征及成因［D］. 中国科学院广州地球化学研究所 .
王濡岳，丁文龙，王哲，等 . 2015. 页岩气储层地球物理测井评价研究现状［J］. 地球物理学进展，30（1）: 0228–0241.
王瑞飞，孙卫，杨华 . 2010. 特低渗透砂岩油藏水驱微观机理［J］. 兰州大学学报（自然科学版），46（6）: 29–33.
王森，冯其红，查明，等 . 2015. 页岩有机质孔缝内液态烷烃赋存状态分子动力学模拟［J］. 石油勘探与开发，42（6）: 772–778.
王淑芳，邹才能，董大忠，等 . 2014. 四川盆地富有机质页岩硅质生物成因及对页岩气开发的意义［J］. 北京大学学报（自然科学版），50（3）: 476–486.
王爽，张鹰，吕瑞霞 . 2009. BP 神经网络的算法改进及应用［J］. 电脑知识与技术，5（4）: 933–935.
王铁冠 . 1995. 低熟油气形成机理与分布［M］. 北京：石油工业出版社 .

王伟锋，刘鹏，陈晨，等 . 2013. 页岩气成藏理论及资源评价方法［J］. 天然气地球科学，24（3）：429–438.

王伟明，卢双舫，陈旋，等 . 2015. 致密砂岩气资源分级评价新方法——以吐哈盆地下侏罗统水西沟群为例［J］. 石油勘探与开发，42（1）：60–67.

王伟明，卢双舫，田伟超，等 . 2016. 利用微观孔隙结构参数对辽河大民屯凹陷页岩储层分级评价［J］. 中国石油大学学报（自然科学版），40（4）：12–19.

王伟明，卢双舫，田伟超，等 . 2016. 吸附水膜厚度确定致密油储层物性下限新方法——以辽河油田大民屯凹陷为例［J］. 石油与天然气地质，37（1）：135–140.

王文广，郑民，王民，等 . 2015. 页岩油可动资源量评价方法探讨及在东濮凹陷北部古近系沙河街组应用［J］. 天然气地球科学，4：771–781.

王鑫 . 2015. 济阳坳陷构造演化特征及其对烃源岩的控制作用［C］// 第八届中国含油气系统与油气藏学术会议论文摘要汇编 .

王业飞，徐怀民，齐自远，等 . 2012. 原油组分对石英表面润湿性的影响与表征方法［J］. 中国石油大学学报：自然科学版，36（5）：155–159.

王永诗，巩建强，房建军，等 . 2012. 渤南洼陷页岩油气富集高产条件及勘探方向［J］. 油气地质与采收率，19（06）：6–10+111.

王勇，宋国奇，刘惠民，等 . 2015. 济阳坳陷页岩油富集主控因素［J］. 油气地质与采收率，22（04）：20–25.

王勇，王学军，宋国奇，等 . 2016. 渤海湾盆地济阳坳陷泥页岩岩相与页岩油富集关系［J］. 石油勘探与开发，43（5）：696–704.

王作栋，陶明信，梁明亮，等 . 2012. 三塘湖盆地上二叠统芦草沟组烃源岩地球化学特征［J］. 沉积学报，30（5）：975–982.

魏祥峰，刘若冰，张廷山，等 . 2013. 页岩气储层微观孔隙结构特征及发育控制因素——以川南—黔北XX 地区龙马溪组为例［J］. 天然气地球科学，24（5）：1048–1059.

魏志福 . 2012. 烃源岩的生—留—排烃动力学模型——以东营凹陷南坡新生代烃源岩为例［J］. 中国科学院广州地化所 .

吴财芳，王聪，姜玮 . 2014. 黔西比德—三塘盆地煤储层异常高压形成机制［J］. 地球科学（中国地质大学学报），39（01）：73–78.

吴艳，郭治 . 2008. 几种煤的溶胀动力学研究［J］. 煤炭转化，31（4）：35–39.

武晓玲，高波，叶欣，等 . 2013. 中国东部断陷盆地页岩油成藏条件与勘探潜力［J］. 石油与天然气地质，34（04）：455–462.

谢和平，鞠杨，黎立云 . 2005. 基于能量耗散与释放原理的岩石强度与整体破坏准则［J］. 岩石力学与工程学报，24（17）：3003–3010.

谢和平，鞠杨，黎立云，等 . 2008. 岩体变形破坏过程的能量机制［J］. 岩石力学与工程学报，27（9）：1729–1740.

谢和平，彭瑞东，鞠杨 . 2004. 岩石变形破坏过程中的能量耗散分析［J］. 岩石力学与工程学报，23（21）：

3565–3570.
胥洪俊，范明国，康征，等 . 2008. 考虑渗透率应力敏感的低渗气藏产能预测公式［J］. 天然气地球科学，1：145–147.
徐波，李敬含，谢东，等 . 2011. 中石油探区主要盆地页岩气资源分布特征研究［J］. 特种油气藏，18（4）：1–6.
薛海涛 . 2004. 碳酸盐岩烃源岩评价标准研究［D］. 大庆：大庆石油学院 .
薛海涛，田善思，卢双舫，等 . 2015. 页岩油资源定量评价中关键参数的选取与校正——以松辽盆地北部青山口组为例［J］. 矿物岩石地球化学通报，34（1）：70–78.
杨超，张金川，李婉君，等 . 2014. 辽河坳陷沙三、沙四段泥页岩微观孔隙特征及其成藏意义［J］. 石油与天然气地质，35（2）：286–294.
杨超，张金川，唐玄 . 2013. 鄂尔多斯盆地陆相页岩微观孔隙类型及对页岩气储渗的影响［J］. 地学前缘，20（4）：240–250.
杨峰，宁正福，胡昌蓬，等 . 2013. 页岩储层微观孔隙结构特征［J］. 石油学报，34（2）：301–311.
杨峰，宁正福，孔德涛，等 . 2013. 高压压汞法和氮气吸附法分析页岩孔隙结构［J］. 天然气地球科学，24（3）：450–455.
杨华，李士祥，刘显阳 . 2013. 鄂尔多斯盆地致密油、页岩油特征及资源潜力［J］. 石油学报，34（1）：1–11.
杨侃，陆现彩，刘显东，等 . 2006. 基于探针气体吸附等温线的矿物材料表征技术：Ⅱ . 多孔材料的孔隙结构［J］. 矿物岩石地球化学通报，25（4）：362–368.
杨平，郭和坤，姜鹏，等 . 2010. 长庆超低渗砂岩储层可动流体实验［J］. 科技导报，28（16）：48–51.
杨圣奇 . 2011. 裂隙岩石力学特性研究及时间效应分析［M］. 北京：科学出版社 .
杨圣奇，苏承东，徐卫亚 . 2005. 岩石材料尺寸效应的试验和理论研究［J］. 工程力学，22（4）：112–118.
杨圣奇，徐卫亚，苏承东 . 2007. 大理岩三轴压缩变形破坏与能量特征研究［J］. 工程力学，24（1）：136–142.
杨万芹，蒋有录，王勇 . 2015. 东营凹陷沙三下 – 沙四上亚段泥页岩岩相沉积环境分析［J］. 中国石油大学学报（自然科学版），39（4）：19–26.
杨小兵，张树东，钟林，等 . 2015. 复杂多矿物组分的页岩气储层横波时差预测方法［J］. 天然气工业，35（3）：36–41.
杨兴业，何生，何治亮，等 . 2014. 石柱地区建深 1 井志留系超压顶封层的封闭机制［J］. 地球科学（中国地质大学学报），39（1）：64–72.
杨永杰，宋扬，陈绍杰 . 2007. 煤岩全应力应变过程渗透性特征试验研究［J］. 岩土力学，28（2）：381–385.
姚军，赵秀才 . 2010. 数字岩心及孔隙级渗流模拟理论［M］. 北京：石油工业出版社 .
姚艳斌，刘大锰，黄文辉，等 . 2006. 两淮煤田煤储层孔—裂隙系统与煤层气产出性能研究［J］. 煤炭学报，31（2）：163–168.

印兴耀，曹丹平，王保丽，等 . 2014. 基于叠前地震反演的流体识别方法研究进展［J］. 石油地球物理勘探，49（1）：22–46.

尤明庆，华安增 . 2002. 岩石试样破坏过程的能量分析［J］. 岩石力学与工程学报，21（6）：778–781.

于炳松 . 2013. 页岩气储层孔隙分类与表征［J］. 地学前缘，20（4）：211–220.

余川，聂海宽，曾春林，等 . 2014. 四川盆地东部下古生界页岩储集空间特征及其对含气性的影响［J］. 地质学报，88（7）：1311–1320.

喻永生，熊家林，孙晓庆，等 . 2012. 横波估算方法探讨［J］. 复杂油气藏，5（4）：27–30.

运华云，赵文杰，刘兵开，等 . 2002. 利用 T2 分布进行岩石孔隙结构研究［J］. 测井技术，26（1）：18–21.

昝立声 . 1986. 松辽盆地新北地区泥岩裂缝油气藏的成因及分布［J］. 大庆石油地质与开发，5（4）：25–28.

臧东升，王嗣敏，柴立满，等 . 2014. 层次分析法在建昌盆地油页岩勘查有利区优选中的应用［J］. 西安科技大学学报，34（02）：180–187.

张广智，杜炳毅，李海山，等 . 2014. 页岩气储层纵横波叠前联合反演方法［J］. 地球物理学报，57（12）：4141–4149.

张国防，吴德云，马金钰 . 1995. 盐湖相石油早期生成［J］. 石油实验地质，17（4）：357–366.

张金川 . 2011. 页岩气有利区优选标准［R］. 贵州：全国页岩气资源潜力调查评价及有利区优选会议 .

张金川，金之钧，袁明生 . 2004. 页岩气成藏机理和分布［J］. 天然气工业，24（7）：15–18.

张金川，林腊梅，李玉喜，等 . 2012. 页岩油分类与评价［J］. 地学前缘，19（5）：321–331.

张金川，徐波，聂海宽，等 . 2008. 中国页岩气资源勘探潜力［J］. 天然气工业，28（6）：136–140.

张金川，薛会，张德明，等 . 2003. 页岩气及其成藏机理［J］. 现代地质，466.

张晋言，孙建孟 . 2012. 利用测井资料评价泥页岩油气“五性”指标［J］. 测井技术，36（2）：146–153.

张磊，姚军，孙海，等 . 2014. 利用格子 Boltzman 方法计算页岩渗透率［J］. 中国石油大学学报（自然科学版），38（1）：87–91.

张磊，姚军，孙海，等 . 2015. 基于数字岩心的气体解吸 / 扩散格子 Bolzmann 模拟［J］. 石油学报，36（3）：261–365.

张丽芳，马蓉，倪中海，等 . 2003. 煤的溶胀技术研究进展［J］. 化学研究与应用，15（2）：182–186.

张林晔，包友书，李钜源，等 . 2014. 湖相页岩油可动性——以渤海湾盆地济阳坳陷东营凹陷为例［J］. 石油勘探与开发，41（6）：641–649.

张林晔，包友书，李钜源，等 . 2015. 湖相页岩中矿物和干酪根留油能力实验研究［J］. 石油实验地质，37（6）：776–780.

张林晔，李钜源，李政，等 . 2012. 陆相盆地页岩油勘探开发关键地质问题研究——以东营凹陷为例［C］. 无锡：页岩油资源与勘探开发技术国际研讨会 .

张林晔，李钜源，李政，等 . 2014. 北美页岩油气研究进展及对中国陆相页岩油气勘探的思考［J］. 地球科学进展，29（06）：700–711.

张林晔，李钜源，李政，等 . 2015. 湖相页岩有机储集空间发育特点与成因机制［J］. 地球科学（中国地质大学学报），40（11）：1824–1833.

张林晔，李钜源，李政，等 . 2017. 陆相盆地页岩油气地质研究与实践［M］. 北京：石油工业出版社 .

张鲁川，卢双舫，肖佃师，等 . 2015. 基于井震联合反演方法的泥页岩有机碳质量分数预测及应用［J］. 东北石油大学学报，39（2）：34–42.

张鹏飞，卢双舫，李文浩，等 . 2016. 江汉盆地新沟嘴组页岩油储层物性下限［J］. 石油与天然气地质，37（1）：93–100.

张曙光，刘景龙，邓颖 . 2011. 储层岩石表面接触角的不确定性研究［J］. 矿物岩石，21（1）：48–52.

张顺，刘惠民，宋国奇，等 . 2016. 东营凹陷页岩油储集空间成因及控制因素［J］. 石油学报，37（12）：1495–1507.

张腾，张烈辉，唐洪明，等 . 2015. 页岩孔隙整合化表征方法——以四川盆地下志留统龙马溪组为例［J］. 天然气工业，35（12）：19–26.

张文昭 . 2014. 泌阳凹陷古近系核桃园组三段页岩油储层特征及评价要素［D］. 北京：中国地质大学 .

张文正，杨华，彭平安，等 . 2009. 晚三叠世火山活动对鄂尔多斯盆地长 7 优质烃源岩发育的影响［J］. 地球化学，38（6）：573–582.

张文正，杨华，杨奕华，等 . 2008. 鄂尔多斯盆地延长组长 7 优质烃源岩的岩石学与元素地球化学特征［J］. 地球化学，37（1）：479–485.

张馨，邹艳荣，蔡玉兰，等 . 2008. 原油族组分在煤中留存能力的研究［J］. 地球化学，37（3）：233–238.

张逊，庄新国，涂其军，等 . 2018. 准噶尔盆地南缘芦草沟组页岩的沉积过程及有机质富集机理［J］. 地球科学，43（2）：538–550.

赵建华，金之钧，金振奎，等 . 2016. 四川盆地五峰组—龙马溪组页岩岩相类型与沉积环境［J］. 石油学报，37（5）：572–586.

赵文智，胡素云，侯连华 . 2018. 页岩油地下原位转化的内涵与战略地位［J］. 石油勘探与开发，45（4）：537–545.

赵贤正，赵平起，李东平，等 . 2018. 地质工程一体化在大港油田勘探开发中探索与实践［J］. 中国石油勘探，23（02）：6–14.

赵瞻，李嵘，冯伟明，等 . 2017. 滇黔北地区五峰组—龙马溪组页岩气富集条件及有利区预测［J］. 天然气工业，37（12）：26–34.

郑荣才，文华国，高红灿，等 . 2006. 酒西盆地青西凹陷下沟组湖相喷流岩稀土元素地球化学特征［J］. 矿物岩石，26（4）：41–47.

钟大康 . 1998. 辽河油田新开地区油气储集层孔隙结构特征［J］. 新疆石油地质，19（4）：284–286.

周宝艳，苏育飞，魏子聪，等 . 2018. 沁水盆地中东部地区煤层气页岩气储层地质条件研究及共采有利区预测［J］. 中国煤炭地质，30（08）：20–28.

周杰，李娜 . 1993. 有关烃源岩定量评价的几点意见［J］. 西安石油大学学报（自然科学版），19（1）：15–18.

周尚文，刘洪林，闫刚，等 . 2016. 中国南方海相页岩储层可动流体及 T_2 截止值核磁共振研究［J］. 石油与天然气地质，37（4）：612–616.

朱宝存，唐书恒，张佳赞 . 2009. 煤岩与顶底板岩石力学性质及对煤储层压裂的影响［J］. 煤炭学报，2009，34（6）：756–760.

朱华，姜文利，边瑞康，等 . 2009. 页岩气资源评价方法体系及其应用——以川西坳陷为例［J］. 天然气工业，29（12）：130–134.

朱日房，张林晔，李钜源，等 . 2012. 渤海湾盆地东营凹陷泥页岩有机储集空间研究［J］. 石油实验地质，34（4）：352–356.

朱如凯，白斌，崔景伟，等 . 2013. 非常规油气致密储集层微观结构研究进展［J］. 古地理学报,15（5）：615–623.

朱筱敏 . 2008. 沉积岩石学［M］. 北京：油工业出版社 .

朱炎铭，王阳，陈尚斌，等 . 2016. 页岩储层孔隙结构多尺度定性—定量综合表征：以上扬子海相龙马溪组为例［J］. 地学前缘，23（1）：154–163.

祝彦贺，胡前泽，陈桂华，等 . 2013. 北美 A–29 区块页岩油资源潜力分析［J］. 岩性油气藏，25（03）：66–70+91.

邹才能，李建忠，董大忠，等 . 2010. 中国首次在页岩气储集层中发现丰富的纳米级孔隙［J］. 石油勘探与开发，37（ 5）：513.

邹才能，陶士振，侯连华，等 . 2014. 非常规油气地质学［M］，北京：地质出版社 .

邹才能，陶士振，袁选俊，等 . 2009. 连续型油气藏形成条件与分布特征［J］. 石油学报，30（3）：324–331.

邹才能，杨智，崔景伟，等 . 2013. 页岩油形成机制、地质特征及发展对策［J］. 石油勘探与开发，40（01）：14–26.

邹才能，杨智，朱如凯，等 . 2015. 中国非常规油气勘探开发与理论技术进展［J］. 地质学报，89（6）：979–1007.

邹才能，张国生，杨智，等 . 2013. 非常规油气概念、特征、潜力及技术—兼论非常规油气地质学［J］. 石油勘探与开发，40（4）：385–399.

邹才能，赵群，董大忠，等 . 2017. 页岩气基本特征、主要挑战与未来前景［J］. 天然气地球科学，28（12）：1781–1796.

邹才能，朱如凯，白斌，等 . 2011. 中国油气储层中纳米孔首次发现及其科学价值［J］. 岩石学报，27（6）：1857–1864.

邹涛，周素红，余方，等 . 2008. 压汞法和气体吸附法测定固体材料孔径分布和孔隙度——第 3 部分：气体吸附法分析微孔（送审稿）［C］//2008 上海市颗粒学会年会论文集 . 第七届全国颗粒测试学术会议 .

Abousleiman Y N，Hoang S K，Tran M H. 2010. Mechanical characterization of small shale samples subjected to fluid exposure using the inclined direct shear testing device［J］. International Journal of Rock Mechanics and Mining Sciences，47（3）：355–367.

Adkins W S, Lozo F E. 1951. Stratigraphy of the Woodbine and Eagle Ford, Waco Area, Texas [J] . East Texas Geological Society.

Al–Bazali T, Zhang J G, Chenevert M E, et al. 2008. Factors controlling the compressive strength and acoustic properties of shales when interacting with water–based fluids [J] . International Journal of Rock Mechanics and Mining Sciences, 45 (5) : 729–738.

Altindag R. 2002. The evaluation of rock brittleness concept on rotary blast hole drills [J] . Journal–South African Institute of Mining and Metallurgy, 102 (1) : 61–66.

Amirfazli A. 2004. On thermodynamics of thin films : The mechanical equilibrium condition and contact angles [J] . Journal of Adhesion, 80 (10–11) : 1003–1016.

Anderson W G. 1987. Wettability Literature Survey–Part 6: The Effects of Wettability on Waterflooding [J] . Journal of Petroleum Technology, 39 (12) : 1605–1622.

Andrissi G, Loi G, Trois P, et al. 2005. Combining mechanochemistry and innovative diamond wire saws for improving productivity in granite quarries [J] . Mining Engineering, 57: 46–52.

Bai B, Sun Y, Liu L. 2016. Petrophysical properties characterization of Ordovician Utica gas shale in Quebec, Canada [J] . Petroleum Exploration & Development, 43 (1) : 74–81.

Barber A H, Cohen S R, Wagner H D. 2003. Measurement of carbon nanotube–polymer interfacial strength[J]. Appl Phys Lett, 82 (23) : 4140–4142.

Barrett E P, Joyner L G, Halenda P P. 1951. The determination of pore volume and area distribution in porous substances : Computations from nitrogen isotherms [J] . Journal of American Chemical Society, 73 (1) : 373–380.

Bordenave M L. 1993. Applied Petroleum Geochemistry [M] . Editions Technip (Paris), 524.

Bowker K A. 2007. Barnett Shale gas production, Fort Worth Basin : Issues and discussion [J] . AAPG Bulletin, 91 (4) : 523–533.

Britt L K and Schoeffler J. 2009. The Geomechanics of a shale play : what makes a shale prospective [J] . SPE Eastern Regional Meeting, Charleston, West Virginia.

Bruner K R, Smosna R. 2011. A Comparative Study of the Mississippian Barnett Shale, Fort Worth Basin, and Devonian Marcellus Shale, Appalachian Basin [J] . Albany : U S Department of Energy.

Buckley J S. 2001. Effective wettability of minerals exposed to crude oil [J] . Current opinion in colloid & interface science, 6 (3) : 191–196.

Burnett W C, Roe K K, Piper D Z. 1983. Upwelling and Phosphorite Formation in the Ocean [J] . Mutation Research/genetic Toxicology & Environmental Mutagenesis, 469 (1) : 83–93.

Bustin R M, Cui X, Ross D J K, et al. 2008. Impact of shale properties on pore structure and storage characteristics. Shale Gas Production Conference [C] . Fort Worth, Texas, USA, 16–18 November, SPE 119892/SPE.

Calvert S E, Price N B. 1971. Upwelling and nutrient regeneration in the Benguela Current, October, 1968[J]. Deep Sea Research & Oceanographic Abstracts, 18 (5) : 505–523.

Calvert S E. 1987 . Oceanographic controls on the accumulation of organic matter in marine sediments [J] . Geological Society, London, Special Publications, 26 (1) : 137–151.

Cao H, Zou Y R, Lei Y, et al. 2017. Shale Oil Assessment for the Songliao Basin, Northeastern China, Using Oil Generation–Sorption Method [J] . Energy & Fuels, 31 (5) : 4826–4842.

Caplan M L, Bustin R M. 1999. Palaeoceanographic controls on geochemical characteristics of organic–rich Exshaw mudrocks : role of enhanced primary production [J] . Organic Geochemistry, 30: 161–188

Capuano R M. 1993. Evidence of fluid flow in microfractures in geopressured shales [J] . AAPG Bulletin, 77: 1304–1314.

Cardott B J. 2012. Thermal maturity of Woodford Shale gas and oil plays, Oklahoma, USA [J] . International Journal of Coal Geology, 103 (none) .

Carre A. 1989. Phé nomè d'interface Agents de Surface [J] . Paris : Editions Technip, 99.

Chalmers G R, Bustin R M, Power I M. 2012. Characterization of gas shale pore systems by porosimetry, pycnometry, surface area, and FE–SEM, TEM microscopy image analyses [J] . AAPG Bulletin, 96 (6): 1099–1119.

Chalmers G R, Chalmers, Bustin R M, et al. 2012. Characterization of gas shale pore systems by porosimetry, pycnometry, surface area, and field emission scanning electron microscopy/ transmission electron microscopy image analyses : Examples from the Barnett, Woodford, Haynesville, Marcellus, and Doig units [J] . AAPG Bulletin, 96 (6) : 1099–1119.

Chen F W, Ding X, Lu S F. 2014. Organic porosity evaluation of Lower Cambrian Niutitang Shale in Qiannan Depression, China. Petroleum Science and Technology, 2016, 34 (11–12) : 1083–1090.

Chen F W, Lu S F, Ding X. 2014. Organoporosity Evaluation of Shale : A Case Study of the Lower Silurian Longmaxi Shale in Southeast Chongqing [J] . Acta Geologica Sinica, (8) : 5–7.

Chen G H, Zhang J F, Lu S F, et al. 2016. Adsorption Behavior of Hydrocarbon on Illite [J] . Energy & Fuels, 30 (11) .

Chen G H, Lu S F, Liu K Y, et al. 2019. Investigation of pore size effects on adsorption behavior of shale gas [J] . Marine and Petroleum Geology, 109: 1–8.

Chermak J A, Schreiber M E. 2014. Mineralogy and trace element geochemistry of gas shales in the United States : Environmental implications [J] . International Journal of Coal Geology, 126 (3) : 32–44.

Christopher J M, Scott G L. 2012. Estimation of kerogen porosity in source rocks as a function of thermal transformation : example from the Mowry shale in the Powder River basin of Wyoming [J] . AAPG Bulletin, 96 (1) : 87–108.

Christopher R C, Jerry L J, Per K P, et al. 2012. Innovative methods for flow–unit and pore–structure analyses in a tight siltstone and shale gas reservoir [J] . AAPG Bulletin, 96 (2) : 355–374.

Clarkson C R, Freeman M, He L, et al. 2012. Characterization of tight gas reservoir pore structure using USANS/SANS and gas adsorption analysis [J] . Fuel, 95: 371–385.

Clarkson C R, Solano N, Bustin R M, et al. 2013. Pore structure characterization of North American shale gas reservoirs ; using USANS/SANS, gas adsorption, and mercury intrusion [J] . Fuel, 103 (1): 606–616.

Coates G R, Xiao L Z, Prammer M G, et al. 1999. NMR Logging Principles and applications [M] . Halliburton Energy Services, Houston.

Cook J M, Sheppard M C, Houwen O H. 1990. Effects of strain rate and confining pressure on the deformation and failure of shale [J] . SPE Drilling Engineering, 6 (02): 100–104.

Cooles G P, A S. 1986. Mackenzie and T. M. Quigley. Calculation of petroleum masses generated and expelled from source rocks [J] . Organic Geochemistry : 235–245.

Curtis J B. 2002. Fractured shale–gas systems [J] . AAPG Bulletin, 86 (11): 1921–1938.

Curtis M E, Ambrose R J, Sondergeld C H, et al. 2010. Structural characterization of gas shales on the micro– and nano–scales [J] . SPE.

Curtis M E, Ambrose R J, Sondergeld C H, et al. 2011. Transmission and scanning electron microscopy investigation of pore connectivity of gas shales on the nanoscale [J] . SPE Paper.

Curtis M E, Sondergeld C H, Ambrose R J, et al. 2012. Microstructural investigation of gas shales in two and three dimensions using nanometer–scale resolution imaging [J] . AAPG Bulletin, 96 (4): 665–677.

Curtis, M E, B J Cardott, C H Sondergeld, et al. 2012. Development of organic porosity in the Woodford Shale with increasing thermal maturity [J] . International Journal of Coal Geology, 103: 26–31.

David Ghili, Tracy E Lombardi, John P Martin. 2004. Fractured shale gas potential in New York [J] . Northeastem Geology and Environmental Sciences, 26 (1/2): 57–78.

De Graciansky P C, Deroo G, Herbin J P, et al. 1984. Ocean–wide stagnation episode in the Late Cretaceous [J]. Nature, 308: 346–349.

Degens E T, Ross D A eds. 1974. The Black Sea—geology, chemistry and biology [J]. American Association of Petroleum Geologists.

Demaison G J, Moore G T. 1980. Anoxic environments and oil source bed genesis [J] . Organic Geochemistry, 2 (1): 0–31.

Dembicki Jr H and Madren J D. 2014. Lessons learned from the Floyd shale play [J] . Journal of Unconventional Oil and Gas Resources, 7: 1–10.

Denney, Dennis. 2011. Carbon dioxide storage capacity of organic–rich shales [J] . Journal of Petroleum Technology, 63 (07): 114–117.

Diao H. 2013. Rock mechanical properties and brittleness evaluation of shale reservoir [J] . Acta Petrologica Sinica, 29 (9): 3300–3306.

Dollimore D, Heal G R. 1964. An improved method for the calculation of pore–size distribution from adsorption data [J] . Journal of Applied Chemistry, 14 (3): 109–114.

Edmond J M, E A Boyle, B. 1981. Grant and R. F. The chemical mass balance in the Amazon plume i : the nutrients [J] . Deep–Sea Research, 28 (11): 1339–1374.

Eliyahu M, Emmanuel S, Day–Stirrat R J, et al. 2015. Mechanical properties of organic matter in shales

mapped at the nanometer scale [J]. Marine and Petroleum Geology, 59: 294–304.

Engel M H, S W Imbus and J E Zumberge. 1988. Organic geochemical correlation of Oklahoma crude oils using R–and Q–mode factor analysis [J]. Organic Geochemistry, 12: 157–180.

Ertas D, Kelemen S R, Halsey T C. 2006. Petroleum expulsion part 1. Theory of kerogen swelling in multicomponent solvents [J]. Energ Fuel, 20 (1): 295–300.

Evans R. 1992. Density functionals in the theory of nonuniform fluids [J]. Fundamentals of Inhomogeneous Fluids, 1: 85–176.

Fishman N S, P C Hackley, H A Lowers, et al. 2012. The nature of porosity in organic–rich mudstones of the Upper Jurassic Kimmeridge Clay Formation, North Sea, offshore United Kingdom [J]. International Journal of Coal Geology, 103: 32–50.

Fleury M, Romero–Sarmiento M. 2016. Characterization of shales using T1–T2 NMR maps [J]. Journal of Petroleum Science and Engineering, 137: 56–62.

Flory P J. 1954. Book Reviews: Principles of Polymer Chemistry [J]. Scientific Monthly, 79.

Friedrich, Mickey, and G Monson. 2013. Two Practical Methods to Determine Pore Pressure Regimes in the Spraberry and Wolfcamp Formations in the Midland Basin [J]. Unconventional Resources Technology Conference: 2475–2486.

Gane P A C, Ridgway C J, Lehtinen E, et al. 2004. Comparison of NMR Cryoporometry, Mercury Intrusion Porosimetry, and DSC Thermoporosimetry in Characterizing Pore Size Distributions of Compressed Finely Ground Calcium Carbonate Structures [J]. Industrial & Engineering Chemistry Research, 43 (24): 7920–7927.

Ghiasi–Freez J, Kadkhodaie–Ilkhchi A, Ziaii M. 2012. Improving the accuracy of flow units prediction through two committee machine models: An example from the South Pars Gas Field, Persian Gulf Basin, Iran [J]. Computers & Geosciences, 46 (3): 10–23.

Goncalves, F T T. 2002. Organic and isotope geochemistry of the Early Cretaceousrift sequence in the Camamu Basin, Brazil: paleolimnological inferences and source rock models [J]. Organic Geochemistry 33 (1): 67–80.

Grasshoff K. 1975. The hydrochemistry of landlocked basins and fJords, in Chemical Oceanography, Vol. 2, 2nd Edition, Riley J P and Skirrow J eds [J]. Academic Press, New York: 456–597.

Grieser B, Bray J. 2007. Identification of production potential in unconventional reservoirs [J]. SPE: 1–6.

Groen J C, Peffer L A A, Pérez–Ramírez J. 2003. Pore size determination in modified micro–and mesoporous materials: pitfalls and limitations in gas adsorption data analysis [J]. Microporous and Mesoporous Materials, 60 (1–3): 1–17.

Gross G M, Carey A G, Fowler G A, et al. 1972. Distribution of organic carbon in surface sediment, Northeast Pacific Ocean, in The Columbia River Estuary and AdJacent Ocean Waters [J]. University of Washington Press, Seattle: 254–264.

Guo X, Shen Y, He S. 2015. Quantitative pore characterization and the relationship between pore distributions and organic matter in shale based on Nano–CT image analysis : a case study for a lacustrine shale reservoir in the Triassic Chang 7 member, Ordos Basin, China [J] . Journal of Natural Gas Science and Engineering, 27: 1630–1640.

Guo Z Q, Li X Y, Chapman M. 2012. A shale rock physics model and its application in the prediction of brittleness index, mineralogy, and porosity of the Barnett shale [J] . SEG annual meeting, Las Vegas, Nevada.

Hall P J, Marsh H, Thomas K M. 1988. Solvent induced swelling of coals to study macromolecular structure [J] . Fuel, 67 (6) : 863–866.

Han Y, Horsfield B, Curry D J. 2017. Control of facies, maturation and primary migration on biomarkers in the Barnett Shale sequence in the Marathon 1 Mesquite well, Texas [J] . Marine & Petroleum Geology, 85: 106–116.

Handwerger D. A, Keller J, Vaughn K. 2011. Improved Petrophysical Core Measurements on Tight Shale Reservoirs Using Retort and Crushed Samples [J] . SPE.

Hao F, Zhou X H, Zhu Y M, et al. 2012. Lacustrine source rock deposition in response to co–evolution of environments and organisms controlled by tectonic subsidence and climate, Bohai Bay Basin, China [J] . Organic Geochemistry, 42 (4) : 323–339.

He S, Jiang Y, Conrad J C, et al. 2015. Molecular simulation of natural gas transport and storage in shale rocks with heterogeneous nano–pore structures [J] . Journal of Petroleum Science & Engineering, 133: 401–409.

Hirschfelder J, Roseveare W, Hildebrand J, et al. 1939. Discussion of the Papers Presented at the Symposium on Intermolecular Action [J] . The Journal of Chemical Physics, 43 (3) : 281–296.

Hodotb B B. 1966. Outburst of Coal and Coalbed Gas (Chinese Translation)[M] . BeiJing : Coal Industry Press.

Howard J J, Kenyon W E, Straley C. 1993. Proton magnetic resonance and pore size variations in reservoir sandstone. SPE Annual Technical Conference and Exhibition [C] . New Orleans, 23–26 September.

Hucka V, Das B. 1974. Brittleness determination of rocks by different methods [J] . Mechanics and Mining Sciences and Geomechanics Abstracts, 11: 389–392.

Hunt J M. 1990. Generation and migration of petroleum from abnormally pressured fluid compartments [J] . AAPG Bulletin, 74: 1–12.

Hunt J M, A Y Huc and J K Whelan. 1980. Generation of light hydrocarbons in sedimentary rocks [J] . Nature, 288: 688–690.

Huy Tran, A Sakhaee – Pour. 2018. Critical properties (Tc, Pc) of shale gas at the core scale [J] . International Journal of Heat and Mass Transfer, 127: 579–588.

Ibach L E J. 1982. Relationship between sedimentation rate and total organic carbon content in ancient marine sediments t [J] . AAPG Bulletin, 66: 170–188.

IUPAC. 1972. Manual of symbols and terminology [J] . Pure and Applied Chemistry, 31: 578.

Jarvie D M. 2012. Components and processes affecting producibility and commerciality of shale resource system. International Symposium on Shale Oil Technologies [J] . xi, China, April, 16–17.

Jarvie D M, Hill R J, Ruble T E, et al. 2007. Unconventional shale–gas systems : The Mississippian Barnett Shale of north–central Texas as one model for thermogenic shale–gas assessment [J] . Aapg Bulletin, 91 (4) : 475–499.

Jarvie. 2008. Unconventional Shale Resource Plays : Shale–Gas and Shale–Oil Opportunities [R] .

Jarvie, D M. 2012. Shale resource systems for oil and gas : Part 1—Shale–gas resource systems, in J A Breyer, ed, Shale reservoirs—Giant resources for the 21st century [M] . AAPG Memoir 97: 69–87.

Jeager J C, Cook N G W. 1979. Fundamentals of Rock Mechanics [M] . New York : Chapman & Hall.

John B, Curtis. 2002. Fractured shale–gas systems [J] . AAPG Bulletin, 86 (11) : 1921–1938.

Josh M, Esteban L, Piane C D, et al. 2012. Laboratory characterisation of shale properties [J] . Journal of Petroleum Science and Engineering, 88–89 (2) : 107–124.

Li J Q, Lu S F, Cai J C, et al. 2018. Adsorbed and free oil in lacustrine nanoporous shale : a theoretical model and a case study [J] . Energy & Fuels, 32 (12) : 12247–12258.

Li J Q, Lu S F, Xie L J, et al. 2017. Modeling of hydrocarbon adsorption on continental oil shale : A case study on n–alkane [J] . Fuel, 206: 603–613.

Kahraman S. 2005. A brittleness index to estimate the sawability of carbonate rocks [J] . Brno, Czech Republic : The International Symposium EUROCK 2005.

Kaiser N, Croll A, Szofran F R. 2001. Wetting angle and surface tension of germanium melts on different substrate materials [J] . Journal of Crystal Growth, 231: 448–457.

Kaminsky R, Radke C J. 1998. Water films, asphaltenes, and wettability alteration [J] . Office of Scientific & Technical Information Technical Reports.

Katahara K W. 1949. Clay mineral elastic properties[J]. Seg Technical Program Expanded Abstracts, 15(1): 1691.

Kelemen S R, Walters C C, Ertas D, et al. 2006. Petroleum expulsion Part 2. Organic matter type and maturity effects on kerogen swelling by solvents and thermodynamic parameters for kerogen from regular solution theory [J] . Energy & Fuels, 20, 301–308.

Kelemen S R, Walters C C, Ertas D, et al. 2006. Petroleum expulsion Part 3. A model of chemically driven fractionation during expulsion of petroleum from kerogen [J] . Energy & Fuels, 20, 309–319.

Kelly S, El–Sobky H, Carlos Torres–Verdín, et al. 2015. Assessing the utility of FIB–SEM images for shale digital rock physics [J] . Advances in Water Resources, 95: 302–316.

Kent Perry, John Lee. 2007. Unconventional gas reservoirs–tight gas, coal seams, and shale. Working Document of the NPC Global Oil and Gas Study [R] . Made Available July 18.

Kenyon W E, Howard J J, Sezginer A, et al. 1989. Pore–size distribution and NMR in micropo–rous Cherty sandstones. SPWLA 30th Annual Logging Symposium [C] . Denver, Colorado, 11–14 June.

Kieffer B, Jove C F, Oelkers, et al. 1999. An experimental study of the reactive surface area of the

Fontainebleau sandstone as a function of porosity, permeability, and fluid flow rate [J] . Geochimica et Cosmochimica Acta, 63: 3525–3534.

Kirkland D W, Evans R. 1981. Source–rock potential of evaporitic environment [J] . AAPG Bulletin, 65: 181–190.

Klaver J, Desbois G, Littke R, et al. 2015. BIB–SEM characterization of pore space morphology and distribution in postmature to overmature samples from the Haynesville and Bossier Shales [J] . Marine and Petroleum Geology, 59: 451–466.

Kuhn N J, Armstrong E K. 2012. Erosion of organic matter from sandy soils : Solving the mass balance [J] . CATENA, 98 (none) : 87–95.

Kuster G T, Toksöz M N. 1974. Velocity and attenuation of seismic waves in two–phase media : part I. theoretical formulations [J] . Geophysics, 39 (5) : 587–606.

Kutana A, Giapis K P. 2007. Contact angles, ordering, and solidification of liquid mercury in carbon nanotube cavities [J] . Physical Review B, 76 (19) : 195444.

Lafuma A, Quéré D. 2003. Superhydrophobic states [J] . Nature Materials, 2 (7) : 457–460.

Lantz T, Greene D, Eberhard M. 2007. Refracturing treatments proving successful in horizontal Bakken wells : Richland County, Montana [C] . Rocky Mt. Oil & Gas Tech. Symp : Denver, CO, USA.

Larsen J W, LI S. 1994. Solvent Swelling Studies of Green River Kerogen [J] . Energy Fuels, 8 (4) : 932–936.

Lashkaripour G R, 2002. Predicting mechanical properties of mudrock from index parameters [J] . Bulletin of Engineering Geology and the Environment, 61 (1) : 73–77.

Lau D, Lam R H W. 2012. Atomistic Prediction of Nanomaterials : Introduction to Molecular Dynamics Simulation and a Case Study of Graphene Wettability [J] . Nanotechnology Magazine IEEE, 6 (1): 8–13.

Li A, Ding W, He J, et al. 2016. Investigation of pore structure and fractal characteristics of organic–rich shale reservoirs : A case study of Lower Cambrian Qiongzhusi formation in Malong block of eastern Yunnan Province, South China [J] . Marine and Petroleum Geology, 70: 46–57.

Li H, Misra S. 2017. Prediction of Subsurface NMR T2 Distributions in a Shale Petroleum System Using Variational Autoencoder–Based Neural Networks [J] . IEEE Geoscience and Remote Sensing Letters, 14 (12) : 2395–2397.

Li J J, Yin J X, Zhang Y N, et al. 2015. A comparison of experimental methods for describing shale pore features–A case study in the Bohai Bay Basin of eastern China [J] . International Journal of Coal Geology, 152: 39–49.

Li J, Liu D, Yao Y, et al. 2013. Physical characterization of the pore–fracture system in coals, Northeastern China [J] . Energy Exploration & Exploitation, 31 (2) : 267–286.

Li J, Yin J, Zhang Y, et al. 2015. A comparison of experimental methods for describing shale pore features—A case study in the Bohai Bay Basin of eastern China [J] . International Journal of Coal Geology, 152: 39–49.

Li W H, Lu S F, Xue H T, et al. 2015. Oil content in argillaceous dolomite from the Jianghan Basin, China : Application of new grading evaluation criteria to study shale oil potential [J]. Fuel, 143: 424-429.

Li W H, Zhang Z H. 2017. Paleoenvironment and its control of the formation of Oligocene marine source rocks in the deep-water area of the northern South China Sea [J]. Energy & Fuels, 31: 10598-10611.

Li W H, Zhang Z H, Li Y C, et al. 2012. New perspective of Miocene marine hydrocarbon source rocks in deep-water area in Qiongdongnan Basin of northern South China Sea [J]. Acta Oceanol. Sin, 31: 107-114.

Li W, Lu S, Tan Z, et al. 2017. Lacustrine Source Rock Deposition in Response to Co-evolution of Paleoenvironment and Formation Mechanism of Organic-rich Shales in the Biyang Depression, Nanxiang Basin [J]. Energy & Fuels, 31: 13519-13527.

Li Z, Zou Y R, Xu X Y, et al. 2016. Adsorption of mudstone source rock for shale oil -Experiments, model and a case study [J]. Organic Geochemistry, 92: 55-62.

Ling C, Xue Q, Jing N, et al. 2012. Effect of functional groups on the radial collapse and elasticity of carbon nanotubes under hydrostatic pressure [J]. Nanoscale, 4 (13): 3894.

Loucks R G, R M Reed, S C Ruppel, et al. 2012. Spectrum of pore types and networks in mudrocks and a descriptive classification for matrix-related mudrock pores [J]. AAPG Bulletin, 96: 1071-1098.

Loucks R G, Reed R M, Ruppel S C, et al. 2009. Morphology, genesis, and distribution of nanometer-scale pores in siliceous mudstones of the Mississippian Barnett shale [J]. Journal of Sedimentary Research, 79 (12): 848-861.

Loucks R G, Reed R M, Ruppel S C, et al. 2012. Spectrum of pore types and networks in mudrocks and a descriptive classification for matrix-related mudrock pores [J]. AAPG bulletin, 96 (6): 1071-1098.

Loughry W J, Mcdonough C M. 2013. Beyond Natural History : Some Thoughts About Research Priorities in the Study of Xenarthrans [J]. Edentata, 14 (1): 9-14.

Lu S F, Huang W B, Chen F W, et al. 2012. Classification and evaluation criteria of shale oil and gas resources : Discussion and application [J]. Petroleum Exploration and Development, 39 (2): 268-276.

Lubelli B, De Winter D A M, Post J A, et al. 2013. Cryo-FIB-SEM and MIP study of porosity and pore size distribution of bentonite and kaolin at different moisture contents [J]. Applied Clay Science, 80-81 (Complete): 358-365.

Lv C J, Yin Y J, Zheng Q S. 2008. Nonlinear effects of line tension in adhesion of small droplets [J]. Applied Mathematics and Mechanics, 29 (10): 1251-1262.

Ma Y, Fan M, Lu Y, et al. 2016. Climate-driven paleolimnological change controls lacustrine mudstone depositional process and organic matter accumulation : Constraints from lithofacies and geochemical studies in the Zhanhua Depression, eastern China [J]. International Journal of Coal Geology, 167: 103-118.

Macquaker J H S, Adams A E. 2003. Maximizing information from fine-grained sedimentary rocks : an inclusive nomenclature for mudstones [J] . Journal of Sedimentary Research, 73 (5) : 735–744.

Maex K, Baklanov M R, Shamiryan D, et al. 2003. Low dielectric constant materials for microelectronics [J] . Journal of Applied Physics, 93 (11) : 8793–8841.

Martineau D F. 2007. History of the Newark East field and the Barnett Shale as a gas reservoir [J] . AAPG Bulletin, 91 (4) : 399–403.

Masri M, Sibai M, Shao J F, et al. 2014. Experimental investigation of the effect of temperature on themechanical behavior of Tournemire shale [J] . International Journal of Rock Mechanics and Mining Sciences, 70 (9) : 185–191.

Mastalerz M, Arndt Schimmelmann, Agnieszka Drobniak, et al. 2013. Porosity of Devonian and Mississippian New Albany Shale across a maturation gradient : Insights from organic petrology, gas adsorption, and mercury intrusion [J] . AAPG Bulletin, 97: 1621–1643.

Mastalerz M, L He, B Y Melnichenko, et al. 2012. Porosity of coal and shale : Insights from gas adsorption and SANS/USANS techniques [J] . Energy and Fuels, 26: 5109–5120.

Mavko G, MukerJi T, Dvorkin J. 2003. The rock physics handbook : tools for seismic analysis of porous media [M] . Cambridge University Press.

McCreesh C A, Ehrlich R, Crabtree S J. 1991. Petrography and Reservoir Physics Ⅱ : Relating Thin Section Porosity to Capillary Pressure, the Association Between Pore Types and Throat Size (1) [J] . AAPG Bulletin, 5 (10) : 1563–1578.

Milliken K L, Rudnicki M, Awwiller D N, et al. 2013. Organic matter–hosted pore system, Marcellus Formation (Devonian), Pennsylvania [J] . AAPG bulletin, 97 (2) : 177–200.

Milner M, McLin R, Petriello J. 2010. Imaging texture and porosity in mudstones and shales : Comparison of secondary and ion-milled backscatter SEM methods [C] . Canadian Unconventional Resources and International Petroleum Conference, Calgary, Alberta, Canada, October 19–21, SPE Paper 138975, 5.

Modica C J, Lapierre S G. 2012. Estimation of kerogen porosity in source rocks as a function of thermal transformation : Example from the Mowry Shale in the Powder River Basin of Wyoming [J] . AAPG bulletin, 96 (1) : 87–108.

Mondol N H, BJørlykke K, Jahren J, et al. 2007. Experimental mechanical compaction of clay mineral aggregates–changes in physical properties of mudstones during burial [J] . Marine and Petroleum Geology. 24 (5) : 289–311.

Mort H, Jacquat O, Adatte T, et al. 2007. The Cenomanian/Turonian anoxic event at the Bonarelli Level in Italy and Spain : enhanced productivity and/or better preservation ? [J] . Cretaceous Research, 28 (4): 0–612.

Mullen M, Pitcher J, Hinz D. 2010. Does the presence of natural fractures have an impact on production ? A case study from the Middle Bakken Dolomite, North Dakota [C] . SPE Annual Technical Conference and Exhibition : Florence, Italy.

Nedkvitne T, BJorlykke K. 1992. Secondary porosity in the Brent Group (Middle Jurassic), Huldra Field, North Sea; implication for predicting lateral continuity of sandstones [J]. Journal of Sedimentary Research, 62 (1): 23–34.

Neimark A V, Ravikovitch P I. 2001. Capillary condensation in MMS and pore structure characterization [J]. Microporous and Mesoporous Materials, 44–45: 697–707.

Ni Y, Ma Q, Ellis G S, et al. 2011. Fundamental studies on kinetic isotope effect (KIE) of hydrogen isotope fractionation in natural gas systems [J]. Geochimica et Cosmochimica Acta, 75 (10): 2696–2707.

Noble R A, J G Kaldi and C D Atkinson. 1997. Oil saturation in shales: applications in seal evaluation, in R C Surdam, ed, Seals, traps and the petroleum system [M]. AAPG Memoir, 67: 13–29.

O'Brien, N R, Cremer, M D, et al. 2002. The role of argillaceous rock fabric in primary migration of oil. In: E. D. Scott, A. H. Bouma, and W. R. Bryant, eds. Depositional processes and characteristics of siltstones, mudstones, and shales. Austin, Texas, U.S.A [J]. Gulf Coast Association of Geological Societies Transactions, 52: 1103–1112.

Obert L, Windes S L, Duvall W I. 1946. Standardized test for determining the physical properties of mine rock [R]. U S Bureau of Mine Report Investigation, 3891: 67.

Odusina E, Sondergeld C, Rai C. 2011. An NMR Study on Shale Wettability [J]. SPE 147371 presented at the Canadian Unconventional Resources Conference, Calgary, 1–15.

OGJ Online. The world shale gas battle looms in Europe [EB/OL]. (2010–05–01) [2010–03–04]. http://www. ogJ. com/index/login. html?cb=http://www.ogJ.com /ogJ/en–us/index/article–display. articles. oil–gas–Journal. volume–108. Issue–10. General–Interest. Watching–The–World–Shale–gas–battle–looms–in–Europe. html.

Oh S H, Chisholm M F, Kauffmann Y, et al. 2010. Oscillatory mass transport in vapor–liquid–solid growth of sapphire nanowires [J]. Science, 330 (6003): 489–493.

Okiongbo K S, Aplin A C, LARTER S R. 2005. Changes in type Ⅱ kerogen density as a function of maturity: Evidence from the Kimmeridge Clay formation [J]. Energy Fuels, 19 (6): 2495–2499.

Pedersen T F, Calvert S E. 1990. Anoxia vs. productivity: what controls the formation of organic–carbon–rich sediments and sedimentary rocks? [J]. AAPG Bulletin, 74: 454–466.

Pepper A S, Corvi P J. 1995. Simple kinetic models of petroleum formation. Part I: oil and gas generation from kerogen [J]. Marine & Petroleum Geology, 12 (3): 291–319.

Pepper A S, Corvi P J. 1995b. Simple kinetic models of petroleum formation. Part Ⅲ: Modelling an open system [J]. Marine and Petroleum Geology, (4): 417–452.

Picard M D. 1971. Classification of fine–grained sedimentary rocks [J]. Journal of Sedimentary Research, 41: 179–195.

Prammer M G, Drack E D, Bouton J C, et al. 1996. Measurements of clay–bound water and total porosity by magnetic resonance logging [J]. Log Analyst, 37: 61–69.

Ravikovitch P I，Neimark A V. 2002. Density functional theory of adsorption in spherical cavities and pore size characterization of templated nanoporous silicas with cubic and three-dimensional hexagonal structures [J] . Langmuir，18（5）：1550–1560.

Reed R M，Loucks R G，Ruppel S C. 2013. Comment on “Formation of nanoporous pyrobitumen residues during maturation of the Barnett Shale (Fort Worth Basin)” by Bernard et al (2012) [M] . International Journal of Coal Geology，127：111–113.

Reed R M，Loucks R G，Ruppel S C. 2014. Comment on “Formation of nanoporous pyrobitumen residues during maturation of the Barnett Shale (Fort Worth Basin)” by Bernard et al (2012) [J] . International Journal of Coal Geology，127：111–113.

Rine J M，Smart E，Dorsey W，et al. 2013. Comparison of Porosity Distribution within Selected North American Shale Units by SEM Examination of Argon-ion-milled Samples [J] . Houston Geological Society Bulletin，12：137–152.

Ritter U. 2003. Fractionation of petroleum during expulsion from kerogen [J] . J Feochem Explor，78–79：417–420.

Ritter U. 2003. Solubility of petroleum compounds in kerogen：Implications for petroleum expulsion [J] . Org Geochem，34（3）：319–326.

Roberts S J，Nunn J A. 1995. Episodic fluid expulsion from geopressured sediments [J] . Marine and Petroleum Geology，12（2）：195–204.

Rogner H H. 1997. An assessment of world hydrocarbon resources [J] . Annual review of energy and the enviroment，22：217–262.

Romero-Sarmiento M F，Ducros M，Carpentier B，et al. 2013. Quantitative evaluation of TOC，organic porosity and gas retention distribution in a gas shale play using petroleum system modeling：Application to the Mississippian Barnett Shale [J] . Marine and Petroleum Geology，45：315–330.

Ross D J K，Bustin R M. 2007. Shale gas potential of the lower Jurassic Gordondale member，northeastern British Columbia，Canada [J] . Bulletin of Canadian Petroleum Geology，55（1）：51–75.

Ross D J K，Bustin R M. 2009. The importance of shale composition and pore structure upon gas storage potential of shale gas reservoirs [J] . Marine and Petroleum Geology，26：916–927.

Ross D J K，Marc Bustin R. 2012. Impact of mass balance calculations on adsorption capacities in microporous shale gas reservoirs [J] . Fuel，86（17）：2696–2706.

Rylander E，Singer R M，Jiang T M，et al. 2013. NMR T2 Distributions in the Eagle Ford Shale Reflections on Pore Size. Unconventional Resources Conference-USA [C] . Woodlands，Texas，USA，SPE 164554.

Saidian M. 2014. Nuclear Magnetic Resonance in Unconventional Rocks：What Do the Data Tell Us? [C] // Agu Fall Meeting. AGU Fall Meeting Abstracts.

Sanei H，Haeri-Ardakani O，Wood J M，et al. 2015. Effects of nanoporosity and surface imperfections on solid bitumen reflectance (BRo) measurements in unconventional reservoirs [J] . International Journal of

Coal Geology，138：95–102.

Sarout J，Molez L，Guéguen Y，et al. 2007. Shale dynamic properties and anisotropy under triaxial loading：Experimental and Theoretical Investigations［J］. Physics and Chemistry of the Earth，Parts A/B/C 32（8–14）：896–906.

Schmoker J W U S. 1999. Geological Survey Assessment Model for Continuous（Unconventional）Oil and Gas Accumulations—The "FORSPAN" Model［J］. Us Geological Survey Bulletin.

Shabib–Asla，Abdalla M，Kermanioryani M，et al. 2014. Effects of Low Salinity Water Ion Composition on Wettability Alteration in Sandstone Reservoir Rock：A Laboratory Investigation［J］. Journal of Natural Sciences Research，4（13）：34–41.

Shang F，Liu Z J，Xie X N，et al. 2015. Organic Matter Accumulation Mechanisms of Shale Series in He–third Member of Eocene Hetaoyuan Formation，Biyang Depression，Eastern China［J］. Petroleum Science & Technology，33（13–14）：1434–1442.

Sheng J J，Chen K. 2014. Evaluation of the EOR potential of gas and water inJection in shale oil reservoirs［J］. Journal of Unconventional Oil and Gas Resources，5：1–9.

Sing K S，Everett D H，Haul R A W，et al. 1985. Reporting physisorption data for gas/solid systems with special reference to the determination of surface area and porosity［J］. Pure Appl. Chem，57（4）：603–619.

Slatt R M，Neal R O'Brien. 2011. Pore types in the Barnett and Woodford gas shales：Contribution to understanding gas storage and migration pathways in fine–grained rocks［J］. AAPG Bulletin，95（12）：2017–2030.

Smith M G，Bustin R M. 1998. Production and preservation of organic matter during deposition of the Bakken Formation（Late Devonian and Early Mississippian），Williston Basin［J］. Palaeogeography，Palaeoclimatology，Palaeoecology，142（3–4）：185–200.

Sofer Z. 1988. Biomarkers and carbon isotopes of oils in the Jurassic Smackover Trend of the Gulf Coast States，USA［J］. Organic Geochemistry，12：421–432.

Sondergeld C H，Ambrose R J，Rai C S，et al. 2010. Microstructural studies of gas shale［J］. Society of Petroleum Engineers Unconventional Gas Conference，Pittsburgh，Pennsylvania，February 23–25，SPE Paper 131771，17.

Song Y，Li S F，Hu S Z. 2018. Warm–humid paleoclimate control of salinized lacustrine organic–rich shale deposition in the Oligocene Hetaoyuan Formation of the Biyang Depression，East China［J］. Cogel.

Stackelberg V U. 1972. Faziesverteilung in Sedimentendes Indisch–Pakistanischen Kontinentalrandes（Arabisches Meer.）："Meteor" Forschungsergeb［J］. Reihe C：1–73.

Straley C，Rossini D，Vinegar H，et al. 1997. Core analysis by low field NMR［J］. Log Anal. 38（2）：84–94.

Succi S. 2011. The lattice Boltzmann equation：for fluid dynamics and beyond［M］. Clarendon：Oxford University Press：1–304.

Suess E, Thiede J. 1983. Introduction. Coastal Upwelling Its Sediment Record [J] . Plenum Press : 1–10.

Suk M E, Aluru N R. 2010. Water Transport through Ultrathin Graphene [J] . Journal of Physical Chemistry Letters, 1 (10) : 1590–1594.

Sullivan K B, McBride E F. 1991. Diagenesis of sandstones at shale contacts and diagenetic heterogeneity, Frio Formation, Texas [J] . AAPG Bulletin, 75 (1) : 121–138.

Surdam R C, Crossey L J, Hagen E S, et al. 1989. Organic–inorganic interactions and Sandstone diagenesis [J] . AAPG Bull, 73 (1) : 1–23.

Sweeney J J and Burnham A K. 1990. Evaluation of a Simple Model of Vitrinite Reflectance Based on Chemical Kinetics [J] . AAPG Bulletin, 74: 559–1570.

Szeliga J, Marzec A. 1983. Swelling of Coal in Relation to Solvent Electron–donor Numbers [J] . Fuel, 62 (10) : 1229–1231.

Tabrizy V A, Denoyel R, Hamouda A A. 2011. Characterization of wettability alteration of calcite, quartz and kaolinite : Surface energy analysis [J] . Colloids and Surfaces A : Physicochemical and Engineering Aspects, 384 (1) : 98–108.

Tan M, Mao K, Song X, et al. 2015. NMR petrophysical interpretation method of gas shale based on core NMR experiment [J] . Journal of Petroleum Science and Engineering, 136: 100–111.

Tang X, Jiang Z, Li Z, et al. 2015. The effect of the variation in material composition on the heterogeneous pore structure of high–maturity shale of the Silurian Longmaxi formation in the southeastern Sichuan Basin, China [J] . Journal of Natural Gas Science and Engineering, 23: 464–473.

Tang X, Zhang J C, Wang X Z, et al. 2004. Shale characteristics in the southeastern Ordos Basin, China : implications for hydrocarbon accumulation conditions and the potential of continental shales [J] . International Journal of Coal Geology, 128–129: 32–46.

Tang Y, Jenden P D, Nigrini A S, et al. 1996. Modeling Early Methane Generation in Coal [J] . Energy and Fuels, 10 (3) : 659–671.

Tang Y, Jenden P D, Nigrini A, et al. 1996. Modeling early methane generation in coal [J] . Energy & Fuels, 10 (3) : 659–671.

Tian H, Pan L, Xiao X, et al. 2013. A preliminary study on the pore characterization of Lower Silurian black shales in the Chuandong Thrust Fold Belt, southwestern China using low pressure N_2 adsorption and FE–SEM methods [J] . Marine and Petroleum Geology, 48: 8–19.

Tian S S, Lu S F, Xue H T, et al. 2015. The influence of pore throat radius on its internal oil and water wettability [J] . Acta Geologica Sinica, 89 (S1) : 166–167.

Tian S S, Xue H T, Lu S F, et al. 2017. Molecular simulation of oil mixture adsorption character in shale system [J] . Journal of Nanoscience and Nanotechnology, 17: 6198–6209.

Tian S S, Valentina Erastova, Shuangfang Lu, et al. 2018. Understanding model crude oil component interactions on kaolinite silicate and aluminol surfaces : toward improved understanding of shale oil recovery [J] . Energy & Fuels, 32 (2) : 1155–1165.

Tissot B P，Welte D H. 1984. Petroleum formation and occurrence（Second Revised and Enlarged Edition）[M]. Berlin：Springer–Verlag：539.

Valero Garcés，B L，Kelts K，Ito E. 1995. Oxygen and carbon isotope trends and sedi–mentological evolution of a meromitic and saline lacustrine system：the Holocene Medicine Lake basin，North American Great Plains，USA [J] . Palaeogeography，Palaeoclimatology，Palaeo–ecology 117：253–278.

Valès F，Minh D N，Gharbi H，et al. 2004. Experimental study of the influence of the degree of saturation on physical and mechanical properties in Tournemire shale（France）[J]. Applied Clay Science,26（1–4）：197–207.

Van Andel T H. 1964. Recent marine sediments of Gulf of California，in Marine Geology of the Gulf of California [J] . American Association of Petroleum Geologists：216–310.

Vanhazebroeck E，Borrok D M. 2016. A new method for the inorganic geochemical evaluation of unconventional resources：An example from the Eagle Ford Shale [J] . Journal of Natural Gas Science and Engineering，33：1233–1243.

Wang F P，Gale J F W. 2009. Screening criteria for shale–gas systems [J] . Gulf Coast Association of Geological Societies Transactions，59：779–793.

Wang G C，Ju Y W. 2015. Organic shale micropore and mesopore structure characterization by ultra–low pressure N2 physisorption：Experimental procedure and interpretation model [J] . Journal of Natural Gas Science and Engineering，27：452–465.

Wang G C，Ju Y W，Yan Z F，et al. 2015. Pore structure characteristics of coal–bearing shale using fluid invasion methods：A case study in the Huainan–Huaibei Coalfield in China [J] . Marine & Petroleum Geology，62：1–13.

Wang Y，Jie P，Wang L，et al. 2016. Characterization of typical 3D pore networks of Jiulaodong formation shale using nano–transmission X–ray microscopy [J] . Fuel，170：84–91.

Washburn E W. 1921. The Dynamics of Capillary Flow [J] . Phys. rev. ser，17（3）：273–283.

Wei M M，Zhang L，Xiong Y Q，et al. 2016. Nanopore structure characterization for organic–rich shale using the non–local–density functional theory by a combination of N_2 and CO_2 adsorption [J] . Microporous and Mesoporous Materials，227：88–94.

Wei X Y，Ni Z H，Xiong Y C，et al. 2002. Pd/c–catalyzed Release of Organonitrogen Compounds From Bituminous Coals [J] . Energy Fuels，16（2）：527–528.

Xie X，Wang C. 1997. Numerical modeling of episodic compaction and its affecting parameters in geopressured shales [J] . Journal of China University of Geosciences，8（2）：128–132.

Xiong J，Liu X，Liang L. 2015. Experimental study on the pore structure characteristics of the Upper Ordovician Wufeng Formation shale in the southwest portion of the Sichuan Basin，China [J] . Journal of Natural Gas Science and Engineering，22：530–539.

Xu H，Tang D Z，Zhao JL，et al. 2015. A precise measurement method for shale porosity with low–field nuclear magnetic resonance：A case study of the Carboniferous–Permian strata in the Linxing area， eastern Ordos Basin, China [J]. Fuel, 143: 47–54.

Xu S, White R E. 1995. A new velocity model for clay–sand mixtures [J]. Geophysical Prospecting, 43: 91–118.

Yang J S, Yang C L, Wang M S, et al. 2011. Crystallization of alkane melts induced by carbon nanotubes and graphene nanosheets : a molecular dynamics simulation study [J]. Physical Chemistry Chemical Physics, 13 (34): 15476–0.

Yin X Y, Zong Z Y, Wu G C. 2015. Research on seismic fluid identification driven by rock physics [J]. Science China : Earth Sciences, 58: 159–171.

Yoshimitsu Z, Nakajima A, Watanable T, et al. 2002. Effects of surface structure on the hydrophobicity and sliding behavior of water droplets [J]. Langmuir, 18: 5818–5822.

Zargari S, Prasad M, Mba K C, et al. 2013. Organic maturity, elastic properties, and textural characteristics of self resourcing reservoirs [J]. Geophysics, 78 (4): D223–D235.

Zhang F, Xie S Y, Hu D W, et al. 2012. Effect of water content and structural anisotropy on mechanical property of claystone [J]. Applied Clay Science, 69 (21): 79–86.

Zhang L C, Xiao D S, Lu S F, et al. 2019. Effect of sedimentary environment on the formation of organic–rich marine shale : Insights from maJor/trace elements and shale composition [J]. International Journal of Coal Geology, 204: 34–50.

Zhang P F, Li J Q, Lu S F, et al. 2017. A precise porosity measurement method for oil–bearing shales using low–field nuclear magnetic resonance (LF–NMR) [J]. Journal of Nanoscience and Nanotechnology, 17 (09): 6827–6835.

Zhang P F, Lu S F, Li J Q. 2019. Characterization of pore size distributions of shale oil reservoirs : A case study from Dongying sag, Bohai Bay basin, China [J]. Marine and Petroleum Geology, 100: 297–308.

Zhang P F, Lu S F, Li J Q, et al. 2017. Comparisons of SEM, Low–Field NMR, and Mercury Intrusion Capillary Pressure in Characterization of the Pore Size Distribution of Lacustrine Shale : A Case Study on the Dongying Depression, Bohai Bay Basin, China [J]. Energy & Fuels, 31 (9): 9232–9239.

Zhang P F, Lu S F, Li J Q, et al. 2018. Petrophysical characterization of oil–bearing shales by low–field nuclear magnetic resonance (NMR) [J]. Marine and Petroleum Geology, 89: 775–785.

Zhang P F, Lu S F, Li J Q, et al. 2017. Characterization of shale pore system : A case study of Paleogene Xin\gouzui Formation in the Jianghan basin, China [J]. Marine and Petroleum Geology, 79: 321–334.

Zhang S H, Liu C Y, Liang H, et al. 2018. Paleoenvironmental conditions, organic matter accumulation, and unconventional hydrocarbon potential for the Permian Lucaogou Formation organic–rich rocks in Santanghu Basin, NW China [J]. International Journal of Coal Geology, 185: 44–60.

Zhou S W, Yan G, Xue H Q, et al. 2016. 2D and 3D nanopore characterization of gas shale in Longmaxi formation based on FIB–SEM [J]. Marine & Petroleum Geology, 73: 174–180.

Zou C N, Dong D Z, Wang S J, et al. 2010. Geological characteristics and resource potential of shale gas in China [J]. Petroleum Exploration and Development, 37 (6): 641–653.